Kleppmann
Taschenbuch Versuchsplanung

Wilhelm Kleppmann

Taschenbuch Versuchsplanung

Produkte und Prozesse optimieren

3., überarbeitete Auflage,
mit 121 Abbildungen und 93 Tabellen

Praxisreihe Qualitätswissen
Herausgegeben von Franz J. Brunner

HANSER

Der Autor:
Professor Dr. Wilhelm Kleppmann, Humboldtstraße 4, 73457 Essingen
e-mail: wilhelm.kleppmann@fh-aalen.de
Internet: http://www.fbe.fh-aalen.de/kleppmann/versuchsplanung

Herausgeber der Praxisreihe Qualitätswissen:
Professor Dr. Franz J. Brunner, Hans-Acker-Weg 23, 89081 Ulm

Alle in diesem Buch und auf der CD-ROM enthaltenen Verfahren, Berechnungen bzw. Software-Demos und Dateien wurden nach bestem Wissen erstellt und mit Sorgfalt getestet. Dennoch sind Fehler nicht ganz auszuschließen. Aus diesem Grund sind die im vorliegenden Buch enthaltenen Verfahren und Berechnungen mit keiner Verpflichtung oder Garantie irgeneiner Art verbunden. Autor und Verlag übernehmen infolgedessen keine Verantwortung und werden keine daraus folgende oder sonstige Haftung übernehmen, die auf irgend eine Art aus der Benutzung dieser Verfahren und Berechnungen oder Teilen davon entsteht.

Die Wiedergabe von Gebrauchsnamen, Handelsnamen, Warenbezeichnungen usw. in diesem Werk berechtigt auch ohne besondere Kennzeichnung nicht zu der Annahme, daß solche Namen im Sinne der Warenzeichen- und Markenschutzgesetzgebung als frei zu betrachten wären und daher von jedermann benutzt werden dürften.

Bibliografische Information Der Deutschen Bibliothek
Die Deutsche Bibliothek verzeichnet diese Publikation in der
Deutschen Nationalbibliografie; detaillierte bibliografische Daten
sind im Internet über <http://dnb.ddb.de> abrufbar.

ISBN 3-446-22319-3

© 2003 Carl Hanser Verlag München Wien
http://www.hanser.de

Druck und Binden: Druckhaus „Thomas Müntzer" GmbH, Bad Langensalza
Umschlaggestaltung: MCP · Susanne Kraus GbR, Holzkirchen
Printed in Germany

Vorwort

Total Quality Management (TQM), Prozessorientierung in der DIN ISO 9001, SixSigma-Programme, Kontinuierliche Verbesserungsprogramme (KVP), Kaizen, ... – uns allen ist die Notwendigkeit der ständigen Verbesserung bewusst. Versuchsplanung ist eine Sammlung von Ideen und Verfahren, dabei systematisch vorzugehen, um mit möglichst geringem Aufwand möglichst viel zu lernen.

Im Rahmen einer SixSigma-Strategie ist Versuchsplanung das Werkzeug zur eigentlichen Verbesserung und nimmt damit eine zentrale Stellung ein. Dadurch hat Versuchsplanung in den letzten Jahren wesentlich an Bedeutung und Verbreitung gewonnen, und so ist nun schon die 3. Auflage dieses Taschenbuches erforderlich. Diese Chance habe ich zur Aktualisierung und Erweiterung genutzt.

Ziel ist es, Praktikern in Entwicklung, Konstruktion und Fertigung, sowie Studenten einen anwendungsorientierten Einstieg und Überblick zu geben. Die Methoden der klassischen Statistischen Versuchsplanung werden mit Ideen von Shainin, Taguchi u.a. zu einer neuen Kombination verbunden.

SixSigma und Versuchsplanung sind Teamarbeit. Jedes Teammitglied muss über Ziele, Möglichkeiten und die prinzipielle Vorgehensweise Bescheid wissen. Aber nicht jedes Teammitglied muss alle Einzelheiten kennen.

- Kapitel 1 bis 5 geben einen allgemeinen Überblick über die Versuchsplanung und behandeln einfache Verfahren, die bei der Vorbereitung weiterer Versuche nützlich sind. Sie sind für alle Teammitglieder gedacht.

- Kapitel 6 bis 12 behandeln die statistischen Grundlagen und die wichtigsten Versuchspläne und ihre Auswertung. Sie wenden sich an das Teammitglied, das die Versuche plant und die Ergebnisse dann auswertet. Abschnitte, die mit einem Stern * gekennzeichnet sind und Ergänzungen in Fußnoten sind für das Verständnis der folgenden Kapitel nicht erforderlich und können zunächst ausgelassen werden.

- Kapitel 13 bis 17 behandeln verschiedene weiterführende Themen. Sie können bei Bedarf und unabhängig voneinander gelesen werden.

Um das Verständnis für die Bedeutung statistischer Aussagen zu fördern, werden die meisten Beispiele ausführlich vorgerechnet. Eingestreute Übungsaufgaben verdeutlichen und vertiefen die jeweiligen Inhalte. Nutzen Sie diese Übungsmöglichkeit – die folgende Lösung dient der Selbstkontrolle.

Obwohl aus didaktischen Gründen die Beispiele und Aufgaben hier von Hand vorgerechnet werden, empfehle ich ab Kapitel 6 parallel den Einsatz einer Software. Sie vereinfacht die Auswertung wesentlich und erlaubt vielfältige grafische Darstellungen.

Die Beschreibung der Versuchsplanung in diesem Buch ist unabhängig von einer speziellen Software. Viele gute Programme sind erhältlich. Kapitel 18 gibt Entscheidungshilfen zur Auswahl und einen Überblick über elf dieser Programme. Auf der begleitenden CD-ROM befinden sich Dateien mit Beispielen aus dem Taschenbuch in den Formaten dieser Programme. Somit können Sie die Programme anhand bekannter Beispiele testen, direkt vergleichen und das Programm auswählen, das Ihnen am besten gefällt. Die meisten Hersteller haben Testversionen ihrer Programme für die CD-ROM zur Verfügung gestellt, um Ihnen den Zugang zu erleichtern. Dafür möchte ich mich herzlich bedanken.

Sie werden feststellen:

- Das Aufstellen von Versuchsplänen und die Auswertung der Versuchsergebnisse sind nicht schwer.

- Die Darstellung der Ergebnisse unterscheidet sich etwas von der Darstellung in diesem Buch. Jede Software ist anders, anhand der durchgerechneten Beispiele sollte es jedoch kein Problem sein, die Bedeutung der Ausgaben zu verstehen.

- Mit etwas Übung erscheint dann alles plötzlich ganz einfach. Aber auch darin liegt ein gewisses Risiko. Vergewissern Sie sich immer, dass die Daten und die Ergebnisse sinnvoll sind. Verwenden Sie Ihren gesunden Menschenverstand. Versuchsplanung ist ein sehr wertvolles Hilfsmittel. Aber es soll den gesunden Menschenverstand nicht ersetzen, sondern schärfen.

Wenn Sie dann genügend Selbstvertrauen haben, um sich an einer eigenen Anwendung zu versuchen, beginnen Sie am besten mit einem überschaubaren Problem. So können Sie allmählich Erfahrung sammeln.

Falls Sie sich noch an kein reales Problem heranwagen, helfen vielleicht die „Übungsbeispiele" von Kapitel 19. Aber Achtung, diese Beispiele sind anspruchsvoll, weil Ihnen die Aufgabe fremd und die Zufallsstreuung groß ist.

Ich möchte darauf hinweisen, dass wesentliche Teile dieses Buches (insbesondere in den Kapiteln 7 bis 12) den ebenfalls von mir erstellten Lehrgangsunterlagen „Qualitätsverbesserung durch Versuchsmethodik" der Deutschen Gesellschaft für Qualität e.V. (DGQ), Frankfurt am Main, entnommen sind. Der Lehrgang wird durch dieses Buch vertieft und ergänzt. Daher kann das Buch als begleitende oder weiterführende Literatur zum Lehrgang verwendet werden. Umgekehrt bietet der Lehrgang eine gute Einführung bzw. Ergänzung zu diesem Buch. Interessierte Leser können sich unter www.dgq.de über das Weiterbildungsangebot der DGQ informieren.

Zum Schluss möchte ich allen danken, die zu diesem Buch beigetragen haben, insbesondere der DGQ für die Genehmigung, Teile aus ihren Lehrgangsunterlagen zu verwenden, Herrn B. Schäfer von der Firma STATCON für seine vielen hilfreichen Anmerkungen, und Kollegen und Studenten der FH Aalen für ihre Anregungen.

Allen Lesern bin ich dankbar für konstruktive Anregungen und Kritik. Ich wünsche Ihnen viel Erfolg bei der Anwendung der Versuchsplanung.

Aalen, im Januar 2003   Wilhelm Kleppmann

Inhalt

---

[*] Für das Verständnis der folgenden Kapitel nicht erforderlich

---

* Für das Verständnis der folgenden Kapitel nicht erforderlich

1 Einführung

Dieses Kapitel beschreibt Prinzip und Hintergrund der Versuchsplanung. Unser Ziel ist es, Versuche so zu planen, dass wir die gewünschte Information mit einem Minimum an Zeit und Kosten erhalten.

1.1 Warum Versuche?

Unternehmen müssen sich im Wettbewerb am Markt behaupten. Dazu müssen ihre Produkte und Fertigungsprozesse ständig verbessert werden:

- Der Funktionsumfang der Produkte muss erhöht werden. Die Anforderungen der Kunden müssen immer besser erfüllt werden.

- Die Kosten müssen gesenkt werden, z.B. durch geringere Materialkosten oder höhere Ausbeute.

- Die Entwicklungszeit neuer Produkte und ihre Durchlaufzeit in der Fertigung müssen immer weiter verkürzt werden.

Diese Verbesserungen können nicht allein durch Analyse von Daten aus der Fertigung und kritisches Nachdenken erreicht werden. Dazu sind die Zusammenhänge in Entwicklung, Fertigung und Qualitätsmanagement zu kompliziert und vielschichtig. Um den Einfluss von Designänderungen auf die Eigenschaften eines neuen Produktes oder den Einfluss von Änderungen von Prozessparametern auf das Prozessergebnis zu bestimmen, sind gezielte Versuche notwendig.

Jede Neu- oder Weiterentwicklung durchläuft daher in einem „globalen Versuchsplan" eine Vielzahl von Versuchen (Pilotversuche, Prototypenversuche, Baumusterprüfungen, Dauerläufe, Zuverlässigkeitstests, Vorserien-Großversuche, Produktionsversuchsserien u.a.). Versuchsplanung (auch DOE = Design of Experiments genannt) hilft bei jedem dieser Schritte, gezielt zu besseren, wiederholbaren Ergebnissen zu gelangen.

1.2 Warum Statistik?

Trotz aller Sorgfalt erhält man bei der Wiederholung eines einzelnen Versuchs meist nicht genau den gleichen Zahlenwert als Ergebnis. Zufällige Unterschiede, z.B. bei Ausgangsmaterial, Umgebungsbedingungen und Messung, führen zu Unterschieden – die Versuchsergebnisse streuen.

Bild 1-1 zeigt ein Beispiel: Auf 30 Teilen wurde unter nominell gleichen Bedingungen galvanisch eine Schicht abgeschieden. Die gemessene Schichtdicke ist bei jedem Teil etwas anders, z.T. aufgrund echter Unterschiede in der Schicht, z.T. aufgrund von Unterschieden bei der Messung. Der Mittelwert der Schichtdicke beträgt in diesem Beispiel 30 µm – er beschreibt die Lage der Werte. Die Einzelwerte streuen um den Mittelwert. Die Standardabweichung der Schichtdicke beträgt 2 µm – sie ist ein Maß für die Breite des Bereichs, über den die Werte streuen. Ca. 2/3 der Einzelwerte liegen im Bereich Mittelwert ± Standardabweichung (hier 28 bis 32 µm).[1]

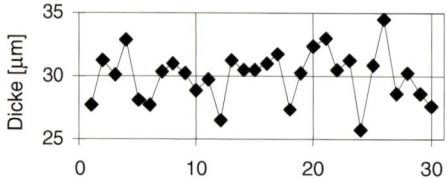

Bild 1-1
Dicke von 30 unter gleichen Bedingungen abgeschiedenen Schichten

Die Streuung der Werte ist kein Problem, wenn sie wesentlich kleiner ist als Unterschiede, die erkannt werden sollen. Bild 1-2 zeigt als Beispiel Messwerte von je 30 Teilen, die auf zwei verschiedenen Anlagen gefertigt wurden. Die Mittelwerte der Dicken betragen 30 µm bzw. 40 µm, die Standardabweichungen jeweils 2 µm. Auch ohne Einsatz statistischer Verfahren erkennt man in diesem Fall, dass die Teile von der einen Anlage eine größere Schichtdicke haben als die Teile von der anderen Anlage. Man kann sich eine Linie zwischen den beiden Messreihen denken, so dass alle Werte oberhalb der Linie zur einen Gruppe und alle Werte unterhalb zur anderen Gruppe gehören.

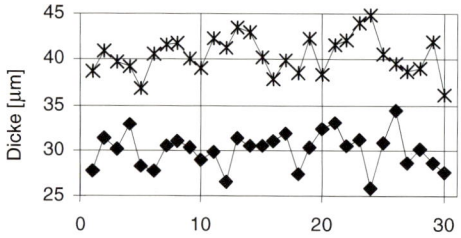

Bild 1-2
Zwei Messreihen mit Mittelwerten von 30 µm bzw. 40 µm und Standardabweichung von 2 µm

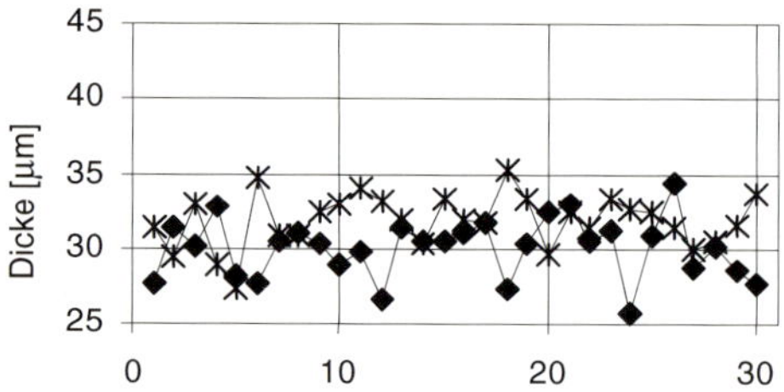

Bild 1-3
Zwei Messreihen mit Mittelwerten von 30 µm bzw. 32 µm und Standardabweichung von 2 µm

Häufig liegt jedoch eine Situation wie in Bild 1-3 vor. Es zeigt zwei Messreihen mit Mittelwerten von 30 µm bzw. 32 µm und Standardabweichungen von jeweils 2 µm (d.h. die Mittelwerte unterscheiden sich gerade um eine Standardabweichung). In Bild 1-3 ist der Unterschied zwischen den Anlagen nicht sofort erkennbar. Dies ist kein Problem, wenn der kleine Unterschied keine Auswirkungen auf die Produkteigenschaften hat. Ist der Unterschied von 2 µm jedoch relevant, so kommt man ohne den Einsatz statistischer Methoden leicht zum falschen Ergebnis.

---

[1] Hier soll nur das Prinzip erläutert werden, Einzelheiten siehe Kapitel 6.

Statistische Verfahren basieren auf zwei Prinzipien:

1. Man sichert sich gegen Fehlentscheidungen ab. Zwei Versuchsergebnisse werden nur dann als unterschiedlich akzeptiert, wenn der beobachtete Unterschied so groß ist, dass er nur mit ausreichend kleiner Wahrscheinlichkeit zufällig auftritt, obwohl in Wirklichkeit kein Unterschied besteht. So ermöglicht Statistik rationale Entscheidungen trotz Zufallsstreuung.

2. Der Mittelwert von mehreren Messungen streut weniger als die Einzelwerte, weil zufällige Abweichungen sich teilweise kompensieren. Je größer die Anzahl der Einzelwerte ist, desto kleiner ist die Streuung ihres Mittelwerts. Bild 1-4 zeigt als Beispiel das Verhalten der Mittelwerte von je 30 Werten, die einzeln streuen wie in Bild 1-3. Bei den Mittelwerten ist der Unterschied zwischen den Anlagen deutlich erkennbar.

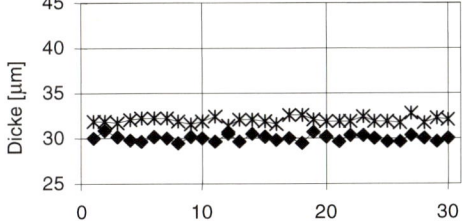

Bild 1-4
Mittelwerte von je 30 Einzelwerten, sonst wie Bild 1-3

Statistische Verfahren sind erforderlich,

* wenn bei den Versuchen Unterschiede zwischen Prozess- bzw. Produktvarianten erkannt werden sollen, die kleiner sind als ca. das Fünffache der Standardabweichung der Zufallsstreuung (d.h. kleiner als in Bild 1-2), oder

* wenn Unterschiede quantitativ ermittelt werden sollen, d.h. wenn man z.B. in Bild 1-2 angeben möchte, in welchem Bereich der wahre Unterschied zwischen den Schichtdicken mit einer bestimmten Wahrscheinlichkeit liegt.

Je kleinere Unterschiede man noch erkennen möchte bzw. je genauer man diese Unterschiede bestimmen möchte, desto größer ist der erforderliche Versuchsumfang. Als Daumenregel kann gelten:

Will man einen Unterschied von einer Standardabweichung (d.h. von 2 µm im obigen Beispiel) erkennen, so benötigt man ca. 30 Einzelwerte je Prozess- bzw. Produktvariante (vgl. Bild 1-4).

Begnügt man sich jedoch damit, einen Unterschied von zwei Standardabweichungen (d.h. von 4 µm im obigen Beispiel) zu erkennen, so benötigt man um den Faktor vier weniger Einzelversuche (d.h. ca. 8 je Prozess- bzw. Produktvariante).[1]

---

[1] Hier soll nur ein Gefühl für die Größenordnung des erforderlichen Versuchsumfangs vermittelt werden, Einzelheiten siehe Kapitel 6.

1.3   Warum Versuchsplanung?

Versuche kosten Zeit und Geld, daher soll die Anzahl der Einzelversuche (=Versuchsumfang) möglichst klein sein. Ist der Versuchsumfang jedoch zu klein, so erkennt man relevante Unterschiede oft nicht. Daher bedeutet Versuchsplanung zunächst – wie in Abschnitt 1.2 –, den richtigen Versuchsumfang festzulegen.

So sind z.B. 8 Einzelversuche je Variante erforderlich, wenn man einen Unterschied von zwei Standardabweichungen erkennen möchte. Sollen also z.B. zwei Anlagen mit dieser Genauigkeit verglichen werden, so benötigt man je 8 Einzelversuche bei Anlage 1 und bei Anlage 2 – insgesamt also 16 Einzelversuche.

Oft soll zusätzlich der Einfluss anderer Größen ermittelt werden. Man kann z.B. daran interessiert sein, ob eine Erhöhung der Temperatur von 30 °C auf 50 °C die Schichtdicke verändert.

In solchen Fällen wird häufig der Rat gegeben, immer nur eine der Größen Anlage und Temperatur (man nennt sie Faktoren[1]) zu verändern (One-factor-at-a-time, links in Bild 1-5). So kann die Ursache für eine Veränderung des Ergebnisses leicht zugeordnet werden. Diese Vorgehensweise hat jedoch eine Reihe von gravierenden Nachteilen:

• Für die gewünschte Genauigkeit benötigt man 8 Einzelversuche je Variante, also insgesamt 3x8=24 Einzelversuche. Mit jedem zusätzlichen Faktor nimmt diese Anzahl um 8 zu. Der Aufwand wird schnell sehr groß.

• Trotz dieses großen Aufwands erhält man z.B. keine Information über das Verhalten von Anlage 2 bei der Temperatur 50 °C. Hat die Erhöhung der Temperatur bei Anlage 2 den gleichen Effekt wie bei Anlage 1 oder nicht?

• Die Kombination Anlage 1 / Temperatur 30 °C hat eine größere Bedeutung als die anderen beiden Kombinationen.

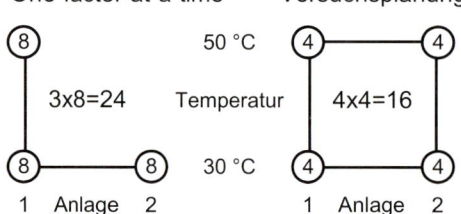

Bild 1-5
Vergleich von One-factor-at-a-time mit Versuchsplanung:
Mit Versuchsplanung erhält man mit weniger Einzelversuchen mehr Information.

Die Versuchsplanung dagegen empfiehlt, alle möglichen Kombinationen der Faktoren Anlage und Temperatur zu untersuchen (Bild 1-5 rechts), d.h. zusätzlich die Kombination Anlage 2 / Temperatur 50 °C. Auf den ersten Blick sieht das nach mehr Aufwand aus. Und außerdem wurden z.T. beide Größen gleichzeitig verändert. Wie kann man da die Einflüsse trennen?

---

[1] Definition der Begriffe in Kapitel 2.

Eine genauere Betrachtung zeigt jedoch, dass diese Vorgehensweise nur Vorteile hat:

- Insgesamt enthält der Versuchsplan nur $4 \times 4 = 16$ Einzelversuche, im Vergleich zu $3 \times 8 = 24$ bei One-factor-at-a-time. Trotzdem hat man 8 Wertepaare zur Berechnung des Einflusses der Anlage (man spricht vom „Effekt" der Anlage), nämlich 4 bei 30 °C und 4 bei 50 °C. Und man hat 8 Wertepaare zur Berechnung des Einflusses der Temperatur, nämlich 4 bei Anlage 1 und 4 bei Anlage 2. Die statistische Absicherung ist daher ebenso gut wie bei den 24 Einzelversuchen bei One-factor-at-a-time.

- Man hat auch Versuchsergebnisse bei Anlage 2 und 50 °C und kann so überprüfen, ob der Einfluss der Temperatur von der Anlage abhängt oder nicht.

- Der Versuchsplan ist ausgewogen, keine Kombination hat eine größere Bedeutung als die anderen.

Auf diese Weise erhält man mit weniger Einzelversuchen mehr Information. Das Geheimnis des Erfolgs liegt in der Ausgewogenheit des Versuchsplans rechts in Bild 1-5. Sie erlaubt es, jedes Versuchsergebnis für die Berechnung des Effekts der Anlage **und** des Effekts der Temperatur zu benutzen. Jedes Ergebnis wird somit mehrfach genutzt. Daraus resultiert dann die Einsparung.

Bei mehr als zwei Faktoren ist die Einsparung durch Versuchsplanung noch größer. Bei 4 Faktoren genügen z.B. immer noch nur 16 Einzelversuche, während bei One-factor-at-a-time $(4+1) \times 8 = 40$ Einzelversuche erforderlich sind.

Beim praktischen Einsatz der Versuchsplanung ergeben sich noch weitere Vorteile:

- Weil die Faktoren gleichzeitig verändert werden, muss bereits am Anfang festgelegt werden, was untersucht werden soll. Dies erzwingt eine systematische Vorgehensweise, ausgehend vom Untersuchungsziel. „Einfach einmal probieren" wird vermieden.

- Da der Aufwand von Anfang an besser abgeschätzt werden kann, ist eine verbesserte Kosten-Nutzen-Analyse bereits vor der Versuchsdurchführung möglich. Es wird vermieden, dass immer wieder „nur noch ein Versuch" durchgeführt wird und damit letztlich der Kosten- und Zeitrahmen überschritten wird.

- Die systematische Darstellung der Ergebnisse erlaubt eine bessere Ableitung von Maßnahmen aus den Ergebnissen – und nur Verbesserungsmaßnahmen rechtfertigen den Aufwand für eine Untersuchung.

- Die systematische Darstellung erleichtert die Dokumentation der Ergebnisse und damit die Übertragung der Erfahrungen auf zukünftige Entwicklungen und andere Benutzer (z.B. Urlaubsvertretung, Nachfolger).

Typische Anwender berichten (vgl. z.B. [1]) eine

- Verkürzung von Projektlaufzeiten um $40-75\%$ und

- Senkung der Versuchskosten um $40-75\%$.

1.4   Welche Art von Ergebnissen kann man erwarten?

Als Ergebnis der Versuchsplanung und der anschließenden Auswertung erhält man ein empirisches Modell, das den Zusammenhang zwischen den untersuchten Faktoren (z.B. Prozessparametern) und den Zielgrößen (z.B. Schichtdicke, Ausbeute, Messwerten für Produktmerkmale) quantitativ beschreibt.

Da es sich um ein empirisches Modell handelt, dessen mathematische Form vorgegeben werden muss, beschreibt es den experimentell ermittelten Zusammenhang

- nur im untersuchten Bereich, d.h. eine Extrapolation ist nicht zulässig,

- nur im Rahmen der Möglichkeiten der vorgegebenen Form und

- nur unter Berücksichtigung der Zufallsstreuung.

Trotz dieser Einschränkungen sind die Ergebnisse sehr wertvoll für die Produkt- bzw. Prozessoptimierung. Bild 1-6 zeigt als Beispiel ein Teilergebnis einer Untersuchung zum Laserschneiden von Aluminiumblech. In Kapitel 11 wird dieses Beispiel ausführlich behandelt.

Durch den Laser wird das Aluminium geschmolzen. Druckgas entfernt das geschmolzene Material und führt so zur Trennung. Leider erstarrt ein Teil dieses Materials bereits an der Schnittkante wieder und bildet dort einen Grat oder Bart (Verletzungsrisiko). Ziel ist ein bartfreier Schnitt und gleichzeitig eine möglichst geringe Oberflächenrauheit. Dazu wurden u.a. die Prozessparameter (=Faktoren) Laserleistung und Schneidgeschwindigkeit im Rahmen eines Versuchsplans verändert. Für jede Kombination von Prozessparametern im Versuchsplan wurden die mittlere Barthöhe und Oberflächenrauheit gemessen. An die Ergebnisse wurde ein quadratisches Modell angepasst.

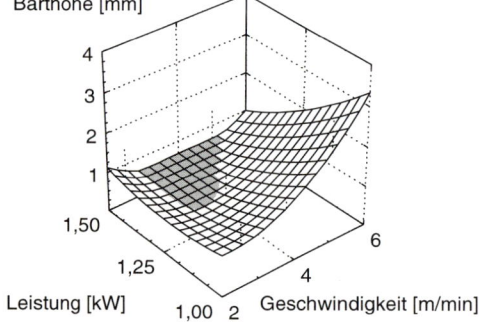

Bild 1-6
Beispiel für Teilergebnis
(Wirkungsfläche)

Bild 1-6 zeigt die Abhängigkeit der Barthöhe von Laserleistung und Schneidgeschwindigkeit in diesem Modell, wenn die anderen Prozessparameter festgehalten werden. Man erkennt sofort, dass eine hohe Laserleistung (1,5 kW ist die Maximalleistung des verwendeten Lasers) und eine mittlere Schneidgeschwindigkeit bezüglich der Barthöhe günstig sind. Im dunkler markierten Bereich tritt kein Bart auf. Mit abnehmender Laserleistung nimmt die optimale Schneidgeschwindigkeit ab.

Ähnliche Darstellungen erhält man natürlich auch für die Abhängigkeit der Barthöhe von den anderen Prozessparametern und für die Abhängigkeit der Rauheit von den Prozessparametern. Aus solchen Darstellungen kann man erkennen,

- welche Werte der Prozessparameter besonders günstig für die verschiedenen Zielgrößen sind,

- welche Kompromisse zwischen evtl. widersprüchlichen Anforderungen aus den verschiedenen Zielgrößen nötig bzw. möglich sind, und

- in welche Richtung evtl. noch weitere Verbesserungen möglich sind (in diesem Beispiel könnte man sich überlegen, ob es sich lohnt, einen Laser mit höherer Leistung einzusetzen).

Im Beispiel von Bild 1-6 war das Hauptziel, die Abhängigkeit der Zielgrößen Barthöhe und Rauheit von den Prozessparametern quantitativ (empirisch) zu erfassen. Aus dieser quantitativen Beschreibung der Abhängigkeit lassen sich dann Verbesserungsmaßnahmen für den Prozess ableiten. Für diese Art von Fragestellung sind die sogenannten **klassischen Methoden** der Versuchsplanung besonders geeignet.

Häufig ist das Hauptziel eine möglichst geringe Abhängigkeit von Störgrößen. Im Fall eines Fertigungsprozesses kann dies z.B. bedeuten, dass das Prozessergebnis möglichst wenig von Schwankungen der Prozessparameter, der Umgebungsbedingungen oder des Ausgangsmaterials beeinflusst wird. Im Fall eines Produktes kann dies auch eine möglichst geringe Abhängigkeit von den Einsatzbedingungen (z.B. Versorgungsspannung und Umgebungstemperatur bei einer elektronischen Schaltung) sein. Man spricht dann von robusten Prozessen bzw. Produkten. Für diese Fragestellung sind die **Methoden nach G. Taguchi** besonders geeignet.

In wieder anderen Fällen möchte man mit möglichst einfachen Mitteln und geringem Aufwand die wichtigsten Größen identifizieren, die die Streuung verursachen. Für diese Fragestellung sind (zumindest als Ansatzpunkt) die **Methoden nach D. Shainin** besonders geeignet.

Insgesamt betrachtet ist Versuchsplanung eine Sammlung von Ideen und Verfahren zur systematischen Verbesserung. Versuchsplanung ist ein Werkzeugkasten – einzelne Werkzeuge sind nicht besser oder schlechter als andere, sondern mehr oder weniger gut für die Lösung bestimmter Aufgaben geeignet. Ziel dieses Buches ist es, die Werkzeuge zu beschreiben und bei der Auswahl des jeweils geeigneten Werkzeugs zu helfen. Häufig ist es sinnvoll, verschiedene Werkzeuge nacheinander zu verwenden.

1.5   Versuche oder systematische Beobachtung?

Geplante Versuche sind immer mit Aufwand verbunden. Daher stellt sich manchmal die Frage, ob es nicht ausreicht, die Fertigung eines Produktes systematisch zu beobachten und Ursache-Wirkungs-Zusammenhänge aus der gemeinsamen Veränderung von Prozessparametern und Ergebnissen (Korrelation) zu erkennen.

Nachteil dieser Vorgehensweise ist, dass eine solche Korrelation viele Ursachen haben kann und kein Beweis für einen Ursache-Wirkungs-Zusammenhang ist.

> **Beispiel**
>
> Bei einer chemischen Reaktion ist ein Ausgangsstoff manchmal verunreinigt. Die Verunreinigung führt einerseits zu einer Verringerung der Ausbeute, andererseits zu Schaumbildung. Um die Schaumbildung zu unterdrücken, wird dann der Druck erhöht.
>
> Trägt man nun die Ausbeute gegen den Prozessparameter Druck auf, so ist bei hohem Druck immer die Ausbeute schlecht – man beobachtet eine deutliche Korrelation zwischen Druck und Ausbeute. Es besteht jedoch kein Ursache-Wirkungs-Zusammenhang. Vielmehr ist die Verunreinigung die gemeinsame Ursache für den hohen Druck und die schlechte Ausbeute.

Bei geplanten Versuchen werden die Prozessparameter gezielt verändert. Wenn die Änderung der Ergebnisse (Zielgrößen) durch die Änderung der Prozessparameter an- und wieder abgeschaltet werden kann, ist der Ursache-Wirkungs-Zusammenhang dadurch nachgewiesen. Allerdings kann nur der Effekt derjenigen Prozessparameter (Faktoren) erkannt werden, die im Versuchsplan enthalten sind.

Daraus resultiert folgende Arbeitsteilung:

* Systematische Beobachtung gibt – neben Expertenwissen, Erfahrung, u.ä. – Hinweise auf vermutlich wichtige Einflussgrößen (vgl. Kapitel 4 und 10),
* die dann als Faktoren in geplante Versuche aufgenommen werden (vgl. z.B. Kapitel 3, 5, 7).

1.6   Versuchsplanung und Six-Sigma-Strategie

In den letzten Jahren gewann die Six-Sigma-Strategie weite Verbreitung als einheitlicher Ansatz zur Beurteilung und Verbesserung aller Prozesse in einem Unternehmen [2, 3]. Eine Prozessverbesserung nach der Six-Sigma-Strategie besteht aus den fünf Phasen DMAIC:

* Definieren (**D**efine):
  Kunden und seine Anforderungen identifizieren, den zu verbessernden Prozess beschreiben und das Verbesserungsziel festlegen
* Messen (**M**easure):
  Messgrößen zur Beurteilung des Prozessergebnisses (Zielgrößen) festlegen, Messmittelfähigkeit und Prozessfähigkeit (σ-Niveau) bestimmen

- Analysieren (**A**nalyse):
  Systematische Beobachtung des Prozesses, Datensammlung und Suche nach Zusammenhängen zwischen Prozessparametern (Inputs) und Zielgrößen (Outputs)

- Verbessern (**I**mprove):
  Versuchsplanung und -auswertung, um Ursache-Wirkungs-Zusammenhänge zwischen Prozessparametern und Zielgrößen quantitativ zu bestimmen und daraus Verbesserungen abzuleiten

- Regeln (**C**ontrol):
  Prozessregelung, um die erreichte Verbesserung auf Dauer beizubehalten.

Schwerpunkt des Taschenbuch Versuchsplanung sind die Schritte „Analyse" (Kapitel 4 und 10) und „Improve" (ab Kapitel 5), die Vorbereitungsphasen „Define" und „Measure" werden in Kapitel 3 angesprochen, „Control" wird hier nicht behandelt.

Während der Schwerpunkt der Six-Sigma-Literatur auf den organisatorischen und strategischen Aspekten liegt, wird hier die praktische Anwendung der Versuchsplanung als Weg zur Prozessverbesserung beschrieben.

Literatur

[1] Barker, T.B.: Quality by Experimental Design. Marcel Dekker, New York 1985

[2] Magnusson, K., Kroslid, D., Bergman, B.: Six Sigma umsetzen. Carl Hanser Verlag, München 2. Auflage 2003

[3] Harry, M., Schroeder, R.: Six Sigma. Campus Verlag, Frankfurt 2000

2 Ausgewählte Begriffe

Dieses Kapitel erläutert einige Begriffe und ihre Anwendung in der Versuchsplanung.

Um die Begriffe möglichst anschaulich erläutern zu können, wird zunächst je ein Beispiel aus der Produktentwicklung und aus der Prozessentwicklung bzw. Fertigung beschrieben.

1. Optimierung einer Pumpenkonstruktion

Ausgehend von einer vorhandenen Pumpenkonstruktion soll eine ähnliche Pumpe mit um mindestens 2 % verbessertem Wirkungsgrad und 10 % niedrigeren Herstellungskosten entwickelt werden. Das Saugvermögen soll möglichst nahe bei einem vorgegebenen Wert liegen.

Um den Einfluss verschiedener Konstruktionsparameter wie Gehäuse-, Steuerscheiben- und Schaufelradgeometrie zu untersuchen, werden diese in einem Versuch systematisch verändert. Für jede untersuchte Kombination von Konstruktionsparametern werden Saugvermögen und Wirkungsgrad der Pumpe gemessen. Die erwarteten Herstellungskosten werden von der Fertigungsabteilung geschätzt.

2. Optimierung eines chemischen Abscheideprozesses

Bei der Fertigung von integrierten Bauelementen (ICs) werden viele Schichten chemisch abgeschieden. Dazu werden z.B. 100 hintereinander aufgestellte Halbleiterscheiben gleichzeitig in einem Rohrofen auf hohe Temperatur erhitzt, durch den ein Gemisch aus Trägergas und verschiedenen Reaktionsgasen gepumpt wird. Bei der hohen Temperatur im Rohrofen zersetzen sich die Reaktionsgase. Zersetzungsprodukte scheiden sich auf den Scheiben ab, und eine Schicht wächst auf.

Ziel ist es, bei möglichst hoher Abscheiderate eine qualitativ hochwertige Schicht zu erhalten, deren Dicke nur geringfügig von der Position auf der Scheibe (Mitte oder Rand) und der Position der Scheibe im Ofen (vorne – mitten – hinten, in Strömungsrichtung der Reaktionsgase gesehen) abhängt.

Bei den Versuchen werden die Temperatur im Ofen (in verschiedenen Heizzonen), der Druck und die Durchflussmengen verschiedener Reaktionsgase verändert. Gemessen wird jeweils die Dielektrizitätskonstante der abgeschiedenen Schicht (sie gibt Aufschluss über die Qualität der Schicht) und die Dicke der Schicht in der Mitte und am Rand auf mehreren Scheiben, die an definierten Stellen im Ofen standen.

2.1 Zielgrößen

Zielgrößen beschreiben das Ergebnis eines Versuchs. Zielgrößen können Messwerte sein, aber auch Größen, die aus einem oder mehreren Messwerten errechnet werden. Bei einem Versuch können mehrere Zielgrößen bestimmt werden.

1. Zielgrößen im Pumpenbeispiel

Wirkungsgrad, Saugvermögen und Herstellungskosten.

Das Saugvermögen wird direkt gemessen. Der Wirkungsgrad wird aus Messwerten wie Leistungsaufnahme, Förderhöhe u.ä., die Herstellungskosten werden aus Teilekosten und Montageaufwand berechnet.

2. Zielgrößen im Abscheidebeispiel

Dielektrizitätskonstante (als Indikator für die Qualität), mittlere Abscheiderate und Streuung der Abscheiderate (z.B. die Differenz zwischen Mitte und Rand auf einer Scheibe, die Differenz zwischen Scheiben von verschiedenen Positionen im Ofen).

Die Dielektrizitätskonstante wird direkt gemessen. Die Abscheiderate wird aus der Schichtdicke und der Abscheidezeit berechnet. Mittlere Abscheiderate und Streuung der Abscheiderate werden jeweils aus mehreren Messwerten berechnet.

2.2   Einflussgrößen

Einflussgrößen sind Größen, die die Versuchsergebnisse (Zielgrößen) möglicherweise beeinflussen.

1. Einflussgrößen im Pumpenbeispiel

Die verschiedenen Konstruktionsparameter wie Gehäuse-, Steuerscheiben- und Schaufelradgeometrie, die im Versuch verändert werden, aber auch weitere Konstruktionsparameter, die das Ergebnis ebenfalls beeinflussen würden. Außerdem können z.B. auch Einsatzbedingungen oder Montagebedingungen Einflussgrößen sein.

2. Einflussgrößen im Abscheidebeispiel

Die Temperatur im Ofen (in verschiedenen Heizzonen), der Druck und die Durchflussmengen verschiedener Reaktionsgase, aber auch die Position auf der Scheibe, die Position der Scheibe im Ofen, Umgebungsbedingungen, die chemische Zusammensetzung der Reaktionsgase, das Trägergas, die Hersteller der Gase und der Scheiben usw.

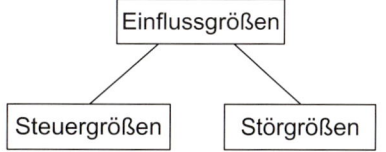

Bild 2-1
Einflussgrößen werden von G. Taguchi in Steuergrößen und Störgrößen unterteilt

2.3   Steuergrößen

Steuergrößen sind Einflussgrößen, deren Wert für das Produkt bzw. den Fertigungsprozess auf einen bestimmten Wert eingestellt und dort (in gewissen Grenzen) gehalten werden kann (Konstruktions- bzw. Prozessparameter, Bild 2-1).

1. Steuergrößen im Pumpenbeispiel

Die verschiedenen Konstruktionsparameter wie Gehäuse-, Steuerscheiben- und Schaufelradgeometrie, die im Versuch verändert werden, aber auch weitere Konstruktionsparameter, die das Ergebnis ebenfalls beeinflussen würden. Aufgabe der Entwicklung ist es, geeignete Werte für die Steuergrößen festzulegen.

2. Steuergrößen im Abscheidebeispiel

Prozessparameter, wie die Temperatur im Ofen (in verschiedenen Heizzonen), der Druck und die Durchflussmengen verschiedener Reaktionsgase, die chemische Zusammensetzung der Reaktionsgase, das Trägergas usw. Für die Fertigung werden geeignete Werte für die Steuergrößen festgelegt.

2.4 Störgrößen

Störgrößen sind Einflussgrößen, deren Wert für das Produkt bzw. den Fertigungsprozess nicht vorgegeben werden kann (oder z.B. aus Kostengründen nicht vorgegeben werden soll, Bild 2-1).

1. Störgrößen im Pumpenbeispiel

Einsatzbedingungen beim Kunden (z.B. Umgebungstemperatur, Führung der Saug- und Druckleitung) oder Montagebedingungen, die nicht vorgegeben werden können; aber auch die zufällige Abweichung eines Konstruktionsparameters von seinem Sollwert (innerhalb der Spezifikation) wirkt wie eine Störgröße.

2. Störgrößen im Abscheidebeispiel

Die Position auf der Scheibe, die Position der Scheibe im Ofen, Umgebungsbedingungen; aber auch die zufällige Abweichung eines Prozessparameters wie der Temperatur von seinem Sollwert wirkt wie eine Störgröße.

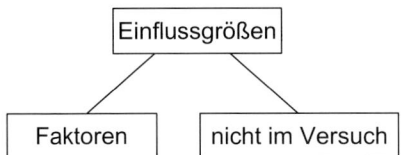

Bild 2-2
Einflussgrößen, die für den Versuch ausgewählt werden, heißen Faktoren

2.5 Faktoren

Aus der Vielzahl der Einflussgrößen werden für den Versuch die vermuteten wesentlichen Einflussgrößen ausgewählt. Diese für den Versuch ausgewählten Einflussgrößen heißen Faktoren (Bild 2-2).

1. Faktoren im Pumpenbeispiel

Die verschiedenen Konstruktionsparameter wie Gehäuse-, Steuerscheiben- und Schaufelradgeometrie, die im Versuch verändert werden.

2. Faktoren im Abscheidebeispiel

Die Temperatur im Ofen (in verschiedenen Heizzonen), der Druck und die Durchflussmengen verschiedener Reaktionsgase. Die Position auf der Scheibe und die Position der Scheibe im Ofen können je nach Auswertung ebenfalls als Faktoren betrachtet werden.

Hinweis

Für den Versuch ausgewählte Steuergrößen heißen Steuerfaktoren. In einem Versuch können auch Störgrößen als Faktoren verändert werden, sie heißen Rauschfaktoren. Ziel des Versuchs ist es dann, Einstellungen der Steuerfaktoren zu finden, bei denen sich die Rauschfaktoren möglichst wenig auswirken.

2.6 Faktorstufen

Nach der Auswahl der Faktoren muss festgelegt werden, welche Werte die Faktoren im Versuch annehmen sollen. Diese ausgewählten Werte werden als Stufen bezeichnet.

1. Faktorstufen im Pumpenbeispiel

Das Gehäuse kann im Versuch z.B. an einer bestimmten Stelle eine Nut haben oder nicht, die Stufen für den Faktor „Gehäusenut" sind dann „mit Nut" und „ohne Nut".

„Gehäusenut" ist ein Beispiel für einen qualitativen Faktor: Er kann nur bestimmte Werte annehmen, die man nicht auf einer Skala ordnen kann.

Ähnlich müssen für alle Faktoren mindestens zwei Stufen festgelegt werden.

2. Faktorstufen im Abscheidebeispiel

Die Temperatur kann z.B. die Stufen 700 °C und 720 °C haben, d.h. ein Teil (normalerweise die Hälfte) der Versuche wird bei 700 °C, der Rest bei 720 °C durchgeführt.

Der Druck kann z.B. die Stufen 130 mbar und 160 mbar haben usw.

Temperatur und Druck sind Beispiele für quantitative Faktoren. Für sie gibt es eine Messskala.

3 Vorgehensweise im Überblick

In diesem Kapitel werden die Einzelschritte beschrieben, aus denen ein geplanter Versuch besteht (siehe auch [1 – 4]). Der Schwerpunkt liegt hier auf der Vorbereitung und Nachbereitung. Die eigentliche Versuchsplanung und die Auswertung der Ergebnisse werden später im Detail beschrieben.

Ein wesentlicher Aspekt der Versuchsplanung ist, dass bereits in der Planungsphase alle Betroffenen mit eingebunden werden. Soll z.B. die Entwicklungsabteilung eine Untersuchung zu einem neuen Produkt durchführen, so müssen die Anforderungen (Untersuchungsziele) mit dem Marketing abgestimmt sein, damit das Produkt die Wünsche der Kunden erfüllt, und mit der Fertigung, damit das Produkt kostengünstig gefertigt werden kann. Die beteiligten Mitarbeiter aus den betroffenen Bereichen müssen zwar keine Versuchsplanung im Detail durchführen können, sollen jedoch einen Überblick über Vorgehensweise und Möglichkeiten der Versuchsplanung haben. Dann können sie besser zur Definition der Untersuchungsziele beitragen.

Ziel dieses Kapitels ist es, den so von der Untersuchung Betroffenen genügend Information zu geben, dass sie gezielt zur Vorbereitung, insbesondere zur Definition der Untersuchungsziele, beitragen können.

3.1 Ausgangssituation beschreiben

Zur Vorbereitung einer Untersuchung gehört, dass man sich zunächst Rechenschaft ablegt über das Umfeld. Dazu gehören folgende Fragen:

- Wer ist der Kunde?

  Für wen wird die Untersuchung gemacht? Was stört ihn? Was braucht er? Was ist ihm eine Verbesserung wert? Die Kundenorientierung hilft bei der Formulierung der Ziele und beim Setzen von Prioritäten. Der Kunde kann extern oder firmenintern sein.

- Was ist die langfristige Zielsetzung?

  Jede Untersuchung kostet Zeit und Geld. Sie ist daher nur zu verantworten, wenn sie einen entsprechenden Nutzen bringt. Um den Nutzen einer Untersuchung beurteilen zu können, muss sie in eine Gesamtstrategie eingeordnet sein.

- Welches (Teil-)Problem soll durch die jetzt geplante Untersuchung gelöst werden?

  Insbesondere bei komplexen Problemen ist es sinnvoll, sie in überschaubare Teile zu zerlegen und in mehreren Schritten vorzugehen. So kann das Ergebnis des einen Schrittes bei der Planung des nächsten berücksichtigt werden und jeder Einzelschritt bleibt einfach.

- Wie viel Zeit und Geld stehen maximal zur Verfügung?

  Bei der Verbesserung von Fertigungsprozessen hängt dies von der erzielbaren Einsparung und Wertsteigerung ab. Einsparungen können z.B. durch geringeren Ausschuss, niedrigere Materialkosten oder kürzere Bearbeitungszeiten erzielt werden. Eine Wertsteigerung ergibt sich z.B. bei einer leichteren Verarbeitbarkeit in Folgeprozessen.

  Bei der Produktentwicklung hängt dies von der erwarteten Wertsteigerung aus Sicht des Kunden oder von der Kosteneinsparung ab.

  Normalerweise besteht eine Optimierung aus mehreren Einzelschritten. Der Aufwand für einen einzelnen Versuchsplan sollte daher ca. ein Drittel des maximalen Aufwands nicht übersteigen.

  Für die spätere Dokumentation der Ergebnisse wird empfohlen, die Ausgangssituation quantitativ zu erfassen. So wird eine Kosten-Nutzen-Analyse möglich.

- Wer ist von der geplanten Untersuchung betroffen – und: Sind alle eingebunden?

  Um eine falsche oder unvollständige Zielsetzung zu vermeiden, müssen alle Betroffenen eingebunden sein. Die Entwicklungsabteilung kann z.B. Untersuchungsziele nicht ohne Berücksichtigung der Kundenwünsche (Marketing) und der Möglichkeiten der Fertigung und Zulieferer festlegen.

  Für Versuche in der Fertigung ist der wichtigste Teilnehmer der Mann vor Ort, wie z.B. der Anlagenbediener. Er kennt das Problem am besten. Außerdem ist psychologisch wichtig, dass er aktiv mitwirkt und weiß, worum es geht. Ihm soll geholfen werden. Er muss diese Hilfe aber auch akzeptieren.

- Wer ist für das Projektmanagement verantwortlich?

  Zielsetzung, Randbedingungen u.ä. werden im Team festgelegt. Aber einer muss für das Gesamtprojekt verantwortlich sein. Er kümmert sich um die Einhaltung des Termin- und Kostenplans. Er überwacht das Gesamtprojekt („Kümmerer", bei SixSigma: Black Belt).

- Was ist über das zu untersuchende Problem bereits bekannt?

  Das Rad muss nicht noch einmal erfunden werden. Es ist wichtig, dass Erfahrungen mit ähnlichen Problemen aus der Vergangenheit berücksichtigt werden. Oft finden sich auch in der Fachliteratur nützliche Hinweise.

  Eine Darstellung des Prozessablaufs (z.B. als Flussdiagramm) hilft, die Diskussion im Team zu fokussieren. Bereits bekannte Zusammenhänge und noch offene Fragen können übersichtlich eingetragen werden.

  Systematische Beobachtung (Kapitel 4) kann wertvolle Hinweise für die Planung aktiver Versuche liefern. Bereits vorliegende Daten sollten daraufhin analysiert werden, ob sie Hinweise auf die Problemursachen geben (Vorsicht, auf Scheinkorrelationen achten!).

3.2   Untersuchungsziel festlegen

Vor Beginn der detaillierten Planung müssen sich alle Betroffenen über das Untersuchungsziel einig sein. Ohne eine solche Einigung werden die Ergebnisse unbefriedigend bleiben.

Dieser Schritt ist eine große Kunst. Er erfordert sowohl Sachkenntnis als auch Fingerspitzengefühl im Umgang mit den Betroffenen. Oft müssen gegensätzliche Abteilungsinteressen miteinander vereinbart werden.

Da es verschiedene Methoden der Versuchsplanung gibt, die jeweils für unterschiedliche Fragestellungen optimal sind, werden hier als Hilfe bei der Festlegung des Untersuchungsziels die verschiedenen grundsätzlichen Möglichkeiten kurz vorgestellt:

3.2.1 Optimale Lage des Mittelwerts

Das Prozessergebnis oder ein Produktparameter soll einen bestimmten Wert annehmen. In diesem Fall ist das Prozessergebnis bzw. der Produktparameter selbst eine geeignete Zielgröße. Aus statistischen Gründen wird dann meist der Mittelwert betrachtet.

Beispiele

* Der Wirkungsgrad einer Pumpe soll möglichst hoch sein.
* Der Mittelwert für das Saugvermögen einer Pumpe soll möglichst nahe an einem vorgegebenen Wert sein.
* Die Abscheiderate soll möglichst hoch sein.
* Die Ausbeute einer chemischen Reaktion soll möglichst hoch sein.

In der Untersuchung möchte man ermitteln, wie der Mittelwert von den verschiedenen Faktoren abhängt. Aus dieser Abhängigkeit ergeben sich dann optimale Einstellungen für die Faktoren.

Häufig sollen mehrere Zielgrößen gleichzeitig optimiert werden. Faktoreinstellungen, die für eine Zielgröße optimal sind, sind dann für andere Zielgrößen meist nicht gleichzeitig optimal. Aus der quantitativen Kenntnis der Abhängigkeiten aller Zielgrößen von den Faktoren kann man bei Zielkonflikten optimale Kompromisse finden.

Beispiele

* Bei der Entwicklung einer neuen Pumpe sollen eine vorgegebene Förderhöhe und Fördermenge bei möglichst geringer Leistungsaufnahme und möglichst geringen Fertigungskosten erreicht werden. Dazu wird die Abhängigkeit der Zielgrößen Förderhöhe, Fördermenge, Leistungsaufnahme und Fertigungskosten von verschiedenen Konstruktionsparametern (Faktoren) untersucht.
* Bei einem Fertigungsprozess treten verschiedene Fehlerarten auf. Das Problem ist, dass Einstellungen der Prozessparameter, die für eine Fehlerart günstig sind, für andere Fehlerarten u.U. ungünstig sind. Gesucht wird eine Kompromisseinstellung, die die gesamten Fehlerkosten minimiert. Dazu wird die Abhängigkeit der verschiedenen Fehlerarten von den Prozessparametern untersucht.

- Für eine neue Infrarotlötanlage soll die Abhängigkeit der Temperatur an verschiedenen Stellen auf der Leiterplatte von der Transportgeschwindigkeit und der Temperatur der Infrarotstrahler an verschiedenen Stellen in der Anlage bestimmt werden. Ziel ist ein bestimmter zeitlicher Verlauf der mittleren Temperatur auf der Leiterplatte und die Minimierung der Temperaturdifferenz auf der Leiterplatte.

Für die quantitative Bestimmung der Abhängigkeit der Mittelwerte von den Faktoren bieten die **klassischen Methoden** der Versuchsplanung die besten und vielseitigsten Möglichkeiten. Diese werden vor allem in den Kapiteln 6 bis 8 und 10 bis 15 ausführlich behandelt.

3.2.2 Reduzierung der Streuung/Robustheit

In der Fertigung ist oft weniger die Lage des Mittelwerts des Prozessergebnisses problematisch als dessen Streuung. Die Streuung bestimmt z.B. die Prozessfähigkeit. Soll die Streuung reduziert werden, so ist die Standardabweichung von mehreren Versuchsrealisierungen eine geeignete Zielgröße.

Beispiele

- Das Saugvermögen einer Pumpe ist spezifiziert mit $1700-1750$ m^3/h. Aufgrund kleiner, zufälliger Unterschiede der Einzelkomponenten und der Montagebedingungen hat nicht jede gefertigte Pumpe genau das gleiche Saugvermögen. Zur Erhöhung der Prozessfähigkeit soll die Zufallsstreuung des Saugvermögens reduziert werden.
- Der Durchmesser von Wellen nach dem Schleifen streut zu stark, die Streuung soll reduziert werden.

In diesen Beispielen ist man an der Streuung des Ergebnisses interessiert. Die Ursachen für die Streuung sind unbekannt, es handelt sich um Unterschiede zwischen Teilen, die unter gleichen Bedingungen gefertigt wurden.

G. Taguchi hat diese Idee noch weiter entwickelt. Häufig sind einige wenige Störgrößen für einen großen Teil der Streuung verantwortlich. Dann kann man gezielt nach Einstellungen von Steuergrößen suchen, bei denen sich eine Veränderung dieser Störgrößen im üblichen Bereich möglichst wenig auswirkt. Taguchi verwendet dafür den Begriff Robustheit.

Ein robuster Prozess ist ein Prozess, dessen Ergebnis möglichst wenig von bestimmten Störgrößen abhängt. Ein robustes Produkt ist ein Produkt, dessen Eigenschaften möglichst wenig von bestimmten Störgrößen (d.h. bestimmten Fertigungs- oder Einsatzbedingungen) abhängen.

Beispiele

- Die Streuung der Schichtdicke auf einer Halbleiterscheibe soll minimiert werden (es gibt systematische Unterschiede zwischen Mitte und Rand der Scheibe, die Unterschiede sind nicht zufällig).
- Der Einfluss der Umgebungstemperatur und der Eingangsspannung auf die Ausgangsspannung einer elektronischen Schaltung soll minimiert werden.

Prozessparameter
Umgebungsbedingungen
Materialeigenschaften u.a.

Zielgrößen

Bild 3-1   Untersuchungsziel nach G. Taguchi

Bild 3-1 erläutert die Zielsetzung von G. Taguchi: Die Steuergrößen (z.B. Prozessparameter) sind so festzulegen, dass trotz zufälliger Streuung dieser Größen um ihren Sollwert und/oder trotz der Streuung von Störgrößen (z.B. Umgebungsbedingungen, Materialeigenschaften) die Werte der Zielgrößen nur wenig streuen. Dadurch kann der Aufwand zur Begrenzung der Streuung reduziert (Kosteneinsparung) und trotzdem gute Qualität an den Kunden geliefert werden.

Die Behandlung der Streuung als Zielgröße und die Besonderheiten der Vorgehensweise nach G. Taguchi werden in Kapitel 9 beschrieben. Als Grundlage dienen die in den Kapiteln 7 und 8 behandelten Versuchspläne.

3.2.3 Erkennen der wichtigsten Störgrößen in der Fertigung

Manchmal werden Probleme erst in der Fertigung erkannt. Die Fertigungsstreuung ist zu groß oder sporadische Fertigungseinbrüche treten auf. Dann möchte man mit möglichst einfachen Mitteln erkennen, welche Störgrößen dafür vor allem verantwortlich sind. Diese Störgrößen können dann gezielt überwacht (enger toleriert) werden. Dies ist zwar mit Kosten verbunden, sie werden aber in Kauf genommen, um den Versuchsaufwand gering zu halten.

Ziel der Methoden von **D. Shainin** ist es, durch eine systematische Beobachtung der Fertigung und einfache Versuche herauszufinden, welche Störgrößen besonders wichtig sind.

Diese Vorgehensweise unterscheidet sich wesentlich von der bei den anderen Methoden. Der Rest dieses Kapitels ist daher nicht direkt anwendbar. Einem Anwender, der sich zunächst auf gezielte Beobachtung seiner Fertigung und einfache Versuche beschränken möchte, wird daher empfohlen, zunächst Kapitel 4 und 5 zu lesen. Dort werden die Besonderheiten der Vorgehensweise nach D. Shainin beschrieben.

In günstigen Fällen führt diese Vorgehensweise sehr rasch und mit geringen Kosten zum Erkennen und Beseitigen der Probleme. In weniger günstigen Fällen erleichtern die Ergebnisse wenigstens die Festlegung der Zielgrößen und Faktoren in Abschnitt 3.3.

3.2.4   Gleichzeitig fertigen und lernen

Neue Fertigungsverfahren werden oft in einer Pilotlinie entwickelt und optimiert. Einstellungen der Prozessparameter, die in der Pilotlinie optimal waren, müssen in der großtechnischen Fertigungslinie nicht optimal sein. Durch systematische Veränderung der Prozessparameter innerhalb ihrer Spezifikation in der laufenden Fertigung kann man Verbesserungsmöglichkeiten erkennen. Die Fertigung liefert so gleichzeitig das Produkt und Information über Verbesserungsmöglichkeiten.

Diese Optimierungsstrategie wird mit Evolutionary Operations (**EVOP**) bezeichnet und in Abschnitt 16.1 behandelt. Grundlage sind Versuchspläne aus Kapitel 7.

3.2.5 Funktion und Zuverlässigkeit nachweisen

Bevor ein neues Produkt freigegeben werden kann, ist nachzuweisen, dass es unter allen spezifizierten Einsatzbedingungen bestimmungsgemäß funktioniert und eine ausreichende Zuverlässigkeit erreicht.

Das Problem besteht nun darin, dass die Einsatzbedingungen durch viele verschiedene Größen beschrieben werden, wie z.B. Umgebungstemperatur, Luftfeuchtigkeit, Versorgungsspannung, Last, Details der Systemkonfiguration. Für all diese Größen sind Bereiche spezifiziert und das Produkt muss für beliebige Konfigurationen funktionieren – aber häufig ist nicht klar, welche Kombination von Einsatzbedingungen die ungünstigste ist.

Abschnitt 8.4 zeigt, wie mit relativ wenigen Einzelversuchen (fast) alle Extremkombinationen von beliebigen drei oder vier dieser Größen erfasst werden können.

3.3 Zielgrößen und Faktoren festlegen

Im folgenden werden Hinweise zur Auswahl geeigneter Zielgrößen, Faktoren und Faktorstufen gegeben. Die geeignete Auswahl dieser Größen ist entscheidend für den Erfolg einer Versuchsplanung. Die Auswahl sollte daher mit besonderer Sorgfalt erfolgen.

3.3.1 Auswahl der Zielgrößen

Bei der Auswahl der Zielgrößen ist auf folgende Aspekte zu achten:

- Kundenorientierung/Relevanz

  Zielgrößen müssen die Probleme des Kunden abbilden und in möglichst engem Zusammenhang zu den Untersuchungszielen stehen.

- Quantifizierung

  Zielgrößen sollten möglichst quantitative Größen sein. Messwerte (oder daraus berechnete quantitative Größen) enthalten wesentlich mehr Information als Gut/Schlecht-Aussagen. Daraus ergibt sich eine kleinere Zufallsstreuung und damit ein kleinerer Versuchsumfang. Bei nicht direkt messbaren Größen kann man sich mit Noten behelfen. Eine Abstufung von 1 bis 6 enthält mehr Information als nur bestanden/nicht bestanden.

- Vollständigkeit

  Alle wesentlichen Prozessergebnisse bzw. Produkteigenschaften müssen als Zielgrößen erfasst werden. Es ist wichtig, dass nicht nur die momentan problematischen Größen berücksichtigt werden, denn bei der Optimierung bezüglich dieser Größen könnte sich ansonsten eine andere Größe unbemerkt verschlechtern. Die meisten Anwendungen haben daher mehrere Zielgrößen. Trotzdem wird in den Übungsbeispielen wegen der leichteren Überschaubarkeit normalerweise nur eine Zielgröße behandelt. Bei mehreren Zielgrößen werden die Auswertungen für jede Zielgröße getrennt durchgeführt.

- Verschiedenheit

  Die Interpretation der Ergebnisse wird erleichtert, wenn die Anzahl der Zielgrößen möglichst klein ist und jede Zielgröße einen anderen, möglichst grundlegenden Zusammenhang erfasst.

Manchmal muss zwischen Relevanz für den Kunden und Aufwand der Messung einer Zielgröße abgewogen werden. So ist z.B. die Ermittlung der Lebensdauer eines Produktes sehr aufwendig – daher wird oft nach Indikatorgrößen gesucht, die leichter zu messen sind. Dies setzt jedoch voraus, dass die verwendete Messgröße wirklich ein Indikator für die Lebensdauer ist (dies muss schon vorher bekannt sein).

Die Messstreuung sollte klein im Vergleich zu den tatsächlichen Unterschieden sein. Dies kann mit einer Messmittelfähigkeitsuntersuchung überprüft werden. Ist die Messstreuung nicht klein genug, sollte das Messverfahren verbessert werden. Notfalls kann die Messung auch mehrfach wiederholt und der Mittelwert verwendet werden.

Als Zielgröße kann eine Messgröße selbst oder eine aus mehreren Messgrößen berechnete Größe verwendet werden (z.B. Differenz der Abscheiderate an Mitte und Rand) – wichtig ist, dass die Untersuchungsziele erfasst werden.

3.3.2 Auswahl der Faktoren

Die Bedeutung einer Einflussgröße, die nicht als Faktor in der Untersuchung enthalten ist, kann natürlich nicht erkannt werden. Und verändert sich eine wichtige Einflussgröße unkontrolliert während des Versuchs, so kann sie die Ergebnisse verfälschen. Daher dürfen bei der Planung keine wichtigen Einflussgrößen vergessen werden.

Zur Vorbereitung von Versuchen in der Fertigung wird empfohlen, zunächst die Fertigung systematisch zu beobachten und die Ergebnisse dieser Beobachtung bei der Auswahl der Faktoren zu berücksichtigen. Dazu sind die Methoden von D. Shainin sehr wertvoll (Kapitel 4 und 5).

Bei der Entwicklung neuer Produkte bzw. Prozesse ist man bei der Auswahl weitestgehend auf die Erfahrung der Teammitglieder angewiesen. Um möglichst alle Teammitglieder mit einzubeziehen, hat es sich bewährt, die Auswahl der Faktoren in zwei Schritte zu zerlegen:

Zunächst werden möglichst viele Einflussgrößen gesammelt, d.h. Größen, die einen Einfluss auf das Ergebnis (die Zielgrößen) haben könnten. Es hat sich bewährt, dabei zwischen (einstellbaren) Steuergrößen und (normalerweise nicht einstellbaren) Störgrößen zu unterscheiden.

Zur Sammlung der Einflussgrößen ist das Brainstorming geeignet. Dies ist eine Technik zur Ideenfindung, bei der das kreative Denkvermögen einer Gruppe angeregt wird.

Beim Brainstorming ist wichtig, dass alle Teammitglieder zu Wort kommen. Dies kann durch eine mündliche Befragung reihum oder eine schriftliche Abfrage von Ideen auf Kärtchen (Metaplantechnik) erfolgen. Bei der mündlichen Befragung können Teilnehmer sich gegenseitig inspirieren, aber auch beeinflussen. Mit der schriftlichen Abfrage wird die Beeinflussung vermieden; die Dominanz einzelner Teammitglieder wird damit reduziert. In jedem Fall ist entscheidend, dass während der Ideenfindung keine Idee kritisiert oder gar als untauglich abgewertet wird.

Erst nach Abschluss der Ideenfindung werden die Ideen bewertet und gewichtet. In dieser Phase wird aus der Vielzahl der gefundenen (möglichen) Einflussgrößen eine handhabbare Anzahl von Faktoren für die weitere Untersuchung ausgewählt (typisch 3−6, nur selten mehr als 10).

Auswahlkriterien sind

- die vermutete Bedeutung der Einflussgrößen für die Lösung des zu untersuchenden Problems,

- die Genauigkeit und Reproduzierbarkeit, mit der verschiedene Stufen der Einflussgrößen eingestellt werden können, und

- der Aufwand für die Einstellung und Veränderung der Stufen.

Für die gleichzeitige Berücksichtigung dieser Kriterien ist es hilfreich, jeden dieser drei Aspekte mit 1 bis 10 Punkten zu bewerten:

  1:    besonders ungünstig (Bedeutung und Genauigkeit gering, Aufwand hoch)

  10:   besonders günstig.

Nach [3] sind Einflussgrößen, für die das Produkt der drei Punktewerte hoch ist, für den Versuch besonders geeignet.

Wichtig ist, dass die Auswahl im Konsens erfolgt. Gehören die Teammitglieder unterschiedlichen Hierarchieebenen an, so ist besonders darauf zu achten, dass nur fachliche Aspekte berücksichtigt werden. Prozess- bzw. Produktkenntnisse sind hier wichtiger als die Stellung eines Teammitglieds im Unternehmen.

Die ausgewählten Faktoren müssen unabhängig voneinander veränderbar sein. Manchmal gibt es mehrere Möglichkeiten, solche unabhängigen Faktoren festzulegen. Man sollte dann die Festlegung verwenden, für die man (z.B. aus technischen Gründen) die direkteste und einfachste Abhängigkeit von den Zielgrößen erwartet.

Geometrisches Beispiel (vgl. auch Kapitel 19)

Bei einem Rechteck können die Länge L und die Breite B unabhängig voneinander verändert werden. Die Fläche $F = L \cdot B$ und das Verhältnis $V = L/B$ ergeben sich dann und können nicht mehr unabhängig festgelegt werden. Als Faktoren können beliebige zwei dieser vier Größen verwendet werden, d.h. man hat z.B. folgende Möglichkeiten:

- Faktoren L und B, wenn man vermutet, dass die Zielgrößen physikalisch oder technisch bedingt direkt von diesen Größen abhängen, oder

- Faktoren F und V, wenn man vermutet, dass die Zielgrößen direkt von diesen Größen abhängen (direkter als von L und B getrennt), usw.

Für die ausgewählten Faktoren werden Stufen festgelegt (s.u.). Die Werte für die anderen beiden Größen werden dann mit den obigen Formeln errechnet.

Wenn man vermutet, dass die Zielgrößen nur von einer dieser Größen abhängen, so genügt es, diese eine Größe als Faktor zu verwenden. Eine andere der Größen wird dann festgehalten, die anderen beiden werden errechnet.

3.3.3 Festlegung der Faktorstufen

Anzahl der Faktorstufen

Enthält ein Versuchsplan viele Faktoren (mehr als 5 bis 6), so werden zur Begrenzung des Aufwands normalerweise nur zwei Stufen für jeden Faktor untersucht. Mit einem solchen Versuchsplan kann man feststellen,

- welche der Faktoren wichtig sind,

- wie groß ihr linearer Effekt auf jede der Zielgrößen ist, und

- welche Stufe eines jeden Faktors für jede der Zielgrößen günstig ist (erlaubt auch Kompromisse bei Zielkonflikten).

Enthält ein Versuchsplan nur wenige Faktoren, so können auch mehr als zwei Stufen für jeden Faktor untersucht werden. Damit kann man auch das Maximum/Minimum einer Zielgröße finden.

Bei der Festlegung der Anzahl der Stufen spielt auch die Art des Faktors eine Rolle:

- Quantitative Faktoren wie Temperatur, Druck o.ä. können meist beliebige Werte (in einem sinnvollen Bereich) annehmen. Soll als erste Näherung der lineare Effekt von vielen Faktoren bestimmt werden oder erwartet man nur eine lineare Abhängigkeit, so verwendet man normalerweise auch nur zwei Stufen. Erwartet man dagegen eine nichtlineare Abhängigkeit und ist die Anzahl der Faktoren ausreichend klein, so verwendet man 3 bis 5 Stufen.

- Qualitative Faktoren wie Anlage, Hersteller o.ä. können meist nur bestimmte Werte annehmen (z.B., weil zwei Anlagen oder drei Hersteller miteinander verglichen werden sollen). Dann ergibt sich die Anzahl der Stufen oft aus der Problemstellung. Soll der Effekt vieler Faktoren bestimmt werden, beschränkt man sich zunächst auf die zwei wichtigsten Stufen (z.B. die beiden wichtigsten Hersteller).

Werte der Faktorstufen (quantitative Faktoren)

- Ausgangspunkt ist normalerweise der bisher beste Fertigungsprozess bzw. das bisher beste Produkt. Ohne weitere Information untersucht man einen Bereich, der symmetrisch dazu liegt. Vermutet man eine Verbesserung in eine bestimmte Richtung, nimmt man als eine Stufe den bisher besten Zustand, als zweite Stufe einen Wert in die vermutlich bessere Richtung.

- Je kleiner der Abstand zwischen den Stufen ist, desto kleiner ist auch der Unterschied zwischen den Ergebnissen und desto größer ist der Versuchsumfang, der erforderlich ist, um trotzdem einen Unterschied zwischen den Ergebnissen zu erkennen.

- Kann ein Faktor nicht genau gemessen werden, so sollte der Abstand der Faktorstufen mindestens 6σ sein, wenn σ die Standardabweichung für die Messung des Faktors ist (kann z.B. die Temperatur bei einer chemischen Reaktion nur mit einer Standardabweichung von $5\,°C$ gemessen werden, so liegen Stufenwerte von $60\,°C$ und $70\,°C$ zu dicht beieinander, $50\,°C$ und $80\,°C$ liegen dagegen ausreichend weit auseinander).

- Je größer der Abstand zwischen den Stufen ist, desto größer kann die Abweichung der Ergebnisse von der Linearität sein. Mit zwei Stufen können diese Abweichungen jedoch nicht erkannt werden, sie verfälschen daher das Ergebnis. Insbesondere darf zwischen den Stufen kein neues physikalisches oder technisches Phänomen auftreten (z.B. Wasser gefrieren).

- Eine Extrapolation der Ergebnisse über den untersuchten Bereich hinaus ist nicht zulässig, daher sollte die Untersuchung den interessanten Bereich möglichst enthalten.

- Bei EVOP werden als Faktorstufen meist die Spezifikationsgrenzen für Prozessparameter verwendet.

- Bei der Behandlung von Störgrößen als Faktoren und beim Funktionstest werden realistische Werte verwendet (d.h. Werte, die auch in Wirklichkeit auftreten, wie z.B. untere und obere Spezifikationsgrenze für die Einsatzbedingungen eines Produktes).

Bild 3-2 zeigt qualitativ, dass die Faktorstufen nicht zu nah beieinander, aber auch nicht zu weit auseinander liegen sollten.

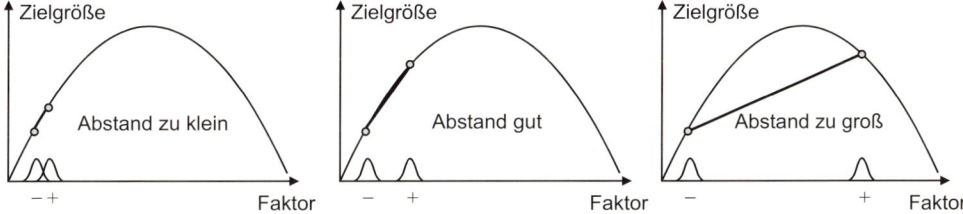

Bild 3-2 Liegen die Stufenwerte eines Faktors zu nah beieinander, wird sein Effekt von Zufallsstreuung verdeckt; liegen die Stufenwerte zu weit auseinander, so wird der Zusammenhang schlecht beschrieben (zweistufiger Faktor)

Beispiel aus der chemischen Industrie (Ausgangspunkt)

Im Rest dieses Kapitels werden die Einzelschritte an einem Beispiel aus der chemischen Industrie erläutert:

Zur Fertigung einer bestimmten Chemikalie werden mehrere Ausgangsstoffe einschließlich Katalysator in einem Reaktionsgefäß vermischt. Die Mischung wird anschließend über längere Zeit erhitzt, dabei erfolgt die Reaktion. Dann wird das Reaktionsprodukt abgetrennt. Ziel ist eine Erhöhung der Ausbeute bei möglichst geringen Kosten und möglichst hohem Durchsatz.

Aus einer großen Anzahl Einflussgrößen wurden folgende als vermutlich wichtigste Faktoren ausgewählt:

- Temperatur der Mischung:
  Bisheriger Wert 120 °C. Bringt eine Erhöhung der Temperatur auf den Maximalwert der Anlage von 140 °C eine Verbesserung der Ausbeute?
- Reaktionszeit:
  Bisheriger Wert 2 h. Bringt eine Verlängerung auf 4 h eine Verbesserung?
- Menge des Katalysators:
  Bisheriger Wert 0,1 %. Bringt eine Erhöhung auf 0,5 % eine Verbesserung?

Jeder der drei quantitativen Faktoren wird auf zwei Stufen untersucht. Ausgangspunkt ist jeweils der bisherige Wert. Da bekannt ist, in welche Richtung eine Verbesserung zu erwarten ist, verwendet man als eine Stufe den bisherigen Wert, als zweite Stufe einen Wert in diese Richtung.

Bei der Temperatur ist die Obergrenze durch die Anlage vorgegeben, bei den anderen Faktoren wird als zweite Stufe ein deutlich höherer Wert als der bisherige verwendet. Alle Faktoren können genau gemessen werden, der Unterschied zwischen den Stufen ist jeweils wesentlich größer als 6σ. Kein neues Phänomen ist zu erwarten. Die Abhängigkeit der Ausbeute von der Zeit dürfte nichtlinear sein (Sättigung), hier interessiert aber im wesentlichen die Größe der Abhängigkeit. Um den Aufwand zu begrenzen, begnügt man sich daher zunächst mit zwei Stufen.

3.3.4 Einflussgrößen, die nicht untersucht werden

Nicht untersuchte Einflussgrößen (vor allem Störgrößen) werden möglichst konstant gehalten, um so die Zufallsstreuung zu minimieren. Je kleiner die Zufallsstreuung ist, desto kleinere Effekte der Faktoren können noch erkannt werden, bzw. desto weniger Einzelversuche sind erforderlich. Gelingt es z.B. die Zufallsstreuung zu halbieren, so genügt bereits ein Viertel der Einzelversuche.

Beispiel aus der chemischen Industrie (Forts.)

- Ausgangsmaterial aus einer Charge wird verwendet.
- Derselbe Bediener führt alle Einzelversuche in derselben Anlage durch.
- Die Anlage wird vor jedem Einzelversuch sorgfältig gereinigt.
- Die Umgebungsbedingungen werden möglichst konstant gehalten.
- Alle Einzelversuche werden in möglichst kurzem zeitlichen Abstand durchgeführt.
- Derselbe Bediener führt alle Messungen mit jeweils demselben Instrument durch.

3.4 Versuchsplan aufstellen

Der optimale Versuchsplan hängt vom Untersuchungsziel, von der Anzahl der Faktoren, von der Anzahl der Stufen je Faktor, von der gewünschten Genauigkeit der Ergebnisse und von der Größe der Zufallsstreuung ab. Hier werden die wichtigsten Aspekte schrittweise am Beispiel aus der chemischen Industrie erläutert. Einzelheiten werden ab Kapitel 6 behandelt.

3.4.1 Festlegung der Faktorstufenkombinationen

Zunächst wird festgelegt, welche Kombinationen der Faktorstufen untersucht werden sollen. Dazu gibt es Standardpläne, die vor allem in Kapitel 7, 8, 11, 13 und 14 beschrieben werden.

Beispiel aus der chemischen Industrie (Forts.)

Drei Faktoren sollen auf je zwei Stufen untersucht werden. Ein sogenannter „vollständiger faktorieller Versuchsplan" (Kapitel 7) besteht aus allen acht möglichen Faktorstufenkombinationen (siehe Tabelle 3.1).[1]

Tabelle 3.1 Liste der Faktorstufenkombinationen für das Beispiel

syst. Nr.	Temperatur [°C]	Zeit [h]	Katalysator [%]
1	120	2	0,1
2	140	2	0,1
3	120	4	0,1
4	140	4	0,1
5	120	2	0,5
6	140	2	0,5
7	120	4	0,5
8	140	4	0,5

3.4.2 Anzahl der Realisierungen

Je genauer man den Effekt der Faktoren bestimmen möchte und je stärker die Versuchsergebnisse aufgrund zufälliger Unterschiede streuen (Maßzahl ist die Standardabweichung σ, vgl. Absatz 6.1.3), desto mehr Einzelversuche sind erforderlich. Für Versuche mit zweistufigen Faktoren kann als Daumenregel gelten, dass man insgesamt

$$N \approx 60 \cdot \left(\frac{\sigma}{\Delta\mu}\right)^2 \tag{3.1}$$

Einzelversuche durchführen sollte, wenn ein Effekt von $\Delta\mu$ technologisch relevant ist und mit hoher Wahrscheinlichkeit erkannt werden soll, falls er existiert.

---

[1] Ergänzende Versuche im Zentrum des untersuchten Bereichs sind sinnvoll und werden in Abschnitt 17.2 behandelt.

Besteht der Versuch aus m Faktorstufenkombinationen, so wird jede dieser Kombinationen

$$n \approx \frac{N}{m} \qquad\qquad (3.2)$$

mal durchgeführt (man spricht von n-maliger Realisierung). Einzelheiten werden in Kapitel 6 und 7 behandelt.

Beispiel aus der chemischen Industrie (Forts.)

Aus der Fertigungsüberwachung ist bekannt, dass die Standardabweichung der Ausbeute aufgrund der Zufallsstreuung $\sigma = 1\%$ beträgt. Wenn ein Ausbeuteunterschied von 2% relevant ist und im Versuch erkannt werden soll, so benötigt man

$$N \approx 60 \cdot \left(\frac{1}{2}\right)^2 = 15 \text{ Einzelversuche.}$$

Jede der acht Faktorstufenkombinationen sollte daher 15/8 ≈ zweimal realisiert werden (d.h. für jede Kombination werden zwei Einzelversuche durchgeführt).

Falls σ nicht bekannt ist, wird empfohlen, in zwei Schritten vorzugehen. Zunächst wird mit einem kleinen Wert für n (2 oder 3) begonnen. Falls dies bereits genügt, um ausreichend abgesicherte Ergebnisse zu erhalten, ist der Versuch damit abgeschlossen. Andernfalls kann aus den Ergebnissen ein Schätzwert für σ und damit ein ausreichender Wert für n berechnet werden.

3.4.3 Blockbildung

Ziel der Blockbildung ist es, die Zufallsstreuung zu minimieren, um so mit möglichst wenigen Einzelversuchen abgesicherte Ergebnissen zu erhalten.

Unter Blockbildung versteht man die Einteilung der Einzelversuche bzw. Versuchsobjekte in Gruppen, so dass innerhalb jeder Gruppe (Block genannt)

- einerseits die zufälligen Unterschiede möglichst klein sind und
- andererseits jede Faktorstufenkombination möglichst gleich häufig auftritt.

Eventuell vorhandene Unterschiede zwischen den Blöcken können aufgrund der Ausgewogenheit innerhalb der Blöcke erkannt und aus der Rechnung eliminiert werden. So kann die Zufallsstreuung reduziert werden.

Beispiele

- Reicht eine Charge des Ausgangsmaterials nicht für alle geplanten Einzelversuche, so ist es sinnvoll, aus den Einzelversuchen mit Ausgangsmaterial einer Charge jeweils einen Block zu bilden. Eventuelle Unterschiede zwischen den Chargen können dann aus der Zufallsstreuung herausgerechnet werden.
- Kann man nicht alle Einzelversuche in einer Woche durchführen, so ist es sinnvoll, aus den Einzelversuchen einer Woche jeweils einen Block zu bilden. Eventuelle Unterschiede zwischen den Wochen (z.B. aufgrund des Abschaltens am Wochenende) können dann aus der Zufallsstreuung herausgerechnet werden.

- Auch ohne erkennbare Einschnitte können Versuchsergebnisse sich allmählich verändern (Trend). So kann z.B. das Reaktionsgefäß verschmutzen, die Temperaturanzeige driften oder das Material altern. Dann sind die Unterschiede zwischen zeitlich aufeinanderfolgenden Einzelversuchen kleiner als zwischen Versuchen in großem zeitlichen Abstand. Durch eine Unterteilung der Versuche in Blöcke kann man die Unterschiede innerhalb eines Blocks reduzieren.

Werden die Faktorstufenkombinationen n-mal realisiert, so kann man die Einzelversuche einer Realisierung jeweils als einen Block betrachten (ergibt n Blöcke). In Kapitel 8 werden weitere Möglichkeiten der Blockbildung behandelt.

3.4.4 Randomisierung

Um zu verhindern, dass ein Trend oder eine andere unerkannte Änderung der Ergebnisse die Schätzung der Effekte der Faktoren verfälscht, werden die Einzelversuche in jedem Block in zufälliger Reihenfolge durchgeführt. Man spricht von Randomisierung.

Achtung: „Zufällige Reihenfolge" bedeutet nicht „beliebige Reihenfolge". Die Reihenfolge wird vor der Versuchsdurchführung mit Hilfe von Zufallszahlen festgelegt. Diese Reihenfolge muss dann eingehalten werden. Eine spätere Änderung der Reihenfolge (z.B. um weniger oft zwischen den Stufen eines bestimmten Faktors wechseln zu müssen) birgt das Risiko einer Verfälschung der Ergebnisse.

Werden für die Durchführung der Versuche Teile benötigt, so werden diese Teile den Faktorstufenkombinationen zufällig zugeordnet, um eine Verfälschung der Ergebnisse durch evtl. vorhandene Unterschiede zwischen den Teilen zu vermeiden.

Durch Blockbildung und Randomisierung zusammen erreicht man eine optimale Absicherung gegen Veränderungen der Versuchsbedingungen. Dabei gilt das Prinzip:

- Zunächst durch Blockbildung bekannte, kontrollierbare Veränderungen aus der Zufallsstreuung heraus halten

- und dann innerhalb der Blöcke randomisieren, um eine Verfälschung der Effekte durch verbliebene unbekannte, nicht kontrollierbare Veränderungen zu vermeiden.

Beispiel aus der chemischen Industrie (Forts.)

Tabelle 3.2 zeigt eine mögliche Reihenfolge der Einzelversuche, die die Ideen von Blockbildung und Randomisierung berücksichtigt. Jede Faktorstufenkombination wird einmal in zufälliger Reihenfolge realisiert, dann noch einmal in anderer Reihenfolge.

Tabelle 3.2   Liste der Einzelversuche im Beispiel (syst. Nr. aus Tabelle 3.1)

Vers. Nr.	syst. Nr.	Realisierung (Block)	Temperatur [°C]	Zeit [h]	Katalysator [%]	Ausbeute [%]
1	8	1	140	4	0,5	
2	3	1	120	4	0,1	
3	1	1	120	2	0,1	
4	7	1	120	4	0,5	
5	6	1	140	2	0,5	
6	2	1	140	2	0,1	
7	4	1	140	4	0,1	
8	5	1	120	2	0,5	
9	4	2	140	4	0,1	
10	3	2	120	4	0,1	
11	8	2	140	4	0,5	
12	5	2	120	2	0,5	
13	1	2	120	2	0,1	
14	6	2	140	2	0,5	
15	7	2	120	4	0,5	
16	2	2	140	2	0,1	

3.4.5   Aufwandsabschätzung

Wenn die Einzelversuche und ihre Reihenfolge wie z.B. in Tabelle 3.2 feststehen, kann der Versuchsaufwand abgeschätzt werden. Er muss in einem angemessenen Verhältnis zum Wert der erhofften Verbesserung bzw. Einsparung stehen.

Beispiel aus der chemischen Industrie (Forts.)

Eine Kostenanalyse ergibt folgende Werte:

- Grundkosten für Material, Anlage, Reinigung des Produkts und Personal bei den momentanen Einstellungen der Fertigung (Temperatur 120 °C, Zeit 2 h und Katalysator 0,1 %):   5000 € pro Füllung des Reaktionsgefäßes

- Wert (Verkaufserlös) des Produkts: 100 € pro % Ausbeute und Füllung
  (d.h. Kostendeckung bei 50 % Ausbeute)

- Anzahl Füllungen pro Jahr: ca. 500
  (mit derselben Anlage werden auch andere Produkte gefertigt)

- Erhoffte Ausbeuteerhöhung: 5 %
  (das bedeutet 5 x 100 x 500 = 250 000 € zusätzliche Einnahmen pro Jahr)

- Zusätzliche Energiekosten zur Erhöhung der Temperatur von 120 auf 140 °C:
                                                                              50 €/Füllung

- Zusätzliche Anlagenkosten zur Verlängerung der Zeit von 2 h auf 4 h:
                                                                            1000 €/Füllung

- Zusätzliche Materialkosten zur Erhöhung des Katalysators von 0,1 % auf 0,5 %:
                                                                              50 €/Füllung

- Ingenieurkosten für Vorbereitung, Durchführung und Auswertung des geplanten Versuchs (bestehend aus 16 Einzelversuchen):   10 000 €

- Der Versuch hat keinen Einfluss auf das Produkt nach der Reinigung, es kann verkauft werden. Da der Versuch in der Fertigung durchgeführt wird, fallen die Grundkosten sowieso an. Jede Füllung wird erst im Reaktionsgefäß gemischt und erhitzt, daher entstehen keine Zusatzkosten durch die Änderung der Versuchsbedingungen (Randomisierung). Als Kosten für die Versuche fallen daher nur die Ingenieurkosten und die zusätzlichen Energie-, Anlagen- und Materialkosten bei jeweils der Hälfte der Einzelversuche an:

$$10\,000 + 8 \times 50 + 8 \times 1000 + 8 \times 50 \approx 20\,000 \text{ €}$$

Die Versuchskosten von 20 000 € stehen in einem sehr günstigen Verhältnis zu den erhofften zusätzlichen Einnahmen von 250 000 € pro Jahr. Der Versuch wird daher wie geplant durchgeführt.

Blockbildung und Randomisierung führen dazu, dass für jeden Faktor die Stufenwerte häufig verändert werden müssen. Je nach Aufwand für die Veränderung der Faktorstufen kann dies den Versuchsaufwand u.U. deutlich erhöhen. Die damit verbundenen Zusatzkosten und der zusätzliche Zeitbedarf dürfen bei der Aufwandsabschätzung nicht übersehen werden.

In begründeten Einzelfällen kann es aus Aufwandsgründen erforderlich sein, von Blockbildung und/oder voller Randomisierung abzusehen. Dies gilt vor allem, wenn

- alle Einzelversuche in relativ kurzer Zeit und unter konstanten Versuchsbedingungen durchgeführt werden können,
- die Faktorstufen genau und reproduzierbar eingestellt werden können, und
- der Zeitaufwand oder die Kosten für die Änderung der Faktorstufen (evtl. auch nur für bestimmte Faktoren) sehr hoch sind.

In solchen Fällen nimmt man bewusst in Kauf, dass die im Versuch ermittelte Zufallsstreuung evtl. kleiner ist als die Zufallsstreuung bei voller Randomisierung und ein evtl. vorhandener Trend die Schätzung für einen nur selten geänderten Faktor verfälschen kann. Also Vorsicht bei der Interpretation der Ergebnisse!

Beispiel

Beim Wellenlöten strebt man an, dass die meisten Leiterplatten fehlerfrei sind. Auch vor der Optimierung ist die Anzahl der Lötfehler pro Leiterplatte normalerweise schon relativ niedrig, sie unterliegt daher einer großen Zufallsstreuung. Um Unterschiede zwischen verschiedenen Einstellungen der Lötanlage zu erkennen, müssen somit viele Leiterplatten gelötet werden.

Bei unveränderter Einstellung der Lötanlage ist der Aufwand für das Löten zusätzlicher Leiterplatten nur sehr klein (wenige Sekunden). Andererseits ist der Aufwand für eine Veränderung der Temperatur des Lots sehr groß (Stunden). Daher sieht man meist von einer vollen Randomisierung ab, um den Aufwand zu begrenzen. Mit einer Einstellung der Lötanlage (Faktorstufenkombination) werden mehrere Leiterplatten nacheinander gelötet (d.h. keine Blockbildung wie im Beispiel aus der chemischen Industrie). Und bei der Randomisierung der Faktorstufenkombinationen achtet man meist darauf, dass die Temperatur des Lots nur selten (z.B. viermal) geändert werden muss.

Eine andere Art der Blockbildung ist beim Wellenlöten jedoch sehr einfach zu realisieren und daher empfehlenswert: Sollen später z.B. Leiterplatten verschiedener Hersteller oder unterschiedliche Typen mit derselben Einstellung der Anlage gelötet werden, so sollte man bei jeder Einstellung der Anlage hintereinander je eine (oder mehrere) Leiterplatte der verschiedenen Hersteller bzw. Typen löten.

Steht der Aufwand in einem angemessenen Verhältnis zum erhofften Ergebnis, so wird der Versuchsplan freigegeben und der Versuch kann durchgeführt werden. Erscheint der Aufwand zu groß, so ist zu untersuchen, ob

- durch Verzicht auf Faktoren oder Faktorstufen,
- durch Verzicht auf volle Blockbildung und/oder Randomisierung,
- durch eine kleinere Anzahl von Realisierungen

der Aufwand evtl. reduziert werden kann, ohne das Untersuchungsziel zu gefährden, oder ob ein weniger ehrgeiziges Ziel wesentlich kostengünstiger erreicht werden kann. Dann wird der Versuchsplan entsprechend modifiziert.

Manchmal ist das erhoffte Ergebnis auch so gering, dass man auf die Untersuchung völlig verzichten kann. Dann gibt es meist wichtigere Probleme, auf deren Lösung man sich konzentrieren sollte.

Diese Aufwandsabschätzung am Anfang ist ein wesentlicher Vorteil geplanter Versuche. Dadurch wird vermieden, dass durch ungeplantes Vorgehen nach dem Motto „Nur noch ein Versuch" der Zeit- und/oder Kostenrahmen überschritten wird.

3.5 Versuche durchführen

Statistik ist kein Ersatz für fehlende Sorgfalt. Im Gegenteil: Jeder einzelne Messwert wird zur Berechnung aller Effekte verwendet. Er beeinflusst daher auch alle Schlussfolgerungen. Ein unentdeckter Fehler kann alle Ergebnisse verfälschen. Die Einzelversuche im Versuchsplan müssen daher mit größtmöglicher Sorgfalt vorbereitet und durchgeführt werden.

3.5.1 Vorbereitung

Eine sorgfältige Planung und Vorbereitung gewährleistet einen reibungslosen und fehlerfreien Ablauf der Versuche. Dazu gehören u.a. folgende Schritte:

- Planung der erforderlichen Ressourcen:
  Welche Anlagen, Messmittel, Rohmaterialien und Teile werden wann benötigt? Wer führt wann welche Arbeiten durch?

- Überprüfung der Messgeräte und Messverfahren:
  Sind alle Messgeräte kalibriert? Ist die Messstreuung bekannt und ausreichend klein?

- Auswahl, Kennzeichnung und Zuordnung der Teile:
  Sind die Teile repräsentativ? Sind die Teile einheitlich bzw. sind vorhandene Unterschiede als Blockfaktor im Versuchsplan berücksichtigt? Sind die Teile gekennzeichnet, damit eine eindeutige Zuordnung zwischen Teil und Versuchsnummer gewährleistet ist? Sind die Teile den Versuchsnummern zufällig zugeordnet?

- Festlegung des Versuchs- und Messablaufs:
  Ist der Versuchs- und Messablauf eindeutig festgelegt? Ist dadurch gewährleistet, dass die Umgebungsbedingungen und sonstigen Randbedingungen für
  alle Einzelversuche so einheitlich wie möglich sind? Werden die wichtigsten
  Umgebungsbedingungen erfasst und dokumentiert? Wie werden Zuordnungs-
  und Übertragungsfehler vermieden?

- Zuordnung und Einweisung des Personals:
  Ist eindeutig festgelegt, wer welche Aufgaben hat (insbesondere eine Aufgabe
  = eine Person)? Ist allen Beteiligten klar, dass die vorgegebene Versuchsrei-
  henfolge einzuhalten ist und dass jedes Einzelergebnis zur Berechnung aller
  Effekte benutzt wird und daher Sorgfalt und einheitliche Vorgehensweise extrem wichtig sind?

- Durchführung eines Pilotversuchs:
  Wurde ein Pilotversuch (z.B. zwei extreme Einzelversuche) durchgeführt, um
  die Realisierbarkeit der geplanten Faktorstufenkombinationen zu überprüfen
  und den Versuchsablauf zu testen und einzuüben?

Falls in dieser Phase Probleme festgestellt werden, müssen sie vor der eigentlichen Versuchsdurchführung behoben werden. Dazu kann es erforderlich sein,
den Versuchsplan anzupassen.

Beispiel aus der chemischen Industrie (Forts.)

Da es sich um einen normalen Fertigungsprozess handelt, sind die Abläufe festgelegt
und allgemein bekannt. Es muss nur überprüft werden, dass ausreichend Ausgangsmaterial einer Charge für 16 Füllungen des Reaktionsgefäßes vorhanden ist.

Ein Pilotversuch zeigt die Realisierbarkeit der extrem vom momentanen Zustand der
Fertigung abweichenden Faktorstufenkombination Temperatur 140 °C, Zeit 4 h und
Katalysator 0,5 %.

Der Anlagenbediener wird über Ziel und Bedeutung der Versuche informiert. Die weiteren Maßnahmen sind in Absatz 3.3.4 beschrieben.

3.5.2 Durchführung

Bei Versuchsdurchführung, Messung und Übertragung der Ergebnisse ist auf
besondere Sorgfalt zu achten. Trotz aller Sorgfalt können sich bei der Versuchsdurchführung unvorhergesehene Zwischenfälle ereignen, die evtl. Einfluss auf die
Ergebnisse haben. Es ist deshalb erforderlich, parallel zum Ablauf des Versuchs
alle Besonderheiten und Abweichungen vom Plan zu dokumentieren. Bei der
Auswertung werden die Ist-Werte berücksichtigt, nicht die Soll-Werte.

Wenn Umgebungsbedingungen nicht konstant gehalten werden können, ist es
sinnvoll, Veränderungen aufzuzeichnen. Dann kann ihr Einfluss auf die Ergebnisse ggf. nachträglich erkannt werden.

Beispiel aus der chemischen Industrie (Forts.)

Tabelle 3.3 zeigt den Versuchsplan aus Tabelle 3.2 mit den Ergebnissen. Bei der Versuchsdurchführung traten keine Besonderheiten auf.

Tabelle 3.3   Einzelversuche aus Tabelle 3.2 mit den Versuchsergebnissen

Vers. Nr.	syst. Nr.	Realisierung (Block)	Temperatur [°C]	Zeit [h]	Katalysator [%]	Ausbeute [%]
1	8	1	140	4	0,5	68,5
2	3	1	120	4	0,1	56,7
3	1	1	120	2	0,1	52,8
4	7	1	120	4	0,5	56,5
5	6	1	140	2	0,5	62,2
6	2	1	140	2	0,1	61,5
7	4	1	140	4	0,1	67,9
8	5	1	120	2	0,5	53,6
9	4	2	140	4	0,1	70,2
10	3	2	120	4	0,1	55,2
11	8	2	140	4	0,5	67,2
12	5	2	120	2	0,5	54,1
13	1	2	120	2	0,1	54,1
14	6	2	140	2	0,5	62,9
15	7	2	120	4	0,5	54,6
16	2	2	140	2	0,1	61,8

3.6   Versuchsergebnisse auswerten

Die statistische Auswertung der Versuchsergebnisse wird ab Kapitel 6 ausführlich beschrieben. Hier werden nur ausgewählte Aspekte kurz erläutert.

Bei vollständigen faktoriellen Versuchsplänen wird jede Faktorstufenkombination gleich oft realisiert. Für jede Faktorstufenkombination können die Mittelwerte der Versuchsergebnisse berechnet werden.

Durch Vergleich der Einzelergebnisse bei derselben Faktorstufenkombination kann man Ausreißer in den Ergebnissen erkennen. Ausreißer sind Ergebnisse, die offensichtlich nicht zu den anderen Ergebnissen passen. Sie können

- durch einen falsch eingestellten Faktor,
- durch falsches Ablesen eines Messgeräts,
- durch einen Übertragungsfehler o.ä.

verursacht werden, d.h. durch Fehler beim Versuch. Da Ausreißer das Ergebnis der Auswertung verfälschen würden, dürfen sie in der weiteren Analyse nicht berücksichtigt werden. Wenn möglich, sollte die Ursache für die Abweichung gesucht und das Ergebnis korrigiert oder der betroffene Einzelversuch wiederholt werden.

Ist eine Wiederholung des Einzelversuchs nicht möglich, wird dieser Wert gestrichen. Dabei muss man jedoch sehr vorsichtig sein. Insbesondere wenn die Faktorstufenkombination nur einmal realisiert wurde, kann ein Ausreißer die berechneten Effekte unbemerkt verfälschen. Umgekehrt kann ein scheinbarer Ausreißer auch auf bisher unbekannte, wichtige Einflüsse hinweisen.

Beispiel aus der chemischen Industrie (Forts.)

Durch Umsortieren der Versuchsergebnisse von Tabelle 3.3 in die systematische Reihenfolge von Tabelle 3.1 erhält man Tabelle 3.4.

Tabelle 3.4   Ergebnisse für die Ausbeute in der systematischen Reihenfolge

Nr.	Temperatur [°C]	Zeit [h]	Katalysator [%]	Einzelergebnisse [%]		Mittel $\bar{y}_i$ [%]
1	120	2	0,1	52,8	54,1	53,45
2	140	2	0,1	61,5	61,8	61,65
3	120	4	0,1	56,7	55,2	55,95
4	140	4	0,1	67,9	70,2	69,05
5	120	2	0,5	53,6	54,1	53,85
6	140	2	0,5	62,2	62,9	62,55
7	120	4	0,5	56,5	54,6	55,55
8	140	4	0,5	68,5	67,2	67,85

Die Unterschiede zwischen den beiden Ergebnissen bei einer Faktorstufenkombination in Tabelle 3.4 sind alle vergleichbar groß. Es gibt daher keinen Hinweis auf Ausreißer.

Bei einem vollständigen faktoriellen Versuch gibt es je zwei Faktorstufenkombinationen, die sich nur in einem bestimmten Faktor unterscheiden. So unterscheiden sich in Tabelle 3.4 z.B. Nr. 1 und 2 bzw. Nr. 3 und 4, Nr. 5 und 6 und Nr. 7 und 8 jeweils nur in der Temperatur. Der Mittelwert dieser Unterschiede ist ein Maß für den Einfluss dieses Faktors auf das Versuchsergebnis und heißt Effekt oder auch Haupteffekt dieses Faktors (z.B. Effekt der Temperatur). Für jeden Faktor kann so der Effekt berechnet werden.

Beispiel aus der chemischen Industrie (Forts.)

$$\text{Effekt der Temperatur} \quad = \frac{1}{4}\left((\bar{y}_2 - \bar{y}_1) + (\bar{y}_4 - \bar{y}_3) + (\bar{y}_6 - \bar{y}_5) + (\bar{y}_8 - \bar{y}_7)\right) =$$

$$= \frac{1}{4}\left((61,65 - 53,45) + (69,05 - 55,95) + \ldots\right) = 10,575$$

Dieses Ergebnis bedeutet:
Bei 140 °C ist die Ausbeute im Mittel um 10,575 % höher als bei 120 °C.

$$\text{Effekt der Zeit} \quad = \frac{1}{4}\left((\bar{y}_3 - \bar{y}_1) + (\bar{y}_4 - \bar{y}_2) + (\bar{y}_7 - \bar{y}_5) + (\bar{y}_8 - \bar{y}_6)\right) =$$

$$= \frac{1}{4}\left((55,95 - 53,45) + (69,05 - 61,65) + \ldots\right) = 4,225$$

Nach 4 h ist die Ausbeute im Mittel um 4,225 % höher als nach 2 h.

Effekt des Katalysators $= \frac{1}{4}((\bar{y}_5 - \bar{y}_1) + (\bar{y}_6 - \bar{y}_2) + (\bar{y}_7 - \bar{y}_3) + (\bar{y}_8 - \bar{y}_4)) =$

$$= \frac{1}{4}((53{,}85 - 53{,}45) + (62{,}55 - 61{,}65) + \ldots) = -0{,}075$$

Mit 0,5 % Katalysator ist die Ausbeute im Mittel um 0,075 % niedriger als mit 0,1 %.

Der Effekt eines Faktors auf das Versuchsergebnis hängt oft davon ab, welchen Wert (welche Stufe) ein anderer Faktor hat. Man spricht dann von einer Wechselwirkung der Faktoren.

Beispiel aus der chemischen Industrie (Forts.)

Bei 4 h Reaktionszeit beträgt der Effekt der Temperatur:

$$= \frac{1}{2}((\bar{y}_4 - \bar{y}_3) + (\bar{y}_8 - \bar{y}_7)) = \frac{1}{2}((69{,}05 - 55{,}95) + (67{,}85 - 55{,}55)) = 12{,}7$$

Bei 2 h Reaktionszeit beträgt der Effekt der Temperatur dagegen nur:

$$= \frac{1}{2}((\bar{y}_2 - \bar{y}_1) + (\bar{y}_6 - \bar{y}_5)) = \frac{1}{2}((61{,}65 - 53{,}45) + (62{,}55 - 53{,}85)) = 8{,}45$$

Der Effekt der Temperatur ist der Mittelwert (siehe oben):

$$= \frac{1}{4}(((\bar{y}_4 - \bar{y}_3) + (\bar{y}_8 - \bar{y}_7)) + ((\bar{y}_2 - \bar{y}_1) + (\bar{y}_6 - \bar{y}_5))) = \frac{1}{2}(12{,}7 + 8{,}45) = 10{,}575$$

Der Effekt der Wechselwirkung zwischen Temperatur und Zeit ist die Hälfte der Differenz:

$$= \frac{1}{4}(((\bar{y}_4 - \bar{y}_3) + (\bar{y}_8 - \bar{y}_7)) - ((\bar{y}_2 - \bar{y}_1) + (\bar{y}_6 - \bar{y}_5))) = \frac{1}{2}(12{,}7 - 8{,}45) = 2{,}125$$

Dieses Ergebnis bedeutet:
Bei 4 h Reaktionszeit ist der Effekt der Temperatur um 2,125 % größer als im Mittel und um $2 \cdot 2{,}125$ % größer als bei 2 h Reaktionszeit.

Temperatur	Zeit	Ausbeute
120 °C	2 h	53,65 %
140 °C	2 h	62,10 %
120 °C	4 h	55,75 %
140 °C	4 h	68,45 %

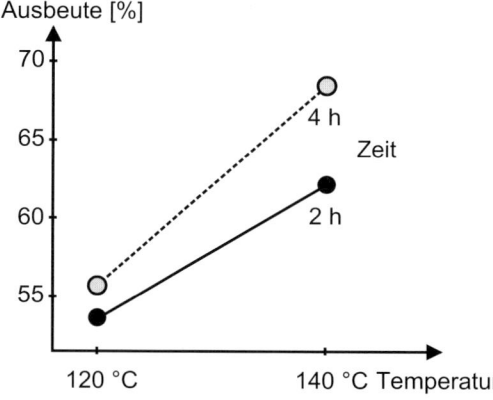

Bild 3-3 Mittelwerte der Versuchsergebnisse bei verschiedenen Temperaturen und Reaktionszeiten

Durch Umsortieren der Werte kann man auch zeigen:
Bei einer Temperatur von 140 °C ist der Effekt der Reaktionszeit um $2 \cdot 2{,}125\,\%$ größer als bei 120 °C.

Bild 3-3 zeigt die Mittelwerte der Versuchsergebnisse bei den Faktorstufenkombinationen Temperatur 120 °C und Zeit 2 h, Temperatur 140 °C und Zeit 2 h usw. als Zahlenwerte und grafisch. In der grafischen Darstellung ist die Abweichung der beiden Linien von der Parallelität Ausdruck der Wechselwirkung zwischen Temperatur und Zeit.

Trotz aller Sorgfalt streuen Versuchsergebnisse aufgrund von zufälligen Einflüssen. Da die Effekte aus diesen Versuchsergebnissen berechnet wurden, streuen auch diese. Die aus den Versuchsergebnissen berechneten (beobachteten) Effekte weichen von den unbekannten wahren Werten zufällig ab. Allerdings treten große Abweichungen nur selten auf.

Dies nutzt man, um die Signifikanz von Effekten zu beurteilen: Ist der Effekt größer als seine Zufallsstreuung (formal: die Breite seines Vertrauensbereichs), so nennt man ihn „signifikant" – man ist überzeugt, dass der Effekt echt ist. Ist er kleiner als seine Zufallsstreuung, so nennt man ihn „nicht signifikant" – das heißt nicht, dass er 0 ist, aber er könnte auch 0 sein (Einzelheiten in Kapitel 6 und 7).

Beispiel aus der chemischen Industrie (Forts.)

Die Effekte der Temperatur (A), der Zeit (B) und der Wechselwirkung zwischen Temperatur und Zeit (AB) sind signifikant, der Effekt des Katalysators und der Wechselwirkungen zwischen Katalysator und Temperatur bzw. Zeit sind nicht signifikant.

3.7 Ergebnisse interpretieren und Maßnahmen ableiten

Das Ergebnis der rein statistischen Analyse in Abschnitt 3.6 sind Zahlenwerte für die Größe der Effekte, die Breite der Vertrauensbereiche und daraus abgeleitet Aussagen über die Signifikanz der Effekte. Dieses Ergebnis muss jetzt technisch verstanden, interpretiert und in Verbesserungsmaßnahmen umgesetzt werden.

3.7.1 Interpretation

Ist die Wechselwirkung zwischen zwei Faktoren signifikant, so bedeutet dies, dass der Effekt des einen Faktors davon abhängt, welchen Wert (Stufe) der andere Faktor hat. Die beiden Faktoren müssen gemeinsam betrachtet werden. Da Wechselwirkungen als Zahlenwerte nur schwer zu interpretieren sind, wird empfohlen, Mittelwerte für alle Faktorstufenkombinationen dieser beiden Faktoren wie in Bild 3-3 zu berechnen und Konsequenzen aus diesen Mittelwerten abzuleiten.

Wichtig ist, dass das Ergebnis technisch plausibel ist. Die besten Ergebnisse sind diejenigen, bei denen im nachhinein alle Beteiligten denken: Das ist doch eigentlich klar. Warum sind wir da nicht schon längst draufgekommen?

Beispiel aus der chemischen Industrie (Forts.)

In Bild 3-3 sind alle signifikanten Effekte grafisch dargestellt:

- Der Effekt der Temperatur von 10,575 % bedeutet, dass der Mittelwert der beiden Ausbeuten bei 140 °C (rechts) um 10,575 % höher ist als bei 120 °C.

- Der Effekt der Reaktionszeit von 4,225 % bedeutet, dass der Mittelwert der beiden Ausbeuten bei 4 h (oben) um 4,225 % höher ist als bei 2 h.

- Der Effekt der Wechselwirkung ist die Abweichung von der Parallelität der beiden Linien (große Wechselwirkung heißt große Abweichung von der Parallelität). Da der Zahlenwert selbst aber ziemlich unanschaulich ist, wird bei signifikanten Wechselwirkungen immer eine Darstellung wie in Bild 3-3 empfohlen.

Es ist technisch plausibel, dass bei einer chemischen Reaktion die Ausbeute mit der Temperatur und der Reaktionszeit zunimmt. Es ist auch plausibel, dass der Effekt der Temperatur bei längerer Zeit größer ist als bei kürzerer Zeit (bei noch höheren Temperaturen bzw. Zeiten würde jedoch irgendwann eine Sättigung eintreten, eine Extrapolation der Ergebnisse ist nicht zulässig).

Die Katalysatormenge hat keinen signifikanten Effekt. Das bedeutet, dass auch bei 0,1 % Katalysator bereits eine Sättigung erreicht ist. Da der Katalysator bei der Reaktion unverändert bleibt, ist auch dieses Ergebnis plausibel.

3.7.2 Maßnahmen

Plausibilität bezieht sich auf die qualitative Abhängigkeit der einzelnen Zielgrößen von den Faktoren. Dabei ist es normal, dass bei mehreren Zielgrößen Zielkonflikte auftreten. Was für eine Zielgröße günstig ist, ist manchmal für eine andere ungünstig. In dieser Situation hilft die quantitative Kenntnis der Abhängigkeit. Damit kann man gezielt Kompromisse finden und alle (widersprüchlichen) Ziele soweit möglich miteinander verbinden. Auch und gerade Kostenminimierung und Prozessvereinfachung sind wesentliche Ziele.

Aus diesen quantitativen und technischen Betrachtungen resultiert schließlich ein vorläufiger Maßnahmenkatalog für konkrete Prozess- bzw. Produktverbesserungen. Werden aus den Ergebnissen keine Maßnahmen abgeleitet, so war der Aufwand verschwendet. Dabei kann natürlich im Einzelfall auch die Bestätigung der bisherigen Vorgehensweise ein wichtiges Ergebnis sein.

Beispiel aus der chemischen Industrie (Forts.)

Die Erhöhung der Temperatur von 120 °C auf 140 °C erbringt im Mittel eine Erhöhung der Ausbeute von über 10 % und damit pro Füllung 1000 € Mehrerlös. Auch bei 2 h Reaktionszeit beträgt die Erhöhung der Ausbeute noch über 8 %. Die Mehrkosten betragen nur 50 €. Daher wird die Prozesstemperatur (zunächst probeweise) auf 140 °C erhöht.

Die Erhöhung der Katalysatormenge erbringt keine erkennbare Erhöhung der Ausbeute, würde jedoch zusätzliche Kosten verursachen. Daher wird die Katalysatormenge bei 0,1 % belassen.

Die Verlängerung der Reaktionszeit von 2 h auf 4 h erbringt im Mittel eine Erhöhung der Ausbeute von ca. 4 %, bei 140 °C sogar um 6 % und damit pro Füllung 600 € Mehrerlös. Die Mehrkosten betragen jedoch 1000 € pro Füllung. Daher wird die Reaktionszeit bei 2 h belassen.

3.8 Absicherung, Dokumentation, weiteres Vorgehen

Auch nach dem Ableiten der Maßnahmen ist die Arbeit noch nicht abgeschlossen. Es muss gewährleistet werden, dass die Verbesserungen wirklich erreicht werden und auf Dauer erhalten bleiben.

3.8.1 Absicherung der Verbesserungen

Aus den Versuchsergebnissen wurden Maßnahmen zur Prozess- oder Produktverbesserung abgeleitet. Bevor diese Maßnahmen endgültig umgesetzt werden, ist ein Bestätigungsversuch bzw. eine länger andauernde Probeumstellung der Fertigung empfehlenswert. Damit werden folgende Aspekte überprüft:

- Bei Kompromissen zwischen widersprüchlichen Zielen und bei fraktionellen Plänen ist die empfohlene Faktorstufenkombination im Versuch evtl. nicht enthalten. Dann muss zunächst überprüft werden, ob die errechnete Verbesserung auch tatsächlich eintritt.

- Bei Versuchen wird besonders sorgfältig gearbeitet. Nicht immer bleibt die errechnete Verbesserung auch unter Fertigungsbedingungen bestehen. Evtl. vorhandene Unterschiede können frühzeitig erkannt und beseitigt werden.

3.8.2 Dokumentation

Zum Nachweis des Erfolgs und als Ausgangspunkt für weitere Verbesserungen muss der Versuch ausreichend dokumentiert werden. Dazu gehören:

- Darstellung der Ausgangslage
- durchgeführte Versuche und Ergebnisse
- abgeleitete Maßnahmen
- Darstellung des erreichten Zustands
- Kosten des Versuchs und Einsparung durch den Versuch.

Die systematische Vorgehensweise bei der Versuchsplanung erleichtert die Dokumentation wesentlich.

Beispiel aus der chemischen Industrie (Forts.)

Ausgangslage:
- Ausbeute ca. 54 % $\Rightarrow$ Erlös pro Füllung ca. 5400 €
- Kosten pro Füllung 5000 € $\Rightarrow$ Gewinn pro Füllung ca. 400 €

Durchgeführte Versuche, Ergebnisse und abgeleitete Maßnahmen: siehe oben.

Erreichter Zustand:
- Ausbeute ca. 62 % $\Rightarrow$ Erlös pro Füllung ca. 6200 €
- Kosten pro Füllung 5050 € $\Rightarrow$ Gewinn pro Füllung ca. 1150 €

Kosten des Versuchs ca. 20 000 €

Einsparung durch den Versuch (hier zusätzlicher Gewinn):
750 € · 500 = 375 000 €/Jahr.

3.8.3 Weiteres Vorgehen

In diesem Kapitel wurde der Durchlauf eines Verbesserungszyklus beschrieben. Danach kann, aufbauend auf den Ergebnissen des gerade abgeschlossenen Versuchs, ein neuer Zyklus durchlaufen werden, mit z.B.

- anderen Stufen für die Faktoren
- anderen Faktoren
- anderem Versuchsumfang
- manchmal auch weiteren Zielgrößen.

Oft ist das Problem aber auch schon nach einem Durchlauf gelöst und man kann sich anderen Aufgaben widmen. Auch diese Aufgaben können wieder mit Versuchsplanung gelöst werden und so sammelt man Schritt um Schritt Wissen und Erfahrung mit der Versuchsplanung.

> **Beispiel aus der chemischen Industrie (Ende)**
>
> Mit dem Wissen aus diesem Versuch kann man z.B. überlegen, ob es sich lohnt,
>
> - den Katalysator auf 0,05 % zu reduzieren
> - mit einer Reaktionszeit zwischen 2 und 4 h einen besseren Kompromiss zwischen Ausbeute und Anlagenkosten zu suchen (falls die Ausbeute nichtlinear von der Zeit abhängt)
> - eine neue Anlage mit höherer Maximaltemperatur zu entwickeln
> - den Einfluss des Drucks, des Mischungsverhältnisses der Ausgangsmaterialien oder anderer Einflussgrößen zu untersuchen, usw.
>
> In Abschnitt 17.3 wird als Beispiel für eine vertiefende Untersuchung gezeigt, wie nachträglich die nichtlineare Abhängigkeit der Ausbeute von der Zeit bestimmt werden kann.

Literatur

[1] Flamm, R.J.: Entwicklung eines Systemkonzeptes zur wissensbasierten, systemtechnisch unterstützten Versuchsmethodik. FQS Schrift, Beuth Verlag, Berlin 1995

[2] Holst, G.: Systematisierung der Planungsphase der Statistischen Versuchsmethodik für die industrielle Anwendung. Verlag Shaker, Aachen 1995

[3] Schulze, C.: „Einflussgrößenanalyse im Vorfeld der Statistischen Versuchsplanung" in: Qualität und Zuverlässigkeit 36 (Juni 1991), 334–339

[4] Dean, A., Voss, D.: Design and Analysis of Experiments. Springer Verlag, New York 1999

4 Systematische Beobachtung

Die richtige Auswahl der Faktoren hat entscheidenden Einfluss auf den Erfolg einer Untersuchung. Die Bedeutung einer Einflussgröße, die im Versuch nicht verändert wird, kann auch nicht erkannt werden.

In Abschnitt 3.3 wurde gezeigt, wie mit Brainstorming wichtige Einflussgrößen als Faktoren ausgewählt werden können. Dabei ist man auf die Erfahrung und Objektivität der Beteiligten angewiesen. In diesem Kapitel werden vier Verfahren behandelt, die durch systematische Beobachtung nützliche Hinweise auf wichtige Einflussgrößen liefern. Grundlage ist das Motto von D. Shainin [1]: „Lasst nicht die Ingenieure raten, lasst die Teile sprechen."

- Das Multi-Vari-Bild, die Darstellung der örtlichen Verteilung von Fehlern und der Prozessvergleich (Abschnitte 4.1 bis 4.3) helfen bei der Verbesserung von Fertigungsprozessen, insbesondere bei der Eingrenzung von Ursachen für Fertigungsprobleme.
- Der paarweise Vergleich (Abschnitt 4.4) hilft vor allem bei der Verbesserung von Produkten.

Voraussetzung für den Einsatz dieser Verfahren ist, dass bereits etwas Beobachtbares vorliegt. Daher liegt ihr Anwendungsschwerpunkt in der Fertigung und in späten Entwicklungsstadien. Aber auch für neue Produkte bzw. Prozesse kann die Beobachtung bereits bestehender ähnlicher Produkte bzw. Prozesse nützlich sein.

Die folgende Beschreibung soll Ideen für eine systematische Sammlung und Darstellung von Daten geben. Diese Ideen können mit gesundem Menschenverstand sicher noch erweitert werden.

4.1 Multi-Vari-Bild

Das Multi-Vari-Bild wurde von L. Seder [2] entwickelt und von D. Shainin in seine Methodensammlung übernommen [3].

Ausgangspunkt ist eine Zielgröße, deren Streuung zu groß ist. Ziel des Multi-Vari-Bildes ist es, durch systematische Beobachtung der Fertigung (d.h. ohne Eingriff und Veränderung) die möglichen Streuursachen einzugrenzen. Diese ergeben dann die Faktoren für den anschließenden geplanten Versuch.

Dazu werden Messwerte für die Zielgröße von

- verschiedenen Stellen an einem Teil
- verschiedenen, nacheinander gefertigten Teilen
- zu verschiedenen Zeiten gefertigten Teilen

systematisch gesammelt und gegeneinander grafisch dargestellt.

Man beobachtet, ob der größte Unterschied z.B.

- zwischen verschiedenen Stellen an einem Teil
- zwischen Teilen von verschiedenen Positionen in einer Anlage (z.B. bei Mehrfachformen)
- zwischen Teilen von verschiedenen Anlagen (bei mehreren parallel eingesetzten Anlagen)
- zwischen aufeinanderfolgenden Teilen in einer Charge
- zwischen Fertigungschargen
- zwischen Losen des Ausgangsmaterials
- von Stunde zu Stunde, Schicht zu Schicht usw.

auftritt. Die Datensammlung wird fortgesetzt, bis mindestens 80% der üblichen Streuung erfasst wurden.

Dann überlegt man, welche der vielen möglichen Ursachen (Einflussgrößen) mit dem beobachteten Verhalten konsistent sind. Nur diese können verantwortlich sein. Normalerweise kommen nur noch einige wenige Ursachen in Frage.

Beispiel aus der Metallbearbeitung (nach Bhote [3])

Der Durchmesser von Ankerwellen für Elektromotoren streute zu stark. Der Solldurchmesser betrug 0,250±0,001 Zoll. Für ein Multi-Vari-Bild wurden folgende Daten erfasst:

- an einer Stelle: maximaler und minimaler Durchmesser (Unrundheit)
- an einem Teil (einer Welle): Durchmesser links und rechts
- zwischen Teilen zu einer Zeit: drei nacheinander gefertigte Teile
- zu verschiedenen Zeiten: fünf Stichproben im Abstand von einer Stunde.

Für jedes Teil wurden vier Messwerte erfasst (min-max, links-rechts). Bild 4-1 zeigt die Messwerte grafisch, wobei zusammengehörige Messwerte auch nebeneinander dargestellt sind (Multi-Vari-Bild).

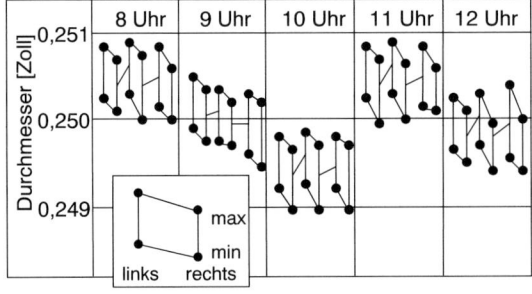

Bild 4-1
Multi-Vari-Bild:
Darstellung der vier Durchmesserwerte an einem Teil an jeweils drei nacheinander gefertigten Teilen, zu fünf verschiedenen Zeiten entnommen.

Folgende Unterschiede fallen in Bild 4-1 auf:

1. Die Wellendurchmesser nehmen von 8 bis 10 Uhr kontinuierlich ab, nehmen dann sprunghaft zu, dann wieder ab. Von 10 Uhr 30 bis 11 Uhr ist Frühstückspause. D.h. nach dem Anschalten der Anlage sind die Werte hoch und nehmen

dann im Betrieb ab. Dies kann auf Erwärmung der Anlage zurückzuführen sein. Eine Überprüfung ergab einen zu niedrigen Kühlmittelstand.

2. Die Wellendurchmesser rechts sind immer etwas kleiner als links. Eine Überprüfung ergab, dass das Werkzeug nicht parallel zur Achse ausgerichtet war.

3. Der Unterschied zwischen Minimal- und Maximaldurchmesser an einer Stelle ist sehr groß, d.h. die Welle ist unrund. Eine Überprüfung ergab ein ausgeschlagenes Lager.

Im vorliegenden Beispiel konnten die Ursachen identifiziert und mit geringem Aufwand beseitigt werden. Dies führte zu wesentlichen Kosteneinsparungen und zu einer Reduktion der Streuung um den Faktor 6.

Normalerweise führt das Multi-Vari-Bild nicht direkt zur Identifizierung der Ursachen selbst. Aber ein bestimmtes Muster im Multi-Vari-Bild ist nur mit manchen Ursachen konsistent und nicht mit anderen. Dadurch können viele Ursachen ausgeschlossen werden. Die anschließende Suche unter den verbliebenen Ursachen ist damit wesentlich direkter und zielführender.

Bei einer Versuchsplanung brauchen dann nur die Einflussgrößen als Faktoren berücksichtigt zu werden, die mit dem Multi-Vari-Bild konsistent sind. So erleichtert das Multi-Vari-Bild die Auswahl der Faktoren (vgl. Abschnitt 3.3).

Ziel der folgenden Aufgabe ist es, diese Einschränkung der möglichen Einflussgrößen zu verdeutlichen. Die Aufgabe sollte auch ohne Kenntnisse aus der Gießerei lösbar sein. Bitte, denken Sie über die vier beschriebenen Situationen nach, bevor Sie die Musterlösung lesen. Es kommt weniger auf die Einzelheiten als auf die Erkenntnis an, dass je nach Muster im Multi-Vari-Bild immer nur manche Ursachen in Frage kommen.

Aufgabe

In einer Gießerei werden bestimmte Teile gefertigt. Ihre Dichte ist eine wesentliche Zielgröße, da eine niedrige Dichte auf Einschlüsse, Poren und Lunker hinweist. Daher wird bisher die Dichte aller Teile vor der Weiterverarbeitung gemessen. Ist sie an einem Teil zu niedrig, so ist dieses Teil schlecht und wird wieder eingeschmolzen.

Der Anteil schlechter Teile ist zu hoch und soll gesenkt werden. Momentan erfolgt die Messung getrennt von der Fertigung. Daher sind viele Ursachen für die schlechten Teile denkbar. Um die Ursachen einzugrenzen, wird die Dichte daher in vier Schichten (je 8 h) fertigungsbezogen erfasst und in einem Multi-Vari-Bild dargestellt.

Folgendes sei über den Fertigungsprozess bekannt:

- Die Teile werden in einer Zweifach-Form gefertigt, d.h. mit einer Füllung der Form werden gleichzeitig zwei Teile gegossen.

- Das Material stammt aus einem Vorratsbehälter, dessen Füllung jeweils für ca. 4 h reicht. Danach wird eine neue Füllung erschmolzen.

Für das Multi-Vari-Bild wird viermal pro Schicht (d.h. alle 2 h) die Dichte der jeweils 2 Teile von 3 aufeinanderfolgenden Füllungen der Form bestimmt. Dabei wird festgehalten, in welcher Form (1 oder 2) und bei welcher Füllung das Teil gegossen wurde.

Bild 4-2 zeigt als a, b, c und d vier verschiedene denkbare Ergebnisse. Analysieren Sie für jede der vier Möglichkeiten das Muster und überlegen Sie dann, welche Ursachen jeweils verantwortlich sein können.

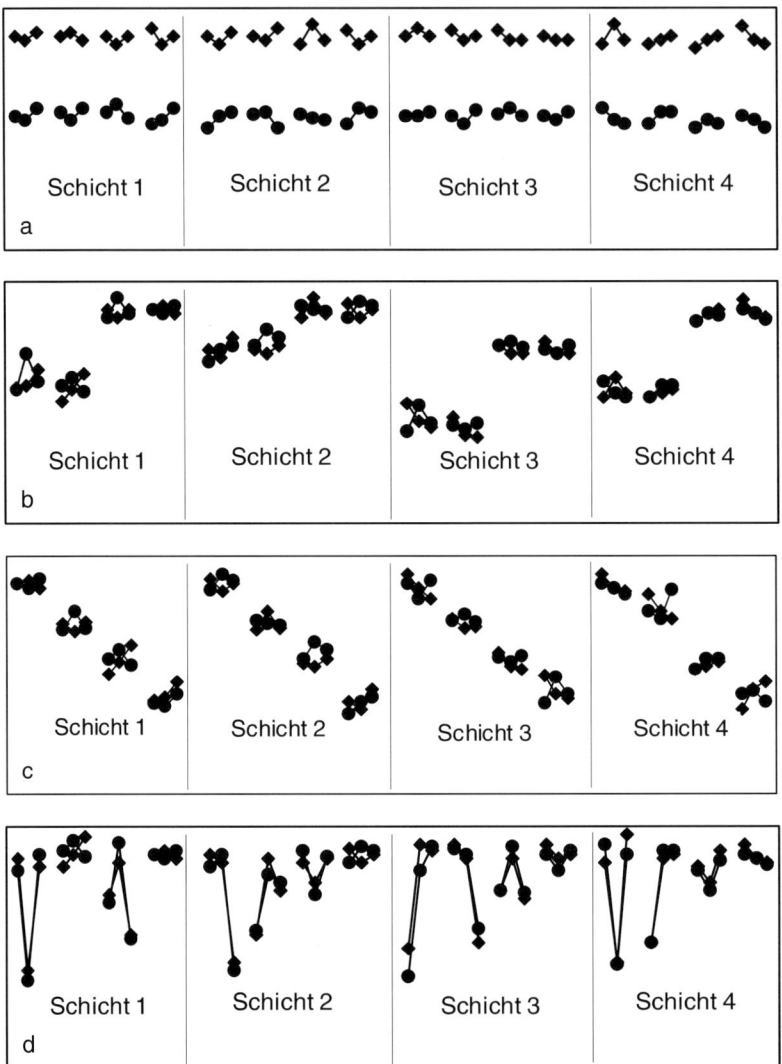

Bild 4-2
Vier mögliche Ergebnisse für das Multi-Vari-Bild:
♦ Form 1
● Form 2

Lösung

a) Es besteht ein großer Unterschied zwischen den beiden Formen. Für jede Form einzeln streuen die Ergebnisse sehr wenig. Die Ursache muss in der Form liegen, z.B. in der Auslegung der Form, der Dynamik der Formfüllung o.ä.

b) Es besteht kein Unterschied zwischen den beiden Formen. Immer zwei Stichproben sind ähnlich. Das ist gerade die Zeit, für die eine Füllung des Vorratsbehälters reicht. Die Ursache für die Streuung muss daher in Unterschieden zwischen den Füllungen der Vorratsbehälter liegen, z.B. Materialzusammensetzung, Aufbereitung der Füllung o.ä.

c) Innerhalb einer Schicht fallen die Messwerte systematisch. Innerhalb der Gruppen von drei aufeinander folgenden Formfüllungen und zwischen den Formen gibt es keine Unterschiede. Die Ursache muss sich also innerhalb einer Schicht systematisch ändern, z.B. Ermüdung der Mannschaft, Erwärmung der Umgebung o.ä.

d) Es besteht kein Unterschied zwischen den beiden Formen. Aber gelegentlich erhält man für einzelne Formfüllungen wesentlich niedrigere Werte als normal. Dies könnte z.B. an einer nicht richtig geschlossenen Form o.ä. liegen.

Zweck dieser Aufgabe war zu verdeutlichen, dass immer nur manche Ursachen mit dem Muster des Multi-Vari-Bildes konsistent sind. Die möglichen Ursachen werden eingegrenzt.

4.2 Darstellung der örtlichen Verteilung von Fehlern

Werden in einem Fertigungsschritt viele Teile gleichzeitig nebeneinander hergestellt, so erhält man zusätzliche Information aus der örtlichen Verteilung von Fehlern bzw. Problemen. Ähnliches gilt, wenn ein ausgedehntes Teil mehrere Fehler enthalten kann.

Die Darstellung der örtlichen Verteilung von Fehlern ist eine Verfeinerung der Betrachtung der Streuung innerhalb eines Teiles, wie sie auch im Multi-Vari-Bild dargestellt wird.

Auch das Ziel ist dasselbe: Eine bestimmte Verteilung bzw. Änderung der Verteilung ist nur mit manchen Ursachen vereinbar. Aus der beobachteten Verteilung erhält man daher eine Eingrenzung der möglichen Ursachen. Die Auswahl der Faktoren für den folgenden Versuch wird erleichtert.

Beispiel aus der Leiterplattenfertigung

20 kleine Leiterplatten eines bestimmten Typs werden zum Löten auf einem Nutzen zusammengefasst, sie sind in fünf Reihen mit je vier Stück angeordnet. Dieser Nutzen wird mit der Unterseite in ein Lotbad eingetaucht, alle 20 Leiterplatten werden so gleichzeitig gelötet.

Manchmal werden einzelne Kontakte nicht gelötet, manchmal treten Brücken (Kurzschlüsse) zwischen Kontakten auf. Die Anzahl der Fehler insgesamt ist zu hoch und soll reduziert werden.

Zur Eingrenzung der Ursachen wird die Anzahl der Fehler für jede Leiterplatte einzeln erfasst. Bild 4-3 zeigt die Anzahl der Fehler je Leiterplatte für jeweils drei unmittelbar nacheinander gelötete Nutzen (untereinander), die an vier verschiedenen Tagen gelötet wurden.

Tag	1	2	3	4

Nr.

1

Tag 1:
1	0	0	0
3	0	0	1
2	0	0	0
1	0	0	0
1	0	0	0

Tag 2:
1	1	2	1
0	0	0	0
0	0	0	0
0	0	0	0
0	0	0	0

Tag 3:
0	0	0	2
0	1	0	1
0	0	0	2
0	0	0	4
0	0	0	1

Tag 4:
0	0	0	0
0	0	1	0
0	0	0	0
0	0	0	0
0	1	0	0

2

Tag 1:
0	1	0	0
0	0	0	0
0	0	0	0
0	0	0	0
0	0	0	0

Tag 2:
0	0	0	0
0	0	0	0
0	0	0	0
0	0	0	0
0	0	0	0

Tag 3:
0	0	0	0
0	0	0	0
0	1	0	0
0	0	0	0
0	0	0	0

Tag 4:
1	0	0	0
3	0	0	0
5	0	0	0
2	0	0	0
2	0	0	0

3

Tag 1:
1	3	4	3
0	0	0	0
0	0	0	0
0	1	0	0
0	0	0	0

Tag 2:
0	0	0	1
0	0	0	4
0	0	0	2
0	0	0	1
0	0	0	0

Tag 3:
0	0	0	0
0	0	0	1
0	0	0	1
0	0	0	1
0	0	0	0

Tag 4:
0	0	0	0
0	0	0	0
0	1	0	0
0	0	0	0
0	0	0	0

Bild 4-3
Anzahl der Lötfehler je Leiterplatte an je drei nacheinander gelöteten 4x5 Nutzen (in Spalten übereinander), von vier verschiedenen Tagen.

Auffallend in Bild 4-3 ist, dass die Fehler überwiegend am Rand der Nutzen liegen, allerdings nicht immer am gleichen Rand (wenn überhaupt Fehler in nennenswertem Umfang auftreten). Dabei kann bei aufeinanderfolgenden Nutzen das Erscheinungsbild durchaus unterschiedlich sein. Zwischen den vier Tagen sind keine wesentlichen Unterschiede erkennbar.

Die Fehlerursache muss sich von Nutzen zu Nutzen ändern können und jeweils einen bestimmten Rand betreffen.

Als Ursache wurde schiefes Eintauchen des Nutzens in das Lotbad identifiziert. Wie die fehlerfreien Nutzen zeigen, kann das Problem mit guter Justierung vermieden werden.

Beispiel aus der Halbleiterfertigung

Auf einer Silizium-Einkristall-Scheibe werden gleichzeitig viele ICs (Integrierte Schaltungen) gefertigt, für einen bestimmten Typ z.B. ca. 100. Bereits ein kleiner Fehler im Bereich eines ICs führt zum Ausfall des betroffenen ICs. Fehler, die zum Ausfall führen, können Versetzungen im Einkristall, Defekte in aufgewachsenen oder aufgetragenen Schichten, die Unterbrechung einer Leiterbahn, Staubpartikel und vieles mehr sein.

Ziel ist es, die Ausbeute ständig schrittweise zu erhöhen, indem systematische Ausfallursachen identifiziert und beseitigt werden. Da der Fertigungsprozess aus mehreren hundert Einzelschritten besteht, ist die Identifizierung der Ausfallursachen ein
langwieriger Prozess, der sich für eine neue IC-Generation jeweils über Jahre erstreckt. Dabei werden die verschiedensten Techniken eingesetzt, und die Ausbeute
wird von anfangs niedrigen Werten schrittweise gesteigert. Hier soll einer dieser
Schritte beschrieben werden.

Betrachtet man einzelne Scheiben, so sind die Ausfälle sehr unterschiedlich über die
Scheiben verteilt. Aufgrund der großen Zufallsstreuung und der vielen beteiligten Me-
chanismen ist keine Systematik erkennbar. Um einen Überblick über die Verteilung
der Ausbeute über die Scheiben zu erhalten, wurde für jede Position auf der Scheibe
die mittlere Ausbeute von ca. 1000 Scheiben berechnet (Wafermap). Dabei ergab
sich grob die in Bild 4-4 dargestellte Verteilung. Dass die Ausbeute am Rand niedriger
als in der Mitte war, entsprach den Erwartungen. Bei mehreren der Einzelprozesse ist
die Partikeldichte am Rand höher als in der Mitte. Überrascht hat jedoch die noch
niedrigere Ausbeute am Flat (das ist eine Abflachung der Scheibe an einer Seite, die
der Ausrichtung der Scheiben bei manchen Prozessschritten dient).

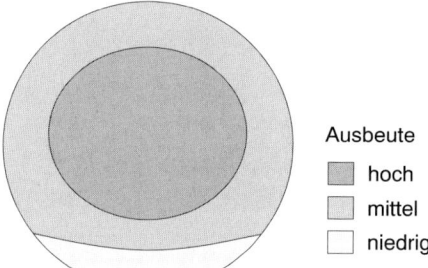

Ausbeute

■ hoch

■ mittel

□ niedrig

Bild 4-4
Schematische Darstellung der Aus-
beuteverteilung über eine Scheibe

Was ist am Flat anders als am übrigen Rand? Als Ursache kamen nur Prozessschritte
in Frage, bei denen die Scheibe ausgerichtet ist oder bei denen sich die Störung der
Symmetrie am Flat bemerkbar macht.

Durch solche Überlegungen fiel der Verdacht auf einige Ofenprozesse, bei denen die
Scheiben schnell erhitzt werden. Durch die Erhitzung entstehen thermische Spannungen, die Versetzungen im Einkristall auslösen können. Durch die Störung der Symmetrie am Flat sind die Spannungen dort besonders hoch. Besonders viele Versetzungen entstehen und sie reduzieren die Ausbeute am Flat.

Diese Überlegungen reichten natürlich nicht zur Identifizierung der genauen Ursache
aus. Aber sie waren Anlass für geplante Versuche, bei denen als Faktoren die Auf-
heizraten bei mehreren kritischen Ofenprozessen verändert wurden (Stufe 1 jeweils:
momentane Rate; Stufe 2: reduzierte Rate). Dabei zeigte sich, dass einer dieser Prozesse verantwortlich war. Die Aufheizrate für diesen Prozess wurde reduziert. Dadurch wurde die Ausbeute am Flat deutlich erhöht. Auch im übrigen Randbereich
wurde eine (weniger deutliche) Erhöhung der Ausbeute erreicht. Insgesamt wurde die
Ausbeute um ca. 5 % erhöht.

Beispiel aus einer Gießerei (nach Traver [4])

In einer Gießerei wurden Dichtringe gegossen. Aus unbekannter Ursache verschlechterte sich die Qualität. Ein hoher Anteil der Ringe musste wegen zu großer Poren wieder eingeschmolzen werden.

Zur Quantifizierung wurde ein Bewertungsmaßstab für die Porengröße eingeführt (von „1: sehr klein" bis „5: riesiges Loch"). Die mit der Porengröße multiplizierte (gewichtete) Porenzahl wurde im Stile eines Multi-Vari-Bildes jeweils an mehreren hintereinander gegossenen Ringen zu verschiedenen Zeiten erfasst. Die mittlere gewichtete Porenzahl pro Ring betrug 19,7 und änderte sich nicht wesentlich von Ring zu Ring und Zeit zu Zeit.

Bild 4-5 zeigt die mittlere gewichtete Porenzahl je Quadrant und Hälfte und die Verteilung der Poren für einen typischen Ring. Traver schlägt vor, die Defekte rot zu kennzeichnen und nennt das Ergebnis dann „Masern-Diagramm" [4]. Entscheidend ist die detaillierte Betrachtung der örtlichen Verteilung der Defekte innerhalb eines Teils. Aus ihr erkennt man klar die Häufung der Poren oben links.

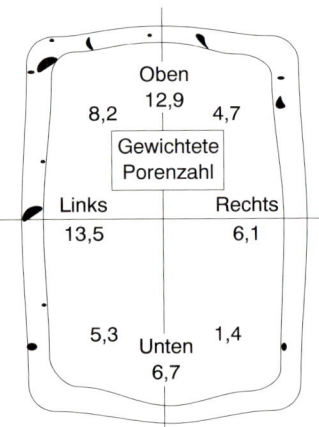

Bild 4-5
Mittlere gewichtete Porenzahl je Quadrant und Ringhälfte und Anordnung der Poren in einem typischen Beispiel. Links oben ist die mittlere Porenzahl am höchsten (8,2), rechts unten am niedrigsten (1,4).

Was war oben links anders als in den übrigen Bereichen? Ein Ventilator blies von oben links Kühlluft in den Arbeitsbereich, um die Arbeitstemperatur erträglich zu halten und die Formen schneller abzukühlen. Die Verteilung der Poren gab damit einen Hinweis darauf, dass die Kühlung entscheidenden Einfluss auf die Porenbildung hat. In geplanten Versuchen wurde anschließend die Kühlung optimiert und das Problem beseitigt. Die Beobachtung der Fertigung ergab die entscheidenden Hinweise zur Eingrenzung der Ursachen. Die wichtigen Faktoren konnten ausgewählt werden.

4.3 Prozessvergleich

Der Prozessvergleich [5] dient zur Fehleranalyse bei Prozessen mit sporadisch auftretenden Problemen. Man vergleicht die Fertigungsbedingungen und Ergebnisse von Inline-Kontrollen während der Fertigung bei guten und schlechten Produkten. Wiederkehrende Unterschiede können auf Problemursachen hinweisen.

Wichtig ist, dass die richtigen Größen in der Fertigung über einen ausreichend langen Zeitraum erfasst werden. Als Daumenregel kann gelten, dass das Problem im Erfassungszeitraum ca. achtmal auftritt, wobei die Einzelereignisse unabhängig voneinander sein müssen. Bei einem Chargenprozess bedeutet dies, dass acht Chargen betroffen sein sollten.

Beispiel Vakuumverpackung (nach Bhote [5])

Blattsalat wurde in Plastiktüten abgefüllt, evakuiert und versiegelt. Bei einem Teil der Packungen war die Versiegelung nicht dicht, was zum Verderb der Ware führte. Zur Prozessverbesserung sollte geklärt werden, welche Prozessparameter für die schlechte Abdichtung verantwortlich sind.

Durch Befragung der Prozessexperten wurde zunächst folgende Liste potentiell wichtiger Einflussgrößen zusammengestellt:

- Lage der Absaugdüse relativ zur Füllung der Tüten
- Absaugdauer
- Haltezeit nach der Absaugung
- Ausfahrgeschwindigkeit der Absaugdüse
- Versiegelungstemperatur
- Haltezeit der Temperatur
- Anpressdruck
- Abkühlzeit
- Auswurfverzögerung

Diese Größen wurden durch Fertigungsbeobachtung über einen ausreichend langen Zeitraum erfasst, in dem mehrfach Probleme mit undichten Packungen auftraten. Ein Vergleich der Werte der Einflussgrößen bei dichten und undichten Packungen ergab, dass bei den undichten Packungen die Absaugdüse mehr oder weniger tief in die Füllung eintauchte. Packungen, bei denen sich die Absaugdüse oberhalb der Füllung befand, waren dicht.

Wenn die Absaugdüse eintauchte, wurden Blätter in den Bereich der Versiegelung verschleppt, die zu Undichtigkeiten führten. Die Ursache war somit identifiziert und konnte beseitigt werden.

Beispiel aus der Halbleiterfertigung (2)

Bei der Halbleiterfertigung durchläuft jedes Fertigungslos über einen Zeitraum von mehreren Wochen mehrere hundert genau festgelegte Einzelprozessschritte. Für jeden Prozessschritt stehen parallel gleichartige Anlagen zur Verfügung, die je nach momentaner Belegung eingesetzt werden.

In einer Datenbank wird für jedes Los hinterlegt, wann jeder Prozessschritt an welcher Anlage durchgeführt wurde und was die zugeordneten Werte der kritischen Anlagenparameter waren. Ergänzend werden Prozessergebnisse wie Schichtdicke, Reflektivität u.ä. an mitlaufenden Teststrukturen erfasst und abgespeichert.

Erst am Ende der Scheibenfertigung kann die Funktion der Bauelemente überprüft werden. Findet man nun Lose mit niedrigerer Ausbeute als normal oder mit anderen erkennbaren Problemen, so wird sofort versucht, mit Hilfe des Fehlerbildes bei elektrischen und mikroskopischen Untersuchungen die Ursachen einzugrenzen.

Parallel dazu findet ein Prozessvergleich mit Hilfe der Datenbank statt. Gibt es mehrere Lose mit demselben Problem, so wird gesucht, für welche Prozessschritte diese Lose über dieselbe Anlage liefen, insbesondere innerhalb kurzer Zeit. Außerdem werden die den schlechten Losen zugeordneten Messwerte für Prozessergebnisse wie Schichtdicke usw. mit denen der guten Lose verglichen.

Die Analyse des Fehlerbildes kombiniert mit dem Prozessvergleich führt normalerweise sehr schnell zum Erkennen und Abstellen der Problemursache.

In diesem Beispiel kann aufgrund der langen Durchlaufzeit der Lose mit der Datenerfassung nicht bis zum Auftreten eines Problems gewartet werden. Daher werden alle für eine spätere Analyse evtl. wichtigen Daten vorbeugend erfasst, um bei Auftreten eines Problems den Prozessvergleich sofort durchführen zu können.

4.4 Paarweiser Vergleich von Produkten

Der Paarweise Vergleich [3] dient zur Fehleranalyse bei Produkten. Man geht folgendermaßen vor:

- Mehrere Paare aus je einem guten und einem schlechten Teil mit möglichst ähnlicher Vergangenheit werden gesammelt und paarweise auf Unterschiede untersucht.

- Sich wiederholende Unterschiede könnten die Ursache für das Problem sein.

In günstigen Fällen führt der Paarweise Vergleich direkt zur Identifizierung der Problemursache, sonst ist er eine Hilfe bei der Auswahl der Faktoren für einen anschließenden Versuch.

Beispiel Elektronikmodul (nach Bhote [3])

Eine bestimmte Diode im Elektronikmodul eines Autos fiel zu häufig aus. Mehrere ausgefallene Dioden wurden von den Werkstätten zurückgeliefert, zusammen mit nicht ausgefallenen Dioden desselben Typs, möglichst aus demselben Modul. Gute und schlechte Einheiten wurden paarweise einer REM-Prüfung (Raster-Elektronen-Mikroskop) unterzogen. Tabelle 4.1 zeigt die festgestellten Unterschiede.

Tabelle 4.1
Paarweiser Vergleich von Dioden: Oxidschäden sind wahrscheinlich die Ursache für die Ausfälle

Paar Nr.	Gute Diode	Schlechte Diode
1	fehlerfrei	beschädigtes Plättchen, Oxidschäden, Kupfermigration
2	fehlerfrei	Legierungsunregelmäßigkeiten, Oxidschäden
3	fehlerfrei	Oxidschäden, Verunreinigung
4	fehlerfrei	Oxidschäden, beschädigtes Plättchen

Beispiel Stoßdämpfer (nach Quentin [6])

Bei einem bestimmten Stoßdämpfertyp häuften sich die Reklamationen. Vergleiche der defekten Stoßdämpfer mit der Spezifikation zeigten keine Abweichungen. Daher wurde ein Paarweiser Vergleich durchgeführt.

Um möglichst ähnliche Vergleichsteile zur Verfügung zu haben, wurden für eine begrenzte Zeit bei einer Reklamation immer beide Stoßdämpfer einer Achse ausgebaut. Anschließend wurden der gute und der schlechte Stoßdämpfer jeweils paarweise miteinander verglichen. Sie hatten die gleiche Belastung im Einsatz gesehen, evtl. Unterschiede sollten daher Aufschluss über die Ursache der Reklamationen geben.

Neun Stoßdämpferpaare wurden untersucht. Dabei zeigte es sich, dass bei den schlechten Stoßdämpfern sieben undicht waren, bei den guten dagegen nur zwei. Alle anderen Unterschiede waren wesentlich seltener.

Eine genauere Untersuchung der undichten Stoßdämpfer zeigte, dass in den meisten Fällen die Dichtung beschädigt und die Oberflächenrauheit der Kolbenstange relativ groß war.

Die Spezifikation der Rauheit betrug $R_a < 6$ µm. Alle untersuchten Stoßdämpfer erfüllten diese Spezifikation. Von den insgesamt neun undichten Stoßdämpfern hatten jedoch sieben eine Rauheit im Bereich 3 µm $< R_a < 6$ µm, nur zwei hatten eine geringere Rauheit. Von den dichten Stoßdämpfern hatten alle eine Rauheit $R_a < 3$ µm.

Als wirkliche Ursache für die Reklamationen wurde so die zu große Rauheit der Kolbenstange identifiziert. Die Produktspezifikation wurde auf $R_a < 3$ µm geändert, und das Problem war beseitigt.

Literatur

[1] Shainin, D./Shainin, P.: „Better than Taguchi Orthogonal Tables", in: Quality and Reliability Engineering International 4 (1988), 143–149

[2] Seder, L.A.: „Diagnosis with Diagrams I bzw. II", in: Industrial Quality Control (Januar bzw. März 1950)

[3] Bhote, K.R.: Qualität – Der Weg zur Weltspitze. IQM, Großbottwar 1990

[4] Traver, R.W.: Manufacturing Solutions for Consistent Quality and Reliability. AMACOM, New York 1995

[5] Bhote, K.R., Bhote, A.K: World Class Quality. AMACOM, New York 2. Auflage 2000

[6] Quentin, H.: Versuchsmethoden im Qualitäts-Engineering. Vieweg, Braunschweig 1994

5 Einfache Versuche

D. Shainin hat eine einfache Versuchsstrategie beschrieben. Sie erlaubt es, mit geringem Aufwand die wichtigsten Faktoren zu identifizieren, deren Veränderung für die Streuung eines Fertigungsprozesses bzw. für den Ausfall eines Produktes verantwortlich ist [1, 2].

Wichtigste Voraussetzung für einen Erfolg der Strategie ist, dass die Zufallsstreuung sehr viel kleiner als der Effekt der Faktoren ist. Nur dann kann auf mehrmalige Realisierung und statistische Auswertung verzichtet werden.

Je nach Anwendungsgebiet (und damit der Art der Faktoren) verwendet Shainin verschiedene Bezeichnungen:

- Prozessverbesserung: Variablenvergleich (Abschnitt 5.1)
- Produktverbesserung: Komponententausch   (Abschnitt 5.2).

Shainin nennt den wichtigsten Faktor „Rotes X". Ziel ist es, dieses „Rote X" zu erkennen.

5.1 Variablenvergleich zur Prozessverbesserung

Ziel des Variablenvergleichs ist, unter einer begrenzten Anzahl von Faktoren diejenigen zu erkennen, deren Veränderung den Hauptbeitrag zur Streuung der Zielgröße erbringt. Als Faktoren werden Größen betrachtet, die sich im Verlauf der Fertigung innerhalb gewisser Grenzen verändern, wie z.B.

- Prozessparameter (innerhalb ihrer Spezifikation)
- Umgebungsbedingungen (innerhalb ihrer natürlichen Grenzen)
- Unterschiede im Ausgangsmaterial, z.B. Charge, Alter, Lieferant

Ausgangspunkt:

- Die (bis ca. 20) Faktoren A, B, C, D, E, ... stehen im Verdacht, die Streuung der Zielgröße zu verursachen.
- Für jeden Faktor gibt es einen vermutlich „guten" Wert (für A sei das Ag) und einen vermutlich „schlechten" Wert (As). Beide Werte (=Stufen) müssen realistisch sein, d.h. in der Fertigung auch wirklich auftreten.

In Bild 5-1 wird der Variablenvergleich schematisch dargestellt. Als erster Schritt werden Vorversuche durchgeführt, um zu erkennen, ob die ausgewählten Faktoren wirklich fast die gesamte Streuung verursachen:

- zwei Einzelversuche mit allen Faktoren auf dem „guten" Wert (Ergebnisse G_1, G_2)
- zwei Einzelversuche mit allen Faktoren auf dem „schlechten" Wert (Ergebnisse S_1, S_2).

Die Differenz D zwischen den Mittelwerten der beiden „guten" und der beiden „schlechten" Ergebnisse ist ein Maß für den Effekt der Faktoren:

$$D = \left| \frac{G_1 + G_2}{2} - \frac{S_1 + S_2}{2} \right| \tag{5.1}$$

Der Mittelwert d der Unterschiede zwischen den beiden „guten" bzw. „schlechten" Ergebnissen ist ein Maß für die Zufallsstreuung:

$$d = \frac{|G_1 - G_2| + |S_1 - S_2|}{2} \tag{5.2}$$

Die Zufallsstreuung ist so klein (im Vergleich zum Effekt der Faktoren), dass keine mehrmalige Realisierung und keine formale statistische Analyse erforderlich ist, wenn

$$D : d \geq 5 : 1 . \tag{5.3}$$

Wird diese Bedingung nicht erfüllt, so bestehen folgende Möglichkeiten:

- Der wichtigste Faktor (das „Rote X") ist nicht im Versuch enthalten. Manchmal hilft eine bessere Auswahl der Faktoren.

- Die Zuordnung „gut" und „schlecht" ist nicht richtig. Manchmal hilft das Vertauschen oder die Änderung von einzelnen Werten.

- Die Zufallsstreuung durch andere Ursachen ist zu groß. Dann ist die Vereinfachung von D. Shainin zu grob, und die in den folgenden Kapiteln beschriebene (klassische) Versuchsplanung muss eingesetzt werden. Da der Aufwand für die vier Vorversuche klein im Vergleich zur möglichen Einsparung bei einem Erfolg ist, lohnen sie sich trotzdem.

Wenn die Bedingung $D : d \geq 5 : 1$ erfüllt ist, kann der eigentliche Variablentausch beginnen. Für die Faktoren A, B, C, D, ... werden nun einzeln die Werte von „gut" und „schlecht" vertauscht.

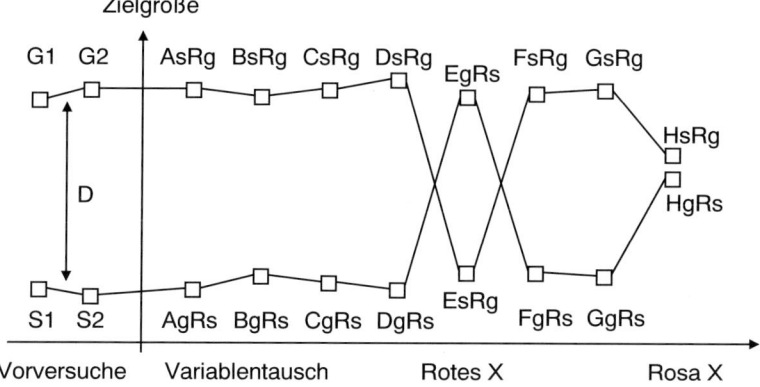

Bild 5-1
Grafische Darstellung der Ergebnisse der vier Vorversuche und des Variablentauschs

Zunächst wird ein Einzelversuch durchgeführt, bei dem alle Faktoren außer A auf „gut" gehalten werden, nur A hat den Wert „schlecht" (Bezeichnung in Bild 5-1 AsRg = A schlecht, Rest gut). Und ein Einzelversuch wird durchgeführt, bei dem alle Faktoren außer A auf „schlecht" gehalten werden, nur A hat den Wert „gut" (Bezeichnung AgRs = A gut, Rest schlecht).

Für alle Faktoren werden nacheinander diese beiden Einzelversuche durchgeführt (ähnlich zu One-factor-at-a-time). Führt das Vertauschen von guter und schlechter Stufe zu keiner wesentlichen Veränderung der Zielgröße, so ist dieser Faktor unwichtig. In Bild 5-1 sind A bis D unwichtig. Der Faktor E dagegen vertauscht gut und schlecht. Der Faktor E ist dominant („Rotes X"). Der Faktor H liefert einen wesentlichen Beitrag, ist aber nicht alleinige Ursache („Rosa X").

Mit dem Variablenvergleich können auch Wechselwirkungen erkannt werden (im Gegensatz zu einer reinen One-factor-at-a-time-Vorgehensweise).

Ändert sich bei einem Vertauschen nur eines der Ergebnisse der Zielgröße (gut oder schlecht, D bzw. G in Bild 5-2), so weist dies darauf hin, dass dieser Faktor eine wichtige Wechselwirkung mit einem anderen Faktor hat.

D. Shainin schlägt vor, nach Abschluss des Variablentauschs alle Faktoren, die als „Rotes X", „Rosa X" und Wechselwirkungen identifiziert wurden, in einem faktoriellen Versuch zu untersuchen (siehe Kapitel 7).

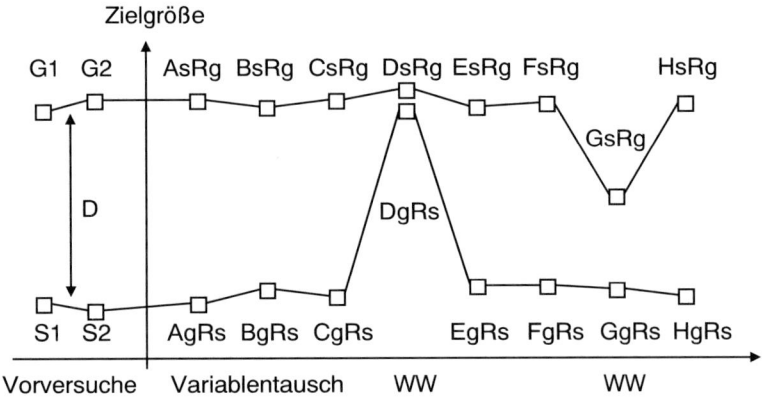

Bild 5-2   Grafische Darstellung der Ergebnisse bei Wechselwirkungen

Beispiel Metallpresse (nach Bhote [2])

In einer Presse werden Metallteile umgeformt. Die Toleranz für ein bestimmtes kritisches Maß beträgt ±0,005 Zoll. Manchmal streuen die Teile jedoch wesentlich mehr. In einem Brainstorming wurden die Faktoren in Tabelle 5.1 als mögliche Ursachen gesammelt.

Die Streuung des kritischen Maßes ist die Zielgröße. Um sie zu ermitteln, werden jeweils fünf Teile gefertigt, und die Differenz zwischen dem größten und kleinsten der fünf Werte (Spannweite) wird verwendet.

Tabelle 5.1
Faktoren und vermutete gute und schlechte Stufen im Beispiel Metallpresse

Faktor		gut	schlecht
A:	Ausrichtung der Form	ausgerichtet	nicht ausgerichtet
B:	Metalldicke	dick	dünn
C:	Metallhärte	hart	weich
D:	Metallbiegung	flach	gebogen
E:	Stößelaufnahme	kalibriert	mit Spiel
F:	Halten des Materials	waagrecht	nicht waagrecht

Ergebnisse des Vorversuchs (in 0,001 Zoll)

alle Faktoren gut		4 4	Spannweite
alle Faktoren schlecht	47	61	Spannweite

Voraussetzung für weiteres Vorgehen überprüfen:

$$D = \left| \frac{4+4}{2} - \frac{47+61}{2} \right| = 50 \text{ und}$$

$$d = \frac{|4-4|}{2} + \frac{|47-61|}{2} = 7$$

$$\Rightarrow D{:}d = 50{:}7 > 5{:}1 \ .$$

Der Unterschied zwischen den Ergebnissen bei „alle Faktoren gut" und „alle Faktoren schlecht" ist so groß, dass der eigentliche Variablenvergleich ohne Wiederholungen durchgeführt werden kann. Signifikante Effekte sind auch ohne formale Signifikanztests („mit bloßem Auge") erkennbar. Tabelle 5.2 zeigt die Ergebnisse des eigentlichen Variablenvergleichs.

Tabelle 5.2   Ergebnisse des Variablenvergleichs im Beispiel Metallpresse

Versuch	Kombination der Stufen	Spannweite [0,001 Zoll]	Schlussfolgerung
1	AsRg	3	A unwichtig
2	AgRs	102	
3	BsRg	5	B unwichtig
4	BgRs	47	
5	CsRg	7	C unwichtig
6	CgRs	72	
7	DsRg	23	Rosa X
8	DgRs	30	
9	EsRg	7	unklar
10	EgRs	20	
11	FsRg	73	Rotes X
12	FgRs	18	
Test	DsFsRg	70	völlige Umkehr
	DgFgRs	4	

Ergebnisse für die praktische Umsetzung:

- Die Materialbiegung ist der kritische Parameter, der gesteuert werden muss. Eine Vorrichtung wurde gebaut, damit der Maschinenbediener das Material immer waagrecht hält; dadurch wurden bedienerbedingte Variationen beseitigt.
- Die Materialdicke und -härte sind nicht wichtig, daher konnten Toleranzen erweitert werden.

Mit nur einer Versuchsreihe wurde die Streuung um den Faktor 5 reduziert.

Der Variablenvergleich ist ein effizientes Verfahren zur einfachen Verbesserung von Fertigungsprozessen. Er ist bei der (Weiter-)Entwicklung der Prozesse und in der Fertigung einsetzbar, solange die Zufallsstreuung ausreichend klein ist.

5.2   Komponententausch zur Produktverbesserung

Der Komponententausch ist im Grunde ein Variablenvergleich, angewendet auf Produkte, die zerlegt und wieder zusammengebaut werden können. Der Ausgangspunkt ist ein gutes und ein schlechtes Produkt. „Schlecht" bedeutet, der Messwert für eine bestimmte Zielgröße liegt außerhalb der Toleranz. Ziel ist es, die Komponente zu identifizieren, die für den Ausfall des schlechten Produktes verantwortlich ist.

Die Komponenten entsprechen den Faktoren, die Stufe „gut" sind die Komponenten des guten Produkts, die Stufe „schlecht" sind die Komponenten des schlechten Produkts, und jeder Einzelversuch besteht darin, das Produkt zu zerlegen und wieder neu zusammenzubauen.

Daraus ergibt sich folgende Vorgehensweise:

Vorversuche durchführen:

- Zielgröße am „guten" Produkt messen, dann Produkt zerlegen, wieder zusammenbauen und Zielgröße wieder messen (Ergebnisse G_1, G_2).
- Zielgröße am „schlechten" Produkt messen, dann Produkt zerlegen, wieder zusammenbauen und Zielgröße wieder messen (S_1, S_2).

Voraussetzung für weiteres Vorgehen überprüfen:

Wie beim Variablenvergleich muss auch beim Komponententausch der Unterschied zwischen dem „guten" und dem „schlechten" Produkt ausreichend groß sein:

- Differenz zwischen „gut" und „schlecht" berechnen:

$$D = \left| \frac{G_1 + G_2}{2} - \frac{S_1 + S_2}{2} \right| \tag{5.1}$$

- Maß für die Streuung berechnen:

$$d = \frac{|G_1 - G_2| + |S_1 - S_2|}{2} \tag{5.2}$$

- Die Zufallsstreuung ist so klein, dass keine statistische Analyse nötig ist, wenn

  $D{:}\,d \geq 5{:}1$. (5.3)

Wird dies nicht erreicht, so kann auch die Montage für den Unterschied verantwortlich sein.

Wenn $D{:}\,d \geq 5{:}1$ erfüllt ist, werden für die Komponenten A, B, C, D, ... einzeln ausgetauscht. Nach dem Austausch wird an beiden Produkten die Zielgröße gemessen, dann wird wieder zurückgetauscht. Die Bewertung erfolgt wie in Bild 5-1 und 5-2 beim Variablenvergleich.

Beispiel Zeitzähler (nach Bhote [2])

Ein Zeitzähler soll bis zu einer Temperatur von $-40\,°C$ störungsfrei arbeiten. Alle Produkte arbeiten zwar bei $0\,°C$ störungsfrei, viele fallen jedoch bei Temperaturen um $-5\,°C$ bereits aus. Als Zielgröße wird daher die Temperatur festgelegt, bei der ein Produkt gerade noch funktioniert.

Der Zeitzähler besteht aus einer Elektronik, die Zählimpulse erzeugt, und mehreren mechanischen Teilen, die für die Anzeige benötigt werden.

Ergebnisse des Vorversuchs (in $°C$)

gutes Produkt	vor: -40	nach Zerlegen und Zusammenbau:	-35
schlechtes Produkt	vor: 0	nach Zerlegen und Zusammenbau:	-5

Voraussetzung für weiteres Vorgehen überprüfen:

$$D = \left| \frac{(-40) + (-35)}{2} - \frac{0 + (-5)}{2} \right| = 35 \text{ und}$$

$$d = \frac{\left| (-40) - (-35) \right|}{2} + \frac{\left| 0 - (-5) \right|}{2} = 5$$

$$\Rightarrow D{:}\,d = 35{:}5 = 7{:}1 > 5{:}1 \ .$$

Tabelle 5.3 zeigt die wichtigsten Einzelkomponenten und Tabelle 5.4 die Ergebnisse des eigentlichen Komponententauschs (grafische Darstellung in Bild 5-3).

Tabelle 5.3
Liste der wichtigsten Komponenten des Zeitzählers

Kennbuchstabe	Komponente
A	Zylinderspule mit Magnetkern
B	Zwischenradwelle
C	Ziffernwelle
D	Gehäuse
E	Kniehebel
F	Zwischenräder
G	Ziffernscheiben
H	Elektronik

Tabelle 5.4   Ergebnisse des Komponententauschs am Beispiel Zeitzähler

Versuch Nr.	Kombination der Komponenten	Ergebnis [°C]	Schlussfolgerung
1	AsRg	−40	A unwichtig
2	AgRs	−5	
3	BsRg	−35	B unwichtig
4	BgRs	0	
5	CsRg	−35	C unwichtig
6	CgRs	−5	
7	DsRg	−20	Wechselwirkung
8	DgRs	−5	
9	EsRg	−40	E unwichtig
10	EgRs	0	
11	FsRg	−40	F unwichtig
12	FgRs	−5	
13	GsRg	−20	Wechselwirkung
14	GgRs	−5	
15	HsRg	−35	H unwichtig
16	HgRs	0	
Test	DsGsRg	0	völlige Umkehr
	DgGgRs	−40	

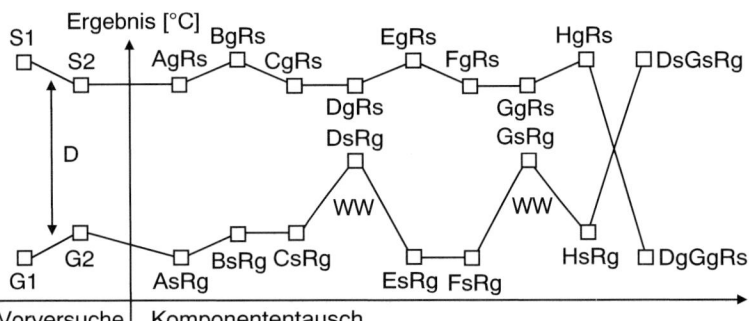

Bild 5-3   Grafische Darstellung der Versuchsergebnisse von Tabelle 5.4

D und G verschlechtern zwar das „Gut"-Ergebnis, verbessern aber nicht das „Schlecht"-Ergebnis, d.h. sie wirken nicht allein, sondern nur zusammen (Wechselwirkung). Dies zeigt sich auch im Testlauf, bei dem beide gleichzeitig vertauscht wurden.

Eine anschließende, genauere Analyse des Problems ergab, dass manche Gehäuse (D) einen Schwund aufweisen und manche Ziffernscheiben (G) nicht zentrisch sind. Wenn beide Abweichungen zusammentreffen (Wechselwirkung), klemmt die Mechanik bei tiefen Temperaturen. Nach einer Änderung der Ziffernscheibe war das Problem völlig beseitigt.

5.3 Überblick über die Methoden nach D. Shainin

In den Kapiteln 4 und 5 wurden im wesentlichen die Methoden nach D. Shainin behandelt [1, 2]. Shainins Strategie ist:

- mit Beobachtung und einfachen Versuchen die wichtigsten Faktoren erkennen,

- deren Toleranz einengen (das verursacht zwar Kosten, bringt aber große Verbesserung) und

- die Toleranz für unwichtige Faktoren aufweiten (das bringt eine Einsparung).

Hintergrund dieser Strategie ist das **Pareto-Prinzip:** Normalerweise dominieren einige wenige Ursachen (Faktoren). Den wichtigsten Faktor nennt D. Shainin **„Rotes X"** (red X), den nächstwichtigen **„Rosa X"** (pink X).

Diese dominanten Faktoren gilt es zu finden und zu beherrschen. Dazu bietet D. Shainin sieben einfache Werkzeuge an. Bild 5-4 zeigt diese Werkzeuge im Überblick [2]. In der ersten Ebene (Multi-Vari-Bild, Paarweiser Vergleich, Komponententausch) sind keine Vorkenntnisse erforderlich. In den unteren Ebenen wird zunehmend Vorwissen erforderlich.

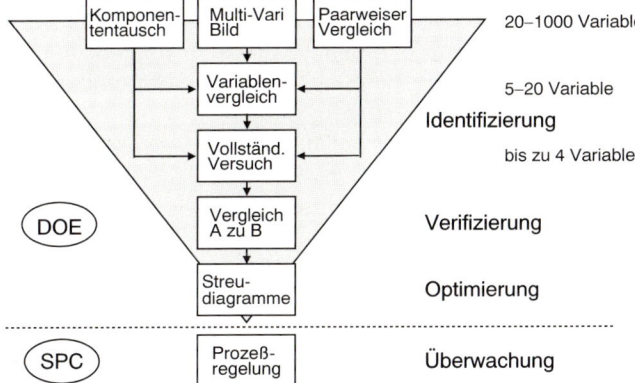

Bild 5-4
Überblick über die sieben Werkzeuge der Versuchsplanung (DOE = Design of Experiments) nach D. Shainin (nach Bhote [2])

Der vollständige faktorielle Versuch wird in Kapitel 7 behandelt. Der „Vergleich A zu B" ist im wesentlichen der in Kapitel 6 behandelte Vergleich von zwei Mittelwerten. Ein Streudiagramm ist die Darstellung von zwei Messgrößen gegeneinander, wie sie z.B. in Kapitel 10 behandelt wird. Auf diese Werkzeuge wird daher hier nicht weiter eingegangen.

Literatur

[1] Shainin, D./Shainin, P.: „Better than Taguchi Orthogonal Tables", in: Quality and Reliability Engineering International <u>4</u> (1988), 143–149

[2] Bhote, K.R.: Qualität – Der Weg zur Weltspitze. IQM, Großbottwar 1990

6   Statistische Grundlagen

Bisher wurde auf die statistische Auswertung von Versuchsergebnissen verzichtet. Dies ist möglich, wenn die Zufallsstreuung sehr viel kleiner ist als technologisch relevante Unterschiede. Leider ist diese Bedingung in vielen praktischen Anwendungen nicht erfüllt. Daher werden in diesem Kapitel ausgewählte statistische Grundlagen vermittelt. Im Mittelpunkt steht dabei die Darstellung der Ideen, für Einzelheiten wird auf die Standardliteratur verwiesen, z.B. das Nachschlagewerk Graf/Henning/Stange/Wilrich [1].

Zunächst werden ausschließlich zufällige Unterschiede behandelt. Werden z.B. mehrere Teile unter nominell gleichen Bedingungen hergestellt, erhält man trotz aller Anstrengungen nicht genau dieselbe Dicke, Masse, Spannung, usw. In Abschnitt 6.1 wird gezeigt, wie man die Verteilung der Werte beschreiben kann, und in Abschnitt 6.2 wird gezeigt, was man aus Messwerten (sie werden Stichprobe genannt) über die zugrunde liegende „Wahrheit" (sie wird Grundgesamtheit genannt) lernen kann.

Anschließend wird in Abschnitt 6.3 gezeigt, wie man die Ergebnisse bei zwei verschiedenen Versuchsbedingungen miteinander vergleichen kann. Es geht z.B. um die Frage, ob die Dicke von auf einer Anlage hergestellten Teilen wirklich größer ist als die Dicke von auf einer anderen Anlage hergestellten. Und es wird gezeigt, wie man schon vor der Durchführung eines solchen Vergleichs einen sinnvollen Versuchsumfang festlegen kann. Genügt es, je drei Teile miteinander zu vergleichen, oder sollte man besser je 300 Teile vergleichen?

6.1   Verteilung

Der Zusammenhang zwischen der Häufigkeitsverteilung von Versuchsergebnissen und der Verteilungsfunktion der Grundgesamtheit wird erläutert. Häufig ist die Normalverteilung eine gute Näherung für die Verteilung von Messwerten.

6.1.1   Häufigkeitsverteilung von Versuchsergebnissen

Trotz aller Sorgfalt erhält man bei der Wiederholung eines Einzelversuchs unter nominell gleichen Versuchsbedingungen nicht genau den gleichen Zahlenwert für das Ergebnis. Die Versuchsergebnisse streuen aufgrund von zufälligen Unterschieden z.B. beim Ausgangsmaterial, bei den Umgebungsbedingungen oder bei der Messung.

Die Breite des Bereichs, in dem die Werte streuen, hängt z.B. von der Komplexität des Einzelversuchs, von der Breite der Streuung des Ausgangsmaterials und von der Genauigkeit der Messung ab. Wenn man das Ergebnis auf genügend viele Nachkommastellen angibt, wird man immer Unterschiede finden. Die Frage, ob diese Unterschiede technologisch relevant sind, wird erst später betrachtet. Momentan geht es allein um die phänomenologische Beschreibung der Streuung.

Beispiel aus der Galvanik (Erweiterung des Beispiels aus Abschnitt 1.2)

Auf 50 Teilen wurde unter nominell gleichen Bedingungen galvanisch eine Schicht abgeschieden. Tabelle 6.1 zeigt die Messwerte für die Schichtdicke in der Reihenfolge der Abscheidung und Messung, Bild 6-1 zeigt diese Messwerte grafisch.

Tabelle 6.1
Gemessene Schichtdicke von 50 unter nominell gleichen Bedingungen abgeschiedenen Schichten (alle Werte in μm)

Nr.	Dicke	Nr.	Dicke	Nr.	Dicke	Nr.	Dicke	Nr.	Dicke	Nr.	Dicke	Nr.	Dicke
1	27,7	9	30,3	16	31,0	23	31,2	30	27,6	37	28,8	44	28,4
2	31,3	10	27,7	17	31,8	24	25,9	31	29,4	38	28,8	45	32,3
3	30,1	11	28,7	18	27,4	25	30,8	32	27,4	39	30,4	46	29,8
4	32,9	12	26,3	19	30,2	26	34,4	33	30,9	40	31,0	47	29,8
5	28,2	13	31,3	20	32,4	27	28,8	34	26,8	41	32,0	48	33,3
6	31,0	14	30,5	21	33,0	28	30,3	35	29,3	42	29,1	49	29,3
7	30,4	15	30,5	22	30,5	29	28,6	36	32,8	43	29,8	50	27,5
8	29,8												

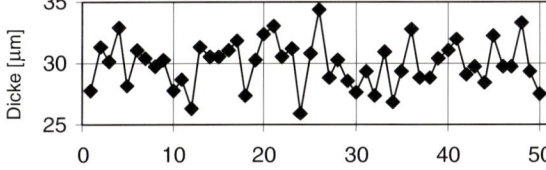

Bild 6-1
Gemessene Schichtdicke von 50 unter nominell gleichen Bedingungen abgeschiedenen Schichten

Die Versuchsergebnisse liegen in einem bestimmten Wertebereich. Dabei sind Werte in der Mitte des Bereichs (normalerweise) häufiger als Werte am Rande des Bereichs. Um eine Vorstellung von der Verteilung der Werte zu erhalten, ist es sinnvoll, den gesamten Bereich in Teilbereiche zu unterteilen und abzuzählen, wie viele Werte in jedem Teilbereich liegen. Diese Teilbereiche heißen Klassen.

Die Anzahl der Werte in jeder Klasse (in jedem Teilbereich) heißt (absolute) Häufigkeit.

Für den Vergleich von Messreihen mit unterschiedlich vielen Werten ist es nützlich, die Anzahl der Werte in jeder Klasse durch die Gesamtzahl der Werte zu teilen. So erhält man die relative Häufigkeit.

Die grafische Darstellung der (absoluten oder relativen) Häufigkeit gegen die Klassenmitten heißt Histogramm. Auch ein Histogramm unterliegt dem Zufall in dem Sinne, dass man bei einer Wiederholung der gesamten Versuchsreihe andere Einzelwerte und damit auch eine andere Häufigkeitsverteilung erhält.

Ist man an der Anzahl von Werten interessiert, die unterhalb einer bestimmten Grenze liegen, so kann man die Häufigkeit in den Klassen unterhalb dieser Grenze aufaddieren. Man erhält die kumulierte Häufigkeit.

Beispiel aus der Galvanik (Forts.)

Teilt man die Werte aus Tabelle 6.1 in Klassen ein, z.B.

$\quad$ 25,5 < Dicke ≤ 26,5 (alle Werte in μm)
$\quad$ 26,5 < Dicke ≤ 27,5 usw.

und zählt dann ab, wie viele Werte in jeder dieser Klassen liegen, so erhält man die Spalte „absolute Häufigkeit" in Tabelle 6.2. Die „2" in der ersten Zeile bedeutet z.B., dass genau 2 der Werte in Tabelle 6.1 zwischen den Klassengrenzen 25,5 und 26,5 liegen (einschließlich 26,5), nämlich die Werte Nr. 12 (26,3) und Nr. 24 (25,9).

Die Spalte „kumulierte Häufigkeit" in Tabelle 6.2 enthält die Anzahl der Werte kleiner oder gleich der jeweiligen Klassenobergrenze. Die „6" in der zweiten Zeile bedeutet z.B., dass genau 6 der Werte in Tabelle 6.1 ≤ 27,5 sind, nämlich 2 Werte mit 25,5 < Dicke ≤ 26,5 und 4 Werte mit 26,5 < Dicke ≤ 27,5 usw. Die „kumulierte Häufigkeit" ist die Summe der „absoluten Häufigkeiten" bis zur jeweiligen Zeile. Sie wird auch Summenhäufigkeit genannt.

Die „relative Häufigkeit" erhält man, indem man die „absolute Häufigkeit" durch die Gesamtzahl der Werte (hier 50) teilt, die „relative kumulierte Häufigkeit" erhält man entsprechend aus der „kumulierten Häufigkeit".

Bild 6-2 zeigt die grafische Darstellung der absoluten Häufigkeit als Histogramm. Das Histogramm gibt eine unmittelbare Vorstellung von der Verteilung der Werte.

Tabelle 6.2

Klassierung der Werte aus Tabelle 6.1

absolute Häufigkeit $\quad$ = $\quad$ Anzahl der Werte in der Klasse
kumulierte Häufigkeit $\quad$ = $\quad$ summierte Anzahl = Anzahl bis zur Klassenobergrenze
relative Häufigkeit $\quad$ = $\quad$ absolute Häufigkeit/Gesamtzahl der Werte
rel. kum. Häufigkeit $\quad$ = $\quad$ kumulierte Häufigkeit/Gesamtzahl der Werte

Klasse			absolute Häufigkeit	kumulierte Häufigkeit	relative Häufigkeit	rel. kum. Häufigkeit
25,5	< Dicke ≤	26,5	2	2	0,04	0,04
26,5	< Dicke ≤	27,5	4	6	0,08	0,12
27,5	< Dicke ≤	28,5	5	11	0,10	0,22
28,5	< Dicke ≤	29,5	9	20	0,18	0,40
29,5	< Dicke ≤	30,5	13	33	0,26	0,66
30,5	< Dicke ≤	31,5	8	41	0,16	0,82
31,5	< Dicke ≤	32,5	4	45	0,08	0,90
32,5	< Dicke ≤	33,5	4	49	0,08	0,98
33,5	< Dicke ≤	34,5	1	50	0,02	1,00

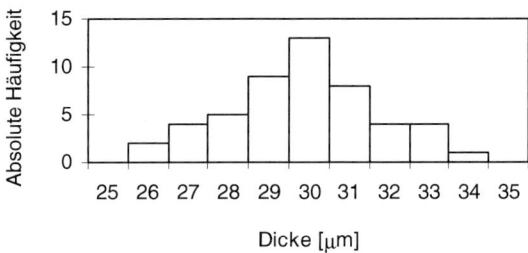

Bild 6-2
Grafische Darstellung der absoluten Häufigkeit als Histogramm

Führt man die 50 Einzelversuche unter nominell gleichen Bedingungen ein weiteres Mal durch, so erhält man andere Versuchsergebnisse und damit ein anderes Histogramm. Bild 6-3 zeigt das Ergebnis einer Wiederholung der Versuchsreihe.

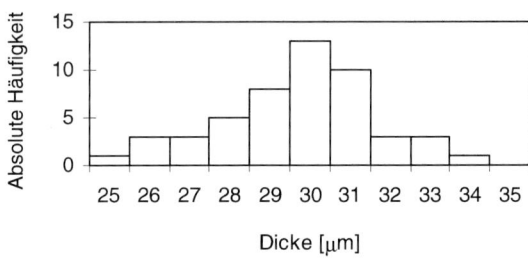

Bild 6-3
Grafische Darstellung einer Wiederholung der Versuchsreihe

6.1.2 Verteilungsdichte und Verteilungsfunktion

Je größer die Anzahl der Messwerte wird, desto weniger unterscheiden sich Histogramme der relativen Häufigkeit voneinander.

Unterteilt man nun die Klassen, so werden die Stufen kleiner. Allerdings verkleinern sich auch alle relativen Häufigkeiten. Dies erschwert den Vergleich von Histogrammen mit unterschiedlichen Klassenbreiten. Teilt man die relative Häufigkeit aber durch die Klassenbreite, so sind die Werte (abgesehen von der Stufung) unabhängig von der Klassenbreite – man erhält die sogenannte Häufigkeitsdichte (Bild 6-4b).

Stellt man sich nun vor, die Anzahl der Messwerte wird beliebig groß und die Klassen werden immer feiner unterteilt, so geht die Häufigkeitsdichte in eine stetige Funktion über, die die tatsächliche Verteilung der Versuchsergebnisse für die gewählten Versuchsbedingungen beschreibt (Bild 6-4c). Sie heißt Verteilungsdichte der Grundgesamtheit. Die relative kumulierte Häufigkeit geht bei immer größerer Anzahl von Werten und immer feinerer Unterteilung in die Verteilungsfunktion der Grundgesamtheit über (Bild 6-5).

Mit dem Begriff Grundgesamtheit bezeichnet man in der Statistik die „Wahrheit", über die Aussagen gemacht werden sollen, z.B. die Durchmesser aller Teile einer Liefercharge, oder sämtliche Versuchsergebnisse, die man erhielte, wenn man einen bestimmten Einzelversuch unter genau definierten Bedingungen beliebig oft durchführen könnte. Sie ist für eine bestimmte Situation fest, aber nicht bekannt.

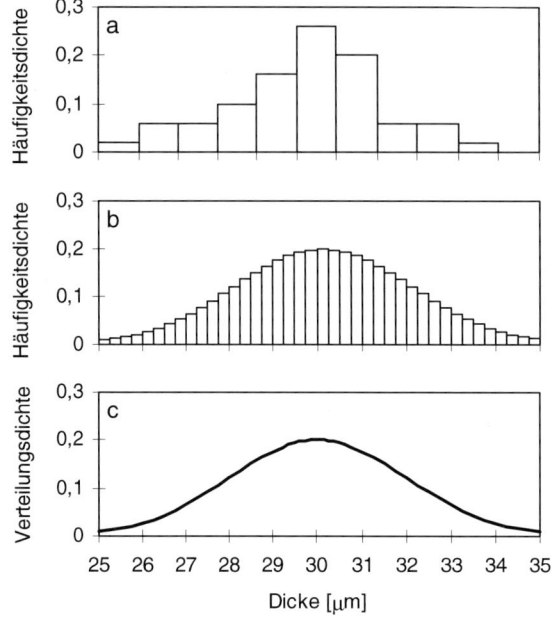

Bild 6-4
Mit zunehmender Anzahl der Messwerte n und immer feinerer Unterteilung in Klassen geht die Häufigkeitsdichte über in die Verteilungsdichte
a) n = 50, Breite 1 µm (= Bild 6-3)
b) n = 10^5, Breite 0,25 µm
c) n → ∞, Breite → 0

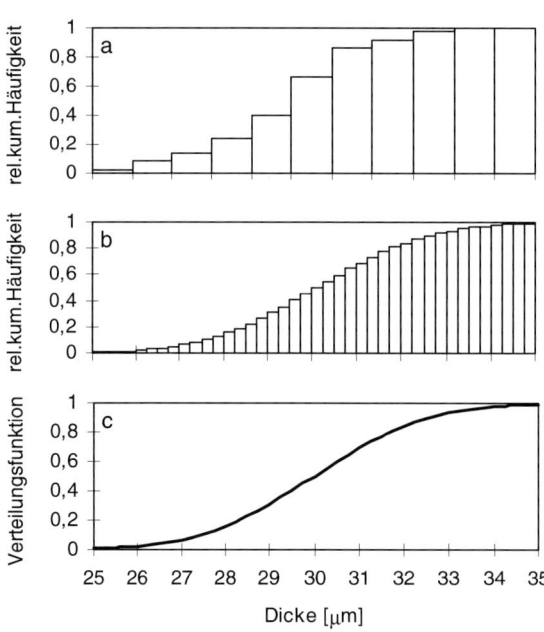

Bild 6-5
Mit zunehmender Anzahl der Messwerte n und immer feinerer Unterteilung in Klassen geht die relative kumulierte Häufigkeit über in die Verteilungsfunktion

In praktischen Anwendungen hat man nur einige (meist wenige) Versuchsergebnisse vorliegen. Diese Versuchsergebnisse sind eine Stichprobe aus der Grundgesamtheit. Stichprobenergebnisse unterliegen dem Zufall. Bei zwei Stichproben aus derselben Grundgesamtheit erhält man nicht dasselbe Ergebnis.

6.1.3 Normalverteilung

Wenn die Zufallsstreuung die Summe vieler Einflüsse (wie Umgebungsbedingungen, Materialeigenschaften usw.) ist, werden die Messwerte häufig in guter Näherung durch die sogenannte Normalverteilung beschrieben.

Die Dichte der Normalverteilung ist gegeben durch

$$g(x) = \frac{1}{\sqrt{2\pi} \cdot \sigma} \cdot e^{-\frac{(x-\mu)^2}{2\sigma^2}} \tag{6.1}$$

wobei

μ = Mittelwert und
σ = Standardabweichung (bzw. σ^2 = Varianz) der Normalverteilung

zwei Parameter sind, die Lage bzw. Breite der Verteilung beschreiben.

Bild 6-6 zeigt die Dichte der Normalverteilung für verschiedene Mittelwerte μ, Bild 6-7 für verschiedene Standardabweichungen σ.

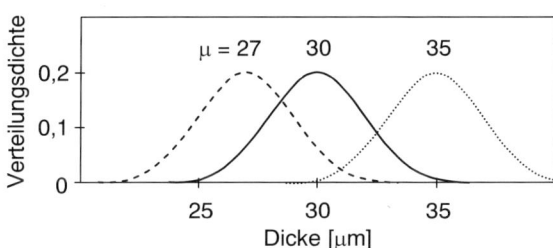

Bild 6-6
Dichte der Normalverteilungen mit Mittelwerten $\mu = 27$, 30 und 35 μm, Standardabweichung $\sigma = 2\ \mu$m

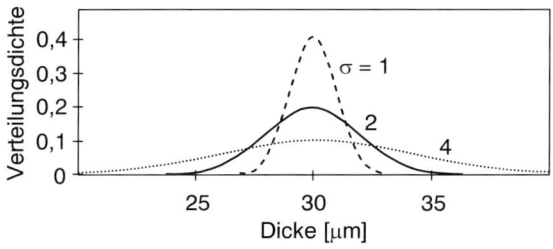

Bild 6-7
Dichte der Normalverteilungen mit Mittelwert $\mu = 30\ \mu$m und Standardabweichungen $\sigma = 1$, 2 und 4 μm

- Die Dichte der Normalverteilung ist symmetrisch zum Mittelwert μ.
- An den Stellen $\mu \pm \sigma$ ist die Dichte am steilsten.
- 68,3 % der Gesamtfläche liegt im Bereich $\mu - \sigma \leq x \leq \mu + \sigma$.
- 95,5 % der Gesamtfläche liegt im Bereich $\mu - 2\sigma \leq x \leq \mu + 2\sigma$.
- 99,73 % der Gesamtfläche liegt im Bereich $\mu - 3\sigma \leq x \leq \mu + 3\sigma$.

Durch die lineare Transformation

$$u = \frac{x - \mu}{\sigma} \tag{6.2}$$

geht die Normalverteilung in Gleichung (6.1) in die sogenannte standardisierte Normalverteilung

$$g(u) = \frac{1}{\sqrt{2\pi}} \cdot e^{-\frac{u^2}{2}} \tag{6.3}$$

mit Mittelwert 0 und Standardabweichung 1 über. Bild 6-8 zeigt diesen Übergang grafisch. Vorteil der standardisierten Normalverteilung ist, dass sie nur von der Größe u abhängt und daher leicht berechnet und tabelliert werden kann.

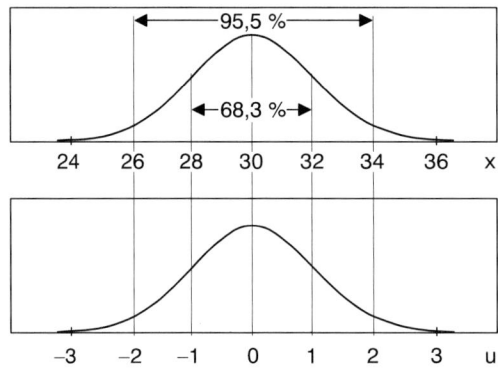

Bild 6-8
Verteilungsdichte der Normalverteilung mit Mittelwert $\mu = 30$ und Standardabweichung $\sigma = 2$, verglichen mit der standardisierten Normalverteilung.

6.2 Auswertung einer Stichprobe

In praktischen Anwendungen ist die Verteilung der Grundgesamtheit (die Wahrheit) nicht bekannt. Man hat nur (mehr oder weniger viele) Messwerte vorliegen. Diese Messwerte stellen eine Stichprobe aus der Grundgesamtheit dar. Die Anzahl der Messwerte wird als Stichprobenumfang n bezeichnet.

6.2.1 Repräsentative Stichprobe

Aus der Stichprobe möchte man etwas über die Grundgesamtheit lernen. Dazu muss die Stichprobe repräsentativ für die Grundgesamtheit sein. Dies erreicht man z.B. durch zufällige Entnahme. Jedes Element der Grundgesamtheit hat dann die gleiche Wahrscheinlichkeit, in die Stichprobe zu kommen (vgl. Randomisierung und Blockbildung in den Absätzen 3.4.3 und 3.4.4).

In praktischen Anwendungen wird diese Randbedingung leider häufig missachtet. Dann sind Enttäuschungen vorprogrammiert, etwa folgender Art: „Jetzt habe ich statistische Methoden angewendet, und trotzdem bin ich zum falschen Ergebnis gekommen."

Beispiel

Eine Schicht wird galvanisch abgeschieden. Die Schichtdicke an einer definierten Stelle des Teils ist das gesuchte Versuchsergebnis. Zehn Teile befinden sich gleichzeitig in der Anlage. Von diesen zehn Teilen einer Anlagenfüllung werden fünf zufällig ausgewählt und gemessen.

Die statistische Auswertung dieser fünf Messwerte macht nur eine Aussage über die Verteilung der Schichtdicken bei dieser einen Füllung. Das Ergebnis ist auf andere Füllungen nur dann übertragbar, wenn es keinerlei Unterschiede zwischen den Füllungen gibt.

Da dies nicht gewährleistet werden kann, ist es besser, Teile aus verschiedenen Füllungen zu messen. Zufällige Unterschiede zwischen den Füllungen sind dann in der Stichprobe enthalten.

Aber auch bei einer Stichprobe aus mehreren Füllungen sind noch falsche Schlussfolgerungen möglich, z. B. weil Langzeitänderungen auftreten, die von der Stichprobe nicht erfasst wurden.[1]

Aufgabe

Die Zufallsstreuung eines bestimmten Längenmessgeräts soll ermittelt werden. Dazu nimmt ein Bediener ein repräsentatives Teil, legt es ein und liest den Messwert zehnmal hintereinander ab. Was ist von dieser Vorgehensweise zu halten? Was könnte er besser machen? (Bitte denken Sie über den Ablauf einer Messung und die beschriebene Vorgehensweise nach, bevor Sie die Lösung lesen. Ziel der Aufgabe ist, dass Sie sich das Problem bewusst machen; es wird nicht erwartet, dass Sie die vollständige Lösung selbst finden.)

Lösung

Mit der beschriebenen Vorgehensweise wird der Bediener eine sehr kleine Streuung erhalten, evtl. erhält er sogar zehnmal den gleichen Messwert. Die so ermittelte Streuung sagt jedoch nichts über die Zufallsstreuung des Messgeräts aus. Die zehn Messwerte sind keine repräsentative Stichprobe.

Folgende Verbesserungen sind möglich (je nach Fragestellung):

- Die Mindestmaßnahme ist, dass das Teil nach jeder Messung entnommen und wieder neu eingelegt wird. So wird die Zufallsstreuung durch unterschiedliches Einlegen mit erfasst.
- Besteht der Verdacht, dass die Zufallsstreuung vom zu messenden Teil abhängt, so müssen Messungen an mehreren zufällig entnommenen Teilen durchgeführt werden (die wahren Unterschiede zwischen den Teilen müssen dann allerdings herausgerechnet werden).
- Besteht der Verdacht, dass das Messgerät driftet oder dass der Messwert von den Umgebungsbedingungen abhängt, so müssen die Messungen über einen längeren Zeitraum verteilt werden, wenn diese Streuursache mit erfasst werden soll.
- Wird die Messung in der Anwendung von verschiedenen Bedienern durchgeführt, so sind auch Unterschiede zwischen den Bedienern mit zu erfassen.
- Werden in der Anwendung mehrere baugleiche Messgeräte wahlweise eingesetzt, so sind auch Unterschiede zwischen den Messgeräten zu erfassen.

---

[1] Es gibt statistische Methoden, mit denen man solche Langzeitänderungen erkennen kann (z.B. Regelkarten).

Im Einzelfall können weitere Streuursachen von Bedeutung sein. Sie müssen dann auch bei der Untersuchung berücksichtigt werden.

Die Erfassung der verschiedenen Streuursachen kann dadurch erfolgen, dass in der Stichprobe zufällig verschiedene Teile, zu verschiedenen Zeiten, von verschiedenen Bedienern, auf verschiedenen Messgeräten usw. enthalten sind. Dann wird die Gesamtstreuung durch all diese Ursachen erfasst. Eine Zuordnung von Einzelbeiträgen zu den Ursachen ist jedoch nicht möglich.

Bei Messgerätefähigkeitsuntersuchungen behandelt man Messgerät, Bediener usw. als Faktoren in einem geplanten Versuch und verändert sie systematisch. Dann kann man zwischen den einzelnen Streubeiträgen unterscheiden.

6.2.2 Eintragung ins Wahrscheinlichkeitsnetz

Die Normalverteilung beschreibt Messwerte häufig in guter Näherung. Es können jedoch auch Abweichungen auftreten. Da die folgenden Auswertungsverfahren die Normalverteilung voraussetzen, sollte zunächst überprüft werden, ob die Messwerte damit konsistent sind.

Die Eintragung der Messwerte ins Wahrscheinlichkeitsnetz (genau: Wahrscheinlichkeitsnetz für normalverteilte Merkmalswerte) ist ein einfaches grafisches Verfahren dafür. Das Wahrscheinlichkeitsnetz beruht auf folgender Idee:

Aufgrund der S-Form der Verteilungsfunktion (Bild 6-5 bzw. 6-9) ist es schwer, Messwerte direkt mit der Normalverteilung zu vergleichen. Durch eine geeignete Umskalierung der %-Achse kann man jedoch erreichen, dass die Verteilungsfunktion eine Gerade darstellt. Messwerte aus einer normalverteilten Grundgesamtheit liegen dann (abgesehen von zufälligen Abweichungen) auf einer Geraden.

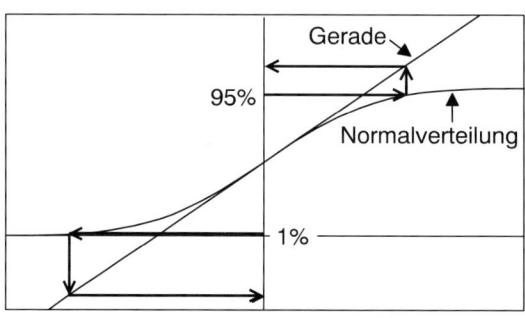

Bild 6-9
Entstehung des Wahrscheinlichkeitsnetzes:
Durch eine geeignete Skalierung der y bzw. %-Achse (%-Werte nahe 0 und 100% werden entsprechend den Pfeilen nach außen verschoben) wird die S-förmige Verteilungsfunktion auf eine Gerade abgebildet.

Das Wahrscheinlichkeitsnetz kann man nutzen, um auf einfache grafische Art zu überprüfen, ob n Messwerte aus einer Normalverteilung stammen können.

Dazu ordnet man zunächst die n Werte nach ihrer Größe und nummeriert sie in dieser Reihenfolge von 1 bis n. Dem Wert Nr. i ordnet man dann einen Prozentwert zu, der

$$\text{ungefähr } \frac{i-0{,}5}{n} \cdot 100\% \qquad\qquad (6.4)$$

beträgt. Dies ist die relative kumulierte Häufigkeit (abgesehen von einer kleinen Korrektur, die bewirkt, dass der kleinste Wert (i=1) den gleichen Abstand von 0% wie der größte Wert (i=n) von 100% hat).[1] Schließlich trägt man den Messwert auf der x-Achse und den Prozentwert auf der y-Achse im Wahrscheinlichkeitsnetz auf.

Stammen die Werte aus einer normalverteilten Grundgesamtheit, so liegen sie näherungsweise auf einer Geraden, wie in Bild 6-10 (n = 8 Werte) bzw. 6-11 (n = 50 Werte).

Liegt der niedrigste oder höchste Wert (evtl. auch mehr als ein Wert) wie in Bild 6-12 weitab von der Geraden durch die restlichen Werte, so handelt es sich vermutlich um einen Ausreißer, er passt nicht zu den anderen Werten. Man sollte überprüfen, ob bei diesem Wert evtl. ein Mess- oder Übertragungsfehler vorliegt.

Liegen die Werte insgesamt auf einer deutlich gekrümmten Linie wie in Bild 6-13, so stammen die Werte vermutlich aus einer nicht normalverteilten Grundgesamtheit. Man sollte nach einer geeigneten Transformation der Werte suchen und z.B. mit dem Logarithmus der Messwerte rechnen, statt mit den Werten selbst. Einzelheiten werden in Abschnitt 6.4 behandelt.

Beispiel aus der Galvanik

Die Dicke von n = 8 unter nominell gleichen Bedingungen abgeschiedenen Schichten beträgt (die ersten Werte aus Tabelle 6.1):

   27,7   31,3   30,1   32,9   28,2   31,0   30,4   29,8

Ordnet man diese Messwerte der Größe nach, so erhält man Tabelle 6.3.

Tabelle 6.3
Nach der Größe geordnete Messwerte und aus der Ordnungsnummer i berechnete %-Werte für die Eintragung ins Wahrscheinlichkeitsnetz

i	Messwert Dicke [µm]	$\dfrac{i-0,5}{n} \cdot 100\%$
1	27,7	6,3
2	28,2	18,8
3	29,8	31,3
4	30,1	43,8
5	30,4	56,2
6	31,0	68,7
7	31,3	81,2
8	32,9	93,7

Die Eintragung dieser Werte in ein Wahrscheinlichkeitsnetz ergibt Bild 6-10. Trägt man alle 50 Werte aus Tabelle 6.1 in ein Wahrscheinlichkeitsnetz ein, so erhält man das Bild 6-11.

---

[1] In der Literatur finden sich auch andere, ähnliche Näherungsformeln. Hier geht es nur darum, das Prinzip der Eintragung zu erläutern. Software verwendet meist die exakten Werte.

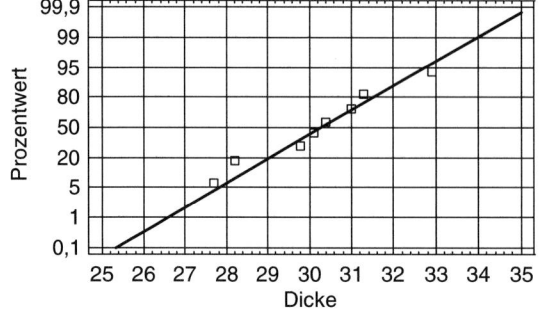

Bild 6-10
Eintragung der acht Werte aus
Tabelle 6.3 ins Wahrscheinlich-
keitsnetz

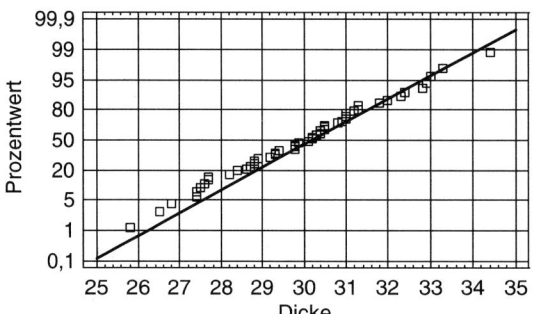

Bild 6-11
Eintragung der 50 Werte aus Tabelle 6.1 ins Wahrscheinlichkeitsnetz

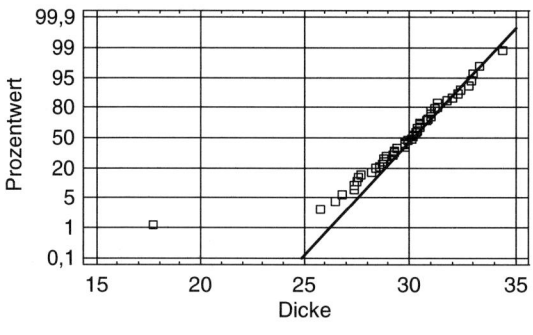

Bild 6-12
Eintragung von 50 Werten mit
einem Ausreißer (der einzelne Wert
bei ca. 18 μm) ins Wahrscheinlichkeitsnetz

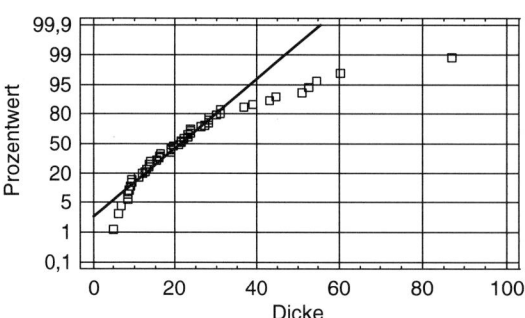

Bild 6-13
Eintragung von 50 nicht normalverteilten Werten ins Wahrscheinlichkeitsnetz – eine deutliche
Krümmung ist erkennbar

Jede gute Statistiksoftware enthält die Darstellung von Daten im Wahrscheinlichkeitsnetz (meist englisch „probability plot"). Während die Eintragung der Werte

von Hand mühsam ist, ist sie mit Software auch für eine große Anzahl von Werten sehr einfach.[1]

Als Entscheidungshilfen beim Erkennen von Abweichungen von der Normalverteilung werden in Softwarepaketen zusätzlich auch rechnerische Tests, wie z.B. der Kolmogoroff-Smirnoff-Test oder der Shapiro-Wilk-Test [1] angeboten.

6.2.3 Schätzwerte für Mittelwert μ und Varianz σ^2

Messwerte werden hier und im folgenden grundsätzlich mit y bezeichnet, da in der Versuchsplanung meist die Zielgröße gemessen wird, in Abhängigkeit von Faktorstufen x.

Der Mittelwert $\bar{y}$ von n Messwerten y_i

$$\text{Mittelwert } \bar{y} = \frac{1}{n} \cdot \sum_{i=1}^{n} y_i \tag{6.5}$$

ist ein Schätzwert für den Mittelwert μ der Verteilung[2] und die

$$\text{Varianz } s^2 = \frac{1}{n-1} \cdot \sum_{i=1}^{n} (y_i - \bar{y})^2 \tag{6.6}$$

ist ein Schätzwert für die Varianz σ^2 der Verteilung.

Da die Einzelwerte y_i dem Zufall unterliegen, unterliegen auch die daraus berechneten Schätzwerte dem Zufall. Aus einer anderen Stichprobe erhält man andere Schätzwerte, ohne dass deswegen der eine richtig und der andere falsch ist. Sie unterscheiden sich zufällig.

Die so berechneten Mittelwerte und Varianzen haben zwei angenehme Eigenschaften:

1. Je größer der Stichprobenumfang n wird, desto weniger streuen die Schätzwerte. Im Mittel nähern sie sich immer mehr den wahren Werten, weil zufällige Unterschiede zwischen den Einzelwerten sich immer besser kompensieren.

2. Der Mittelwert vieler Schätzwerte nähert sich ebenfalls immer mehr den wahren Werten (man nennt diese Eigenschaft „erwartungstreu").

$s = \sqrt{s^2}$ ist ein Schätzwert für die wahre Standardabweichung σ. Dieser Schätzwert ist aber nicht erwartungstreu. Daher werden im folgenden bei der Zusammenfassung mehrerer Stichproben immer Mittelwerte der Varianzen und nicht der Standardabweichungen verwendet.

---

[1] Q-Q-Plot und P-P-Plot haben dasselbe Ziel. Bei diesen Plots wird in Bild 6-9 die x-Achse (statt der y-Achse) umskaliert, um eine Gerade zu erhalten. Dadurch erscheinen die Punkte im Plot gleichmäßiger verteilt.

[2] Hier und im folgenden bezeichnen griechische Buchstaben immer Parameter der Grundgesamtheit (d.h. die „Wahrheit"), lateinische Buchstaben bezeichnen Schätzwerte für diese Parameter, die aus einer Stichprobe berechnet wurden.

Beispiel 1

Vier Teile werden galvanisch beschichtet. Als Schichtdicken erhält man (in µm):

27,7   31,3   30,1   32,9

Der Mittelwert beträgt:

$$\bar{y} = \frac{1}{4} \cdot (27,7 + 31,3 + 30,1 + 32,9) = 30,5 \text{ µm}.$$

Die Varianz beträgt:

$$s^2 = \frac{1}{4-1} \cdot \left((27,7 - 30,5)^2 + (31,3 - 30,5)^2 + (30,1 - 30,5)^2 + (32,9 - 30,5)^2\right) = 4,8$$

Die Standardabweichung beträgt:

$$s = \sqrt{4,8} = 2,19 \text{ µm}.$$

Die meisten Taschenrechner besitzen eine Statistikfunktion, die aus den Einzelwerten direkt Mittelwert und Standardabweichung berechnet.

Beispiel 2

Vier weitere Teile werden unter identischen Bedingungen galvanisch beschichtet. Als Schichtdicken erhält man (in µm):

28,2   31,0   30,4   29,8

Der Mittelwert beträgt $\bar{y} = 29,85 \text{ µm}$.

Die Standardabweichung beträgt $s = \sqrt{1,45} = 1,20 \text{ µm}$.

Der Unterschied zwischen Beispiel 1 und Beispiel 2 ist zufallsbedingt. Man kann nicht sagen, das eine Ergebnis ist richtig, das andere falsch. Es ist auch nicht so, dass im Beispiel 2 genauer gemessen wurde, weil die Streuung kleiner ist. Auch dieser Unterschied ist zufällig.

Übrigens: Beide „Versuche" sind Zufallszahlen aus einer Normalverteilung mit Mittelwert $\mu = 30 \text{ µm}$ und Standardabweichung $\sigma = 2 \text{ µm}$. Aber diese Information hat man bei einem echten Versuch natürlich nicht. Dann kennt man nur das Ergebnis und versucht, daraus etwas über den wahren Wert von μ und σ zu lernen.

Aufgabe

Sie messen die maximale Leistung von 5 Motoren und erhalten folgende Ergebnisse (in kW):

52,1   49,8   50,3   51,4   50,9

Berechnen Sie Mittelwert, Varianz und Standardabweichung der Stichprobe.

Lösung

Mittelwert	$\bar{y} = 50,9 \text{ kW}$
Varianz	$s^2 = 0,815 \text{ (kW)}^2$
Standardabweichung	$s = 0,903 \text{ kW}$

6.2.4 Vertrauensbereiche

Vertrauensbereich für den Mittelwert μ

Der Mittelwert $\bar{y}$ einer Stichprobe unterliegt dem Zufall. Bei jeder Stichprobe erhält man einen anderen Mittelwert. Alle diese Mittelwerte liegen in der Nähe des wahren, aber unbekannten Mittelwerts μ der Grundgesamtheit.

Die Streuung der Stichprobenmittelwerte ist um so kleiner,
- je kleiner die Standardabweichung ist und
- je größer der Stichprobenumfang n ist.

> **Beispiel**
>
> Berechnet man in Tabelle 6.1 die Mittelwerte von jeweils zwei aufeinanderfolgenden Werten, so erhält man:
>
> $(27,7+31,3)/2 = 29,5$
> $(30,1+32,9)/2 = 31,5$
> $(28,2+31,0)/2 = 29,6$ usw.
>
> Die zufälligen Abweichungen vom wahren, aber unbekannten Mittelwert μ kompensieren sich teilweise. Diese Kompensation der zufälligen Abweichungen ist um so besser, aus je mehr Werten der Stichprobenmittelwert berechnet wird, d.h. je größer n ist. Die Zufallsstreuung der Mittelwerte ist damit kleiner als die der Einzelwerte.

Ganz allgemein kann man zeigen, dass die Varianz des Mittelwerts $\bar{y}$ von n Einzelwerten gegeben ist durch

$$\text{Varianz des Mittelwerts } \sigma_{\bar{y}}^2 = \frac{\sigma^2}{n} \tag{6.7}$$

d.h. die Varianz des Mittelwerts ist 1/n der Varianz der Einzelwerte (weil zufällige Abweichungen sich kompensieren).

Wenn man nun bei einer Stichprobe einen bestimmten Mittelwert $\bar{y}$ beobachtet hat, erwartet man daher umgekehrt, dass der wahre, aber unbekannte Mittelwert μ der Grundgesamtheit in der Nähe liegt. Und zwar um so näher, je kleiner die Standardabweichung s und je größer der Umfang n der Stichprobe ist. Gemäß (6.7) ist

$$s_{\bar{y}} = \frac{s}{\sqrt{n}} \tag{6.8}$$

ein Schätzwert für die Standardabweichung des Mittelwerts. Man kann zeigen, dass der Bereich

$$\bar{y} - t \cdot s_{\bar{y}} \leq \mu \leq \bar{y} + t \cdot s_{\bar{y}} \tag{6.9}$$

bzw.

$$\bar{y} - \frac{t \cdot s}{\sqrt{n}} \leq \mu \leq \bar{y} + \frac{t \cdot s}{\sqrt{n}} \tag{6.9'}$$

den wahren, aber unbekannten Mittelwert μ mit einer Wahrscheinlichkeit von 95%, 99% bzw. 99,9% enthält, wenn man für t die Werte aus Tabelle 6.4 verwendet. Dieser Bereich heißt zweiseitiger Vertrauensbereich für den Mittelwert, die Wahrscheinlichkeit (z.B. 95%) heißt Vertrauensniveau. Man spricht auch kurz vom 95%-Vertrauensbereich usw.

Tabelle 6.4   t-Werte zur Berechnung zweiseitiger Vertrauensbereiche[1]

Freiheits-grad f	t-Werte für Vertrauensniveau		
	95%	99%	99,9%
1	12,71	63,66	636,62
2	4,303	9,925	31,60
3	3,182	5,841	12,92
4	2,776	4,604	8,610
5	2,571	4,032	6,869
6	2,447	3,707	5,959
7	2,365	3,499	5,408
8	2,306	3,355	5,041
9	2,262	3,250	4,781
10	2,228	3,169	4,587
12	2,179	3,055	4,318
15	2,131	2,947	4,073
20	2,086	2,845	3,850
30	2,042	2,750	3,646
40	2,021	2,704	3,551
50	2,009	2,678	3,496
70	1,994	2,648	3,435
100	1,984	2,626	3,390
1000	1,962	2,581	3,300
∞	1,960	2,576	3,291

t hängt vom gewünschten Vertrauensniveau ab: Je sicherer man sein möchte, dass der Vertrauensbereich den wahren Wert für μ enthält, desto breiter ist der Bereich, d.h. desto größer ist t.

Der Schätzwert s in (6.8) wird aus der Stichprobe berechnet. Er unterliegt daher selbst dem Zufall. Je weniger Werte zur Berechnung von s verwendet werden, desto größer ist seine Zufallsstreuung. Dies wird mit einem größeren Wert von t berücksichtigt. Nach Abzug des Mittelwerts verbleiben von den n Werten in der Stichprobe nur noch n−1 Werte zur Berechnung von s. Diese Anzahl wird in Tabelle 6.4 als Freiheitsgrad f bezeichnet. Es gilt:

Freiheitsgrad $f = n - 1$ (6.10)

---

[1] Für statistisch Interessierte:
Die Zahlenwerte in Tabelle 6.4 sind die kritischen Werte $t_{f;\ 1-\alpha/2}$ der t- oder Student-Verteilung (z.B. [1]). Um die Rechnung zu erleichtern, werden hier direkt die Faktoren zur Berechnung der zweiseitigen Vertrauensbereiche angegeben.

Beispiel 1 (Forts.)

Vier Teile werden galvanisch beschichtet. Als Schichtdicken erhält man (in μm):

    27,7   31,3   30,1   32,9

Der Mittelwert beträgt $\bar{y} = 30,5\,\mu m$, die Standardabweichung $s = 2,19\,\mu m$.

Für den Vertrauensbereich erhält man mit $f = 4 - 1 = 3$:

95 %-Vertrauensniveau: $t = 3,182 \Rightarrow$

$$30,5 - \frac{3,182 \cdot 2,19}{\sqrt{4}} = 27,0 \leq \mu \leq 34,0 = 30,5 + \frac{3,182 \cdot 2,19}{\sqrt{4}}$$

30,5
27,0 34,0

99 %-Vertrauensniveau: $t = 5,841 \Rightarrow$

$$30,5 - \frac{5,841 \cdot 2,19}{\sqrt{4}} = 24,1 \leq \mu \leq 36,9 = 30,5 + \frac{5,841 \cdot 2,19}{\sqrt{4}}$$

30,5
24,1   36,9

99,9 %-Vertrauensniveau: $t = 12,92 \Rightarrow$

$$30,5 - \frac{12,92 \cdot 2,19}{\sqrt{4}} = 16,4 \leq \mu \leq 44,6 = 30,5 + \frac{12,92 \cdot 2,19}{\sqrt{4}}$$

30,5
16,4   44,6

Je höher das Vertrauensniveau, desto breiter ist der Vertrauensbereich.

Beispiel 2 (Forts.)

Vier weitere Teile werden unter identischen Bedingungen galvanisch beschichtet. Als Schichtdicken erhält man (in μm):

    28,2   31,0   30,4   29,8

Der Mittelwert beträgt $\bar{y} = 29,85\,\mu m$, die Standardabweichung $s = 1,20\,\mu m$.

95 %-Vertrauensniveau: $29,85 - \dfrac{3,182 \cdot 1,20}{\sqrt{4}} = 27,9 \leq \mu \leq 31,8 = 29,85 + \dfrac{3,182 \cdot 1,20}{\sqrt{4}}$

99 %-Vertrauensniveau: $29,85 - \dfrac{5,841 \cdot 1,20}{\sqrt{4}} = 26,3 \leq \mu \leq 33,4 = 29,85 + \dfrac{5,841 \cdot 1,20}{\sqrt{4}}$

99,9 %-Vertrauensniveau: $29,85 - \dfrac{12,92 \cdot 1,20}{\sqrt{4}} = 22,1 \leq \mu \leq 37,6 = 29,85 + \dfrac{12,92 \cdot 1,20}{\sqrt{4}}$

Der Unterschied zwischen Beispiel 1 und Beispiel 2 ist zufallsbedingt. Man kann nicht sagen, das eine Ergebnis ist richtig, das andere falsch. Beide Vertrauensbereiche sind „richtig" in dem Sinn, dass sie den in diesem simulierten Beispiel bekannten Mittelwert $\mu = 30\,\mu m$ enthalten.

Bei jeder Stichprobe erhält man andere Einzelwerte und damit auch andere Vertrauensbereiche. Im Mittel über viele Stichproben enthalten 95 % (bzw. 99 % bzw. 99,9 %) der mit der Berechnungsformel (6.9) berechneten Vertrauensbereiche den normalerweise unbekannten wahren Wert. Bei einem einzelnen Vertrauensbereich kann man ohne Zusatzinformation nicht feststellen, ob er den wahren Wert enthält.

Aufgabe (Forts.)

Sie messen die maximale Leistung von 5 Motoren und erhalten folgende Ergebnisse (in kW):

    52,1   49,8   50,3   51,4   50,9

Berechnen Sie den Vertrauensbereich für den Mittelwert zum Vertrauensniveau 95 %, 99 % und 99,9 %.

Lösung

$n = 5$; $f = 4$

95%-Vertrauensbereich: $49{,}8\,kW \le \mu \le 52{,}0\,kW$

99%-Vertrauensbereich: $49{,}0\,kW \le \mu \le 52{,}8\,kW$

99,9%-Vertrauensbereich: $47{,}4\,kW \le \mu \le 54{,}4\,kW$.

Hinweise zum Vertrauensbereich für den Mittelwert

1. Wiederholt man einen Versuch unter identischen Bedingungen, so erhält man aufgrund der Zufallsstreuung unterschiedliche Versuchsergebnisse. Aus jeder Stichprobe vom Umfang n berechnet man einen anderen Mittelwert $\bar{y}$ und eine andere Standardabweichung s. Daraus errechnet man unterschiedliche Vertrauensbereiche für den Mittelwert (vgl. Beispiel 1 und 2), d.h. der Vertrauensbereich unterliegt dem Zufall. Im Mittel über viele Versuche enthält z.B. ein Anteil von 95% der mit (6.9) berechneten 95%-Vertrauensbereiche den wahren, aber unbekannten Mittelwert der Verteilung. Bild 6-14 zeigt diese Situation grafisch.

2. Der Vertrauensbereich für den Mittelwert überdeckt den wahren **Mittelwert** μ mit einer vorgegebenen Wahrscheinlichkeit. Der Vertrauensbereich darf nicht verwechselt werden mit dem Bereich, in dem einzelne Versuchsergebnisse liegen. Einzelergebnisse streuen über einen wesentlich breiteren Bereich.

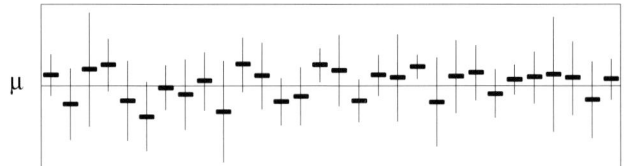

Bild 6-14
Grafische Darstellung der 95%-Vertrauensbereiche für den Mittelwert μ, die aus 30 verschiedenen Stichproben (Versuchen) des Umfangs n=4 berechnet wurden:
Aus jedem Versuch erhält man einen anderen Stichprobenmittelwert $\bar{y}$ (kurze waagrechte Linie) und eine andere Stichprobenstandardabweichung s (bestimmt die Breite des Vertrauensbereichs). 28 der 30 Vertrauensbereiche überdecken den wahren, aber normalerweise unbekannten Wert μ, d.h. ca. 95%.

Vertrauensbereiche für andere Größen

Wie hier für den Mittelwert gezeigt, kann man Vertrauensbereiche auch für andere Größen berechnen. Der folgende Vergleich von zwei Mittelwerten und die Regression im Kapitel 10 benutzen ebenfalls Vertrauensbereiche. Die Interpretation ist immer dieselbe:

- Der Vertrauensbereich wird aus einem Stichprobenergebnis berechnet und unterliegt daher dem Zufall.

- Der Vertrauensbereich überdeckt den wahren, festen, aber unbekannten Wert der gesuchten Größe mit einer Wahrscheinlichkeit, die mit dem Vertrauensniveau vorgegeben wird.

- Für einen einzelnen Vertrauensbereich weiß man nicht, ob er „richtig" oder „falsch" ist. D.h. man kann nicht sagen, ob gerade dieser Vertrauensbereich den wahren Wert überdeckt oder nicht.

- Wird der gesamte Versuch wiederholt, so erhält man einen anderen Vertrauensbereich. Dies ist kein Fehler, sondern eine Folge der unvermeidlichen Zufallsstreuung.

Der Vertrauensbereich ist um so schmäler, je kleiner die Zufallsstreuung und je größer der Stichprobenumfang n ist.

6.3 Vergleich von zwei Mittelwerten

Häufig sollen zwei Verfahren, Prozess- oder Produktvarianten, Anlagen o.ä. miteinander verglichen werden. Man möchte wissen, ob sich die wahren, aber unbekannten Mittelwerte der beiden Gruppen (statistisch: der beiden Grundgesamtheiten) unterscheiden oder nicht.

Beispiele

- Teile werden in zwei parallelen Fertigungslinien hergestellt. Gibt es einen Unterschied zwischen den Längen, Massen, Dichten, Farben, Drücken usw. der Teile von den beiden Linien?

- Ein Qualitätsmerkmal wird mit zwei verschiedenen Verfahren gemessen. Unterscheiden sich die Ergebnisse?

- An einer Anlage wurde eine Wartungsarbeit durchgeführt. Sind die Ergebnisse nachher wieder so wie vorher?

- Die Entwicklungsabteilung hat ein neues Verfahren entwickelt. Sind die Ergebnisse wirklich besser als mit dem alten Verfahren?

- Eine neue Materialcharge wird eingesetzt. Ist die Dichte der damit hergestellten Teile gleich geblieben?

- Hat die Temperatur einen Einfluss auf die Ausbeute einer Reaktion? Bisher wurde z.B. eine Temperatur von $120\,°C$ verwendet, aber sind $140\,°C$ vielleicht besser?

In diesem Abschnitt wird gezeigt:

1. wie man Versuchsergebnisse auswerten kann, wenn sie bereits vorliegen,

2. wie viele Einzelversuche man durchführen sollte (d.h. Festlegung des Stichprobenumfangs n), wenn man einen bestimmten Unterschied zwischen den Gruppen mit hoher Wahrscheinlichkeit erkennen möchte und

3. welche Voraussetzungen erfüllt sein müssen, und wie man sicherstellen bzw. überprüfen kann, dass sie erfüllt sind.

6.3.1 Auswertung von Versuchsergebnissen

Zunächst gehen wir davon aus, dass die Versuchsergebnisse bereits vorliegen:

- n Messwerte aus Gruppe 1, mit Mittelwert $\bar{y}_1$ und Varianz s_1^2 und
- n Messwerte[1] aus Gruppe 2, mit Mittelwert $\bar{y}_2$ und Varianz s_2^2.

Beim Vergleich von zwei Gruppen beträgt die Gesamtzahl N der Messwerte somit

$$\text{Gesamtzahl } N = 2 \cdot n. \tag{6.11}$$

n heißt Stichprobenumfang, N Versuchsumfang.

Unter der Voraussetzung, dass

- die Einzelwerte repräsentativ für die beiden Gruppen sind,
- die Einzelwerte für jede Gruppe einzeln normalverteilt sind und
- die Standardabweichung für beide Gruppen gleich ist,

kann man folgendermaßen vorgehen:

1. Man berechnet die Differenz zwischen den beiden Stichprobenmittelwerten (in der Versuchsplanung heißt diese Differenz „Effekt")

$$\bar{d} = \bar{y}_2 - \bar{y}_1. \tag{6.12}$$

$\bar{d}$ ist ein Schätzwert für die wahre Differenz δ der Mittelwerte der beiden Verfahren.

2. Man berechnet den Vertrauensbereich[2] für die Differenz δ

$$\bar{d} - t \cdot s_{\bar{d}} \leq \delta \leq \bar{d} + t \cdot s_{\bar{d}} \tag{6.13}$$

wobei

$$s_{\bar{d}} = \sqrt{\frac{2}{n}} \cdot s = \sqrt{\frac{4}{N}} \cdot s^2 = \text{Standardabw. des Effekts (standard error)} \tag{6.14}$$

$$s^2 = \frac{s_1^2 + s_2^2}{2} = \text{Varianz der Einzelwerte (mittel)} \tag{6.15}$$

$$f = 2 \cdot (n-1) = N - 2 = \text{Freiheitsgrad.} \tag{6.16}$$

---

[1] Die Vorgehensweise lässt sich ohne Probleme auch auf ungleiche Stichprobenumfänge erweitern, allerdings werden die Formeln dann etwas komplizierter (vgl. z.B. [1]). Der Vergleich ist jedoch am effizientesten, wenn die Stichprobenumfänge n gleich sind. Bei geplanten Versuchen achtet man daher auf gleiche n. Gute Software berücksichtigt auch ungleiche Stichprobenumfänge, ohne dass sich der Anwender darum kümmern muss.

[2] (6.13) entspricht offensichtlich (6.9). Verglichen mit (6.8) enthält (6.14) einen zusätzlichen Faktor $\sqrt{2}$, da die Varianz der Differenz von zwei Mittelwerten doppelt so groß ist wie die Varianz eines Mittelwerts. (6.15) enthält als Varianz den Mittelwert über die beiden Gruppen. Der Freiheitsgrad in (6.16) ist die Summe der Freiheitsgrade der beiden Gruppen – oder andersherum betrachtet: Bei der Berechnung der Streuung wurden von den insgesamt N Einzelwerten 2 Gruppenmittelwerte abgezogen.

3. Enthält der Vertrauensbereich den Wert 0, so kann die wahre Differenz $\delta = 0$ sein. Die Daten sind konsistent damit, dass kein Unterschied zwischen den beiden Gruppen besteht. Die beobachtete Differenz kann auch zufällig aufgetreten sein. Man sagt, der Effekt ist nicht signifikant.

Enthält der Vertrauensbereich den Wert 0 nicht, so geht man davon aus, dass wirklich ein Unterschied besteht. Man sagt, der Effekt ist signifikant.[1]

Dabei ist es üblich, die 95%-, 99%- und 99,9%-Vertrauensbereiche zu berechnen, und das Ergebnis wie folgt zu beurteilen (vgl. z.B. DGQ-Lehrgänge):

Wenn bereits der 95%-Vertrauensbereich den Wert 0 enthält, wird das Ergebnis mit − bewertet. Wenn nicht einmal der 99,9%-Vertrauensbereich den Wert 0 enthält, wird das Ergebnis mit ∗∗∗ bewertet. Dazwischen erhält man folgende Abstufung:

−   95%   ∗   99%   ∗∗   99,9%   ∗∗∗

Dabei bedeutet:

−   kein Hinweis auf Unterschied, wenn Versuchsumfang groß genug

∗   indifferent, möglichst mehr Daten sammeln

∗∗   signifikanter Unterschied

∗∗∗   hochsignifikanter Unterschied

Beispiel

Eine Firma bezieht eine bestimmte Stahlsorte von zwei verschiedenen Herstellern. Sie möchte wissen, ob sich die Hersteller bezüglich der Streckgrenze unterscheiden. Dazu entnimmt sie verteilt über einen längeren Zeitraum je 11 Proben und bestimmt deren Streckgrenzen. Aus den Einzelwerten wurde berechnet:

Hersteller 1: $\bar{y}_1 = 312$ N/mm^2 $s_1 = 21$ N/mm^2

Hersteller 2: $\bar{y}_2 = 345$ N/mm^2 $s_2 = 25$ N/mm^2

Besteht ein Unterschied zwischen den Streckgrenzen der beiden Hersteller?

$$\bar{d} = 345 - 312 = 33 \text{ N/mm}^2 = \text{Effekt}$$

$$s = \sqrt{\frac{21^2 + 25^2}{2}} = \sqrt{533} = 23{,}1 = \text{Standardabweichung der Einzelwerte (mittel)}$$

$$N = 2 \cdot 11 = 22 \Rightarrow s_{\bar{d}} = \sqrt{\frac{4}{22}} \cdot 23{,}1 = 9{,}84 \text{ N/mm}^2 = \text{Standardabweichung des Effekts}$$

---

[1] Für statistisch Interessierte:
In der Literatur (z.B. [1]) ist es üblich, den Mittelwertvergleich als Testproblem zu formulieren:
Nullhypothese: Effekt = 0
Alternativhypothese: Effekt ≠ 0

Die Prüfgröße $\dfrac{|\bar{y}_2 - \bar{y}_1|}{s_{\bar{d}}}$ wird mit dem t-Wert aus Tabelle 6.4 verglichen, je nach Ergebnis wird die

Nullhypothese verworfen oder nicht verworfen. Diese Vorgehensweise führt zum selben Ergebnis wie die hier vorgestellte Variante, ist m.E. jedoch weniger anschaulich.

$f = 22 - 2 = 20 =$ Freiheitsgrad

Mit Tabelle 6.4 erhält man:

95%: $t = 2,086$ $\Rightarrow t \cdot s_{\overline{d}} = 2,086 \cdot 9,84 = 20,5\,\text{N/mm}^2$ $\Rightarrow$

$(33-20,5=)\,12,5\,\text{N/mm}^2 \le \delta \le 53,5\,\text{N/mm}^2$ $(=33+20,5)$

99%: $t = 2,845$ $\Rightarrow t \cdot s_{\overline{d}} = 2,845 \cdot 9,84 = 28,0\,\text{N/mm}^2$ $\Rightarrow$

$(33-28,0=)\,5,0\,\text{N/mm}^2 \le \delta \le 61,0\,\text{N/mm}^2$ $(=33+28,0)$

99,9%: $t = 3,850$ $\Rightarrow t \cdot s_{\overline{d}} = 3,850 \cdot 9,84 = 37,9\,\text{N/mm}^2$ $\Rightarrow$

$(33-37,9=)\,-4,9\,\text{N/mm}^2 \le \delta \le 70,9\,\text{N/mm}^2$ $(=33+37,9)$

Der 99%-Vertrauensbereich enthält den Wert 0 nicht, aber der 99,9%-Vertrauensbereich enthält den Wert 0.

$\Rightarrow$ ∗∗ Es besteht ein signifikanter Unterschied zwischen den beiden Herstellern.

Zum selben Ergebnis kommt man auch, wenn man den Betrag (= die Größe) des Effekts, hier 33, direkt mit der Breite der Vertrauensbereiche vergleicht, hier 20,5   28,0 und 37,9.

Aufgabe 1

Sie wollen wissen, ob der Nachdruck beim Druckgießen eines bestimmten Teils Einfluss auf die Dichte des Teils hat (je größer die Dichte, desto weniger Lunker und Fehlstellen enthält ein Teil). Dazu gießen Sie je 3 Teile bei einem Nachdruck von 300 bar und 400 bar (in zufälliger Reihenfolge) und messen die Dichte (in g/cm^3). Sie erhalten folgende Ergebnisse:

300 bar: 2,635 2,639 2,637
400 bar: 2,641 2,640 2,645

Skizzieren Sie diese Werte, und überlegen Sie zunächst intuitiv, ob Sie glauben, dass der Druck einen Einfluss auf die Dichte hat.

Berechnen Sie anschließend den Effekt des Drucks und die 95%-, 99%-, und 99,9%-Vertrauensbereiche für den Effekt, und beurteilen Sie so die Signifikanz des Effekts.

Lösung

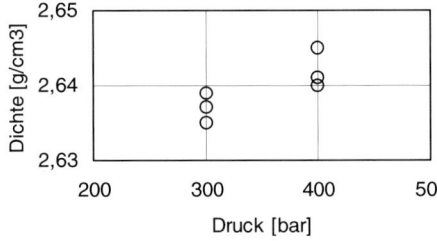

Bild 6-15
Grafische Darstellung der je drei Messwerte für die Dichte bei Druck 300 und 400 bar

300 bar: $\overline{y}_1 = 2,637\,\text{g/cm}^3$ $s_1 = 0,002\,\text{g/cm}^3$

400 bar: $\overline{y}_2 = 2,642\,\text{g/cm}^3$ $s_2 = 0,00265\,\text{g/cm}^3$

$\overline{d} = 2,642 - 2,637 = 0,005\,\text{g/cm}^3 =$ Effekt

$$s = \sqrt{\frac{0,002^2 + 0,00265^2}{2}} = 0,00235\,\text{g/cm}^3 = \text{Standardabweichung der Einzelwerte}$$

$N = 6 \Rightarrow s_{\bar{d}} = \sqrt{\dfrac{4}{6}} \cdot 0,00235 = 0,00191 \text{ g/cm}^3 = $ Standardabweichung des Effekts

$f = 6 - 2 = 4 = $ Freiheitsgrad

Mit Tabelle 6.4 erhält man:

95 %: $\quad t = 2,776 \quad \Rightarrow t \cdot s_{\bar{d}} = 2,776 \cdot 0,00191 = 0,0053 \text{ g/cm}^3 \Rightarrow$

$\qquad -0,0003 \text{ g/cm}^3 \leq \delta \leq 0,0103 \text{ g/cm}^3$

Bereits der 95 %-Vertrauensbereich enthält den Wert 0.

$\Rightarrow$ – Die beobachteten Unterschiede sind kein ausreichender Hinweis darauf, dass der Druck die Dichte beeinflusst.

Intuitiv vermutet man aufgrund der Messwerte in Bild 6-15, dass der Druck einen Einfluss auf die Dichte hat. Dazu sind zwei Bemerkungen angebracht:

1. Liegen nur wenige Versuchsergebnisse vor, so überschätzt man intuitiv die Bedeutung der Ergebnisse. Insbesondere wenn man bereits vorher an eine Abhängigkeit glaubt, neigt man dazu, ein Ergebnis wie das obige als Beweis zu betrachten. Umgekehrt unterschätzt man bei großem Versuchsumfang die Bedeutung von Unterschieden. Statistik schützt vor übereilten Schlüssen.

2. Die Aussage, dass der beobachtete Unterschied nicht signifikant ist, heißt nicht, dass es keinen Unterschied gibt. Sie bedeutet nur, dass der beobachtete Unterschied mit einer Wahrscheinlichkeit von >5 % auch zufällig auftritt. Untersucht man mehr Teile, so kann sich durchaus zeigen, dass ein signifikanter Unterschied besteht. Der Versuchsumfang ist zu klein, um zu einer sinnvollen Entscheidung zu kommen.

Aufgabe 2

Wie Aufgabe 1, nur dass je 11 Teile gegossen wurden. Ergebnisse (nur Mittelwerte und Standardabweichungen werden angegeben):

300 bar: $\quad \bar{y}_1 = 2,637 \text{ g/cm}^3 \qquad s_1 = 0,002 \text{ g/cm}^3$

400 bar: $\quad \bar{y}_2 = 2,642 \text{ g/cm}^3 \qquad s_2 = 0,00265 \text{ g/cm}^3 \quad$ (wie in Aufgabe 1)

Berechnen Sie den Effekt des Drucks und die 95 %-, 99 %-, und 99,9 %-Vertrauensbereiche für den Effekt, und beurteilen Sie so die Signifikanz des Effekts. Vergleichen Sie das Ergebnis mit Aufgabe 1.

Lösung

$\bar{d} = 2,642 - 2,637 = 0,005 \text{ g/cm}^3 = $ Effekt $\quad$ (wie in Aufgabe 1)

$s = \sqrt{\dfrac{0,002^2 + 0,00265^2}{2}} = 0,00235 \text{ g/cm}^3 = $ Standardabweichung der Einzelwerte

$N = 22 \Rightarrow s_{\bar{d}} = \sqrt{\dfrac{4}{22}} \cdot 0,00235 = 0,0010 \text{ g/cm}^3 = $ Standardabweichung des Effekts

$f = 22 - 2 = 20 = $ Freiheitsgrad

Mit Tabelle 6.4 erhält man:

95 %: $\quad t = 2,086 \quad \Rightarrow t \cdot s_{\bar{d}} = 2,086 \cdot 0,0010 = 0,0021 \text{ g/cm}^3 \Rightarrow$

$\qquad 0,0029 \text{ g/cm}^3 \leq \delta \leq 0,0071 \text{ g/cm}^3$

99%: $t = 2,845 \quad \Rightarrow t \cdot s_{\bar{d}} = 2,845 \cdot 0,0010 = 0,0028 \text{ g/cm}^3 \Rightarrow$

$\qquad 0,0022 \text{ g/cm}^3 \le \delta \le 0,0078 \text{ g/cm}^3$

99,9%: $t = 3,850 \quad \Rightarrow t \cdot s_{\bar{d}} = 3,850 \cdot 0,0010 = 0,0038 \text{ g/cm}^3 \Rightarrow$

$\qquad 0,0012 \text{ g/cm}^3 \le \delta \le 0,0088 \text{ g/cm}^3$

Auch der 99,9%-Vertrauensbereich enthält den Wert 0 nicht.

$\Rightarrow$ ∗∗∗ Der Druck hat einen hochsignifikanten Einfluss auf die Dichte.

Je nach Stichprobenumfang kann derselbe Effekt bei derselben Standardabweichung als zufällig oder als hochsignifikant eingestuft werden. Der Grund für diese unterschiedliche Bewertung liegt darin, dass mit zunehmendem Stichprobenumfang der Vertrauensbereich schmäler wird. Bei größerem Stichprobenumfang überdeckt der Vertrauensbereich den Wert 0 nicht mehr.

Grafische Darstellung

Bilder 6-16 und 6-17 zeigen zwei alternative Möglichkeiten, die Signifikanz von Effekten grafisch darzustellen.

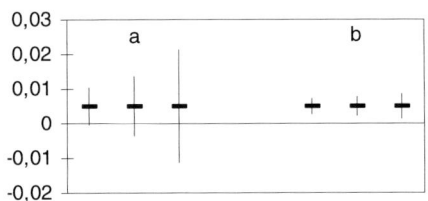

Bild 6-16
95%-, 99%- und 99,9%-Vertrauensbereiche für den Druck im Vergleich zum Wert 0
a   je drei Messwerte
b   je elf Messwerte

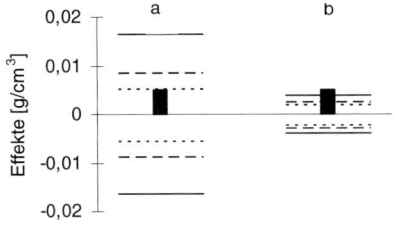

Bild 6-17
Effekt des Drucks und Breite des 95%- (Punkte), 99%- (Striche) und des 99,9%-Vertrauensbereichs (Linien)
a   je drei Messwerte
b   je elf Messwerte

In Bild 6-16 wird der Vertrauensbereich (senkrechte Linie) wie oben beschrieben direkt mit dem Wert 0 verglichen. Der Vertrauensbereich liegt symmetrisch zum beobachteten Effekt (waagrechte Linie). Der Vertrauensbereich überdeckt mit der vorgegebenen Wahrscheinlichkeit den wahren Wert des Effekts. Enthält der Vertrauensbereich den Wert 0 nicht, so ist der Effekt auf dem zugehörigen Niveau signifikant.

Bild 6-16a zeigt das Ergebnis von Aufgabe 1:
Alle drei Vertrauensbereiche enthalten den Wert 0. Der beobachtete Effekt des Drucks kann auch zufällig auftreten, ohne dass wirklich ein Unterschied besteht (Bewertung –).

Bild 6-16b zeigt das Ergebnis von Aufgabe 2:
Keiner der drei Vertrauensbereiche enthält den Wert 0 (Bewertung ∗∗∗: hochsig-

nifikant). Nach einem solchen Ergebnis ist man überzeugt davon, dass die Dichte wirklich vom Druck abhängt. Dabei hat sich die Größe des Effekts im Vergleich zu Bild 6-16a nicht verändert – aufgrund des größeren Stichprobenumfangs ist der Vertrauensbereich jedoch schmäler.

In Bild 6-17 wird der Effekt mit der Breite der 95%-, 99%- und 99,9%-Vertrauensbereiche verglichen. Die waagrechten Linien liegen bei $\pm t \cdot s_{\bar{d}}$. Ragt ein Effekt (als Balken dargestellt) aus diesem Band heraus, so ist er auf dem zugehörigen Niveau signifikant.

In Bild 6-17a liegt der Balken (knapp) innerhalb des 95%-Vertrauensbereichs (Bewertung −), in Bild 6-17b ragt der Balken sogar über den 99,9%-Vertrauensbereich hinaus, der Effekt ist hochsignifikant (∗∗∗).

Der Effekt ist unverändert, grafisch zeigt sich das in der unveränderten Länge des Balkens. Aber die Breite der Vertrauensbereiche in b ist aufgrund des größeren Versuchsumfangs kleiner.

Die Darstellungen in Bild 6-16 und 6-17 sind völlig gleichwertig. Im folgenden wird die Darstellung von Bild 6-17 verwendet, da in dieser Darstellung alle drei Vertrauensniveaus in einem Bild zusammengefasst sind und daher das gesamte Testergebnis mit einem Blick erfasst werden kann.

Anmerkung zum Mittelwertvergleich mit Software

Mit den meisten Statistikpaketen können Vertrauensbereiche für die Differenz der Mittelwerte (den Effekt) zu vorgegebenen Vertrauensniveaus berechnet werden, wie hier beschrieben. Durch Vergleich der 95%-, 99%- und 99,9%-Vertrauensbereiche mit 0 erhält man die oben beschriebene Bewertung.

Ergänzend wird von den meisten Statistikpaketen als Entscheidungshilfe eine „Wahrscheinlichkeit" (p, probability level, prob>t) oder ein „Signifikanzniveau" (significance level) berechnet. Dies ist die Wahrscheinlichkeit dafür, dass der beobachtete Effekt oder ein noch größerer Effekt nur zufällig auftritt, wenn der wahre Effekt 0 ist. Je kleiner diese Wahrscheinlichkeit ist, desto mehr wird man davon überzeugt sein, dass wirklich ein Unterschied zwischen den beiden Gruppen besteht. Somit erhält man folgende Beurteilung des Ergebnisses:

Wahrscheinlichkeit > 5% (bzw. 0,05):	−	kein Hinweis auf Unterschied
5% > Wahrscheinlichkeit > 1%:	∗	indifferent, möglichst mehr Daten
1% > Wahrscheinlichkeit > 0,1%:	∗∗	signifikanter Unterschied
0,1% > Wahrscheinlichkeit :	∗∗∗	hochsignifikanter Unterschied

Die Angabe der Wahrscheinlichkeit erlaubt die Entscheidung ohne Tabelle 6.4 und stellt somit eine wesentliche Erleichterung dar.

6.3.2 Festlegung des Stichproben- bzw. Versuchsumfangs

Je größer der Stichprobenumfang ist, desto schmäler wird der Vertrauensbereich für den Effekt, d.h. desto schmäler wird der Bereich, der den wahren Effekt mit vorgegebener Wahrscheinlichkeit enthält. Will man daher bereits einen kleinen wahren Effekt erkennen, so benötigt man einen großen Stichprobenumfang.

Beispiel

Bild 6-18 zeigt die 99%-Vertrauensbereiche für den Effekt, die bei 30 „simulierten Versuchen" mit Stichprobenumfang n = 3 (Versuchsumfang N = 6) ermittelt wurden. Bei der Simulation wurde ein „wahrer Effekt" von 1 und eine Standardabweichung von 1 zugrunde gelegt. Die meisten Vertrauensbereiche enthalten den Wert 0. Der Versuchsumfang ist zu klein, um den tatsächlich vorhandenen Unterschied zu erkennen.

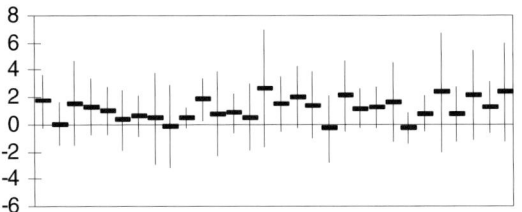

Bild 6-18
99%-Vertrauensbereiche für die Differenz von zwei Gruppen (Effekt), 30 Zufallsstichproben, Versuchsumfang je N = 6, $\Delta\mu = 1$, $\sigma = 1$

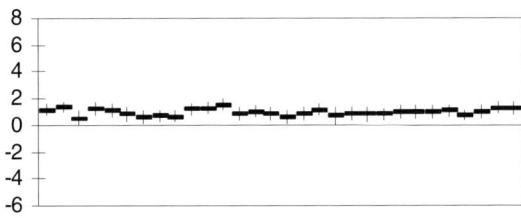

Bild 6-19
Wie Bild 6-18, aber Versuchsumfang je N = 60

Bild 6-19 zeigt die Vertrauensbereiche, die unter ansonsten gleichen Bedingungen wie in Bild 6-18 mit Stichprobenumfang n = 30 (Versuchsumfang N = 60) ermittelt wurden. Die Vertrauensbereiche sind deutlich schmäler, die meisten Vertrauensbereiche enthalten den Wert 0 nicht mehr, d.h. bei diesem größeren Stichprobenumfang erkennt man in den meisten Fällen, dass ein Unterschied zwischen den beiden Gruppen besteht.

Die Wahrscheinlichkeit, mit der ein tatsächlich vorhandener Unterschied $\Delta\mu$ erkannt wird (d.h. die Wahrscheinlichkeit dafür, dass der 99%-Vertrauensbereich den Wert 0 nicht enthält), hängt vom Versuchsumfang N und vom Verhältnis $\Delta\mu/\sigma$ ab. Bild 6-20 zeigt diese Abhängigkeit für ausgewählte Werte von N.

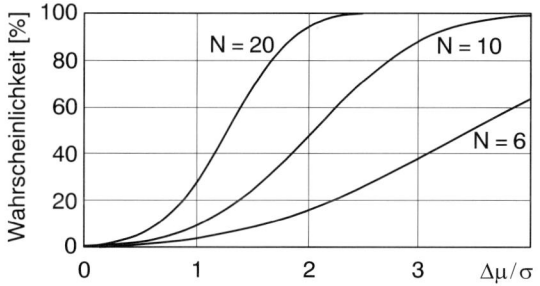

Bild 6-20
Wahrscheinlichkeit, mit der ein tatsächlich vorhandener Unterschied $\Delta\mu$ erkannt wird, in Abhängigkeit vom Verhältnis $\Delta\mu/\sigma$, für Versuchsumfang N = 6, 10 und 20

Je größer der Versuchsumfang N und das Verhältnis $\Delta\mu/\sigma$ sind, mit desto größerer Wahrscheinlichkeit wird der Unterschied gefunden.

Beispiel

Aus Bild 6-20 kann man ablesen, dass ein Unterschied von $\Delta\mu = 1\sigma$ bei einem Versuchsumfang von N = 6 (n = 3) mit einer Wahrscheinlichkeit von nur 4 % gefunden wird, bei N = 10 mit 9 % und bei N = 20 mit 28 %. Ein Unterschied von $\Delta\mu = 2\sigma$ wird dagegen bei einem Versuchsumfang von N = 6 mit einer Wahrscheinlichkeit von 15 % gefunden, bei N = 10 mit 47 % und bei N = 20 mit 94 %.

Bei der Versuchsplanung stellt sich meist die umgekehrte Frage: Welcher Versuchsumfang ist erforderlich, wenn ein bestimmter Unterschied mit hoher Wahrscheinlichkeit (meist verwendet man 90 %) gefunden werden soll, falls er existiert.

In Bild 6-20 bedeutet dies: Für welchen Wert von N erhält man für ein vorgegebenes Verhältnis $\Delta\mu/\sigma$ eine Wahrscheinlichkeit von 90 % (0,90)?

Man kann zeigen, dass bei einem Stichprobenumfang n bzw. einem Versuchsumfang $N = 2 \cdot n$ (= Gesamtzahl der Messwerte) von

$$\text{Versuchsumfang } N = 2 \cdot n = 60 \cdot \left(\frac{\sigma}{\Delta\mu} \right)^2 \qquad (6.17)^1$$

ein wahrer Unterschied zwischen den Gruppen (Effekt) $\Delta\mu$ mit hoher Wahrscheinlichkeit entdeckt wird, wenn die Standardabweichung der Einzelwerte σ beträgt. Genauer gesagt, im Mittel über viele Versuche enthalten 90 % der 99 %-Vertrauensbereiche für den Effekt nicht den Wert 0, wenn der wahre Wert $\Delta\mu$ beträgt.[2]

---

[1] (6.17) ist eine Näherung und gilt für große Werte von N. Für kleine Werte (N < ca. 40) sollte man einen etwas größeren Versuchsumfang verwenden.

[2] Für statistisch Interessierte:
In der Testtheorie werden folgende Begriffe und Bezeichnungen verwendet:
Der Vertrauensbereich enthält nicht den Wert 0, obwohl kein Unterschied besteht: Fehler 1. Art.
Ein tatsächlich vorhandener Unterschied wird nicht erkannt: Fehler 2. Art.
Wahrscheinlichkeit für den Fehler 1. Art: Signifikanzniveau α,   hier ist $\alpha = 1\%$.
Wahrscheinlichkeit für den Fehler 2. Art: β,   hier ist $\beta = 10\%$.

Beispiel

Eine Firma bezieht eine bestimmte Stahlsorte von zwei verschiedenen Herstellern. Sie möchte wissen, ob sich die Hersteller bezüglich der Streckgrenze unterscheiden. Aus Erfahrung ist bekannt, dass die Standardabweichung der Streckgrenze ca. $\sigma = 20$ N/mm^2 beträgt. Ein Unterschied von $\Delta\mu = 30$ N/mm^2 ist technologisch relevant und soll mit hoher Wahrscheinlichkeit erkannt werden, falls er existiert.

Aus (6.17) erhält man für den erforderlichen Versuchsumfang

$$N = 60 \cdot \left(\frac{20}{30}\right)^2 = 26,7 \approx 28$$

d.h. von jedem Hersteller sollten ca. 14 Proben untersucht werden.

Ist bereits ein Unterschied von $\Delta\mu = 10$ N/mm^2 technologisch relevant, so erhält man aus (6.17)

$$N = 60 \cdot \left(\frac{20}{10}\right)^2 = 240$$

d.h. von jedem Hersteller sollten ca. 120 Proben untersucht werden. Je kleiner der Unterschied ist, der erkannt werden soll, desto größer ist der erforderliche Versuchsumfang.

Aufgabe

Beim Druckgießen beträgt die Standardabweichung der Dichte erfahrungsgemäß ca. 0,0025 g/cm^3. Es soll untersucht werden, ob sich die Dichte von Teilen, die mit einem Nachdruck von 400 bar gegossen wurden von der unterscheidet, die mit 300 bar gegossen wurden. Ein Unterschied von 0,002 g/cm^3 soll mit hoher Wahrscheinlichkeit entdeckt werden, falls er existiert. Welchen Versuchsumfang würden Sie verwenden?

Lösung

$$N = 60 \cdot \left(\frac{0,0025}{0,002}\right)^2 = 93,75 \approx 94$$

Es ist sinnvoll, je 47 (oder 50) Teile bei 300 bar und bei 400 bar zu gießen.

Achtung: Man darf jedoch auf keinen Fall erst alle 50 Teile bei einem Druck und dann alle 50 Teile beim anderen Druck gießen, obwohl dies von der Durchführung her natürlich am einfachsten wäre. Randomisieren oder wenigstens mehrmals wechseln!

6.3.3 Voraussetzungen

In Abschnitt 6.3.1 wurde darauf hingewiesen, dass (6.13) nur gilt, wenn

- die Einzelwerte repräsentativ für die beiden Gruppen sind,
- die Einzelwerte für jede Gruppe einzeln normalverteilt sind und
- die Standardabweichung für beide Gruppen gleich ist.

Die erste dieser Bedingungen ist die wichtigste und die am häufigsten missachtete. Auf ihre Einhaltung ist bei der Planung der Versuche zu achten. Die anderen beiden Bedingungen werden im Nachhinein überprüft.

Repräsentative Stichproben

Eine Stichprobe sagt immer nur etwas aus über die Grundgesamtheit, aus der sie entnommen wurde. Für den Vergleich von zwei Verfahren bedeutet dies z.B.: Die beiden Stichproben müssen repräsentativ für die beiden Verfahren sein. Dabei helfen Blockbildung und Randomisierung (vgl. Absätze 3.4.3 und 3.4.4). Bei der Planung eines Versuchs muss man sich genau überlegen, was man erkennen will, und wie man daher vorgehen muss, damit das Ergebnis wirklich repräsentativ ist. Folgende Beispiele sollen auf Probleme und Möglichkeiten hinweisen.

Beispiel 1: Reihenfolge der Einzelversuche

Der Versuchsaufwand ist natürlich am geringsten, wenn zunächst alle Einzelversuche mit dem einen Verfahren und anschließend alle Einzelversuche mit dem anderen Verfahren durchgeführt werden. Dann kann jedoch ein Trend die Ergebnisse verfälschen, und zufällige Unterschiede zwischen Wiederholungen derselben Einstellung werden nicht erfasst. Besser ist es, die beiden Verfahren abwechselnd einzusetzen (Blockbildung).

Aber auch mit dieser Vorsichtsmaßnahme vergleicht man die beiden Verfahren unter den momentan herrschenden Bedingungen. Wenn sich an diesen Bedingungen etwas Grundlegendes ändert, kann dies natürlich den Vergleich beeinflussen.

Beispiel 2: Ausgangsmaterial

Es ist nicht zulässig, für ein Verfahren Ausgangsmaterial aus einer Charge zu verwenden und für das andere Verfahren Ausgangsmaterial aus einer anderen Charge. Dann könnte nämlich nicht unterschieden werden, ob ein evtl. gefundener signifikanter Unterschied durch die unterschiedlichen Verfahren oder durch die unterschiedlichen Materialchargen verursacht wird. Folgende Möglichkeiten bestehen:

- Alle Versuche für beide Verfahren werden mit Ausgangsmaterial derselben Charge durchgeführt. Dadurch wird die Zufallsstreuung reduziert, weil Unterschiede im Ausgangsmaterial nicht in die Zufallsstreuung eingehen. Wenn ein Verfahren jedoch für Material einer Charge besonders günstig ist, bedeutet das nicht notwendigerweise, dass es auch für Material anderer Chargen günstig ist. Dazu sind zumindest ergänzende technische Überlegungen erforderlich, Statistik kann dazu keine Aussagen machen.

- Ausgangsmaterial verschiedener Chargen wird zufällig in beiden Verfahren verwendet (Randomisierung). Dann gehen Unterschiede zwischen den Chargen in die Zufallsstreuung ein.

- Das Ausgangsmaterial wird als Blockfaktor verwendet. Das bedeutet hier, dass Ausgangsmaterial verschiedener Chargen verwendet wird – aber aus jeder Charge dieselbe Anzahl Teile für jedes Verfahren. Die Chargen-Nummer des Ausgangsmaterials wird dann als zusätzlicher Faktor behandelt. Diese Vorgehensweise führt zur besten Absicherung der Ergebnisse.

Normalverteilung

Durch Eintragung der Messwerte ins Wahrscheinlichkeitsnetz kann überprüft werden, ob sie konsistent sind mit einer Normalverteilung (Abschnitt 6.2).

Für Messwerte aus zwei Gruppen kann man dies natürlich für jede der beiden Gruppen getrennt durchführen. Um bereits kleinere Abweichungen von der Normalverteilung zu erkennen, ist es wünschenswert, möglichst alle Messwerte zusammenzufassen. Da sich die Mittelwerte der beiden Gruppen jedoch unterscheiden können, sind die zusammengefassten Messwerte von zwei Gruppen selbst meist nicht normalverteilt.

Daher zieht man von den Messwerten jeder Gruppe den jeweiligen Stichprobenmittelwert ab. Der Rest wird als Residuum bezeichnet. Diese Residuen kann man dann zusammen in einem Wahrscheinlichkeitsnetz auftragen. Liegen die Residuen näherungsweise auf einer Geraden, so sind die Werte konsistent damit, dass sie aus normalverteilten Grundgesamtheiten stammen.

Gruppe 1: Einzelwerte: $y_{11}, y_{12}, y_{13}, \ldots, y_{1n}$

Mittelwert: $\overline{y}_1$

Residuen: $y_{11} - \overline{y}_1, y_{12} - \overline{y}_1, y_{13} - \overline{y}_1, \ldots, y_{1n} - \overline{y}_1$

Gruppe 2: Einzelwerte: $y_{21}, y_{22}, y_{23}, \ldots, y_{2n}$

Mittelwert: $\overline{y}_2$

Residuen: $y_{21} - \overline{y}_2, y_{22} - \overline{y}_2, y_{23} - \overline{y}_2, \ldots, y_{2n} - \overline{y}_2$ (6.18)

Beispiel

In einer Halbleiterfertigung werden für die Abscheidung einer SiO_2-Schicht wahlweise zwei baugleiche Anlagen eingesetzt. Es soll untersucht werden, ob die Schichtdicke unterschiedlich ist. Tabelle 6.5 zeigt die Messwerte und die daraus berechneten Residuen.

Tabelle 6.5
Messwerte für die Schichtdicke (in nm) von je 7 zufällig entnommenen Scheiben von zwei Anlagen mit den daraus berechneten Residuen (Wert – Mittelwert)

Nr.	Anlage 1	Residuen 1	Anlage 2	Residuen 2
1	440	−54	494	−28
2	472	−22	548	26
3	499	5	523	1
4	514	20	538	16
5	510	16	519	−3
6	487	−7	550	28
7	536	42	482	−40
Mittelwert $\overline{y}$	494		522	

Mit Hilfe der Residuen können die insgesamt 14 Werte zusammen in einem Wahrscheinlichkeitsnetz dargestellt werden. Würde man die Messwerte selbst in einem Netz eintragen, wären sie nicht normalverteilt. In Bild 6-21 sind die Residuen aus Tabelle 6.5 eingetragen. Nach ihrer Größe geordnet sind dies:

Nr.	1	2	3	4	5	6	7	8	9	10	11	12	13	14
Wert	−54	−40	−28	−22	−7	−3	1	5	16	16	20	26	28	42

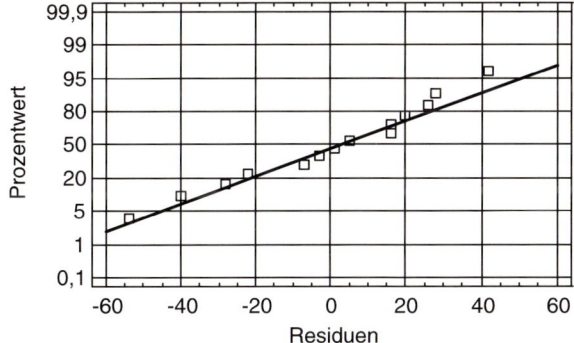

Bild 6-21
Residuen(Abweichungen der Einzelwerte von den Gruppenmittelwerten) erlauben es, mehrere Gruppen in einem Wahrscheinlichkeitsnetz zusammenzufassen

Aufgabe

Sie wollen wissen, ob der Nachdruck beim Druckgießen eines bestimmten Teils Einfluss auf die Dichte hat. Dazu gießen Sie je drei Teile bei 300 bar und bei 400 bar Nachdruck. Sie erhalten folgende Ergebnisse (in g/cm^3):

300 bar: 2,635 2,639 2,637

400 bar: 2,641 2,640 2,645

Berechnen Sie die Residuen.

Lösung

300 bar: Mittelwert: 2,637 $\Rightarrow$ Residuen   −0,002   0,002   0,000
400 bar: Mittelwert: 2,642 $\Rightarrow$ Residuen   −0,001   −0,002   0,003

Residuen nach der Größe geordnet für die Eintragung ins Wahrscheinlichkeitsnetz:

Nr.	1	2	3	4	5	6
Wert	−0,002	−0,002	−0,001	0,000	0,002	0,003

Gleiche Standardabweichung

Wenn sich die Standardabweichungen der beiden Gruppen sehr deutlich unterscheiden, so kann dies auch bei der Eintragung der Residuen ins Wahrscheinlichkeitsnetz erkannt werden.

Ergänzend gibt es den sogenannten F-Test, der darauf basiert, dass bei gleicher Standardabweichung das Verhältnis der Varianzen der beiden Gruppen in der Nähe von 1 liegt. Ein Verhältnis, das sehr stark von 1 abweicht, ist nicht konsistent mit gleichen Standardabweichungen. Diese Grundidee des F-Tests ist auch die Basis der Varianzanalyse in Kapitel 12. Der F-Test ist in den meisten Statistikpaketen implementiert.

Hinweis

Der Vergleich von zwei Mittelwerten ist relativ unempfindlich gegenüber moderaten Abweichungen von der Normalverteilung und ungleichen Standardabweichungen. Große Abweichungen können durch Transformationen reduziert werden (Einzelheiten in Abschnitt 6.4).

6.4   Transformation von Messwerten

Voraussetzung bei der Berechnung der Vertrauensbereiche in Abschnitt 6.2 und beim Vergleich von Mittelwerten in Abschnitt 6.3 ist die Normalverteilung der Messwerte (in Abschnitt 6.3 sind zusätzlich gleiche Standardabweichungen vorausgesetzt).

Große Abweichungen von der Normalverteilung können mit Hilfe einer Transformation der Messwerte reduziert werden. Häufig führt diese Transformation auch zu einer Reduktion der Unterschiede in der Standardabweichung.

Transformation der Messwerte bedeutet, dass statt der Messwerte selbst eine Größe verwendet wird, die sich durch eine einfache Umrechnung aus den Messwerten ergibt. Für alle weiteren Analysen werden dann diese umgerechneten Werte verwendet.

Im folgenden werden einige besonders nützliche Transformationen behandelt. Dieser Abschnitt ist nicht für das Verständnis der folgenden Kapitel erforderlich.

6.4.1   Logarithmische Normalverteilung

Die logarithmische Normalverteilung tritt auf, wenn viele Einflüsse sich multiplikativ auf den Messwert auswirken (Normalverteilung bei additiven Einflüssen, vgl. Abschnitt 6.1).

Die logarithmische Normalverteilung ist häufig bei der Beschreibung von Lebensdauerdaten in Zuverlässigkeitsuntersuchungen[1] nützlich. Die Messwerte in Bild 6-13 stammen z.B. aus einer logarithmischen Normalverteilung. Charakteristisch für die logarithmische Normalverteilung ist, dass

• keine negativen Messwerte auftreten und

• die Verteilung der Messwerte einen langen „Schwanz" bei hohen Werten hat.

Verwendet man statt der Messwerte selbst die Logarithmen der Messwerte, so sind diese normalverteilt. Alle Verfahren aus Abschnitt 6.2 und 6.3, aber auch aus den folgenden Kapiteln, sind für die Logarithmen dann anwendbar.

Beispiel

In einer Halbleiterfertigung werden Aluminium-Leiterbahnen durch Sputtern erzeugt. Die Entwicklungsabteilung hat zwei verschiedene Prozessvarianten entwickelt, die bzgl. der Lebensdauer verglichen werden sollen. Dazu werden mit beiden Varianten je 10 Teststrukturen erzeugt und einem beschleunigten Lebensdauertest unterzogen (erhöhte Temperatur und Stromdichte). Zu folgenden Zeitpunkten (in h) fielen die Strukturen aus:

| Variante 1: | 27 | 49 | 67 | 90 | 134 | 148 | 164 | 245 | 330 | 735 |
| Variante 2: | 5 | 11 | 16 | 22 | 27 | 45 | 60 | 81 | 90 | 200 |

Man erkennt sofort, dass bei großen Zeiten die Ausfallzeitpunkte weiter auseinander liegen als bei kleinen Zeiten. Dies ist eine Folge der logarithmischen Normalverteilung der Werte. Die Transformation besteht darin, statt der Ausfallzeitpunkte ihre Logarithmen zu verwenden:

---

[1] Alternativ wird die Weibullverteilung verwendet.

| ln (Variante 1): | 3,3 | 3,9 | 4,2 | 4,5 | 4,9 | 5,0 | 5,1 | 5,5 | 5,8 | 6,6 |
| ln (Variante 2): | 1,6 | 2,4 | 2,8 | 3,1 | 3,3 | 3,8 | 4,1 | 4,4 | 4,5 | 5,3 |

Die weitere Analyse erfolgt wie in (6.12) bis (6.16), aber mit diesen Logarithmen:

ln (Variante 1): $\bar{y}_1 = 4{,}88$ $s_1 = 0{,}962$

ln (Variante 2): $\bar{y}_2 = 3{,}53$ $s_2 = 1{,}106$

$$\bar{d} = \bar{y}_2 - \bar{y}_1 = 3{,}53 - 4{,}88 = -1{,}35$$

$$s = \sqrt{\frac{s_1^2 + s_2^2}{2}} = \sqrt{\frac{0{,}962^2 + 1{,}106^2}{2}} = 1{,}036$$

$$s_{\bar{d}} = \sqrt{\frac{4}{N}} \cdot s = \sqrt{\frac{4}{20}} \cdot 1{,}036 = 0{,}463$$

$$f = N - 2 = 20 - 2 = 18$$

Mit Tabelle 6.4 erhält man (mit Interpolation):

95 %: $t \cdot s_{\bar{d}} = 2{,}10 \cdot 0{,}463 = 0{,}97$

99 %: $t \cdot s_{\bar{d}} = 2{,}88 \cdot 0{,}463 = 1{,}33$

99,9 %: $t \cdot s_{\bar{d}} = 3{,}92 \cdot 0{,}463 = 1{,}81$

$$\Rightarrow \quad 1{,}33 < \left|\bar{d}\right| = 1{,}35 < 1{,}81 \quad \Rightarrow \quad **$$

Es besteht ein signifikanter Unterschied zwischen den Varianten. Da das Ziel eine möglichst lange Lebensdauer ist, ist es besser, Variante 1 zu verwenden.

Die logarithmische Transformation der Messwerte hat noch eine weitere Auswirkung, die häufig erwünscht ist:

Bei logarithmisch normalverteilten Daten nimmt die Standardabweichung meist proportional zum Mittelwert zu. Dies ist auch im obigen Beispiel der Fall: Die Standardabweichung der Lebensdauer von Variante 1 ist deutlich größer als die Standardabweichung der Lebensdauer von Variante 2. Die Standardabweichungen der Logarithmen unterscheiden sich nur aufgrund der Zufallsstreuung. Durch die logarithmische Transformation wurden also die beiden statistischen Bedingungen für den Mittelwertvergleich gleichzeitig erfüllt:

- Normalverteilung und
- gleiche Standardabweichung (vgl. auch Absatz 10.1.3).

6.4.2 Poisson-Verteilung

Häufig ist der Messwert ein Zählergebnis, z.B. die Anzahl Lötfehler auf einer Leiterplatte, die Anzahl Astlöcher in einem Brett, die Anzahl Kratzer auf einer Glasplatte, die Anzahl Käufer eines bestimmten Produktes pro Tag.

Wenn die Einzelereignisse (z.B. Lötfehler) unabhängig voneinander sind, sind solche Zählergebnisse poissonverteilt. Wenn die Anzahl ausreichend groß ist, kann die Poissonverteilung durch eine Normalverteilung angenähert werden, deren Standardabweichung aber mit dem Mittelwert zunimmt (wie $\sqrt{\mu}$).

Anschaulich äußert sich dies z.B. darin, dass der Unterschied zwischen 0 und 1 Fehlern bedeutender ist als der Unterschied zwischen 100 und 101 Fehlern. In der Analyse kann man dies dadurch berücksichtigen, dass man als Zielgröße nicht die Anzahl selbst, sondern $\sqrt{\text{Anzahl}}$ verwendet. Für unabhängige Einzelereignisse ist die Standardabweichung dieser transformierten Zielgröße unabhängig vom Mittelwert.

Aber auch wenn die Einzelereignisse nicht völlig unabhängig sind (wie z.B. die Lötfehler auf einer Leiterplatte, wo ein verrutschtes Bauelement mehrere Lötfehler verursachen kann), führt die Wurzeltransformation zu einer Verbesserung. Die Standardabweichung von $\sqrt{\text{Anzahl}}$ hängt dann zwar immer noch vom Mittelwert ab, aber weniger als bei der Anzahl selbst.

Beispiel

In einer Fertigungslinie werden zwei Lötanlagen parallel eingesetzt. Diese beiden Anlagen sollen bezüglich der Anzahl Lötfehler miteinander verglichen werden.[1] Da die Anzahl Lötfehler insgesamt sehr klein ist, werden als Einheit jeweils 100 Leiterplatten betrachtet. Die folgenden Zahlen stellen die Gesamtzahl Lötfehler von jeweils 100 Leiterplatten gleichen Typs dar, die auf den Anlagen jeweils an einem Tag gelötet wurden.

Anzahl Anlage 1:	10	3	8	1	18	4	6	9
Anzahl Anlage 2:	19	9	25	33	15	26	50	7

Diese Zahlen streuen stärker, als bei poissonverteilten Fehlerzahlen zu erwarten wäre. Es gibt offensichtlich gewisse Unterschiede im Anlagenzustand von Tag zu Tag oder eine Abhängigkeit zwischen den Fehlern. Die Transformation besteht darin, statt der Anzahl Fehler die Wurzel aus der Anzahl zu verwenden:

$\sqrt{\text{Anzahl 1}}$:	3,2	1,7	2,8	1,0	4,2	2,0	2,4	3,0
$\sqrt{\text{Anzahl 2}}$:	4,4	3,0	5,0	5,7	3,9	5,1	7,1	2,6

Die weitere Analyse erfolgt wie in (6.12) bis (6.16), aber mit diesen Wurzeln:

$\sqrt{\text{Anzahl 1}}$: $\bar{y}_1 = 2{,}54$ $s_1 = 0{,}99$

$\sqrt{\text{Anzahl 2}}$: $\bar{y}_2 = 4{,}60$ $s_2 = 1{,}46$

$$\bar{d} = \bar{y}_2 - \bar{y}_1 = 4{,}60 - 2{,}54 = 2{,}06$$

$$s = \sqrt{\frac{s_1^2 + s_2^2}{2}} = \sqrt{\frac{0{,}99^2 + 1{,}46^2}{2}} = 1{,}25$$

$$s_{\bar{d}} = \sqrt{\frac{4}{N}} \cdot s = \sqrt{\frac{4}{16}} \cdot 1{,}25 = 0{,}625$$

$$f = N - 2 = 16 - 2 = 14$$

---

[1] Für den hier behandelten Vergleich von zwei Gruppen gibt es auch Verfahren, die direkt auf der Poissonverteilung basieren (vgl. z.B. [1]). Vorteil der hier behandelten Transformation ist, dass sie es erlaubt, Zählergebnisse mit demselben Formalismus wie Messwerte zu behandeln. Außerdem ist sie als Näherung auch dann noch einsetzbar, wenn die Fehler nicht unabhängig sind.

Mit Tabelle 6.4 erhält man (mit Interpolation):

95 %: $t \cdot s_{\overline{d}} = 2{,}14 \cdot 0{,}625 = 1{,}33$

99 %: $t \cdot s_{\overline{d}} = 2{,}98 \cdot 0{,}625 = 1{,}86$

99,9 %: $t \cdot s_{\overline{d}} = 4{,}14 \cdot 0{,}625 = 2{,}59$

$\Rightarrow \quad 1{,}86 < \left|\overline{d}\right| = 2{,}06 < 2{,}59 \quad \Rightarrow \quad **$

Es besteht ein signifikanter Unterschied zwischen den Anlagen.

6.4.3 Box-Cox-Transformation

Wenn die Standardabweichung von Messwerten y mit ihrem Mittelwert μ zunimmt wie

$$\sigma_y \propto \mu^{1-\lambda} \quad ,$$

dann hat die transformierte Variable

$$Y = y^\lambda \tag{6.19}$$

eine Standardabweichung, die unabhängig vom Mittelwert ist (man spricht daher auch von einer varianzstabilisierenden Transformation) [2].

Für $\lambda = 0$ erhält man (als Grenzwert) die logarithmische Transformation aus Absatz 6.4.1, für $\lambda = 1/2$ die Wurzeltransformation aus Absatz 6.4.2. Diese Transformationen können als Sonderfälle der allgemeineren Transformation (6.19) betrachtet werden. Box und Cox haben ein Kriterium zur Auswahl des „besten" Werts von λ vorgeschlagen. Durch eine geeignete Normierung werden Residuen für verschiedene Werte von λ vergleichbar gemacht und dann minimiert [2] (die sogenannte Box-Cox-Transformation).

Als Entscheidungshilfe bietet Statistik-Software eine Darstellung der normierten Residuen gegen λ, etwa wie in Bild 6-22. Das Minimum gibt den besten Wert von λ, hier sehr nahe an $\lambda = 0$. Als zusätzliche Hilfe wird der 95%-Vertrauensbereich für λ gezeigt. Enthält dieser Vertrauensbereich nicht den Wert $\lambda = 1$ (keine Transformation), so sollten die Daten mit einem geeigneten glatten Wert aus dem Vertrauensbereich transformiert werden.

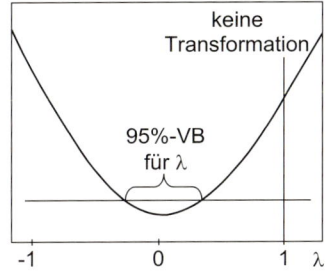

Bild 6-22
Box-Cox-Transformation am Beispiel der Daten aus Abschnitt 6.4.1:
$\lambda = 0$ entspricht der logarithmischen Transformation, sie ist signifikant besser als keine Transformation ($\lambda = 1$)

Hinweis

Die Notwendigkeit von Transformationen wurde hier statistisch begründet. Eine Transformation kann jedoch durchaus auch technisch sinnvoll sein. So kann man als Maß für den Durchsatz einer Anlage z.B. die Zeit pro Teil verwenden, aber genauso gut die Anzahl Teile pro Zeiteinheit. Mit $\lambda = -1$ in (6.19) werden diese beiden möglichen Zielgrößen ineinander umgerechnet (1/y). Welche der beiden Zielgrößen besser ist, ist nicht offensichtlich.

Literatur

[1] Graf, U./Henning, H.J./Stange, K./Wilrich, P.-T.: Formeln und Tabellen der angewandten mathematischen Statistik, 3. Aufl. Springer Verlag, Berlin 1987

[2] Box, G.E.P./Hunter, W.G./Hunter, J.S.: Statistics for Experimenters. John Wiley, New York 1978

7 Vollständige faktorielle Versuchspläne – Grundlage der Versuchsplanung

Dieses Kapitel behandelt Aufbau und Auswertung von vollständigen faktoriellen Versuchsplänen mit k Faktoren auf je zwei Stufen.

Beim Mittelwertvergleich in Kapitel 6 wurde ein Faktor auf zwei Stufen betrachtet. Vollständige faktorielle Versuchspläne sind eine Verallgemeinerung des Mittelwertvergleichs. Sie sind ein wichtiges „Arbeitspferd" der Versuchsplanung und bilden die Grundlage für viele Weiterentwicklungen [1–5].

7.1 Zwei Faktoren auf je zwei Stufen

In diesem Abschnitt wird der Mittelwertvergleich auf zwei Faktoren erweitert. Dies ist der Beginn der eigentlichen Versuchsplanung.

7.1.1 Versuchsplan und Effekte

Bild 7-1 zeigt einen vollständigen faktoriellen Versuchsplan mit zwei Faktoren A und B auf je zwei Stufen, die mit – und + bezeichnet werden (z.B. den Faktor Druck auf den Stufen 450 mTorr und 600 mTorr und den Faktor Temperatur auf den Stufen 710 °C und 720 °C). Der Versuchsplan besteht aus $2^2 = 4$ Faktorstufenkombinationen, daher heißt er auch 2^2-Plan.

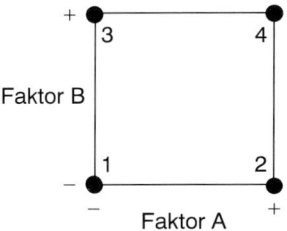

syst.	Faktoren	
Nr.	A	B
1	–	–
2	+	–
3	–	+
4	+	+

Bild 7-1
Ein vollständiger faktorieller 2^2-Versuchsplan besteht aus den vier Faktorstufenkombinationen der zwei Faktoren A und B auf den Stufen – und +. Die Nummern 1 – 4 im Bild links entsprechen den Nummern in der Tabelle rechts (systematische Reihenfolge).

Bezeichnet man die Ergebnisse für die Zielgröße y bei den vier Faktorstufenkombinationen mit y_1, y_2, y_3 und y_4, so ist z.B.

$$\frac{y_2 + y_4}{2}$$ der Mittelwert der Versuchsergebnisse mit A auf der Stufe +

$$\frac{y_1 + y_3}{2}$$ der Mittelwert der Versuchsergebnisse mit A auf der Stufe –.

Die Differenz der beiden Mittelwerte ist ein Maß für die Wirkung des Faktors A. Man nennt sie Effekt des Faktors A.

$$\text{Effekt } A = \frac{y_2 + y_4}{2} - \frac{y_1 + y_3}{2} \tag{7.1}$$

Analog ist der Effekt von B ein Maß für die Wirkung des Faktors B.

$$\text{Effekt } B = \frac{y_3 + y_4}{2} - \frac{y_1 + y_2}{2} \tag{7.2}$$

Von einer Wechselwirkung AB spricht man, wenn der Effekt von A auf die Zielgröße davon abhängt, welchen Wert B hat (oder umgekehrt).

$y_4 - y_3$ ist der Effekt von A, wenn B auf der Stufe + steht.

$y_2 - y_1$ ist der Effekt von A, wenn B auf der Stufe − steht.

Die Differenz dieser beiden Effekte ist ein Maß dafür, wie stark die Wirkung des Faktors A vom Wert von B abhängt. Die Hälfte der Differenz nennt man Effekt der Wechselwirkung AB.

$$\text{Effekt } AB = \frac{y_4 - y_3}{2} - \frac{y_2 - y_1}{2} = \frac{y_1 - y_2 - y_3 + y_4}{2} \tag{7.3}$$

Zum selben Ergebnis gelangt man, wenn man berechnet, wie stark die Wirkung des Faktors B vom Wert von A abhängt.

Aus den Ergebnissen bei den vier Faktorstufenkombinationen werden somit drei Effekte berechnet. Als vierte Größe kann der Mittelwert aller Ergebnisse berechnet werden. Er beschreibt die Lage der Versuchsergebnisse insgesamt, macht aber keine Aussage über die Wirkung der Faktoren.

Beispiel

Durch thermische Zersetzung in einem Rohrofen wird SiO_2 auf Si-Scheiben abgeschieden. Der Druck und die Temperatur im Ofen werden als Faktoren verändert, Zielgröße ist die Abscheiderate. Für den Faktor Druck werden als Stufen 450 mTorr und 600 mTorr, für den Faktor Temperatur 710 °C und 720 °C verwendet. Tabelle 7.1 zeigt die Versuchsergebnisse für die Abscheiderate (Mittelwerte von mehreren Realisierungen).

Tabelle 7.1
Versuchsplan und
Versuchsergebnisse

syst. Nr.	Druck [mTorr]	Temperatur [°C]	Abscheiderate [nm/min]
1	450 (−)	710 (−)	6,0
2	600 (+)	710 (−)	7,5
3	450 (−)	720 (+)	6,6
4	600 (+)	720 (+)	10,3

Bild 7-2 zeigt links die Abscheiderate für die vier Faktorstufenkombinationen. Der Mittelwert der Versuchsergebnisse beträgt

bei 600 mTorr: $(7,5+10,3)/2 = 8,9$ nm/min,

bei 450 mTorr: $(6,0+ 6,6)/2 = 6,3$ nm/min.

Die Differenz der beiden Mittelwerte beträgt $8,9-6,3 = 2,6$ nm/min. Dies ist der Effekt des Drucks. Bild 7-2 zeigt rechts die beiden Mittelwerte und den Effekt des Drucks. Er ist ein Maß für die Wirkung des Drucks auf die Abscheiderate.

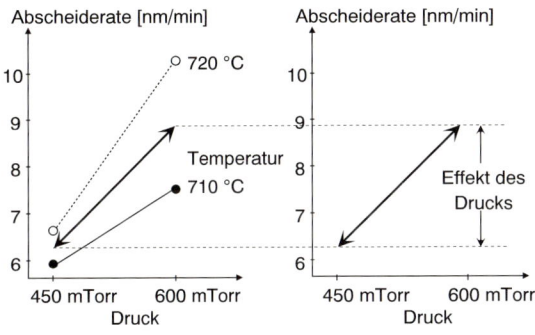

Bild 7-2
Grafische Darstellung der Abscheiderate für jede Faktorstufenkombination (links).
Effekt des Drucks = 2,6 bedeutet:
Der Mittelwert der Abscheiderate beim Druck 600 mTorr ist um 2,6 nm/min höher als beim Druck 450 mTorr.

Bild 7-3 zeigt links die Abscheiderate für die vier Faktorstufenkombinationen wie in Bild 7-2. Der Mittelwert der Versuchsergebnisse beträgt

bei 720°C: $(6,6+10,3)/2 = 8,45$ nm/min,

bei 710°C: $(6,0+ 7,5)/2 = 6,75$ nm/min.

Die Differenz der beiden Mittelwerte beträgt $8,45-6,75 = 1,7$ nm/min. Dies ist der Effekt der Temperatur. Bild 7-3 zeigt rechts die beiden Mittelwerte und den Effekt der Temperatur.

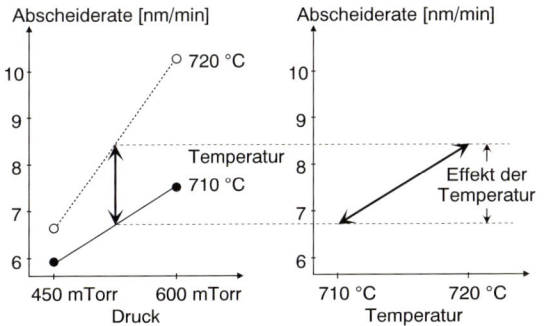

Bild 7-3
Grafische Darstellung der Abscheiderate, vgl. Bild 7-2.
Effekt der Temperatur = 1,7 bedeutet:
Der Mittelwert der Abscheiderate bei Temperatur 720°C ist um 1,7 nm/min höher als bei Temperatur 710°C.

Bild 7-4 zeigt links die Abscheiderate für die vier Faktorstufenkombinationen wie in Bild 7-2. Der Effekt der Temperatur beträgt

bei 600 mTorr: $10,3-7,5 = 2,8$ nm/min,

bei 450 mTorr: $6,6-6,0 = 0,6$ nm/min.

Die Differenz der beiden Effekte beträgt $2,8 - 0,6 = 2,2$ nm/min. Der Effekt der Wechselwirkung ist die Hälfte dieser Differenz, also 1,1 nm/min. Die Wechselwirkung ist somit ein Maß für die Abweichung von der Parallelität der Linien.

Bild 7-4 zeigt rechts eine alternative Darstellung der Wechselwirkung: Auf der x-Achse ist nun die Temperatur aufgetragen. Der Effekt des Drucks beträgt

bei 720 °C: $10,3 - 6,6 = 3,7$ nm/min,

bei 710 °C: $7,5 - 6,0 = 1,5$ nm/min.

Die Differenz der beiden Effekte beträgt $3,7 - 1,5 = 2,2$ nm/min, wie oben.

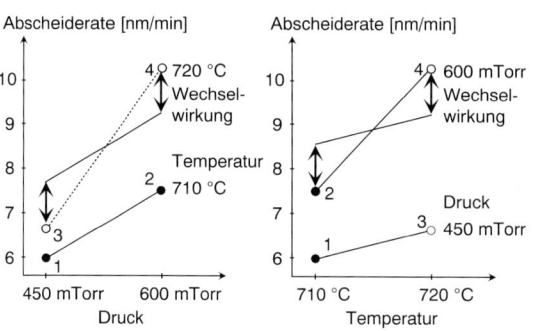

Bild 7-4
Grafische Darstellung der Abscheiderate, vgl. Bild 7-2. Der Effekt der Wechselwirkung zwischen Druck und Temperatur ist die Abweichung der Linien von der Parallelität (Pfeile links oder rechts). .

7.1.2 Auswerteformalismus und Beurteilung der Signifikanz

Die Vorzeichen in den Gleichungen (7.1) und (7.2) zur Berechnung der Effekte von A und B sind identisch zu den Stufen der Faktoren A und B im Versuchsplan von Tabelle 7.1. Die Vorzeichen in Gleichung (7.3) zur Berechnung des Effekts der Wechselwirkung AB sind die Produkte der Vorzeichen von A und B. Aus dieser Beobachtung erhält man einen einfachen Auswerteformalismus (siehe Tabelle 7.2).

Die Signifikanz der Effekte wird wie in Abschnitt 6.3 beurteilt:

Wenn jede Faktorstufenkombination n-mal realisiert wurde und die Standardabweichung für alle Faktorstufenkombinationen gleich ist ($\sigma_1 = \sigma_2 = \sigma_3 = \sigma_4 = \sigma$), dann ist analog zu (6.15)

$$s^2 = \frac{s_1^2 + s_2^2 + s_3^2 + s_4^2}{4} \tag{7.4}$$

ein Schätzwert für die Varianz der Einzelwerte mit Freiheitsgrad

$$f = 4 \cdot (n - 1) = N - 4 \tag{7.5}$$

Jeder Effekt ist die Differenz zweier Mittelwerte von jeweils N/2 Einzelwerten. Daher erhält man wie in (6.14) als Schätzwert für die Standardabweichung eines Effekts

$$s_{\overline{d}} = \sqrt{\frac{4}{N} \cdot s^2} \tag{7.6}$$

Ein Vergleich von (7.5) und (7.6) mit (6.14) und (6.16) zeigt eine große Ähnlichkeit, wenn man den Versuchsumfang N als Vergleichsbasis verwendet. Daher ist in der Versuchsplanung der Versuchsumfang N nützlicher als die Anzahl n der Realisierungen jeder Faktorstufenkombination (der Stichprobenumfang n). Im folgenden wird in Formeln daher immer der Versuchsumfang N verwendet.

Um die Signifikanz der Effekte zu beurteilen, vergleicht man sie wie in Bild 6-17 mit der Breite des 95%-, 99%- und 99,9%-Vertrauensbereichs, d.h. man vergleicht jeden Effekt mit $\pm t \cdot s_{\bar{d}}$.

Beispiel (Fortsetzung)

Die Versuchsergebnisse in Tabelle 7.1 sind Mittelwerte von jeweils n = 4 Realisierungen, die in randomisierter Reihenfolge durchgeführt wurden (vgl. Tabelle 7.3). Tabelle 7.2 zeigt die Ergebnisse in systematischer Reihenfolge (syst. Nr. aus Bild 7-1).

Tabelle 7.2

Formalismus zur Auswertung von Versuchsergebnissen:

Spalten A und B: Versuchsplan gemäß Bild 7-1 für die Faktoren A und B

Spalte AB: Produkt der Vorzeichen in Spalten A und B

Einzelwerte: Ergebnisse der Einzelversuche

$\bar{y}_i$:   Mittelwert der Einzelwerte einer Faktorstufenkombination (Zeile)

s_i^2:   Varianz der Einzelwerte einer Faktorstufenkombination (Zeile)

Zeile „Σ" (Summe):

Spalten A, B, AB: Summe der Spalte $\bar{y}_i$ mit Vorzeichen der jeweiligen Spalte

                     (z.B. in Spalte A: $5,2 = -6,0 + 7,5 - 6,6 + 10,3$)

Spalte s_i^2:   Summe der Varianzen ($2,38 = 0,247 + 1,333 + 0,500 + 0,300$)

Zeile „Effekt":   Summe/(Anzahl der Wertepaare) (hier 2; z.B. $2,6 = 5,2/2$)

s^2:   (Summe der Varianzen)/(Anzahl der Werte) ($0,595 = 2,38/4$)

syst. Nr.	Druck A	Temperatur B	WW AB	Einzelwerte Abscheiderate [nm/min]				$\bar{y}_i$	s_i^2
1	−	−	+	6,1	5,9	5,4	6,6	6,0	0,247
2	+	−	−	6,1	7,7	8,9	7,3	7,5	1,333
3	−	+	−	5,8	6,4	7,5	6,7	6,6	0,500
4	+	+	+	9,7	11,0	10,4	10,1	10,3	0,300
Σ	5,2	3,4	2,2						2,38
Effekt	2,6	1,7	1,1					$s^2 =$	0,595

Beurteilung der Signifikanz der Effekte:

$$s^2 = \frac{0,247 + 1,333 + 0,500 + 0,300}{4} = 0,595 = \text{Mittelwert der Einzelvarianzen}$$

$$s_{\bar{d}} = \sqrt{\frac{4}{16} \cdot 0,595} = 0,3857 = \text{Standardabweichung der Effekte}$$

$f = 16 - 4 = 12 = $ Freiheitsgrad.

Mit Tabelle 6.4 erhält man:

95 %: $t \cdot s_{\overline{d}} = 2{,}179 \cdot 0{,}3857 = 0{,}840$

99 %: $t \cdot s_{\overline{d}} = 3{,}055 \cdot 0{,}3857 = 1{,}178$

99,9 %: $t \cdot s_{\overline{d}} = 4{,}318 \cdot 0{,}3857 = 1{,}665$

Der Vergleich der Breiten der Vertrauensbereiche mit den Effekten zeigt:

Effekt des Drucks   = 2,6   ∗∗∗
Effekt der Temperatur   = 1,7   ∗∗∗
Effekt der Wechselwirkung   = 1,1   ∗   .

Analog zu Bild 6-17 zeigt Bild 7-5 den Vergleich der Effekte mit der Breite der Vertrauensbereiche grafisch. ∗∗∗ bedeutet, dass der Effekt aus dem durchgezogenen 99,9 %-Niveau herausragt. ∗ bedeutet, dass der Effekt zwischen dem gestrichelten 99 % und dem punktierten 95 %-Niveau liegt.

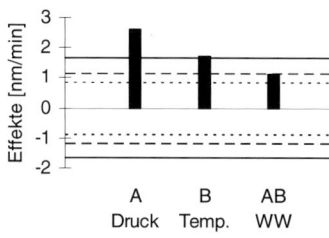

Bild 7-5
Grafische Darstellung des Signifikanztests:
Die Länge der Balken stellt die Effekte dar,
die waagrechten Linien die Breite des 95 %-,
99 %- und 99,9 %-Vertrauensbereichs

7.1.3 Interpretation von Wechselwirkungen

Eine Wechselwirkung zwischen zwei Faktoren (Zwei-Faktor-Wechselwirkung, kurz 2FWW genannt) bedeutet, dass der Effekt des einen Faktors davon abhängt, welchen Wert der andere Faktor hat. Erfahrungsgemäß ist es schwierig, sich eine Wechselwirkung als eigenständige Größe vorzustellen. Daher wird empfohlen, bei der Interpretation von Versuchsergebnissen wie folgt vorzugehen:

• Die Effekte aller Faktoren und Wechselwirkungen werden formal berechnet und auf Signifikanz überprüft.

• Sind nur die Effekte der Faktoren selbst signifikant, so können die Faktoren getrennt betrachtet werden. Zur Auswahl der günstigeren Stufe für jeden (signifikanten) Faktor vergleicht man wie in Bild 7-2 oder 7-3 rechts die Mittelwerte der Versuchsergebnisse von Faktorstufe + und − miteinander (ihre Differenz ist der Effekt).

• Ist der Effekt der Wechselwirkung zwischen zwei Faktoren signifikant, so müssen diese beiden Faktoren immer gemeinsam betrachtet werden. Man berechnet die vier Mittelwerte für die verschiedenen Faktorstufenkombinationen getrennt und wählt die günstigste Kombination aus. Was günstig ist, hängt von der Zielsetzung ab. Mit dem Ergebnis von Bild 7-4 kann man z.B. zu folgenden Ergebnissen gelangen:

- wenn das Ziel ein hoher Wert der Abscheiderate ist, ist die Kombination Temperatur 720 °C und Druck 600 mTorr günstig,
- wenn das Ziel eine geringe Abhängigkeit von der Temperatur ist, ist der Druck 450 mTorr günstig,
- wenn das Ziel eine geringe Abhängigkeit vom Druck ist, ist die Temperatur 710 °C günstig.

Wechselwirkungen sind weit verbreitet. Es ist normal, dass der Effekt eines Faktors davon abhängt, welchen Wert ein anderer Faktor hat. Einige typische Situationen, in denen Wechselwirkungen wichtig sind, sollen dies verdeutlichen:

- Die Lage des Optimums für einen Faktor hängt vom Wert des anderen Faktors ab.

Beispiele

1. In einer Fertigung werden Teile von zwei verschiedenen Lieferanten A und B auf zwei parallelen Anlagen 1 und 2 verarbeitet. Die Teile von Lieferant A lassen sich besser auf Anlage 1, die Teile von Lieferant B besser auf Anlage 2 verarbeiten.
2. Bei der Optimierung der Einstellung einer Belichtungsanlage erhält man gute Ergebnisse bei großer Blende und kurzer Belichtungszeit und bei kleiner Blende und großer Belichtungszeit (d.h. bei mittlerer Lichtmenge).

- Wenn zwei ungünstige Faktorstufen zusammentreffen, treten Probleme auf.

Beispiele

1. In einer Fertigung werden zugelieferte Teile von zwei verschiedenen Lieferanten A und B auf zwei parallelen Anlagen 1 und 2 weiterverarbeitet. Teile von Lieferant A lassen sich nur an Anlage 1 gut verarbeiten, bei Lieferant B ist das Ergebnis unabhängig von der Anlage.
2. In einer Fertigung werden zwei verschiedene Lotpasten eingesetzt. Eine dieser Lotpasten macht Probleme, wenn die Luftfeuchtigkeit hoch ist.

- Zwei Faktoren wirken sich multiplikativ auf die Zielgröße aus.

Beispiel

Beim Setzen von Kleberpunkten mit einer Spritze führt eine bestimmte Vergrößerung des Kanülendurchmessers zu einer Verdoppelung des Punktvolumens, und eine bestimmte Verlängerung der Zeit führt ebenfalls zu einer Verdoppelung. Dann erwartet man bei großem Durchmesser und langer Zeit eine Vervierfachung. Bei kleiner Kanüle führt die Verlängerung zu einer Vergrößerung des Volumens von 1 auf 2, also um 1. Bei großer Kanüle führt die Verlängerung zu einer Vergrößerung des Volumens von 2 auf 4, also um 2.

Manchmal kann man durch eine geeignete Wahl der Faktoren und/oder Zielgrößen vorhersehbare Wechselwirkungen vermeiden. Im obigen Belichtungsbeispiel ist es günstiger, die Lichtmenge als Faktor zu verwenden, im Beispiel Kleberpunkte vermeidet man die Wechselwirkung, wenn man den Logarithmus des Volumens als Zielgröße verwendet. Man kann jedoch nicht davon ausgehen, dass dies immer gelingt. Daher ist es sicherer, Wechselwirkungen mit zu berücksichtigen.

7.1.4 Randomisierung und Blockbildung

In Absatz 3.4.3 und 3.4.4 wurde beschrieben, wie durch Blockbildung und Randomisierung innerhalb der Blöcke eine Verfälschung der Versuchsergebnisse durch einen eventuell vorhandenen Trend oder andere systematische Unterschiede weitestgehend vermieden werden kann. Hier soll die Umsetzung von Blockbildung und Randomisierung am Beispiel von Absatz 7.1.1 gezeigt werden.

Tabelle 7.3
Vollständiger faktorieller 2^2-Versuch mit 4 Realisierungen mit Blockbildung und randomisierter Reihenfolge innerhalb der Blöcke:
Jede Zeile stellt einen Einzelversuch dar.
1. Spalte: Reihenfolge, in der Einzelversuche durchgeführt werden
2. Spalte: Nummer der Faktorstufenkombination in Tabelle 7.1 bzw. 7.2
3. Spalte: Nummer der Realisierung (d.h. Block)
4. und 5. Spalte: Stufen der Faktoren bei jedem Einzelversuch
6. Spalte: Versuchsergebnisse aus Tabelle 7.2
7. Spalte: Postulierte Verfälschung durch einen Trend in den Ergebnissen
8. Spalte: Versuchsergebnisse mit Trend (Summe von 6. und 7. Spalte)

Vers. Nr.	syst. Nr.	Realisierung (Block)	Faktor A	Faktor B	Rate ohne Trend	Trend	Rate mit Trend
1	2	1	+	−	6,1	0,1	6,2
2	3	1	−	+	5,8	0,2	6,0
3	1	1	−	−	6,1	0,3	6,4
4	4	1	+	+	9,7	0,4	10,1
5	4	2	+	+	11,0	0,5	11,5
6	2	2	+	−	7,7	0,6	8,3
7	3	2	−	+	6,4	0,7	7,1
8	1	2	−	−	5,9	0,8	6,7
9	1	3	−	−	5,4	0,9	6,3
10	3	3	−	+	7,5	1,0	8,5
11	2	3	+	−	8,9	1,1	10,0
12	4	3	+	+	10,4	1,2	11,6
13	3	4	−	+	6,7	1,3	8,0
14	1	4	−	−	6,6	1,4	8,0
15	4	4	+	+	10,1	1,5	11,6
16	2	4	+	−	7,3	1,6	8,9

Die vier Faktorstufenkombinationen einer Realisierung bilden jeweils einen Block. Sie werden nacheinander durchgeführt. Randomisierung bedeutet, dass die Reihenfolge der vier Einzelversuche in jeder Realisierung zufällig (und unterschiedlich) ist. So ergibt sich z.B. die in Tabelle 7.3 dargestellte Reihenfolge der Einzelversuche. Um die Wirkung von Blockbildung und Randomisierung zu demonstrieren, wird in Tabelle 7.3 ein Trend unterstellt, der dazu führt, dass sich das Ergebnis von Einzelversuch zu Einzelversuch jeweils um 0,1 erhöht.

Tabelle 7.4
Auswertung der Versuchsergebnisse mit Trend aus Tabelle 7.3 (Bezeichnungen wie in Tabelle 7.2, ohne Korrektur für den Trend)

syst. Nr.	A	B	AB	Einzelwerte Rate [nm/min]				$\bar{y}_i$	s_i^2
1	−	−	+	6,4	6,7	6,3	8,0	6,85	0,617
2	+	−	−	6,2	8,3	10,0	8,9	8,35	2,550
3	−	+	−	6,0	7,1	8,5	8,0	7,40	1,207
4	+	+	+	10,1	11,5	11,6	11,6	11,2	0,540
Σ	5,3	3,4	2,3						4,914
Effekt	2,65	1,7	1,15					$s^2 =$	1,228

Tabelle 7.4 zeigt die Ergebnisse aus Tabelle 7.3 in der systematischen Reihenfolge (wie in Tabelle 7.2). Die Auswertung in Tabelle 7.4 nutzt nur die Randomisierung aus. Die Blockstruktur ist nicht berücksichtigt.

Durch Randomisierung wurde vermieden, dass der Trend die Schätzwerte für die Effekte mehr als zufällig verfälscht. Allerdings hat sich der Schätzwert für die Varianz erhöht, weil die Einzelwerte in Tabelle 7.4 aufgrund des Trends von Spalte zu Spalte zunehmen. Dadurch verändert sich die Signifikanz der Effekte.

Tabelle 7.5
Auswertung der Versuchsergebnisse mit Trend aus Tabelle 7.3 (mit Korrektur für den Trend – von jedem Block [=jeder Spalte] wurde der jeweilige Mittelwert abgezogen)

syst. Nr.	A	B	AB	korrigierte Einzelwerte				$\bar{y}_i$	s_i^2
1	−	−	+	−0,775	−1,7	−2,8	−1,125	−1,6	0,785
2	+	−	−	−0,975	−0,1	0,9	−0,225	−0,1	0,594
3	−	+	−	−1,175	−1,3	−0,6	−1,125	−1,05	0,095
4	+	+	+	2,925	3,1	2,5	2,475	2,75	0,097
Σ	5,3	3,4	2,3						1,571
Effekt	2,65	1,7	1,15					$s^2 =$	0,393

In Tabelle 7.5 wird zusätzlich die Blockbildung ausgenutzt. In jedem Block (= Spalte der Einzelwerte) tritt jede Faktorstufenkombination genau einmal auf. Daher sollten sich die Mittelwerte der Blöcke nur zufällig unterscheiden. Von den Versuchsergebnissen für jeden Block wird daher der Mittelwert dieses Blocks abgezogen, d.h. in Tabelle 7.5 sind von den Spalten der Einzelwerte in Tabelle 7.4 jeweils die Mittelwerte der Spalten (7,175; 8,40; 9,10 und 9,125) abgezogen.

Das Abziehen der Mittelwerte hat keinen Einfluss auf die Effekte, man erhält jedoch eine deutlich reduzierte Streuung, weil Unterschiede zwischen den Blöcken nicht mehr eingehen.

Durch das Abziehen der Blockmittelwerte hat man jedoch nicht nur die systematischen Unterschiede zwischen den Blöcken eliminiert, sondern auch die zufälligen

Unterschiede (in Tabelle 7.2 sind die Mittelwerte der Spalten auch nicht gleich, obwohl es keinen Trend gibt). Dadurch unterschätzt man die Streuung jetzt, und eine Korrektur ist erforderlich. Bei b Blöcken reduziert sich durch das Abziehen der b Blockmittelwerte der Freiheitsgrad f um b−1 (der Gesamtmittelwert geht auch ohne Berücksichtigung der Blöcke nicht in die Rechnung ein) und man erhält statt (7.4) und (7.5):[1]

$$f_{korr} = f - b + 1 \tag{7.7}$$

$$s^2_{korr} = \frac{f}{f_{korr}} \cdot s^2 \tag{7.8}$$

Für Tabelle 7.5 erhält man (b = 4 Blöcke):

$$f_{korr} = f - 4 + 1 = 12 - 3 = 9$$

$$s^2_{korr} = \frac{12}{9} \cdot 0,393 = 0,524$$

Diese korrigierte Varianz unterscheidet sich nur zufällig vom Ergebnis ohne Trend im Anschluss an Tabelle 7.2. Durch Randomisierung konnte vermieden werden, dass der Trend die Effekte verfälscht. Aufgrund der Blockbildung konnte der Unterschied zwischen den Blöcken aus der Zufallsstreuung herausgerechnet werden (vgl. Tabelle 7.5 mit 7.4).

Tabelle 7.3 stellt somit eine ideale Reihenfolge für die Durchführung der Versuche dar. Für diese Reihenfolge müssen die Faktorstufen von Einzelversuch zu Einzelversuch geändert werden. Dies kann zu einem hohen Versuchsaufwand führen.

In der Praxis wird daher häufig der Wunsch geäußert, alle Realisierungen derselben Faktorstufenkombination (mit derselben systematischen Nummer) hintereinander durchzuführen. Dies sollte nur gemacht werden, wenn die Einstellung aller Faktorstufen genau reproduzierbar ist und wenn keine systematische Veränderung der Ergebnisse mit der Zeit (d.h. kein Trend) zu befürchten ist.

Ist die Änderung eines der Faktoren sehr aufwendig, so wird häufig der Wunsch geäußert, zunächst alle Versuche mit einer Stufe dieses Faktors durchzuführen und erst dann alle Versuche mit der anderen Stufe. Dies sollte nur im Extremfall geschehen, da dann ein Trend den Schätzwert für den Effekt dieses Faktors verfälschen kann (vgl. dazu auch Absatz 3.4.5).

Aufgabe

Die Ausbeute einer chemischen Reaktion soll erhöht werden. In einem Brainstorming wurden als vermutlich wichtigste Faktoren die Temperatur und der Druck festgelegt. Momentan ist bei der Anlage eine Temperatur von 100°C und ein Druck von 2 bar eingestellt. Es soll untersucht werden, ob eine Erhöhung der Temperatur auf 120°C

---

[1] Software führt diese Korrekturen durch, ohne dass sich der Anwender darum kümmern muss. Ziel dieser Darstellung ist vor allem, durch eine einfache Rechnung den Hintergrund zu erläutern. Software nutzt zur Darstellung der Ergebnisse häufig Bezeichnungen aus der Varianzanalyse (siehe Kapitel 12), für das Verständnis der Vorgehensweise ist Varianzanalyse jedoch nicht erforderlich.

und/oder eine Erhöhung des Drucks auf 3 bar zu einer Verbesserung der Ausbeute führt.

a) Stellen Sie einen Versuchsplan auf. In welcher Reihenfolge würden Sie die Versuche durchführen, wenn jede Faktorstufenkombination zweimal realisiert werden soll? Diskutieren Sie Vor- und Nachteile verschiedener Alternativen.

b) Bei der Durchführung der Versuche wurden folgende Ausbeuten gemessen. Vervollständigen Sie die Tabelle, und berechnen Sie die Effekte von Temperatur, Druck und Wechselwirkung. Welche Effekte sind signifikant? Welche Faktorstufenkombination werden Sie in Zukunft verwenden?

syst. Nr.	Temperatur	Druck	WW	Einzelausbeute [%]		Mittel $\bar{y}$	Varianz s^2
1	−	−		70,3	69,2	69,75	0,605
2	+	−		64,5	65,0	64,75	0,125
3	−	+		58,0	59,9	58,95	1,805
4	+	+		72,6	71,9		

Lösung

a) Vollständiger faktorieller 2^2-Versuchsplan in systematischer Reihenfolge:

syst. Nr.	Temperatur	Druck
1	100 °C	2 bar
2	120 °C	2 bar
3	100 °C	3 bar
4	120 °C	3 bar

Mögliche Reihenfolgen der Einzelversuche (Auswahl − die Beispiele sollen nur das Prinzip zeigen):

1. Randomisierte Reihenfolge der Einzelversuche mit $n = 2$

Vers. Nr.	syst. Nr.	Block	Temperatur	Druck	Ausbeute
1	2	1	120 °C	2 bar	
2	4	1	120 °C	3 bar	
3	1	1	100 °C	2 bar	
4	3	1	100 °C	3 bar	
5	4	2	120 °C	3 bar	
6	1	2	100 °C	2 bar	
7	3	2	100 °C	3 bar	
8	2	2	120 °C	2 bar	

Vorteile: Wegen Randomisierung keine Verfälschung der Effekte durch Trend.
            Zufallsstreuung wird voll erfasst.
            Unterschied zwischen Blöcken kann erkannt und eliminiert werden.

Nachteil: Häufige Änderung der Stufen, dadurch u.U. hoher Versuchsaufwand.

2. Randomisierte Reihenfolge der Faktorstufenkombinationen

Vers. Nr.	syst. Nr.	Temperatur	Druck	Ausbeute
1	2	120 °C	2 bar	
2	2	120 °C	2 bar	
3	3	100 °C	3 bar	
4	3	100 °C	3 bar	
5	4	120 °C	3 bar	
6	4	120 °C	3 bar	
7	1	100 °C	2 bar	
8	1	100 °C	2 bar	

Vorteile: Wegen Randomisierung keine Verfälschung der Effekte durch Trend   (zumindest bei Versuchen mit mehr Faktoren).
Geringerer Aufwand als bei Randomisierung der Einzelversuche.

Nachteile: Zufallsstreuung durch Ungenauigkeit der Einstellung der Faktorstufen wird
nicht erfasst, Zufallsstreuung daher evtl. unterschätzt.
Trend kann nicht als Unterschied zwischen den Blöcken erkannt und aus
Zufallsstreuung eliminiert werden.

3. Geordnete Reihenfolge der Faktorstufen für den Faktor Temperatur
    (Annahme: Änderung der Temperatur ist sehr aufwendig)

Vers. Nr.	syst. Nr.	Temperatur	Druck	Ausbeute
1	2	120 °C	2 bar	
2	2	120 °C	2 bar	
3	4	120 °C	3 bar	
4	4	120 °C	3 bar	
5	3	100 °C	3 bar	
6	3	100 °C	3 bar	
7	1	100 °C	2 bar	
8	1	100 °C	2 bar	

Vorteil: Geringer Aufwand – die Temperatur muss nur einmal verändert werden.

Nachteile: Zufallsstreuung durch Ungenauigkeit der Einstellung der Faktorstufen wird
nicht erfasst, Zufallsstreuung daher evtl. unterschätzt.
Trend kann Effekt der Temperatur verfälschen.

Anmerkung:
Je nach Problemstellung sind auch andere Reihenfolgen denkbar. Vom statistischen
Standpunkt aus betrachtet ist die 1. Reihenfolge ideal, da sie Blockbildung und Randomisierung berücksichtigt. Jede andere Reihenfolge birgt Risiken der Verfälschung,
diese werden jedoch u.U. zur Reduzierung des Aufwandes bewusst in Kauf genommen.

b)

syst. Nr.	Temperatur	Druck	WW	Einzelwerte [%]		$\bar{y}$	s^2
1	–	–	+	70,3	69,2	69,75	0,605
2	+	–	–	64,5	65,0	64,75	0,125
3	–	+	–	58,0	59,9	58,95	1,805
4	+	+	+	72,6	71,9	72,25	0,245
Σ	8,3	–3,3	18,3				2,780
Effekt	4,15	–1,65	9,15				0,695
Signif.	**	*	***				

$$s_{\bar{d}} = \sqrt{\frac{4}{N} \cdot s^2} = \sqrt{\frac{4}{8} \cdot 0{,}695} = 0{,}59$$

$$f = N - 4 = 8 - 4 = 4 .$$

Mit Tabelle 6.4 erhält man:

95 %: $t \cdot s_{\bar{d}} = 2{,}776 \cdot 0{,}59 = 1{,}64$

99 %: $t \cdot s_{\bar{d}} = 4{,}604 \cdot 0{,}59 = 2{,}71$

99,9 %: $t \cdot s_{\bar{d}} = 8{,}610 \cdot 0{,}59 = 5{,}08$

Da der Effekt der Wechselwirkung AB (hoch-)signifikant ist, müssen die Faktoren A und B gemeinsam betrachtet werden. Die Mittelwerte für die Faktorstufenkombinationen aus obiger Tabelle zeigen, dass die Kombination Temperatur 120 °C mit Druck 3 bar die höchste Ausbeute liefert.

7.2   k Faktoren auf je zwei Stufen

In diesem Abschnitt wird die Erweiterung auf (im Prinzip) beliebig viele Faktoren behandelt.

7.2.1   Versuchsplan

Erweitert man den Versuchsplan in Bild 7-1, so verdoppelt sich mit jedem neuen Faktor die Anzahl der Faktorstufenkombinationen. Für k Faktoren auf 2 Stufen erhält man

$$m = 2^k \text{ Faktorstufenkombinationen} \tag{7.9}$$

Tabelle 7.6 zeigt diese Faktorstufenkombinationen (in der allgemeinen Bezeichnung der Stufen mit + und –). Da alle möglichen Faktorstufenkombinationen enthalten sind, heißt dieser Plan vollständiger faktorieller 2^k-Versuchsplan (oder kurz: 2^k-Plan).

In Bild 7-6 sind die $2^3 = 8$ Faktorstufenkombinationen eines Versuchsplans für drei Faktoren grafisch dargestellt: Sie bilden die Eckpunkte eines Würfels. Mehr als drei Faktoren lassen sich nicht mehr einfach grafisch darstellen, die Kombinationen bilden jedoch immer die Eckpunkte eines k-dimensionalen Würfels.

Tabelle 7.6
Faktorstufenkombinationen vollständiger faktorieller 2^k-Pläne für k Faktoren auf 2 Stufen:
Für jeden zusätzlichen Faktor verdoppelt sich die Anzahl der Kombinationen.

syst. Nr.	Faktor A	Faktor B	Faktor C	Faktor D	...
1	−	−	−	−	−
2	+	−	−	−	−
3	−	+	−	−	−
4	+	+	−	−	−
5	−	−	+	−	−
6	+	−	+	−	−
7	−	+	+	−	−
8	+	+	+	−	−
9	−	−	−	+	−
10	+	−	−	+	−
11	−	+	−	+	−
12	+	+	−	+	−
13	−	−	+	+	−
14	+	−	+	+	−
15	−	+	+	+	−
16	+	+	+	+	−

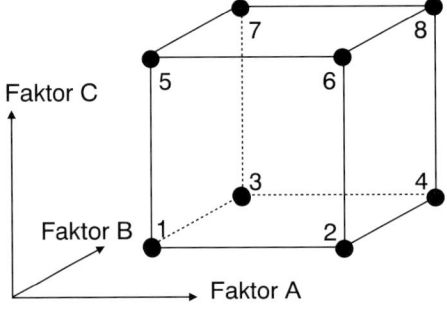

Faktor C

Faktor B

Faktor A

Bild 7-6
Grafische Darstellung der Faktorstufen-
kombinationen eines vollständigen
faktoriellen 2^3-Plans
Hinweis:
Ergänzende Versuche im Zentrum des
Würfels sind sinnvoll und werden in Ab-
schnitt 17.2 behandelt

Beispiel
Siehe Abschnitt 3.4: Das Beispiel aus der chemischen Industrie ist ein vollständiger
faktorieller 2^3-Plan.

7.2.2 Auswertung

Die Auswertung verläuft analog zur Auswertung des 2^2-Plans. Für einen 2^k-Plan
kann man insgesamt 2^k-1 Effekte berechnen (und zusätzlich den Gesamtmittelwert der Daten). Tabelle 7.7 zeigt die $2^3-1 = 8-1 = 7$ Effekte und ihre Vorzeichenspalten im Beispiel 2^3. Die Vorzeichenspalten für die drei Faktoren A, B und C

ergeben sich direkt aus dem Versuchsplan. Die Vorzeichenspalten der Wechselwirkungen ergeben sich als Produkte der Vorzeichenspalten der beteiligten Faktoren, also

$$\text{z.B. } AB = A \cdot B \text{ und } ABC = A \cdot B \cdot C \tag{7.10}$$

Es gibt drei Zwei-Faktor-Wechselwirkungen (2FWW) AB, AC und BC und eine
Drei-Faktor-Wechselwirkung (3FWW) ABC.

Tabelle 7.7
Vorzeichenspalten für die
Berechnung der Effekte der drei
Faktoren (A, B und C), der drei
2FWW (AB, AC und BC) und der
einen 3FWW (ABC)

syst. Nr.	A	B	C	AB	AC	BC	ABC
1	−	−	−	+	+	+	−
2	+	−	−	−	−	+	+
3	−	+	−	−	+	−	+
4	+	+	−	+	−	−	−
5	−	−	+	+	−	−	+
6	+	−	+	−	+	−	−
7	−	+	+	−	−	+	−
8	+	+	+	+	+	+	+

Die Effekte erhält man, indem man die (Mittelwerte der) Versuchsergebnisse mit
den jeweiligen Vorzeichenspalten multipliziert und dann addiert. Das Ergebnis
wird durch die Anzahl Paare dividiert. Bei 3 Faktoren (mit m = 8 Faktorstufenkombinationen) dividiert man also durch 4, allgemein durch m/2.

$$\text{Effekt} = \frac{2}{m} \cdot \sum_{i=1}^{m} (\text{Vorzeichen} \cdot \overline{y}_i) \tag{7.11}$$

Der Mittelwert der Varianzen innerhalb der Faktorstufenkombinationen ist ein
Schätzwert für die Varianz.

$$s^2 = \frac{1}{m} \cdot \sum_{i=1}^{m} s_i^2 \tag{7.12}$$

Die Standardabweichung des Effekts ist

$$s_{\overline{d}} = \sqrt{\frac{4}{N} \cdot s^2} \tag{7.13}$$

Der Freiheitsgrad ist (Gesamtzahl der Einzelversuche) − (Anzahl Faktorstufenkombinationen), also

$$f = N - m \tag{7.14}$$

Um die Signifikanz der Effekte zu beurteilen, vergleicht man sie wie in Bild 6-17
bzw. 7-5 mit der Breite der 95%-, 99%- und 99,9%-Vertrauensbereiche, d.h. man
vergleicht jeden Effekt mit $\pm t \cdot s_{\overline{d}}$.

Beispiel

Siehe Abschnitt 3.4 – Beispiel aus der chemischen Industrie.

Ergänzend zu Abschnitt 3.4 wird hier gezeigt, wie die Effekte mit (7.11) berechnet und ihre Signifikanz mit (7.12) bis (7.14) beurteilt werden können.

Faktoren und Stufen:

Faktor A　　　Temperatur　　　$- = 120\,°C$　　$+ = 140\,°C$
Faktor B　　　Zeit　　　　　　$- = 2\,h$　　　　$+ = 4\,h$
Faktor C　　　Katalysator　　$- = 0{,}1\,\%$　　$+ = 0{,}5\,\%$

Durch Umkodierung der Stufen und Einfügen der Vorzeichenspalten der Wechselwirkungen erhält man aus Tabelle 3.4 die Tabelle 7.8.

Tabelle 7.8
Tabelle zur Berechnung der Effekte der Faktoren und Wechselwirkungen

syst. Nr.	Temp. A	Zeit B	Kat. C	AB	AC	BC	ABC	Einzelergebnisse [%]		$\overline{y}_i$	s_i^2
1	–	–	–	+	+	+	–	52,8	54,1	53,45	0,845
2	+	–	–	–	–	+	+	61,5	61,8	61,65	0,045
3	–	+	–	–	+	–	+	56,7	55,2	55,95	1,125
4	+	+	–	+	–	–	–	67,9	70,2	69,05	2,645
5	–	–	+	+	–	–	+	53,6	54,1	53,85	0,125
6	+	–	+	–	+	–	–	62,2	62,9	62,55	0,245
7	–	+	+	–	–	+	–	56,5	54,6	55,55	1,805
8	+	+	+	+	+	+	+	68,5	67,2	67,85	0,845
Σ	42,3	16,9	–0,3	8,5	–0,3	–2,9	–1,3				7,680
Eff.	10,575	4,225	–0,075	2,125	–0,075	–0,725	–0,325				0,960
Sig.	∗∗∗	∗∗∗	–	∗∗	–	–	–				

Die Zeile „Σ" jeder Effektspalte in Tabelle 7.8 gibt die Summe der Mittelwerte $\overline{y}_i$, multipliziert mit den Vorzeichen der entsprechenden Spalte. Schätzwerte für die Effekte „Eff." erhält man, indem man Σ durch m/2 dividiert, hier 4.

Der Mittelwert der Varianzen aller Zeilen ist ein Schätzwert für die Varianz der Zufallsstreuung s^2 der Einzelwerte. In diesem Beispiel erhält man

$$s^2 = \frac{1}{8} \cdot \sum_{i=1}^{8} s_i^2 = \frac{7{,}68}{8} = 0{,}96 \quad \text{(letzte Spalte)}$$

$$s_{\overline{d}} = \sqrt{\frac{4}{N} \cdot s^2} = \sqrt{\frac{4}{16} \cdot 0{,}96} \approx 0{,}49$$

$$f = N - 8 = 16 - 8 = 8$$

Mit Tabelle 6.4 erhält man:

95 %:　　　$t \cdot s_{\overline{d}} = 2{,}306 \cdot 0{,}49 = 1{,}13$

99 %:　　　$t \cdot s_{\overline{d}} = 3{,}355 \cdot 0{,}49 = 1{,}64$

99,9 %:　　$t \cdot s_{\overline{d}} = 5{,}041 \cdot 0{,}49 = 2{,}47$

Der Vergleich der Breiten der Vertrauensbereiche mit den Effekten ergibt die Beurteilung in der letzten Zeile von Tabelle 7.8. Bild 7-7 stellt die Effekte im Vergleich zur Breite des 95%-, 99%- und 99,9%-Vertrauensbereichs grafisch dar. Die Effekte der Temperatur (A), der Zeit (B) und der Wechselwirkung zwischen Temperatur und Zeit (AB) sind signifikant, der Effekt des Katalysators und der Wechselwirkungen zwischen Katalysator und Temperatur bzw. Zeit sind nicht signifikant.

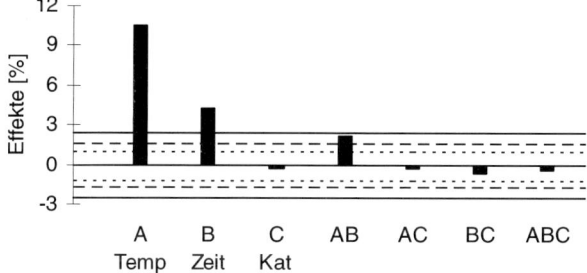

Bild 7-7
Effekte verglichen mit der Breite der Vertrauensbereiche (waagrechte Linien)

Da die Wechselwirkung AB signifikant ist, müssen die Faktoren A und B gemeinsam betrachtet werden. Die Mittelwerte der Faktorstufenkombinationen sind:

Temperatur	Zeit	Mittelwert Ausbeute	
120 °C	2 h	$\dfrac{53,45 + 53,85}{2}$	$= 53,65\ \%$
140 °C	2 h	$\dfrac{61,65 + 62,55}{2}$	$= 62,10\ \%$
120 °C	4 h	$\dfrac{55,95 + 55,55}{2}$	$= 55,75\ \%$
140 °C	4 h	$\dfrac{69,05 + 67,85}{2}$	$= 68,45\ \%$

Bild 3-2 zeigt diese Mittelwerte der vier Faktorstufenkombinationen grafisch. Die Abweichung von der Parallelität ist Ausdruck der 2FWW zwischen Temperatur und Zeit. Interpretation und Konsequenzen aus den Ergebnissen wurden in Kapitel 3 behandelt.

Für jede signifikante Zwei-Faktor-Wechselwirkung (2FWW) betrachtet man die Mittelwerte der vier Faktorstufenkombinationen für das betroffene Faktorenpaar (siehe oben).

Sollte eine Drei-Faktor-Wechselwirkung (3FWW) signifikant sein, so bedeutet dies, dass der Effekt eines Faktors davon abhängt, welche Faktorstufenkombination der beiden anderen gerade betrachtet wird. Die drei Faktoren müssen gemeinsam behandelt werden. Dazu betrachtet man die Mittelwerte an allen acht Faktorstufenkombinationen (d.h. an allen acht Würfelecken in Bild 7-6).

3FWW sind nur selten von praktischer Bedeutung in dem Sinne, dass sie die Schlussfolgerungen aus einem Versuch wirklich verändern.

Aufgabe (Gewinderollen)

Durch Anpressen von geeigneten Werkzeugen auf einen sich drehenden, runden Rohling werden Gewinde gerollt. Ziel ist es, möglichst reproduzierbar eine Gewindetiefe von 4,3 mm zu erhalten. Dazu werden Rollversuche mit zwei verschiedenen Werkzeugformen (1 und 2) und zwei verschiedenen Anpressdrücken (60 und 90 bar) durchgeführt. Um den Einfluss des Ausgangsmaterials abzuschätzen, werden Rohlinge aus zwei verschiedenen Lieferchargen α und β verwendet. Für jede der acht Faktorstufenkombinationen werden drei Gewinde gerollt. Die Höhe der Gewinde wird gemessen. Umsortiert in die systematische Reihenfolge erhält man folgende Ergebnisse:

syst. Nr.	Material A	Druck B	Werkzeug C	Einzelergebnisse [mm]			$\bar{y}_i$	s_i^2
1	α	60 bar	1	4,12	4,21	4,21	4,18	0,0027
2	β	60 bar	1	4,17	4,03	4,10	4,10	0,0049
3	α	90 bar	1	4,28	4,30	4,32	4,30	0,0004
4	β	90 bar	1	4,31	4,32	4,30	4,31	0,0001
5	α	60 bar	2	4,26	4,31	4,33	4,30	0,0013
6	β	60 bar	2	4,23	4,19	4,21	4,21	0,0004
7	α	90 bar	2	4,42	4,39	4,42	4,41	0,0003
8	β	90 bar	2	4,46	4,43	4,40	4,43	0,0009

Berechnen Sie die Effekte aller Faktoren und Wechselwirkungen, und beurteilen Sie ihre Signifikanz. Stellen Sie die 2FWW AB grafisch dar. Welchen Druck und welches Werkzeug würden Sie aufgrund dieser Ergebnisse verwenden? Warum?

Lösung

syst. Nr.	Material A	Druck B	Werkzeug C	AB	AC	BC	ABC	$\bar{y}_i$	s_i^2
1	–	–	–	+	+	+	–	4,18	0,0027
2	+	–	–	–	–	+	+	4,10	0,0049
3	–	+	–	–	+	–	+	4,30	0,0004
4	+	+	–	+	–	–	–	4,31	0,0001
5	–	–	+	+	–	–	+	4,30	0,0013
6	+	–	+	–	+	–	–	4,21	0,0004
7	–	+	+	–	–	+	–	4,41	0,0003
8	+	+	+	+	+	+	+	4,43	0,0009
Σ	–0,14	0,66	0,46	0,20	0,00	0,00	0,02		0,0110
Eff.	–0,035	0,165	0,115	0,050	0,000	0,000	0,005		0,001375
Sig.	*	***	***	**	–	–	–		

$$s_{\bar{d}} = \sqrt{\frac{4}{N} \cdot s^2} = \sqrt{\frac{4}{24} \cdot 0,001375} = \sqrt{0,0002292} = 0,01514$$

$$f = N - 8 = 24 - 8 = 16$$

Mit Tabelle 6.4 erhält man (Interpolation):

95 %: $t \cdot s_{\overline{d}} = 2{,}12 \cdot 0{,}01514 = 0{,}032$

99 %: $t \cdot s_{\overline{d}} = 2{,}92 \cdot 0{,}01514 = 0{,}044$

99,9 %: $t \cdot s_{\overline{d}} = 4{,}02 \cdot 0{,}01514 = 0{,}061$

Da die Wechselwirkung AB signifikant ist, müssen diese beiden Faktoren gemeinsam betrachtet werden. Die Mittelwerte für die Faktorstufenkombinationen sind:

Material	Druck	Mittelwert Gewindetiefe
α	60 bar	$\dfrac{4{,}18 + 4{,}30}{2} = 4{,}240$ mm
β	60 bar	$\dfrac{4{,}10 + 4{,}21}{2} = 4{,}155$ mm
α	90 bar	$\dfrac{4{,}30 + 4{,}41}{2} = 4{,}355$ mm
β	90 bar	$\dfrac{4{,}31 + 4{,}43}{2} = 4{,}370$ mm

Bei niedrigem Druck gibt es wesentliche Unterschiede zwischen den Materialien, bei hohem Druck ist die Gewindetiefe kaum vom Material abhängig. Dieses Ergebnis ist plausibel. Der niedrige Druck reicht nicht aus, um das Werkzeugprofil vollständig auf den Rohling zu übertragen. Je nach Härte des Rohlings erhält man bei geringem Druck unterschiedliche Gewindetiefen. Der hohe Druck (90 bar) reduziert die Abhängigkeit vom Material und ist daher besser geeignet.

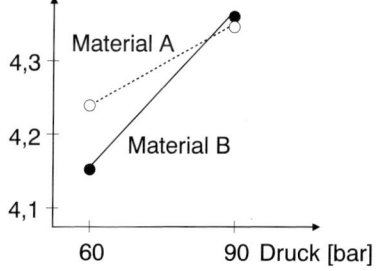

Mittelwerte der Gewindetiefe für die vier Faktorstufenkombinationen von Material und Druck:
Die Abweichung von der Parallelität ist Ausdruck der Zwei-Faktor-Wechselwirkung zwischen Material und Druck.

Das Werkzeug hat einen signifikanten Einfluss auf die Gewindetiefe. Um das günstigere Werkzeug auszuwählen, betrachtet man die Gewindetiefe beim besseren Druck von 90 bar. Man erhält folgende Mittelwerte:

Werkzeug 1: $\dfrac{4{,}30 + 4{,}31}{2} = 4{,}305$ mm

Werkzeug 2: $\dfrac{4{,}41 + 4{,}43}{2} = 4{,}420$ mm

Das Werkzeug 1 ist günstiger, weil die Gewindetiefe damit näher am Zielwert von 4,3 mm liegt.

7.2.3 Versuchsumfang

Jeder Effekt ist die Differenz der Mittelwerte von jeweils N/2 Werten. Daher ist der erforderliche Versuchsumfang N (= Gesamtzahl der Einzelversuche) in erster Näherung unabhängig von der Anzahl der Faktoren, und (6.17) bleibt (näherungsweise) gültig. Da die Anzahl der Faktorstufenkombinationen $m = 2^k$ beträgt, nimmt die Anzahl der Realisierungen n ab, da

$$N = n \cdot m = 60 \cdot \left(\frac{\sigma}{\Delta\mu}\right)^2 \tag{7.15}$$

Bei Einsatz der faktoriellen Versuchspläne können mehr Faktoren gleichzeitig untersucht werden, (fast) ohne Zunahme des Versuchsumfangs.

Aufgabe

Ein Versuch zur Ausbeuteoptimierung einer chemischen Reaktion soll geplant werden. Aus Erfahrung ist bekannt, dass die Ausbeute aufgrund von Zufallseinflüssen mit einer Standardabweichung von etwa 2 % streut. Tatsächliche Unterschiede von 2 % sind technologisch relevant und sollen mit hoher Wahrscheinlichkeit erkannt werden, falls sie existieren.

Bestimmen Sie den Versuchsumfang N und die Anzahl Realisierungen n jeder Faktorstufenkombination, wenn der Einfluss von k = 1, 2, 3, 4 bzw. 5 Faktoren mit je zwei Stufen auf die Ausbeute untersucht werden soll.

Überlegen Sie, was der Versuchsumfang bei 6 und mehr Faktoren sein könnte. Welche neuen Aspekte / Probleme ergeben sich?

Lösung

$$\frac{\sigma}{\Delta\mu} = \frac{2\%}{2\%} = 1$$

Aus (7.15) erhält man $N = n \cdot m = 60$ und damit für

a) k = 1: $m = 2^1 = 2$, für die Anzahl n der Realisierungen jeder Faktorstufenkombination (Stichprobenumfang) erhält man daher n = 30

b) k = 2: $m = 2^2 = 4$, daher n = 15

c) k = 3: $m = 2^3 = 8$, daher n = 8 (aufgerundet von 7,5)

d) k = 4: $m = 2^4 = 16$, daher n = 4

e) k = 5: $m = 2^5 = 32$, daher n = 2

D.h. die Gesamtzahl der Versuche N ist (fast) unabhängig von der Anzahl der Faktoren. Durch die systematische Anordnung der Faktorstufenkombinationen in der Versuchsplanung erhält man mehr Information ohne zusätzlichen Aufwand.

Solange n ≥ 2 ist, nimmt die erforderliche Gesamtzahl der Versuche nicht wesentlich zu (mit zunehmender Anzahl Faktoren k nimmt die Anzahl der Faktorstufenkombinationen zu, der Freiheitsgrad f nimmt daher ab, der Unterschied im t-Wert ist aber relativ klein).

Bei sechs Faktoren (k = 6) erhält man mit m = 64 nur n = 1. Die hier behandelten Auswertungsverfahren versagen. Folgende Möglichkeiten bestehen:

- der Versuchsumfang wird auf N = 128 erhöht
- die Varianz s^2 ist bereits vorher bekannt oder wird durch mehrmalige Realisierung einzelner Faktorstufenkombinationen getrennt ermittelt
- die Varianz s^2 wird durch „Pooling zufälliger Effekte" geschätzt (Abschnitt 7.3)
- nicht alle 2^k Faktorstufenkombinationen werden untersucht (Kapitel 8).

Ähnliches gilt bei sieben und mehr Faktoren.

7.3   Auswertung von Versuchsplänen mit n = 1

Bei Versuchsplänen mit nur einer Realisierung n = 1 kann man die Varianz s^2 nicht aus der Streuung zwischen Wiederholungen abschätzen. Statt dessen verwendet man „zufällige Effekte" zur Schätzung der Varianz.

Vollständige faktorielle Versuchspläne mit n = 1 lassen sich meist relativ gut auswerten, wenn die Anzahl der Faktoren k ≥ 5 ist (d.h. die Anzahl der Faktorstufenkombinationen   m ≥ 32). Bei k = 4 oder gar k = 3 ist die hier beschriebene Auswertung häufig problematisch und subjektiv.

7.3.1   Wahrscheinlichkeitsdarstellung der Effekte

Wenn alle Effekte in Wirklichkeit 0 sind, so sind die aus Versuchsergebnissen berechneten Effekte aufgrund von zufälligen Unterschieden normalverteilt. Dies kann man nutzen, um zwischen nur zufällig von 0 abweichenden Effekten und wahren Effekten zu unterscheiden.

Wie im Abschnitt 7.2 berechnet man zunächst die Effekte für alle Faktoren und Wechselwirkungen. Diese Effekte werden ins Wahrscheinlichkeitsnetz wie z.B. in Bild 6-11 eingetragen.

Die meisten Effekte sind nahe 0 und liegen näherungsweise auf einer Geraden. Diese Effekte kann man zur Schätzung der Zufallsstreuung verwenden. „Ausreißer" wie in Bild 6-12 sind Effekte, deren Absolutwert deutlich größer ist, als aufgrund der Zufallsstreuung erwartet – sie sind die vermuteten wahren Effekte. Positive Effekte sind Ausreißer nach oben, negative Effekte nach unten.

Beispiel

Ausbeute einer Halbleiterfertigung (C.D. Montgomery, IBM Schulungsunterlagen von G. Schuster-Kreuzer, nach [5]).

Zielgröße: Ausbeute (linear transformierte Werte)

Faktoren (Parameter eines Phototechnikschrittes und anschließender Ätzung):

A	Blende	1	2	
B	Belichtungszeit	−20	+20	%
C	Entwicklungszeit	30	45	sec
D	Masken-Dimension	1	2	
E	Ätzzeit	14,5	15,5	min.

Tabelle 7.9
Versuchsplan und Ergebnisse eines vollständigen faktoriellen 2^5-Versuchs mit $n = 1$ (umsortiert in die systematische Reihenfolge)

syst. Nr.	Blende A	Belichtungszeit B	Entwicklungszeit C	Maske D	Ätzzeit E	Ausbeute
1	1	– 20 %	30 sec	1	14,5 min	7
2	2	– 20 %	30 sec	1	14,5 min	9
3	1	+ 20 %	30 sec	1	14,5 min	34
4	2	+ 20 %	30 sec	1	14,5 min	55
5	1	– 20 %	45 sec	1	14,5 min	16
6	2	– 20 %	45 sec	1	14,5 min	20
7	1	+ 20 %	45 sec	1	14,5 min	40
8	2	+ 20 %	45 sec	1	14,5 min	60
9	1	– 20 %	30 sec	2	14,5 min	8
10	2	– 20 %	30 sec	2	14,5 min	10
11	1	+ 20 %	30 sec	2	14,5 min	32
12	2	+ 20 %	30 sec	2	14,5 min	50
13	1	– 20 %	45 sec	2	14,5 min	18
14	2	– 20 %	45 sec	2	14,5 min	21
15	1	+ 20 %	45 sec	2	14,5 min	44
16	2	+ 20 %	45 sec	2	14,5 min	61
17	1	– 20 %	30 sec	1	15,5 min	8
18	2	– 20 %	30 sec	1	15,5 min	12
19	1	+ 20 %	30 sec	1	15,5 min	35
20	2	+ 20 %	30 sec	1	15,5 min	52
21	1	– 20 %	45 sec	1	15,5 min	15
22	2	– 20 %	45 sec	1	15,5 min	22
23	1	+ 20 %	45 sec	1	15,5 min	45
24	2	+ 20 %	45 sec	1	15,5 min	65
25	1	– 20 %	30 sec	2	15,5 min	6
26	2	– 20 %	30 sec	2	15,5 min	10
27	1	+ 20 %	30 sec	2	15,5 min	30
28	2	+ 20 %	30 sec	2	15,5 min	53
29	1	– 20 %	45 sec	2	15,5 min	15
30	2	– 20 %	45 sec	2	15,5 min	20
31	1	+ 20 %	45 sec	2	15,5 min	41
32	2	+ 20 %	45 sec	2	15,5 min	63

Gemäß (7.11) werden Summen und Effekte mit Hilfe der Vorzeichenspalten für die Faktoren und Wechselwirkungen berechnet. Tabelle 7.10 zeigt eine Auswahl.

Tabelle 7.10
Auswahl aus den insgesamt 31 Vorzeichenspalten und Summen

Nr.	A	B	C	D	E	AB	AC	AD	...	ABC	ABD	...	ABCD	...	Ausbeute
1	−	−	−	−	−	+	+	+		−	−		+		7
2	+	−	−	−	−	−	−	−		+	+		−		9
3	−	+	−	−	−	−	+	+		+	+		−		34
4	+	+	−	−	−	+	−	−		−	−		+		55
5	−	−	+	−	−	+	−	+		+	−		−		16
6	+	−	+	−	−	−	+	−		−	+		+		20
7	−	+	+	−	−	−	−	+		−	+		+		40
8	+	+	+	−	−	+	+	−		+	−		−		60
9	−	−	−	+	−	+	+	−		−	+		−		8
10	+	−	−	+	−	−	−	+		+	−		+		10
11	−	+	−	+	−	−	+	−		+	−		+		32
12	+	+	−	+	−	+	−	+		−	+		−		50
13	−	−	+	+	−	+	−	−		+	+		+		18
14	+	−	+	+	−	−	+	+		−	−		−		21
15	−	+	+	+	−	−	−	−		−	−		−		44
16	+	+	+	+	−	+	+	+		+	+		+		61
17	−	−	−	−	+	+	+	+		−	−		+		8
18	+	−	−	−	+	−	−	−		+	+		−		12
19	−	+	−	−	+	−	+	+		+	+		−		35
20	+	+	−	−	+	+	−	−		−	−		+		52
21	−	−	+	−	+	+	−	+		+	−		−		15
22	+	−	+	−	+	−	+	−		−	+		+		22
23	−	+	+	−	+	−	−	+		−	+		+		45
24	+	+	+	−	+	+	+	−		+	−		−		65
25	−	−	−	+	+	+	+	−		−	+		−		6
26	+	−	−	+	+	−	−	+		+	−		+		10
27	−	+	−	+	+	−	+	−		+	−		+		30
28	+	+	−	+	+	+	−	+		−	+		−		53
29	−	−	+	+	+	+	−	−		+	+		+		15
30	+	−	+	+	+	−	+	+		−	−		−		20
31	−	+	+	+	+	−	−	−		−	−		−		41
32	+	+	+	+	+	+	+	+		+	+		+		63
Σ	189	543	155	−13	7	127	7	−1		−7	5		−1		

Die Anzahl der Faktorstufenkombinationen beträgt m = 32. Daher gilt:

    Effekt = $\Sigma / 16$.

Tabelle 7.11 zeigt alle 31 Summen und die daraus berechneten Effekte. In der Spalte „Nr. i" sind die Effekte der Größe nach nummeriert.

Tabelle 7.11
Alle 31 Summen, die daraus berechneten Effekte (=Σ/16) und Nummer i in nach der
Größe geordneter Reihenfolge. Die vier „Ausreißer" in Bild 7-8 sind fett markiert.

	Σ	Effekt	Nr. i
A	189	**11,81**	30
B	543	**33,94**	31
C	155	**9,69**	29
D	−13	−0,81	3
E	7	0,44	19
AB	127	**7,94**	28
AC	7	0,44	20
AD	−1	−0,06	11
AE	15	0,94	25
BC	1	0,06	13
BD	−11	−0,69	5
BE	9	0,56	22
CD	13	0,81	23
CE	5	0,31	16
DE	−19	−1,19	1
ABC	−7	−0,44	6

	Σ	Effekt	Nr. i
ABD	5	0,31	17
ABE	−3	−0,19	9
ACD	−7	−0,44	7
ACE	5	0,31	18
ADE	13	0,81	24
BCD	7	0,44	21
BCE	15	0,94	26
BDE	3	0,19	14
CDE	−13	−0,81	4
ABCD	−1	−0,06	12
ABCE	3	0,19	15
ABDE	15	0,94	27
ACDE	−5	−0,31	8
BCDE	−15	−0,94	2
ABCDE	−3	−0,19	10

Um zwischen wahren und nur zufälligen Effekten zu unterscheiden, trägt man die Effekte wie in Bild 6-11 ins Wahrscheinlichkeitsnetz ein, wobei sich der Prozentwert wie
in (6.4) aus der Ordnungsnummer i ergibt. Bild 7-8 zeigt das Ergebnis.

Die meisten Effekte sind nahe 0 und liegen näherungsweise auf einer Geraden. Diese
Effekte kann man als zufällig betrachten. Einige wenige Effekte an den Extremen o-
ben oder unten (hier A, B, C und AB alle oben) liegen deutlich von dieser Geraden
entfernt (bei der Auftragung von Messwerten würde man sie als Ausreißer betrachten). Diese „Ausreißer" sind die vermuteten wahren Effekte.

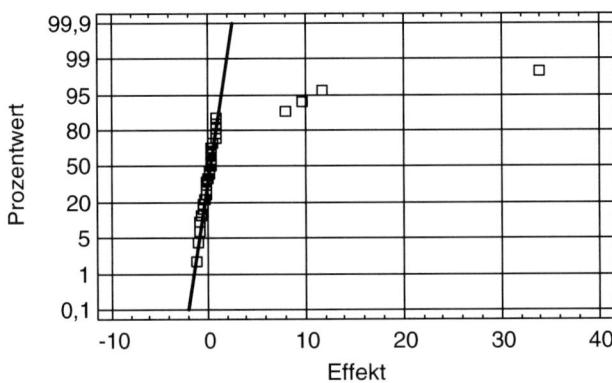

Bild 7-8
Auftragung der Effekte
im Wahrscheinlichkeits-
netz

7.3.2 Schätzung der Zufallsstreuung durch „Pooling"

Zur Überprüfung der Signifikanz einzelner Effekte benötigt man ihre Zufallsstreuung. Einen Schätzwert erhält man aus den (vermutlich) zufälligen Effekten – sie liegen auf der Geraden in Bild 7-8. Der Freiheitsgrad f ist die Anzahl dieser Effekte.

$$\text{Varianz } s_d^2 = \frac{1}{\text{Anzahl}} \cdot \sum_{\text{zufällige Effekte}} (\text{Effekte})^2 \qquad\qquad (7.16)$$

$$\text{Freiheitsgrad f = Anzahl zufällige Effekte} \qquad\qquad (7.17)$$

Diese Zusammenfassung zufälliger Effekte zu einer Schätzung der Zufallsstreuung wird als „Pooling" bezeichnet. Eine gewisse Subjektivität bei der Entscheidung darüber, welche Effekte gepoolt werden sollen, ist dabei unvermeidlich. Sie ist jedoch um so weniger kritisch, je größer die Anzahl untersuchter Faktorstufenkombinationen ist. Als Entscheidungshilfen können folgende Kriterien verwendet werden:

- Effekte liegen im Wahrscheinlichkeitsnetz auf einer Geraden
- es handelt sich um Wechselwirkungen vieler Faktoren.

Beispiel (Fortsetzung)

Wendet man diese Kriterien auf das Beispiel zur Ausbeute einer Halbleiterfertigung an, so kann man z.B. entscheiden, dass in Tabelle 7.11 alle 2FWW außer AB und alle 3FWW, 4FWW und 5FWW gepoolt werden sollen. Dann erhält man:

$$s_d^2 = \frac{1}{9+10+5+1} \cdot \left(0{,}44^2 + (-0{,}06)^2 + 0{,}94^2 + 0{,}06^2 + \ldots + (-0{,}19)^2\right) = 0{,}36$$

$$s_{\overline{d}} = \sqrt{0{,}36} = 0{,}60$$

$$f = 9+10+5+1 = 25 \, .$$

Mit Tabelle 6.4 erhält man (Interpolation):

95 %:	$t \cdot s_{\overline{d}} = 2{,}06 \cdot 0{,}60 = 1{,}24$	
99 %:	$t \cdot s_{\overline{d}} = 2{,}79 \cdot 0{,}60 = 1{,}67$	
99,9 %:	$t \cdot s_{\overline{d}} = 3{,}72 \cdot 0{,}60 = 2{,}23 \, .$	

Der Vergleich der Breiten der Vertrauensbereiche mit den Effekten zeigt:

Effekt der Blende (A)	= 11,81	***
Effekt der Belichtungszeit (B)	= 33,94	***
Effekt der Entwicklungszeit (C)	= 9,69	***
Effekt der Maske (D)	= −0,81	–
Effekt der Ätzzeit (E)	= 0,44	–
Effekt der Wechselwirkung AB	= 7,94	*** .

Die Signifikanz der Wechselwirkung AB bedeutet, dass die Faktoren Blende (A) und Belichtungszeit (B) gemeinsam betrachtet werden müssen. Bild 7-9 zeigt den Effekt der Wechselwirkung AB und des Faktors C grafisch. Jeder Punkt in der Darstellung der Wechselwirkung AB ist der Mittelwert der jeweils 8 Ausbeuten für die betrachtete Kombination von Blende und Belichtungszeit.

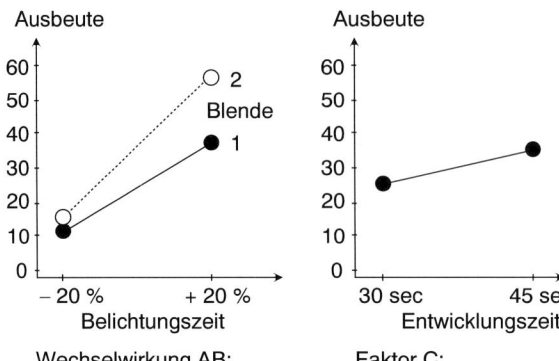

Bild 7-9
Grafische Darstellung der signifikanten Effekte:
2FWW AB und Faktor C.

Wechselwirkung AB: Faktor C:
Blende – Belichtungszeit   Entwicklungszeit

Praktische Konsequenzen aus den Ergebnissen

Eine möglichst hohe Ausbeute erreicht man mit der Faktorstufenkombination:
Blende: 2
Belichtungszeit: + 20 %
Entwicklungszeit: 45 sec.

Maske und Ätzzeit haben keinen signifikanten Einfluss auf die Ausbeute und können zur Optimierung anderer Zielgrößen verwendet werden.

Aufgabe

Wiederholen Sie die Rechnung, indem Sie nur die zehn 3FWW, fünf 4FWW und die eine 5FWW poolen. Vergleichen Sie mit den obigen Ergebnissen.

Lösung

$$s_{\overline{d}}^2 = \frac{1}{10+5+1} \cdot \left((-0,44)^2 + 0,31^2 + (-0,19)^2 + (-0,44)^2 + \ldots + (-0,19)^2 \right) = 0,31$$

$$s_{\overline{d}} = \sqrt{0,31} = 0,56$$

$$f = 10 + 5 + 1 = 16.$$

Mit Tabelle 6.4 erhält man (Interpolation):

95%: $t \cdot s_{\overline{d}} = 2,12 \cdot 0,56 = 1,19$

99%: $t \cdot s_{\overline{d}} = 2,92 \cdot 0,56 = 1,64$

99,9%: $t \cdot s_{\overline{d}} = 4,02 \cdot 0,56 = 2,25$

Die Bewertung bleibt unverändert.

7.3.3 Risiken

Bei Versuchen mit nur einer Realisierung $n = 1$ muss die Zufallsstreuung wie gezeigt durch Pooling ermittelt werden. Welche Effekte dabei gepoolt werden, ist zu einem gewissen Grad subjektiv. Streng genommen verwendet man für die Auswertung bereits das (vermutete) Ergebnis.

Die Darstellung im Wahrscheinlichkeitsnetz bietet eine Entscheidungshilfe[1]. Sie ist um so besser, je mehr Effekte eingetragen werden können, d.h. je mehr Faktorstufenkombinationen untersucht wurden.

Die Zufallsstreuung wird dann aus den vermutlich zufälligen Effekten geschätzt. Wird ein Effekt fälschlicherweise zur Zufallsstreuung gerechnet, so wirkt sich dies relativ um so weniger aus, je mehr Effekte insgesamt vorhanden sind.

Beides zusammen bewirkt, dass Versuchspläne mit $n = 1$ um so besser ausgewertet werden können, je mehr Faktorstufenkombinationen der Versuchsplan enthält.

Ein vollständiger faktorieller 2^5-Versuchsplan enthält 32 Faktorstufenkombinationen. Dies ist meist unkritisch (vgl. Beispiel). Bei wesentlich weniger Faktorstufenkombinationen führt die Darstellung der Effekte im Wahrscheinlichkeitsnetz häufig nicht zu eindeutigen Entscheidungen. Außerdem ist der Aufwand für die Wiederholung der Faktorstufenkombinationen relativ klein.

Daher wird empfohlen, bei Versuchen mit 16 oder weniger Faktorstufenkombinationen normalerweise mindestens $n = 2$ zu verwenden.

Literatur

[1] Box, G.E.P./Hunter, W.G./Hunter, J.S.: Statistics for Experimenters. John Wiley, New York 1978

[2] Montgomery, D.C.: Design and Analysis of Experiments. John Wiley, New York, 5. Auflage 2000

[3] Scheffler,E.: Statistische Versuchsplanung und Auswertung; DVG, 3. Auflage Stuttgart 1997

[4] Petersen H.: Grundlagen der Statistik und der statistischen Versuchsplanung. Ecomed, Landsberg/Lech 1991

[5] Qualitätsverbesserung durch Versuchsmethodik, Schulungsunterlagen der DGQ (Deutsche Gesellschaft für Qualität), Frankfurt am Main 1997

[6] Lenth, R.V.: „Quick and easy analysis of unreplicated fractional factorials" in: Technometrics 31 (Nr. 4, 1989), 469–473

---

[1] In Literatur und Software finden sich auch alternative Entscheidungshilfen:
- Half-Normal-Plot: Darstellung der Beträge der Effekte in einem halben Wahrscheinlichkeitsnetz, dadurch liegen die Ausreißer alle am oberen Ende und sind etwas leichter erkennbar.
- Lenth margin of error: Aus den Medianwerten kleiner Effekte wird ein quantitatives Kriterium zur Unterscheidung zwischen wahren und zufälligen Effekten abgeleitet [6].
Diese helfen bei der Entscheidung, welche Effekte wahr und welche zufällig sind. Sie nehmen dem Anwender die Entscheidung jedoch nicht ab. Es bleibt eine subjektive Entscheidung.

8 Screening-Versuchspläne

Bei vollständigen faktoriellen Versuchen nimmt die Anzahl der Faktorstufenkombinationen mit der Anzahl der Faktoren k sehr schnell zu. In diesem Kapitel wird gezeigt, wie die Anzahl von Faktorstufenkombinationen (und damit der Versuchsaufwand) wesentlich reduziert werden kann (z.B. [1–2]).

Die hier behandelten Versuchspläne sind besonders geeignet, wenn erst wenig über eine Problemstellung bekannt ist. Dann sollen meist viele Faktoren untersucht werden und man möchte vor allem wissen, welche dieser vielen Faktoren wichtig sind und in welche Richtung sie die Zielgröße(n) beeinflussen. Aufgrund dieser relativ grobmaschigen Zielsetzung heißen diese Versuchspläne auch „Screening-Versuchspläne" (screening = aussieben).

Bei unkritischer Anwendung bergen die Screening-Versuchspläne jedoch auch erhebliche Risiken. Daher wird gezeigt, wie diese Risiken begrenzt werden können.

8.1 Hintergrund

Bei vollständigen faktoriellen Versuchen nimmt die Anzahl der Faktorstufenkombinationen m mit der Anzahl der Faktoren k wie $m = 2^k$ zu. Mit acht Faktoren erhält man z.B. bereits 256 Kombinationen. Der Versuchsaufwand wird zu groß, die Gefahr einer Vertauschung von Versuchseinheiten nimmt zu, und es ist praktisch unmöglich, alle Einzelversuche unter identischen Randbedingungen durchzuführen.

Aus den $m = 2^k$ Faktorstufenkombinationen kann man $m-1$ Effekte berechnen. Mit zunehmender Anzahl Faktoren nimmt dabei vor allem die Anzahl der Wechselwirkungen von mehr als 2 Faktoren zu, wie in Tabelle 8.1 dargestellt.

Tabelle 8.1
Anzahl der Effekte der Faktoren, Zwei-Faktor-Wechselwirkungen (2FWW) und Wechselwirkungen von mehr als 2 Faktoren in Abhängigkeit von der Anzahl der Faktoren

Anzahl Faktoren k	Anzahl der Effekte		
	der Faktoren	der 2FWW	3FWW, 4FWW, ...
1	1	–	–
2	2	1	–
3	3	3	1
4	4	6	5
5	5	10	16
6	6	15	42
7	7	21	99
8	8	28	219

Dies bedeutet, dass man bei großen k in einem vollständigen faktoriellen Versuch hauptsächlich Wechselwirkungen von mehr als 2 Faktoren untersucht. Wenn man davon ausgeht, dass diese Wechselwirkungen häufig vernachlässigbar sind, erhebt sich die Frage, ob man anstelle dieser „höheren" Wechselwirkungen weitere Faktoren untersuchen kann.

8.2 Fraktionelle faktorielle Versuchspläne

Bei den fraktionellen faktoriellen Versuchsplänen werden anstelle von „höheren" Wechselwirkungen weitere Faktoren untersucht. Dadurch bleibt die Anzahl der Faktorstufenkombinationen unverändert, während die Anzahl der Faktoren erhöht wird.

Diese Vorgehensweise wird zunächst an einem Beispiel demonstriert und anschließend verallgemeinert.

8.2.1 Der fraktionelle faktorielle 2^{4-1}-Plan als Beispiel

Ein vollständiger faktorieller Versuchsplan für die drei Faktoren A, B und C besteht aus 2^3 Faktorstufenkombinationen (oben in Tabelle 8.2). Aus den Ergebnissen kann man die Effekte der Faktoren A, B und C, der 2FWW AB, AC und BC und der 3FWW ABC berechnen.

Kann man nun davon ausgehen, dass die 3FWW ABC vernachlässigbar ist, so ist es naheliegend, anstelle dieser 3FWW einen zusätzlichen Faktor D zu untersuchen. Dies führt zum neuen Versuchsplan in der Mitte von Tabelle 8.2. Die Stufen (= Vorzeichen) in der Spalte für D sind identisch zu denen der Spalte für ABC im oberen Teil.

Der vollständige faktorielle Versuchsplan für die vier Faktoren A, B, C und D (im unteren Teil von Tabelle 8.2) besteht aus $2^4 = 16$ Kombinationen. Die acht Faktorstufenkombinationen des neuen Versuchsplans sind in den 16 Kombinationen des 2^4-Plans enthalten (die Pfeile markieren die Kombinationen, die im neuen Plan enthalten sind, und geben ihre Nummern).

Da der neue Versuchsplan nur einen Teil der 16 Faktorstufenkombinationen des 2^4-Plans enthält, nennt man ihn fraktionellen faktoriellen Versuchsplan. In diesem Fall handelt es sich um die Hälfte eines vollständigen faktoriellen 2^4-Versuchsplans, daher wird dieser fraktionelle faktorielle Versuchsplan üblicherweise mit

$$\frac{1}{2} \cdot 2^4 = 2^{4-1}$$

bezeichnet.

Tabelle 8.2

Durch die Zuordnung eines vierten Faktors D zur Spalte der 3FWW ABC im 2^3-Plan entsteht ein Versuchsplan, bei dem vier Faktoren mit acht Faktorstufenkombinationen untersucht werden. Dieser neue 2^{4-1}-Plan (in der Mitte) enthält genau die Hälfte der Faktorstufenkombinationen des 2^4-Plans im unteren Teil.

Ausgangspunkt ist der vollständige faktorielle 2^3-Plan;

Syst. Nr.	Faktoren / Effekte						
	A	B	C	AB	AC	BC	ABC
1	−	−	−	+	+	+	−
2	+	−	−	−	−	+	+
3	−	+	−	−	+	−	+
4	+	+	−	+	−	−	−
5	−	−	+	+	−	−	+
6	+	−	+	−	+	−	−
7	−	+	+	−	−	+	−
8	+	+	+	+	+	+	+

$\Downarrow$

mit der Zuordnung ABC $\Rightarrow$ D entsteht daraus der neue 2^{4-1}-Plan

syst. Nr.	Faktoren / Effekte			
	A	B	C	D
1	−	−	−	−
2	+	−	−	+
3	−	+	−	+
4	+	+	−	−
5	−	−	+	+
6	+	−	+	−
7	−	+	+	−
8	+	+	+	+

als Teil des vollständigen faktoriellen 2^4-Plans

(die Zahlen in Klammern geben die Nummern aus dem 2^{4-1}-Plan an)

syst. Nr.	Faktoren / Effekte				
	A	B	C	D	
1	−	−	−	−	← (1)
2	+	−	−	−	
3	−	+	−	−	
4	+	+	−	−	← (4)
5	−	−	+	−	
6	+	−	+	−	← (6)
7	−	+	+	−	← (7)
8	+	+	+	−	
9	−	−	−	+	
10	+	−	−	+	← (2)
11	−	+	−	+	← (3)
12	+	+	−	+	
13	−	−	+	+	← (5)
14	+	−	+	+	
15	−	+	+	+	
16	+	+	+	+	← (8)

Um die Eigenschaften des neuen Versuchsplans in Tabelle 8.2 weiter zu untersuchen, werden wie in Tabelle 7.7 die Vorzeichenspalten für sämtliche Wechselwirkungen berechnet. Man erhält Tabelle 8.3.

Tabelle 8.3
Vorzeichenspalten für die Berechnung der Effekte der vier Faktoren A, B, C und D, der sechs 2FWW AB, AC, AD, BC, BD und CD, der vier 3FWW ABC, ABD, ACD und BCD und der 4FWW ABCD.

Nr.	A	B	C	D	AB	AC	AD	BC	BD	CD	ABC	ABD	ACD	BCD	ABCD
1	−	−	−	−	+	+	+	+	+	+	−	−	−	−	+
2	+	−	−	+	−	−	+	+	−	−	+	−	−	+	+
3	−	+	−	+	−	+	−	−	+	−	+	−	+	−	+
4	+	+	−	−	+	−	−	−	−	+	−	−	+	+	+
5	−	−	+	+	+	−	−	−	−	+	+	+	+	−	+
6	+	−	+	−	−	+	−	−	+	−	+	−	+	+	+
7	−	+	+	−	−	−	+	+	−	−	−	+	+	−	+
8	+	+	+	+	+	+	+	+	+	+	+	+	+	+	+

Die Vorzeichenspalten der Wechselwirkungen ergeben sich als Produkte der Vorzeichenspalten der beteiligten Faktoren, also

$$\text{z.B.} \quad AC = A \cdot C \quad \text{und} \quad ABD = A \cdot B \cdot D \qquad (=7.10)$$

In Tabelle 8.3 sind jeweils zwei Spalten miteinander identisch (z.B. A und BCD). Bei der Auswertung kann man nicht zwischen diesen beiden Effekten unterscheiden. Berechnet man den Effekt von A (mit Hilfe seiner Vorzeichenspalte), so erhält man in Wirklichkeit die Summe A + BCD. Die Effekte von A und BCD können nicht getrennt werden; man sagt, sie sind miteinander vermengt. Man verwendet auch den Begriff „Alias". Für den fraktionellen faktoriellen 2^{4-1}-Plan kann man nur folgende Summeneffekte berechnen:

$$
\begin{array}{lll}
1: & A & + \quad BCD \\
2: & B & + \quad ACD \\
3: & C & + \quad ABD \\
4: & D & + \quad ABC \\
5: & AB & + \quad CD \\
6: & AC & + \quad BD \\
7: & AD & + \quad BC \\
(8: & ABCD & + \quad \text{Mittelwert}).
\end{array}
$$

Aus den $2^4 = 16$ Faktorstufenkombinationen des vollständigen faktoriellen Versuchsplans kann man 15 Effekte und den Mittelwert (also 16 Größen) berechnen. Aus den $2^{4-1} = 2^3 = 8$ Faktorstufenkombinationen des fraktionellen faktoriellen Versuchsplans kann man wie beim 2^3-Plan nur 7 Effekte und den Mittelwert (also 8 Größen) berechnen. Jeweils zwei der 15 Effekte sind miteinander vermengt. Bei der 4FWW ABCD ist für alle Faktorstufenkombinationen ABCD = +1, sie ist daher mit dem Mittelwert vermengt – im folgenden wird dafür auch die Bezeichnung ABCD = I verwendet (I steht für Identität).

Von den 16 Faktorstufenkombinationen des vollständigen faktoriellen 2^4-Plans gilt für die eine Hälfte $ABCD = +1$ und für die andere $ABCD = -1$. Das Produkt ABCD bestimmt, welche Faktorstufenkombinationen aus dem vollständigen 2^4-Plan im 2^{4-1}-Plan verwendet werden. ABCD heißt daher auch „Generator" des fraktionellen Plans.

Mit Hilfe des Generators und einiger einfacher Rechenregeln kann man leicht die miteinander vermengten Effekte bestimmen. Aus den Beziehungen:

$$(-1)\cdot(-1) = (+1)\cdot(+1) = +1 \text{ und } (+1)\cdot(-1) = (-1)\cdot(+1) = -1$$

ergeben sich folgende Rechenregeln (jeder Buchstabe steht für eine ganze Vorzeichenspalte; I steht für eine Spalte, die nur + enthält):

$$AA = BB = \dots = I \qquad\qquad\qquad (8.1)$$

$$AI = IA = A \text{ usw. für alle Faktoren.} \qquad\qquad (8.2)$$

Durch Einsetzen z.B. in Tabelle 8.3 kann man sich von diesen Rechenregeln leicht überzeugen. $AA = I$ bedeutet nämlich nur, dass man in jeder Zeile + erhält, wenn man die Spalte A mit sich selbst multipliziert.

Mit diesen Rechenregeln erhält man aus der

$$\text{Zuordnung } D = ABC \qquad\qquad\qquad (8.3)$$

durch Multiplikation beider Seiten mit D den

$$\text{Generator } I = ABCD. \qquad\qquad\qquad (8.4)$$

Die miteinander vermengten Effekte erhält man durch Multiplikation mit dem Generator:

A	ist vermengt mit	AABCD	= BCD
B	ist vermengt mit	BABCD	= ACD
C	ist vermengt mit	CABCD	= ABD
D	ist vermengt mit	DABCD	= ABC
AB	ist vermengt mit	ABABCD	= CD
AC	ist vermengt mit	ACABCD	= BD
AD	ist vermengt mit	ADABCD	= BC
I	ist vermengt mit	ABCD, d.h. ABCD ist mit dem Mittelwert vermengt.		

Anmerkungen

- Durch die Zuordnung $D = ABC$ werden aus den 16 Faktorstufenkombinationen des Plans 2^4 in Tabelle 8.2 die gekennzeichneten 8 ausgewählt. Für diese Zuordnung ist z.B. A mit BCD vermengt, d.h. man bestimmt $A + BCD$. Alternativ kann man die Zuordnung $D = -ABC$ verwenden. Dann wählt man die anderen 8 Versuche aus. Der Generator ist $I = -ABCD$ und die berechneten Effekte sind z.B. $A - BCD$ usw.

- Fraktionelle faktorielle Versuchspläne können bei Bedarf zu vollständigen faktoriellen Versuchen ergänzt werden, indem man die weggelassenen Kombinationen nachholt.

- Dadurch, dass die fraktionellen faktoriellen Versuchspläne gegenüber den vollständigen faktoriellen Plänen zusätzliche Faktoren enthalten, sind sie sehr rationell. Der Preis, den man dafür bezahlen muss, ist das Vermengen der Effekte. Die Versuchspläne müssen daher sorgfältig anhand der vorhandenen Informationen oder Annahmen über mögliche Wechselwirkungen ausgewählt werden.

- Der fraktionelle faktorielle 2^{4-1}-Plan in Tabelle 8.2 beispielsweise eignet sich immer dann, wenn

  - die 3FWW vernachlässigt werden können <u>und</u>

  - einer der vier Faktoren A, B, C, D keine 2FWW mit den anderen Faktoren aufweist.

  Diese Bedingungen sind z.B. erfüllt, wenn der Faktor D ein Blockfaktor ist.

8.2.2 Anwendung des 2^{4-1}-Plans zur Blockbildung

Wenn ein Versuchsplan aus einer größeren Anzahl von Einzelversuchen besteht, ist es zweckmäßig, den Versuch in mehreren Blöcken durchzuführen. So kann man leichter sicherstellen, dass die Einzelversuche innerhalb eines Blocks unter gleichen Randbedingungen durchgeführt werden.

Bei einem faktoriellen 2^3-Plan kann man z.B. D = ABC als Blockfaktor verwenden. Alle Einzelversuche mit „−" in der Spalte ABC bilden Block 1, alle Einzelversuche mit „+" in der Spalte ABC bilden Block 2 (Tabelle 8.4).

Tabelle 8.4
Blockbildung mit Hilfe des Blockfaktors D = ABC:
In Block 1 ist ABC −, in Block 2 ist ABC +.
Der Versuchsplan entsteht durch Umsortieren des üblichen 2^3-Plans (syst. Nr. gibt die Nummer im 2^3-Plan, z.B. oben in Tabelle 8.2).

Block D = ABC	syst. Nr.	Faktoren A	B	C
1 (−)	1	−	−	−
1 (−)	4	+	+	−
1 (−)	6	+	−	+
1 (−)	7	−	+	+
2 (+)	2	+	−	−
2 (+)	3	−	+	−
2 (+)	5	−	−	+
2 (+)	8	+	+	+

Blockbildung ist z.B. sinnvoll, wenn Material aus zwei verschiedenen Chargen verwendet werden muss oder wenn sich ein Versuch über mehrere Tage erstreckt. Dann verhalten sich die beiden Chargen meist nicht genau gleich bzw. die Randbedingungen an verschiedenen Tagen sind nicht absolut gleich. Durch Blockbildung erreicht man, dass hierdurch die Effekte nicht verfälscht werden (und die Streuung nicht vergrößert wird).

Block 1 sind dann die Einzelversuche mit Material aus Charge 1 oder die Versuche, die an Tag 1 durchgeführt werden. Man darf davon ausgehen, dass der Blockfaktor, in diesen Beispielen die Charge bzw. der Tag, keine Wechselwirkung mit den übrigen Faktoren des Versuchs aufweist.

Die hier beschriebene Blockbildung ist eine Weiterführung der in Kapitel 7 beschriebenen Blockbildung. In Kapitel 7 wurden Blöcke aus m Einzelversuchen gebildet. Das hier beschriebene Verfahren führt zu Blöcken aus m/2 Einzelversuchen, d.h. eine feinere Unterteilung. Bei einer Abweichung von der vollen Randomisierung kann man die hier beschriebene Blockbildung für eine grobe Absicherung verwenden.

Beispiel

Eine Metallschicht wird galvanisch auf ein unregelmäßig geformtes Teil abgeschieden. Aufgrund der Geometrie des Teils erhält man nicht überall die gleiche Schichtdicke. Aus Erfahrung ist bekannt, wo man eine besonders geringe bzw. besonders hohe Schichtdicke erhält. Ziel ist eine möglichst kleine Schichtdickendifferenz. Der Absolutwert kann über die Abscheidezeit leicht verändert werden.

Der Einfluss folgender Faktoren soll untersucht werden:

A Strom   500   600   A
B Temperatur   50   70   °C
C Zusatzstoff   ohne   mit

Die Veränderung dieser Faktoren ist sehr aufwendig und dauert jeweils mehr als eine Stunde. Die Stufenwerte können genau und reproduzierbar eingestellt werden. Zwischen verschiedenen (auch nacheinander gefertigten) Teilen gibt es jedoch zufällige Unterschiede. Daher entscheidet man sich für folgende Vorgehensweise:

- Für jede Faktorstufenkombination werden nacheinander drei Teile gefertigt und die Schichtdicke an der Stelle mit der erfahrungsgemäß kleinsten und größten Schichtdicke wird gemessen (n = 3).

- Wegen des Zeitaufwands für die Umstellung der Faktorstufen muss der Versuch über zwei aufeinanderfolgende Tage verteilt werden. Da sich die Eigenschaften des Galvanikbades über Nacht verändern können, soll der Tag als Blockfaktor berücksichtigt werden.

- Innerhalb jeden Blocks sollen Temperatur und Zusatzstoff möglichst wenig verändert werden, da sie besonders aufwendig zu verändern sind.

- Da die mittlere Schichtdicke vom Produkt Strom x Zeit (= Ladung) abhängt, wird die Abscheidezeit so verändert, dass das Produkt Strom x Zeit konstant bleibt. Bei Strom 500 A beträgt die Abscheidezeit 60 sec, bei 600 A nur 50 sec.

Tabelle 8.5 zeigt die Ergebnisse in der Reihenfolge der Versuchsdurchführung (alle Schichtdicken in µm).

Als Zielgröße für die Analyse eignet sich in diesem Beispiel die Differenz der Schichtdicke an der Position mit erfahrungsgemäß minimaler und maximaler Dicke an jedem Teil. D.h. bei der ersten Faktorstufenkombination erhält man bei Teil 1 einen Wert von $8{,}3 - 6{,}6 = 1{,}7$. Im folgenden wird nur mit diesen Werten weiter gerechnet. In Tabelle 8.6 werden Mittelwerte und Varianzen dieser Differenzen für die drei Teile jeder Faktorstufenkombination angegeben. Die Einzelversuche wurden in die Standardreihenfolge (syst. Nr.) sortiert. Die Stufenwerte wurden durch − bzw. + ersetzt.

Tabelle 8.5
Schichtdicke (in μm) an Position mit erfahrungsgemäß minimaler und maximaler Dicke, gemessen an je drei Teilen, in der Reihenfolge der Versuchsdurchführung

Vers. Nr.	syst. Nr.	Tag	Strom A	Temp. B	Zusatz C	Teil 1 min	max	Teil 2 min	max	Teil 3 min	max
1	1	1	500 A	50 °C	ohne	6,6	8,3	6,4	8,2	6,6	8,5
2	4	1	600 A	70 °C	ohne	5,7	8,0	5,7	8,0	6,0	8,0
3	7	1	500 A	70 °C	mit	5,8	7,4	6,0	7,3	6,3	7,3
4	6	1	600 A	50 °C	mit	6,2	8,2	6,1	8,0	6,3	8,1
5	5	2	500 A	50 °C	mit	6,1	8,1	6,4	8,1	6,5	8,2
6	8	2	600 A	70 °C	mit	5,7	7,6	5,6	7,9	5,7	7,8
7	3	2	500 A	70 °C	ohne	6,1	8,1	6,2	8,1	6,2	8,3
8	2	2	600 A	50 °C	ohne	6,0	8,9	6,4	8,6	6,6	8,7

Tabelle 8.6
Berechnung der Effekte der Faktoren und Wechselwirkungen (Einzelversuche sortiert nach syst. Nr., der Standardreihenfolge für 2^3-Pläne)

Vers. Nr.	syst. Nr.	Tag+ ABC	A	B	C	AB	AC	BC	Teil 1 Diff.	Teil 2 Diff.	Teil 3 Diff.	$\bar{y}_i$	s_i^2
1	1	−	−	−	−	+	+	+	1,7	1,8	1,9	1,8	0,01
8	2	+	+	−	−	−	−	+	2,9	2,2	2,1	2,4	0,19
7	3	+	−	+	−	−	+	−	2,0	1,9	2,1	2,0	0,01
2	4	−	+	+	−	+	−	−	2,3	2,3	2,0	2,2	0,03
5	5	+	−	−	+	+	−	−	2,0	1,7	1,7	1,8	0,03
4	6	−	+	−	+	−	+	−	2,0	1,9	1,8	1,9	0,01
3	7	−	−	+	+	−	−	+	1,6	1,3	1,0	1,3	0,09
6	8	+	+	+	+	+	+	+	1,9	2,3	2,1	2,1	0,04
Σ		1,1	1,7	−0,3	−1,3	0,3	0,1	−0,3					0,41
Eff.		0,275	0,425	−0,075	−0,325	0,075	0,025	−0,075					0,051
Sig.		**	***	−	**	−	−	−					

Die Berechnung der Effekte und die Beurteilung ihrer Signifikanz verläuft wie bei vollständigen faktoriellen Versuchsplänen gemäß (7.11ff):

$$s_{\bar{d}} = \sqrt{\frac{4}{N} \cdot s^2} = \sqrt{\frac{4}{24} \cdot 0,051} = \sqrt{0,0085} = 0,092$$

$$f = N - 8 = 24 - 8 = 16 \, .$$

Mit Tabelle 6.4 erhält man für die Breite der Vertrauensbereiche:

95%:	$t \cdot s_{\bar{d}} = 2,12 \cdot 0,092 = \pm 0,20$
99%:	$t \cdot s_{\bar{d}} = 2,92 \cdot 0,092 = \pm 0,27$
99,9%:	$t \cdot s_{\bar{d}} = 4,02 \cdot 0,092 = \pm 0,37$

Der Vergleich mit den Effekten ergibt die Beurteilung ihrer Signifikanz in der letzten Zeile von Tabelle 8.6. Im Gegensatz zu vollständigen faktoriellen Plänen sind hier a-ber immer zwei Effekte miteinander vermengt. So ist z.B. A mit BCD vermengt. Der Effekt BCD gibt jedoch an, wie stark sich die 2FWW BC von einem Tag zum anderen verändert hat. Man geht davon aus, dass diese Änderung vernachlässigbar ist und man interpretiert das Ergebnis als A (analog für C). D.h. nur die Effekte der Faktoren Strom und Zusatz auf die Differenz sind signifikant. Da das Ziel eine möglichst kleine Differenz ist, wählt man:

Strom   500 A
Zusatz mit.

Dadurch erniedrigt sich die Schichtdickendifferenz um $0{,}425 + 0{,}325 = 0{,}75$ gegenüber der ungünstigsten Faktorstufenkombination.

Die Temperatur hat keinen signifikanten Einfluss. Sie kann daher aufgrund anderer Überlegungen festgelegt werden (z.B. Kosten oder Einfluss auf andere Zielgrößen).

Der signifikante Blockfaktor bedeutet, dass sich von einem Tag zum anderen etwas verändert hat, das ebenfalls die Differenz beeinflusst. Eine genauere Analyse der Veränderungen zwischen den beiden Tagen kann evtl. Hinweise auf die Ursache er-geben. Hätte man die Versuche ohne Blockbildung durchgeführt, hätte dieser Unter-schied die Effekte (und damit die Schlussfolgerungen) verfälschen können.

8.2.3 Fraktioneller faktorieller 2^{k-p}-Plan

Analog zum Übergang vom vollständigen faktoriellen 2^3-Plan zum fraktionellen faktoriellen 2^{4-1}-Plan kann man

- von beliebigen vollständigen faktoriellen Versuchsplänen für $k-p$ Faktoren ausgehen und

- p Faktoren durch p Zuordnungen zusätzlich aufnehmen.

Der so entstandene Versuchsplan enthält dann insgesamt k Faktoren und 2^{k-p} Faktorstufenkombinationen. D.h. es wird nur ein

Anteil $\dfrac{1}{2^p}$ der insgesamt 2^k Faktorstufenkombinationen des

vollständigen faktoriellen Versuchsplans, also $\dfrac{1}{2^p} \cdot 2^k = 2^{k-p}$

untersucht. Dadurch wird eine wesentliche Reduktion im Versuchsaufwand er-reicht. Der Preis dieser Reduktion ist, dass auch nur ein

Anteil $\dfrac{1}{2^p}$ der insgesamt $2^k - 1$ Effekte des vollständigen Plans

berechnet werden kann. Das bedeutet, dass jeder Effekt des fraktionellen fakto-riellen 2^{k-p}-Versuchsplans die Summe von 2^p Effekten ist (Vermengung). Die Vermengungsstruktur ergibt sich aus den p Zuordnungen mit Hilfe der Rechenre-geln (8.1) – (8.4).

Beispiel 1

Ausgehend vom vollständigen faktoriellen 2^4-Plan mit den 4 Faktoren A, B, C und D wird durch die Zuordnung E = ABCD ein fraktioneller faktorieller 2^{5-1}-Plan mit den 5 Faktoren A, B, C, D und E erzeugt. Dieser Plan hat 16 Faktorstufenkombinationen. Der Generator des Plans ist I = ABCDE. Jeder Effekt des 2^{5-1}-Plans ist die Summe von $2^1 = 2$ Effekten, die sich direkt aus dem Generator ergeben.

A ist vermengt mit AABCDE = BCDE, usw. D.h. man kann nur folgende Effekte berechnen:

A + BCDE	B + ACDE	C + ABDE	D + ABCE
E + ABCD	AB + CDE	AC + BDE	AD + BCE
AE + BCD	BC + ADE	BD + ACE	BE + ACD
CD + ABE	CE + ABD	DE + ABC	(I+ABCDE)

Effekte der Faktoren sind mit den Effekten von Vier-Faktor-Wechselwirkungen (4FWW) vermengt, und 2FWW sind mit 3FWW vermengt. I+ABCDE bedeutet, dass die 5FWW ABCDE den Mittelwert aller Versuchsergebnisse verfälschen kann. Da der Mittelwert eigentlich kein Effekt ist, wurde dieser Term eingeklammert, er ist jedoch für das Verständnis der Systematik nützlich.

Beispiel 2

Ausgehend vom vollständigen faktoriellen 2^3-Plan mit den 3 Faktoren A, B und C wird durch die Zuordnungen D = ABC und E = AB ein fraktioneller faktorieller 2^{5-2}-Plan mit den 5 Faktoren A, B, C, D und E erzeugt. Dieser Plan hat 8 Faktorstufenkombinationen. Zwei Generatoren I = ABCD und I = ABE des Plans erhält man direkt aus den beiden Zuordnungen. Jeder Effekt des 2^{5-2}-Plans ist die Summe von $2^2 = 4$ Effekten. Es fehlt also noch ein Generator. Dieser ergibt sich aus dem Produkt der beiden anderen Generatoren I·I = I = ABCD·ABE = CDE.

Insgesamt erhält man: I = ABCD = ABE = CDE.

A ist daher vermengt mit AABCD = BCD, AABE = BE und ACDE usw. Man kann nur folgende Effekte berechnen:

A + BCD + BE + ACDE	B + ACD + AE + BCDE
C + ABD + ABCE + DE	D + ABC + ABDE + CE
E + ABCDE + AB + CD	AC + BD + BCE + ADE
AD + BC + BDE + ACE	(I + ABCD + ABE + CDE)

Effekte der Faktoren sind mit den Effekten von 2FWW, 3FWW und 4FWW vermengt.

Beispiel 3

Ausgehend vom vollständigen faktoriellen 2^3-Plan mit den 3 Faktoren A, B und C wird durch die Zuordnungen D = ABC, E = AB und F = AC ein fraktioneller faktorieller 2^{6-3}-Plan mit den 6 Faktoren A, B, C, D, E und F erzeugt. Dieser Plan hat 8 Faktorstufenkombinationen. Als Generatoren des Plans erhält man direkt aus den Zuordnungen I = ABCD, I = ABE und I = ACF. Jeder Effekt des 2^{6-3}-Plans ist die Summe von $2^3 = 8$ Effekten. Es fehlen also noch vier Generatoren. Diese ergeben sich aus den Produkten der drei anderen Generatoren

I·I = I = ABCD·ABE = CDE
I·I = I = ABCD·ACF = BDF
I·I = I = ABE·ACF = BCEF
I·I·I = I = ABCD·ABE·ACF = ADEF.

Insgesamt erhält man: I = ABCD = ABE = ACF = CDE = BDF = BCEF = ADEF.

Statt A berechnet man daher wegen der Vermengung:

A + BCD + BE + CF + ACDE + ABDF + ABCEF + DEF usw.

Aufgabe 1

Ausgehend vom vollständigen faktoriellen 2^2-Plan mit den 2 Faktoren A und B wird durch die Zuordnung C = AB ein fraktioneller faktorieller 2^{3-1}-Plan mit den 3 Faktoren A, B und C erzeugt. Bestimmen Sie Generator und Vermengungen dieses Plans. Wie lautet der Versuchsplan?

Lösung 1

Generator I = ABC

Vermengungen:

A + BC   B + AC   C + AB   (I + ABC)

Versuchsplan (Faktorstufenkombinationen):

syst.	Faktoren		
Nr.	A	B	C
1	–	–	+
2	+	–	–
3	–	+	–
4	+	+	+

Aufgabe 2

Ausgehend vom vollständigen faktoriellen 2^2-Plan mit den 2 Faktoren A und B wird durch die Zuordnung C = –AB ein fraktioneller faktorieller 2^{3-1}-Plan mit den 3 Faktoren A, B und C erzeugt. Bestimmen Sie Generator und Vermengungen dieses Plans. Wie lautet der Versuchsplan? Welchen Plan erhält man, wenn man die Versuchspläne von Aufgabe 1 und 2 zusammenfügt?

Lösung 2

Generator I = – ABC

Vermengungen:

A – BC   B – AC   C – AB   (I – ABC)

Versuchsplan (Faktorstufenkombinationen):

syst.	Faktoren		
Nr.	A	B	C
1	–	–	–
2	+	–	+
3	–	+	+
4	+	+	–

Zusammen ergeben die Versuchspläne von Aufgabe 1 und 2 den vollständigen faktoriellen 2^3-Plan.

Geometrische Darstellung

Der fraktionelle faktorielle 2^{k-p}-Plan enthält nur einen Anteil $1/2^p$ der Faktorstufen-kombinationen des vollständigen faktoriellen 2^k-Plans. Die Auswahl der untersuchten Faktorstufenkombinationen (=Versuchspunkte) erfolgt dabei so, dass der Versuchsraum durch diese Punkte möglichst gleichmäßig überdeckt wird. Bild 8-1 zeigt als Beispiel den vollständigen faktoriellen 2^3-Plan (alle acht Eckpunkte des Würfels) und die durch die Zuordnung $C = -AB$ daraus ausgewählten vier Eckpunkte für den 2^{3-1}-Plan (wie in Aufgabe 2, mit Kreisen markiert). Mit der Zuordnung $C = AB$ wählt man die vier nicht markierten Eckpunkte aus (wie in Aufgabe 1). Aus Bild 8-1 erkennt man:

- Die vier Versuchspunkte füllen den Würfel so gleichmäßig aus, wie das mit vier Punkten möglich ist.

- Stellt sich nachträglich heraus, dass einer der Faktoren keinen Einfluss hat, so erhält man einen vollständigen Versuchsplan in den verbliebenen zwei Faktoren (eine der gestrichelt dargestellten Projektionen).

- Der fraktionelle Versuchsplan kann zum vollständigen Versuchsplan ergänzt werden, indem die fehlenden Versuchspunkte nachgeholt werden.

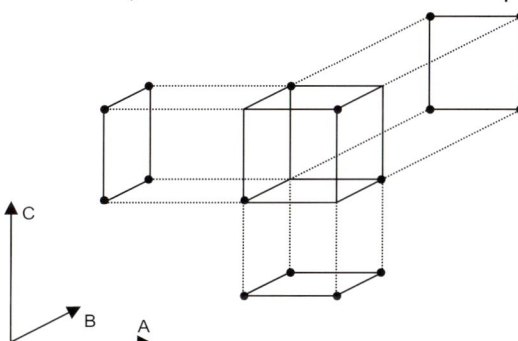

Bild 8-1
Vollständiger faktorieller Versuchsplan
= alle Eckpunkte des Würfels
Fraktioneller faktorieller Versuchsplan
= nur markierte (oder nur nicht markierte) Eckpunkte

8.2.4 Was bedeutet Vermengung?

Wenn zwei oder mehr Effekte miteinander vermengt sind, dann bedeutet das, dass bei der Auswertung nicht zwischen diesen Effekten unterschieden werden kann.

Im fraktionellen Versuchsplan wurde nur ein Teil der Faktorstufenkombinationen des vollständigen Plans realisiert, und bei diesen Faktorstufenkombinationen unterscheiden sich die vermengten Effekte nicht.

Statt des gewünschten Effekts allein erhält man immer die Summe der miteinander vermengten Effekte.

Wenn man durch technische Überlegungen sagen kann, welcher der miteinander vermengten Effekte das Ergebnis bestimmt, dann hat man im Versuch (zumindest näherungsweise) diesen Effekt bestimmt. Man hat Einzelversuche eingespart.

Sind die technischen Überlegungen falsch, oder ignoriert man die potentielle Verfälschung einfach, so kann man zu einem falschen Ergebnis kommen.

Hat man nach dem Versuchsergebnis Zweifel an der richtigen Interpretation, so kann man den fraktionellen Plan gezielt erweitern, um zwischen zwei Effekten zu unterscheiden.

Bei der Entscheidung, welcher der miteinander vermengten Effekte wichtig ist und ob ggf. weitere Einzelversuche zur eindeutigen Unterscheidung notwendig sind, **helfen nur technische Überlegungen, nicht Statistik.**

Beispiel zur Auswirkung von Vermengungen

Wenn zwei Effekte miteinander vermengt sind, so bedeutet das, dass man nur die Summe der Effekte bestimmen kann und nicht die Einzeleffekte. Um dies zu verdeutlichen, gehen wir von einem vollständigen faktoriellen 2^3-Versuch aus, für den die Effekte aller Faktoren und Wechselwirkungen bestimmt werden können. Anschließend betrachten wir die beiden fraktionellen Pläne, die man durch Auswahl der Hälfte der Faktorstufenkombinationen aus dem vollständigen Versuch erhält.

Um zwischen Zufallsstreuung und Vermengung zu trennen, betrachten wir einen hypothetischen Versuch ohne Zufallsstreuung, mit den Mittelwerten aus der Aufgabe zum Gewinderollen (Absatz 7.2.2) als Ergebnissen.

In diesem Beispiel sind die Effekte von 2FWW mit denen von Faktoren vermengt. Dadurch können 2FWW die Effekte von Faktoren verfälschen. Wie dieses Beispiel zeigt, sind solche extremen Pläne mit erheblichen Risiken verbunden und sollten möglichst vermieden werden.

In den folgenden Absätzen wird dann gezeigt, wie man die Vorteile von fraktionellen Plänen nutzen und gleichzeitig die hier aufgezeigten Risiken vermeiden kann. Zunächst soll jedoch **Problembewusstsein** geschaffen werden.

Beginnen wir mit dem vollständigen faktoriellen 2^3-Versuch. Tabelle 8.7 zeigt die Ergebnisse.

Tabelle 8.7
Ergebnisse des vollständigen faktoriellen 2^3-Versuchs (ohne Zufallsstreuung)

Nr.	Material A	Druck B	Werkzeug C	Ergebnisse [mm]
1	α	60 bar	1	4,18
2	β	60 bar	1	4,10
3	α	90 bar	1	4,30
4	β	90 bar	1	4,31
5	α	60 bar	2	4,30
6	β	60 bar	2	4,21
7	α	90 bar	2	4,41
8	β	90 bar	2	4,43

Daraus ergeben sich die Effekte gemäß Tabelle 8.8, wobei Effekt $= \Sigma/4$, da die Anzahl der Faktorstufenkombinationen (Zeilen) m = 8 beträgt.

Tabelle 8.8
Berechnung der Effekte aus den Ergebnissen in Tabelle 8.7

Nr.	Material A	Druck B	Werkzeug C	AB	AC	BC	ABC	y_i
1	−	−	−	+	+	+	−	4,18
2	+	−	−	−	−	+	+	4,10
3	−	+	−	−	+	−	+	4,30
4	+	+	−	+	−	−	−	4,31
5	−	−	+	+	−	−	+	4,30
6	+	−	+	−	+	−	−	4,21
7	−	+	+	−	−	+	−	4,41
8	+	+	+	+	+	+	+	4,43
Σ	−0,14	0,66	0,46	0,20	0,00	0,00	0,02	
Eff.	−0,035	0,165	0,115	0,050	0,000	0,000	0,005	

Der fraktionelle faktorielle 2^{3-1}-Plan, der mit der Zuordnung C = AB entsteht, enthält nur die in Tabelle 8.9 dargestellten Faktorstufenkombinationen (dies sind die vier Zeilen aus Tabelle 8.7, für die ABC = +1 ist). Daraus berechnen wir die Effekte in Tabelle 8.10 (Effekt = Σ/2, da m = 4).

Tabelle 8.9
Ergebnisse des fraktionellen faktoriellen 2^{3-1}-Versuchs, der durch die Zuordnung C = AB entsteht (die Hälfte der Zeilen von Tabelle 8.7)

Nr.	Material A	Druck B	Werkzeug C	Ergebnisse [mm]
2	B	60 bar	1	4,10
3	A	90 bar	1	4,30
5	A	60 bar	2	4,30
8	B	90 bar	2	4,43

Tabelle 8.10
Berechnung der Effekte aus den Ergebnissen in Tabelle 8.9 (nur zur Demonstration mit allen Spalten aus Tabelle 8.8)

Nr.	Material A	Druck B	Werkzeug C	AB	AC	BC	ABC	y_i
2	+	−	−	−	−	+	+	4,10
3	−	+	−	−	+	−	+	4,30
5	−	−	+	+	−	−	+	4,30
8	+	+	+	+	+	+	+	4,43
Σ	−0,07	0,33	0,33	0,33	0,33	−0,07	17,13	
Eff.	−0,035	0,165	0,165	0,165	0,165	−0,035		

Dadurch, dass im Vergleich zu Tabelle 8.8 die Hälfte der Einzelversuche fehlt, kann z.B. nicht mehr zwischen den Effekten von A und BC unterschieden werden; bei beiden erhält man A + BC. In diesem Beispiel ist die Wechselwirkung BC = 0, daher wird A nicht verändert. Für BC erhält man jedoch statt 0 ebenfalls das Ergebnis −0,035.

Statt des Effekts von C erhält man C + AB, also 0,115+0,050 = 0,165. Hat man nur dieses Ergebnis vorliegen, kann man nicht feststellen, wie groß C und AB einzeln sind. Stellt man sich auf den Standpunkt, dass die Wechselwirkung vernachlässigbar ist, so meint man C = 0,165.

Die 3FWW ABC kann aus Tabelle 8.10 nicht bestimmt werden. Der Mittelwert der Einzelergebnisse in Tabelle 8.10 beträgt 4,2825, der Mittelwert der Einzelergebnisse in Tabelle 8.8 beträgt 4,28. Beim 2^{3-1}-Plan ist der Mittelwert also um ABC/2 verschoben, man berechnet I + ABC (Faktor 2, da bei der Berechnung des Mittelwerts durch m, bei der Berechnung des Effekts nur durch m/2 dividiert wird).

Hätten wir den fraktionellen faktoriellen 2^{3-1}-Plan dagegen mit der Zuordnung C = −AB erzeugt, so hätten wir gerade die anderen vier Faktorstufenkombinationen in Tabelle 8.7 durchgeführt (für die ABC = −1 ist) und daraus die Effekte in Tabelle 8.11 berechnet.

Tabelle 8.11
Ergebnisse des fraktionellen faktoriellen 2^{3-1}-Versuchs, der durch die Zuordnung C = −AB entsteht (die andere Hälfte von Tabelle 8.7) und die Berechnung der Effekte wie in Tabelle 8.10

Nr.	Material A	Druck B	Werkzeug C	AB	AC	BC	ABC	y_i
1	−	−	−	+	+	+	−	4,18
4	+	+	−	+	−	−	−	4,31
6	+	−	+	−	+	−	−	4,21
7	−	+	+	−	−	+	−	4,41
Σ	−0,07	0,33	0,13	−0,13	−0,33	0,07	−17,11	
Eff.	−0,035	0,165	0,065	−0,065	−0,165	0,035		

Wie in Tabelle 8.10 kann nicht mehr zwischen dem Effekt von A und BC unterschieden werden, bei beiden erhält man A − BC. In diesem Beispiel ist die Wechselwirkung BC = 0, daher wird A nicht verändert. Für BC erhält man jedoch 0,035 statt 0.

Statt des Effekts von C erhält man C − AB, also 0,115 − 0,050 = 0,065. Hat man nur dieses Ergebnis vorliegen, kann man nicht feststellen, wie groß C und AB einzeln sind. Stellt man sich auf den Standpunkt, dass die Wechselwirkung vernachlässigbar ist, so meint man C = 0,065.

Addiert bzw. subtrahiert man jedoch die Ergebnisse aus Tabelle 8.10 und 8.11, so erhält man in Übereinstimmung mit Tabelle 8.8 z.B.:

(C + AB) + (C − AB) = 2·C = 0,165 + 0,065 = 0,230

(C + AB) − (C − AB) = 2·AB = 0,165 − 0,065 = 0,100.

Einen fraktionellen faktoriellen Versuchsplan kann man auch nachträglich zu einem vollständigen faktoriellen Versuchsplan ergänzen.

8.2.5 Auflösung

Das Risiko einer Fehlinterpretation aufgrund einer Vermengung hängt davon ab, welche Art von Effekten (Effekte der Faktoren, 2FWW, 3FWW usw.) miteinander vermengt sind.

Aus dem Generator können alle Vermengungen bestimmt werden. So erkennt man aus dem Generator $I = ABCD$ z.B. sofort, dass der Effekt von A mit BCD und der Effekt von AB mit CD vermengt sind (oder allgemeiner der Effekt eines Faktors mit einer 3FWW und der Effekt einer 2FWW mit einer anderen 2FWW).

Die kleinste Buchstabenzahl (= Faktorenzahl) im Generator (das kürzeste „Wort") bestimmt die ungünstigste Vermengung. Sie wird als „Auflösung" (auch „Typ", englisch: resolution) bezeichnet:

- Der 2^{4-1}-Plan in 8.2.2 hat den Generator $I = ABCD$ und somit Auflösung IV.
- Der 2^{5-1}-Plan in Beispiel 1 von 8.2.3 hat den Generator $I = ABCDE$ und somit Auflösung V.
- Der 2^{5-2}-Plan in Beispiel 2 hat den Generator $I = ABCD = ABE = CDE$ und somit Auflösung III (die kleinste Buchstabenzahl ist drei).
- Die 2^{3-1}-Pläne in 8.2.4 haben den Generator $I = ABC$ bzw. $I = -ABC$ und somit Auflösung III.

Tabelle 8.12 vergleicht und bewertet die verschiedenen Auflösungen.

Tabelle 8.12
Bewertung der Auflösung eines Versuchsplans

Auflösung	Vermengung	Bewertung
III	Faktor mit 2FWW	kritisch
IV	Faktor mit 3FWW 2FWW mit 2FWW	weniger kritisch
V	Faktor mit 4FWW 2FWW mit 3FWW	unkritisch
VI	Faktor mit 5FWW 2FWW mit 4FWW 3FWW mit 3FWW	unkritisch

Versuche der Auflösung III sind als kritisch zu bewerten, weil 2FWW die Effekte der Faktoren verfälschen können, ohne dass man irgend einen Hinweis auf die Bedeutung der 2FWW erhält (vgl. die 2^{3-1}-Pläne im Beispiel in 8.2.4). Im Extremfall kann eine 2FWW den Effekt eines Faktors umkehren. Versuche der Auflösung III führen nur dann zu brauchbaren Ergebnissen, wenn die Effekte der 2FWW deutlich kleiner sind als die Effekte der Faktoren. Es genügt nicht, dass man an den Wechselwirkungen nicht interessiert ist.

Versuche der Auflösung IV sind wesentlich weniger kritisch, da 2FWW nicht die Effekte der Faktoren verfälschen können. 2FWW sind immer nur mit anderen 2FWW vermengt. Ist ein solcher Effekt signifikant, so weist dies darauf hin, dass mindestens eine von mehreren 2FWW wichtig ist. Mit technischen Überlegungen lässt sich dann meist die wichtige Wechselwirkung identifizieren. Bleiben Zweifel, so kann mit zusätzlichen Versuchen zwischen zwei plausiblen Möglichkeiten unterschieden werden.

Versuche der Auflösung V oder höher sind als unkritisch zu bewerten, da sämtliche 2FWW getrennt voneinander bestimmt werden können und nur mit 3FWW vermengt sind. Diese 3FWW sind selten von praktischer Bedeutung.

8.2.6 Überblick über 2^{k-p}-Pläne

Je größer die Anzahl der Faktoren k und je kleiner die Anzahl der Faktorstufenkombinationen m in einem Versuchsplan ist, desto niedriger ist die Auflösung, die maximal erreichbar ist. Tabelle 8.13 zeigt diese maximale Auflösung für die häufigsten Fälle.

Tabelle 8.13
Maximal erreichbare Auflösung in Abhängigkeit von der Anzahl der Faktoren k und der Anzahl der Faktorstufenkombinationen m

m\k	3	4	5	6	7	8	9	10	11	12
4	2^{3-1} III									
8	2^3 vollst.	2^{4-1} IV	2^{5-2} III	2^{6-3} III	2^{7-4} III					
16		2^4 vollst.	2^{5-1} V	2^{6-2} IV	2^{7-3} IV	2^{8-4} IV	2^{9-5} III	2^{10-6} III	2^{11-7} III	2^{12-8} III
32			2^5 vollst.	2^{6-1} VI	2^{7-2} IV	2^{8-3} IV	2^{9-4} IV	2^{10-5} IV	2^{11-6} IV	2^{12-7} IV
64				2^6 vollst.	2^{7-1} VII	2^{8-2} V	2^{9-3} IV	2^{10-4} IV	2^{11-5} IV	2^{12-6} IV
128					2^7 vollst.	2^{8-1} VIII	2^{9-2} VI	2^{10-3} V	2^{11-4} V	2^{12-5} IV

Umgekehrt kann man auch sagen, je niedriger die Auflösung ist, desto mehr Faktoren können mit einer gegebenen Anzahl Faktorstufenkombinationen untersucht werden:

Bei Auflösung III können
- mit 4 Faktorstufenkombinationen 3 Faktoren
- mit 8 Faktorstufenkombinationen bis zu 7 Faktoren
- mit 16 Faktorstufenkombinationen bis zu 15 Faktoren
- mit 32 Faktorstufenkombinationen bis zu 31 Faktoren untersucht werden, usw.

Ein Versuchsplan, der diese Maximalzahl an Faktoren enthält, heißt „gesättigt", weil nicht mehr Faktoren untersucht werden können. Alle Effekte sind mit Faktoren belegt. Gesättigte Pläne werden häufig von G. Taguchi genutzt (Kapitel 9).

Bei Auflösung IV können

- mit 8 Faktorstufenkombinationen bis zu 4 Faktoren
- mit 16 Faktorstufenkombinationen bis zu 8 Faktoren
- mit 32 Faktorstufenkombinationen bis zu 16 Faktoren untersucht werden.

Somit benötigt man für Auflösung IV höchstens doppelt so viele Faktorstufen-kombinationen wie für Auflösung III. Da das Risiko, das mit der Vermengung verbunden ist, bei Plänen der Auflösung IV weniger kritisch ist als bei III (vgl. Tabelle 8.12), wird empfohlen, soweit möglich mindestens Auflösung IV zu verwenden.

Für Auflösung $\geq$V nimmt die Anzahl der Faktorstufenkombinationen sehr schnell mit der Anzahl der Faktoren zu. Daher können Versuche mit Auflösung $\geq$V normalerweise nur für bis zu $k = 6$ Faktoren durchgeführt werden ($m = 32$).

Versuche der Auflösung IV (in Ausnahmefällen III) werden eingesetzt, um aus vielen Faktoren die wichtigsten zu erkennen (Screening). Für genauere Untersuchungen (vgl. Kapitel 11) sollte mindestens Auflösung V verwendet werden.

Zuordnungen

Es gibt viele mögliche Zuordnungen, um einen fraktionellen faktoriellen Versuchsplan mit vorgegebenen Werten von k und m zu erzeugen. Allerdings erhält man nicht mit jeder Zuordnung die maximale Auflösung nach Tabelle 8.13. Vor allem bei mehrfach reduzierten Plänen ist die günstigste Zuordnung nicht offensichtlich. Folgende Aufgabe verdeutlicht dies.

Aufgabe

Durch die Zuordnung von zwei Faktoren E und F zu einem vollständigen faktoriellen 2^4-Plan soll ein fraktioneller faktorieller 2^{6-2}-Plan erzeugt werden. Vergleichen Sie folgende Möglichkeiten, indem Sie sämtliche Generatoren berechnen und so die Auflösung bestimmen. Was erhalten Sie in Wirklichkeit, wenn Sie den Effekt von A berechnen?

a) E = ABCD und F = BCD

b) E = ABC und F = BCD

c) E = –ABC und F = –BCD

Lösung

a) Die Generatoren I=ABCDE und I=BCDF ergeben als weiteren Generator
    I·I=ABCDE·BCDF=AEF und damit Auflösung III.
    Statt A erhält man A+BCDE+ABCDF+EF, d.h. A ist mit der 2FWW EF vermengt.

b) Die Generatoren I=ABCE und I=BCDF ergeben als weiteren Generator
    I·I=ABCE·BCDF=ADEF und damit Auflösung IV.
    Statt A erhält man A+BCE+ABCDF+DEF, d.h. A ist mit den 3FWW BCE und DEF vermengt, aber mit keiner 2FWW.

c) Die Generatoren I=–ABCE und I=–BCDF ergeben als weiteren Generator
    I·I=(–ABCE)·(–BCDF)=ADEF und damit Auflösung IV.
    Statt A erhält man A–BCE–ABCDF+DEF.

Mit den Zuordnungen b und c erhält man Auflösung IV (wie in Tabelle 8.13 angegeben), mit a nur Auflösung III.

Tabelle 8.14 zeigt Zuordnungen, mit denen für vorgegebene Werte von k und m fraktionelle faktorielle Versuchspläne mit der jeweils maximal erreichbaren Auflösung erzeugt werden.

Tabelle 8.14
Zuordnungen, die die maximal erreichbare Auflösung nach Tabelle 8.13 ergeben [1]:
k = Anzahl der Faktoren
p = Anzahl der Zuordnungen
m = Anzahl der Faktorstufenkombinationen 2^{k-p}

k	m	p	Aufl.	Geeignete Zuordnungen				
3	4	1	III	C=±AB				
4	8	1	IV	D=±ABC				
5	16	1	V	E=±ABCD				
5	8	2	III	D=±AB	E=±AC			
6	32	1	VI	F=±ABCDE				
6	16	2	IV	E=±ABC	F=±BCD			
6	8	3	III	D=±AB	E=±AC	F=±BC		
7	64	1	VII	G=±ABCDEF				
7	32	2	IV	F=±ABCD	G=±ABDE			
7	16	3	IV	E=±ABC	F=±BCD	G=±ACD		
7	8	4	III	D=±AB	E=±AC	F=±BC	G=±ABC	
8	128	1	VIII	H=±ABCDEFG				
8	64	2	V	G=±ABCD	H=±ABEF			
8	32	3	IV	F=±ABC	G=±ABD	H=±BCDE		
8	16	4	IV	E=±ABC	F=±ABD	G=±ACD	H=±BCD	
9	128	2	VI	H=±ACDFG		J=±BCEFG		
9	64	3	IV	G=±ABCD	H=±ACEF	J=±CDEF		
9	32	4	IV	F=±BCDE	G=±ACDE	H=±ABDE	J=±ABCE	
9	16	5	III	E=±ABC	F=±BCD	G=±ACD	H=±ABD	J=±ABCD
10	128	3	V	H=±ABCG	J=±BCDE	K=±ACDF		
11	128	4	V	H=±ABCG	J=±BCDE	K=±ACDF	L=±ABCDEFG	

8.2.7 Praxisbeispiel Reflowlöten

Das folgende Praxisbeispiel wurde im Jahre 1993 in einer Zusammenarbeit zwischen dem Hersteller und einem Anwender einer Reflowlötanlage durchgeführt und hatte wesentlichen Einfluss auf die weitere Entwicklung dieses Anlagentyps. Erstmalig wurde ein neues Anlagenkonzept systematisch erprobt. Diese Erprobung war so erfolgreich, dass zwischenzeitlich fast nur noch Anlagen gebaut werden, die auf dem neuen Konzept basieren.

Im folgenden werden die Einzelschritte der Vorgehensweise aus Kapitel 3 nacheinander behandelt.

1. Ausgangssituation beschreiben

Zum Löten von SMD-Bauelementen (Surface Mounted Devices) auf Leiterplatten wird zunächst Lotpaste aufgetragen. Auf diese Lotpaste werden die Bauelemente platziert (bestückt). In der Reflowlötanlage wird die bestückte Leiterplatte dann erhitzt. Das Lot schmilzt, und die Bauelemente werden dadurch festgelötet.

Der Lötprozess ist kontinuierlich. Die Leiterplatten durchlaufen auf einem Transportsystem verschiedene Temperaturzonen in der Anlage, so dass die Temperatur der Leiterplatte den in Bild 8-2 dargestellten Zeitverlauf hat. Die Leiterplatte wird zunächst auf eine Temperatur von ca. 150 °C erwärmt, um die Lotpaste zu aktivieren. Dadurch wird die Oxidhaut aufgebrochen. Dann wird die Temperatur kurz auf über 200 °C erhöht, um die Lotpaste aufzuschmelzen (Schmelzpunkt ca. 180 °C) und anschließend schnell wieder abgekühlt.

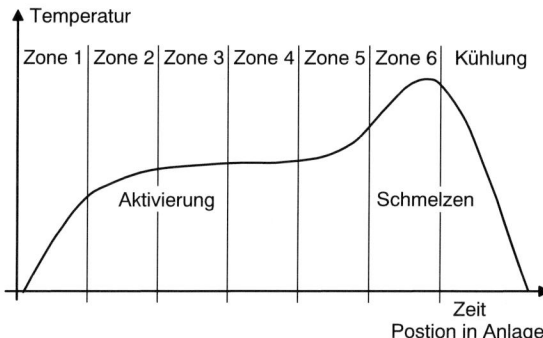

Bild 8-2
Temperatur auf der Leiterplatte beim Durchlaufen der Reflowlötanlage (Prinzipbild)

Je nach Fabrikat der Lotpaste (und normalerweise auch Bestückung der Leiterplatte) benötigt man etwas unterschiedliche Temperaturverläufe (Profile), um ein optimales Lötergebnis zu erzielen.

Bei Infrarotanlagen erfolgt die Aufheizung durch geregelte Infrarotstrahler. Ein Problem dieser Anlagen ist, dass die Leiterplatte und die Bauelemente deutlich wärmer werden als die Lotpaste. Daher hat man nur ein sehr enges Temperaturfenster zur Verfügung, in dem die Lotpaste überall aufschmilzt, die Leiterplatte jedoch noch nicht geschädigt wird. Je nach Größe der Leiterplatte und Dichte der Bestückung benötigt man ein anderes Profil. Die Änderung der Profile ist mit großem Aufwand verbunden und birgt ein Fehlerrisiko.

Je kleiner der Temperaturunterschied zwischen Leiterplatte und Lotpaste ist, desto größer ist das Fenster. Im Idealfall kann man alle Leiterplattentypen mit einem einzigen Profil löten.

Gegenstand der Untersuchung war eine neue Anlage, bei der in der Schmelzzone (Zone 6) die Erwärmung der Leiterplatte durch Anblasen mit Heißluft erfolgte (Konvektionsanlage). Davon erhoffte man sich eine Erniedrigung der Temperaturunterschiede.

2. Untersuchungsziel festlegen

Ziel der Untersuchung war es, das Verhalten dieser völlig neuen Anlage mit möglichst wenig Aufwand quantitativ zu erfassen. Dazu sollte der Temperaturverlauf in Abhängigkeit von den relevanten Anlagenparametern analysiert werden. Insbesondere sollte untersucht werden,

- wie die Temperaturunterschiede zwischen Leiterplatte und Lotpaste minimiert werden können (zur Maximierung des Prozessfensters, Langzeitziel war ein gemeinsames Profil für alle Leiterplattentypen) und

- wie das Temperaturprofil quantitativ von den Anlagenparametern abhängt (um bei evtl. auftretenden Problemen gezielt reagieren zu können und die Besonderheiten verschiedener Lotpasten berücksichtigen zu können).

Die Zielgrößen sind daher Mittelwerte, die Auswertung erfolgt mit klassischen Methoden.[1]

3. Zielgrößen und Faktoren festlegen

Für die Untersuchung wurde ein besonders problematischer Leiterplattentyp (mit Gebieten sehr dichter Bestückung und damit besonders niedrigen Temperaturen an den Lötstellen in diesen Gebieten) ausgewählt und eine Leiterplatte als Testplatte mit Thermoelementen an folgenden kritischen Stellen bestückt:

- an der Lotpaste in einem Gebiet niedriger Temperatur T_L

- auf der Leiterplatte in einem Gebiet hoher Temperatur T_P

- in einem Bauelement mit besonders hoher Temperatur T_B

- an einer heißen Stelle auf der Unterseite T_U.

Die 4 Temperaturen wurden jeweils am Ende der 5 Vorheizzonen und im Maximum gemessen. Außerdem wurde die Zeit erfasst, für die die Löttemperatur überschritten ist. D. h. pro Einzelversuch wurden 28 Messwerte erfasst. Alle Einzelversuche wurden mit derselben Testplatte durchgeführt. Dadurch entfiel zwar die Aktivierung, das Lot ist aber bei jedem Einzelversuch erneut geschmolzen.

Jede dieser 28 Größen kann als Zielgröße verwendet werden, aber auch daraus abgeleitete Größen sind möglich. Für die Minimierung der Temperaturdifferenz ist keiner der Messwerte direkt geeignet. Nach Durchführung der Versuche war jedoch klar, dass von den 4 Temperaturen die Temperatur an der Lötstelle immer die niedrigste und die Temperatur auf der Leiterplatte immer die höchste war.

Als Zielgröße bietet sich daher die Temperaturdifferenz $\Delta = T_P - T_L$ an. Statt der Differenz wird im folgenden das Verhältnis $V = \Delta / (T_L - 150)$ verwendet. Dahinter steckt die Überlegung, dass die Differenz natürlich um so höher ist, je stärker die Erwärmung in der Zone 6 ist ($150\,°C$ ist die Ausgangstemperatur im Plateau vor der Schmelzzone). Ein minimaler Wert von V bedeutet, dass eine vorgegebene Erwärmung in der Schmelzzone mit minimaler Temperaturdifferenz erreicht wird.

---

[1] Für die Minimierung der Temperaturunterschiede hätte man auch Ideen von G. Taguchi verwenden können (Kapitel 9). Die Grenzen zwischen den Verfahren sind fließend.

V ist nicht die einzig mögliche Zielgröße, Alternativen wie z.B. Δ sind denkbar. Wichtig ist nur, dass die verwendete Zielgröße das Untersuchungsziel abbildet. Die wesentlichen Schlussfolgerungen sind weitgehend unabhängig von der genauen Definition der Zielgröße.

Der Einfluss folgender Faktoren auf die 28 Messwerte sollte untersucht werden:

A	Transportgeschwindigkeit	0,7	0,9	m/min
B	(Soll-)Temperatur in Zone 1	170	190	°C
C	(Soll-)Temperatur in Zone 2	160	180	°C
D	(Soll-)Temperatur in Zone 3	140	160	°C
E	(Soll-)Temperatur in Zone 4	130	150	°C
F	(Soll-)Temperatur in Zone 5	160	180	°C
G	(Soll-)Temperatur in Zone 6	225	245	°C
H	Heizung auch von unten in Zone 2 bis 5	aus	ein	
J	Lüfter oben in Zone 6	60	100	%
K	Lüfter unten in Zone 6	60	100	%
L	Heizung auch von unten in Zone 6	aus	ein	
M	Messgerät	Nr. 1	Nr. 2	

Um die Untersuchung schneller durchführen zu können, sollten abwechselnd zwei verschiedene Messgeräte eingesetzt werden. Diese wurden als zusätzlicher Faktor M in den Versuchsplan aufgenommen. Die 12 Faktoren A–M wurden auf je zwei Stufen untersucht (die Festlegung der Stufenwerte erfolgte aufgrund der Erfahrung mit früheren Anlagen, ergänzt um einige grobe Vorversuche).

4. Versuchsplan aufstellen

Zunächst wurde der Versuchsumfang festgelegt. Bei gleichen Bedingungen streuten Messwerte für die Temperaturen erfahrungsgemäß mit einer Standardabweichung von ca. 2 °C. Effekte von ca. 3 °C sollten erkannt werden. Daraus ergibt sich gemäß (7.15) ein Versuchsumfang von ca. 27.

Andererseits benötigt man für einen Versuchsplan der Auflösung IV mit 12 Faktoren 32 Faktorstufenkombinationen (vgl. Tabelle 8.13 – k = 12 Faktoren in m = 2^{12-7} = 32 Kombinationen). m = 32 ist bereits mehr als die errechnete Anzahl von 27, daher genügt eine Realisierung (n = 1). Zur Abschätzung der Zufallsstreuung wurden vier der Faktorstufenkombinationen wiederholt.

Somit wurden insgesamt 36 Einzelversuche durchgeführt, d.h. die Testleiterplatte lief insgesamt 36mal durch die Anlage. Die Durchlaufzeit der Leiterplatte durch die Anlage betrug nur wenige Minuten. Zwischen den Durchläufen musste die Leiterplatte aber wieder gekühlt werden, und die Anlage brauchte Zeit, bis sich die veränderten Bedingungen eingestellt hatten. Daher betrug die Gesamtzeit zur Durchführung eines Einzelversuchs ca. 15 min. Für den gesamten Versuch wurde daher ein Arbeitstag veranschlagt. Der damit verbundene Aufwand erschien angemessen.

Die Einzelversuche wurden in randomisierter Reihenfolge durchgeführt, wobei abwechselnd die Messgeräte 1 und 2 verwendet wurden. Auf Blockbildung wurde verzichtet, da alle Einzelversuche unmittelbar hintereinander durchgeführt werden konnten. Tabelle 8.15 zeigt den Versuchsplan.

Tabelle 8.15
Faktorstufenkombinationen in der Reihenfolge der Versuchsdurchführung

Vers Nr.	syst Nr.	Transp. geschw [m/min]	Soll-temp. Zone 1 [°C]	Soll-Temp. Zone 2 [°C]	Soll-Temp. Zone 3 [°C]	Soll-temp. Zone 4 [°C]	Soll-Temp. Zone 5 [°C]	Soll-temp. Zone 6 [°C]	Heizung Unten Zone 2–5	Lüfter oben Zone 6 [%]	Lüfter unten Zone 6 [%]	Heizg unten Zone 6	Mess-gerät Nr.
1	24	0,9	170	180	160	150	160	225	aus	100	100	ein	Nr.1
2	31	0,9	190	180	160	130	180	225	ein	100	60	aus	Nr.2
3	23	0,9	170	180	160	130	160	245	aus	100	60	aus	Nr.1
4	3	0,7	170	160	160	130	160	225	ein	100	60	ein	Nr.2
5	28	0,9	190	160	160	150	160	245	ein	60	60	ein	Nr.1
6	19	0,9	170	160	160	130	180	245	aus	60	100	aus	Nr.2
7	8	0,7	170	180	160	150	180	245	ein	60	60	aus	Nr.1
8	22	0,9	170	180	140	150	160	225	ein	60	100	aus	Nr.2
9	13	0,7	190	180	140	130	160	245	ein	100	100	aus	Nr.1
10	10	0,7	190	160	140	150	180	225	ein	60	100	ein	Nr.2
11	30	0,9	190	180	140	150	180	245	aus	60	100	aus	Nr.1
12	25	0,9	190	160	140	130	160	225	aus	100	100	ein	Nr.2
13	29	0,9	190	180	140	130	180	225	aus	60	60	ein	Nr.1
14	19	0,9	170	160	160	130	180	245	aus	60	100	aus	Nr.2
15	7	0,7	170	180	160	130	180	225	ein	60	100	ein	Nr.1
16	9	0,7	190	160	140	130	180	245	ein	60	60	aus	Nr.2
17	1	0,7	170	160	140	130	160	225	aus	60	60	aus	Nr.1
18	32	0,9	190	180	160	150	180	245	ein	100	100	ein	Nr.2
19	14	0,7	190	180	140	150	160	225	ein	100	60	ein	Nr.1
20	15	0,7	190	180	160	130	160	245	aus	60	100	ein	Nr.2
21	27	0,9	190	160	160	130	160	225	ein	60	100	aus	Nr.1
22	21	0,9	170	180	140	130	160	245	ein	60	60	ein	Nr.2
23	17	0,9	170	160	140	130	180	245	ein	100	100	ein	Nr.1
24	16	0,7	190	180	160	150	160	225	aus	60	60	aus	Nr.2
25	18	0,9	170	160	140	150	180	225	ein	100	60	aus	Nr.1
26	6	0,7	170	180	140	150	180	245	aus	100	60	ein	Nr.2
27	8	0,7	170	180	160	150	180	245	ein	60	60	aus	Nr.1
28	25	0,9	190	160	140	130	160	225	aus	100	100	ein	Nr.2
29	11	0,7	190	160	160	130	180	245	aus	100	60	ein	Nr.1
30	26	0,9	190	160	140	150	160	245	aus	100	60	aus	Nr.2
31	1	0,7	170	160	140	130	160	225	aus	60	60	aus	Nr.1
32	5	0,7	170	180	140	130	180	225	aus	100	100	aus	Nr.2
33	2	0,7	170	160	140	150	160	245	aus	60	100	ein	Nr.1
34	4	0,7	170	160	160	150	160	245	ein	100	100	aus	Nr.2
35	12	0,7	190	160	160	150	180	225	aus	100	100	aus	Nr.1
36	20	0,9	170	160	160	150	180	225	aus	60	60	ein	Nr.2

5. Versuche durchführen

Die Umgebungsbedingungen wurden möglichst konstant gehalten (und zur Absicherung erfasst). Alle Einzelversuche wurden vom gleichen Zwei-Mann-Team an einem Tag durchgeführt. Tabelle 8.16 zeigt die Messwerte für 8 der insgesamt 28 erfassten Größen und die berechneten Werte für V.

Tabelle 8.16
Ergebnisse für ausgewählte Messgrößen und die berechnete Zielgröße V, in der Reihenfolge der Versuchsdurchführung

Vers. Nr.	syst. Nr.	T_P Zone 1 [°C]	T_P Zone 2 [°C]	T_L Zone 2 [°C]	T_P Zone 3 [°C]	T_P Zone 4 [°C]	T_P Zone 5 [°C]	T_P max [°C]	T_L max [°C]	V
1	24	96	141	113	154	154	170	211	197	0,298
2	31	109	146	117	152	148	174	207	191	0,390
3	23	98	143	113	152	146	162	215	199	0,327
4	3	109	141	117	154	145	164	209	199	0,204
5	28	115	141	111	156	154	164	213	193	0,465
6	19	100	131	105	150	148	178	203	189	0,359
7	8	113	154	129	164	158	184	217	203	0,264
8	22	98	141	109	145	150	158	188	176	0,462
9	13	127	162	135	146	143	168	223	211	0,197
10	10	123	148	125	145	156	178	203	195	0,178
11	30	109	150	119	146	156	182	209	193	0,372
12	25	105	135	107	135	137	160	207	189	0,462
13	29	111	150	121	145	143	180	205	189	0,410
14	19	98	103	105	150	146	176	205	191	0,341
15	7	115	154	129	162	154	180	209	199	0,204
16	9	125	148	123	145	141	172	211	199	0,245
17	1	115	146	127	145	141	164	199	188	0,289
18	32	109	148	119	154	156	184	227	209	0,305
19	14	125	162	137	152	156	172	217	203	0,264
20	15	125	160	133	162	152	164	213	203	0,189
21	27	113	141	115	154	148	160	193	180	0,433
22	21	100	141	113	143	139	156	207	189	0,462
23	17	96	129	105	135	139	176	227	207	0,351
24	16	125	160	135	162	156	168	201	191	0,244
25	18	100	133	109	141	150	178	209	193	0,372
26	6	109	154	131	145	154	188	229	213	0,254
27	8	117	158	135	166	162	186	223	209	0,237
28	25	104	135	109	137	137	160	207	191	0,390
29	11	123	150	129	162	150	188	234	219	0,217
30	26	107	137	113	141	150	164	215	199	0,327
31	1	109	143	121	141	141	168	199	188	0,289
32	5	115	156	131	143	139	180	213	203	0,189
33	2	113	145	123	145	156	168	217	205	0,218
34	4	111	143	121	156	152	170	221	209	0,203
35	12	125	150	129	160	160	186	213	203	0,189
36	20	96	131	107	152	152	184	205	189	0,410

6. Versuchsergebnisse auswerten

Der typische Ablauf einer Auswertung wird dargestellt.

• Suche nach Ausreißern

Da die 4 Messstellen auf der Leiterplatte in derselben Zone jeweils ein ähnliches Verhalten zeigen müssen, kann man durch paarweises Auftragen der Messergebnisse an zwei solcher Messstellen gegeneinander Ausreißer in den Daten gut erkennen. Bild 8-3 zeigt ein Beispiel mit einem offensichtlichen Ausreißer (der Wert Nr. 14 der Temperatur auf der Platte in Zone 2 (103) ist ein Tippfehler und sollte 130 sein). Diese Art von Fehlern werden zunächst korrigiert.

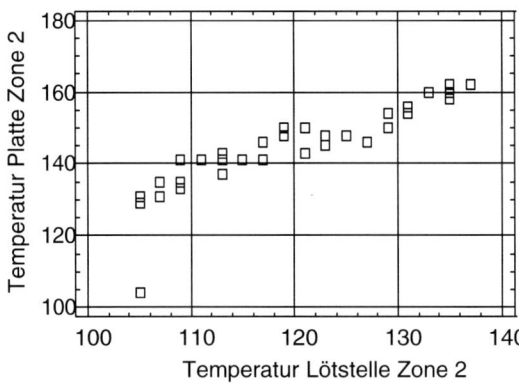

Bild 8-3
Ausreißer können z.B. erkannt werden, wenn zwei Werte gegeneinander aufgetragen werden, die einen ähnlichen Verlauf haben sollten.

• Berechnung der Effekte und ihrer Signifikanz

Für jede Zielgröße einzeln können mit (7.11ff) die Effekte berechnet und in ihrer Signifikanz beurteilt werden.

Dabei müssen nicht die Messwerte selbst als Zielgrößen verwendet werden. Man sollte vielmehr darauf achten, dass die Zielgröße möglichst gut das Ziel des Versuchs ausdrückt. Hier wird als Beispiel das Verhältnis $V = \Delta/(T_L - 150)$ als Zielgröße verwendet. Die Rechnung ist nicht schwierig, aber für die praktische Durchführung von Hand zu aufwendig. Mit Software erhält man die gesuchten Ergebnisse jedoch sehr einfach.

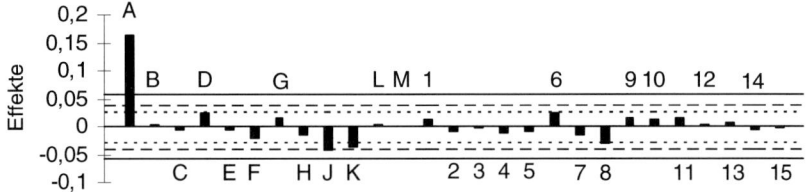

Bild 8-4
Effekte der Faktoren und der 2FWW für die Zielgröße V (Verhältnis) verglichen mit den 95%-, 99%- und 99,9%-Vertrauensbereichen
A–M: Effekte der Faktoren (vermengt mit 3FWW und höheren WW)
1–15:   Summen von mehreren 2FWW (vermengt mit höheren WW)

In Bild 8-4 sind nur die Effekte von A (Geschwindigkeit), J (Lüfter oben in Zone 6) und K (Lüfter unten in Zone 6) und der Wechselwirkungseffekt 8 größer als die Breite des 95%-Vertrauensbereichs. Nur diese werden daher weiter betrachtet.

Jeder Effekt ist $2^7 = 128$fach vermengt. Da ein Versuchsplan der Auflösung IV verwendet wurde, sind die Effekte der Faktoren jedoch nur mit 3FWW und höheren WW vermengt. Sie werden als reine Effekte der Faktoren interpretiert.

Der Effekt 8 ist die Summe der 2FWW AJ + BM + CD + FG + KL und höheren WW. Statistik hilft nicht bei der Entscheidung, welche dieser Wechselwirkungen wichtig ist, dazu ist technisches Wissen erforderlich. In diesem Beispiel haben die Faktoren A und J signifikante Effekte, daher ist naheliegend, dass 8 im wesentlichen die Wechselwirkung AJ ist.

Eine Wechselwirkung AJ bedeutet, dass die Faktoren A (Geschwindigkeit) und J (Lüfter oben) gemeinsam betrachtet werden müssen. Bild 8-5 stellt die Zielgröße V in Abhängigkeit von diesen Faktoren dar (Wechselwirkung = Abweichung von der Parallelität). Die WW ist technisch plausibel: Sie drückt nur aus, dass sich der Lüfter bei großen Temperaturunterschieden (großem V) stärker auswirkt als bei kleinen. Dies unterstützt die Interpretation der Wechselwirkung 8 als AJ.

Da man ein möglichst kleines Verhältnis V (und damit einen kleinen Unterschied zwischen der Temperatur auf der Platte und an der Lötstelle) anstrebt, sind eine hohe Lüfterdrehzahl oben und eine niedrige Geschwindigkeit günstig.

Der negative Effekt des Faktors K (Lüfter unten) bedeutet, dass eine hohe Lüfterdrehzahl unten die Temperaturunterschiede reduziert (Bild 8-5).

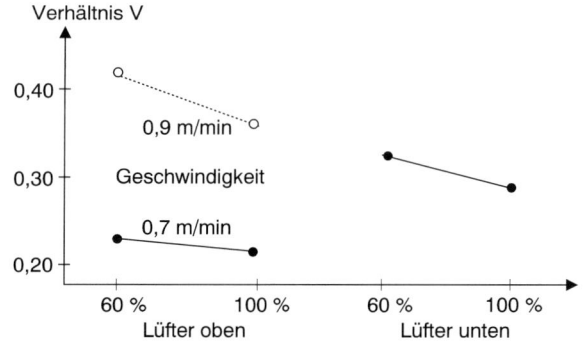

Bild 8-5
Grafische Darstellung der signifikanten Effekte von Faktoren und 2FWW auf die Zielgröße Verhältnis. Sie soll minimiert werden. Die beste Faktorstufenkombina-tion ist daher:
Geschwindigkeit   0,7 m/min
Lüfter oben   100 %
Lüfter unten   100 %

Insgesamt ist das Ergebnis in Bild 8-5 technisch plausibel:

Eine höhere Lüfterdrehzahl oben und unten bewirkt einen besseren Temperaturausgleich und damit geringere Temperaturdifferenzen. Eine geringere Transportgeschwindigkeit bedeutet eine längere Verweilzeit in der Schmelzzone und damit ebenfalls kleinere Temperaturdifferenzen.

Zur Absicherung der Ergebnisse wurden die Residuen wie in Kapitel 6 analysiert. Folgende Darstellungen werden empfohlen:

- Residuen gegen mit dem angepassten Modell berechnete Werte:
  Verändert sich die Streuung? Vor allem: Nimmt die Streuung mit dem berechneten Wert zu („Trichterform", vgl. Bild 10-6)?
  Wenn ja: Transformation der Zielgröße (Abschnitt 6.4).

- Residuen gegen Stufen der Einflussgrößen:
  Verändert sich die Streuung?
  Wenn ja: Möglichkeit zur Verringerung der Streuung (Kapitel 9).
  Bei mehrstufigen Plänen (Kapitel 11): Abweichungen von der Linearität?

- Residuen gegen Versuchsnummer:
  Gibt es einen Trend oder Sprung in den Residuen?
  Wenn ja: Ursache identifizieren und ggf. die Messwerte korrigieren.

- Residuen im Wahrscheinlichkeitsnetz:
  Gibt es Abweichungen von der Normalverteilung?
  Selten erkennbar; aber wenn: Transformation (Abschnitt 6.4).
  Gibt es Ausreißer?
  Wenn ja: Ursache identifizieren, dann Einzelversuch wiederholen, ggf. Analyse ohne Ausreißer wiederholen, um zu erkennen, ob der Ausreißer die Ergebnisse beeinflusst; technische Interpretation.

Bild 8-6 zeigt als Beispiel die Darstellung der Residuen gegen den berechneten Wert. Sie liegen in einem waagrechten Band, keine Trichterform ist erkennbar. Daher ist auch keine Transformation der Zielgröße V erforderlich. Der eine deutlich größere Wert (er stammt von Versuchsnummer 12) könnte ein Ausreißer sein. Eine Wiederholung der Analyse ohne diesen Wert führt zu keiner Veränderung der Schlussfolgerungen – bei einer Änderung hätte eine technisch-inhaltliche Analyse folgen müssen.

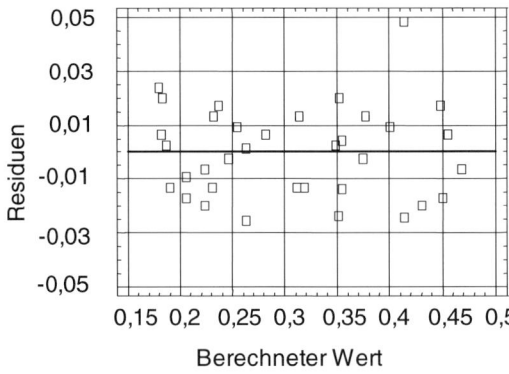

Bild 8-6
Darstellung der Residuen gegen die mit dem angepassten Modell berechneten Werte

Die hier dargestellte Auswertung wird für jede der Zielgrößen durchgeführt. Aus den entsprechenden Auswertungen für die Temperaturen erhält man eine genaue Beschreibung der Abhängigkeit der Temperatur auf der Leiterplatte von den eingestellten Anlagenparametern (an verschiedenen Stellen in der Anlage – hier nicht dargestellt).

7. Ergebnisse interpretieren und Maßnahmen ableiten

Hauptziel der Untersuchung war es, bei vorgegebener Maximaltemperatur und ausreichend langer Lötzeit möglichst geringe Temperaturunterschiede zwischen der Lötstelle und der Leiterplatte zu erreichen.

- Mit der Einstellung in Bild 8-5 konnten erstmalig **alle Leiterplattentypen mit einem einzigen Profil** gelötet werden.

- Aus den Messwerten der Temperaturen in Tabelle 8.16 wurde zusätzlich die quantitative Abhängigkeit der Temperatur auf der Leiterplatte von den Anlagenparametern ermittelt. Dadurch wurde es möglich, beim folgenden Einsatz der Anlage gezielt auf Änderungen des Anlagenzustandes zu reagieren und die Temperaturprofile auf verschiedene Lotpasten anzupassen.

- Mit Hilfe dieser Ergebnisse konnte die neue Anlage deutlich schneller als bei früheren Anlagen produktiv eingesetzt werden.

Die Breite des 95%-Vertrauensbereichs für die errechneten Effekte auf die Temperaturen beträgt 2 bis 3°C. Diese genaue Ermittlung der Effekte ist auf die Mehrfachnutzung der Einzelergebnisse zurückzuführen, die durch die Systematik des Versuchsplans ermöglicht wird.

8. Absicherung, Dokumentation, weiteres Vorgehen

Dies war der erste und bereits sehr erfolgreiche Einsatz einer Konvektionsanlage zum Reflowlöten. Aufgrund der positiven Ergebnisse wurde Konvektion bei Nachfolgeanlagen auch in den anderen Heizzonen eingesetzt, und der Lüfterdurchsatz wurde weiter erhöht.

Bei zu hohem Lüfterdurchsatz ergaben sich natürlich andere Probleme, wie z.B. weggeblasene Bauelemente. Aber aufgrund der Systematik bei der Vorgehensweise mit Versuchsplanung und der statistischen Absicherung der Ergebnisse konnten die Anlagen und die Lötprozesse sehr schnell weiterentwickelt werden. Inzwischen werden zum Reflowlöten fast nur noch Konvektionsanlagen eingesetzt.

8.3 Plackett-Burman-Versuchspläne

Plackett-Burman-Versuchspläne [3] stellen eine Alternative zu den fraktionellen faktoriellen Versuchsplänen dar. Die am weitesten verbreiteten Plackett-Burman-Versuchspläne haben Auflösung III. Wesentliche Unterschiede zu den fraktionellen faktoriellen Versuchsplänen sind:

- Es gibt Plackett-Burman-Pläne auch mit 12, 20, 24, 28 usw. Faktorstufenkombinationen.
- 2FWW sind auf die Effekte von mehreren Faktoren verteilt.

Die Auswertung von Plackett-Burman-Plänen erfolgt wie bei den fraktionellen faktoriellen Plänen.

Durch eine geeignete Verdoppelung der Anzahl Faktorstufenkombinationen kann man Plackett-Burman-Versuchspläne der Auflösung IV erzeugen.

8.3.1 Plackett-Burman-Versuchspläne der Auflösung III

Plackett-Burman-Pläne (PB-Pläne) gibt es für $m = 4, 8, 12, 16, 20, 24$ usw. Faktorstufenkombinationen. Sie erlauben daher eine feine Abstimmung der Anzahl m auf die Anzahl der Faktoren und den vertretbaren Versuchsaufwand. Wirklich neu sind die Pläne mit $m = 12, 20, 24$ usw. Im folgenden wird beispielhaft der Plan mit $m = 12$ behandelt, die Pläne für $m = 20$ und 24 werden nur angegeben.

Tabelle 8.17 zeigt den PB - Plan für $m = 12$. Theoretisch erlaubt er, die Effekte von bis zu 11 Faktoren zu bestimmen. Es wird jedoch empfohlen, mindestens zwei der Spalten nicht mit Faktoren zu belegen. Sie zeigen dann die Größenordnung der Zufallsstreuung und der 2FWW (wegen Auflösung III).

Tabelle 8.17
PB-Plan zur Untersuchung von bis zu 11 Faktoren in 12 Faktorstufenkombinationen (Empfehlung: max. 9 Spalten für Faktoren verwenden)

Nr.	A	B	C	D	E	F	G	H	J	K	L
1	+	−	+	−	−	−	+	+	+	−	+
2	+	+	−	+	−	−	−	+	+	+	−
3	−	+	+	−	+	−	−	−	+	+	+
4	+	−	+	+	−	+	−	−	−	+	+
5	+	+	−	+	+	−	+	−	−	−	+
6	+	+	+	−	+	+	−	+	−	−	−
7	−	+	+	+	−	+	+	−	+	−	−
8	−	−	+	+	+	−	+	+	−	+	−
9	−	−	−	+	+	+	−	+	+	−	+
10	+	−	−	−	+	+	+	−	+	+	−
11	−	+	−	−	−	+	+	+	−	+	+
12	−	−	−	−	−	−	−	−	−	−	−

Wie bei fraktionellen faktoriellen Plänen werden Effekte berechnet, indem man die Versuchsergebnisse mit der jeweiligen Vorzeichenspalte multipliziert, aufaddiert und durch die Anzahl Paare m/2 dividiert (hier 6).

Der PB-Plan in Tabelle 8.17 besitzt Auflösung III, d.h. 2FWW sind mit den Effekten der Faktoren vermengt. Während bei fraktionellen faktoriellen Versuchen der Auflösung III jedoch die Vorzeichenspalte einer bestimmten 2FWW identisch zur Vorzeichenspalte eines bestimmten Faktors und damit völlig mit diesem vermengt ist, ist beim PB-Plan z.B. die 2FWW AB „verschmiert" über alle Faktoren außer A und B. Das folgende Beispiel zeigt dieses „Verschmieren" anhand konkreter Zahlenwerte.

Beispiel

Die Vermengung von 2FWW soll an einem konstruierten Beispiel ohne Zufallsstreuung erläutert werden. Tabelle 8.18 zeigt den Versuchsplan von Tabelle 8.17 mit Versuchsergebnissen y_1 und y_2. Sie wurden berechnet gemäß:

$y_1 = 20 + 2 \cdot C$ d.h. Effekt C = 22 − 18 = 4, alle anderen = 0

$y_2 = 20 + 2 \cdot C + A \cdot B$ d.h. Effekt C = 4, WW AB = 2, alle anderen = 0

Tabelle 8.18
Berechnung der Effekte im konstruierten Beispiel:
Σ_1:   Summe aus Spalte y_1, Effekt C = 24/6 = 4, andere 0 (richtig)
Σ_2:   Summe aus Spalte y_2, Effekte C bis L sind um ±4/6 = ±AB/3 verfälscht

Nr.	A	B	C	D	E	F	G	H	J	K	L	y_1	y_2
1	+	−	+	−	−	−	+	+	+	−	+	22	21
2	+	+	−	+	−	−	−	+	+	+	−	18	19
3	−	+	+	−	+	−	−	−	+	+	+	22	21
4	+	−	+	+	−	+	−	−	−	+	+	22	21
5	+	+	−	+	+	−	+	−	−	−	+	18	19
6	+	+	+	−	+	+	−	+	−	−	−	22	23
7	−	+	+	+	−	+	+	−	+	−	−	22	21
8	−	−	+	+	+	−	+	+	−	+	−	22	23
9	−	−	−	+	+	+	−	+	+	−	+	18	19
10	+	−	−	−	+	+	+	−	+	+	−	18	17
11	−	+	−	−	−	+	+	+	−	+	+	18	17
12	−	−	−	−	−	−	−	−	−	−	−	18	19
Σ_1	0	0	24	0	0	0	0	0	0	0	0		
Σ_2	0	0	20	4	4	−4	−4	4	−4	−4	−4		

Tabelle 8.18 zeigt, dass die 2FWW AB die Effekte von 9 Faktoren (alle außer A und B) um ±1/3 ihres Wertes verfälscht. Sie ist auf 9 Faktoren „verschmiert".

- Wenn die 2FWW klein bis mittelgroß sind, ist dieses Verschmieren ein Vorteil, weil keiner der Faktoren wesentlich verfälscht wird.
- Ist jedoch eine WW groß, so verfälscht sie fast alle Faktoren, und das Ergebnis des gesamten Versuchs ist unbrauchbar.

Konstruktion von PB-Plänen

Der Versuchsplan in Tabelle 8.17 wurde folgendermaßen erzeugt:
Zeilen 1−11:   1. Spalte + + − +   + + − −   − + − wird zyklisch vertauscht
Letzte Zeile: nur −

Nach demselben Prinzip erhält man PB-Pläne mit m = 20 bzw. 24 Faktorstufenkombinationen aus folgenden 1. Spalten:

m = 20:   1. Spalte + + − −   + + + +   − + − +   − − − −   + + −
m = 24:   1. Spalte + + + +   + − + −   + + − −   + + − −   + − + −   − − −

Die Signifikanz von Effekten wird wie bei faktoriellen Plänen beurteilt – bei n > 1 mit Hilfe der mittleren Varianz s^2, wie in (7.12), bei n = 1 nach Darstellung der Effekte im Wahrscheinlichkeitsnetz oder durch Pooling der „Effekte" der nicht mit Faktoren belegten Spalten, wie in (7.16). Auch der erforderliche Versuchsumfang N = nm wird wie bei faktoriellen Versuchsplänen ermittelt.

8.3.2 Plackett-Burman-Versuchspläne der Auflösung IV

Aus einem beliebigen Versuchsplan mit Auflösung III erhält man einen Plan mit Auflösung IV, indem man alle Faktorstufenkombinationen mit umgekehrtem Vorzeichen wiederholt (sog. Foldover – die Effekte der Faktoren kehren dabei die Vorzeichen um, die 2FWW nicht, und so werden sie getrennt).

Tabelle 8.19 zeigt als Beispiel den PB-Plan mit Auflösung IV, der durch Foldover aus dem PB-Plan mit Auflösung III von Tabelle 8.17 entsteht.

Tabelle 8.19
PB-Plan der Auflösung IV für bis zu 11 Faktoren:
Nr. 13–24 erhält man durch Vorzeichenumkehr aus Nr. 1–12 (sog. Foldover).

Nr.	A	B	C	D	E	F	G	H	J	K	L
1	+	−	+	−	−	−	+	+	+	−	+
2	+	+	−	+	−	−	−	+	+	+	−
3	−	+	+	−	+	−	−	−	+	+	+
4	+	−	+	+	−	+	−	−	−	+	+
5	+	+	−	+	+	−	+	−	−	−	+
6	+	+	+	−	+	+	−	+	−	−	−
7	−	+	+	+	−	+	+	−	+	−	−
8	−	−	+	+	+	−	+	+	−	+	−
9	−	−	−	+	+	+	−	+	+	−	+
10	+	−	−	−	+	+	+	−	+	+	−
11	−	+	−	−	−	+	+	+	−	+	+
12	−	−	−	−	−	−	−	−	−	−	−
13	−	+	−	+	+	+	−	−	−	+	−
14	−	−	+	−	+	+	+	−	−	−	+
15	+	−	−	+	−	+	+	+	−	−	−
16	−	+	−	−	+	−	+	+	+	−	−
17	−	−	+	−	−	+	−	+	+	+	−
18	−	−	−	+	−	−	+	−	+	+	+
19	+	−	−	−	+	−	−	+	−	+	+
20	+	+	−	−	−	+	−	−	+	−	+
21	+	+	+	−	−	−	+	−	−	+	−
22	−	+	+	+	−	−	−	+	−	−	+
23	+	−	+	+	+	−	−	−	+	−	−
24	+	+	+	+	+	+	+	+	+	+	+

8.4 Funktionstest

Häufig kann ein Produkt vom Kunden auf viele verschiedene Arten konfiguriert werden bzw. unter vielen verschiedenen Einsatzbedingungen betrieben werden. Verschiedene Konfigurationsmerkmale bzw. Einsatzbedingungen können sich in ihren Auswirkungen gegenseitig beeinflussen und die ungünstigste Kombination ist oft unklar. Andererseits ist der Aufwand für den Test aller denkbaren Kombinationen nicht vertretbar.

Die fraktionellen faktoriellen Versuchspläne von Abschnitt 8.2 bieten eine effiziente Möglichkeit, mit relativ wenigen Einzelversuchen alle Zwei-Faktor-Kombinationen und fast alle Drei- bzw. Vier-Faktor-Kombinationen zu erfassen. So erhält man bei geringem Gesamtaufwand eine gute Absicherung gegen den Ausfall aufgrund einer ungünstigen Kombination.

Beispiel Computertest [4]

Es soll überprüft werden, ob ein neu entwickelter Computer unter allen denkbaren Hardwarekonfigurationen einwandfrei funktioniert. Der Einfluss folgender Komponenten (Faktoren) auf die Funktion soll getestet werden:

A	Bildschirm	Typ X	Typ Y
B	Arbeitsspeicher	klein	groß
C	Hersteller Stromversorgung	X	Y
D	Verbindungskabel	kurz	lang
E	Drucker	Typ X	Typ Y
F	Festplatte	klein	groß
G	Modem	ja	nein

Tabelle 8.20 zeigt den fraktionellen faktoriellen 2^{7-4}-Plan mit acht Faktorstufenkombinationen in den sieben Faktoren A-G in systematischer Reihenfolge.

Tabelle 8.20
Versuchsplan für den Funktionstest mit 7 zweistufigen Faktoren

Nr.	Bildsch. A	Speicher B	Hersteller C	Kabel D	Drucker E	Festplatte F	Modem G	Funktion
1	Typ X	klein	X	lang	Typ Y	groß	ja	ja
2	Typ Y	klein	X	kurz	Typ X	groß	nein	ja
3	Typ X	groß	X	kurz	Typ Y	klein	nein	ja
4	Typ Y	groß	X	lang	Typ X	klein	ja	ja
5	Typ X	klein	Y	lang	Typ X	klein	nein	ja
6	Typ Y	klein	Y	kurz	Typ Y	klein	ja	ja
7	Typ X	groß	Y	kurz	Typ X	groß	ja	ja
8	Typ Y	groß	Y	lang	Typ Y	groß	nein	ja

Bei diesem Funktionstest kann man davon ausgehen, dass eine bestimmte Konfiguration entweder funktioniert oder nicht, d.h. dass keine Zufallsstreuung auftritt. Außerdem hofft man natürlich, dass jede Konfiguration funktioniert – der Zweck dieses Tests ist ja, am Ende einer Entwicklung nachzuweisen, dass alles in Ordnung ist.

Man kann sich leicht davon überzeugen, dass dieser Plan alle möglichen Faktorstufenkombinationen zweier beliebiger Faktoren enthält. Außerdem enthält er 90% aller möglichen Drei-Faktor-Kombinationen und 50% aller Vier-Faktor-Kombinationen, obwohl nur 8 von $2^7 = 128$ insgesamt möglichen Kombinationen untersucht wurden. Man spricht daher von einer Testabdeckung von 100% der Zwei-Faktor-Kombinationen, 90% der Drei-Faktor-Kombinationen und 50% der Vier-Faktor-Kombinationen.

Nach einem solchen Ergebnis kann man die Freigabe mit wesentlich geringerem Risiko erteilen, als wenn man – ausgehend von einer Grundkonfiguration – für jeden der 7 Faktoren einzeln den Wert geändert hätte (one-factor-at-a-time), obwohl man dazu auch 8 Einzelversuche benötigt.

Genauer betrachtet enthält der Plan in Tabelle 8.20 z.B. alle Faktorstufenkombinationen der drei Faktoren ABC, ABE, ABF, ABG, aber nur die Hälfte der Kombinationen der drei Faktoren ABD (nur die vier Kombinationen Typ X-klein-lang, Typ Y-klein-kurz, Typ X-groß-kurz und Typ Y-groß-lang treten auf, die anderen vier fehlen).

Insgesamt gibt es 35 Möglichkeiten, 3 der 7 Faktoren auszuwählen. Für 28 dieser 35 Möglichkeiten werden alle acht Kombinationen untersucht. Nur für die 7 Möglichkeiten ABD, ACE, AFG, BCF, BEG, CDG und DEF wird nur die Hälfte der Kombinationen untersucht.

Durch geeignete Zuordnung der Faktoren kann man erreichen, dass potentiell kritische Kombinationen vollständig getestet werden.

Folgende fraktionellen faktoriellen Versuchspläne sind besonders nützlich für den Funktionstest:

- 2^{7-4}-Plan:
  Mit 8 Faktorstufenkombinationen erreicht man für 7 Faktoren eine Testabdeckung von 90% der Drei-Faktor-Kombinationen und 50% der Vier-Faktorkombinationen.

- 2^{8-4}-Plan:
  Mit 16 Faktorstufenkombinationen erreicht man für 8 Faktoren eine Testabdeckung von 100% der Drei-Faktor-Kombinationen, 90% der Vier-Faktorkombinationen und 50% der Fünf-Faktor-Kombinationen.

- 2^{15-11}-Plan:
  Mit 16 Faktorstufenkombinationen erreicht man für 15 Faktoren eine Testabdeckung von 96% der Drei-Faktor-Kombinationen.

Beim Funktionstest ist die Testabdeckung wichtig, nicht die Auflösung. Es besteht jedoch ein Zusammenhang zwischen den beiden Beurteilungsgrößen:

- Pläne der Auflösung III haben eine Testabdeckung von 100% der Zwei-Faktor-Kombinationen, aber weniger als 100% der Drei-Faktor-Kombinationen. Die Generatoren mit 3 Buchstaben geben die Faktoren an, für die nur die Hälfte der möglichen Kombinationen untersucht wird.

- Pläne der Auflösung IV haben eine Testabdeckung von 100% der Drei-Faktor-Kombinationen, aber weniger als 100% der Vier-Faktor-Kombinationen. Die Generatoren mit 4 Buchstaben geben die Faktoren an, für die nur die Hälfte der möglichen Kombinationen untersucht wird.

Außer bei verschiedenen Gerätekonfigurationen kann man die hier beschriebene Vorgehensweise auch für den Funktionstest bei verschiedenen Kombinationen von Einsatzbedingungen wie z.B. Umgebungstemperatur, Luftfeuchtigkeit, Versorgungsspannung, Last u.ä. verwenden.

Auch für Zuverlässigkeitsuntersuchungen ist es sinnvoll, solche Kombinationen von Einsatzbedingungen zu verwenden. Dadurch kann man erkennen, wenn es Wechselwirkungen zwischen verschiedenen Einsatzbedingungen gibt und Probleme nur bei bestimmten Kombinationen auftreten.

8.5 Einsatzempfehlungen

Screening-Versuchspläne werden eingesetzt, wenn man mit möglichst wenigen Einzelversuchen erkennen möchte, welche Faktoren (aus einer meist größeren Anzahl k) einen besonders großen Effekt auf die Zielgröße(n) haben und in welche Richtung dieser Effekt geht.

Dazu wird empfohlen:

1. Es genügt zunächst, jeden Faktor auf zwei Stufen zu untersuchen.

2. Den besten Kompromiss zwischen Aufwand und Vermengungsrisiko bieten Pläne der Auflösung IV. Fraktionelle faktorielle Pläne sind bei Auflösung IV besser, da die Vermengungsstruktur angegeben werden kann, und so mit Hilfe von technischen Überlegungen signifikante 2FWW richtig identifiziert werden können (Abschnitt 8.2). Ist eine technisch begründete Zuordnung der Wechselwirkungen nicht möglich, so kann der Versuchsplan nachträglich erweitert werden, um vermengte Wechselwirkungen zu trennen (vgl. Abschnitt 17.1).

3. Pläne der Auflösung III sollten normalerweise **nicht** verwendet werden, da 2FWW die Effekte der Faktoren verfälschen können. Sind sie zur Begrenzung des Aufwands aber unvermeidlich, so sind Plackett-Burman-Pläne besser, da die 2FWW über viele Faktoren verteilt werden (Abschnitt 8.3). Werden einige Spalten nicht mit Faktoren belegt, so bieten auch diese Pläne eine gewisse Absicherung gegen Fehlschlüsse.

Bevor man sich für einen Plan der Auflösung III entscheidet, sollte man bedenken, dass die Anzahl m der Faktorstufenkombinationen für einen Plan der Auflösung IV nur doppelt so groß ist wie für Auflösung III, bei deutlich reduziertem Risiko.

Der Versuchsumfang N ergibt sich wie in (7.15) aus dem technologisch relevanten Unterschied $\Delta\mu$, der mit hoher Wahrscheinlichkeit erkannt werden soll, und der Standardabweichung der Zufallsstreuung σ.

$N = n \cdot m$: In den meisten Fällen ist es bei vorgegebenem Versuchsumfang N günstig, die Anzahl m der Faktorstufenkombinationen möglichst groß zu wählen und jede nur einmal zu realisieren ($n = 1$).

Sind alle Faktoren quantitativ, so wird ein zusätzlicher Zentrumspunkt empfohlen (vgl. Abschnitt 17.2). Damit kann erkannt werden, ob es Abweichungen von der Linearität gibt.

Fraktionelle faktorielle Pläne sind auch für den Funktionstest geeignet. Beim Funktionstest ist die Testabdeckung wichtig. Pläne der Auflösung III können hier durchaus sinnvoll sein (Abschnitt 8.4).

Literatur

[1] Box, G.E.P./Hunter, W.G./Hunter, J.S.: Statistics for Experimenters. John Wiley, New York 1978

[2] Qualitätsverbesserung durch Versuchsmethodik, Schulungsunterlagen der DGQ (Deutsche Gesellschaft für Qualität), Frankfurt am Main 1997

[3] Plackett, R.L./Burman, J.P.: „The design of optimum multifactorial experiments" in: Biometrica 33 (1946), 303–325

[4] Breyfogle, F.W.: Implementing Six Sigma. John Wiley, New York 1999

9 Robuste Produkte/Prozesse

Häufig ist das Hauptziel einer Untersuchung, eine möglichst geringe Abhängigkeit des Ergebnisses von Störgrößen zu erreichen. Im Fall eines Fertigungsprozesses kann dies z.B. bedeuten, dass das Prozessergebnis möglichst wenig von Schwankungen der Prozessparameter, der Umgebungsbedingungen oder des Ausgangsmaterials beeinflusst wird. Im Fall eines Produktes kann dies auch eine möglichst geringe Abhängigkeit von den Einsatzbedingungen (z.B. Versorgungsspannung und Umgebungstemperatur bei einer elektronischen Schaltung) sein. Man spricht dann von robusten Prozessen bzw. Produkten.

Insbesondere G. Taguchi [1], [2] hat sich große Verdienste dadurch erworben, dass er die zentrale Bedeutung der Reduzierung des Streuverhaltens immer wieder betonte und eine Entwicklungsstrategie zusammengestellt hat, in deren Zentrum „robuste Produkte/Prozesse" stehen.

Im folgenden wird zunächst diese Entwicklungsstrategie nach G. Taguchi beschrieben.

Zur Umsetzung seiner Entwicklungsstrategie hat G. Taguchi die Methoden der Versuchsplanung vorgeschlagen und popularisiert. Er war dabei sehr erfolgreich und hat der Versuchsplanung viele neue Anwender gewonnen, die z.T. die Begriffe „Taguchi Methode™"[1] und „Versuchsplanung" als Synonyme behandeln. Taguchi baut auf den klassischen Verfahren von Kapitel 8 auf. In diesem Kapitel werden speziell die Ergänzungen durch Taguchi beschrieben [1–5].

Viele dieser Ergänzungen sind bei den Anhängern der „klassischen Versuchsplanung" jedoch heftig umstritten [6]. Daher soll hier auch der Versuch einer Wertung unternommen werden, und alternative Ansätze zum Erreichen „robuster Produkte/Prozesse" werden gezeigt [7], [8].

Das Motto der folgenden Darstellung ist:

Taguchi hat die klassische Versuchsplanung durch einige wesentliche Gesichtspunkte bereichert, vor allem bezüglich der Zielsetzung. Allerdings sollte man nicht jedes seiner Verfahren blind übernehmen, denn in vielen Punkten hat die klassische Versuchsplanung Besseres zu bieten.

9.1 Ziel und Strategie von G. Taguchi

In diesem Abschnitt werden das Qualitätsziel und die Entwicklungsstrategie von Taguchi behandelt, d.h. die konzeptionellen Aspekte. Auch Kritiker von G. Taguchi stimmen mit ihm bezüglich des Ziels überein. Nur der Weg zu diesem Ziel ist umstritten.

---

[1] Trademark American Supplier Institute (ASI)

9.1.1 Qualitätsziel: Streuung minimieren

Bild 9-1 vergleicht das frühere Toleranzverständnis mit dem Toleranzverständnis von Taguchi. Nach früherem Toleranzverständnis steht der Hersteller im Vordergrund. Ihm entsteht (zumindest auf den ersten Blick) nur dann ein Verlust, wenn ein Qualitätsmerkmal außerhalb der Toleranz liegt. Die Größe des Verlusts ist der Warenwert bzw. die Reparaturkosten. Dieser Verlust aus Herstellersicht steigt an den Toleranzgrenzen des Qualitätsmerkmals sprunghaft an.

Im Toleranzverständnis von Taguchi steht der Kunde bzw. die Gesellschaft als Ganzes im Vordergrund. Für den Kunden reduziert sich der Gebrauchswert eines Produkts kontinuierlich und mit jeder Abweichung des Qualitätsmerkmals vom Zielwert. Die einfachste funktionale Abhängigkeit dieser Form ist eine quadratische Zunahme des Verlusts mit der Abweichung vom Zielwert.

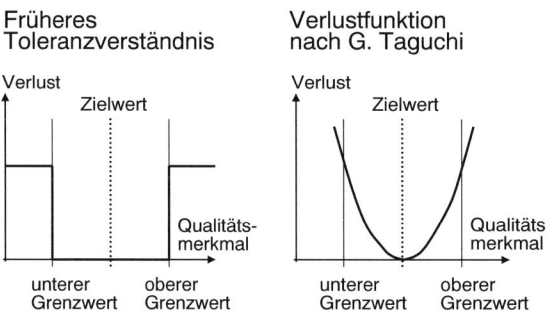

Bild 9-1
Vergleich zwischen früherem und Taguchis Toleranzverständnis

Aus dem Unterschied im Toleranzverständnis resultieren unterschiedliche Qualitätsziele:

Früher: Es genügt, die Spezifikation einzuhalten.

Taguchi: Auch innerhalb der Spezifikation sollte die Streuung bzw. die Abweichung vom Zielwert möglichst klein sein.

Taguchis Ziel entspricht dem zeitgemäßen Qualitätsverständnis, das den Kunden in den Mittelpunkt stellt. Ein wichtiges **Ziel der Produkt- bzw. Prozessentwicklung ist die Minimierung der Streuung**.

9.1.2 Entwicklungsstrategie: Robuste Produkte/Prozesse

Die Minimierung der Streuung darf nicht dadurch erreicht werden, dass der Entwickler enge Toleranzen vorgibt (eine leider weit verbreitete Vorgehensweise). Das wäre mit hohen Kosten verbunden. Geringe Streuung muss vielmehr durch robuste Produkte bzw. Prozesse erreicht werden.

- Produkte sind robust, wenn ihre Eigenschaften möglichst wenig von Fertigungs- bzw. Einsatzbedingungen abhängen.

- Prozesse sind robust, wenn das Prozessergebnis möglichst wenig von unvermeidlichen Schwankungen der Prozessparameter, Materialeigenschaften, Umgebungsbedingungen u.ä. abhängt.

Bild 9-2 zeigt grafisch, was „robuster Prozess" bedeutet. Die Bilder 9-3 und 9-4 zeigen, wie der Wert eines Prozessparameters die Robustheit eines Prozesses beeinflussen kann (analog für „robuste Produkte").

Bild 9-2
Ein robuster Prozess ist ein Prozess, dessen Ergebnis wenig streut, obwohl Prozesspa-rameter, Umgebungsbedingungen, Materialeigenschaften u.a. in vernünftigem Rahmen streuen.

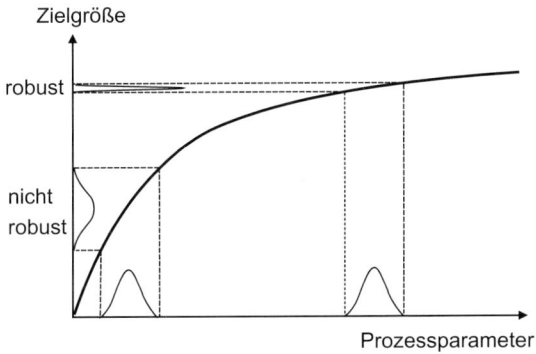

Bild 9-3
Besteht ein nichtlinearer Zusam-menhang zwischen einem Pro-zessparameter und einer Zielgröße, so gibt es Einstellwerte des Para-meters, in denen sich eine be-stimmte Streuung weniger auf die Zielgröße auswirkt als bei anderen Werten. Diese sucht man für robus-te Prozesse.

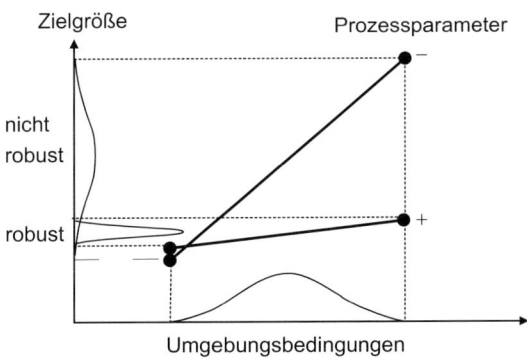

Bild 9-4
Besteht eine Wechselwirkung zwi-schen einem Prozessparameter und z.B. einer Umgebungsbedin-gung wie der Temperatur, so wirkt sich dieselbe Streuung der Umge-bungsbedingung bei einem Wert des Prozessparameters (hier +) weniger aus als bei einem anderen Wert (hier −).

Um robuste Produkte bzw. Prozesse zu erreichen, unterscheidet G. Taguchi drei Entwicklungsschritte (Designphasen):

1. Systemdesign

   Mit Erfahrung, technischem Wissen und neuen Erfindungen wird ein Produkt (Prozess) entwickelt, das (der) unter definierten Bedingungen funktioniert.

2. Parameterdesign

   Durch geplante Versuche wird festgestellt, welche Faktoren die Streuung beeinflussen. Dann werden zuerst diese Faktoren auf Werte festgelegt, die die Streuung minimieren (robustes Produkt/Prozess). Erst als nächster Schritt werden die restlichen Faktoren so festgelegt, dass der richtige Zielwert (Mittelwert) erreicht wird. Hinter dieser Vorgehensweise steckt die Überlegung, dass es meist viel leichter ist, den Mittelwert zu verändern, als die Streuung zu reduzieren (das ist auch aus der Prozessregelung bekannt).

3. Toleranzdesign

   Erst als Notlösung, wenn robuste Produkte/Prozesse allein nicht ausreichen, um die Streuung zu reduzieren, dürfen im letzten Schritt Toleranzen eingeengt werden.

Der wichtigste Schritt ist der Parameterdesign. Darauf sollte der meiste Entwicklungsaufwand verwendet werden. Dabei helfen Taguchis Versuchspläne.

9.2   Taguchis Versuchspläne und ihre Auswertung

Der wichtigste neue Aspekt von Taguchi ist die Suche nach robusten Produkten/Prozessen. Man sucht nach Einstellwerten von Prozess- bzw. Produktparametern, bei denen sich Störgrößen und zufällige Schwankungen der Parameter möglichst wenig auswirken. Dementsprechend enthalten Taguchis Versuchspläne zwei Arten von Faktoren:

1. **Steuerfaktoren** (control factors

   Sie können auch im Fertigungsprozess bzw. im Produkt auf einen bestimmten Wert eingestellt werden (z.B. die Prozessparameter eines Fertigungsprozesses oder die Nominalwerte der Widerstände einer elektronischen Schaltung).

2. **Rauschfaktoren** (noise factors

   Sie können zwar im Versuch gezielt verändert werden, in der Fertigung bzw. im Produkt soll das Ergebnis aber möglichst unabhängig von ihrem Wert sein (z.B. die Position eines Teils in einem Brennofen, die Umgebungstemperatur bei einer elektronischen Schaltung).

Ziel des Versuchs ist es, Stufenwerte für die Steuerfaktoren zu finden, bei denen sich die Rauschfaktoren möglichst wenig auswirken. Um dieses Ziel zu erreichen, besteht der Versuchsplan aus zwei Teilen:

• einem Versuchsplan für die Steuerfaktoren (Taguchi nennt ihn „inner array")

und

• einem Versuchsplan für die Rauschfaktoren (Taguchi nennt ihn „outer array").

Für jede Faktorstufenkombination des „inner array" werden alle Faktorstufenkombinationen des „outer array" je einmal realisiert. Bild 9-5 zeigt das Prinzip eines solchen Versuchsplans an einem Beispiel. Das „inner array" in Bild 9-5 ist ein fraktioneller faktorieller 2^{7-4}-Plan, das „outer array" ein fraktioneller faktorieller 2^{3-1}-Plan (senkrecht lesen).

„outer array" mit Rauschfaktoren — Rauschfaktoren	1	2	3	4
R1	–	+	–	+
R2	–	–	+	+
R3	+	–	–	+

„inner array" mit Steuerfaktoren

Nr.	A	B	C	D	E	F	G				
			Steuerfaktoren								
1	–	–	–	+	+	+	–				
2	+	–	–	–	–	+	+				
3	–	+	–	–	+	–	+				
4	+	+	–	+	–	–	–	Versuchsergebnisse: zugehörige Zielgrößenwerte			
5	–	–	+	+	–	–	+				
6	+	–	+	–	+	–	–				
7	–	+	+	–	–	+	–				
8	+	+	+	+	+	+	+				

Bild 9-5 Versuchsplan nach G. Taguchi aus „inner array" und „outer array".

Als **„inner array"** schlägt G. Taguchi sogenannte „orthogonale Felder" vor. Für zweistufige Steuerfaktoren sind dies (abgesehen von einer geänderten Bezeichnung) fraktionelle faktorielle Versuchspläne und Plackett-Burman-Pläne der Auflösung III aus Kapitel 8.

Vorteile dieser Pläne sind die geringe Anzahl Faktorstufenkombinationen und die (scheinbar) einfache Interpretation der Ergebnisse, da nur Effekte der Faktoren bestimmt werden können.

Ein Nachteil ist, dass Wechselwirkungen die Ergebnisse völlig verändern können und dann zu Fehlschlüssen führen. Beliebige andere Versuchspläne (z.B. fraktionelle faktorielle Versuchspläne der Auflösung IV, aber auch vollständige faktorielle Pläne und die Regressionspläne aus Kapitel 11) können als „inner array" verwendet werden. Somit kann dieser Nachteil leicht umgangen werden.

Als **„outer array"** können ebenfalls Versuchspläne der Auflösung III verwendet werden – das ist auch sinnvoll. Häufig wird auch ein einzelner Faktor auf vielen Stufen verwendet (z.B. verschiedene Positionen im Brennofen im folgenden Beispiel).

Auswertung

Die verschiedenen Stufen des „outer array" werden wie mehrmalige Realisierungen der Faktorstufenkombinationen des „inner array" behandelt (was sie nicht sind, da sich die Rauschfaktoren unterscheiden). Mittelwert und Streuung sind zwei verschiedene, getrennt behandelte Zielgrößen. Für die Streuung schlägt G.

Taguchi das „Signal-Rausch-Verhältnis" (signal-to-noise-ratio S/N nominal-the-best) vor. Das S/N soll möglichst groß sein, dann ist die Streuung klein.

$$\text{Signal-Rausch-Verhältnis} \quad S/N = 10 \cdot \log_{10}\left(\frac{\bar{y}^2}{s^2}\right) \qquad (9.1)$$

Taguchis Begründung für die Verwendung gerade dieser Größe als Maß für die Streuung ist fragwürdig und umstritten. Trotzdem kann S/N eine nützliche Zielgröße sein, und zwar dann, wenn problembedingt die Streuung proportional zum Mittelwert zunimmt und man an Änderungen der Streuung interessiert ist, die über diese problembedingte Abhängigkeit hinausgehen. Die logarithmische Transformation im S/N wird auch in der klassischen Versuchsplanung empfohlen, wenn die Standardabweichung einer Größe proportional zum Mittelwert zunimmt (vgl. Absatz 6.4.3).[1]

S/N ist jedoch nicht die einzig mögliche Zielgröße für die Streuung. Taguchi selbst beschreibt mehrere Varianten [2]. Logothetis und Wynn [8] zeigen, dass es häufig günstiger ist, das

$$\text{Robustheitsmaß} \quad = 10 \cdot \log_{10}\left(\frac{1}{s^2}\right) \qquad (9.2)$$

zu verwenden. Franzkowski [7] schlägt vor, die Standardabweichung s zu verwenden. Im Fall von Zufallsstreuung hat s den Vorteil, dass seine Verteilung bekannt ist. Auch die im Praxisbeispiel Absatz 8.2.7 verwendete Zielgröße V ist ein Maß für die Streuung (Rauschfaktor ist dort die Position auf der Leiterplatte).

Es wird empfohlen, mehrere Alternativen zu testen. Normalerweise sind die Schlussfolgerungen weitgehend unabhängig von der genauen Definition der Zielgröße, solange sie die Streuung misst.

Effekte für Mittelwert und S/N werden wie in (7.11) berechnet.

$$\text{Effekt (Mittelwert)} \quad = \frac{2}{m} \cdot \sum_i (\text{Vorzeichen} \cdot \bar{y}_i) \qquad (=7.11)$$

$$\text{Effekt (S/N)} \quad = \frac{2}{m} \cdot \sum_i (\text{Vorzeichen} \cdot (S/N)_i) \qquad (9.3)$$

Für die Zielgröße „Mittelwert" erfolgt die Beurteilung der Signifikanz häufig wie in Kapitel 7 bzw. 8.[2] Da die Standardabweichung jedoch aufgrund der gezielten Veränderung der Rauschfaktoren im „outer array" größer ist als zufällig, wird damit die Signifikanz von Effekten unterschätzt. Alternativ kann man die Mittelwerte

---

[1] Der Faktor 10 in (9.1) ist willkürlich und überflüssig. Die Quadrate im Logarithmus dienen nur dazu, positive Werte zu garantieren. Statt Logarithmen zur Basis 10 könnte auch der natürliche Logarithmus verwendet werden.

[2] Taguchi empfiehlt die Varianzanalyse. Varianzanalyse wird in Kapitel 12 behandelt. Für die bisher behandelten Versuchspläne mit Faktoren auf zwei Stufen führen Varianzanalyse und der in Kapitel 7 behandelte Vergleich der Effekte mit Vertrauensbereichen jedoch zu identischen Ergebnissen.

als Ergebnisse eines Versuchs mit n = 1 behandeln und eine Schätzung für die Zufallsstreuung gemäß (7.16) aus dem Pooling kleiner Effekte ableiten.

Für die Zielgröße S/N gibt es nur einen Wert je Faktorstufenkombination. Daher muss die Beurteilung der Signifikanz wie für Versuchspläne mit n = 1 erfolgen. Damit sind (wie in Abschnitt 7.3) gewisse Risiken verbunden, vor allem wenn das „inner array" nur wenige Faktorstufenkombinationen enthält.

Aufgrund der Ergebnisse werden die **Steuerfaktoren** unterteilt in:

1. Steuerfaktoren, die **Mittelwert und Streuung** (z.B. S/N) oder **nur die Streuung** beeinflussen:
   Sie werden auf die Stufe mit der kleineren Streuung gesetzt.

2. Steuerfaktoren, die **nur den Mittelwert** beeinflussen:
   Sie werden auf die Stufe gesetzt, die den richtigen Mittelwert ergibt.

3. Steuerfaktoren, die **weder Mittelwert noch Streuung** beeinflussen:
   Sie werden auf die Stufe gesetzt, die die niedrigeren Kosten verursacht oder die aus anderen Gründen günstiger ist.

Beispiel aus der Prozessentwicklung (nach [1][1])

Bild 9-6 zeigt die Einzelprozessschritte in der Fertigung von Keramikfliesen. Nach dem Formen werden sie in einem Tunnelofen gebrannt. Beim Brennen schrumpfen die Fliesen. Das Problem besteht darin, dass Fliesen aus dem Innenbereich nach dem Brennen eine andere Größe haben als Fliesen aus dem Außenbereich. Dadurch erhält man eine große Streuung. Ein Teil der Fliesen liegt außerhalb der Grenzwerte.

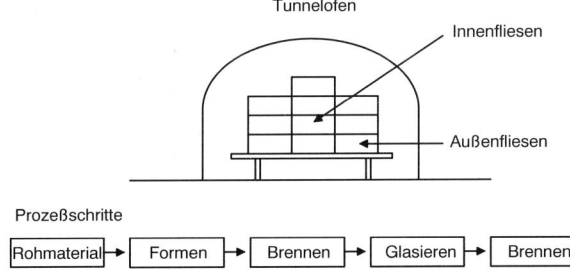

Bild 9-6
Prozessschritte bei der Fertigung von Keramikfliesen und Querschnitt durch den Tunnelofen, in dem die Fliesen gebrannt werden

Die Position der Fliesen im Ofen soll einen möglichst kleinen Einfluss auf die Zielgröße „Größe der Fliesen nach dem Brennen" haben. Sie wird daher als **Rauschfaktor** behandelt. Fliesen von fünf verschiedenen, festgelegten Positionen werden jeweils gemessen. Tabelle 9.1 zeigt die Prozessparameter, die als Steuerfaktoren untersucht werden und ihre Stufen.[2]

---

[1] In der hier verwendeten Form ist das Beispiel Copyright von ASI und MQI Consultants B.V. und wird mit freundlicher Genehmigung von MQI, ASI Consultants in Europe, veröffentlicht.

[2] Taguchi bezeichnet die Stufen mit 1 und 2 statt – und +.

Tabelle 9.1
Steuerfaktoren (Prozess-
parameter) und ihre
Stufen

Steuerfaktor	Stufe +	Stufe −
A: Typ Agalmatolit	alt	neu
B: Korngröße Kalk	grob (alt)	feiner
C: Menge Kalk	5%	1% (alt)
D: Menge Abfallrecycling	0%	4% (alt)
E: Rohmaterialmenge	1300 kg	1200 kg (alt)
F: Menge Agalmatolit	43%	53% (alt)
G: Menge Feldspat	0%	5% (alt)

Tabelle 9.2 zeigt den Versuchsplan und die Ergebnisse. Als „inner array" wird ein fraktioneller faktorieller 2^{7-4}-Versuchsplan mit Auflösung III verwendet (Taguchi nennt diesen Plan L_8). Das „outer array" besteht aus den fünf Positionen P1 bis P5.

Tabelle 9.2
Versuchsplan und Ergebnisse (Einzelwerte,[1] Mittelwerte, Standardabweichung und
Signal-Rausch-Verhältnis, sowie deren Effekte)

Nr.	A	B	C	D	E	F	G	P1	P2	P3	P4	P5	$\bar{y}$	s	S/N
	Faktorstufen							Messwerte an Position							
1	−	−	−	+	+	+	−	153,0	152,0	151,3	150,0	149,5	151,16	1,433	40,5
2	+	−	−	−	−	+	+	154,5	153,3	151,8	150,4	149,6	151,92	2,017	37,5
3	−	+	−	−	+	−	+	156,5	152,1	150,3	148,5	144,6	150,40	4,398	30,7
4	+	+	−	+	−	−	−	151,5	150,8	150,6	150,2	149,7	150,56	0,673	47,0
5	−	−	+	+	−	−	+	152,2	151,3	151,1	150,6	150,0	151,04	0,820	45,3
6	+	−	+	−	+	−	−	153,1	151,8	151,8	151,4	150,6	151,74	0,904	44,5
7	−	+	+	−	−	+	−	151,5	150,8	150,0	149,4	149,1	150,16	0,991	43,6
8	+	+	+	+	+	+	+	151,9	151,4	150,4	150,2	149,6	150,70	0,933	44,2
Eff.															
$\bar{y}$	0,5	-1,0	-0,1	-0,2	0,1	0,0	0,1								
s	-0,8	0,5	-1,2	-1,1	0,8	-0,4	1,0								
S/N	3,3	-0,6	5,5	5,2	-3,4	-0,4	-4,5								

Signifikanz der Effekte für das Signal-Rausch-Verhältnis S/N:
Durch Pooling der zwei kleinen Effekte (B und F) im Signal-Rausch-Verhältnis erhält
man mit (7.16)

$$s_{\bar{d}}^2 = \frac{1}{2} \cdot \left((-0{,}6)^2 + (-0{,}4)^2 \right) = 0{,}26 \quad \Rightarrow \quad s_{\bar{d}} = \sqrt{0{,}26} = 0{,}51$$

Mit f = 2 und Tabelle 6.4 erhält man für die Breite der Vertrauensbereiche:

95 %: $t \cdot s_{\bar{d}} = 4{,}3 \cdot 0{,}51 = 2{,}2$
99 %: $t \cdot s_{\bar{d}} = 9{,}9 \cdot 0{,}51 = 5{,}0$
99,9 %: $t \cdot s_{\bar{d}} = 31{,}6 \cdot 0{,}51 = 16$

---

[1] Man beachte, dass die Einzelergebnisse von P1 nach P5 abnehmen. Dies bedeutet, dass es
echte Unterschiede zwischen den Positionen gibt. Ziel der Untersuchung ist es, Stufenwerte der
Steuerfaktoren zu finden, bei denen diese Unterschiede möglichst klein sind.

Die Signifikanz der nicht gepoolten Effekte wird daher mit * bzw. ** beurteilt. A, C, D, E und G sind daher Steuerfaktoren, die die Streuung beeinflussen. Im Parameterdesign werden sie auf die Stufe gesetzt, die das bessere (größere) Signal-Rausch-Verhältnis ergibt. Damit erhält man die optimalen Einstellungen von Tabelle 9.3.

Tabelle 9.3
Optimale Einstellungen der Steuerfaktoren

Steuergröße	opt. Einstellung
A: Typ Agalmatolit	alt
C: Menge Kalk	5% (neu)
D: Menge Abfallrecycling	0% (neu)
E: Rohmaterialmenge	1200 kg (alt)
G: Menge Feldspat	5% (alt)

B und F haben keinen Einfluss auf das S/N, daher kann man den kostengünstigen Wert wählen. Wenn die Streuung klein ist, kann die Größe der Fliesen leicht durch die Größe der Form festgelegt werden. Auch mit dem Faktor B kann man den Mittelwert zum Sollwert hin verschieben.

Bild 9-7 zeigt das Ergebnis für die Verteilung der Fliesengrößen vor und nach der Optimierung. Durch die Optimierung wurde der Unterschied zwischen Mitte und Rand und auch die Streuung an jeder Stelle wesentlich reduziert. Dies wurde ohne Einengung irgendwelcher Toleranzen erreicht, sondern nur durch geeignete Wahl der Stufen der Steuerfaktoren im Parameterdesign. Der neue Prozess ist robust.

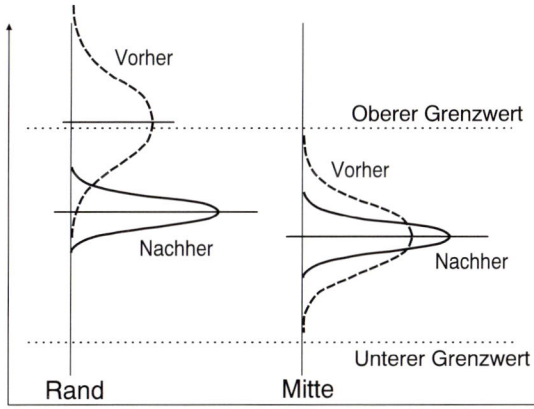

Bild 9-7
Vergleich der Verteilung der Fliesengrößen an Mitte und Rand des Ofens vor und nach der Optimierung

Beispiel aus der Produktentwicklung

Teile dieses Übungsbeispiels sind als Aufgabe formuliert. Es wird empfohlen, diese Teile zu beantworten, bevor Sie die unmittelbar folgende Lösung durchlesen.

Ein elektrischer Schaltkreis enthält u.a. vier Widerstände R1, R2, R3 und R4. Sie sollen so gewählt werden, dass die Ausgangsspannung möglichst wenig streut. Insbesondere soll sie möglichst wenig von der Umgebungstemperatur, der Versorgungsspannung und dem Lastwiderstand am Ausgang abhängen.

Aufgabe

Was sind in diesem Beispiel die Steuer- und Rauschfaktoren und warum?

Lösung

Steuerfaktoren: R1, R2, R3, R4

Sollwerte für diese Faktoren können vom Entwickler vorgegeben werden. Sie werden so vorgegeben, dass die Ausgangsspannung möglichst wenig von den Rauschfaktoren abhängt. Stufenwerte werden aufgrund der Erfahrung des Entwicklers festgelegt, indem er sich fragt: Welche Werte lassen vernünftige Ergebnisse erwarten?

Rauschfaktoren: Umgebungstemperatur, Versorgungsspannung, Lastwiderstand

Die Ausgangsspannung soll möglichst unabhängig von diesen Größen sein. Der Entwickler hat auf diese Größen keinen Einfluss, da sie von der Anwendung abhängen. Der Entwickler kann nur zulässige Bereiche vorschreiben. Diese sollen möglichst breit sein. Innerhalb dieser Bereiche soll die Ausgangsspannung möglichst wenig von diesen Faktoren abhängen. Für den Versuch können diese Faktoren aber gezielt eingestellt werden. Sinnvolle Stufenwerte sind die geplanten Spezifikationsgrenzen.

Tabelle 9.4   Steuer- und Rauschfaktoren mit den jeweiligen Stufenwerten

Steuerfaktoren

A	R1	3 kΩ	5 kΩ
B	R2	100 Ω	200 Ω
C	R3	20 kΩ	50 kΩ
D	R4	1 kΩ	1,5 kΩ

Rauschfaktoren

a	T	Temperatur	0 °C	50 °C
b	VE	Versorgungsspannung	4,5 V	5,5 V
c	RL	Lastwiderstand	4 kΩ	16 kΩ

Tabelle 9.5

Inner und outer array mit den Ergebnissen der 32 Einzelversuche, sowie die daraus berechneten Mittelwerte, Standardabweichungen und Signal-Rausch-Verhältnisse. Man beachte, dass S/N groß ist, wenn s klein ist. Die beiden Größen enthalten ähnliche Informationen.

				a	0	50	0	50			
				b	4,5	4,5	5,5	5,5			
				c	4	16	16	4			
Nr.	A R1	B R2	C R3	D R4	1	2	3	4	$\bar{y}$	s	S/N
1	3	100	20	1	2,85	3,69	4,35	3,07	3,49	0,675	14,3
2	5	100	20	1,5	3,33	3,29	5,02	4,72	4,09	0,909	13,1
3	3	200	20	1,5	4,34	4,32	4,82	4,56	4,51	0,234	25,7
4	5	200	20	1	2,78	3,58	5,39	4,05	3,95	1,094	11,1
5	3	100	50	1,5	5,77	5,92	6,50	6,09	6,07	0,315	25,7
6	5	100	50	1	4,28	5,04	6,97	5,79	5,52	1,146	13,7
7	3	200	50	1	5,30	6,00	6,85	5,53	5,92	0,685	18,7
8	5	200	50	1,5	5,76	5,74	7,52	7,02			

Tabelle 9.5 zeigt den Versuchsplan und die Ergebnisse. Das „inner array" der Steuerfaktoren ist ein 2^{4-1}-Plan mit Auflösung IV. Das „outer array" der Rauschfaktoren ist ein 2^{3-1}-Plan mit Auflösung III. Für jede der acht Faktorstufenkombinationen des „inner array" wird eine Schaltung gefertigt. Jede dieser acht Schaltungen wird bei jeder der vier Kombinationen von Einsatzbedingungen des „outer array" betrieben und die

Ausgangsspannung gemessen. D.h. man erhält insgesamt 8 x 4 = 32 Messwerte. Tabelle 9.6 zeigt die berechneten Effekte für $\bar{y}$, s und S/N.

Aufgabe

Berechnen Sie die fehlende Zeile in Tabelle 9.5 (Lösung in Tabelle 9.6) und die fehlenden Effekte in Tabelle 9.6.

Tabelle 9.6
Berechnung der Effekte der Steuerfaktoren und ihrer 2FWW für $\bar{y}$, s und S/N
(Effekt = Summe/4)

Nr.	A R1	B R2	C R3	D R4	AB+CD WW	AC+BD WW	AD+BC WW	$\bar{y}$	s	S/N
1	−	−	−	−	+	+	+	3,49	0,675	14,3
2	+	−	−	+	−	−	+	4,09	0,909	13,1
3	−	+	−	+	−	+	−	4,51	0,234	25,7
4	+	+	−	−	+	−	−	3,95	1,094	11,1
5	−	−	+	+	+	−	−	6,07	0,315	25,7
6	+	−	+	−	−	+	−	5,52	1,146	13,7
7	−	+	+	−	−	−	+	5,92	0,685	18,7
8	+	+	+	+	+	+	+	6,51	0,901	17,2
Eff. $\bar{y}$	0,02	0,43		0,575	−0,005	0,00	−0,01			
s	0,535	−0,028		−0,310	0,0028	−0,012	0,095			
S/N	−7,325	1,475		5,975	−0,725	0,575	−3,225			

Lösung

Effekte von R3: Für $\bar{y}$: 1,995;   s: 0,034;   S/N: 2,775

Durch Pooling der jeweils kleinen Effekte erhält man: Signifikante Effekte
für $\bar{y}$: R2, R3, R4.   für S/N (ebenso für s): R1 und R4

Im Parameterdesign werden R1 und R4 auf die Stufen gesetzt, die den größeren Wert von S/N (bzw. den kleineren Wert von s) ergeben:
     R1 = − = 3 kΩ   R4 = + = 1,5 kΩ.

Mit Hilfe von R2 und R3 wird der Mittelwert auf 5 V angepasst. Bild 9-8 zeigt die Abhängigkeit der Ausgangsspannung von R2 und R3, für die o.a. Werte von R1 und R4.

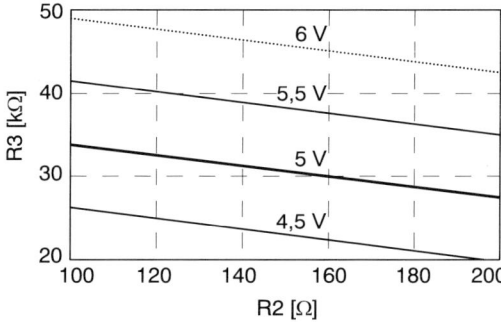

Bild 9-8
Ausgangsspannung in Abhängigkeit von R2 und R3
(für R1 = 3 kΩ und R4 = 1,5 kΩ): Für jede Kombination von R2 und R3 entlang der fetten Linie erhält man als Mittelwert der Ausgangsspannung 5V.

9.3 Alternative Ansätze

Der S/N ist nicht die einzige Möglichkeit, die Robustheit von Produkten und Prozessen zu beurteilen. Im folgenden werden mehrere Alternativen behandelt. Welcher dieser Ansätze am besten geeignet ist, hängt von der jeweiligen Problemstellung ab. Häufig wird man mit verschiedenen Ansätzen zu ähnlichen Schlussfolgerungen gelangen.

Ziel der folgenden Darstellung ist die Erweiterung der Betrachtungsweise.

9.3.1 Aus der Differenz von Messwerten abgeleitete Zielgrößen

Häufig werden mehrere Teile gleichzeitig hergestellt, die sich systematisch unterscheiden, oder es gibt systematische Unterschiede innerhalb eines Teils. Ziel des Versuchs ist es, diese Unterschiede zu minimieren.

Beispiele

- Beim Druckguss wird eine Mehrfachform verwendet. Das Füllverhalten der verschiedenen Formen ist unterschiedlich – daraus resultieren systematische Unterschiede zwischen Teilen aus den verschiedenen Formen.

- In einem Rohrofen wird eine Schicht gleichzeitig auf vielen Halbleiterscheiben abgeschieden. Da die Reaktionsgase den Ofen in Längsrichtung durchströmen, unterscheiden sich die Bedingungen und damit die Ergebnisse an den verschiedenen Scheiben.

- Beim Brennen der Fliesen im Beispiel von Abschnitt 9.2 gibt es Unterschiede zwischen Innen- und Außenfliesen (P1 und P5).

- Beim Reflowlöten ist die Temperatur an der Lötstelle immer niedriger als die Temperatur auf der Leiterplatte. Diese Differenz soll minimiert werden (Praxisbeispiel Absatz 8.2.7).

- Bei der galvanischen Abscheidung einer Schicht gibt es (bedingt durch die Form des Teils) Stellen mit besonders hoher bzw. niedriger Schichtdicke (Beispiel Absatz 8.2.2).

In diesen Fällen ist die Differenz der Messwerte von Teilen bzw. Stellen mit erfahrungsgemäß besonders hohem und besonders niedrigem Wert eine Zielgröße, die sich für die Prozessoptimierung eignet (vgl. Beispiel 8.2.2). Manchmal ist es noch günstiger, bereits bekannte Effekte bei der Definition der Zielgröße zusätzlich zu berücksichtigen und statt der Differenz eine aus der Differenz errechnete Zielgröße zu verwenden (vgl. Beispiel 8.2.7).

Vorteil solcher aus der Differenz von Messwerten abgeleiteten Zielgrößen ist der geringe Aufwand. Bei einem Einzelversuch werden jeweils mehrere Werte gemessen, aus denen die Zielgröße dann errechnet wird. Aufgrund des geringen Aufwands sind oft echte Wiederholungen der Einzelversuche möglich, und die mit $n = 1$ verbundene Subjektivität kann vermieden werden.

9.3.2 Wechselwirkung zwischen Steuer- und Rauschfaktoren

Bild 9-4 zeigt allgemein den Zusammenhang zwischen Robustheit und Wechselwirkung. Robustheit kann auch erreicht werden, indem man gezielt nach den
signifikanten Wechselwirkungen zwischen Steuer- und Rauschfaktoren sucht.
Für Steuerfaktoren mit solchen Wechselwirkungen wählt man dann als Einstellung den Stufenwert, bei dem die Abhängigkeit vom Rauschfaktor kleiner ist.

Beispiel

Die Daten in Tabelle 9.5 kann man auch als fraktionellen faktoriellen Versuch mit den
sieben Faktoren R1, R2, R3, R4, T, VE und RL und 32 Einzelversuchen mit n = 1 auffassen. Für diesen Versuch kann man, wie in Kapitel 8, die Effekte der Faktoren und
2FWW berechnen (soweit sie nicht vermengt sind).

Durch Pooling kleiner Effekte, wie in Abschnitt 7.3, erkennt man, dass die 2FWW zwischen R1 und VE sowie zwischen R4 und RL signifikant sind. Bild 9-9 zeigt diese
2FWW in der Darstellung von Kapitel 7.

Man erkennt, dass sich bei R1 = 3 kΩ der Rauschfaktor Versorgungsspannung VE
weniger auf die Zielgröße V auswirkt als bei R1 = 5 kΩ, und dass sich bei R4 = 1,5 kΩ
der Lastwiderstand RL weniger auswirkt als bei R4 = 1 kΩ. Man kommt damit zum
selben Ergebnis wie mit dem S/N, erhält jedoch Zusatzinformation, die u.U. für die
weitere Optimierung nützlich ist.

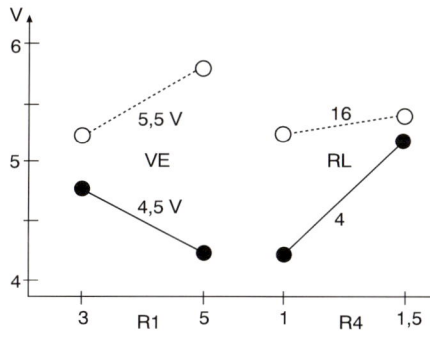

Bild 9-9
Der kleinere S/N bei R1 = 3 kΩ ist darauf
zurückzuführen, dass V weniger von der
Versorgungsspannung abhängt.
Der kleinere S/N bei R4 = 1,5 kΩ ist dar-
auf zurückzuführen, dass V weniger vom
Lastwiderstand abhängt.

Ein solches Ergebnis kann man auch erhalten, wenn man Steuer- und Rauschfaktoren in einem gemeinsamen Versuchsplan mit Auflösung IV oder V verändert, statt sie nach „inner array" und „outer array" zu trennen. Die höhere Auflösung erfordert nicht mehr Einzelversuche.

Beispiel

Um 7 Steuerfaktoren im „inner array" zu untersuchen, benötigt man mindestens 8
Faktorstufenkombinationen. Um 3 Rauschfaktoren zu untersuchen, benötigt man ein
„outer array" mit 4 Faktorstufenkombinationen. Wie in Bild 9-5 dargestellt, benötigt
man daher Insgesamt 8 x 4 = 32 Einzelversuche, um Steuer- und Rauschfaktoren jeweils in einem Plan der Auflösung III zu verändern.

Fasst man statt dessen alle 7 + 3 = 10 Faktoren in einem Versuchsplan zusammen,
so erhält man mit 32 Einzelversuchen einen Plan der Auflösung IV, mit dessen Hilfe
Wechselwirkungen (in Grenzen) bestimmt werden können.

9.4   Anmerkungen zu den „Orthogonalen Feldern" u.ä.

Speziell für Leser, die über Taguchi zur Versuchsplanung kamen, werden in diesem Abschnitt einige Besonderheiten in der Vorgehensweise von G. Taguchi besprochen, die m.E. problematisch sind.

9.4.1   Orthogonale Felder

Taguchi verwendet eine Liste von Versuchsplänen, die er als „orthogonale Felder" (orthogonal arrays) bezeichnet. Tabelle 9.7 zeigt am Beispiel des orthogonalen Feldes $L_8(2^7)$, dass, abgesehen von Änderungen

- der Stufen $1 \rightarrow +$ $2 \rightarrow -$

- der Faktoren $1 \rightarrow C$ $2 \rightarrow B$ $3 \rightarrow F$ $4 \rightarrow A$ $5 \rightarrow E$ $6 \rightarrow D$ $7 \rightarrow G$

- und der Reihenfolge der Faktorstufenkombinationen
  Vers. Nr. $1 \rightarrow 8a$ $2 \rightarrow 7a$ usw. (Umkehrung),

die orthogonalen Felder für zweistufige Faktoren fraktionelle faktorielle Versuchspläne bzw. Plackett-Burman-Pläne der Auflösung III sind.

In Tabelle 9.8 werden die Bezeichnungen von Taguchi den klassischen Bezeichnungen (FF = fraktionell faktoriell; PB = Plackett-Burman) zugeordnet.

Tabelle 9.7
Vergleich von Taguchis orthogonalem Feld $L_8(2^7)$ mit dem 2^{7-4}-Plan (fraktionell faktoriell)

Vers.	Faktor						
Nr.	1	2	3	4	5	6	7
1	1	1	1	1	1	1	1
2	1	1	1	2	2	2	2
3	1	2	2	1	1	2	2
4	1	2	2	2	2	1	1
5	2	1	2	1	2	1	2
6	2	1	2	2	1	2	1
7	2	2	1	1	2	2	1
8	2	2	1	2	1	1	2

Vers.	Faktor						
Nr.	A	B	C	D	E	F	G
1a	−	−	−	+	+	+	−
2a	+	−	−	−	−	+	+
3a	−	+	−	−	+	−	+
4a	+	+	−	+	−	−	−
5a	−	−	+	+	−	−	+
6a	+	−	+	−	+	−	−
7a	−	+	+	−	−	+	−
8a	+	+	+	+	+	+	+

Tabelle 9.8
Klassische Bezeichnungen für die orthogonalen Felder

Orthogonales Feld	Klassische Bezeichnung
$L_4(2^3)$	FF 2^{3-1}
$L_8(2^7)$	FF 2^{7-4}
$L_{12}(2^{11})$	PB Tabelle 8.17
$L_{16}(2^{15})$	FF 2^{15-11}
$L_{32}(2^{31})$	FF 2^{31-26}
$L_{64}(2^{63})$	FF 2^{63-57}

Die orthogonalen Felder $L_9(3^4)$, $L_{16}(4^5)$ und $L_{25}(5^6)$ für reine mehrstufige Faktoren werden in der klassischen Versuchsplanung als Hyper-Griechisch-Lateinische Quadrate bezeichnet und in Kapitel 13 behandelt. Nur die gemischten Pläne wie z.B. $L_{18}(2^1 x 3^7)$ sind in der klassischen Versuchsplanung unüblich. Allerdings benutzen ca. 90 % der veröffentlichten Taguchi-Beispiele gerade diesen Versuchsplan [8].

Die orthogonalen Felder[1] von Taguchi sind gesättigte Versuchspläne der Auflösung III, mit all den Risiken, die mit Auflösung III verbunden sind (vgl. Beispiel in Absatz 8.2.4).

Bei gesättigten Plänen ist jeder Effekt mit einem Faktor belegt, der natürlich mit 2FWW, 3FWW usw. vermengt ist. Wegen der großen Anzahl Faktoren ist diese Vermengung bei gesättigten Plänen besonders extrem. So ist z.B. beim Plan $L_{16}(2^{15})$ jeder berechnete Effekt die Summe von 2048 Effekten des vollständigen Plans, davon sieben 2FWW. Die damit verbundenen Risiken sind m.E. nicht mehr überschaubar.

Insbesondere bei mehrstufigen Plänen erscheint es inkonsequent, dass einerseits mehr als zwei Stufen untersucht werden, um Nichtlinearitäten zu erfassen, andererseits aber Wechselwirkungen die Ergebnisse verfälschen können.[2]

9.4.2   Lineare Graphen und Dreieckstabellen

Nach G. Taguchi werden Wechselwirkungen mit Hilfe von Dreieckstabellen oder linearen Graphen berücksichtigt (lineare Graphen enthalten eine Auswahl aus der Information, die in Dreieckstabellen enthalten ist). Dies ist richtig in dem Sinn, dass man damit erreichen kann, dass einzelne 2FWW nicht mit den Effekten der Faktoren vermengt sind. Aber die anderen 2FWW sind weiterhin mit Faktoren vermengt und können diese verfälschen.

Es genügt nicht, dass man an einer Wechselwirkung nicht interessiert ist. Nur wenn sie wirklich klein ist, verfälscht sie nicht andere Effekte (vgl. dazu das Beispiel in Absatz 8.2.4). Und wer weiß schon von vornherein, welche Wechselwirkungen klein sein werden? Wenn man das wüsste, bräuchte man den Versuch oft gar nicht mehr durchzuführen.

Im übrigen könnte Taguchi auf lineare Graphen und Dreieckstabellen verzichten, hätte er die $+ -$ Bezeichnung der Stufen beibehalten. Bild 9-10 zeigt als Beispiel die Dreieckstabelle und die beiden linearen Graphen für $L_8(2^7)$.

Die Zahl 3 in Zeile 1 und Spalte 2 der Dreieckstabelle in Bild 9-10 bzw. an der Verbindungslinie zwischen 1 und 2 in den linearen Graphen bedeutet z.B., dass

---

[1]   Die Kritik richtet sich nicht gegen die Orthogonalität. Alle guten Versuchspläne sind orthogonal (oder weichen zumindest nur wenig von der Orthogonalität ab, siehe dazu auch Kapitel 11). Taguchi verwendet aber nur einen Bruchteil der orthogonalen Pläne, und die Kritik richtet sich gegen die von Taguchi getroffene Auswahl.

[2]   Entwickelt man die Zielgröße in Abhängigkeit von den Faktoren als Potenzreihe, so sind sowohl Wechselwirkungen als auch quadratische Terme die Produkte zweier Faktoren (vgl. Kapitel 11).

die Wechselwirkung von Faktor 1 mit 2 getrennt von Faktoren ermittelt werden kann, wenn Faktor 3 nicht verwendet wird.

Übersetzt in fraktionelle faktorielle Pläne bedeutet dies, dass die Vorzeichenspalte von Faktor 3=F das Produkt der Vorzeichenspalten von 1=C und 2=B ist, was aus Tabelle 9.7 auch ohne weitere Hilfe sofort erkennbar ist (F=BC). Wird BC nicht mit einem Faktor belegt, so kann diese 2FWW natürlich getrennt von Faktoren ermittelt werden.

Faktor	Faktor						
	1	2	3	4	5	6	7
1	(1)	3	2	5	4	7	6
2		(2)	1	6	7	4	5
3			(3)	7	6	5	4
4				(4)	1	2	3
5					(5)	3	2
6						(6)	1
7							(7)

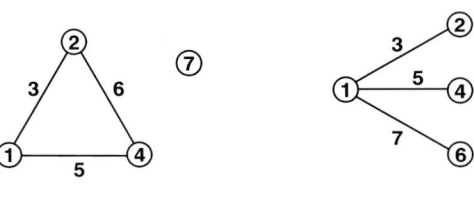

Bild 9-10 Dreieckstabelle und lineare Graphen für $L_8(2^7)$.

Aber Achtung: Selbst wenn man die Spalte 3 nicht mit einem Faktor belegt, erhält man einen 2^{6-3}-Plan mit Auflösung III, der durch die Zuordnungen AB, AC und ABC definiert ist. Verwendet man die Ziffern wie bei Taguchi, so ist z.B. der Effekt von 4 vermengt mit den 2FWW 26 und 15. Dabei genügt es nicht, dass man an diesen Wechselwirkungen nicht interessiert ist. Falls sie existieren, verfälschen sie auf jeden Fall die Schätzung des Effektes 4.

Hier wird vorgeschlagen, Pläne der Auflösung IV zu verwenden. Dann ist kein Faktor mit 2FWW vermengt und man kann auf Dreieckstabellen völlig verzichten. Aus diesem Grund werden sie auch nicht weiter behandelt.

Ordnet man Wechselwirkungen dagegen einzeln mit Hilfe von Dreieckstabellen oder linearen Graphen zu, so besteht das Risiko, dass man einen Plan mit Auflösung III erhält, obwohl mit der gleichen Anzahl Faktoren Auflösung IV möglich wäre. So hat z.B. der 2^{4-1}-Plan, der mit den Faktoren 1, 2, 4 und 6 aus dem rechten linearen Graphen von Bild 9-10 entsteht, nur Auflösung III, obwohl es einen 2^{4-1}-Plan mit Auflösung IV gibt (Tabelle 8.13).

9.4.3 Dummy Levels, Pseudo Factor Designs, Idle Columns

Hinter diesen und ähnlichen Schlagworten verbergen sich diverse Techniken von G. Taguchi, um Faktoren mit einer anderen Anzahl von Stufen in einem Versuchsplan mit zu behandeln. Vom Einsatz dieser Verfahren wird abgeraten.

Werden individuellen Bedürfnissen angepasste Versuchspläne benötigt, so wird empfohlen, D-optimale Versuchspläne zu verwenden (Abschnitt 11.2).

Literatur

[1] Taguchi, G./Wu, Y.: Introduction to Off-line Quality Control. Central Japan Quality Control Association, Nagaya 1985

[2] Taguchi, G./Konishi, S.: Taguchi Methods Orthogonal Arrays and Linear Graphs, Tools for Quality Engineering. ASI Press, 1987

[3] Phadke, M.S.: Quality Engineering Using Robust Design. Prentice Hall, London 1989

[4] Fowlkes, W.Y./Creveling, C.M.: Engineering Methods for Robust Product Design. Addison-Wesley, Reading 1995

[5] Ross, P.J.: Taguchi Techniques for Quality Engineering. McGraw-Hill, New York 1996 (2. Aufl.)

[6] Journal of Quality Technology, Vol. 17, 4 (special issue), 1985

[7] Franzkowski, R.: „Factorial Designs Estimate Location and Dispersion", in: Transactions of the ASQC Annual Technical Conference, San Francisco 1981

[8] Logothetis, N./Wynn, H.P.: Quality through Design. Clarendon Press, Oxford 1994

10 Regressionsanalyse

Mit Hilfe der Regressionsanalyse wird ein mathematisches Modell für den Zusammenhang zwischen Einflussgröße(n) und Zielgröße an vorhandene Daten angepasst (z.B. [1], [2]). Diese Anpassung ist möglich, unabhängig davon, ob eine Einflussgröße gezielt als Faktor verändert wurde, oder ob die Veränderung der Einflussgröße nur beobachtet wurde. Daher wird in diesem Kapitel der Oberbegriff „Einflussgröße" verwendet.

Die mathematische Form des Zusammenhangs muss vorgegeben sein. Parameter in dieser Form werden dann so angepasst, dass man die „bestmögliche" Beschreibung der Daten erhält.

Beispiel

Bei der galvanischen Abscheidung einer Schicht erwartet man näherungsweise eine lineare Zunahme der Schichtdicke mit der Abscheidezeit (evtl. abgesehen von einer gewissen Zeitverzögerung am Anfang). Sechs Teile werden nach verschiedenen Zeiten aus der Anlage entnommen. Bild 10-1 zeigt die gemessene Schichtdicke in Abhängigkeit von der Zeit in der Anlage.

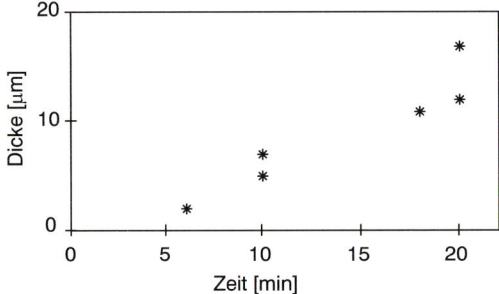

Bild 10-1
Messwerte für die Dicke einer galvanisch abgeschiedenen Schicht für verschiedene Werte der Abscheidezeit

Gesucht ist die Gleichung der Geraden, die die Abhängigkeit der Schichtdicke von der Zeit am besten beschreibt. Sie wird mit einfacher linearer Regression bestimmt.

Die Vorgehensweise kann auf beliebig viele Einflussgrößen und auf nichtlineare Zusammenhänge erweitert werden, soweit sie durch eine geeignete Transformation linearisiert werden können.

10.1 Einfache lineare Regression

Ausgangspunkt der einfachen linearen Regression sind N Messwerte (nummeriert i = 1, 2, ..., N) für eine Zielgröße y in Abhängigkeit von einer Einflussgröße x. Aus technischen Gründen vermutet man einen linearen Zusammenhang zwischen x und y, wie z.B. in Bild 10-1, von dem die Messwerte nur zufällig um ε_i abweichen.

$$y_i = \beta_0 + \beta_1 \cdot x_i + \varepsilon_i \qquad (10.1)$$

Im folgenden wird zunächst gezeigt, wie man Schätzwerte b_0 und b_1 für die Parameter β_0 und β_1 erhält und wie man die erreichte Anpassung grafisch beurteilen kann. Diese deskriptiven Verfahren sind in jedem Fall einsetzbar. Wenn bestimmte Voraussetzungen erfüllt sind, ist darüber hinaus eine statistische Beurteilung möglich. Verfahren dazu werden in Absatz 10.1.4 beschrieben.

10.1.1 Methode der kleinsten Quadrate

Für feste Werte b_0 und b_1 kann man für jeden Wert der Einflussgröße x_i einen Schätzwert $\hat{y}_i$ der Zielgröße berechnen.

$$\hat{y}_i = b_0 + b_1 \cdot x_i \qquad (10.2)$$

b_0 und b_1 werden nun so bestimmt, dass die Summe der quadrierten Abweichungen (S.d.q.A.) zwischen den Schätzwerten $\hat{y}_i$ und den Messwerten y_i über alle N Messwerte so klein wie möglich ist, d.h. dass

$$\sum_{i=1}^{N}\left(y_i - \hat{y}_i\right)^2 = \sum_{i=1}^{N}\left(y_i - (b_0 + b_1 \cdot x_i)\right)^2 \rightarrow \text{Minimum} . \qquad (10.3)$$

Dieses Verfahren heißt Methode der kleinsten Quadrate. Bild 10-2 zeigt dieselben Daten wie Bild 10-1. Zusätzlich ist in Bild 10-2 die so ermittelte Schätzgerade angegeben. Die Bedingung (10.3) bedeutet anschaulich, dass die Gerade so durch die Punkte gelegt wird, dass die Summe der Quadrate der mit einem Pfeil gekennzeichneten Abstände über alle Punkte so klein wie möglich ist – man minimiert die Abstände der Messwerte von der Geraden in **y-Richtung**. Dies ist sinnvoll, wenn man mit der Geradengleichung für vorgegebene x-Werte Schätzwerte für y bestimmen möchte (und nicht umgekehrt).

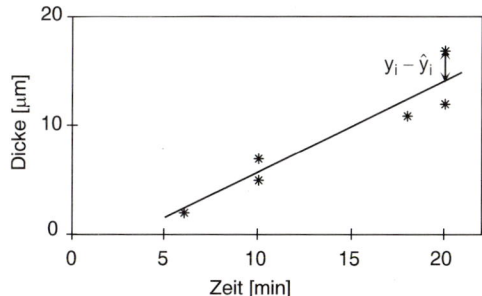

Bild 10-2
Messwerte aus Bild 10-1, zusammen mit der Schätzgeraden: Die Summe der Quadrate der mit einem Pfeil gekennzeichneten Abstände $y_i - \hat{y}_i$ ist minimiert.

Aus der Bedingung (10.3) können folgende Berechnungsformeln für b_0 und b_1 abgeleitet werden:

$$b_1 = \frac{\sum_{i=1}^{N}(x_i - \overline{x}) \cdot (y_i - \overline{y})}{\sum_{i=1}^{N}(x_i - \overline{x})^2} = \frac{Q_{xy}}{Q_{xx}} \qquad (10.4)$$

$$b_0 = \overline{y} - b_1 \cdot \overline{x} \qquad (10.5)$$

wobei

$$\overline{x} = \frac{1}{N} \cdot \sum_{i=1}^{N} x_i = \text{Mittelwert der x-Werte} \qquad (10.6)$$

$$\overline{y} = \frac{1}{N} \cdot \sum_{i=1}^{N} y_i = \text{Mittelwert der y-Werte} \qquad (10.7)$$

$$Q_{xx} = \sum_{i=1}^{N}(x_i - \overline{x})^2 = \text{S.d.q.A der x-Werte} \qquad (10.8)$$

$$Q_{xy} = \sum_{i=1}^{N}(x_i - \overline{x}) \cdot (y_i - \overline{y}) \qquad (10.9)$$

Q_{xy} ist ein Maß dafür, wie stark sich x- und y-Werte gemeinsam verändern. Sind sie unabhängig voneinander, so ist $Q_{xy} = 0$.

Der Schätzwert b_1 für die Steigung der Geraden ist somit das Verhältnis aus einer Größe, die angibt, wie stark sich x- und y-Werte gemeinsam verändern und einer Größe, die angibt, wie stark die x-Werte streuen. Den Schätzwert b_0 für den Achsenabschnitt der Geraden erhält man, indem man vom Punkt x,⁻, y,⁻ mit der Steigung b_1 zu x = 0 geht.

Beispiel
Tabelle 10.1 zeigt die in Bild 10-2 dargestellten Werte und die Rechenschritte, die zu den Schätzwerten für b_0 und b_1 führen.

Tabelle 10.1
Messwerte von Bild 10-1 bzw. 10-2 mit den daraus berechneten Hilfsgrößen Q

Zeit x_i [min]	Dicke y_i [μm]	$x_i - \overline{x}$	$y_i - \overline{y}$	$(x_i - \overline{x})^2$	$(x_i - \overline{x}) \cdot (y_i - \overline{y})$	$(y_i - \overline{y})^2$
6	2	–8	–7	64	56	49
10	5	–4	–4	16	16	16
10	7	–4	–2	16	8	4
18	11	4	2	16	8	4
20	17	6	8	36	48	64
20	12	6	3	36	18	9
$\Sigma = 84$	$\Sigma = 54$	$(\Sigma = 0)$	$(\Sigma = 0)$	$\Sigma = 184$	$\Sigma = 154$	$\Sigma = 146$
$\overline{x} = 14$	$\overline{y} = 9$			$= Q_{xx}$	$= Q_{xy}$	$= Q_{yy}$

Man beachte, dass in diesem Beispiel $(x_i - \bar{x}) \cdot (y_i - \bar{y})$ immer positiv ist, da bei niedrigen x-Werten auch y niedrig ist (und umgekehrt), d.h. x und y verändern sich gemeinsam. Mit (10.4) und (10.5) erhält man

$$b_1 = \frac{Q_{xy}}{Q_{xx}} = \frac{154}{184} = 0{,}837$$

$$b_0 = \bar{y} - b_1 \cdot \bar{x} = 9 - 0{,}837 \cdot 14 = -2{,}72$$

Damit lautet die Geradengleichung $\hat{y} = -2{,}72 + 0{,}837 \cdot x$.

In Bild 10-2 beträgt die Steigung der Geraden $b_1 = 0{,}837$, d.h. pro Minute nimmt die Schichtdicke (im Mittel) um 0,837 µm zu. Der Achsenabschnitt $b_0 = -2{,}72$ ist der Schnittpunkt der Regressionsgeraden mit der y-Achse (x = 0). Der negative Wert bedeutet natürlich nicht, dass die Schichtdicke anfangs negativ ist. Er ergibt sich aus der Zeitverzögerung zwischen dem Anschalten der Anlage und dem eigentlichen Beginn der Abscheidung. Die Geradengleichung gilt nur im untersuchten Zeitbereich, in dem die berechnete Schichtdicke positiv ist (Extrapolation ist nicht zulässig).

10.1.2 Bestimmtheitsmaß und Korrelationskoeffizient

Mit der Methode der kleinsten Quadrate kann man formal an beliebige Daten eine Gerade anpassen. Um die Güte der Anpassung zu beurteilen, zerlegt man die Summe der quadrierten Abweichungen (S.d.q.A.) der y-Werte in einen Anteil der Regressionsgeraden und eine Abweichung von der Regressionsgeraden:

$$\sum_{i=1}^{N}(y_i - \bar{y})^2 = \sum_{i=1}^{N}(\hat{y}_i - \bar{y})^2 + \sum_{i=1}^{N}(y_i - \hat{y}_i)^2 \tag{10.10}$$

$$Q_{Gesamt} = Q_{Regression} + Q_{Rest} \tag{10.11}$$

Die Methode der kleinsten Quadrate besteht darin, Q_{Rest} zu minimieren. In Analogie zu (10.8) und (10.9) führt man folgende Bezeichnung ein:

$$Q_{Gesamt} = Q_{yy} = \sum_{i=1}^{N}(y_i - \bar{y})^2 \tag{10.12}$$

Bestimmtheitsmaß

Die Anpassung ist um so besser, je größer der Anteil der S.d.q.A. ist, der durch die Regressionsgerade erklärt wird. Dazu verwendet man das Bestimmtheitsmaß B (englisch r-squared):

$$\text{Bestimmtheitsmaß } B = \frac{Q_{Regression}}{Q_{Gesamt}} = \frac{Q_{xy}^2}{Q_{xx} \cdot Q_{yy}} \tag{10.13}$$

Der erste Teil von (10.13) ist die Definition, der zweite Teil erlaubt die praktische Berechnung.

Da $Q_{Regression} \le Q_{Gesamt}$ ist, gilt immer

$$0 \le B \le 1 \tag{10.14}$$

Korrelationskoeffizient

Alternativ zum Bestimmtheitsmaß wird zur Beschreibung der Anpassung auch der Korrelationskoeffizient r verwendet:

$$\text{Korrelationskoeffizient } r = (\text{Vorzeichen von } b_1) \cdot \sqrt{B} \qquad (10.15)$$

Der Korrelationskoeffizient r liegt immer im Bereich

$$-1 \le r \le 1 \qquad (10.16)$$

Beispiel

Im Beispiel von Tabelle 10.1 erhält man

$$\text{Bestimmtheitsmaß } B = \frac{Q_{xy}^2}{Q_{xx} \cdot Q_{yy}} = \frac{154^2}{184 \cdot 146} = 0{,}883 \ .$$

D.h. knapp 90 % der gesamten Summe der quadrierten Abweichungen werden durch die Regression erklärt.

$$\text{Korrelationskoeffizient } r = (\text{Vorzeichen von } b_1) \cdot \sqrt{B} = +\sqrt{0{,}883} = 0{,}940 \ .$$

Beurteilung des Korrelationskoeffizienten

$B = 1$ bzw. $r = \pm 1$ bedeutet, dass alle Punkte genau auf einer Geraden liegen. Bei der Beurteilung des Korrelationskoeffizienten ist zu berücksichtigen, wie groß die Abweichung von ± 1 ist und welche Ursache sie hat.

Abweichungen von $r = \pm 1$ können auf Zufallsstreuung zurückzuführen sein, aber auch auf einen nichtlinearen Zusammenhang zwischen x- und y-Werten. Bild 10-3 zeigt dies für verschiedene Werte des Korrelationskoeffizienten. Der Wert des Korrelationskoeffizienten allein macht keine Aussage über die Güte der Anpassung. Daher sollte man die x- und y-Werte immer grafisch darstellen.

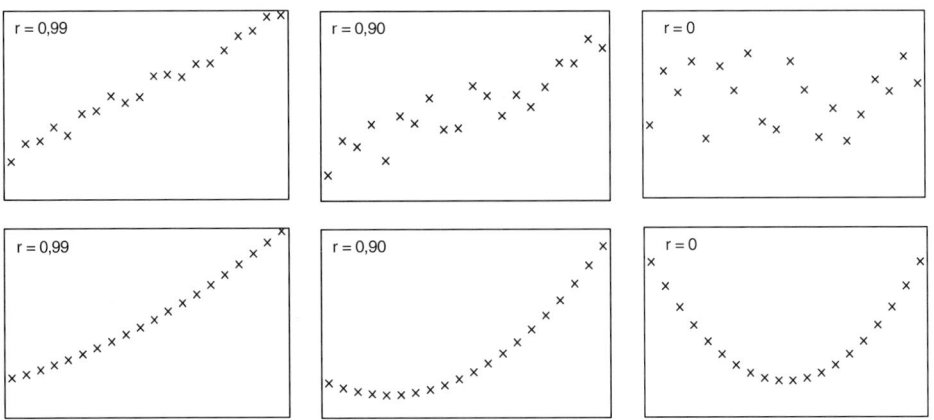

Bild 10-3
Grafische Darstellung von Daten mit Korrelationskoeffizienten $r = 0{,}99; \ 0{,}90$ und 0.
Obere Zeile: Zufallsstreuung
Untere Zeile: nichtlinearer Zusammenhang

Ein Korrelationskoeffizient nahe 0 kann viele Ursachen haben, wie z.B.:

- die Zielgröße hängt nicht oder nur wenig von der Einflussgröße ab
- der untersuchte Wertebereich der Einflussgröße ist klein
- die Zufallsstreuung der Zielgröße ist groß
- die Abhängigkeit von der betrachteten Einflussgröße wird von anderen Einflussgrößen verdeckt
- die Abhängigkeit ist stark nichtlinear.

Aufgabe

Es wird vermutet, dass die Lebensdauer t (in h) eines elektronischen Bauelements linear vom Leckstrom I_0 (in µA) abhängt. Vier Bauelemente mit unterschiedlichem Leckstrom werden einem beschleunigten Lebensdauertest unterzogen. Folgende Ergebnisse wurden erzielt:[1]

Nr. i	$I_0 = x_i$	$t = y_i$	$x_i - \bar{x}$	$y_i - \bar{y}$	$(x_i - \bar{x})^2$	$(x_i - \bar{x}) \cdot (y_i - \bar{y})$	$(y_i - \bar{y})^2$
1	40	80					
2	50	64					
3	55	62					
4	75	34					
N = ...	$\Sigma = ...$ $\bar{x} = ...$	$\Sigma = ...$ $\bar{y} = ...$			$\Sigma = ...$ $= Q_{xx}$	$\Sigma = ...$ $= Q_{xy}$	$\Sigma = ...$ $= Q_{yy}$

Vervollständigen Sie die Tabelle, und berechnen Sie die Gleichung der Regressionsgeraden, das Bestimmtheitsmaß und den Korrelationskoeffizienten. Skizzieren Sie die Regressionsgerade und die Versuchsergebnisse.

Lösung

Nr. i	$I_0 = x_i$	$t = y_i$	$x_i - \bar{x}$	$y_i - \bar{y}$	$(x_i - \bar{x})^2$	$(x_i - \bar{x}) \cdot (y_i - \bar{y})$	$(y_i - \bar{y})^2$
1	40	80	-15	20	225	-300	400
2	50	64	-5	4	25	-20	16
3	55	62	0	2	0	0	4
4	75	34	20	-26	400	-520	676
N = 4	$\Sigma = 220$ $\bar{x} = 55$	$\Sigma = 240$ $\bar{y} = 60$			$\Sigma = 650$ $= Q_{xx}$	$\Sigma = -840$ $= Q_{xy}$	$\Sigma = 1096$ $= Q_{yy}$

Gleichung der Regressionsgeraden:

$$b_1 = \frac{Q_{xy}}{Q_{xx}} = \frac{-840}{650} = -1{,}29 \qquad b_0 = \bar{y} - b_1\bar{x} = 131 \qquad \Rightarrow \qquad \hat{y} = 131 - 1{,}29 \cdot x$$

Bestimmtheitsmaß:

$$B = \frac{Q_{xy}^2}{Q_{xx}Q_{yy}} = \frac{840^2}{650 \cdot 1096} = 0{,}9905$$

---

[1] Anmerkung: In einem realistischen Versuch würde man wesentlich mehr Teile untersuchen. Hier soll nur das Prinzip der Rechnung geübt werden.

Korrelationskoeffizient: $r = (\text{Vorzeichen von } b_1) \cdot \sqrt{B} = -\sqrt{0{,}9905} = -0{,}9952$

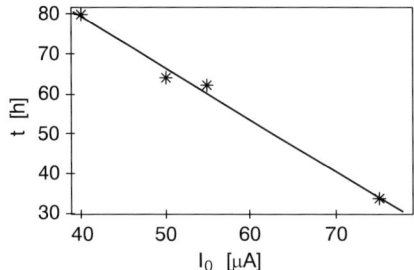

Versuchsergebnisse und angepasste Regressionsgerade:
Der negative Korrelationskoeffizient (bzw. die negative Steigung b_1) bedeutet, dass die y-Werte mit zunehmenden x-Werten abnehmen.

10.1.3   Grafische Beurteilung der Residuen

Die Abweichungen $(y_i - \hat{y}_i)$ der Messwerte von der Regressionsgeraden (oder allgemeiner vom angepassten Modell) heißen Residuen. Die Residuen geben wichtige Hinweise zur Güte der Anpassung. Nach jeder Regression sollten die Residuen auf vier verschiedene Arten dargestellt werden. Gute Software bietet alle diese Darstellungen an[1] (von Hand sehr zeitaufwendig). Die grafische Beurteilung der Residuen ist eine Ergänzung der bereits empfohlenen Darstellung der x- und y-Werte.

Jede Darstellung beantwortet eine andere Frage:

1. **Ist das verwendete mathematische Modell konsistent mit den Daten?**
   hier: Ist der lineare Ansatz konsistent mit den Daten?

Diese Frage wurde im Prinzip bereits mit der Darstellung der y-Werte gegen die x-Werte wie in Bild 10-3 überprüft. Da die Residuen normalerweise klein sind, kann man auch bereits kleinere Abweichungen erkennen, wenn man statt der y-Werte die Residuen gegen x (den Wert der Einflussgröße) aufträgt.

Bild 10-4 zeigt, worauf man bei der Beurteilung achten sollte. Die obere Darstellung zeigt jeweils, wie das Ergebnis aussehen sollte (eine Punktewolke bzw. ein waagrechtes Band). Die untere Darstellung zeigt, wie das Ergebnis z.B. aussehen kann, wenn das verwendete Modell die Daten nicht richtig beschreibt: Man erkennt eine Abhängigkeit der Residuen von der Einflussgröße x.

Die Verteilung der Werte in x-Richtung ist nicht wichtig. Sie hängt davon ab, welche x-Werte untersucht wurden. Bei geplanten Versuchen treten nur ganz bestimmte x-Werte auf (die Stufen des Faktors x), bei ungeplanten Versuchen treten dagegen beliebige x-Werte auf.

---

[1] Statt der Residuen werden häufig standardisierte oder studentisierte Residuen dargestellt [3]:

Man erhält sie, indem man die Residuen durch ihre geschätzte Standardabweichung teilt. Bei studentisierten Residuen wird das jeweilige Residuum nicht bei der Berechnung der geschätzten Standardabweichung berücksichtigt.

Standardisierte oder studentisierte Residuen, die absolut größer als ca. 3 sind, treten nur selten zufällig auf. Sie verdienen besondere Aufmerksamkeit.

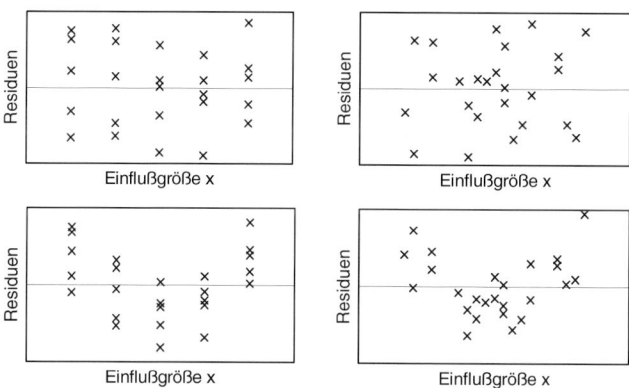

Bild 10-4

Darstellung der Residuen $(y_i - \hat{y}_i)$ gegen den Wert der Einflussgröße x:

Links: Geplante Versuche (nur bestimmte x-Werte)
Rechts: Ungeplante Versuche (beliebige x-Werte)
Oben: Nur zufällige Abweichungen vom Modell (waagrechtes Band)
Unten: Modell beschreibt die funktionale Form der Abhängigkeit nicht richtig

2. Gibt es einen Trend in den Versuchsergebnissen?

Dies kann man überprüfen, indem man die Residuen in der Reihenfolge der Versuchsdurchführung aufträgt. Die obere Darstellung in Bild 10-5 zeigt, wie das Ergebnis aussehen sollte: ein waagrechtes Band. Die untere Darstellung zeigt, wie das Ergebnis z.B. aussehen kann, wenn ein Trend vorliegt. Andere, nicht erfasste Einflüsse führen zu einer allmählichen Veränderung der Ergebnisse mit der Zeit (z.B. Werkzeugverschleiß, Änderung der Umgebungstemperatur o.ä.).

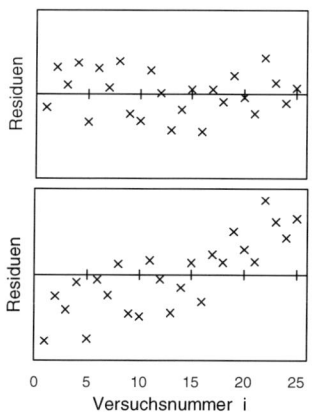

Bild 10-5
Darstellung der Residuen gegen die Versuchsnummer i
(d.h. in der Reihenfolge der Versuchsdurchführung):
Oben: Kein Trend ist erkennbar, die Residuen liegen in
einem waagrechten Band.
Unten: Trend, die Residuen nehmen mit der Versuchsnummer zu.

Ein Trend kann nur erkannt werden, wenn die Reihenfolge der Einzelversuche zufällig war (Randomisierung). Ohne Randomisierung verfälscht ein evtl. vorhandener Trend die Abhängigkeit der Zielgröße von der Einflussgröße. Er ist dann an den Residuen nicht mehr erkennbar.

3. Hängt die Standardabweichung vom y-Wert ab?

Eine Voraussetzung für die statistischen Analysen im nächsten Abschnitt ist, dass die Standardabweichung unabhängig vom y-Wert ist. Manchmal nimmt die Standardabweichung jedoch mit zunehmendem y-Wert zu (die Standardabweichung kann z.B. ein fester Prozentwert des Mittelwertes sein).

Dies kann man überprüfen, indem man die Residuen gegen den aus dem Modell berechneten y-Wert aufträgt. Die obere Darstellung in Bild 10-6 zeigt, wie das Ergebnis aussehen sollte (eine Punktewolke bzw. ein waagrechtes Band). Die untere Darstellung zeigt, wie das Ergebnis z.B. aussehen kann, wenn die Standardabweichung mit dem y-Wert zunimmt (die Residuen bilden einen Trichter, ihre Standardabweichung nimmt mit dem y-Wert zu). In diesem Fall erzielt man häufig eine Verbesserung, indem man als Zielgröße log (y) oder eine andere Transformation verwendet (vgl. Abschnitt 6.4).

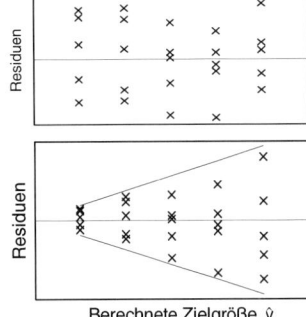

Bild 10-6
Darstellung der Residuen gegen den berechneten Wert der Zielgröße $\hat{y}$
Oben: Keine Veränderung der Standardabweichung mit dem berechneten y-Wert ist erkennbar, die Residuen liegen in einem waagrechten Band.
Unten: Die Standardabweichung nimmt mit dem berechneten y-Wert zu, die Residuen liegen in einem Trichter.

4. Sind die Residuen normalverteilt?
(genauer: konsistent mit der Normalverteilung)

Dies kann man durch Eintragung der Residuen im Wahrscheinlichkeitsnetz überprüfen. Normalverteilte Merkmalswerte liegen näherungsweise auf einer Geraden (vgl. Absatz 6.2.2 und 6.3.3).

10.1.4 Vertrauensbereiche und Signifikanz

Voraussetzungen

Die Anpassung einer „besten Geraden" und die grafische Darstellung der Residuen sind immer möglich und nützlich. Unter der Voraussetzung, dass

- für jeden x-Wert die y-Werte normalverteilt sind
- ein linearer Zusammenhang zwischen x und dem Mittelwert der Verteilung der y-Werte besteht, d.h. $\mu_y(x) = \beta_0 + \beta_1 \cdot x$
- die zufälligen Abweichungen ε unabhängig voneinander sind (kein Trend o.ä.) und
- die Standardabweichung σ_ε konstant (d.h. unabhängig von x) ist,

sind die mit (10.4) und (10.5) berechneten Schätzwerte b_0 und b_1 für die Parameter β_0 und β_1 erwartungstreu (d.h. der Mittelwert für b_0 und b_1 über viele Versuche stimmt mit β_0 und β_1 überein). Außerdem können dann Vertrauensbereiche für b_0 und b_1 berechnet werden, und die Signifikanz des Zusammenhangs zwischen x und y kann überprüft werden. Bild 10-7 stellt die Voraussetzungen grafisch dar.

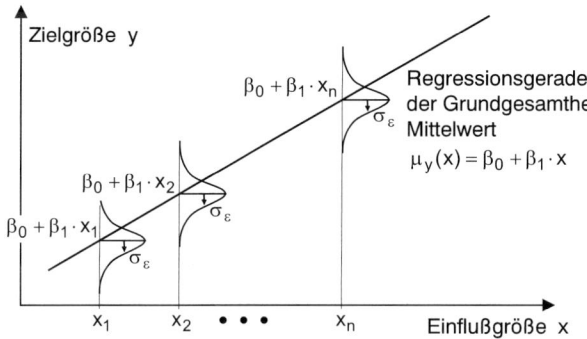

Bild 10-7
Grafische Darstellung der Voraussetzungen für die Berechnung von Vertrauensbereichen und für die Überprüfung der Signifikanz des Zusammenhangs zwischen x und y

Vertrauensbereich für die Steigung

Wie in (6.6) ist die Varianz der Residuen oder

$$\text{Varianz der Reststreuung}\quad s_R^2 = \frac{Q_{Rest}}{N-2} = \frac{(1-B)\cdot Q_{yy}}{N-2} \tag{10.17}$$

ein Schätzwert für die Varianz σ_ε^2 der Streuung um die Regressionsgerade mit

$$\text{Freiheitsgrad } f = N-2 . \tag{10.18}$$

Der Freiheitsgrad beträgt N−2, da zwei Schätzwerte b_0 und b_1 aus den N Daten berechnet werden, statt nur des einen Mittelwerts $\bar{y}$ in (6.6). Mit den t-Werten aus Tabelle 6.4 erhält man als zweiseitigen Vertrauensbereich für die Steigung der Regressionsgeraden zum Vertrauensniveau $1-\alpha$:

$$b_1 - \frac{t\cdot s_R}{\sqrt{Q_{xx}}} \le \beta_1 \le b_1 + \frac{t\cdot s_R}{\sqrt{Q_{xx}}} \tag{10.19}$$

Ein Vergleich dieser Formel mit dem Vertrauensbereich für den Mittelwert von N normalverteilten Einzelwerten

$$\bar{y} - \frac{t\cdot s}{\sqrt{N}} \le \mu \le \bar{y} + \frac{t\cdot s}{\sqrt{N}} \tag{$\equiv$6.9'}$$

zeigt eine große Ähnlichkeit und macht (10.19) plausibel:

- Der Vertrauensbereich ist symmetrisch zum berechneten Schätzwert ($\bar{y}$ bzw. b_1) für die gesuchte Größe (μ bzw. β_1).

- s_R bzw. s ist die aus den Daten berechnete Zufallsstreuung.

- Die t-Werte unterscheiden sich nur im Freiheitsgrad.

- Der Faktor $\sqrt{N}$ wird ersetzt durch $\sqrt{Q_{xx}}$, wobei

$$Q_{xx} = \sum_{i=1}^{N} (x_i - \overline{x})^2 \qquad\qquad (\equiv 10.8)$$

Q_{xx} enthält N ähnliche Summanden und nimmt somit näherungsweise wie N zu. Die Summanden in Q_{xx} nehmen quadratisch mit der Breite des Bereichs der x-Werte zu, die Wurzel nimmt daher linear mit dieser Breite zu. Wie Bild 10-8 verdeutlicht, ist es plausibel, dass der Vertrauensbereich der Steigung schmäler ist, wenn der untersuchte Bereich der x-Werte breiter ist.

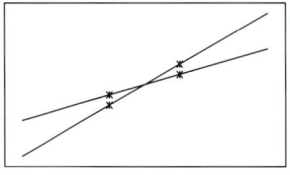 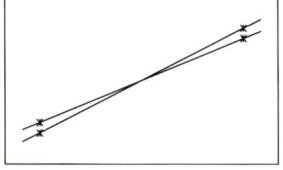

Bild 10-8
Je breiter der Bereich der x-Werte ist, desto kleiner ist der Bereich möglicher Steigungen (bei gleicher Streuung der y-Werte).

Signifikanz

Analog zur Vorgehensweise in Kapitel 6 spricht man von einem zufälligen, indifferenten, signifikanten oder hochsignifikanten Ergebnis, je nachdem, welche Vertrauensbereiche den Wert 0 enthalten (bzw. wie groß die Steigung verglichen mit der Breite des 95%-, 99%- und 99,9%-Vertrauensbereichs für die Steigung ist).[1]

Beispiel
Im Beispiel von Tabelle 10.1 erhält man:

Varianz der Reststreuung $s_R^2 = \dfrac{(1-B) \cdot Q_{yy}}{N-2} = \dfrac{(1-0,883) \cdot 146}{6-2} = 4,28$

und damit $s_R = \sqrt{4,28} = 2,07$.

Mit Tabelle 6.4 erhält man für die Breite der Vertrauensbereiche:

95%: $2,776 \cdot 2,07 / \sqrt{184} = 0,42$

99%: $4,604 \cdot 2,07 / \sqrt{184} = 0,70$

99,9%: $8,610 \cdot 2,07 / \sqrt{184} = 1,31$.

Der Vergleich mit dem Schätzwert $b_1 = 0,837$ für die Steigung ergibt:
Es besteht ein signifikanter Zusammenhang zwischen der Zeit und der Dicke (∗∗).
Der 95%-Vertrauensbereich für die Steigung beträgt: $0,42 \le \beta_1 \le 1,26$.

Achtung

Ein signifikantes Ergebnis ist kein Beweis dafür, dass die Abhängigkeit linear ist. Man hat nur gezeigt, dass ein linearer Anteil existiert. Die hier durchgeführte Analyse unterscheidet nicht zwischen den zufälligen Abweichungen oben in Bild 10-3 und den systematischen Abweichungen unten in Bild 10-3.

---

[1] Häufig wird auch Varianzanalyse (Kapitel 12) für die Beurteilung der Signifikanz verwendet. Sie führt zu identischen Ergebnissen.

Die Linearität wurde hier vorausgesetzt. Soll überprüft werden, ob die Daten konsistent mit der Linearität sind, können die Residuen wie in Bild 10-4 grafisch beurteilt werden. Alternativ kann ein rechnerischer Linearitätstest ([1], nach Fisher, auch Lack-of-Fit-Test genannt) durchgeführt werden, der auf Ideen der Varianzanalyse aufbaut (Kapitel 12).

Vertrauensbereich für den Mittelwert $\mu_y(x)$

Der Vertrauensbereich für den Mittelwert $\mu_y(x)$ der Verteilung der y-Werte für einen beliebigen x-Wert im untersuchten Bereich ist

$$\hat{y} - t \cdot s_R \cdot \sqrt{\frac{1}{N} + \frac{(x - \bar{x})^2}{Q_{xx}}} \leq \mu_y(x) \leq \hat{y} + t \cdot s_R \cdot \sqrt{\frac{1}{N} + \frac{(x - \bar{x})^2}{Q_{xx}}} \qquad (10.20)$$

Mit $x = 0$ erhält man den Vertrauensbereich für den Achsenabschnitt b_0.

Auch diese Formel ist plausibel:

- $\hat{y} = b_0 + b_1 \cdot x$ ist der aus den Daten berechnete Schätzwert für den gesuchten Mittelwert $\mu_y(x)$ der Verteilung der y-Werte für diesen Wert x.
- Für s_R und t vgl. (10.19).
- Für $x = \bar{x}$ nimmt die Wurzel ihren kleinsten Wert $1/\sqrt{N}$ an, der Vertrauensbereich für den Mittelwert der y-Werte entspricht damit dem Vertrauensbereich für den Mittelwert (6.9').
- Für $x \neq \bar{x}$ ist der Vertrauensbereich breiter, weil auch die Steigung nur innerhalb ihres Vertrauensbereichs bekannt ist. Wie bei Varianzen werden die Quadrate der beiden Beiträge unter der Wurzel addiert. Bild 10-9 verdeutlicht die Verbreiterung des Vertrauensbereichs für $\mu_y(x)$.

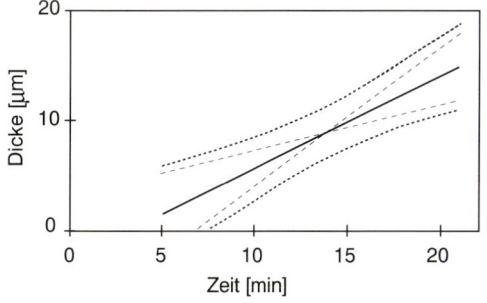

Bild 10-9
95%-Vertrauensbereich für $\mu_y(x)$ zusammen mit den Geraden durch den Punkt $\bar{x} = 14$, $\bar{y} = 9$ mit Steigungen 0,42 und 1,26 (untere und obere Grenze des 95%-Vertrauensbereichs)

Vorhersagebereich für Einzelwerte y

Ein zukünftiger Einzelwert der Zielgröße y liegt mit Wahrscheinlichkeit $1 - \alpha$ im Vorhersagebereich

$$\hat{y} - t \cdot s_R \cdot \sqrt{1 + \frac{1}{N} + \frac{(x - \bar{x})^2}{Q_{xx}}} \leq y(x) \leq \hat{y} + t \cdot s_R \cdot \sqrt{1 + \frac{1}{N} + \frac{(x - \bar{x})^2}{Q_{xx}}} \qquad (10.21)$$

Der Vorhersagebereich für Einzelwerte ist breiter als der Vertrauensbereich für den Mittelwert. Mit zunehmender Anzahl N der Einzelversuche wird der Vertrauensbereich immer schmäler (wie $1/\sqrt{N}$), der Vorhersagebereich für Einzelwerte dagegen erreicht eine Grenze, die durch die Standardabweichung der Einzelwerte bestimmt ist.

Bild 10-10 zeigt den Vertrauensbereich für den Mittelwert und den Vorhersagebereich für einen Einzelwert zum Vertrauensniveau von 95 %.

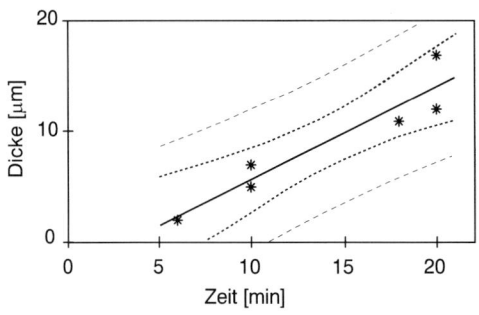

Bild 10-10
Vertrauensbereich für den Mittelwert (innen) und Vorhersagebereich für einen Einzelwert (außen) zum Vertrauensniveau von 95 % für das Beispiel in Tabelle 10.1

Beispiel

Im Beispiel von Tabelle 10.1 erhält man:

95 %-Vertrauensbereich für den **Mittelwert** der Schichtdicke nach x = 10 min:

$$\hat{y} = b_0 + b_1 \cdot x = -2{,}72 + 0{,}837 \cdot 10 = 5{,}7$$

$$t \cdot s_R \cdot \sqrt{\frac{1}{N} + \frac{(x - \bar{x})^2}{Q_{xx}}} = 2{,}776 \cdot 2{,}07 \cdot \sqrt{\frac{1}{6} + \frac{(10 - 14)^2}{184}} = 2{,}9$$

$$5{,}7 - 2{,}9 \leq \mu_y(10) \leq 5{,}7 + 2{,}9 \qquad \Rightarrow \qquad 2{,}8 \leq \mu_y(10) \leq 8{,}6 \,.$$

95 %-Vorhersagebereich für einen **Einzelwert** der Schichtdicke nach x = 10 min:

$$t \cdot s_R \cdot \sqrt{1 + \frac{1}{N} + \frac{(x - \bar{x})^2}{Q_{xx}}} = 2{,}776 \cdot 2{,}07 \cdot \sqrt{1 + \frac{1}{6} + \frac{(10 - 14)^2}{184}} = 6{,}4$$

$$5{,}7 - 6{,}4 \leq y(10) \leq 5{,}7 + 6{,}4 \qquad \Rightarrow \qquad -0{,}7 \leq y(10) \leq 12{,}1 \,.$$

Der Vorhersagebereich für einen Einzelwert ist deutlich breiter als der Vertrauensbereich. Da negative Werte für die Schichtdicke technisch nicht möglich sind, ist ein sinnvoller Bereich $\leq 12{,}1 \,\mu m$.

Aufgabe

Berechnen Sie für die Aufgabe in Absatz 10.1.2 (Lebensdauer gegen Leckstrom) die 95 %-, 99 %- und 99,9 %-Vertrauensbereiche für die Steigung, und beurteilen Sie damit die Signifikanz des Zusammenhangs.

In welchem Bereich erwarten Sie bei einem Leckstrom von 50 μA den Mittelwert der Lebensdauer, in welchem Bereich erwarten Sie einen Einzelwert (95 %-Vertrauensniveau)?

Lösung

$$s_R = \sqrt{\frac{(1-B)\cdot Q_{yy}}{N-2}} = \sqrt{\frac{(1-0{,}9905)\cdot 1096}{2}} = 2{,}29 \qquad\qquad f = N - 2 = 4 - 2 = 2$$

Mit Tabelle 6.4 erhält man für die Breite der Vertrauensbereiche für die Steigung:

95 %: $4{,}303 \cdot 2{,}29 / \sqrt{650} = 0{,}39$

99 %: $9{,}925 \cdot 2{,}29 / \sqrt{650} = 0{,}89$

99,9 %: $31{,}60 \cdot 2{,}29 / \sqrt{650} = 2{,}84$

Der Vergleich mit dem Schätzwert $b_1 = -1{,}29$ für die Steigung ergibt:
Signifikanter Zusammenhang zwischen Leckstrom und Lebensdauer (**).

95 %-Vertrauensbereich für den Mittelwert der Lebensdauer bei 50 µA:

$$t \cdot s_R \cdot \sqrt{\frac{1}{N} + \frac{(x-\bar{x})^2}{Q_{xx}}} = 4{,}303 \cdot 2{,}29 \cdot \sqrt{\frac{1}{4} + \frac{5^2}{650}} = 5{,}3$$

$$\hat{y} = 131 - 1{,}29 \cdot 50 = 66{,}5 \qquad \Rightarrow \qquad 61 = 66{,}5 - 5{,}3 \leq \mu_y(50) \leq 66{,}5 + 5{,}3 = 72$$

95 %-Vorhersagebereich für einen Einzelwert der Lebensdauer bei 50 µA:

$$t \cdot s_R \cdot \sqrt{1 + \frac{1}{N} + \frac{(x-\bar{x})^2}{Q_{xx}}} = 4{,}303 \cdot 2{,}29 \cdot \sqrt{1 + \frac{1}{4} + \frac{5^2}{650}} = 11{,}2$$

$$\hat{y} = 131 - 1{,}29 \cdot 50 = 66{,}5 \qquad \Rightarrow \qquad 55 = 66{,}5 - 11{,}2 \leq y(50) \leq 66{,}5 + 11{,}2 = 78$$

Der Vorhersagebereich für einen Einzelwert ist deutlich breiter als der Vertrauensbereich für den Mittelwert.

10.1.5 Zusammenhang lineare Regression – Mittelwertvergleich

In Kapitel 6 wurde beim Vergleich von zwei Mittelwerten der Effekt und der Vertrauensbereich für den Effekt berechnet. Häufig entstehen die beiden Varianten, deren Mittelwerte verglichen werden sollen, indem für einen kontinuierlichen Faktor zwei verschiedene Stufen eingestellt werden. In diesem Fall ist alternativ zum Mittelwertvergleich auch eine Auswertung mit linearer Regression sinnvoll.

Als x-Werte bei der Regression kann man die Stufenwerte des Faktors verwenden. Alternativ kann man die Stufenwerte durch die lineare Transformation

$$\text{normierter Wert} = \frac{\text{Stufenwert} - \text{Mittelwert}}{\text{halbe Differenz}} \tag{10.22}$$

auf die Werte -1 und $+1$ umrechnen. Diese normierten Werte entsprechen der in der Versuchsplanung üblichen Bezeichnung der Stufen (vgl. Kapitel 7 und 8).

Verwendet man diese normierten x-Werte in der linearen Regression, so erhält man

$$b_1 = \frac{\text{Effekt}}{2} \quad \text{(für Schätzwert und Vertrauensbereich)}. \tag{10.23}$$

Diese Umrechnungsformel ergibt sich, weil der Effekt die Differenz der Schätzwerte der Regressionsgeraden für $x = 1$ und $x = -1$ ist.

$$\text{Effekt} = (b_0 + b_1 \cdot 1) - (b_0 + b_1 \cdot (-1)) = 2 \cdot b_1$$

Mit Hilfe der Regressionsgeraden kann man auch Schätzwerte für x-Werte zwischen den Stufenwerten berechnen. Extrapolation sollte man aber vermeiden.

Bei Faktoren mit zwei Stufen sind

- die Berechnung von Effekten und deren Vertrauensbereichen (Kapitel 6),
- die Varianzanalyse (Kapitel 12) und
- die Regressionsanalyse mit Vertrauensbereichen für die Steigung

äquivalent. Der Ablauf der Rechnung ist zwar unterschiedlich, Inhalt und Signifikanz sind aber identisch.

10.1.6   Quasilineare Regression

Durch eine Transformation der x- und/oder y-Werte können viele nichtlineare in lineare Zusammenhänge überführt werden. Die Parameter im linearisierten Zusammenhang können dann wie bei linearer Regression angepasst werden.

Beispiele

- Erwartet man einen quadratischen Zusammenhang der Form

  $$z = \beta_0 + \beta_2 \cdot t^2$$

  zwischen der Einflussgröße t und der Zielgröße z, so wird daraus durch die Transformationen

  $$y = z \qquad x = t^2$$

  der linearisierte Zusammenhang $y = \beta_0 + \beta_2 \cdot x$.

- Erwartet man einen Zusammenhang der Form

  $$z = \alpha \cdot \exp\left(\frac{\beta}{t}\right) \quad \text{(nach Logarithmieren:} \quad \ln(z) = \ln\alpha + \frac{\beta}{t} \text{)}$$

  zwischen der Einflussgröße t und der Zielgröße z, so wird daraus durch die Transformationen

  $$y = \ln(z) \qquad x = \frac{1}{t}$$

  der linearisierte Zusammenhang $y = \ln\alpha + \beta \cdot x$.

10.2   Mehrfache Regression

Beschreibt man die Abhängigkeit einer Zielgröße von mehr als einer Einflussgröße (Faktor), so spricht man von mehrfacher Regression. Die Analyse verläuft ähnlich zur einfachen Regression. Für realistische Daten ist die Rechnung von Hand jedoch sehr aufwendig. Mehrfache Regression wird daher normalerweise mit Rechnerunterstützung durchgeführt. Die folgende Betrachtung beschränkt sich auf die Prinzipien.

10.2.1 Zweifache lineare Regression

Ausgangspunkt der zweifachen linearen Regression sind N Messwerte (nummeriert i = 1, 2, ..., N) für eine Zielgröße y in Abhängigkeit von zwei Einflussgrößen x_1 und x_2. Man vermutet einen linearen Zusammenhang, von dem die Messwerte nur zufällig um ε_i abweichen.

$$y_i = \beta_0 + \beta_1 \cdot x_{1i} + \beta_2 \cdot x_{2i} + \varepsilon_i \qquad (10.24)$$

Aus den Daten sollen Schätzwerte b_0, b_1 und b_2 für die Parameter β_0, β_1 und β_2 ermittelt werden.

Grafisch bedeutet (10.24), dass die Zielgröße y (abgesehen von zufälligen Abweichungen) in einer Ebene liegt, deren Gleichung man bestimmen möchte.

Dazu berechnet man analog zu Q_{xx}, Q_{xy} und Q_{yy} bei der einfachen Regression die Hilfsgrößen

$$Q_{x_1 x_1}, Q_{x_1 x_2}, Q_{x_2 x_2}, Q_{x_1 y}, Q_{x_2 y} \text{ und } Q_{yy} \quad \text{(alle möglichen Paare).}$$

Wie bei der einfachen Regression sind die xy-Terme ein Maß dafür, wie stark sich x und y gemeinsam verändern, d.h. wie stark y linear von x_1 bzw. x_2 abhängt.

Neu ist der Term $Q_{x_1 x_2}$. Er ist ein Maß dafür, wie stark sich die beiden Einflussgrößen x_1 und x_2 gemeinsam verändern. Diese Größe hängt nur vom Versuchsplan (den x-Werten) ab, nicht von den Ergebnissen (y). Durch eine geeignete Wahl des Versuchsplans kann man erreichen, dass $Q_{x_1 x_2} = 0$ ist.

Dann sind die beiden Einflussgrößen x_1 und x_2 unabhängig voneinander, der Korrelationskoeffizient zwischen x_1 und x_2 ist 0 – man sagt, der Versuchsplan ist orthogonal bzgl. x_1 und x_2. Bei der Auswertung können die beiden Einflussgrößen dann getrennt voneinander wie bei der einfachen Regression behandelt werden.

Ist der Versuchsplan nicht orthogonal, so ist die Auswertung mit Hilfe von Matrizen immer noch möglich (vgl. z.B. [1] und die Ergänzung am Ende dieses Absatzes; Statistiksoftware erledigt dies automatisch). Bei gleicher Zufallsstreuung der y-Werte sind die Vertrauensbereiche jedoch breiter als bei orthogonalen Plänen.

Bild 10-11 zeigt zwei extreme Versuchspläne (d.h. Anordnungen der x-Werte), um die Bedeutung der Orthogonalität zu verdeutlichen. Der linke Versuchsplan ist orthogonal – er ist offensichtlich gut geeignet, die Gleichung der Ebene zu bestimmen. Beim rechten Versuchsplan dagegen liegen die Versuchspunkte auf einer Geraden (d.h. der Korrelationskoeffizient zwischen x_1 und x_2 ist 1). Viele Ebenen durch die Versuchsergebnisse sind möglich, das Ergebnis ist nicht eindeutig – der Versuchsplan ist offensichtlich ungeeignet. Je näher der Korrelationskoeffizient zwischen x_1 und x_2 bei ± 1 liegt, desto weniger genau ist die Ebene bestimmt.

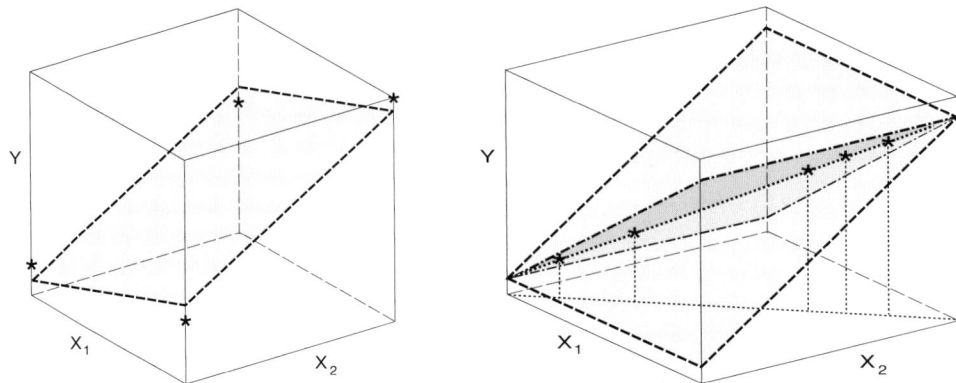

Bild 10-11
Wenn der Korrelationskoeffizient zwischen x_1 und x_2 gleich 0 ist (=orthogonal), sind die x-Werte optimal angeordnet, um später eine Ebene an die Versuchsergebnisse anzupassen (links).
Wenn der Korrelationskoeffizient zwischen x_1 und x_2 gleich 1 ist, liegen die x-Werte näherungsweise auf einer Geraden: Es wird später nicht möglich sein, eine eindeutige Ebene durch die Versuchsergebnisse zu legen, sie kann gedreht werden (rechts).

Ergänzungen für mathematisch Interessierte*

1. Orthogonalität und Zusammenhang Regression – Effektberechnung

Die Orthogonalität eines faktoriellen Versuchsplans und der Zusammenhang zwischen Regression und Effektberechnung soll an einem 2^2-Plan ohne Versuchswiederholungen gezeigt werden. Tabelle 10.2 zeigt die Versuchsergebnisse und die Berechnung der Effekte gemäß Kapitel 7.

Dieselben Ergebnisse können aber auch mit zweifacher linearer Regression analysiert werden. Tabelle 10.3 zeigt diese Rechnung für die Effekte der Faktoren A und B.

Tabelle 10.2 Berechnung der Effekte in einem 2^2-Beispiel ohne Wiederholung

Faktor A	Faktor B	WW AB	Zielgröße y
–	–	+	1
+	–	–	2
–	+	–	4
+	+	+	7
$\Sigma=$ 4	8	2	
Effekt=2	4	1	

---

* Für das Verständnis der folgenden Kapitel nicht erforderlich.

Tabelle 10.3
Berechnung der Hilfsgrößen Q für die zweifache lineare Regression:
Spalten A, B und Zielgröße zeigen Versuchsplan und Ergebnisse aus Tabelle 10.2.
Die Faktorstufen von A und B sind die normierten Werte gemäß (10.22). $\bar{x}_1 = 0$ und $\bar{x}_2 = 0$, daher gilt z.B. $(x_{1i} - \bar{x}_1) = x_{1i}$ und die zugehörigen Spalten sind nicht getrennt dargestellt.

A x_{1i}	B x_{2i}	Zielgr. y_i	$y_i - \bar{y}$	$(x_{1i} - \bar{x}_1)^2$	$(x_{1i} - \bar{x}_1) \cdot (x_{2i} - \bar{x}_2)$	$(x_{2i} - \bar{x}_2)^2$	$(x_{1i} - \bar{x}_1) \cdot (y_i - \bar{y})$	$(x_{2i} - \bar{x}_2) \cdot (y_i - \bar{y})$	$(y_i - \bar{y})^2$
-1	-1	1	-2,5	1	1	1	2,5	2,5	6,25
1	-1	2	-1,5	1	-1	1	-1,5	1,5	2,25
-1	1	4	0,5	1	-1	1	-0,5	0,5	0,25
1	1	7	3,5	1	1	1	3,5	3,5	12,25
$\Sigma = 0$	$\Sigma = 0$	$\Sigma = 14$	$\Sigma = 0$	$\Sigma = 4 =$	$\Sigma = 0$	$\Sigma = 4 =$	$\Sigma = 4 =$	$\Sigma = 8 =$	$\Sigma = 21 =$
$\bar{x}_1 = 0$	$\bar{x}_2 = 0$	$\bar{y} = 3,5$		$Q_{x_1 x_1}$	$Q_{x_1 x_2}$	$Q_{x_2 x_2}$	$Q_{x_1 y}$	$Q_{x_2 y}$	Q_{yy}

Das Ergebnis $Q_{x_1 x_2} = 0$ bedeutet, dass der Versuchsplan in x_1 und x_2 orthogonal ist.
Analog zur einfachen linearen Regression erhält man folgende Schätzwerte:

$$b_1 = \frac{Q_{x_1 y}}{Q_{x_1 x_1}} = \frac{4}{4} = 1 = \frac{\text{Effekt A}}{2}$$

$$b_2 = \frac{Q_{x_2 y}}{Q_{x_2 x_2}} = \frac{8}{4} = 2 = \frac{\text{Effekt B}}{2}$$

$$b_0 = \bar{y} - b_1 \cdot \bar{x}_1 - b_2 \cdot \bar{x}_2 = 3,5 - 1 \cdot 0 - 2 \cdot 0 = 3,5 \,.$$

Wie bei der einfachen Regression ist der Regressionskoeffizient b = Effekt/2, da der Effekt der Unterschied zwischen x = +1 und x = −1 ist und damit 2b beträgt.
Bild 10-12 zeigt die Versuchspunkte und die mit Regression angepasste Ebene. Die Versuchspunkte weichen von ihr ab (vier Punkte liegen i.a. nicht in einer Ebene).

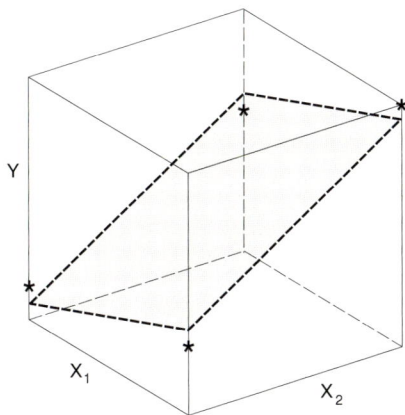

Bild 10-12
Grafische Darstellung der Versuchsergebnisse von Tabelle 10.3 mit der angepassten Ebene (zweifache lineare Regression)

Wie bei der einfachen linearen Regression kann man auch bei der mehrfachen Regression die Summe der quadrierten Abweichungen $Q_{Gesamt} = Q_{yy}$ in einen Anteil $Q_{Regression}$ und einen Q_{Rest} zerlegen und das Bestimmtheitsmaß B berechnen. Bei **orthogonalen** Versuchsplänen sind die Beiträge der Einflussgrößen zum Bestimmtheitsmaß additiv, und man erhält analog zu (10.13)

$$B = \frac{Q_{Regression}}{Q_{Gesamt}} = \frac{Q_{x_1y}^2}{Q_{x_1x_1} \cdot Q_{yy}} + \frac{Q_{x_2y}^2}{Q_{x_2x_2} \cdot Q_{yy}} = B_{x_1} + B_{x_2} .$$

Im obigen Beispiel erhält man

$$B = \frac{4^2}{4 \cdot 21} + \frac{8^2}{4 \cdot 21} = \frac{4}{21} + \frac{16}{21} = \frac{20}{21} .$$

Analog zur einfachen Regression kann man Vertrauensbereiche für die Regressionskoeffizienten berechnen und die Signifikanz beurteilen.

Der Freiheitsgrad beträgt $N-3$, weil aus den N Daten jetzt drei Parameter b_0, b_1 und b_2 berechnet werden.

2. Matrixformalismus für nicht orthogonale Pläne $(Q_{x_1x_2} \neq 0)$

Wenn der Versuchsplan nicht orthogonal ist, muss die Korrelation zwischen den Einflussgrößen berücksichtigt werden. Die Rechnung für die Einflussgröße x_1 kann nicht mehr unabhängig von x_2 durchgeführt werden. Mit Hilfe von Matrizen erhält man folgende Lösung:

$$\mathbf{Q} = \begin{pmatrix} Q_{x_1x_1} & Q_{x_1x_2} \\ Q_{x_2x_1} & Q_{x_2x_2} \end{pmatrix} \qquad \mathbf{q} = \begin{pmatrix} Q_{x_1y} \\ Q_{x_2y} \end{pmatrix} \qquad \mathbf{b} = \begin{pmatrix} b_1 \\ b_2 \end{pmatrix} = \mathbf{Q}^{-1} \cdot \mathbf{q}$$

wobei $\mathbf{Q}^{-1}$ die zu $\mathbf{Q}$ inverse Matrix ist.

Bei orthogonalen Versuchsplänen sind die Matrizen $\mathbf{Q}$ und $\mathbf{Q}^{-1}$ diagonal und man erhält die o.a. Gleichungen.

Liegen die Versuchspunkte auf einer Geraden, so kann $\mathbf{Q}$ nicht invertiert werden, die Regressionskoeffizienten sind nicht bestimmt. Anschaulich bedeutet dies, dass die Ebene wie in Bild 10-11 rechts nicht eindeutig bestimmt ist, sondern um die punktierte Gerade gedreht werden kann. Allgemein kann man zeigen, dass die Regressionsebene am besten bestimmt ist, wenn der Versuchsplan orthogonal ist. Jede Korrelation zwischen x_1 und x_2 verschlechtert die Regression.

Für das Bestimmtheitsmaß erhält man

$$B = \frac{\mathbf{q} \cdot \mathbf{Q}^{-1} \cdot \mathbf{q}}{Q_{yy}} .$$

Die obigen Gleichungen können auf beliebig viele Variablen erweitert werden, man erhält nur größere Matrizen.

10.2.2   Transformierte Einflussgrößen

Die Einflussgrößen in der linearen Regression können auch transformierte (d.h. aus den Einflussgrößen berechnete) Größen sein. So fehlt z.B. in Tabelle 10.3 im Vergleich zu Tabelle 10.2 der Effekt der 2FWW AB. Er kann wie die (Haupt-)Effekte der Faktoren bestimmt werden, wenn man eine transformierte Variable

$$x_3 = x_1 \cdot x_2$$

einführt und ein Regressionsmodell der Form

$$y_i = \beta_0 + \beta_1 \cdot x_{1i} + \beta_2 \cdot x_{2i} + \beta_3 \cdot x_{3i} + \varepsilon_i = \beta_0 + \beta_1 \cdot x_{1i} + \beta_2 \cdot x_{2i} + \beta_{12} \cdot x_{1i} \cdot x_{2i} + \varepsilon_i$$

anpasst. Die Rechnung verläuft formal wie bei einer dreifachen linearen Regression.

Auch hier ist die Analyse besonders einfach, wenn x_3 orthogonal zu x_1 und x_2 ist. Bei den vollständigen und fraktionellen faktoriellen Versuchsplänen gilt: Unvermengte Effekte sind orthogonal bei der Regression, wenn als Faktorstufen die Werte -1 und $+1$ verwendet werden.[1]

Ergänzung für mathematisch Interessierte[*]
Zusammenhang Regression – Effektberechnung (Fortsetzung)

Tabelle 10.4 zeigt die Erweiterung der Analyse von Tabelle 10.3 zur Berechnung von $b_3 = b_{12}$.

Tabelle 10.4 Ergänzungen von Tabelle 10.3 zur Berechnung von $b_3 = b_{12}$

A x_{1i}	B x_{2i}	AB $x_{3i} = x_{1i} \cdot x_{2i}$	Zielgr. y_i	$y_i - \bar{y}$	$(x_{1i} - \bar{x}_1) \cdot (x_{3i} - \bar{x}_3)$	$(x_{2i} - \bar{x}_2) \cdot (x_{3i} - \bar{x}_3)$	$(x_{3i} - \bar{x}_3)^2$	$(x_{3i} - \bar{x}_3) \cdot (y_i - \bar{y})$
-1	-1	1	1	-2,5	-1	-1	1	-2,5
1	-1	-1	2	-1,5	-1	1	1	1,5
-1	1	-1	4	0,5	1	-1	1	-0,5
1	1	1	7	3,5	1	1	1	3,5
$\Sigma = 0$	$\Sigma = 0$	$\Sigma = 0$	$\Sigma = 14$	$\Sigma = 0$	$\Sigma = 0$	$\Sigma = 0$	$\Sigma = 4 =$	$\Sigma = 2 =$
$\bar{x}_1 = 0$	$\bar{x}_2 = 0$	$\bar{x}_3 = 0$	$\bar{y} = 3,5$		$Q_{x_1 x_3}$	$Q_{x_2 x_3}$	$Q_{x_3 x_3}$	$Q_{x_3 y}$

Die Ergebnisse

$$Q_{x_1 x_2} = 0, \; Q_{x_1 x_3} = 0 \text{ und } Q_{x_2 x_3} = 0$$

bedeuten, dass der Versuchsplan in x_1, x_2 und $x_3 = x_1 \, x_2$ orthogonal ist.

Analog zur linearen Regression erhält man folgenden Schätzwert:

$$b_3 = b_{12} = \frac{Q_{x_3 y}}{Q_{x_3 x_3}} = \frac{2}{4} = 0{,}5 = \frac{\text{Effekt AB (2FWW)}}{2}$$

$$b_0 = \bar{y} - b_1 \cdot \bar{x}_1 - b_2 \cdot \bar{x}_2 - b_3 \cdot \bar{x}_3 = 3{,}5 - 1 \cdot 0 - 2 \cdot 0 - 0{,}5 \cdot 0 = 3{,}5$$

Wie bei der linearen Regression gilt $b_3 = b_{12} = \text{Effekt}/2$.

Bild 10-13 zeigt das angepasste Modell als Funktion von x_1 und x_2. Obwohl es linear in x_1, x_2 und x_3 ist, stellt es eine gekrümmte Fläche in x_1 und x_2 dar, da $x_3 = x_1 \cdot x_2$. Im Höhenliniendiagramm ist die Krümmung deutlicher zu erkennen als in der Wirkungsfläche. Die Wechselwirkung führt dazu, dass die Höhenlinien bei $x_1 = 1$ dichter beieinander liegen als bei $x_1 = -1$.

---

[1] Dies gilt nicht für die natürlichen Stufenwerte, daher werden bei der Analyse von geplanten Versuchen immer die Werte -1 und $+1$ verwendet.

[*] Für das Verständnis der folgenden Kapitel nicht erforderlich.

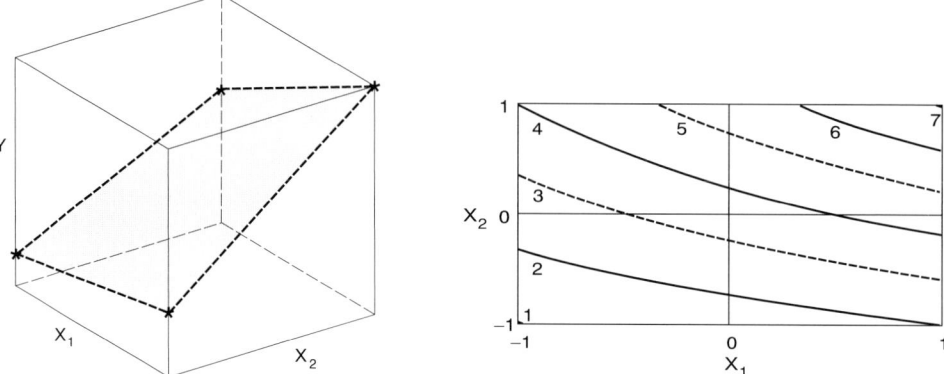

Bild 10-13
Grafische Darstellung der Versuchsergebnisse mit dem angepassten Regressionsmodell
(lineare Regression mit dem zusätzlichen Term $x_3 = x_1 \cdot x_2$)
- dreidimensional als Wirkungsfläche (=gekrümmte Fläche im Raum)
- zweidimensional als Höhenliniendiagramm

Bei den Daten in Bild 10-13 ist die Wechselwirkung relativ klein, daher ist auch
die Abweichung der angepassten Fläche von einer Ebene nur klein. Bei großen
Wechselwirkungen sind auch entsprechend große Abweichungen von einer Ebene möglich. Bild 10-14 zeigt zwei Beispiele.

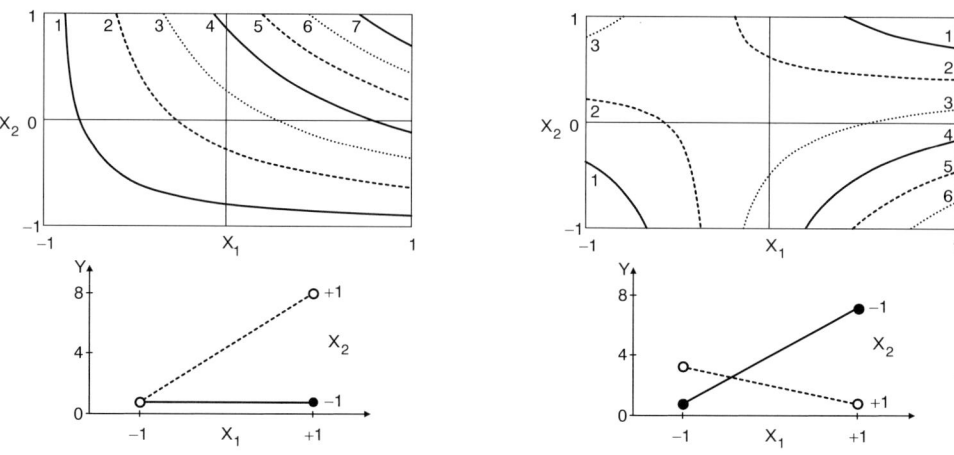

Bild 10-14
Oben: Höhenliniendiagramme mit größerer Wechselwirkung und damit größerer Abweichung von einer Ebene als in Bild 10-13.
Unten: Wechselwirkungsdarstellung derselben Ergebnisse (wie in Kapitel 7).
Die y-Werte der vier Faktorstufenkombinationen sind die Werte in den Ecken des Höhen-
liniendiagramms; mit dem Höhenliniendiagramm interpoliert man zwischen den Ecken
(nur sinnvoll, wenn diese Zwischenwerte für die Faktoren auch möglich sind).

Bei Versuchsplänen, deren Faktoren auf mehr als zwei Stufen untersucht werden, können mit demselben Algorithmus zusätzlich quadratische und höhere Terme im Regressionsmodell angepasst werden. Auch hier ist es wichtig, dass die Versuchspläne möglichst bezüglich aller Terme im Modell orthogonal sind. Geeignete Versuchspläne werden in Kapitel 11 behandelt.

10.2.3   Prinzip der schrittweisen Regression

Soll die Abhängigkeit einer Zielgröße von vielen Einflussgrößen gleichzeitig untersucht werden, so geht man häufig schrittweise vor, um so ein möglichst einfaches Modell zu erhalten. Man nimmt nur diejenigen Einflussgrößen in das Modell auf, von denen die Zielgröße signifikant abhängt.

1. Mit einfacher linearer Regression wird für alle Einflussgrößen einzeln untersucht, welche Einflussgröße das größte Bestimmtheitsmaß B ergibt. Ist die Abhängigkeit signifikant, so wird die Einflussgröße ins Regressionsmodell aufgenommen.

2. Für alle Einflussgrößen, die noch nicht ins Modell aufgenommen wurden, wird untersucht, welche die größte Erhöhung des Bestimmtheitsmaßes B ergibt. Ist die Abhängigkeit signifikant, so wird auch diese Einflussgröße ins Regressionsmodell aufgenommen.

3. Schritt 2 wird so lange wiederholt, bis keine weitere Einflussgröße eine signifikante Abhängigkeit mehr ergibt. Damit ist das Modell erreicht, das die Daten mit den wenigsten Parametern beschreibt.

Für nicht orthogonale Versuchspläne kann die Aufnahme eines zusätzlichen Terms (entspricht einem Effekt) ins Regressionsmodell die Signifikanz von Termen, die früher ins Modell aufgenommen wurden, erniedrigen. Daher wird nach Aufnahme eines neuen Parameters überprüft, ob noch alle Terme im Modell signifikant sind. Falls Terme nicht mehr signifikant sind, werden diese schrittweise entfernt, beginnend mit dem Term, der am wenigsten zu B beiträgt.

Alternativ zur hier beschriebenen schrittweisen Aufnahme (forward selection) von Termen ins Modell kann man auch mit einem Modell beginnen, das alle Terme enthält. Aus diesem werden dann schrittweise diejenigen entfernt, die am wenigsten zu B beitragen, bis alle verbliebenen signifikant sind (backward selection).

Bei orthogonalen Versuchsplänen führen beide Vorgehensweisen zum selben Ergebnis. Bei nicht orthogonalen Versuchsplänen oder ungeplanten Versuchen ist es möglich, dass das Endmodell bei forward und backward selection unterschiedliche Terme enthält. Ein Vergleich der beiden Endmodelle ist ein nützlicher empirischer Test für die Vertrauenswürdigkeit der Ergebnisse.

Mit schrittweiser Regression können auch transformierte Einflussgrößen behandelt werden. Dann ist es jedoch sinnvoll, neben der Signifikanz der Terme auch auf ihre Hierarchie zu achten. Wenn z.B. der Term $x_1 \cdot x_2$ aufgenommen werden soll, müssen auch x_1 und x_2 einzeln ins Modell aufgenommen werden.

10.2.4   Beurteilung des Regressionsmodells

Mit Hilfe der mehrfachen linearen Regression wird ein vorgegebenes Modell an die Daten angepasst. Eine solche Anpassung ist formal immer möglich. Das bedeutet jedoch nicht, dass das resultierende Modell die Wirklichkeit beschreibt.

- Bei der Auswertung von ungeplanten Versuchen (wie z.B. Daten aus der laufenden Fertigung) bedeutet ein statistisch signifikanter Zusammenhang nicht notwendigerweise, dass ein Ursache-Wirkungs-Zusammenhang besteht. Ein signifikanter Zusammenhang kann z.B. auch die Folge einer gemeinsamen Abhängigkeit von einer nicht gemessenen anderen Größe sein. Werden z.B. mehrere Prozessparameter in kurzem zeitlichen Abstand immer wieder gemessen, so können durch die langsame Veränderung der Umgebungsbedingungen signifikante Zusammenhänge zwischen diesen Parametern vorgetäuscht werden.

- Ein statistisch signifikanter Zusammenhang bedeutet nicht, dass die mathematische Form des Modells richtig ist. Daraus ergeben sich u.a. folgende Konsequenzen:

  - Die mathematische Form des Modells sollte bereits vor der Anpassung durch physikalisch-technische Überlegungen festgelegt werden.

  - Nach der Anpassung müssen das angepasste Modell und die Residuen grafisch beurteilt werden (ggf. ergänzt durch statistische Tests).

  - Das angepasste Modell darf nicht über den untersuchten Bereich der Einflussgrößen hinaus extrapoliert werden.

- Korrelation zwischen den Einflussgrößen führt immer zu einer Verbreiterung der Vertrauensbereiche für die Koeffizienten β_i. Bei geplanten Versuchen kann diese Korrelation klein gehalten werden. Bei orthogonalen Versuchsplänen ist sie 0. Ein direktes Maß für die Verbreiterung der Vertrauensbereiche für die Koeffizienten β aufgrund von Korrelationen ist der „Varianzinflationsfaktor" VIF. Der Vertrauensbereich für den Koeffizienten β_i ist um den Faktor $\sqrt{VIF_i}$ größer als er bei einem orthogonalen Plan wäre (ideal ist der Wert VIF = 1) [3].

- Es ist problematisch, wenn ein einzelnes Versuchsergebnis einen besonders großen Einfluss auf das Regressionsmodell hat. Wie stark dieser Einfluss ist, hängt zum Teil von den x-Werten und zum Teil vom Versuchsergebnis (dem y-Wert) ab.

  - Je weiter der x-Wert eines Einzelversuchs von dem der anderen Einzelversuche entfernt liegt, desto größer ist dessen Einfluss auf den Schätzwert eines der Koeffizienten im Regressionsmodell. Ein Maß für diesen Einfluss eines Einzelversuchs ist der „Hebel" (leverage) [3]. Werden mit N Einzelversuchen Schätzwerte für p Koeffizienten bestimmt, so beträgt der Hebel im Mittel p/N. Ideal ist, wenn der Hebel für jeden Einzelversuch möglichst nahe bei diesem Wert liegt. Da der Hebel nur von den x-Werten abhängt, kann dies durch geeignete Versuchspläne erreicht werden.

– Aber natürlich hat auch ein besonders ungewöhnliches Versuchsergebnis y einen großen Einfluss auf das Regressionsmodell. Die „Cook-Distanz" [3] ist ein Maß dafür, um wie viel sich das Regressionsmodell ändert, wenn ein einzelnes Versuchsergebnis weggelassen wird. Bei Versuchsergebnissen mit großer Cook-Distanz ist meist das Residuum oder der Hebel groß (oder beides). Einzelversuche mit besonders großer Cook-Distanz sollten überprüft werden. „DFIT" ist ein ähnliches Maß [3].

Diese Zusammenstellung zeigt, dass **viele potentielle Probleme durch eine geeignete Planung der Versuche vermieden werden können**. Kapitel 11 behandelt Versuchspläne für quantitative Faktoren mit mehr als zwei Stufen, die für die Auswertung mit Regression geeignet sind.

Literatur

[1] Graf, U./Henning, H.-J./Stange, K./Wilrich, P.-T.: Formeln und Tabellen der angewandten mathematischen Statistik. 3. Aufl. Springer Verlag, Berlin 1987

[2] Box, G.E.P./Hunter, W.G./Hunter, J.S.: Statistics for Experimenters. John Wiley, New York 1978

[3] Chatterjee, S./Price, B.: Praxis der Regressionsanalyse. Oldenbourg Verlag, München 1995

11 Versuchspläne für nichtlineare Zusammen-hänge

Häufig soll die quantitative Abhängigkeit einer (oder auch mehrerer) Zielgröße(n) von einigen wenigen Faktoren im Detail bestimmt werden. Dann begnügt man sich nicht mit der bisher behandelten linearen Näherung. Die Nichtlinearität ist entscheidend, wenn die Lage eines Maximums (z.B. der Ausbeute) oder eines Minimums (z.B. der Anzahl der Fehler) gesucht ist.

Meist verwendet man dann ein quadratisches Modell zur empirischen Beschreibung der Abhängigkeit der Zielgröße y von den Faktoren. Bei zwei Faktoren x_1 und x_2 erhält man z.B.

$$y_i = \beta_0 + \beta_1 \cdot x_{1i} + \beta_2 \cdot x_{2i} + \beta_{11} \cdot x_{1i}^2 + \beta_{12} \cdot x_{1i} \cdot x_{2i} + \beta_{22} \cdot x_{2i}^2 + \varepsilon_i . \tag{11.1}$$

Dieses Modell kann man auf k Faktoren verallgemeinern. Es enthält dann

1	Koeffizienten β_0
k	Koeffizienten $\beta_1, \beta_2, ..., \beta_k$
k(k+1)/2	Koeffizienten $\beta_{11}, \beta_{12}, ..., \beta_{1k}, \beta_{22}, ..., \beta_{2k}, ..., \beta_{kk}$. (11.2)

Wenn in (11.1) normierte Stufenwerte verwendet werden, sind (abgesehen vom Umrechnungsfaktor ½) die Koeffizienten β der linearen Terme x_1 und x_2 die Effekte der Faktoren A und B, der Koeffizient von $x_1 \cdot x_2$ ist der Effekt der Wechselwirkung AB, die Koeffizienten von x_1^2 und x_2^2 sind quadratische Effekte der Faktoren (AA und BB). Diese quadratischen Effekte sind hier neu. Um sie zu bestimmen, benötigt man Versuchspläne mit mehr als zwei Faktorstufen. Im folgenden werden geeignete Versuchspläne behandelt (vgl. z.B. [1 – 4]).

11.1 Zentral zusammengesetzte Versuchspläne

Ein zentral zusammengesetzter Versuchsplan besteht aus einem vollständigen oder fraktionellen faktoriellen Versuchsplan 2^{k-p} mit Mindestauflösung V („Würfel"), dem ein „Stern" und ein „Zentrum" hinzugefügt werden. Bild 11-1 zeigt als Beispiel die Anordnung der Einzelversuche für k = 3 Faktoren grafisch.

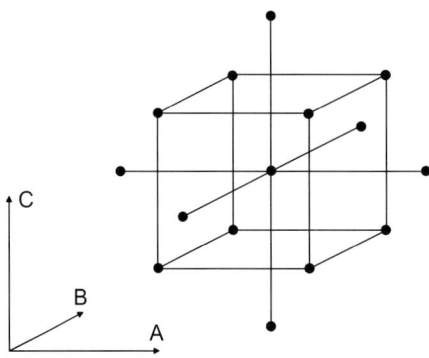

Bild 11-1
Zentral zusammengesetzter Versuchsplan
für 3 Faktoren A, B und C

Tabelle 11.1 zeigt eine Liste der Faktorstufenkombinationen für $k = 3$. Die Faktorstufen sind dabei in Analogie zur Darstellung in Kapitel 7 und 8 mit den normierten Werten ± 1, 0 und $\pm\alpha$ bezeichnet. Je nach Zielsetzung können α und n_0 in Tabelle 11.1 verschiedene Werte annehmen.

Tabelle 11.1
Faktorstufenkombinationen eines zentral zusammengesetzten Versuchsplans für $k = 3$ Faktoren, das Zentrum wird hier z.B. viermal realisiert (systematische Reihenfolge, normierte Stufenwerte)

syst. Nr.	Faktor A	Faktor B	Faktor C	Erläuterung
1	-1	-1	-1	
2	1	-1	-1	
3	-1	1	-1	
4	1	1	-1	„Würfel"
5	-1	-1	1	vollständig faktoriell
6	1	-1	1	
7	-1	1	1	
8	1	1	1	
9	$-\alpha$	0	0	
10	α	0	0	
11	0	$-\alpha$	0	„Stern"
12	0	α	0	jeder Faktor getrennt
13	0	0	$-\alpha$	
14	0	0	α	
15	0	0	0	
16	0	0	0	Zentrum n_0-mal
17	0	0	0	(hier viermal)
18	0	0	0	

11.1.1 Orthogonaler Versuchsplan

Ein zentral zusammengesetzter Versuchsplan wie in Tabelle 11.1 ist **orthogonal** bezüglich aller Terme im Modell (11.1), wenn

$$\text{orthogonal:}\quad \alpha^2 = \tfrac{1}{2}\left(\sqrt{N \cdot N_W} - N_W\right), \tag{11.3}$$

wobei $N_W = 2^{k-p} = \quad$ Anzahl Einzelversuche im Würfel und

$$N = 2^{k-p} + 2k + n_0 = \quad \text{Gesamtzahl Einzelversuche.}$$

Die Vorteile eines orthogonalen Versuchsplans sind:

- Die Schätzwerte für die Koeffizienten β im Modell (11.1) sind unabhängig voneinander (d.h. sie beeinflussen sich nicht gegenseitig), und

- bei vorgegebenen Stufenwerten für −1 und 1 und vorgegebener Anzahl der Einzelversuche erhält man möglichst schmale Vertrauensbereiche für die Koeffizienten β.

Daher wird empfohlen, soweit möglich orthogonale Pläne zu verwenden.

Beispiel

In Tabelle 11.1 beträgt
- die Anzahl der Realisierungen des Zentrums $n_0 = 4$,
- die Anzahl Faktoren $k = 3$, und
- als Würfel wird ein vollständiger faktorieller Plan verwendet ($p = 0$).

Damit erhält man

$$N_W = 2^3 = 8 \text{ und } N = 2^3 + 2 \cdot 3 + 4 = 18 \quad \Rightarrow \quad \alpha^2 = \tfrac{1}{2}(\sqrt{18 \cdot 8} - 8) = 2$$

$$\Rightarrow \text{ Wählt man für } \alpha = \sqrt{2} = 1{,}414 \text{, so ist der Versuchsplan orthogonal.}$$

Einen konkreten Versuchsplan erhält man aus Tabelle 11.1, indem man

- für jeden Faktor festlegt, welche natürlichen Stufenwerte −1 und 1 jeweils darstellen,
- die zusätzlichen Stufenwerte 0 und $\pm\alpha$ linear daraus errechnet und
- die Reihenfolge der Einzelversuche randomisiert.

Würfel und Stern können als zwei Blöcke behandelt werden. Die Einzelversuche im Zentrum werden dann zwischen den Blöcken aufgeteilt.

Beispiel

Das Beispiel aus der chemischen Industrie in Kapitel 3 soll zu einem zentral zusammengesetzten Versuch erweitert werden.

Faktor A   Temperatur   −1 = 120 °C   +1 = 140 °C
Faktor B   Zeit   −1 = 2 h   +1 = 4 h
Faktor C   Katalysator −1 = 0,1 % +1 = 0,5 %

Mit diesen Vorgaben erhält man durch lineare Umrechnung die Stufenwerte in Tabelle 11.2.

Tabelle 11.2
Umrechnung der normierten Stufenwerte der Faktoren in die natürlichen Werte

normierter Wert	−1,414	−1	0	1	1,414
A Temperatur	115,9 °C	120 °C	130 °C	140 °C	144,1 °C
B Zeit	1,59 h	2 h	3 h	4 h	4,41 h
C Katalysator	0,017 %	0,1 %	0,3 %	0,5 %	0,583 %

Die Auswertung erfolgt mit Regression, und zwar immer in den normierten Stufenwerten, da der Versuchsplan nur dann orthogonal ist und der einfache Zusammenhang Regressionskoeffizient = Effekt/2 gilt.

Gute Versuchsplanungssoftware führt diese Umrechnung im Hintergrund durch, ohne dass sich der Anwender darum kümmern muss. Aber Achtung, umfassende Statistikpakete unterscheiden zwischen Versuchsplanung und „normaler" Regression. Mit normaler Regression ist die Auswertung zwar im Prinzip ebenfalls möglich, die Umrechnung muss dann jedoch explizit vom Anwender vorgenommen werden. Daher wird empfohlen, Versuchspläne nur mit den speziell dafür vorgesehenen Routinen auszuwerten.

11.1.2   Technisch bedingte Abweichungen vom Versuchsplan

Je nach weiteren Randbedingungen ist es manchmal erforderlich, vom idealen orthogonalen Versuchsplan abzuweichen. Dies gilt insbesondere,

- wenn es technische oder andere Grenzen für die Stufenwerte der Faktoren gibt oder

- wenn nur bestimmte Stufenwerte einstellbar sind.

Ein solcher veränderter Versuchsplan kann mit entsprechender Software ohne Mehraufwand ausgewertet werden. Da jede Abweichung von der Orthogonalität aber zu einer Verbreiterung der Vertrauensbereiche für die Regressionskoeffizienten β führt, sollte man die Veränderung des Versuchsplans so gering wie technisch möglich halten.

Beispiel (Fortsetzung)

Die Maximaltemperatur der Anlage beträgt 140 °C. Es ist daher nicht möglich, den idealen Wert von 144,1 °C einzustellen.

Andererseits erwartet man aus technischen Gründen bei der Maximaltemperatur auch die maximale Ausbeute. Daher ist es nicht sinnvoll, die Stufen so umzudefinieren, daß $\alpha = 1,414$ dem Maximalwert von 140 °C entspricht, da dann nur ein Einzelversuch bei dieser vermutlich optimalen Temperatur durchgeführt würde (Nr. 10 in Tabelle 11.1). Es ist besser, auf die Orthogonalität zu verzichten und für den Faktor A als Stufenwerte z.B.   115,9 °C   120 °C   130 °C   140 °C   140 °C   zu verwenden.

11.1.3   Bekannte nichtlineare Abhängigkeiten

In manchen Anwendungen ist bereits von Anfang an ein bestimmtes, nichtlineares Verhalten der Zielgröße bekannt (z.B. Sättigung). Will man dieses nichtlineare Verhalten gezielt untersuchen, so kann es im Einzelfall sinnvoll sein, die Nichtlinearität bereits bei der Definition der Faktorstufen zu berücksichtigen.

Dies erfolgt, indem man als Faktor im Versuchsplan eine geeignete Funktion der eigentlich eingestellten Größe verwendet (Transformation).

Beispiel (Fortsetzung)

Wenn bereits vor der Versuchsdurchführung bekannt ist, dass die Ausbeute der chemischen Reaktion bei langen Reaktionszeiten gegen einen Grenzwert strebt und bei einer weiteren Verlängerung immer langsamer zunimmt, so ist es sinnvoll, dies bereits bei der Planung des Versuchs zu berücksichtigen.

Ist man speziell an diesem Langzeitverhalten interessiert, so ist es besser, als Faktor statt der Reaktionszeit z.B. den Kehrwert (1/Reaktionszeit) oder den Logarithmus ln (Reaktionszeit) zu verwenden. Aus der linearen Veränderung des Faktors ergibt sich dann eine nichtlineare Veränderung der eigentlich eingestellten Größe Reaktionszeit. Tabelle 11.3 zeigt diesen Zusammenhang an zwei Beispielen. Im Versuchsplan steht die Reaktionszeit, die Analyse erfolgt aber in der Größe (1/Reaktionszeit) oder ln(Reaktionszeit).

Tabelle 11.3
Beispiel für die Auswirkung nichtlinearer Faktoren:
Aus der Vorgabe fester Zeiten 2 h und 4 h für die Würfeleckpunkte erhält man mit den Faktoren 1/Zeit bzw. ln(Zeit) Stufen für die eingestellte Größe „Zeit", die im erwarteten Sättigungsbereich weiter auseinander liegen als in Tabelle 11.2.

normierter Wert	−1,414	−1	0	1	1,414
Faktor 1/Zeit [h^{-1}]	0,198	0,25	0,375	0,5	0,552
eingestellte Größe Zeit [h]	5,05	4	2,67	2	1,81
Faktor ln(Zeit)	0,550	0,693	1,040	1,386	1,530
eingestellte Größe Zeit [h]	1,73	2	2,83	4	4,62

11.1.4 Varianten von zentral zusammengesetzten Plänen

Drehbare Pläne

Die Regressionsgleichung (11.1) gibt für jeden Punkt (x_1, x_2, x_3, ..., x_k) einen Schätzwert für die Zielgröße. Für diesen Schätzwert kann ein Vertrauensbereich berechnet werden. Im Fall der einfachen linearen Regression ist dies der Trichter in Bild 10-9. Beim Modell (11.1) hängt die Breite des Vertrauensbereichs im allgemeinen von den Werten aller Faktoren ab. Man nennt einen Versuchsplan drehbar, wenn die Breite des Vertrauensbereichs nur vom Abstand des betrachteten Punktes von Zentrum des Würfels abhängt und nicht auch von der Richtung. D.h. ein Versuchsplan ist drehbar, wenn die Breite des Vertrauensbereichs nur von

$$\sqrt{x_1^2 + x_2^2 + ... + x_k^2}$$

abhängt (normierte Werte von x). Man kann zeigen, dass ein zentral zusammengesetzter Versuchsplan wie in Tabelle 11.1 drehbar ist, wenn

$$\text{drehbar: } \alpha^2 = \sqrt{2^{k-p}} \quad . \tag{11.4}$$

Beispiel 1
Versuchsplan in Tabelle 11.1: k = 3; p = 0; n_0 = beliebig:

$$\alpha^2 = \sqrt{2^{3-0}} = \sqrt{8} = 2{,}828 \quad \Rightarrow \quad \alpha = 1{,}682$$

Beispiel 2
k = 5; p = 1; n_0 = beliebig:

$$\alpha^2 = \sqrt{2^{5-1}} = \sqrt{16} = 4 \quad \Rightarrow \quad \alpha = 2 \; .$$

Orthogonal und drehbar

Durch geeignete Wahl von n_0 kann man erreichen, dass das α für Orthogonalität aus (11.3) näherungsweise mit dem α für Drehbarkeit aus (11.4) übereinstimmt. Dann ist der Versuchsplan drehbar und (näherungsweise) orthogonal. Tabelle

11.4 zeigt für 2 bis 8 Faktoren den Mindestversuchsumfang mit $n_0 = 1$, den Wert α für drehbare Pläne und den Versuchsumfang für Pläne, die gleichzeitig drehbar und orthogonal sind.

Tabelle 11.4
Mindestversuchsumfang N_{min} mit $n_0 = 1$, α für drehbare Pläne und Versuchsumfang N für drehbare und (näherungsweise) orthogonale Pläne in Abhängigkeit von der Anzahl der Faktoren k

Anzahl Faktoren k	Würfel	Mindestwert N_{min}	α (drehbar)	n_0 (für drehbar und orthogonal)	N (für drehbar und orthogonal)
2	2^2	9	1,414	8	16
3	2^3	15	1,682	9	23
4	2^4	25	2,000	12	36
5	2^{5-1}	27	2,000	10	36
6	2^{6-1}	45	2,378	15	59
7	2^{7-1}	79	2,828	22	100
8	2^{8-2}	81	2,828	20	100

Flächenzentriert

Für manche Faktoren sind aus technischen Gründen nur drei Faktorstufen möglich. Manchmal ist es auch nicht sinnvoll, mit den „Sternpunkten" über den „Würfel" hinauszugehen (vgl. Absatz 11.1.2).

In diesen Fällen verwendet man $\alpha = 1$. Dann liegen die Sternpunkte in Bild 11-1 in der Mitte der Würfelflächen. Man nennt diesen Versuchsplan daher flächenzentriert. Er ist nicht orthogonal und sollte daher nur in Ausnahmefällen eingesetzt werden.

Ergänzung für mathematisch Interessierte [*]
Ableitung der Bedingung (11.3) für Orthogonalität am Beispiel eines Versuchsplans mit k = 2 und $n_0 = 4$:

Wie in Absatz 10.2.2 werden zur Anpassung der nichtlinearen Terme in (11.1) transformierte Variablen eingeführt:

$$x_3 = x_1 \cdot x_2 \qquad \text{(wie in 10.2.2)}$$
$$x_4 = x_1 \cdot x_1 = x_1^2$$
$$x_5 = x_2 \cdot x_2 = x_2^2$$

Orthogonalität zwischen x_1 und x_2 bedeutet dann z.B. $Q_{x_1 x_2} = 0$, usw. Tabelle 11.5 zeigt beispielhaft, dass unabhängig von α und n_0 gilt:

$$Q_{x_1 x_2} = 0 \text{ und } Q_{x_1 x_4} = 0$$

d.h., dass x_1 und x_2 sowie x_1 und x_4 orthogonal zueinander sind. Analog kann man durch Hinzufügen entsprechender Spalten in Tabelle 11.5 zeigen, dass unabhängig von α und n_0 gilt:

$$Q_{x_1 x_3} = Q_{x_1 x_5} = Q_{x_2 x_3} = Q_{x_2 x_4} = Q_{x_2 x_5} = Q_{x_3 x_4} = Q_{x_3 x_5} = 0$$

---

[*] Für das Verständnis der folgenden Kapitel nicht erforderlich.

Nur die Bedingung

$$Q_{x_4 x_5} = 0$$

für die Orthogonalität zwischen x_4 und x_5 ist nicht für beliebige Werte von α und n_0 erfüllt. Tabelle 11.5 zeigt, dass sie bei $n_0 = 4$ nur erfüllt ist, wenn

$$\text{Summe} = 4 \cdot (1 - \overline{x}_4)^2 - 4 \cdot \overline{x}_4 \cdot (\alpha^2 - \overline{x}_4) + 4 \cdot \overline{x}_4^2 = 0.$$

Einsetzen von $\overline{x}_4 = (2 + \alpha^2)/6$ aus Tabelle 11.5 und Auflösen nach α^2 ergibt: Der Versuchsplan ist orthogonal, wenn

$$\alpha^2 = \tfrac{1}{2}(\sqrt{12 \cdot 4} - 4) = 1{,}464 \qquad \Rightarrow \quad \alpha = 1{,}21.$$

Tabelle 11.5
Ableitung der Orthogonalitätsbedingung für den Sonderfall $k = 2$ und $n_0 = 4$:
Die Rechnung ist ähnlich zu den Tabellen 10.3 und 10.4.
Spalten A und B enthalten den zentral zusammengesetzten Versuchsplan für zwei
Faktoren, Spalten x_4 und x_5 deren Quadrate.
Wie in Tabelle 10.3 gilt $\overline{x}_1 = 0$ und $\overline{x}_2 = 0$, aber $\overline{x}_4 = \overline{x}_5$ 0. x_1 und x_2 sowie x_1 und x_4
sind orthogonal, unabhängig von n_0 und α. Die letzte Spalte zeigt, dass x_4 und x_5 nur
orthogonal sind, wenn die Zusatzbedingung (Summe = 0) erfüllt ist.

A x_{1i}	B x_{2i}	$(x_{1i} - \overline{x}_1) \cdot (x_{2i} - \overline{x}_2)$	$x_{4i} = x_{1i} \cdot x_{1i}$	$(x_{4i} - \overline{x}_4)$	$(x_{1i} - \overline{x}_1) \cdot (x_{4i} - \overline{x}_4)$	$x_{5i} = x_{2i} \cdot x_{2i}$	$(x_{5i} - \overline{x}_5)$	$(x_{4i} - \overline{x}_4) \cdot (x_{5i} - \overline{x}_5)$
-1	-1	1	1	$1 - \overline{x}_4$	$-(1 - \overline{x}_4)$	1	$1 - \overline{x}_4$	$(1 - \overline{x}_4)^2$
1	-1	-1	1	$1 - \overline{x}_4$	$(1 - \overline{x}_4)$	1	$1 - \overline{x}_4$	$(1 - \overline{x}_4)^2$
-1	1	-1	1	$1 - \overline{x}_4$	$-(1 - \overline{x}_4)$	1	$1 - \overline{x}_4$	$(1 - \overline{x}_4)^2$
1	1	1	1	$1 - \overline{x}_4$	$(1 - \overline{x}_4)$	1	$1 - \overline{x}_4$	$(1 - \overline{x}_4)^2$
$-\alpha$	0	0	α^2	$\alpha^2 - \overline{x}_4$	$-\alpha(\alpha^2 - \overline{x}_4)$	0	$-\overline{x}_4$	$-\overline{x}_4(\alpha^2 - \overline{x}_4)$
α	0	0	α^2	$\alpha^2 - \overline{x}_4$	$\alpha(\alpha^2 - \overline{x}_4)$	0	$-\overline{x}_4$	$-\overline{x}_4(\alpha^2 - \overline{x}_4)$
0	$-\alpha$	0	0	$-\overline{x}_4$	0	α^2	$\alpha^2 - \overline{x}_4$	$-\overline{x}_4(\alpha^2 - \overline{x}_4)$
0	α	0	0	$-\overline{x}_4$	0	α^2	$\alpha^2 - \overline{x}_4$	$-\overline{x}_4(\alpha^2 - \overline{x}_4)$
0	0	0	0	$-\overline{x}_4$	0	0	$-\overline{x}_4$	$\overline{x}_4^2$
0	0	0	0	$-\overline{x}_4$	0	0	$-\overline{x}_4$	$\overline{x}_4^2$
0	0	0	0	$-\overline{x}_4$	0	0	$-\overline{x}_4$	$\overline{x}_4^2$
0	0	0	0	$-\overline{x}_4$	0	0	$-\overline{x}_4$	$\overline{x}_4^2$
$\Sigma = 0$	$\Sigma = 0$	$\Sigma = 0$	$\Sigma = 4 + 2\alpha^2$	$\Sigma = 0$	$\Sigma = 0$	$\Sigma = 4 + 2\alpha^2$	$\Sigma = 0$	Summe
$\overline{x}_1 = 0$	$\overline{x}_2 = 0$	$Q_{x_1 x_2}$	$\overline{x}_4 = (2 + \alpha^2)/6$		$Q_{x_1 x_4}$	$\overline{x}_5 = \overline{x}_4$		$Q_{x_4 x_5}$

Die gleiche Rechnung kann auch für andere Werte von k und n_0 durchgeführt werden.
Die Bedingung, dass die quadratischen Terme orthogonal sein sollen, ergibt (11.3).

11.1.5 Praxisbeispiel Laserschneiden[1]

Aluminiumblech der Dicke 1,5 mm wird mit einem CO_2-Laser (maximale Leistung 1,5 kW) geschnitten. Das Schneiden erfolgt durch Aufschmelzen des Materials und Ausblasen des geschmolzenen Materials mit einem Schneidgas (N_2).

Untersuchungsziele:

- Bei nicht optimalen Betriebsparametern erstarrt das Material beim Ausblasen bereits an der Schnittkante und bildet dort einen scharfen Grat oder Bart. Ziel ist es, diesen Bart zu vermeiden. Als Zielgröße wird die Barthöhe gemessen.

- Außerdem soll die Schnittfläche möglichst glatt sein. Als Zielgröße wird die Rautiefe gemessen, sie soll so klein wie möglich sein.

- Aus Kostengründen soll die Schneidgeschwindigkeit möglichst groß sein.

Der Einfluss folgender Faktoren auf die Zielgrößen sollte untersucht werden:

- Schneidgeschwindigkeit (aufgrund von Vorversuchen wurden die besten Ergebnisse zwischen 2,5 und 5 m/min erwartet)

- Druck des Schneidgases (beste Ergebnisse wurden zwischen 10 und 16 bar erwartet)

- Abstand der Düse vom Blech (bei kleinem Abstand wurde ein gutes Schneidergebnis erwartet; aber bei zu kleinem Abstand kann die Düse das Blech berühren und beschädigt werden – der Abstand 0,3 mm darf daher nicht unterschritten werden, er soll aber in vielen Einzelversuchen untersucht werden)

- Fokuslage (von der Oberkante des Blechs (0 mm) bis zur Unterkante (1,5 mm); das Optimum wurde an einer Grenze erwartet, daher $\alpha = 1$) und

- Laserleistung (beste Ergebnisse wurden bei maximaler Leistung erwartet).

Als Versuchsplan wurde ein zentral zusammengesetzter Plan verwendet. Für den Würfelteil wurde ein fraktioneller faktorieller 2^{5-1}-Versuchsplan mit Auflösung V verwendet (16 Einzelversuche). Das Zentrum wurde dreimal realisiert. Insgesamt ergaben sich damit 16+10+3 = 29 Einzelversuche. α für einen orthogonalen Versuchsplan beträgt damit nach (11.3)

$$\alpha^2 = \tfrac{1}{2} \cdot (\sqrt{29 \cdot 16} - 16) = 2,77 \quad \Rightarrow \alpha = 1,664$$

Die Schneidgeschwindigkeit und der Druck wurden auf 5 Stufen untersucht, wobei die Stufenabstände ungefähr der Orthogonalität entsprachen. Die anderen Faktoren wurden aus technischen Gründen nur auf je 3 Stufen untersucht, wie bei flächenzentrierten Plänen. Der Versuchsplan ist damit zwar nicht völlig orthogonal, die Abweichung wurde jedoch in Kauf genommen und beeinträchtigt die Auswertung nicht wesentlich. Tabelle 11.6 zeigt die verwendeten Stufenwerte der k = 5 Faktoren, Tabelle 11.7 die Einzelversuche und ihre Ergebnisse (zur besseren Übersicht in systematischer Reihenfolge).

---

[1] Vereinfachte Darstellung nach der Diplomarbeit von R. Heigl und R. Schauppel, fachliche Betreuung durch Prof. Dr. H.-A. Schertel, FH Aalen

Tabelle 11.6   Stufenwerte für die k = 5 Faktoren

Faktor	Stufenwerte				
Geschwindigkeit [m/min]	1,5	2,5	3,75	5,0	6,0
Druck [bar]	8	10	13	16	18
Abstand [mm]		0,3	0,7	1,1	
Fokuslage [mm]		0,0	0,75	1,5	
Leistung [kW]		1,0	1,25	1,5	

Tabelle 11.7   Versuchsplan und Ergebnisse in systematischer Reihenfolge

Nr.	Geschwindigkeit [m/min]	Druck [bar]	Abstand [mm]	Fokuslage [mm]	Leistung [kW]	Barthöhe [mm]	Rautiefe [µm]
1	2,5	10	0,3	0,0	1,5	0,15	0,2
2	5,0	10	0,3	0,0	1,0	2,65	10,2
3	2,5	16	0,3	0,0	1,0	0,75	7,0
4	5,0	16	0,3	0,0	1,5	0,05	7,2
5	2,5	10	1,1	0,0	1,0	1,20	9,2
6	5,0	10	1,1	0,0	1,5	0,85	6,7
7	2,5	16	1,1	0,0	1,5	1,00	3,5
8	5,0	16	1,1	0,0	1,0	2,95	13,8
9	2,5	10	0,3	1,5	1,0	0,70	4,9
10	5,0	10	0,3	1,5	1,5	0,00	0,0
11	2,5	16	0,3	1,5	1,5	0,00	0,0
12	5,0	16	0,3	1,5	1,0	2,10	6,3
13	2,5	10	1,1	1,5	1,5	0,50	0,0
14	5,0	10	1,1	1,5	1,0	1,90	4,5
15	2,5	16	1,1	1,5	1,0	0,45	5,8
16	5,0	16	1,1	1,5	1,5	0,00	2,4
17	1,5	13	0,7	0,75	1,25	0,60	2,1
18	6,0	13	0,7	0,75	1,25	1,95	4,3
19	3,75	8	0,7	0,75	1,25	0,15	6,4
20	3,75	18	0,7	0,75	1,25	0,45	7,8
21	3,75	13	0,3	0,75	1,25	0,30	2,6
22	3,75	13	1,1	0,75	1,25	0,65	5,2
23	3,75	13	0,7	0,0	1,25	0,75	5,6
24	3,75	13	0,7	1,5	1,25	0,00	1,8
25	3,75	13	0,7	0,75	1,0	1,30	6,3
26	3,75	13	0,7	0,75	1,5	0,00	0,0
27	3,75	13	0,7	0,75	1,25	0,30	3,7
28	3,75	13	0,7	0,75	1,25	0,25	2,6
29	3,75	13	0,7	0,75	1,25	0,40	5,1

Bei der Auswertung werden die beiden Zielgrößen getrennt voneinander behandelt. Bild 11-2 zeigt die Regressionskoeffizienten für die Zielgröße Barthöhe, Bild 11-3 für die Zielgröße Rautiefe. Zur Beurteilung der Signifikanz werden die Koeffizienten jeweils mit der Breite der Vertrauensbereiche verglichen, wie in Kapitel 7.

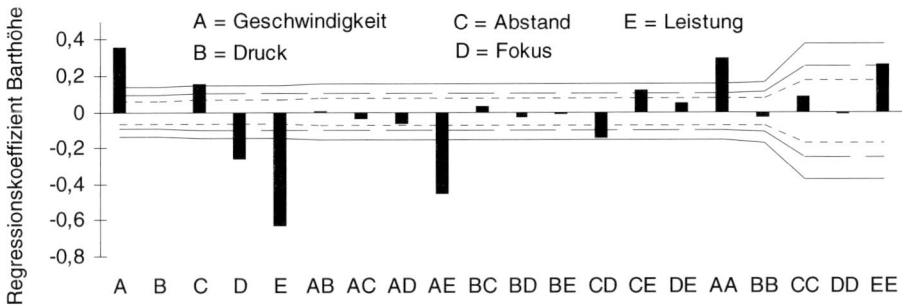

Bild 11-2
Regressionskoeffizienten für die Zielgröße Barthöhe und ihre Vertrauensbereiche:

***   : A, C, D, E, AE, AA

**   : CD, CE, EE

Der Druck B hat keinen signifikanten Einfluss auf die Barthöhe.

Anmerkung zur Bezeichnung:

Effekte und Regressionskoeffizienten können ineinander umgerechnet werden. Mit A wird hier der Regressionskoeffizient für den linearen Term in der Geschwindigkeit x_1 (in normierten Stufen), mit AE der Koeffizient des Produktes aus Geschwindigkeit und Leistung (=Wechselwirkung, vgl. Absatz 10.2.2), mit AA der Koeffizient von x_1^2 im Regressionsmodell (11.1) bezeichnet, usw.

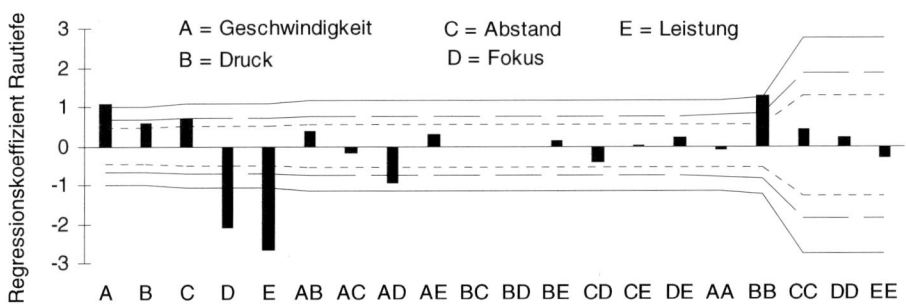

Bild 11-3
Regressionskoeffizienten für die Zielgröße Rautiefe und ihre Vertrauensbereiche:

***   : A, D, E, BB

**   : AD

*   : B, C

Die Breite der Vertrauensbereiche für die Koeffizienten ist unterschiedlich. Insbesondere bei den drei flächenzentrierten Faktoren ist die Breite der Vertrauensbereiche der quadratischen Terme deutlich größer als für die anderen Koeffizienten. Dies liegt z.T. am geringeren Wertebereich der Variablen und z.T. an der fehlenden Orthogonalität. Fehlende Orthogonalität führt immer zu einer Verbreiterung der Vertrauensbereiche.

Die Residuen wurden wie in Absatz 10.1.3 untersucht, zeigten aber keine Besonderheiten und werden daher hier nicht dargestellt.

Bild 11-2 und 11-3 enthalten die Information, welche Faktoren einen signifikanten Einfluss auf die jeweilige Zielgröße haben. Für die Optimierung stellt man die signifikanten Effekte wie folgt grafisch dar.

Der Einfluss von zwei beliebigen Faktoren auf eine Zielgröße kann anschaulich als Fläche im Raum (Wirkungsfläche = response surface, wie in Bild 1-6) dargestellt werden. Für eine quantitative Beurteilung ist jedoch eine Darstellung als Höhenliniendiagramm (= contour plot, wie in Bild 11-4) besser geeignet. Die Wirkungsfläche ist wie ein Photo von einer Landschaft, das Höhenliniendiagramm wie eine Landkarte – das Photo gibt zwar einen anschaulichen Eindruck, zur Orientierung ist die Landkarte aber besser geeignet.

Die jeweils nicht dargestellten Faktoren werden auf vorgegebenen Werten festgehalten. Im vorliegenden Beispiel mit 5 Faktoren gibt es für jede der beiden Zielgrößen 10 Möglichkeiten, jeweils 2 Faktoren für die grafische Darstellung auszuwählen. Da die anderen Faktoren auf verschiedenen Werten festgehalten werden können, gibt es eine unüberschaubare Vielfalt denkbarer Darstellungen.

Im folgenden wird an diesem Beispiel eine systematische Vorgehensweise gezeigt, mit der eine Faktorstufenkombination gefunden werden kann, die mehrere Zielgrößen gleichzeitig optimiert. Grundlage der Auswahl der Faktorpaare für die grafische Darstellung sind dabei die Zwei-Faktor-Wechselwirkungen.

Prinzipielle Vorgehensweise

1. Nicht signifikante Wechselwirkungen (= Produkte wie $x_1 \cdot x_2$) und quadratische Terme werden schrittweise aus dem Regressionsmodell entfernt (Achtung, dabei kann sich die Signifikanz der verbliebenen Terme verändern, vor allem wenn der Versuchsplan nicht orthogonal war). Lineare Terme (= Effekte der Faktoren) werden nur entfernt, wenn auch alle Wechselwirkungen und quadratischen Terme dieses Faktors bereits entfernt wurden (z.B. der Druck bei der Zielgröße Barthöhe).

2. Ausgehend von Faktoren mit den größten Wechselwirkungen, wird die Abhängigkeit der Zielgrößen von jeweils zwei Faktoren als Höhenliniendiagramm grafisch dargestellt. Die anderen Faktoren werden dabei zunächst auf der mittleren Stufe (0) festgehalten.

3. Schrittweise werden für die Faktoren optimale Stufenwerte festgelegt. Bei grafischen Darstellungen der anderen Faktoren werden dann diese Stufenwerte verwendet.

Anwendung auf das Beispiel

1. Bei der Zielgröße Barthöhe werden alle Terme außer A, C, D, E, AE, AA, EE, CD und CE aus dem Modell entfernt. Bei der Rautiefe werden alle Terme außer A, B, C, D, E, AD und BB entfernt (vgl. Bilder 11-2 und 11-3).

2. Da die größte Wechselwirkung (relativ zu den linearen Termen) bei der Zielgröße Barthöhe zwischen der Geschwindigkeit und der Leistung besteht (AE), wird mit dieser Darstellung begonnen. Bild 11-4 zeigt das Regressionsmodell für die Barthöhe, Bild 11-5 für die Rautiefe in Abhängigkeit von Geschwindigkeit und Leistung, die anderen Faktoren werden jeweils auf der mittleren Stufe festgehalten.

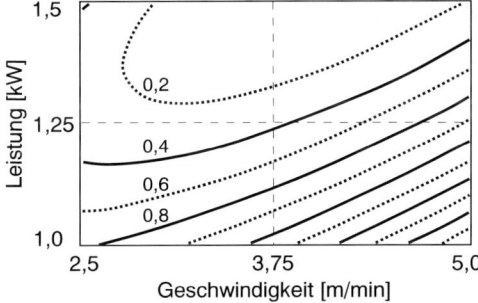

Bild 11-4
Barthöhe in Abhängigkeit von Geschwindigkeit und Leistung:
Die maximale Leistung 1,5 kW ergibt die kleinste Barthöhe; die optimale Geschwindigkeit hängt von der Leistung ab.

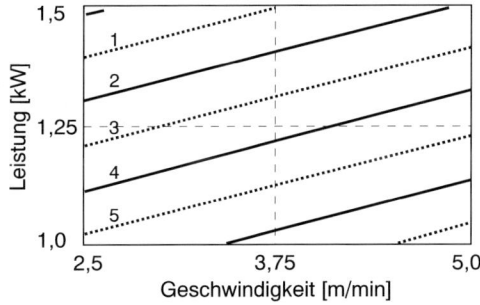

Bild 11-5
Rautiefe in Abhängigkeit von Geschwindigkeit und Leistung:
Die maximale Leistung 1,5 kW (und eine niedrige Geschwindigkeit) ergeben die kleinste Rautiefe.

3. Da die maximale Leistung von 1,5 kW für beide Zielgrößen günstig ist, wird sie für alle weiteren Darstellungen verwendet. Alle weiteren Wechselwirkungen mit der Leistung E sind damit ebenfalls erfasst (d.h. CE). Die nächstgrößte Wechselwirkung ist CD, daher werden in Bild 11-6 und 11-7 Barthöhe bzw. Rautiefe gegen die Faktoren Abstand (=C) und Fokuslage (=D) dargestellt (für die optimale Leistung von 1,5 kW, die Zielgeschwindigkeit von 5 m/min und einen mittleren Druck von 13 bar).

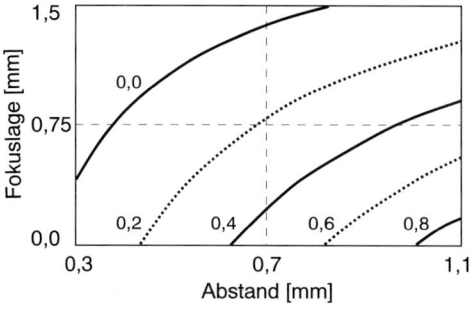

Bild 11-6
Barthöhe in Abhängigkeit von Abstand
und Fokuslage:
Die Fokuslage 1,5 mm im Blech ergibt
die kleinste Barthöhe
(Leistung 1,5 kW, Geschwindigkeit
5 m/min).

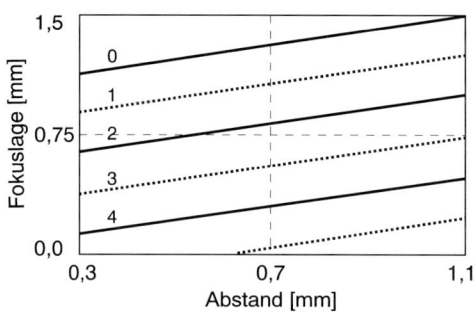

Bild 11-7
Rautiefe in Abhängigkeit von Abstand
und Fokuslage:
Die Fokuslage 1,5 mm im Blech ergibt
die kleinste Rautiefe
(Leistung 1,5 kW, Geschwindigkeit
5 m/min).

Da die Fokuslage von 1,5 mm für beide Zielgrößen günstig ist, wird dieser
Wert für alle weiteren Darstellungen verwendet. Damit sind bei der Barthöhe
alle signifikanten Wechselwirkungen erfasst. Als zusätzliche Absicherung wird
in Bild 11-8 die Wechselwirkung AD bei der Rautiefe dargestellt. Bei einer Fokuslage von 1,5 mm hängt die Rautiefe fast nicht von der Geschwindigkeit ab
– ein weiterer Vorteil der Fokuslage 1,5 mm.

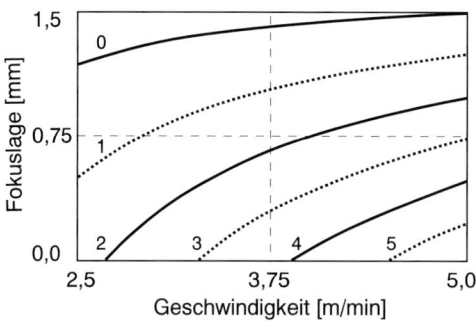

Bild 11-8
Rautiefe in Abhängigkeit von Geschwin-
digkeit und Fokuslage:
Die Fokuslage 1,5 mm im Blech ergibt
die kleinste Rautiefe und eine geringe
Abhängigkeit von der Geschwindigkeit
(Leistung 1,5 kW, Abstand 1,1 mm,
Druck 13 bar).

Der Druck B beeinflusst nur die Rautiefe und hat keine signifikanten Wechselwirkungen. Damit kann er ohne Rücksicht auf andere Faktoren so festgelegt werden, dass die Rautiefe minimiert wird. Bild 11-9 zeigt die Abhängigkeit
der Rautiefe vom Druck und als Beispiel von der Leistung. Unabhängig von
der Leistung ist ein Druck von ca. 12,5 bar optimal.

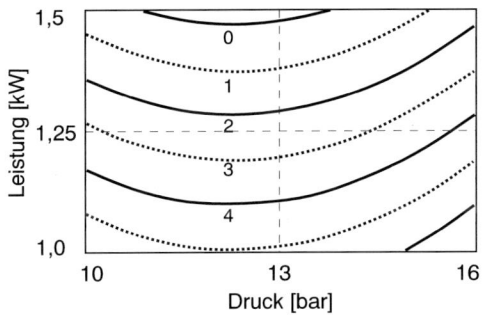

Bild 11-9
Rautiefe in Abhängigkeit von Druck und Leistung:
Unabhängig von der Leistung ist ein Druck von ca. 12,5 bar optimal (Geschwindigkeit 5 m/min, Fokuslage 1,5 mm, Abstand 1,1 mm).

Damit sind folgende Faktorwerte festgelegt:

– Leistung   1,5 kW
– Fokuslage   1,5 mm
– Druck   12,5 bar.

Bild 11-10 zeigt die Abhängigkeit der Barthöhe von den verbliebenen Faktoren Geschwindigkeit und Abstand für diese Werte von Leistung, Fokuslage und Druck. Die Rautiefe ist im gesamten Wertebereich optimal.

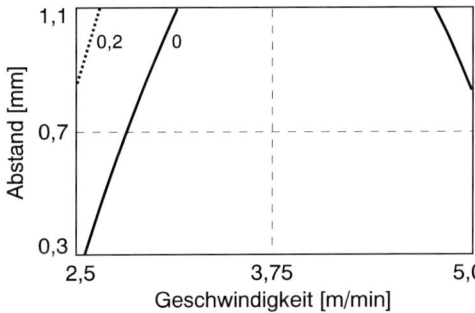

Bild 11-10
Barthöhe in Abhängigkeit von Geschwindigkeit und Abstand
(Leistung 1,5 kW, Fokuslage 1,5 mm, Druck 12,5 bar).

Damit erhält man folgenden optimalen Kompromiss, der bartfreien Schnitt bei gleichzeitig minimaler Rautiefe und geringen Fertigungsproblemen erlaubt:

Leistung: 1,5 kW (Maximalwert für Anlage)

Fokuslage: 1,5 mm (an Blechunterkante – dünnflüssige Schmelze)

Geschwindigkeit: ca. 4,5 m/min (bartfrei, Rautiefe nicht mehr messbar, hoher Fertigungsdurchsatz)

Druck: 12–13 bar (günstig für Rautiefe)

Abstand: ca. 1 mm (ergibt Fertigungssicherheit, die anderen Ziele sind bereits erreicht)

Mit diesem Beispiel soll gezeigt werden, wie durch quantitative Kenntnis der Zusammenhänge zwischen den Faktoren und den Zielgrößen auch widersprüchliche Ziele miteinander vereinbart werden können. Optimale Kompromisse können gefunden werden.

Oft gelingt es Zielkonflikte zu lösen, einfach weil man die Zusammenhänge genau kennt. Dadurch kann eine wesentliche Verbesserung bestehender Prozesse erreicht werden. Neue Prozesse können von Anfang an optimal gefahren werden. So werden Entwicklungszeiten verkürzt und Kosten gesenkt. Die Einsparungen übersteigen die Versuchskosten oft um ein Vielfaches.

Bei der Interpretation der Ergebnisse beachte man jedoch:

- Die dargestellten Höhenliniendiagramme stellen die besten Schätzwerte aufgrund der Versuchsergebnisse dar. Sie unterliegen zufälligen Streuungen (Vertrauensbereiche).

- Die Vertrauensbereiche geben den Bereich an, der die Schätzwerte (für den Mittelwert) mit vorgegebener Wahrscheinlichkeit enthält. Einzelwerte streuen in einem wesentlich breiteren Bereich (Vorhersagebereich für Einzelwerte, vgl. Absatz 10.1.4).

- Die Versuchsergebnisse werden mit einem empirischen Modell beschrieben. Daher ist keine Extrapolation zulässig. Im untersuchten Bereich erhält man meist eine gute Beschreibung der Zusammenhänge. Manche Formen der Abhängigkeit der Zielgröße von den Faktoren (z.B. Sättigungsverhalten) lassen sich durch das verwendete quadratische Modell nur unvollkommen abbilden. Daher ist technischer Sachverstand bei der Interpretation der Ergebnisse erforderlich (vgl. Abschnitt 11.3).

Bei einer größeren Anzahl von Zielgrößen wird das hier beschriebene Optimierungsverfahren zu unübersichtlich. Dies gilt insbesondere, wenn für eine Zielgröße ein bestimmter Zielwert vorgegeben ist. Dann hilft das Verfahren in Abschnitt 15.3 weiter.

11.2   Alternative Pläne

In diesem Abschnitt werden kurz der Aufbau, sowie die Vor- und Nachteile einiger Alternativen zu zentral zusammengesetzten Plänen behandelt.

11.2.1 3^k- und 3^{k-p}-Pläne

Um eine nichtlineare Abhängigkeit erkennen zu können, sind mindestens drei Stufen je Faktor erforderlich. Vollständige faktorielle Versuchspläne enthalten alle 3^k Faktorstufenkombinationen der k Faktoren. Nachteil dieser Pläne ist, dass die Anzahl der Faktorstufenkombinationen sehr schnell mit der Anzahl der Faktoren zunimmt. Schon für k = 4 erhält man 81 Faktorstufenkombinationen und damit einen praktisch kaum mehr anwendbaren Versuchsplan.

Analog zu fraktionellen faktoriellen 2^{k-p}-Plänen gibt es 3^{k-p}-Pläne [3]. Nachteil dieser Pläne ist, dass die Effekte von 2FWW und Faktoren miteinander vermengt sind. Daher sind 3^{k-p}-Pläne für quantitative Faktoren nicht empfehlenswert. Es wäre inkonsequent, im Modell (11.1) die quadratischen Terme in den Faktoren zu ermitteln, die Wechselwirkungen aber zu ignorieren (die 2FWW wie $x_1 \cdot x_2$ sind

Produkte von zwei Faktoren, genau wie die quadratischen Terme). 3^{k-p}-Pläne werden daher hier nicht weiter behandelt.

Für Screening-Versuche für mehrstufige qualitative Faktoren sind die 3^{k-p}-Pläne jedoch sinnvoll (vgl. Kapitel 13).

11.2.2 Box-Behnken-Pläne

Ähnlich zu den 3^{k-p}-Plänen sind Box-Behnken-Pläne ([1], [3]) eine Auswahl aus den 3^k Faktorstufenkombinationen eines vollständigen faktoriellen Plans. Die Auswahl ist allerdings so optimiert, dass 2FWW bestimmt werden können.

Tabelle 11.8 zeigt den Box-Behnken-Plan für k = 3 Faktoren. Der Versuchsplan besteht aus einem vollständigen faktoriellen Versuchsplan für jedes der drei möglichen Paare von jeweils zwei Faktoren (3 x 4 Faktorstufenkombinationen) und z.B. drei Realisierungen des Zentrums.

Bei k = 4 Faktoren besteht der Box-Behnken-Plan entsprechend aus 6 x 4 Faktorstufenkombinationen für die sechs möglichen Faktorpaare. Bei sechs und mehr Faktoren setzt sich der Box-Behnken-Plan aus vollständigen faktoriellen Versuchsplänen von Dreiergruppen der Faktoren zusammen.

Tabelle 11.8
Box-Behnken-Plan für drei Faktoren A, B und C.

Nr.	A	B	C	Erläuterung
1	−1	−1	0	
2	1	−1	0	Faktoren A, B
3	−1	1	0	
4	1	1	0	
5	−1	0	−1	
6	1	0	−1	Faktoren A, C
7	−1	0	1	
8	1	0	1	
9	0	−1	−1	
10	0	1	−1	Faktoren B, C
11	0	−1	1	
12	0	1	1	
13	0	0	0	
14	0	0	0	Zentrum
15	0	0	0	

Vorteile

- Bei Box-Behnken-Plänen werden alle Faktoren nur auf drei Stufen verändert, dies ist in manchen Anwendungen von Vorteil (vgl. flächenzentrierte zentral zusammengesetzte Pläne).

- Die Gesamtzahl der Faktorstufenkombinationen ist (etwas) kleiner als bei zentral zusammengesetzten Versuchsplänen.

Nachteile

- Die quadratischen Effekte der Box-Behnken-Pläne sind nicht orthogonal.
- Box-Behnken-Pläne erlauben keine Überprüfung des quadratischen Modellansatzes (11.1).
- Die Vertrauensbereiche sind breiter als bei zentral zusammengesetzten Plänen mit vergleichbarer Gesamtzahl von Versuchen – dies gilt insbesondere, wenn die Anzahl k der Faktoren groß ist.

Es wird empfohlen, Box-Behnken-Pläne nur in Ausnahmefällen einzusetzen (für k = 3 oder 4 Faktoren, wenn die Anzahl der Faktorstufen aus technischen Gründen auf 3 beschränkt ist).

11.2.3 Kleine zusammengesetzte Pläne

Diese Pläne (Draper und Lin [5]) sind ähnlich zu den zentral zusammengesetzten Plänen. Als Würfel wird jedoch (statt des vollständigen faktoriellen Plans oder des Plans der Auflösung V) ein fraktioneller faktorieller 2^{k-p}-Plan der Auflösung III oder ein Plackett-Burman-Plan verwendet. Aufgrund des Sterns kann trotzdem zwischen 2FWW und Faktoren unterschieden werden. Tabelle 11.9 zeigt als Beispiel den kleinen zusammengesetzten Plan für 4 Faktoren.

Tabelle 11.9
Kleiner zusammengesetzter Plan für 4 Faktoren

Nr.	A	B	C	D	
1	1	1	1	−1	
2	1	1	−1	−1	
3	1	−1	1	1	
4	−1	1	−1	1	Würfel
5	1	−1	−1	1	
6	−1	−1	1	−1	
7	−1	1	1	1	
8	−1	−1	−1	−1	
9	−α	0	0	0	
10	α	0	0	0	
11	0	−α	0	0	
12	0	α	0	0	Stern
13	0	0	−α	0	
14	0	0	α	0	
15	0	0	0	−α	
16	0	0	0	α	
17	0	0	0	0	Zentrum
18	0	0	0	0	($n_0 = 2$)

Der wichtigste Vorteil dieser Pläne ist die kleine Anzahl Faktorstufenkombinationen. Tabelle 11.10 vergleicht die Mindestversuchsumfang für einen normalen zentral zusammengesetzten Plan (aus Abschnitt 11.1) mit der eines kleinen Plans für die gleiche Faktorenzahl.

Anzahl	Mindestversuchsumfang N_{min}	
Faktoren k	Auflösung V	kleiner Plan
2	9	–
3	15	–
4	25	17
5	27	23
6	45	29
7	79	39
8	81	53

Tabelle 11.10
Mindestversuchsumfang N_{min}
($n_0 = 1$) in einem zentral zusammengesetzten Plan mit
Würfel der Auflösung V,
verglichen mit einem
kleinen Plan mit Würfel
der Auflösung III

Wichtigster Nachteil der kleinen Pläne ist, dass sie nicht orthogonal sind. Der Parameter α kann zwar mit Gleichung (11.3) so berechnet werden, dass der Plan „orthogonal" ist. Dies bezieht sich jedoch nur auf die quadratischen Effekte. Insbesondere bei k = 4 und 6 korrelieren manche Faktoren sehr stark mit 2FWW (im Plan von Tabelle 11.9 unterscheiden sich z.B. der Faktor A und die 2FWW –BD nur im Sternteil des Plans und können daher nur schlecht getrennt werden).

Für k = 7 und 8 Faktoren ist die Korrelation zwischen den Effekten so klein und der Aufwand für die normalen Pläne so groß, dass die kleinen Pläne vertretbar sind (wenn man so viele Faktoren überhaupt gleichzeitig untersucht). Für k = 4 bis 6 Faktoren werden die zentral zusammengesetzten Pläne aus Abschnitt 11.1 empfohlen.

11.2.4 Optimale Pläne

Optimale Pläne (vgl. z.B. [2, 3, 6]) bieten dem Experimentator im Prinzip volle Freiheit bei der Festlegung des Plans. Er gibt

- eine (meist große) Anzahl von Faktorstufenkombinationen als Kandidaten,

- das Modell, das an die Ergebnisse angepasst werden soll (z.B. 11.1), und

- den Versuchsumfang N

vor. Bei der Vorgabe der Kandidaten können für jeden Faktor beliebige Stufenwerte festgelegt werden. Alle Kombinationen dieser Faktorstufen sind zunächst möglich (vollständig faktoriell). Anschließend können jedoch wieder (fast) beliebig Faktorstufenkombinationen aus der Kandidatenliste entfernt werden (z.B. weil man weiß oder erwartet, dass bestimmte Extremkombinationen der Faktorstufen keine sinnvollen Ergebnisse liefern werden).

Die N Einzelversuche werden iterativ so aus der Kandidatenliste ausgewählt, dass sie optimal für die Anpassung des vorgesehenen Regressionsmodells geeignet sind. Folgende Optimalitätskriterien sind üblich:

A-optimal: Die Breite der Vertrauensbereiche für die Regressionskoeffizienten ist im Mittel so klein wie möglich (Mittelwert der Quadrate)

D-optimal: Das Volumen des gemeinsamen Vertrauensbereichs für die Regressionskoeffizienten ist so klein wie möglich (Produkt)

E-optimal: Die größte Breite des Vertrauensbereichs für einen Regressions-koeffizienten ist so klein wie möglich (maximaler Eigenwert der Informationsmatrix)

G-optimal: Die größte Breite des Vertrauensbereichs für das Regressionsmodell im Prognosebereich ist so klein wie möglich (möglichst gleicher Hebel für alle Versuchspunkte)

I(Q)-optimal: Die mittlere Breite des Vertrauensbereichs für das Regressionsmodell im Prognosebereich ist so klein wie möglich (gewichteter Mittelwert der Quadrate).

A-, D- und E-Optimalität bezieht sich auf die Koeffizienten des Regressionsmodells (entsprechend Gleichung 10.19), G- und I-Optimalität dagegen auf das angepasste Modell (entsprechend 10.20). Da alle Optimalitätskriterien vergleichbar gut zur Beurteilung eines Versuchsplans geeignet sind und der Rechenaufwand für D-optimale Pläne am kleinsten ist, sind diese am weitesten verbreitet.

Vorteile

- Der Versuchsraum kann beliebig vorgegeben werden (d.h. man kann bereits bei der Planung berücksichtigen, wenn bestimmte Faktorstufenkombinationen nicht möglich oder sinnvoll sind – „constraints" genannt).

- Bereits vorhandene Versuchsergebnisse (z.B. aus Screening-Versuchen) können als sogenannte „inclusions" berücksichtigt werden. Man kann Faktorstufenkombinationen auswählen, die die vorhandenen Ergebnisse möglichst optimal ergänzen.

- Der Modellansatz kann beliebig vorgegeben werden, man muss nicht wie in (11.1) alle Terme bis zur 2. Ordnung (d.h. A, AA, AB, AC, ... , B, BB, BC, ...) berücksichtigen und kann auch höhere Terme aufnehmen.

- Man kann auch mehr als zweistufige quantitative und qualitative Faktoren kombinieren.

- Die Anzahl der Einzelversuche kann beliebig vorgegeben werden (oberhalb einer Mindestzahl, die vom Modell abhängt).

Nachteile

- Der Versuchsplan ist nicht orthogonal, die Abweichungen sind aber meist nur klein.

- Der richtige Modellansatz ist normalerweise nicht im voraus bekannt, die Optimalität gilt jedoch nur für das gewählte Modell; Abweichungen von diesem Modell können später aus den Versuchsergebnissen nur schlecht erkannt werden.

- D-optimale Pläne können nur mit entsprechender Software realisiert werden.

Insgesamt gesehen sind D-optimale Pläne nützlich, wenn aus technischen Gründen nicht alle Punkte eines zentral zusammengesetzten Plans realisierbar sind oder vorhandene Ergebnisse ergänzt werden sollen (Kapitel 17). Für Standardsituationen sind zentral zusammengesetzte Pläne m.E. jedoch besser geeignet.

11.3 Grenzen des quadratischen Modells

Bilder 11-4 bis 11-10 sind Beispiele für Abhängigkeiten, die mit dem quadratischen Modell (11.1) beschrieben werden können.

Die Terme im Modell (11.1) sind die ersten Terme einer Potenzreihe. Solange der Wertebereich der Faktoren nicht zu groß ist, erlaubt es meist eine gute empirische Beschreibung des Zusammenhangs zwischen den Faktoren und den Zielgrößen. Es darf jedoch nicht über den untersuchten Bereich hinaus extrapoliert werden.

Wenn der Wertebereich der Faktoren groß ist, kann es jedoch vorkommen, dass (11.1) bereits im untersuchten Bereich keine ausreichend gute Näherung ergibt. Im folgenden werden beispielhaft Zusammenhänge gezeigt, die durch das quadratische Modell nicht vollständig beschrieben werden können.

Problem

Bild 11-11 zeigt in Höhenliniendarstellung die Abhängigkeit einer Zielgröße von zwei Faktoren. Ein Maximum in dieser „Bananenform" kann nicht über den gesamten Wertebereich der Faktoren durch ein quadratisches Modell beschrieben werden. Mit dem quadratischen Modell können nur elliptische Maxima beschrieben werden.

Lösungsmöglichkeiten

- Teilbereiche von Bild 11-11 können mit dem quadratischen Modell beschrieben werden. Wählt man den Abstand der Stufenwerte nur etwa halb so groß wie in Bild 11-11, so erhält man eine ausreichend gute Beschreibung in diesem kleineren Bereich. Eine Extrapolation ist natürlich nicht zulässig.

- Wenn bereits vor der Durchführung der Versuche z.B. aufgrund physikalischer Gesetze eine bestimmte Form der Abhängigkeit erwartet wird, kann man die Beschreibung durch das quadratische Modell verbessern, wenn man die Faktoren wie in Absatz 11.1.3 geeignet definiert.

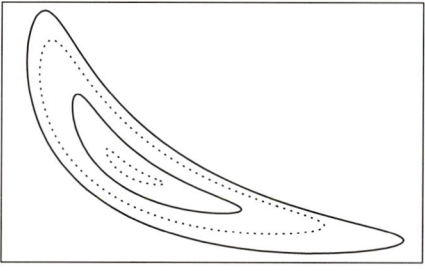

Bild 11-11
Ein Maximum mit einer Struktur (hier z.B. Bananenform) kann nicht als Ganzes durch ein quadratisches Modell beschrieben werden, Ausschnitte können jedoch ausreichend genau beschrieben werden.

Problem

Bild 11-12 zeigt die Abhängigkeit einer Zielgröße von einem Faktor, wie sie typischerweise bei einem Sättigungsverhalten auftritt (z.B. die Spannung an einem Kondensator als Funktion der Zeit nach dem Anlegen der Versorgungsspannung, oder die Ausbeute als Funktion der Katalysatormenge). Mit dem quadratischen

Modell wird die Abflachung im Sättigungsbereich nicht richtig beschrieben. Die an drei Punkten angepasste Näherung kann ein Maximum besitzen, das nicht wirklich vorhanden ist.

Lösungsmöglichkeiten

- Zeigt das angepasste Modell bezüglich eines Faktors ein Maximum wie in Bild 11-12, obwohl aus technischen Gründen eine Sättigung erwartet wird, so ist dies vermutlich auf die quadratische Näherung zurückzuführen. Bei der Interpretation ist das Maximum zu ignorieren, das Optimum liegt dann am Rand des untersuchten Bereichs (oder noch weiter in dieser Richtung).

- Wenn bereits vor der Durchführung der Versuche (z.B. aufgrund physikalischer Gesetze) ein Sättigungsverhalten erwartet wird, kann man die Beschreibung durch das quadratische Modell verbessern, wenn man die Faktoren wie in Absatz 11.1.3 geeignet definiert.

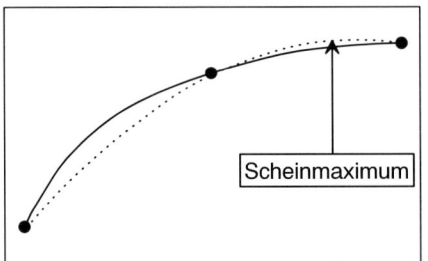

Bild 11-12
Zielgröße in Abhängigkeit von einem Faktor bei Sättigungsverhalten
—— Sättigungskurve
- - - - quadratische Näherung durch die 3 markierten Punkte

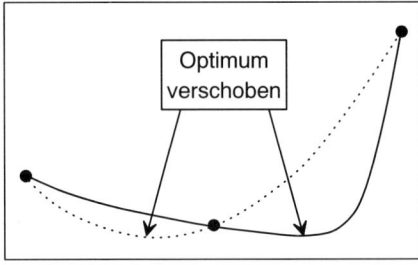

Bild 11-13
Zielgröße in Abhängigkeit von einem Faktor mit einer technischen Grenze
—— wahre Abhängigkeit
- - - - quadratische Näherung durch die 3 markierten Punkte

Problem

Bild 11-13 zeigt die Abhängigkeit einer Zielgröße von einem Faktor, wie sie typischerweise auftritt, wenn der Faktor eine technische Grenze überschreitet. Gesucht ist z.B. das Minimum der Zielgröße. Über einen weiten Bereich des Faktors erhält man eine allmähliche Verbesserung. Wird jedoch eine bestimmte Grenze überschritten, so tritt eine plötzliche Verschlechterung ein. Ist ein solcher schlechter Wert im untersuchten Wertebereich des Faktors enthalten, so hat dieses Ergebnis einen großen Einfluss auf das angepasste Modell. Da das quadratische Modell immer symmetrisch zum Optimum ist, schiebt ein solcher schlechter Wert das rechnerische Optimum in die entgegengesetzte Richtung.

Lösungsmöglichkeiten

- Weichen Versuchsergebnisse für eine Faktorstufe am Rand des untersuchten Bereichs deutlich von den anderen ab, so kann dies an der Überschreitung einer solchen Grenze liegen. Bei der Interpretation ist zu berücksichtigen, dass das Optimum u.U. näher an diesem Rand liegt, als sich rein rechnerisch ergibt. Zusätzliche Einzelversuche können bei der Suche nach dem Optimum helfen.

- Wenn bereits vor der Durchführung der Versuche z.B. aufgrund physikalischer Gesetze eine Grenze erwartet wird, ist es besser, mit den Faktorstufen diese Grenze nicht zu überschreiten (vgl. Absatz 3.3.3 – kein neues physikalisches oder technisches Phänomen im Untersuchungsbereich).

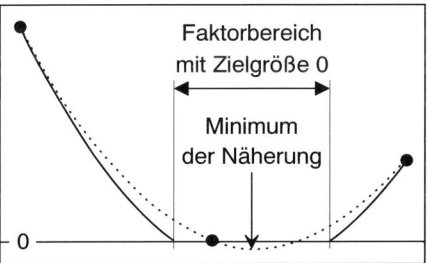

Bild 11-14
Zielgröße, für die keine negativen Werte möglich sind, in Abhängigkeit von einem Faktor
——— wahre Abhängigkeit
- - - - quadratische Näherung durch die 3 markierten Punkte

Problem

Bild 11-14 zeigt die Abhängigkeit einer Zielgröße von einem Faktor, wie sie typischerweise auftritt, wenn aufgrund der Definition der Zielgröße keine negativen Werte möglich sind (vgl. Barthöhe und Rautiefe in Absatz 11.1.5). Der Wert 0 kann dann über einen weiten Bereich des Faktors auftreten. Passt man ein quadratisches Modell an, so errechnet man mit diesem Modell unmögliche, negative Werte für die Zielgröße.

Lösung

Bei der Interpretation wird berücksichtigt, dass sich diese unmöglichen Werte rein rechnerisch ergeben und nicht echt sind. Strebt man für die Zielgröße den Wert 0 an und sind technisch keine negativen Werte möglich, so kann man den gesamten Bereich mit negativen Werten als optimalen Bereich interpretieren. Die Faktorstufenkombination, für die man das negative Minimum errechnet, bietet dann (im Rahmen der Genauigkeit des Modells) die größte Fertigungssicherheit.

11.4 Einsatzempfehlungen

Versuchspläne für nichtlineare Zusammenhänge werden eingesetzt, um die quantitative Abhängigkeit der Zielgrößen von wenigen Faktoren im Detail zu bestimmen. In den meisten Anwendungen liegt die Anzahl der Faktoren zwischen drei und fünf, nur in Ausnahmefällen wird man mehr als sechs Faktoren gleichzeitig untersuchen.

Als Versuchspläne sind m.E. für den Normalfall zentral zusammengesetzte Pläne am besten geeignet. Bei bis zu vier Faktoren verwendet man als Würfel einen vollständigen faktoriellen Plan, bei fünf und mehr Faktoren genügt meist ein fraktioneller Plan mit Auflösung V.

Soweit möglich wählt man die fünf Stufenwerte für jeden Faktor so, dass sich ein orthogonaler Plan ergibt (Absatz 11.1.1). Stellt bei einem Faktor ein Stufenwert eine technische Grenze dar oder kann man aus anderen Gründen nur drei Stufenwerte einsetzen, so verwendet man für diesen Faktor $\alpha = 1$ (flächenzentriert, Absatz 11.1.4).

Die Faktoren und ihre Stufen sollten so definiert werden, dass sie unabhängig voneinander verändert werden können und im untersuchten Bereich auch sinnvolle Ergebnisse zu erwarten sind. Sind trotzdem einzelne Faktorstufenkombinationen nicht realisierbar, so kann man Ersatzpunkte mit dem Kriterium der D-Optimalität auswählen (Absatz 11.2.4).

Bei vielen Anwendungen wird zur Begrenzung des Aufwands zunächst nur das Zentrum mehrmals realisiert, Würfel und Sternpunkte dagegen nur einmal. Bei großer Zufallsstreuung müssen jedoch alle Faktorstufenkombinationen mehrmals realisiert werden. Mit (7.15) kann man die notwendige Anzahl n der Realisierungen der Würfelpunkte berechnen. Es wird dann empfohlen, den gesamten zentral zusammengesetzten Plan n-mal zu realisieren (das Zentrum also $n \cdot n_0$-mal).

Sollen mehrere Zielgrößen gleichzeitig optimiert werden (der Normalfall), so werden diese zunächst getrennt erfasst und ausgewertet. Durch eine systematische Vorgehensweise wie in Absatz 11.1.5 sucht man anschließend Kompromisse. In komplizierteren Situationen hilft die Vorgehensweise in Abschnitt 15.3.

Literatur

[1] Box, G.E.P./Draper, N.R.: Empirical Model-Building and Response Surfaces. John Wiley, New York 1987

[2] Myers, R.H./Montgomery, D.C.: Response Surface Methodology. John Wiley, New York 2. Auflage 2002

[3] Petersen, H.: Grundlagen der Statistik und der statistischen Versuchsplanung. ecomed verlagsgesellschaft, Landsberg/Lech 1991

[4] Scheffler, E.: Statistische Versuchsplanung und Auswertung. DVG, Stuttgart 3. Auflage 1997

[5] Draper, N.R./Lin, D.K.J.: „Small response surface designs" in: Technometrics 32 (1990), 187−194

[6] Bandemer, B./Bellmann, A.: Statistische Versuchsplanung. Teubner Verlag, Wiesbaden 1994

12 Varianzanalyse

In den Kapiteln 6 – 8 wurde die Signifikanz eines Faktors durch Vergleich seines Effekts mit der Breite des Vertrauensbereichs beurteilt. Der Effekt ist die Differenz der Mittelwerte der Versuchsergebnisse bei den beiden Faktorstufen. Dieses Verfahren ist nur bei zweistufigen Faktoren anwendbar.

In Kapitel 10 und 11 wurden mehrstufige Faktoren mit Regression behandelt. Regressionsanalyse ist aber nur bei quantitativen Faktoren direkt einsetzbar.

Manchmal sollen jedoch mehr als zwei Stufen eines qualitativen Faktors miteinander verglichen werden, z.B. wenn
- drei Legierungen bezüglich ihrer Festigkeit verglichen werden sollen oder
- in der Fertigung vier Anlagen parallel eingesetzt werden.

Bei drei Stufen 1, 2, 3 gibt es drei Paare (12, 13 und 23) von je zwei Stufen, zwischen denen die Differenz berechnet werden kann. Bei vier Stufen 1, 2, 3, 4 gibt es sogar sechs Paare (12, 13, 14, 23, 24 und 34). Vergleicht man trotzdem die Stufen paarweise, so erhält man aufgrund der großen Anzahl möglicher Paare mit erhöhter Wahrscheinlichkeit zufällig „signifikante" Unterschiede. Bei der können dagegen beliebig viele Stufen gleichzeitig miteinander verglichen werden, ohne dass das Ergebnis durch die Anzahl möglicher Paare verfälscht wird.

Bei zwei Stufen sind Mittelwertvergleich und Varianzanalyse inhaltlich identische Methoden (auch wenn der Rechengang etwas anders aussieht). Sie führen zu identischen Ergebnissen. In den Kapiteln 6 – 8 wurden Mittelwertvergleich und Effekte bevorzugt, weil sie anschaulicher sind.

Im folgenden soll kurz die Varianzanalyse beschrieben werden, weil sie
- auch auf qualitative Faktoren mit mehr als zwei Stufen anwendbar ist
- in Literatur und Software weit verbreitet ist.

Nur die prinzipielle Vorgehensweise und die Bedeutung der Ergebnisse werden erklärt. Auf Einzelheiten der Berechnung wird, vor allem bei der mehrfachen Varianzanalyse, bewusst verzichtet.

12.1 Einfache balancierte Varianzanalyse

„Einfache" Varianzanalyse bedeutet, dass nur **ein** Faktor A mit a Stufen betrachtet wird. „Balanciert" bedeutet, dass die Anzahl der Einzelversuche auf jeder Stufe gleich ist, $n_1 = n_2 = ... = n_a = n$. Für diesen Fall ist bei vorgegebenem Versuchsumfang $N = n \cdot a$ die Unterscheidung zwischen den Stufen am besten und die Auswertung am einfachsten.

Beispiel für die Problemstellung

Zur Abscheidung einer SiO_2-Schicht werden vier Anlagen parallel eingesetzt. Es soll untersucht werden, ob sich die Dicke von unter nominell gleichen Bedingungen abgeschiedenen Schichten unterscheidet. Dazu werden aus jeder Anlage zufällig drei Scheiben entnommen. Tabelle 12.1 zeigt die gemessenen Schichtdicken und die daraus berechneten Mittelwerte und Varianzen. Bild 12-1 zeigt die Einzelwerte und die Mittelwerte grafisch.

Tabelle 12.1
Dicke [nm] von unter nominell gleichen Bedingungen auf 4 Anlagen abgeschiedenen Schichten

		Anlage 1	Anlage 2	Anlage 3	Anlage 4
		520	590	510	550
		560	570	540	500
		510	598	525	495
Mittelwert $\bar{y}_i$		530	586	525	515
Varianz s_i^2		700	208	225	925

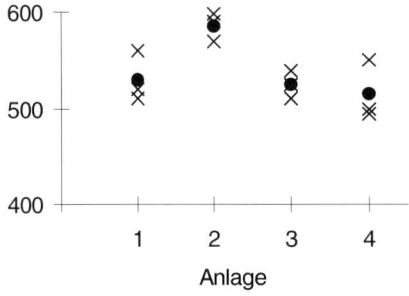

Bild 12-1
Einzelwerte und Mittelwerte der Schichtdicken von den vier untersuchten Anlagen
x   Einzelwerte
●   Mittelwerte

Grundidee und Vorgehensweise

Bei der Varianzanalyse wird vorausgesetzt, dass die Einzelwerte innerhalb jeder Stufe normalverteilt sind, und zwar mit dem gleichen σ für alle Stufen. Der Mittelwert der Varianzen innerhalb der Stufen ist dann ein Schätzwert für die Varianz der Einzelwerte

$$s^2 = \frac{1}{a} \cdot \sum_{i=1}^{a} s_i^2 \; . \tag{12.1}$$

Wenn es keine wahren Unterschiede zwischen den Stufen gibt,[1] ist die Varianz der Stufenmittelwerte 1/n der Varianz der Einzelwerte – vgl. (6.7). Die Prüfgröße

$$F_{\text{Prüf}} = \frac{n \cdot s_{\bar{y}}^2}{s^2} \tag{12.2}$$

unterscheidet sich dann nur zufällig von 1. Die Verteilung der Prüfgröße wird durch die sogenannte F-Verteilung beschrieben. Die Form dieser Verteilung kann

---

[1] Nullhypothese: Alle Mittelwerte sind gleich.

berechnet werden und hängt von der Anzahl der Stufen und der Anzahl der Einzelwerte ab – oder, genauer, vom Freiheitsgrad f_1 zur Berechnung der Varianz der Mittelwerte

$$f_1 = a - 1 \qquad\qquad (12.3)$$

und vom Freiheitsgrad f_2 der Varianz der Einzelwerte

$$f_2 = a \cdot (n - 1) = N - a \ . \qquad\qquad (12.4)$$

Je größer die Freiheitsgrade f_1 und f_2, desto schmäler ist die F-Verteilung. Bild 12-2 zeigt die F-Verteilung für das obige Beispiel. Wenn es keine wahren Unterschiede zwischen den Stufen (hier zwischen den Anlagen) gibt, liegt die Prüfgröße meist nahe bei 1. Werte der Prüfgröße, die größer sind als ein kritischer Wert, treten nur mit geringer Wahrscheinlichkeit α auf (in Bild 12-2 mit 5 %).

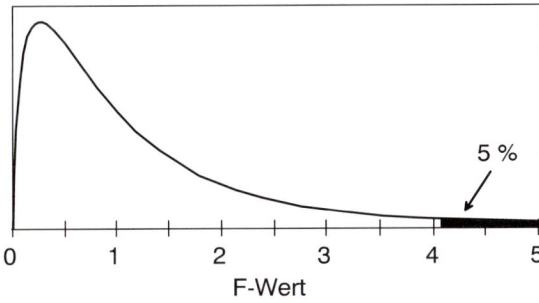

Bild 12-2
F-Verteilung für Freiheitsgrade $f_1 = 3$ und $f_2 = 8$: 95 % der Gesamtfläche liegt unterhalb 4,07, 5 % oberhalb.

D.h. wenn es keine Unterschiede zwischen den Stufen gibt, treten nur mit einer Wahrscheinlichkeit von 5 % F-Werte > 4,07 auf.

Wahre Unterschiede zwischen den Stufen vergrößern die Varianz der Mittelwerte und somit auch die Prüfgröße. Große Werte der Prüfgröße sind daher ein Hinweis auf Unterschiede zwischen den Stufen. Die Tabellen 12.2 bis 12.4 geben kritische Werte von F für ausgewählte Freiheitsgrade. Größere Werte treten nur mit einer Wahrscheinlichkeit von 5 %, 1 % bzw. 0,1 % zufällig auf. Je kleiner die Fläche oberhalb des kritischen Wertes sein soll, desto größer ist der F-Wert.

Tabelle 12.2
Kritische Werte
$F_{f_1; f_2; 0,95}$

f_2 \ f_1	1	2	3	4	5	10	20	50	∞
1	161	199	216	225	230	242	248	252	254
2	18,5	19,0	19,2	19,2	19,3	19,4	19,4	19,5	19,5
3	10,1	9,55	9,28	9,12	9,01	8,79	8,66	8,58	8,53
4	7,71	6,94	6,59	6,39	6,26	5,96	5,80	5,70	5,63
5	6,61	5,79	5,41	5,19	5,05	4,74	4,56	4,44	4,37
6	5,99	5,14	4,76	4,53	4,39	4,06	3,87	3,75	3,67
8	5,32	4,46	4,07	3,84	3,69	3,35	3,15	3,02	2,93
10	4,96	4,10	3,71	3,48	3,33	2,98	2,77	2,64	2,54
20	4,35	3,49	3,10	2,87	2,71	2,35	2,12	1,97	1,84
50	4,03	3,18	2,79	2,56	2,40	2,03	1,78	1,60	1,44
∞	3,84	3,00	2,60	2,37	2,21	1,83	1,57	1,35	1,00

Tabelle 12.3
Kritische Werte
$F_{f_1;\,f_2;\,0,99}$

$f_2 \backslash f_1$	1	2	3	4	5	10	20	50	∞
1	4052	4999	5404	5624	5764	6056	6209	6302	6366
2	98,5	99,0	99,2	99,3	99,3	99,4	99,4	99,5	99,5
3	34,1	30,8	29,5	28,7	28,2	27,2	26,7	26,4	26,1
4	21,2	18,0	16,7	16,0	15,5	14,5	14,0	13,7	13,5
5	16,3	13,3	12,1	11,4	11,0	10,1	9,55	9,24	9,02
6	13,7	10,9	9,78	9,15	8,75	7,87	7,40	7,09	6,88
8	11,3	8,65	7,59	7,01	6,63	5,81	5,36	5,07	4,86
10	10,0	7,56	6,55	5,99	5,64	4,85	4,41	4,12	3,91
20	8,10	5,85	4,94	4,43	4,10	3,37	2,94	2,64	2,42
50	7,17	5,06	4,20	3,72	3,41	2,70	2,27	1,95	1,68
∞	6,63	4,61	3,78	3,32	3,02	2,32	1,88	1,52	1,00

Tabelle 12.4
Kritische Werte
$F_{f_1;\,f_2;\,0,999}$

$f_2 \backslash f_1$	1	2	3	4	5	10	20	50	∞
1	4×10^5	5×10^5	5×10^5	6×10^5	6×10^5	6×10^5	6×10^5	6×10^5	6×10^5
2	998	999	999	999	999	999	999	999	999
3	167	148	141	137	135	129	126	125	123
4	74,1	61,2	56,2	53,4	51,7	48,1	46,1	44,9	44,0
5	47,2	37,1	33,2	31,1	29,8	26,9	25,4	24,4	23,8
6	35,5	27,0	23,7	21,9	20,8	18,4	17,1	16,3	15,7
8	25,4	18,5	15,8	14,4	13,5	11,5	10,5	9,80	9,33
10	21,0	14,9	12,6	11,3	10,5	8,75	7,80	7,19	6,76
20	14,8	9,95	8,10	7,10	6,46	5,08	4,29	3,77	3,38
50	12,2	7,96	6,34	5,46	4,90	3,67	2,95	2,44	2,03
∞	10,8	6,91	5,42	4,62	4,10	2,96	2,27	1,73	1,00

Das Ergebnis wird wie in den früheren Kapiteln bewertet:

$F_{Prüf} \le F_{f_1;\,f_2;\,0,95}$ Bewertung −

$F_{f_1;\,f_2;\,0,95} < F_{Prüf} \le F_{f_1;\,f_2;\,0,99}$ Bewertung *

$F_{f_1;\,f_2;\,0,99} < F_{Prüf} \le F_{f_1;\,f_2;\,0,999}$ Bewertung **

$F_{f_1;\,f_2;\,0,999} < F_{Prüf}$ Bewertung *** .   (12.5)

Auch hier bedeutet die Bewertung „−" nur, dass die Daten konsistent damit sind, dass kein Unterschied zwischen den Stufen besteht. Nur über einen ausreichend großen Versuchsumfang N kann man gewährleisten, dass ein tatsächlich vorhandener Unterschied auch mit hoher Wahrscheinlichkeit entdeckt wird. Soll ein Unterschied $\Delta\mu$ mit einer Wahrscheinlichkeit von 90% zu einer Bewertung ** oder *** führen, benötigt man einen Versuchsumfang von ca.

$$N = a \cdot n = a \cdot 30 \cdot \left(\frac{\sigma}{\Delta\mu}\right)^2 .$$ (12.6)

Anwendung auf das Beispiel

Der Mittelwert der Varianzen der Einzelwerte innerhalb der Anlagen ist ein Schätzwert für die Varianz der Einzelwerte

$$s^2 = \frac{1}{4} \cdot (700 + 208 + 225 + 925) = 514{,}5 \ .$$

Die Varianz der vier Mittelwerte (530, 586, 525 und 515) beträgt

$$s_{\bar{y}}^2 = 1020{,}7 \ .$$

Daraus erhält man gemäß (12.2) die Prüfgröße

$$F_{Prüf} = \frac{3 \cdot 1020{,}7}{514{,}5} = 5{,}95 \ .$$

Gemäß (12.3) und (12.4) erhält man für die Freiheitsgrade

$$f_1 = 4 - 1 = 3 \qquad\qquad f_2 = 4 \cdot (3 - 1) = 8 \ .$$

Aus Tabelle 12.2 bzw. 12.3 erhält man als kritische Werte

$$F_{3;\,8;\,0,95} = 4{,}07 \qquad (\text{vgl. Bild 12-2})$$

$$F_{3;\,8;\,0,99} = 7{,}59$$

Der Vergleich der Prüfgröße mit den kritischen Werten ergibt die Bewertung $*$, d.h. es gibt zwar Hinweise auf einen Unterschied zwischen den Anlagen, aber bevor aufwendige Maßnahmen getroffen werden, sollte man mehr Daten sammeln.

Die Varianzanalyse alleine macht keine Aussage darüber, welcher Art die Unterschiede sind. Bild 12-1 legt nahe, dass in diesem Beispiel Scheiben von Anlage 2 eine höhere Schichtdicke aufweisen als von den anderen drei Anlagen.

Aufgabe

Ein Drehautomat fertigt Wellen mit drei parallelen Werkzeugen. Da sämtliche Werkzeuge nominell gleich sind und von demselben Lieferanten stammen, darf angenommen werden, dass sie mit derselben Genauigkeit (Streuung) fertigen. Es ist jedoch möglich, dass sie unterschiedlich justiert sind (unterschiedliche Mittelwerte). Daher werden gezielt aus der Fertigung eines jeden Werkzeugs 10 Wellen entnommen und vermessen. Folgende Tabelle zeigt die Mittelwerte und Standardabweichungen für jedes Werkzeug (in mm). Unterscheiden sich die Mittelwerte der Wellen?

Werkzeug i	1	2	3
Mittelwert $\bar{y}_i$	5,001	5,007	5,038
Standardabweichung s_i	0,011	0,020	0,022

Lösung

Schätzwert für die Varianz der Einzelwerte

$$s^2 = \frac{1}{3} \cdot (0{,}011^2 + 0{,}020^2 + 0{,}022^2) = 0{,}000335$$

Varianz der drei Mittelwerte (5,001, 5,007 und 5,038)

$$s_{\bar{y}}^2 = 0{,}000394$$

$$F_{Prüf} = \frac{10 \cdot 0{,}000394}{0{,}000335} = 11{,}8$$

Freiheitsgrade $f_1 = 3 - 1 = 2$ $f_2 = 3 \cdot (10 - 1) = 27$

Der Vergleich mit Tabelle 12.4 ergibt die Bewertung ***, d.h. der Unterschied zwischen den Werkzeugen ist hochsignifikant.

Ergänzung

Varianzanalyse kann man auch als eine Zerlegung der Summe der quadrierten Abweichungen (S.d.q.A.) der Einzelwerte vom Gesamtmittelwert in einen Anteil Q_A und einen Rest Q_R auffassen. Wie bei der Zerlegung (10.10) kann Q_A durch die Stufen des Faktors A erklärt werden, Q_R wird zur Schätzung der Zufallsstreuung verwendet. Das Ergebnis wird dann in einer Zerlegungstafel zusammengefasst. Tabelle 12.5 zeigt die Zerlegungstafel in allgemeiner Form mit den üblichen Bezeichnungen und formelmäßigen Zusammenhängen. Tabelle 12.6 zeigt die Zerlegungstafel dann angewendet auf das obige Beispiel.

Tabelle 12.5
Streuungszerlegungstafel der Varianzanalyse, Q_A und Q_R sind Hilfsgrößen – in (12.2) wird die Prüfgröße direkt berechnet.

Streuungs-ursache	S.d.q.A.	Freiheitsgrad	Varianz	$F_{Prüf}$
Faktor A	Q_A	$f_A = a - 1 (= f_1)$	$s_A^2 = \dfrac{Q_A}{f_A} (= n \cdot s_{\bar{y}}^2)$	$F_{Prüf} = \dfrac{s_A^2}{s_R^2}$
Rest	Q_R	$f_R = a \cdot (n - 1) (= f_2)$	$s_R^2 = \dfrac{Q_R}{f_R} (= s^2)$	
Gesamt	$Q = Q_A + Q_R$	$f = f_A + f_R = a \cdot n - 1$		(12.7)

Tabelle 12.6
Streuungzerlegungstafel der Varianzanalyse für das obige Beispiel

Streuungs-ursache	S.d.q.A.	Freiheitsgrad	Varianz	$F_{Prüf}$	p-Wert
Faktor A	9186	3	3062	5,95	0,02
Rest	4116	8	514,5		
Gesamt	13302	11			

Die Analyse mit Hilfe der Streuungszerlegungstafel ist offensichtlich äquivalent zur hier vorgeschlagenen Analyse (aber rechnerisch aufwendiger).

Die Spalte „p-Wert" in Tabelle 12.6 gibt als Zusatzinformation die Wahrscheinlichkeit dafür, dass der beobachtete F-Wert oder ein noch größerer Wert zufällig auftritt, obwohl der Faktor A das Ergebnis nicht beeinflusst. In Bild 12-2 bedeutet dies: Nur 2% der Fläche liegen oberhalb von F = 5,95. Software gibt diesen Wert als Entscheidungshilfe an, er ersetzt die Tabellen 12.2 bis 12.4. Man erhält folgende Bewertung:

p-Wert $\geq 0,05$ Bewertung –
0,05 > p-Wert $\geq 0,01$ Bewertung *
0,01 > p-Wert $\geq 0,001$ Bewertung **
0,001 > p-Wert   Bewertung *** .

In diesem Beispiel sind folgende Aussagen gleichwertig:

$$F_{3;8;0,95} = 4,07 \quad < \quad F_{Prüf} = 5,95 \quad \leq \quad F_{3;8;0,99} = 7,59 \quad : \text{Bewertung} *$$

$$0,05 \quad > \quad \text{p-Wert} = 0,02 \quad \geq \quad 0,01 \quad : \text{Bewertung} *$$

12.2 Mehrfache Varianzanalyse

Wie der Mittelwertvergleich in Kapitel 7, so kann auch die Varianzanalyse auf mehr als einen Faktor erweitert werden. Man unterscheidet dann zwischen den Einflüssen der Faktoren und der Wechselwirkungen.

Dabei bedeuten z.B.:

Faktor A signifikant: Es gibt Unterschiede zwischen den a Stufen des Faktors A, sie sind nicht alle gleich.

Faktor B signifikant: Es gibt Unterschiede zwischen den b Stufen des Faktors B.

WW AB signifikant: Der Einfluss des Faktors A hängt von der Stufe von B ab (und umgekehrt).

Die Varianzanalyse macht keine Aussage über die Art der Unterschiede. Zur Interpretation betrachtet man am besten die Mittelwerte der Stufen von A bzw. B für die Faktoren, bzw. die a·b Mittelwerte aller Kombinationen der Stufen von A und von B für die WW.

Die Streuungszerlegung ist rechnerisch aufwendig. Sie wird daher normalerweise mit Softwareunterstützung durchgeführt und hier bewusst nicht behandelt. Einzelheiten können in Standardtextbüchern nachgelesen werden, z.B. [1], [2]. Hier soll nur an einem Beispiel der Einfluss der Faktoren und der Wechselwirkungen grafisch dargestellt werden.

Beispiel

Der Einfluss von vier verschiedenen Zusatzstoffen 1, 2, 3 und 4 (Nummerierung willkürlich) auf die Rate einer bestimmten Reaktion bei den Temperaturen 60, 70 und 80 °C soll untersucht werden. Jede der 12 Faktorstufenkombinationen wird dreimal realisiert. Tabelle 12.7 zeigt die Einzelergebnisse, zusammen mit den Mittelwerten.

Tabelle 12.8 zeigt das Ergebnis einer zweifachen Varianzanalyse mit diesen Daten. Die S.d.q.A. der Daten wird zerlegt in einen Anteil von jedem Faktor (Unterschiede zwischen den Zeilenmittelwerten 19,4 – 24,1 – 30,9 für die drei Temperaturen bzw. den Spaltenmittelwerten 23,6 – 21,6 – 25,2 – 28,9 für die vier Zusatzstoffe), einen Anteil von der Wechselwirkung und die Reststreuung.

Beide Faktoren und die WW sind signifikant. Es gibt also Unterschiede zwischen den Faktorstufenkombinationen – Varianzanalyse macht aber keine Aussage über die Art der Unterschiede. Diese erkennt man am besten an einer grafischen Darstellung. Bild 12-3 zeigt die Mittelwerte für alle 12 Faktorstufenkombinationen von Tabelle 12.7. Es stellt damit die Einflüsse der Faktoren und der Wechselwirkungen gleichzeitig dar. Die Wechselwirkung äußert sich in der unterschiedlichen Temperaturabhängigkeit der Reaktionsrate für die verschiedenen Zusatzstoffe. Wie in Kapitel 7 ist die Wechselwirkung eine Abweichung von der Parallelität.

Tabelle 12.7
Drei Einzelergebnisse für die Reaktionsrate für jede Kombination von Zusatzstoff
(Spalten) und Temperatur (Zeilen) und die Mittelwerte dieser drei Ergebnisse.
Zeilenmittel: Mittelwert über alle 12 Einzelergebnisse bei einer Temperatur
Spaltenmittel: Mittelwert über alle 9 Einzelergebnisse bei einem Zusatzstoff

Zusatzstoff Temperatur	1	2	3	4	Zeilenmittel
60°C	18 21 18	11 17 19	22 23 27	19 17 21	
Mittelwert	19,0	15,7	24,0	19,0	19,4
70°C	14 21 30	24 25 18	30 23 24	20 30 30	
Mittelwert	21,7	22,3	25,7	26,7	24,1
80°C	30 27 33	32 28 20	26 27 25	43 41 39	
Mittelwert	30,0	26,7	26,0	41,0	30,9
Spaltenmittel	23,6	21,6	25,2	28,9	24,8

Tabelle 12.8
Streuungszerlegungstafel der zweifachen Varianzanalyse für das obige Beispiel

Streuungs- ursache	S.d.q.A.	Freiheitsgrad	Varianz	$F_{Prüf}$	p-Wert	Bewertung
A: Temperatur	802,9	2	401,4	23,1	0,000	***
B: Zusatzstoff	260,7	3	86,9	5,0	0,008	**
WW AB	334,0	6	55,7	3,2	0,019	*
Rest	418,0	24	17,4			
Gesamt	1815,6	35				

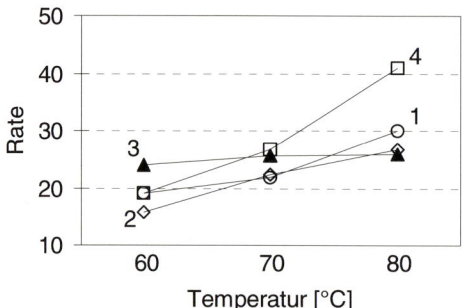

Bild 12-3
Grafische Darstellung der Mittelwerte
der 12 Faktorstufenkombinationen:
Die vier Zusatzstoffe sind durch verschiedene Symbole gekennzeichnet
und gemäß Tabelle 12.7 nummeriert.
Wechselwirkung: Die Temperaturabhängigkeit der Rate ist bei den vier
Zusatzstoffen unterschiedlich.

Welche Konsequenzen aus dem Ergebnis von Bild 12-3 gezogen werden, hängt von der Zielsetzung ab. Soll ein Zusatzstoff gefunden werden, der die Temperaturabhängigkeit minimiert, so wählt man Zusatzstoff 3 aus. Ist das Ziel dagegen eine möglichst hohe Reaktionsrate, so wählt man Zusatzstoff 4 und Temperatur 80 °C.

Zur Verdeutlichung des Einflusses der Faktoren zeigt Bild 12-4 die Zeilenmittelwerte für die drei Temperaturen, Bild 12-5 die Spaltenmittelwerte für die vier Zusatzstoffe (aus Tabelle 12.7). Da die Wechselwirkung signifikant ist, enthalten diese Darstellungen jedoch nicht die volle Information der Versuchsergebnisse. Aus ihnen kann man nicht erkennen, dass die Temperaturabhängigkeit bei Zusatzstoff 3 am kleinsten ist.

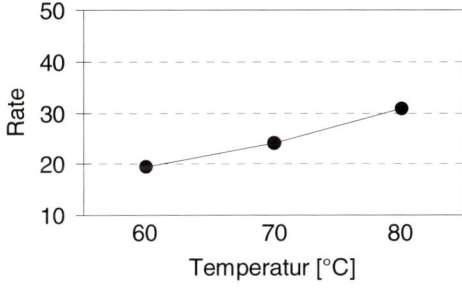

Bild 12-4
Einfluss der Temperatur:
Mit zunehmender Temperatur nimmt die Reaktionsrate zu (gemittelt über alle Zusatzstoffe).

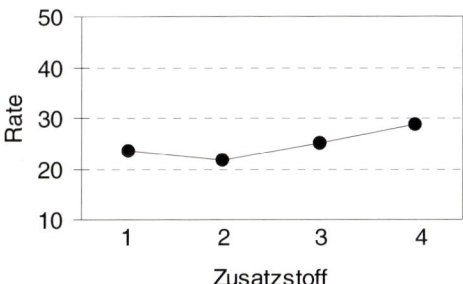

Bild 12-5
Einfluss des Zusatzstoffes:
Zusatzstoff 2 ergibt die niedrigste, Zusatzstoff 4 die höchste Reaktionsrate (gemittelt über alle Temperaturen).

Für eine detaillierte Beschreibung aller Aspekte der Versuchsplanung für die und der Auswertung mit der Varianzanalyse wird auf die Literatur verwiesen [3]. Dort werden vor allem medizinische und ähnliche Anwendungen behandelt. Einer der Ansätze, der für technische Probleme besonders relevant ist, wird in Kapitel 13 beschrieben.

Literatur

[1] Graf, U./Henning, H.-J./Stange, K./Wilrich, P.-T.: Formeln und Tabellen der angewandten mathematischen Statistik. 3. Aufl. Springer Verlag, Berlin 1987

[2] Box, G.E.P./Hunter, W.G./Hunter, J.S.: Statistics for Experimenters. John Wiley, New York 1978

[3] Oehlert, G.W.: A First Course in Design and Analysis of Experiments. Freeman, New York 2000

13 Screening für mehrstufige Faktoren

Versuche mit mehrstufigen qualitativen Faktoren können nur mit Varianzanalyse ausgewertet werden. In Kapitel 12 wurde dieses Verfahren auf vollständige faktorielle Versuchspläne angewendet. Nachteil dieser Pläne ist (noch mehr als bei zweistufigen Plänen), dass die Anzahl der Faktorstufenkombinationen sehr schnell mit der Anzahl der Faktoren zunimmt.

In diesem Kapitel werden daher fraktionelle Pläne für mehrstufige Faktoren behandelt (ähnlich zu Kapitel 8). Diese Pläne heißen in der klassischen Versuchsplanung Lateinische Quadrate bzw. (Hyper-)Lateinisch-Griechische Quadrate. G. Taguchi verwendet dieselben Pläne und nennt sie $L_9(3^4)$, $L_{16}(4^5)$ bzw. $L_{25}(5^6)$. Sie haben Auflösung III.

13.1 Versuchspläne

Tabelle 13.1 zeigt beispielhaft den 3^{4-2}-Versuchsplan für dreistufige Faktoren, Tabelle 13.2 den 4^{5-3}-Plan für vierstufige Faktoren. Die Stufen werden jeweils mit 1, 2, 3 (und 4) bezeichnet. Da es sich im Normalfall um qualitative Faktoren handelt, bedeutet die Nummerierung keine Ordnung der Stufen, sie könnten beliebig umnummeriert werden.

Betrachtet man zwei beliebige Faktoren, so treten jeweils alle Faktorstufenkombinationen dieser beiden Faktoren auf. Die Pläne sind in diesem Sinn ausgewogen.

Mindestens eine der Spalten sollte nicht mit einem Faktor belegt werden, da diese zur Schätzung der Zufallsstreuung (bei $n = 1$) bzw. zur Absicherung gegen Wechselwirkungen (bei n-maliger Realisierung) benötigt wird. Der letzte Faktor in Tabelle 13.1 bzw. 13.2 ist daher eingeklammert.

Tabelle 13.1
Screening-Plan für dreistufige Faktoren A, B, C, (D)

Nr.	Faktor A	Faktor B	Faktor C	(Faktor D)
1	1	1	1	1
2	1	2	2	2
3	1	3	3	3
4	2	1	2	3
5	2	2	3	1
6	2	3	1	2
7	3	1	3	2
8	3	2	1	3
9	3	3	2	1

Tabelle 13.2
Screening-Plan für
vierstufige Faktoren
A, B, C, D, (E)

Nr.	Faktor A	Faktor B	Faktor C	Faktor D	(Faktor E)
1	1	1	1	1	1
2	1	2	2	2	2
3	1	3	3	3	3
4	1	4	4	4	4
5	2	1	2	3	4
6	2	2	1	4	3
7	2	3	4	1	2
8	2	4	3	2	1
9	3	1	3	4	2
10	3	2	4	3	1
11	3	3	1	2	4
12	3	4	2	1	3
13	4	1	4	2	3
14	4	2	3	1	4
15	4	3	2	4	1
16	4	4	1	3	2

13.2 Auswertung

Die Auswertung erfolgt mit Varianzanalyse. Aufgrund der Symmetrie des Plans kann man die Varianz für jeden Faktor wie in (12.2) direkt aus den Mittelwerten der Versuchsergebnisse für die einzelnen Stufen dieser Faktorspalte berechnen (sogenannte Randmittelwerte). Bei $n = 1$ erhält man die Varianz der Zufallsstreuung aus den Spalten, die nicht mit Faktoren belegt waren. Sind mehrere Spalten nicht belegt, verwendet man den Mittelwert der Varianzen und addiert die Freiheitsgrade.

Beispiel

Autoreifen aus vier verschiedenen Materialien sollen bezüglich ihrer Abriebfestigkeit verglichen werden. Das Problem besteht darin, dass der Abrieb vom Fahrer und von der Position des Reifens am Auto abhängen kann. Ohne sorgfältige Planung würden zufällige Unterschiede zwischen Fahrern und Positionen die Zufallsstreuung erhöhen und damit den erforderlichen Versuchsumfang wesentlich erhöhen. Im ungünstigsten Fall können Unterschiede zwischen Fahrern/Positionen sogar das Ergebnis verfälschen.

Tabelle 13.2 ist ein ausgewogener Plan, mit dessen Hilfe systematische Unterschiede zwischen den Fahrern und den Positionen erkannt werden können. Dazu werden je vier Reifen eines jeden Materials gemäß Tabelle 13.3 auf die vier Positionen von vier Autos (mit verschiedenen Fahrern) verteilt.

Faktor A: Material mit Stufen A, B, C, D

Faktor B: Position am Auto mit Stufen VR (vorne rechts), VL, HR, HL

Faktor C: Fahrer mit Stufen Adam, Bert, Chris, Doris

Tabelle 13.3
Anwendung des Plans aus Tabelle 13.2 auf die Untersuchung der Abriebfestigkeit
(mit Versuchsergebnissen, n = 1)

Nr.	Material	Position	Fahrer	Faktor D	Faktor E	Abrieb
1	A	VR	Adam	1	1	6
2	A	VL	Bert	2	2	6
3	A	HR	Chris	3	3	6
4	A	HL	Doris	4	4	4
5	B	VR	Bert	3	4	7
6	B	VL	Adam	4	3	7
7	B	HR	Doris	1	2	6
8	B	HL	Chris	2	1	8
9	C	VR	Chris	4	2	11
10	C	VL	Doris	3	1	9
11	C	HR	Adam	2	4	7
12	C	HL	Bert	1	3	8
13	D	VR	Doris	2	3	4
14	D	VL	Chris	1	4	7
15	D	HR	Bert	4	1	3
16	D	HL	Adam	3	2	3

Aus jeweils vier Einzelwerten erhält man als Randmittelwerte z.B. für die Stufen des
Faktors Material:

A: $\frac{1}{4} \cdot (6 + 6 + 6 + 4) = 5{,}5$ B: $\frac{1}{4} \cdot (7 + 7 + 6 + 8) = 7{,}0$ usw.

Tabelle 13.4 zeigt alle Randmittelwerte im Überblick. Bei den drei „echten" Faktoren
unterscheiden sich die Mittelwerte deutlich, während sich die Mittelwerte bei D und E
nur zufällig unterscheiden. Aus den Unterschieden erhält man Schätzwerte für die Varianz. Der Mittelwert der Varianzen aus D und E ergibt die Zufallsstreuung (0,165).

Das Verhältnis der Varianzen gibt beobachtete F-Werte wie in Kapitel 12 (für den Faktor Material erhält man z.B. 15,08/0,165 = 91).

Der Vergleich mit dem kritischen F-Wert für die Freiheitsgrade $f_1 = 3$ und $f_2 = 3 + 3 = 6$
aus Tabelle 12.4 (23,7) ergibt die Beurteilung:

Alle drei „echten" Faktoren sind signifikant (Material und Fahrer ∗∗∗, Position ∗∗).

Tabelle 13.4
Randmittelwerte für
alle Faktorstufen und
daraus berechnete
Varianzen

Faktor	Stufe 1	Stufe 2	Stufe 3	Stufe 4	4·Varianz
Material	5,50	7,00	8,75	4,25	15,08
Position	7,00	7,25	5,50	5,75	3,08
Fahrer	5,75	6,00	8,00	5,75	4,75
Faktor D	6,75	6,25	6,25	6,25	0,25
Faktor E	6,50	6,50	6,25	6,25	0,08

In diesem Beispiel ist man nur am Effekt des Faktors Material interessiert. Der Abrieb soll minimiert werden, daher wählt man das Material D. Die anderen Faktoren dienten nur dazu, die Zufallsstreuung zu reduzieren. Der Faktor Position zeigt, dass der Abrieb vorne größer ist als hinten − ein Ergebnis, das für Vorderradantrieb normal ist. Der Faktor Fahrer zeigt, dass Chris ein Rowdy ist. Bezüglich der eigentlichen Fragestellung sind beide Ergebnisse nicht relevant. Hätte man diese Faktoren aber nicht in die Untersuchung aufgenommen, so hätte man eine größere Zufallsstreuung erhalten.

13.3 Einsatzempfehlungen

Die hier beschriebenen Screening-Pläne haben Auflösung III. Daher können Wechselwirkungen die Effekte der Faktoren verfälschen. Screening-Pläne werden daher vor allem eingesetzt, um wichtige Faktoren von unwichtigen Faktoren zu unterscheiden. Dazu genügen normalerweise zwei Stufen. Daher wird empfohlen, als Screening-Pläne normalerweise die Pläne aus Kapitel 8 zu verwenden.

Für detaillierte Untersuchungen (mehr als zwei Stufen) mit quantitativen Faktoren werden die Regressionspläne aus Kapitel 11 empfohlen.

Für die hier beschriebenen Versuchspläne bleiben daher nur Anwendungen, bei denen, bedingt durch die Fragestellung, mehr als zwei Stufen eines qualitativen Faktors verglichen werden sollen. Die anderen Faktoren haben dann meist eher die Bedeutung von Blockfaktoren, wie im obigen Beispiel. Wechselwirkungen von Blockfaktoren mit dem eigentlich interessierenden qualitativen Faktor sind meist vernachlässigbar.

Typische Fragestellungen sind:

- Vergleich von mehreren Materialien
- Vergleich von mehreren Produktvarianten
- Vergleich von mehreren Prozessvarianten.

Mit dieser Art von Fragestellungen hat sich R. Fisher, der Begründer der Versuchsplanung [1], vor allem auseinandergesetzt. Er verglich verschiedene Pflanzensorten oder Düngemittel. Bodenbedingte und klimatische Unterschiede sollten das Ergebnis nicht verfälschen und die Streuung möglichst nicht erhöhen.

Bei der Entwicklung und Verbesserung neuer Produkte und Fertigungsprozesse treten diese Probleme eher selten auf. Daher wurde hier nur diese eine Variante kurz behandelt. Weitere Einzelheiten und Versuchspläne wie unvollständige Blockpläne, Nested und Split-Plot-Designs finden sich z.B. in [2].

Literatur

[1] Fisher, R.A.: The Design of Experiments. Oliver and Boyd, London 1935

[2] Oehlert, G.W.: A First Course in Design and Analysis of Experiments. Freeman, New York 2000

14 Versuchspläne für Mischungen

In manchen Anwendungen hängt das Versuchsergebnis nicht von der Gesamtmenge, sondern nur vom Mischungsverhältnis ab.

Beispiele

- Schmelzpunkt einer Legierung
- Eigenschaften von Beton in Abhängigkeit von der Menge Kies, Sand und Zement
- Eigenschaften eines Treibstoffes in Abhängigkeit von den Anteilen verschiedener Kohlenwasserstoffe
- Geschmack von Keksen in Abhängigkeit von den Zutaten Mehl, Zucker, Fett, Eier, Milch

Die Anteile der verschiedenen Komponenten sind voneinander abhängig – die Gesamtsumme ergibt immer 1. Daher sind die bisher behandelten Versuchspläne nicht direkt anwendbar. Folgende Möglichkeiten bestehen:

1. Besteht die Mischung (im wesentlichen) aus zwei Komponenten, so kann man das Mischungsverhältnis als Faktor behandeln.

   Beispiele

   - das Verhältnis Luftmenge/Ölmenge bei einer Verbrennung
   - das Verhältnis Sand/Kies bei Beton

2. Hat eine Komponente aus technischen Gründen immer den bei weitem größten Anteil, so kann man diese Komponente auf einen festen Wert halten. Die anderen Komponenten sind dann unabhängig voneinander.

   Beispiel

   Bei der Mischung von Beton kann man neben dem Verhältnis Sand/Kies als zweiten Faktor die Menge Zement verwenden, die man einer Tonne Sand/Kies-Mischung zusetzt. Die Mengen von mehreren Arten Zement oder Zement und Kalk kann man dann unabhängig voneinander verändern.

3. Man verwendet spezielle Versuchspläne für Mischungen, die berücksichtigen, dass die Summe der Anteile immer 1 ergibt.

Letztere Versuchspläne sind Gegenstand dieses Kapitels. Sie sind besonders nützlich, wenn der Anteil jeder Komponente im gesamten Bereich zwischen 0 (= nicht enthalten) und 1 (= nur diese Komponente ist vorhanden) verändert werden soll (oder zumindest im größten Teil dieses Bereichs). Sonst sind die 1. und 2. Möglichkeit besser geeignet.

Da nur in wenigen Anwendungen der gesamte Mischungsbereich untersucht werden soll, werden Mischungspläne (Mixture Designs) hier nur kurz behandelt. Weitere Einzelheiten finden sich z.B. in [1–4].

14.1 Mischungspläne ohne Begrenzungen

Wenn der Anteil der verschiedenen Mischungskomponenten nicht begrenzt ist, kann jeder Anteil Werte zwischen 0 und 1 annehmen. Die Summe der Anteile aller Komponenten muss jedoch 1 betragen. Dadurch sind die Anteile der einzelnen Komponenten voneinander abhängig. Bild 14-1 zeigt die Folgen dieser Abhängigkeit grafisch am Beispiel von k = 3 Komponenten A, B und C. Bezeichnet man die Anteile der drei Komponenten mit x_1, x_2 und x_3, so gilt:

$$x_1 + x_2 + x_3 = 1 \tag{14.1}$$

Die möglichen Faktorstufenkombinationen liegen in einem gleichseitigen Dreieck. Bei k = 4 Komponenten liegen die möglichen Kombinationen in einem Tetraeder. Dreieck, Tetraeder und die entsprechenden Anordnungen bei mehr als 4 Komponenten heißen Simplexe, daher werden die Mischungspläne auch als Simplexpläne bezeichnet.

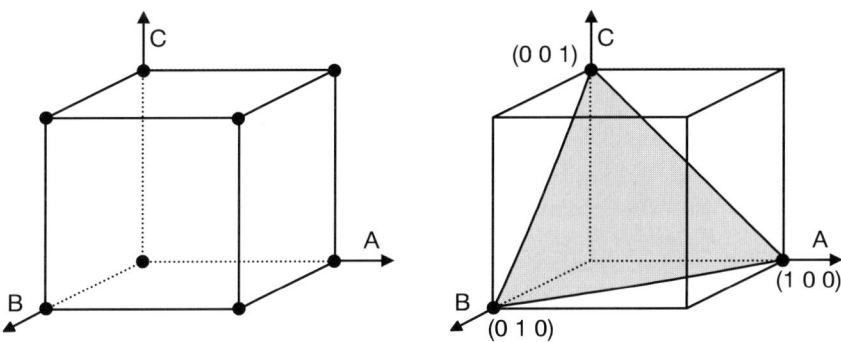

Bild 14-1
Versuchsplan für k = 3 unabhängige Faktoren A, B und C (links) und Simplex für k = 3 Komponenten einer Mischung (rechts)

Die Bilder 14-2 bis 14-4 zeigen am Beispiel von k = 3 Komponenten, wie man durch immer weitere Unterteilung des Simplex eine Hierarchie von sogenannten Simplexgitterplänen (simplex lattice designs) erhält. Die Anzahl der Teile, in die jede Simplexkante zerlegt wird, heißt Grad g des Plans. Die Struktur der Versuchspläne ist am Simplex gut zu erkennen. Die Umrechnung in die Faktorstufenkombinationen erfordert jedoch dreidimensionale Vorstellung, da sie im Würfel in Bild 14-1 abgelesen werden müssen. Ein Simplexgitterplan mit Grad g für k Komponenten enthält

$$m = \binom{g+k-1}{g} = \frac{k \cdot (k+1) \cdot (k+2) \cdot \ldots \cdot (k+g-1)}{1 \cdot 2 \cdot 3 \cdot \ldots \cdot g} \tag{14.2}$$

Faktorstufenkombinationen. Tabelle 14.1 zeigt m für ausgewählte Werte von k und g.

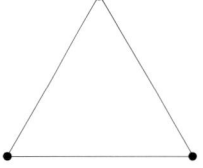

Nr.	A	B	C
1	1	0	0
2	0	1	0
3	0	0	1

Bild 14-2
Simplexgitterplan mit Grad 1 für
k = 3 Komponenten

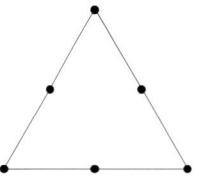

Nr.	A	B	C
1	1	0	0
2	0	1	0
3	0	0	1
4	1/2	1/2	0
5	1/2	0	1/2
6	0	1/2	1/2

Bild 14-3
Simplexgitterplan mit Grad 2 für
k = 3 Komponenten

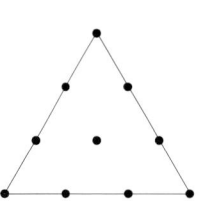

Nr.	A	B	C
1	1	0	0
2	0	1	0
3	0	0	1
4	2/3	1/3	0
5	2/3	0	1/3
6	1/3	2/3	0
7	1/3	0	2/3
8	0	2/3	1/3
9	0	1/3	2/3
10	1/3	1/3	1/3

Bild 14-4
Simplexgitterplan mit Grad 3 für
k = 3 Komponenten

Tabelle 14.1
Anzahl Faktorstufen-
kombinationen m in einem
Simplexgitterplan mit Grad g
für k Komponenten

Komponenten	Grad g = 1	g = 2	g = 3	g = 4
k = 2	2	3	4	5
k = 3	3	6	10	15
k = 4	4	10	20	35
k = 5	5	15	35	70
k = 6	6	21	56	126
k = 7	7	28	84	210

Durch Weglassen bestimmter Punkte aus den Plänen mit Grad 3 bzw. 4 erhält
man sogenannte unvollständige Gitterpläne. Durch Hinzufügen weiterer Punkte
im Innenbereich des Simplex erhält man sogenannte Simplex-Zentroid-Pläne.

14.2 Auswertung von Mischungsplänen

Die Auswertung von Mischungsplänen erfolgt mit Hilfe von Regressionspolynomen ähnlich zu Kapitel 11. Die Bedingung (14.1) führt jedoch dazu, dass einige der Koeffizienten im allgemeinen Ansatz verschwinden. Die Anzahl der verbleibenden Koeffizienten bei Anpassung eines Polynoms mit Grad g entspricht genau der Anzahl der Faktorstufenkombinationen des Simplexgitterplans mit Grad g in Tabelle 14.1.

An die Versuchsergebnisse eines Simplexgitterplans mit Grad 2 (Bild 14-3) kann daher ein Polynom mit Grad 2 angepasst werden (das entspricht dem quadratischen Modell in Gleichung 11.1). Bei einem Plan mit Grad 3 kann ein Polynom mit Grad 3 angepasst werden, usw. Zur Überprüfung des Modells benötigt man zusätzliche Faktorstufenkombinationen (z.B. die Innenpunkte eines Simplex-Zentroid-Plans). Die Zufallsstreuung kann aus der Wiederholung von Faktorstufenkombinationen bestimmt werden.

Die Ergebnisse der Anpassung können als Wirkungsfläche oder Höhenlinien über dem Simplex dargestellt werden. Bild 14-5 zeigt ein Beispiel. Aus solchen grafischen Darstellungen werden dann (wie in Kapitel 11) technische Konsequenzen abgeleitet.

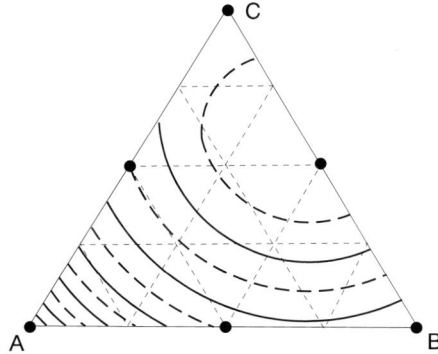

Bild 14-5
Beispiel für Höhenlinien eines Polynoms mit Grad 2

14.3 Mischungspläne mit Begrenzungen

Häufig sind die Anteile der einzelnen Komponenten einer Mischung begrenzt. Bild 14-6 zeigt, wie sich eine Untergrenze und eine Obergrenze für eine einzelne Komponente auswirken – nur der markierte Bereich des Simplex ist für die Untersuchung zugänglich.

Bild 14-7 zeigt die Auswirkung einer Begrenzung der Anteile für alle drei Komponenten. Die Punkte markieren einen Versuchsplan, der es erlaubt, den verbliebenen Bereich zu untersuchen. Bei stark eingeschränkten Bereichen ist es meist günstiger, auf konventionelle Pläne zurückzugreifen (vgl. die Möglichkeiten Nr. 1 und 2 am Beginn dieses Kapitels).

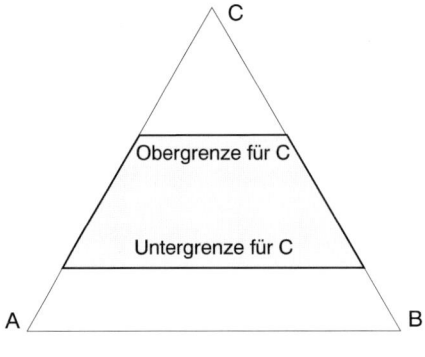

Bild 14-6
Auswirkung einer Obergrenze und einer
Untergrenze für die Komponente C:
Im markierten Bereich gilt: $0{,}2 < x_3 < 0{,}6$.

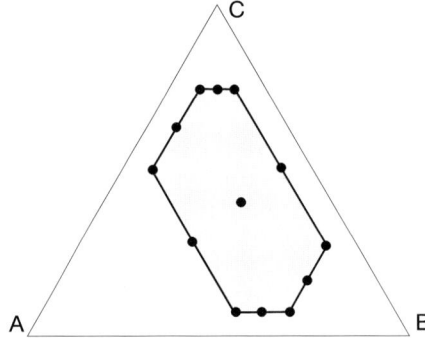

Bild 14-7
Wenn für alle Komponenten Ober- und
Untergrenzen vorgegeben sind, kann nur ein
Teil des Simplex untersucht werden – die
Punkte zeigen einen Versuchsplan.

14.4   Kombinierte Versuchspläne

Sollen in einem Versuchsplan gleichzeitig unabhängige Faktoren und Komponenten einer Mischung untersucht werden, so kann man die beiden Versuchspläne miteinander kombinieren. Bild 14-8 zeigt einen solchen kombinierten Versuchsplan für zwei unabhängige Faktoren und drei Mischungskomponenten. In jeder der vier Faktorstufenkombinationen des vollständigen faktoriellen Plans für die unabhängigen Faktoren wird ein Mischungsplan für die Komponenten der Mischung durchgeführt (in Bild 14-8 ein Plan mit Grad 1). Die Gesamtzahl der Faktorstufenkombinationen ist das Produkt der jeweiligen Anzahl für die Einzelpläne (hier $3 \times 4 = 12$). Dieses Prinzip kann auf mehr Faktoren bzw. Komponenten erweitert werden.

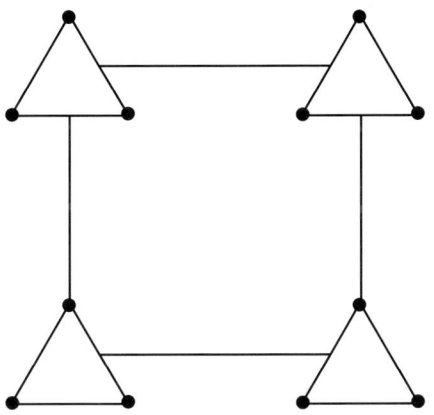

Bild 14-8
Kombination aus einem vollständigen faktoriellen Versuchsplan für zwei unabhängige
Faktoren (großes Quadrat) und einem Mischungsplan für drei Komponenten einer
Mischung (Dreieck an jeder Ecke des Quad-
rats)

Literatur

[1] Petersen, H.: Grundlagen der Statistik und der statistischen Versuchsplanung.
ecomed verlagsgesellschaft, Landsberg/Lech 1991

[2] Scheffler, E.: Statistische Versuchsplanung und Auswertung. DVG, Stuttgart,
3. Auflage 1997

[3] Spenhoff, E.: Prozesssicherheit durch statistische Versuchsplanung in Forschung, Entwicklung und Produktion. gfmt Verlag, München 1991

[4] Cornell, C.: Experiments with Mixtures. J. Wiley, New York, 3. Auflage 2002

15 Spezielle Zielgrößen

In den bisher behandelten Beispielen war die Zielgröße ein Messwert oder eine aus Messwerten berechnete quantitative Größe. Waren mehrere Zielgrößen wichtig, so wurden sie weitgehend unabhängig voneinander ausgewertet, und anschließend wurde ein Kompromiss zwischen z.T. widersprüchlichen Zielen gesucht. In diesem Kapitel wird gezeigt, wie

- Gut-Schlecht-Ergebnisse ausgewertet,

- Fehlerzahlen ausgewertet und

- mehrere Zielgrößen zu einer Größe zusammengefasst und bei der Suche nach Kompromissen gemeinsam bewertet werden können.

Die hier beschriebenen Methoden sind für alle Versuchspläne anwendbar (Kapitel 7, 8, 11, 13 und 14).

15.1 Gut-Schlecht-Ergebnisse

Manchmal kann das Versuchsergebnis für eine bestimmte Zielgröße nur mit „gut" oder „schlecht" bewertet werden. Hier wird die Auswertung solcher Ergebnisse behandelt.

Vorab sei jedoch darauf hingewiesen, dass Gut-Schlecht-Ergebnisse möglichst vermieden werden sollten, da sie nur wenig Information enthalten und daher ein sehr großer Versuchsumfang erforderlich ist (vor allem, wenn der Anteil schlechter Einheiten klein ist, und das ist ja schließlich unser Ziel).

15.1.1 Möglichkeiten zur Vermeidung

Erstes Ziel sollte die Vermeidung von Gut-Schlecht-Ergebnissen sein. Dazu gibt es folgende Möglichkeiten:

1. Messwert verwenden

Manchmal steht hinter einem Gut-Schlecht-Ergebnis ein Messwert, und die Einteilung Gut-Schlecht wurde nur zur Vereinfachung gewählt. Dann sollte zur Bewertung von Versuchen unbedingt der Messwert selbst verwendet werden, auch wenn die Erfassung eines einzelnen Wertes aufwendiger ist. Die Einsparung aufgrund des geringeren Versuchsumfangs ist meist wesentlich größer als die Erhöhung des Aufwands pro Messung.

Beispiele
- Für den Durchmesser einer Welle ist folgende Spezifikation angegeben:
  $$10,0 \pm 0,1 \text{ mm}$$
  Die Einhaltung dieser Spezifikation kann man durch Einlegen der Wellen in zwei Schablonen mit 9,9 und 10,1 mm überprüfen. Dabei erhält man jedoch nur die Information, ob die Spezifikation eingehalten wird und ggf. welche Grenze verletzt

wird (gut-schlecht). Besser ist es, den Messwert für den Durchmesser zu erfassen und in der Auswertung zu verwenden.

- Ein Gerät muss bis zu einer Temperatur von −30 °C einsatzfähig sein. Dies kann man dadurch überprüfen, dass man das Gerät bei −30 °C betreibt. Funktioniert es, so ist es gut, funktioniert es nicht, so ist es schlecht. Besser ist es allerdings, das Gerät langsam abzukühlen und zu messen, bei welcher Temperatur es ausfällt.

- Die Zuverlässigkeit eines neu entwickelten Gerätes soll optimiert werden. Der Ausfallzeitpunkt der einzelnen Geräte ist eine bessere Zielgröße als der Anteil, der eine bestimmte Mindestzeit überlebt.

2. Noten vergeben

Manchmal steht hinter einem Gut-Schlecht-Ergebnis eine subjektive Bewertung, z.B. der Vergleich eines Gesamteindrucks mit einem Grenzmuster. Eine solche subjektive Bewertung lässt sich zwar nicht direkt durch eine Messung ersetzen, häufig ist jedoch eine abgestufte Bewertung möglich. Der Gut-Bereich kann z.B. unterteilt werden in „perfekt", „gut" und „gerade noch akzeptabel", der Schlecht-Bereich kann unterteilt werden in „knapp verfehlt", „schlecht" und „extrem schlecht". In der Auswertung verwendet man dann für diese Bewertungen die Zahlenwerte 1 bis 6 als „Messwert". Diese Noten sind sicher nicht normalverteilt. Da die üblichen Auswertungsverfahren jedoch nicht sehr empfindlich auf Abweichungen von der Normalverteilung reagieren, ist dies kein gravierendes Problem.

Beispiele
- Beurteilung eines in Mehrfarbendruck erzeugten Bildes
- Klang eines Verstärkers oder Lautsprechers

3. Anzahl Fehler oder Fehlstellen (evtl. auch Größe)

Eine feinere Unterteilung von „Schlecht" erhält man, indem man die Anzahl der Fehler oder Fehlstellen erfasst. Manchmal lassen sich Fehler auch nach ihrer Größe oder Bedeutung unterteilen. Dann kann man auch gewichtete Fehlersummen verwenden (Auswertung im nächsten Absatz)

Beispiele
- Bei der Beurteilung eines Lötprozesses erhält man mehr Information, wenn man die Anzahl und Lage der Lötfehler erfasst, als wenn man nur zwischen Leiterplatten mit und ohne Fehlern unterscheidet (vgl. dazu auch das Beispiel aus der Leiterplattenfertigung in Abschnitt 4.2).

- Bei der Beurteilung eines Gießprozesses erhält man mehr Information, wenn man die Anzahl, Lage und Größe der Lunker und Einschlüsse erfasst, als wenn man nur zwischen „fehlerfrei" und „mit Fehlern" unterscheidet (vgl. dazu auch das Beispiel aus der Gießerei in Abschnitt 4.2).

Die erste dieser drei Möglichkeiten ist die beste, dann folgen die Nummern 2 und 3. Und nur wenn keine dieser Möglichkeiten anwendbar ist, sollte man Gut-Schlecht-Ergebnisse erfassen.

Manchmal wird als Vorteil von Gut-Schlecht-Ergebnissen angeführt, daß man damit die verschiedensten Fehlerarten zusammenfassen kann. Bei der Auswertung von Versuchen sollte eine solche Zusammenfassung jedoch vermieden werden, da sie mit einem weiteren Informationsverlust verbunden ist: Verschiedene Fehlerarten werden meist durch verschiedene Faktoren beeinflusst. Diese Information geht bei einer Zusammenfassung verloren.

15.1.2 Auswertung

Bei jeder Faktorstufenkombination i wird dieselbe Anzahl Teile n gefertigt. Wenn von diesen n Teilen x_i fehlerhaft (defekt) sind, so kann man als Zielgröße den

$$\text{Anteil fehlerhafter Teile } p_i = \frac{x_i}{n} \qquad (15.1)$$

verwenden (direkt als Anteil oder in %). Der Anteil p genügt der sogenannten Binomialverteilung. Nachteil der Zielgröße p ist, dass ihre Varianz vom Wert von p abhängt[1]. Bild 15-1 zeigt links diese Abhängigkeit. Bei p = 0 und 1 ist die Varianz 0, bei p = 0,5 ist sie maximal.

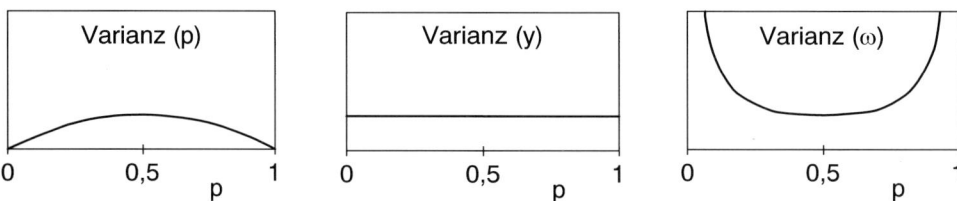

Bild 15-1 Varianz der Größen p, y und ω in Abhängigkeit von p

Für solche Situationen wurde in Abschnitt 6.4 eine varianzstabilisierende Transformation empfohlen. Bei Anteilen p ist die Transformation

$$y_i = \arcsin\sqrt{p_i} \qquad (15.2)$$

geeignet [1]. Bild 15-2 stellt diese Transformation dar.

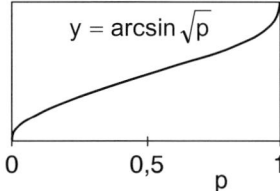

Bild 15-2
Grafische Darstellung der Transformation $y = \arcsin\sqrt{p}$

---

[1] Auch intuitiv bewertet man den Unterschied zwischen p = 0 und 0,01 (0 und 1 %) höher als zwischen p = 0,50 und 0,51 (50 und 51 %). Der Unterschied zwischen p = 0,99 und 1 (99 und 100 %) hat wieder dieselbe Bedeutung wie zwischen 0 und 0,01.

Bei $p = 0$ und $p = 1$ führt bereits eine kleine Änderung von p zu einer großen Änderung von y. Dadurch wird dort die Varianz von y erhöht. Bild 15-1 zeigt in der Mitte, dass mit Hilfe von (15.2) eine perfekte Kompensation erreicht wird, die Varianz ist konstant, unabhängig von p.

G. Taguchi [2] empfiehlt statt (15.2) die sogenannte

$$\omega\text{-Transformation} \quad \omega_i = 10 \cdot \log \frac{p_i}{1 - p_i} \tag{15.3}$$

Der allgemeine Verlauf der ω-Transformation ist ähnlich zu Bild 15-2, in der Nähe von $p = 0$ und $p = 1$ verläuft sie jedoch noch steiler als y. Bild 15-1 zeigt rechts die Varianz von ω in Abhängigkeit von p: Man erkennt, dass überkompensiert wurde und die Varianz von ω bei $p = 0$ und $p = 1$ divergiert.

Abgesehen von einem konstanten Faktor ist (15.3) die Transformation, die in der klassischen Statistik bei der sogenannten Logit-Regression [3] verwendet wird. Dort wird sie empirisch damit begründet, dass sie zu einer Linearisierung von Dosis-Wirkungs-Zusammenhängen führt, die von der

$$\text{logistischen Funktion} \quad p = \frac{\exp(\beta_0 + \beta_1 \cdot x)}{1 + \exp(\beta_0 + \beta_1 \cdot x)} \tag{15.4}$$

beschrieben werden. Vorteil der ω- oder Logit-Transformation ist, dass für p nur Werte im sinnvollen Bereich $0 < p < 1$ auftreten können. Nachteil dieser Transformation ist, dass die Varianz der transformierten Größe ω von p abhängt (Bild 15-2) und daher eine gewichtete lineare Regression durchgeführt werden muss.[1]

Hier wird empfohlen, die Transformation (15.2) zu verwenden. Bei dieser Transformation sind rein rechnerisch Werte $y < 0$ möglich. Wenn ein solches Ergebnis auftritt, ist es als „p sehr klein" zu interpretieren. Vorteil der Transformation (15.2) ist, dass die transformierte Zielgröße y näherungsweise normalverteilt ist (mit konstanter Varianz). Die Varianz von y muss nicht aus den Daten ermittelt werden, sondern ergibt sich direkt aus den Eigenschaften der Binomialverteilung. Sie wird daher im folgenden mit σ statt s bezeichnet. Bei einer Stichprobe vom Umfang n erhält man statt (6.6) als Varianz von y (im Bogenmaß)

$$\sigma^2 \approx \frac{1}{4 \cdot n} \tag{15.5}$$

Bei zweistufigen Faktoren kann man wie in Kapitel 7 und 8 Effekte für y berechnen. Die Standardabweichung der Effekte beträgt, analog zu (7.13),

$$\sigma_{\overline{d}} = \frac{1}{\sqrt{N}} = \frac{1}{\sqrt{n \cdot m}} \tag{15.6}$$

Der Freiheitsgrad beträgt (formal) $f \to \infty$ (da die Standardabweichung nicht aus den Daten errechnet wird, sondern aus der Binomialverteilung folgt). Um die Sig-

---

[1] Dies ist eine Verallgemeinerung der in Kapitel 10 behandelten linearen Regression, bei der statt der Summe der quadrierten Abweichungen (10.3) die mit 1/Varianz gewichtete Summe minimiert wird. Die Analyse erfolgt iterativ.

nifikanz der Effekte für y zu beurteilen, vergleicht man sie wie in Kapitel 7 mit der Breite der Vertrauensbereiche. Danach wählt man die Faktorstufenkombination mit dem kleinsten Wert von y. Erst nach dieser Auswahl wird das Ergebnis wieder in p umgerechnet.

Soll bei einem Anteil fehlerhafter Einheiten von p_0 ein wahrer Unterschied Δp mit hoher Wahrscheinlichkeit erkannt werden, so benötigt man analog zu (6.17) bzw. (7.15) einen Versuchsumfang von

$$N = 60 \cdot \frac{p_0 \cdot (1 - p_0)}{(\Delta p)^2} \qquad (15.7)$$

Man beachte, dass in (15.7) bei vorgegebenem relativen Unterschied $\Delta p / p_0$ der erforderliche Versuchsumfang wie $1/p_0$ zunimmt. Das bedeutet: Je besser man bereits vor Beginn der Untersuchung ist (je kleiner p_0), desto größer ist der erforderliche Versuchsumfang N.

Beispiel

Ein bestimmtes Antriebsritzel wird durch Trockenfräsen hergestellt. Erfahrungsgemäß enthalten etwa 3 % der Ritzel Beschädigungen an den Flanken („Schmierer"). Um Verbesserungsmöglichkeiten zu erkennen, soll untersucht werden, ob der Anteil beschädigter Ritzel von der Art der Pressluftdüse (zum Wegblasen der Späne), vom Fräsermaterial und vom Spanwinkel abhängt.

Faktor	Stufe −	Stufe +
Pressluftdüse	Typ A	Typ B
Fräsermaterial	1	2
Spanwinkel	0 Grad	+ 5 Grad

Ein wahrer Unterschied von 2 % soll mit hoher Wahrscheinlichkeit erkannt werden, d.h. man möchte erkennen, wenn z.B. mit Pressluftdüsen vom Typ A nur 2 % der Ritzel beschädigt sind, mit Pressluftdüsen vom Typ B dagegen 4 %. Dazu benötigt man gemäß (15.7) insgesamt

$$N = 60 \cdot \frac{0{,}03 \cdot 0{,}97}{(0{,}02)^2} = 4365 \,\text{Teile}[1]$$

Als Versuchsplan wird ein vollständiger faktorieller 2^3-Plan mit $m = 2^3 = 8$ Faktorstufenkombinationen verwendet. Bei jeder Kombination werden daher $4365/8 \approx 500$ Ritzel gefertigt. Tabelle 15.1 zeigt die Ergebnisse für die Anzahl beschädigter Ritzel x_i (von jeweils 500), den daraus berechneten Anteil p_i und den Wert der transformierten Zielgröße y_i (im Bogenmaß). Mit Hilfe der Vorzeichenspalten werden die Effekte für die Zielgröße y berechnet.

---

[1] Man beachte den großen Versuchsumfang, der trotz des relativ bescheidenen Wunsches, den Unterschied zwischen 2 und 4 % zu erkennen, bereits erforderlich ist.

Soll bei einem mittleren Anteil $p_0 = 0{,}3\%$ der Unterschied zwischen 0,2 und 0,4 % mit hoher Wahrscheinlichkeit erkannt werden, so erhält man $N \approx 45\,000$; soll bereits der Unterschied zwischen 0,25 und 0,35 erkannt werden, so erhält man sogar $N \approx 180\,000$. Ein solcher Versuchsumfang ist praktisch nicht mehr realisierbar.

Er unterstreicht die Bedeutung der Empfehlung in Absatz 15.1.1, statt Gut-Schlecht-Werten möglichst Messwerte zu verwenden.

Tabelle 15.1
Versuchsplan und Ergebnisse im Beispiel
x_i = Anzahl beschädigter Ritzel (von jeweils 500)
p_i = daraus berechneter Anteil (= $x_i/500$)
y_i = arcsin $\sqrt{p_i}$ = Wert der transformierten Zielgröße

Nr.	A	B	C	AB	AC	BC	ABC	x_i	p_i	y_i
1	−	−	−	+	+	+	−	12	,024	,156
2	+	−	−	−	−	+	+	16	,032	,180
3	−	+	−	−	+	−	+	2	,004	,063
4	+	+	−	+	−	−	−	24	,048	,221
5	−	−	+	+	−	−	+	15	,030	,174
6	+	−	+	−	+	−	−	23	,046	,216
7	−	+	+	−	−	+	−	4	,008	,090
8	+	+	+	+	+	+	+	34	,068	,264
Σ y_i	0,398	−0,088	0,124	0,266	0,034	0,016	−0,002			
Effekt	0,0995	−0,0220	0,0310	0,0665	0,0085	0,0040	−0,0005			
Sign.	***	−	*	***	−	−	−			

Aus (15.6) erhält man $\sigma_{\overline{d}} = \dfrac{1}{\sqrt{8 \cdot 500}} = 0{,}0158$.

Mit Tabelle 6.4 erhält man für die Breite der Vertrauensbereiche (wegen f → ∞[1])

95%: $t \cdot s_{\overline{d}} = u \cdot \sigma_{\overline{d}} = 1{,}960 \cdot 0{,}0158 = 0{,}0309$

99%: $t \cdot s_{\overline{d}} = u \cdot \sigma_{\overline{d}} = 2{,}576 \cdot 0{,}0158 = 0{,}0407$

99,9%: $t \cdot s_{\overline{d}} = u \cdot \sigma_{\overline{d}} = 3{,}291 \cdot 0{,}0158 = 0{,}0520$

Der Vergleich der Breiten der Vertrauensbereiche mit den Effekten ergibt die Signifikanz in der letzten Zeile von Tabelle 15.1. Da der Effekt der 2FWW AB signifikant ist, müssen die Faktoren A und B gemeinsam betrachtet werden. Tabelle 15.2 zeigt die Mittelwerte der Zielgröße y für die vier Faktorstufenkombinationen dieser Faktoren.

Tabelle 15.2
Mittelwerte der Zielgröße y für die 4 Faktorstufenkombinationen von A und B

Pressluftdüse		Fräsermaterial		Mittelwert Zielgröße y
−	Typ A	−	alt	½ (0,156+0,174) = 0,165
+	Typ B	−	alt	½ (0,180+0,216) = 0,198
−	Typ A	+	neu	½ (0,063+0,090) = 0,076
+	Typ B	+	neu	½ (0,221+0,264) = 0,242

Die Faktorstufenkombination „Pressluftdüse Typ A" mit „Fräsermaterial neu" führt zum besten Ergebnis (kleinstes y und damit p). Daher werden in Zukunft Pressluftdüsen vom Typ A und Fräser aus dem neuen Material eingesetzt. Der Effekt des Faktors C

---

[1] Die t-Verteilung geht in die Normalverteilung über, die t-Werte sind identisch zu den u-Werten der Normalverteilung.

ist positiv, d.h. für die untersuchte Anlage ist ein Spanwinkel von 0 Grad besser als 5 Grad.

Für die optimale Faktorstufenkombination erwartet man $y = 0,076 - 0,031/2 = 0,06$. Nach Umrechnung erhält man für den erwarteten Anteil Ritzeln mit Beschädigungen p $= (\sin 0,06)^2 = 0,004 = 0,4\%$, eine deutliche Verbesserung.

15.2 Anzahl Fehler

Die Zielgröße „Anzahl Fehler auf einer Einheit" wurde bereits in Absatz 6.4.2 behandelt. Dort wurde empfohlen, als transformierte Zielgröße

$$y = \sqrt{\text{Anzahl}} \qquad (15.8)$$

zu verwenden. Sind die Fehler auf einer Einheit voneinander unabhängig, so ist die Anzahl Fehler poissonverteilt, und die Standardabweichung von y ergibt sich direkt aus dieser Verteilung. Wie in (15.6) erhält man dann für die Standardabweichung der Effekte

$$\sigma_{\overline{d}} = \frac{1}{\sqrt{N}} = \frac{1}{\sqrt{n \cdot m}} \qquad (15.9)$$

wobei N die Gesamtzahl der untersuchten Einheiten ist.

In vielen praktischen Anwendungen sind die Fehler auf einer Einheit jedoch voneinander abhängig. Hier wird daher empfohlen, die Größe y wie einen normalverteilten Messwert zu behandeln und die Standardabweichung aus den n Realisierungen jeder Faktorstufenkombination zu ermitteln. Alle bisher behandelten Auswertungsverfahren können dann auf y angewendet werden. Das Ergebnis für die Standardabweichung der Effekte kann dann mit (15.9) verglichen werden. (15.9) stellt eine Untergrenze dar, die nur zufällig unterschritten wird.

Darf man davon ausgehen, dass die Fehler voneinander unabhängig sind, kann man den erforderlichen Versuchsumfang abschätzen. Soll bei einer mittleren Anzahl von Fehlern pro Einheit von μ_0 ein wahrer Unterschied $\Delta\mu$ mit hoher Wahrscheinlichkeit erkannt werden, so benötigt man analog zu (15.7) einen Versuchsumfang von

$$N = 60 \cdot \frac{\mu_0}{(\Delta\mu)^2} \qquad (15.10)$$

Wenn die mittlere Anzahl Fehler pro Einheit sehr viel kleiner als 1 ist, gibt es nur sehr wenige Einheiten mit mehr als einem Fehler, und es gilt

$$p_0 \approx \mu_0 \ll 1. \qquad (15.11)$$

In diesem Grenzfall sind (15.7) und (15.10) identisch. Es ist dann praktisch gleichgültig, ob man die Anzahl Fehler oder fehlerhafte Einheiten betrachtet. Auch aus (15.10) erhält man dann einen sehr großen Versuchsumfang, der mit abnehmendem μ_0 zunimmt, wenn der relative Unterschied $\Delta\mu/\mu_0$ vorgegeben ist.

15.3 Mehrere Zielgrößen

Bei den meisten Versuchen sollen mehrere Zielgrößen gleichzeitig optimiert werden. Dabei treten häufig Zielkonflikte auf. Einstellungen der Faktoren, die für eine Zielgröße günstig sind, können für andere Zielgrößen ungünstig sein.

Aufgrund der quantitativen Kenntnis der Abhängigkeit aller Zielgrößen von allen Faktoren kann man bei solchen Zielkonflikten nach Kompromissen suchen. In Absatz 11.1.5 wurde folgende Vorgehensweise vorgeschlagen:

1. Zunächst wird für jede Zielgröße getrennt ein Modell an die Daten angepasst. Nur signifikante Abhängigkeiten zwischen Zielgrößen und Faktoren werden dabei berücksichtigt.

2. Anschließend werden schrittweise optimale Einstellungen für alle Faktoren gesucht. Ausgehend von Faktoren mit großen Wechselwirkungen werden die einzelnen Zielgrößen in Abhängigkeit von jeweils zwei Faktoren grafisch dargestellt. Bei der Optimierung wird berücksichtigt,

   • wie stark jede Zielgröße von den einzelnen Faktoren abhängt,

   • wie wichtig jede Zielgröße für das Versuchsziel ist und

   • inwieweit der Zielwert für jede Zielgröße bereits durch Optimierung der anderen Faktoren erreicht wurde.

Sollen alle Zielgrößen entweder minimiert oder maximiert werden, so ist diese Vorgehensweise auch bei drei bis vier Zielgrößen noch überschaubar.

Vorteil dieser Vorgehensweise ist, dass man noch während der Optimierung die Ziele anpassen und ggf. die Gewichtung verschieben kann. Bei dieser schrittweisen Vorgehensweise erhält man einen tiefen Einblick in die Ursachen-Wirkungs-Zusammenhänge. Dadurch erhält man oft Anregungen für weitere Verbesserungsmöglichkeiten.

Nachteil dieser Vorgehensweise ist jedoch, dass viele Faktoren und Zielgrößen gleichzeitig betrachtet werden müssen. Insbesondere wenn für manche der Zielgrößen Zielwerte vorgegeben sind, die weder über- noch unterschritten werden sollen, überfordert die gleichzeitige Optimierung mehrerer Zielgrößen die meisten Anwender. Dann ist es hilfreich, die vielen Zielgrößen zu einer Größe zusammenzufassen. Derringer und Suich [4] haben dazu eine einfache, gut einsetzbare Möglichkeit vorgeschlagen. Sie wird im folgenden beschrieben.

Wie bisher wird zunächst für jede Zielgröße getrennt ein Modell angepasst und auf Signifikanz überprüft. Das resultierende Modell muss für jede Zielgröße einzeln plausibel sein.

Die Zusammenfassung mehrerer Zielgrößen erfolgt mit Hilfe der „Erwünschtheit". Sie wird durch die sogenannte Wunschfunktion (desirability function) quantitativ beschrieben. Für jede Zielgröße wird einzeln festgelegt, welche Werte erwünscht sind. Die Wunschfunktion liegt immer zwischen 0 und 1, wobei 0 unerwünscht bzw. nicht zulässig und 1 erwünscht bzw. optimal bedeutet. Im Prinzip kann man eine beliebige Funktion zur Beschreibung der Erwünschtheit in Abhängigkeit vom

Wert der Zielgröße verwenden. Bild 15-3 zeigt als einfachste Möglichkeit eine lineare Abhängigkeit.

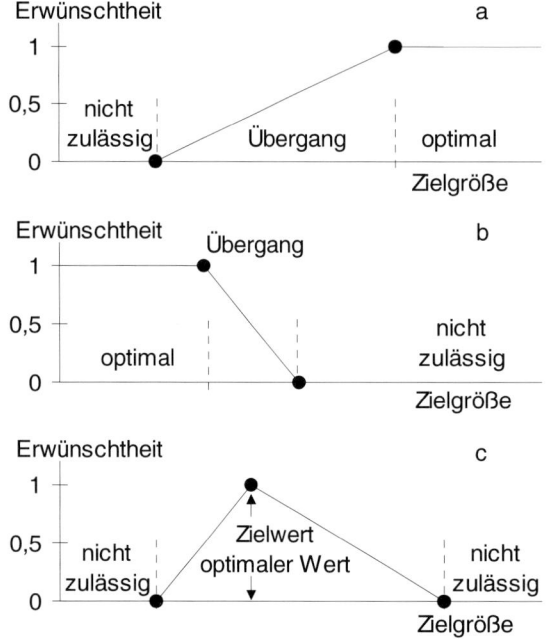

Bild 15-3
Erwünschtheit als Funktion der Zielgröße (Wunschfunktion):
a) Zielgröße soll maximiert werden
b) Zielgröße soll minimiert werden
c) Zielgröße soll möglichst nahe bei optimalem Wert liegen.
Zwischen den markierten Fixpunkten ist die Wunschfunktion linear.

Für jede Zielgröße kann man mit dem angepassten Modell den erwarteten Wert für jede beliebige Faktorstufenkombination berechnen. Mit der Wunschfunktion für diese Zielgröße erhält man zunächst einzeln die Erwünschtheit dieses erwarteten Werts. Die Gesamt-Erwünschtheit ist dann der geometrische Mittelwert der Erwünschtheiten aller Zielgrößen. Sie beschreibt, wie nahe alle Zielgrößen am Optimum liegen:

* Jeder Wert einer Zielgröße im optimalen Bereich wird als gleich gut bewertet.
* Gesamt-Erwünschtheit = 1 bedeutet, dass alle Zielgrößen in ihrem jeweiligen optimalen Bereich liegen.
* Bereits eine einzige Zielgröße im nicht zulässigen Bereich bewirkt, dass die Gesamt-Erwünschtheit = 0 ist (nicht zulässig).
* Je schmäler der Übergangsbereich in der Wunschfunktion einer Zielgröße ist, desto größeres Gewicht hat diese Zielgröße bei der Optimierung.
* Die Verwendung des geometrischen Mittelwerts bewirkt, dass das Gewicht einer Zielgröße in der Nähe des nicht zulässigen Bereichs zunimmt.

Die optimale Faktorstufenkombination erhält man mit numerischen Optimierungsverfahren, oder indem man die Gesamt-Erwünschtheit auf einem relativ feinmaschigen Gitter im untersuchten Bereich berechnet. Der Punkt mit der maximalen Gesamt-Erwünschtheit ist die beste Faktorstufenkombination. Diese Optimierung ist praktisch nur mit Rechnerunterstützung möglich.

Die Gesamt-Erwünschtheit einer Faktorstufenkombination hängt von der Wunschfunktion für jede einzelne Zielgröße ab. Daher wird empfohlen, mit verschiedenen Fixpunkten in Bild 15-3 zu experimentieren und vor einer endgültigen Bewertung den Einfluss solcher Veränderungen zu beobachten.

In ungünstigen Fällen kann die Gesamt-Erwünschtheit überall 0 sein. Das bedeutet, dass es im untersuchten Bereich der Faktorstufen nicht möglich ist, alle Mindestanforderungen an die Zielgrößen gleichzeitig zu erfüllen. Um in einer solchen Situation trotzdem ein „Optimum" zu erhalten, müssen einzelne Mindestanforderungen entspannt werden. Dazu sind technische Überlegungen erforderlich.

Liegt das Optimum am Rand des untersuchten Bereichs (oder rechnerisch außerhalb des Bereichs), so sollten zusätzliche Einzelversuche in der Umgebung des rechnerischen Optimums durchgeführt werden.

Auch für Faktorwerte kann eine Erwünschtheit festgelegt werden. Dadurch kann man eine Präferenz für Faktorwerte in bestimmten Bereichen ausdrücken.

Beispiel Laserschneiden (aus Absatz 11.1.5)

In Absatz 11.1.5 wurde ein quadratisches Modell an die Messwerte für Barthöhe und Rautiefe angepasst. Das Prozessoptimum wurde dann mit Hilfe von systematischen grafischen Darstellungen dieses Modells bestimmt.

Hier wird von denselben Daten ausgegangen. Zunächst werden die Regressionskoeffizienten wie in Bild 11-2 bzw. 11-3 bestimmt. Alle Regressionskoeffizienten werden im Modell belassen.

Für jede Zielgröße wird die Wunschfunktion festgelegt. Hier soll die Auswirkung von verschiedenen Wunschfunktionen auf das berechnete Optimum dargestellt werden.

1. Erwünschtheit nur für Barthöhe und Rautiefe

Barthöhe und Rautiefe sollen möglichst klein sein. Technisch können keine Werte < 0 auftreten. Das Regressionsmodell ergibt jedoch formal auch negative Werte. Um eine möglichst große Fertigungssicherheit zu haben, strebt man solche negativen Werte an (im Wissen, dass sie ein Artefakt des Modells sind, vgl. Abschnitt 11.3).

Tabelle 15.3 zeigt mögliche Wunschfunktionen. Zwischen den angegebenen Fixpunkten (Grenzen) verändert sich die Erwünschtheit linear. Das bedeutet z.B., dass eine rechnerische Barthöhe von $-0,5$ eine Erwünschtheit von 0,5 und eine rechnerische Rautiefe von $-0,5$ eine Erwünschtheit von 0,25 hat. Positive Werte der Barthöhe und Rautiefe sind bei dieser Festlegung nicht zulässig. Wären die Versuchsergebnisse weniger günstig gewesen, hätte man sich bei der Optimierung natürlich mit niedrigeren Anforderungen begnügt.

Tabelle 15.3
Festlegung der Fixpunkte und Form der Wunschfunktionen gemäß Bild 15-3

Erwünschtheit	0	1	0	Form
für Barthöhe		≤ -1	≥ 0	b
für Rautiefe		≤ -2	≥ 0	b

2. Erwünschtheit zusätzlich für Geschwindigkeit und Abstand

In Absatz 11.1.5 wurde zusätzlich berücksichtigt, dass eine hohe Geschwindigkeit hoher Durchsatz und damit niedrige Fertigungskosten bedeutet und dass ein großer Abstand bessere Fertigungssicherheit ergibt. Hier kann dies durch die zusätzliche Festlegung einer Erwünschtheit für Geschwindigkeit und Abstand erfolgen. Tabelle 15.4 zeigt eine mögliche Festlegung. Danach ist eine Geschwindigkeit unter 2 m/min nicht zulässig und über 6 m/min optimal, sowie ein Abstand unter 0,3 mm nicht zulässig und über 1,1 mm optimal.

Tabelle 15.4
Festlegung der Fixpunkte und Form der Wunschfunktionen gemäß Bild 15-3, auch für Geschwindigkeit und Abstand

Erwünschtheit	0	1	0	Form
für Barthöhe		≤ -1	≥ 0	b
für Rautiefe		≤ -2	≥ 0	b
für Geschwindigkeit	≤ 2	≥ 6		a
für Abstand	$\leq 0,3$	$\geq 1,1$		a

3. Verschärfte Vorgaben für den Abstand

Um zu demonstrieren, dass ein schmälerer Übergangsbereich zu einer größeren Gewichtung der betreffenden Zielgröße führt, wird alternativ der Mindestabstand von 0,3 auf 0,7 mm erhöht. Alle anderen Werte aus Tabelle 15.4 bleiben unverändert.

Tabelle 15.5
Ergebnisse im Überblick: Vergleich der Optima für verschiedene Wunschfunktionen

	1. Nur Barthöhe und Rautiefe	2. Zusätzlich Geschwindigkeit und Abstand	3. Abstand verschärft
Geschwindigkeit	3,8 m/min	4,4 m/min	4,4 m/min
Druck	12,5 bar	12 bar	12 bar
Abstand	0,5 mm	0,75 mm	0,9 mm
Fokus	1,5 mm	1,5 mm	1,5 mm
Leistung	1,5 kW	1,5 kW	1,5 kW
Barthöhe	−0,27 mm	−0,22 mm	−0,16 mm
Rautiefe	−1,10 μm	−0,96 μm	−0,78 μm
Erwünschtheit Barthöhe	0,27	0,22	0,16
Rautiefe	0,55	0,48	0,39
Geschwindigkeit	–	0,55	0,55
Abstand	–	0,56	0,50
Gesamt	0,39	0,42	0,36

4. Ergebnisse

Tabelle 15.5 zeigt die Ergebnisse für die verschiedenen Wunschfunktionen im Überblick. Die Zeilen Geschwindigkeit bis Leistung geben die Einstellungen dieser Faktoren, die jeweils die Gesamt-Erwünschtheit maximieren. Die Zeilen Barthöhe und Rautiefe geben die für diese Einstellungen errechneten Werte für die Zielgrößen.

Daraus erhält man die Erwünschtheit für jede Zielgröße einzeln und (als geometrischen Mittelwert) die Gesamt-Erwünschtheit.

Ein Vergleich der drei Ergebnisspalten zeigt, in Übereinstimmung mit den Ergebnissen in Absatz 11.1.5:

- Unabhängig von weiteren Randbedingungen sind ein Druck von 12–12,5 bar, ein Fokus von 1,5 mm und eine Leistung von 1,5 kW optimal.

- Berücksichtigt man nur die Zielgrößen Barthöhe und Rautiefe, so ist eine Geschwindigkeit von ca. 3,8 m/min und ein relativ kleiner Abstand optimal.

- Berücksichtigt man zusätzlich Fertigungsaspekte, so verschiebt sich das Optimum zu höheren Geschwindigkeiten und größeren Abständen. Dabei werden Barthöhe und Rautiefe weniger günstig, diese Verschlechterung wird aber durch die Verbesserung des Durchsatzes und der Fertigungssicherheit mehr als ausgeglichen.

- Eine schärfere Vorgabe beim Abstand führt zu einer Vergrößerung des optimalen Abstandes. Dafür nimmt man aber eine Verschlechterung bei Barthöhe und Rautiefe in Kauf. Alle Werte der Erwünschtheit werden etwas kleiner.

Dieses Beispiel zeigt:

Mit Hilfe der Erwünschtheit kann man direkt nach optimalen Faktorstufenkombinationen suchen. Bei einer geeigneten Festlegung der Erwünschtheit erhält man dieselben Ergebnisse wie bei der grafischen Betrachtung der angepaßten Modelle. Das Optimum hängt aber von der (in weiten Bereichen veränderbaren) Definition der Erwünschtheit ab. Daher wird empfohlen, im Rahmen der Optimierung verschiedene Varianten zu testen und die Ergebnisse miteinander zu vergleichen.

Mit Hilfe der Erwünschtheit erhält man auch dann noch ein Optimum, wenn die grafischen Verfahren allein zu unübersichtlich sind. Dies soll das folgende Beispiel von Derringer und Suich [4] zeigen.

Beispiel Gummimischung (nach Derringer und Suich [4])

Die Zusammensetzung der Gummimischung eines Reifens soll optimiert werden. Dazu wird der Einfluss der Faktoren

- Menge hydriertes Silica
- Menge Silan-Verbinder und
- Menge Schwefel

auf die Zielgrößen

- PICO Abriebindex
- 200 %-Modul
- Bruchdehnung und
- Härte

untersucht. Als Versuchsplan wird ein drehbarer zentral zusammengesetzter Plan mit 6 Realisierungen des Zentrums verwendet. Tabelle 15.6 zeigt den Versuchsplan und die Messwerte für die Zielgrößen in systematischer Reihenfolge.

Tabelle 15.6
Versuchsplan und Ergebnisse zur Optimierung einer Gummimischung

syst. Nr.	Silica	Silan	Schwefel	Abrieb-index	200%-Modul	Bruch-dehnung	Härte
1	0,7	40	2,8	102	900	470	67,5
2	1,7	40	1,8	120	860	410	65,0
3	0,7	60	1,8	117	800	570	77,5
4	1,7	60	2,8	198	2294	240	74,5
5	0,7	40	1,8	103	490	640	62,5
6	1,7	40	2,8	132	1289	270	67,0
7	0,7	60	2,8	132	1270	410	78,0
8	1,7	60	1,8	139	1090	380	70,0
9	0,3835	50	2,3	102	770	590	76,0
10	2,0165	50	2,3	154	1690	260	70,0
11	1,2	33,67	2,3	96	700	520	63,0
12	1,2	66,33	2,3	163	1540	380	75,0
13	1,2	50	1,4835	116	2184	520	65,0
14	1,2	50	3,1165	153	1784	290	71,0
15	1,2	50	2,3	133	1300	380	70,0
16	1,2	50	2,3	133	1300	380	68,5
17	1,2	50	2,3	140	1145	430	68,0
18	1,2	50	2,3	142	1090	430	68,0
19	1,2	50	2,3	145	1260	390	69,0
20	1,2	50	2,3	142	1344	390	70,0

In diesem Beispiel soll der Abriebindex möglichst groß (mindestens 120, optimal > 170), der 200%-Modul möglichst groß (mindestens 1000, optimal > 1300), die Bruchdehnung möglichst nahe bei 500 (zwischen 400 und 600) und die Härte möglichst nahe bei 67,5 (zwischen 60 und 75) sein. Tabelle 15.7 zeigt die Fixpunkte der Wunschfunktion und die allgemeine Form gemäß Bild 15-3.

Tabelle 15.7
Festlegung der Fixpunkte und Form der Wunschfunktionen gemäß Bild 15-3:

Erwünschtheit	0	1	0	Form
für Abriebindex	≤ 120	≥ 170		a
für 200%-Modul	≤ 1000	≥ 1300		a
für Bruchdehnung	≤ 400	= 500	≥ 600	c
für Härte	≤ 60	= 67,5	≥ 75	c

Da bei diesem Beispiel für die beiden Zielgrößen Bruchdehnung und Härte Zielwerte vorgegeben sind, ist es mit grafischen Darstellungen allein fast unmöglich, das Optimum zu finden, zumal es nicht möglich ist, die Optimalwerte der Zielgrößen gleichzeitig zu erreichen. Mit Hilfe der Erwünschtheit erhält man dagegen das Optimum in Tabelle 15.8.

Dieses Optimum ist ein Kompromiss zwischen den widersprüchlichen Zielen. Nur für den 200%-Modul wurde der optimale Wert erreicht (Erwünschtheit 1). Bei den anderen Zielgrößen wurden mehr oder weniger große Abstriche gemacht. Insbesondere beim Abriebindex wird mit 129 nur ein Wert erreicht, der wenig über dem Mindestwert von 120 liegt. Die Erwünschtheit beträgt nur $(129-120)/(170-120) = 0{,}18$. Aber eine Verbesserung dieses Wertes wäre mit einer erheblichen Verschlechterung der Bruchdehnung und der Härte verbunden. So würde eine Erhöhung des Abriebindex auf 134 z.B. mit einer Bruchdehnung von 450 und einer Härte von 69,7 und damit einer Gesamt-Erwünschtheit von $(0{,}28 \cdot 1 \cdot 0{,}50 \cdot 0{,}71)^{1/4} = 0{,}56$ erkauft.

Tabelle 15.8
Ergebnisse im Überblick: Optimale Faktorstufenkombination und Vergleichswert mit besserem Abriebindex, aus den Regressionsmodellen errechnete Werte der Zielgrößen und deren Erwünschtheiten, sowie die Gesamt-Erwünschtheit

	Optimale Werte	besserer Abrieb
Silica	1,17	1,17
Silan	51,5	54,5
Schwefel	1,87	1,93
Abriebindex	129	134
200% Modul	1300	1304
Bruchdehnung	466	450
Härte	68	69,7
Erwünschtheit Abrieb	0,18	0,28
200% Modul	1,0	1,0
Bruchdehnung	0,66	0,50
Härte	0,93	0,71
Gesamt	0,58	0,56

Mit Hilfe der Erwünschtheit kann man auch bei mehreren Zielgrößen ohne großen Aufwand ein gemeinsames Optimum berechnen. Voraussetzung ist der Einsatz einer geeigneten Software. Da die Folgen der Zusammenfassung der Zielgrößen zur Erwünschtheit nicht offensichtlich sind, wird empfohlen, verschiedene Fixpunkte für die Wunschfunktionen zu verwenden und die Ergebnisse zu vergleichen.

Literatur

[1] Graf, U./Henning, H.-J./Stange, K./Wilrich, P.-T.: Formeln und Tabellen der angewandten mathematischen Statistik. 3. Aufl. Springer Verlag, Berlin 1987

[2] Taguchi, G./Wu, Y.: Introduction to Off-line Quality Control. Central Japan Quality Control Association, Nagaya 1985

[3] Chatterjee, S./Price, B.: Praxis der Regressionsanalyse. Oldenbourg Verlag, München 1995

[4] Derringer, G./Suich, R.: „Simultaneous Optimization of Several Response Variables" in: Journal of Quality Technology 12 (Oct. 1980), 214–219

16 Sequentielle Optimierungsverfahren

In Kapitel 7 bis 15 wurde zunächst der Versuchsplan aufgestellt, dann wurden alle Faktorstufenkombinationen untersucht und erst danach wurden die Ergebnisse ausgewertet und Maßnahmen abgeleitet. Sequentielle Gesichtspunkte flossen nur am Rande in die Überlegungen ein: Es wurde darauf hingewiesen, dass am Anfang, wenn noch wenig bekannt ist, Screening-Versuchspläne besser geeignet sind, für die abschließende Optimierung jedoch mehrstufige Pläne sinnvoll sind.

In diesem Kapitel steht nun die sequentielle Vorgehensweise im Vordergrund. Die bisher behandelten Versuchspläne werden dabei z.T. als Bausteine eingesetzt.

Der Ausgangspunkt ist eine Faktorstufenkombination, die weit vom Optimum entfernt ist, wie in Bild 16-1 beispielhaft für den einfachen Fall von zwei Faktoren und einer Zielgröße dargestellt. Bei mehr Faktoren und mehr Zielgrößen gelten dieselben Prinzipien.

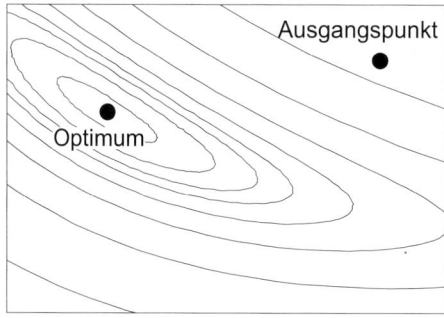

Bild 16-1
Höhenliniendiagramm einer Zielgröße in Abhängigkeit von zwei Faktoren:
Ziel der Optimierungsverfahren ist es, in möglichst wenigen Schritten vom Ausgangspunkt zum Optimum zu gelangen.

Ziel der Optimierungsverfahren ist es, in möglichst wenigen Schritten das Optimum zu finden, und gleichzeitig evtl. vorhandene Risiken zu begrenzen. Welches der folgenden Verfahren am besten geeignet ist, hängt von der Situation ab:

1. Evolutionary Operations EVOP [1] ist ein vorsichtiges Verfahren zur Optimierung der laufenden Fertigung. Zwei oder höchstens drei Prozessparameter (Faktoren) werden in einem vollständigen faktoriellen Versuchsplan innerhalb ihrer Spezifikation um den Ausgangspunkt verändert. Ziel ist, aus kleinen Veränderungen der Prozessergebnisse Wissen für eine kontinuierliche Verbesserung der Fertigung abzuleiten.

2. In der Entwicklung kann man sich größere Abstände zwischen den Faktorstufen und ein schnelleres Fortschreiten in eine optimale Richtung erlauben, auch mit dem Risiko, zunächst über das Optimum hinauszuschießen. Hier eignet sich die Methode des steilsten Anstiegs [2].

3. Ist die Zufallsstreuung sehr klein im Vergleich zu den wahren Unterschieden zwischen den untersuchten Faktorstufenkombinationen, so kann man (wie in Kapitel 5) auf mehrmalige Realisierung und die Mehrfachnutzung von Ergebnissen verzichten. Dann führen Simplexverfahren [2] schnell in die Nähe des Optimums. In der Nähe des Optimums versagen sie allerdings, dort eignen sich die Pläne aus Kapitel 11 als Ergänzung.

4. In neuen Ansätzen zur Optimierung [3, 4] versucht man die Vorteile verschiedener Verfahren miteinander zu verbinden.

Im folgenden wird die Vorgehensweise für den Fall beschrieben, dass die Zielgröße maximiert werden soll. Mit denselben Strategien ist natürlich auch eine Minimierung möglich, wenn man immer in Richtung abnehmender statt zunehmender Werte fortschreitet.

16.1 Evolutionary Operations (EVOP)

Fertigungsverfahren werden normalerweise zunächst in einer Pilotlinie entwickelt und optimiert. Danach werden sie in die Produktionslinie übernommen. Das Optimum für die Prozessparameter (z.B. Druck, Temperatur, Durchflussrate, Konzentration) in der Pilotlinie muss nicht mit dem Optimum in der Produktionslinie übereinstimmen.

In der Produktion konzentriert man sich dann häufig auf die Herstellung des Produktes. Versuche werden nicht mehr durchgeführt, weil man davon ausgeht, dass die Prozessparameter bereits in der Pilotlinie optimiert wurden und weil Versuche die Produktion stören könnten.

Der Ansatz von EVOP ist nun, dass die Produktion nicht nur das Produkt selbst herstellen sollte, sondern gleichzeitig Wissen für eine ständige Verbesserung der Produktion. Dazu geht man wie folgt vor:

* Zwei (maximal drei) Prozessparameter werden ausgewählt und während der laufenden Produktion in einem vollständigen faktoriellen Versuchsplan verändert (mit Zentrum zusätzlich, Bild 16-2).

* Der Stufenabstand wird so klein gewählt, dass die Produktion nicht nennenswert gestört werden kann. Als Stufenwerte werden normalerweise die obere und untere Grenze der momentan gültigen Spezifikation verwendet.

* Aufgrund des kleinen Stufenabstands sind auch die Effekte klein. Da der Versuchsumfang jedoch groß ist (die gesamte Produktion), können auch kleine Effekte erkannt werden.

* Die gesamte Produktion durchläuft zyklisch die Faktorstufenkombinationen des Versuchsplans, bis signifikante Effekte gefunden wurden oder bis die Entscheidung gefällt wird, mit anderen Prozessparametern oder anderen Stufen fortzufahren.

* Der Produktionsleiter entscheidet darüber,

    – welche Prozessparameter auf welchen Stufen verändert werden,

- wann er ausreichend überzeugt ist, dass durch eine Änderung der Spezifikation eine Prozessverbesserung erreicht wird, oder

- wann er meint, man solle EVOP mit anderen Prozessparametern oder anderen Stufen fortsetzen.

Er wird dabei von einen Team beraten, in dem auch ein Statistikexperte sitzt, aber der Produktionsleiter entscheidet und trägt die Verantwortung. Er gibt also keine Entscheidungskompetenz aus der Hand, er erhält nur zusätzliche Information als Grundlage für seine Entscheidungen.

Bild 16-2 zeigt den Versuchsplan. Die fünf Faktorstufenkombinationen werden durchlaufen, bis man erkennt, in welche Richtung das Prozessergebnis besser wird – die Auswertung erfolgt mit den Verfahren aus Kapitel 7. Die Spezifikation wird dann in die Richtung der Verbesserung verschoben.

Dabei gibt es keine feste Regel, wie weit verschoben werden soll; die Entscheidung liegt beim Produktionsleiter. Ist er vorsichtig, so wird er, ausgehend von der Situation in Bild 16-2, den Punkt 2 zum neuen Mittelpunkt und den Punkt 1 zum neuen Eckpunkt machen. Aber auch eine weitere Verschiebung ist möglich.

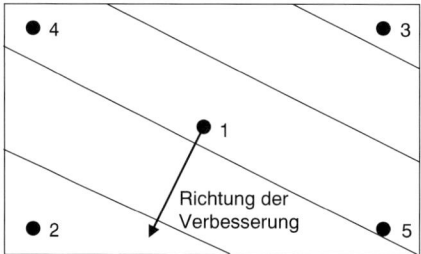

Bild 16-2
Die Faktorstufenkombinationen 1–5 werden durchlaufen, bis erkennbar wird, in welche Richtung sich das Prozessergebnis verbessert. In diese Richtung wird die Spezifikation verschoben.

Probleme beim Einsatz in der laufenden Fertigung

In der Praxis hat EVOP bisher nicht die Verbreitung gefunden, die man erwarten könnte. Dies liegt z.T. daran, dass nicht jeder Fertigungsprozess gleich gut für den Einsatz von EVOP geeignet ist, z.T. liegt es aber auch daran, dass gewisse Ängste überwunden werden müssen. Grundlage der Probleme und Ängste ist, dass jede Veränderung eines Fertigungsprozesses Risiken beinhaltet. Wichtig für die Akzeptanz von EVOP ist, dass diese Risiken überschaubar bleiben. Das bedeutet für den Einsatz von EVOP:

- Ein Fertigungsprozess ist um so besser geeignet für den Einsatz von EVOP, je kürzer die Zeit zwischen der Veränderung der Prozessparameter und der Messung der Ergebnisse ist. Ungeeignet sind Prozesse mit einer langen Zeitverzögerung (langer Leadtime), wie z.B. die IC-Fertigung (die Durchlaufzeit eines Loses beträgt mehrere Wochen und erst am Ende sind die Folgen einer Prozessveränderung erkennbar), oder wenn die Zuverlässigkeit eine wesentliche Zielgröße ist.

- Jede Prozessveränderung ist mit Risiken verbunden. Daher vermeidet die Fertigung normalerweise Änderungen soweit möglich. EVOP dagegen sieht kleine Prozessveränderungen als Chance für Verbesserungen.

Bild 16-3 vergleicht die Chancen und Risiken von Prozessveränderungen: Wenn der momentane Arbeitspunkt weit vom Optimum entfernt liegt, führt die Veränderung eines Faktors in die eine Richtung zwar zu einer Verschlechterung (– in Bild 16-3), in die andere Richtung aber zu einer Verbesserung (+ in Bild 16-3). Wenn das Prozessergebnis linear vom Wert des Faktors abhängt, bleibt der Mittelwert während des Versuchs unverändert, da die Verschlechterung in die eine Richtung durch die Verbesserung in die andere Richtung kompensiert wird. Bei der Risikobewertung ist vielmehr die kleine Erniedrigung des Mittelwertes aufgrund der Abweichung von der Linearität mit der großen potentiellen Verbesserung durch eine langfristige Optimierung zu vergleichen.

Um die Angst vor Prozessveränderungen zu reduzieren, ist es wichtig, dass der Fertigungsleiter über die Vorgehensweise entscheidet. Dabei berücksichtigt er die Ergebnisse der Versuche, aber auch seine Erfahrung.

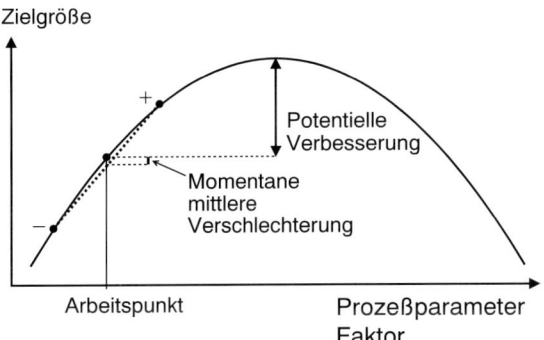

Bild 16-3
Beispiel für eine Zielgröße, die maximiert werden soll (z.B. Schlagzähigkeit, Ausbeute): Aus der Nichtlinearität ergibt sich im Versuch eine kleine momentane mittlere Verschlechterung. Sie ist mit der großen potentiellen Verbesserung zu vergleichen.

16.2 Methode des steilsten Anstiegs

Die Methode des steilsten Anstiegs ist in vieler Hinsicht ähnlich zu EVOP. Da der steilste Anstieg jedoch normalerweise nicht in der laufenden Fertigung gesucht wird, sondern in der Entwicklung oder Fertigungsvorbereitung, wagt man größere Schritte:

- Wie bei EVOP beginnt man mit zwei Faktorstufen. Der Abstand der Stufen ist jedoch größer, dadurch werden auch die Effekte größer – weniger Realisierungen sind erforderlich.

- Meist werden mehrere Faktoren gleichzeitig verändert. Bei fünf oder mehr Faktoren ist es sinnvoll, auch fraktionelle faktorielle Pläne zu verwenden.

- Wenn die Richtung des steilsten Anstiegs ermittelt wurde, sucht man zunächst mit Einzelversuchen immer weiter in diese Richtung, bis das Ergebnis wieder schlechter wird. In der Umgebung des Maximums wird ein neuer Versuchs-plan durchgeführt. Dies kann wieder ein zweistufiger Plan zur Ermittlung einer neuen Richtung des steilsten Anstiegs sein. Wenn man vermutet, dass man sich bereits in der Nähe des Maximums oder auf einem Kamm befindet, ver-wendet man einen Plan zur Bestimmung nichtlinearer Zusammenhänge (Kapi-tel 11).

Bild 16-4 zeigt die Vorgehensweise am Beispiel aus Bild 16-1. Die Vorteile der Methode des steilsten Anstiegs sind:

- Zur Ermittlung der Richtung des steilsten Anstiegs werden die Versuchspläne aus Kapitel 7, 8 und 11 eingesetzt. In diesen Plänen werden alle Versuchser-gebnisse zur Ermittlung der Effekte der Faktoren genutzt. Durch diese Mehr-fachnutzung erreicht man gute statistische Absicherung bei niedriger Anzahl von Einzelversuchen. Dies ist vor allem wichtig, wenn die Zufallsstreuung ver-gleichbar mit den Effekten ist.

- Müssen mehrere Zielgrößen betrachtet werden, so können die in Abschnitt 11.1 bzw. 15.3 beschriebenen Verfahren zum Auffinden von Kompromissen bei Zielkonflikten eingesetzt werden.

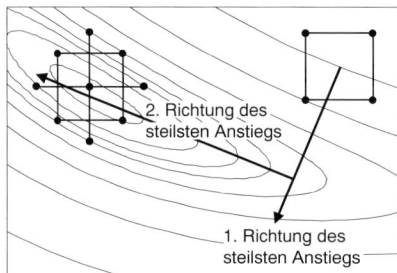

Bild 16-4
Methode des steilsten Anstiegs:
Zur Ermittlung der 1. Richtung des steilsten An-stiegs genügt ein zweistufiger Plan. Mit Einzelver-suchen bewegt man sich in diese Richtung, bis die Ergebnisse wieder schlechter werden.
Zur Ermittlung der 2. Richtung (am Kamm) und des Maximums sind mehrstufige Pläne erforder-lich.

16.3 Simplexverfahren[1]

Das Simplexverfahren dient dazu, die Richtung der Verbesserung mit möglichst wenigen Faktorstufenkombinationen zu erkennen. Bei k Faktoren besteht der Simplex aus k+1 Faktorstufenkombinationen. Bei zwei Faktoren sind dies die Ecken eines gleichseitigen Dreiecks, bei drei Faktoren eines Tetraeders, usw.

Bild 16-5 zeigt die Vorgehensweise am Beispiel aus Bild 16-1 (mit zwei Faktoren). Ausgehend vom Arbeitspunkt werden zunächst die Versuchsergebnisse an den Eckpunkten des Dreiecks mit der Nummer 1 bestimmt (Simplex 1). Die Faktor-stufenkombination mit dem schlechtesten Ergebnis wird nun an der Linie durch

---

[1] Das hier beschriebene Simplexverfahren darf nicht mit den Simplexgitterplänen aus Kapitel 14 verwechselt werden. Bei der Untersuchung von Mischungen ergibt sich die Simplexform daraus, dass die Summe der Komponenten immer 1 sein muss. Auch Nichtlinearitäten sollen erfasst wer-den, daher wird meist ein Grad >1 vorwendet. Im hier beschriebenen Simplexverfahren werden nur Simplexpläne vom Grad 1 verwendet. Für unabhängige Faktoren erlauben sie die Bestim-mung der linearen Abhängigkeit mit der geringsten Anzahl Faktorstufenkombinationen.

die anderen Faktorstufenkombinationen gespiegelt. Dadurch erhält man eine neue Faktorstufenkombination. Diese ergibt zusammen mit den beiden besseren Kombinationen aus Simplex 1 einen neuen Simplex 2. Spiegelt man dessen schlechteste Faktorstufenkombination an der Linie durch die beiden anderen Faktorstufenkombinationen, so erhält man einen neuen Simplex 3, usw. Bei jedem neuen Versuch wird die schlechteste Faktorstufenkombination des letzten Simplex durch eine hoffentlich bessere Kombination ersetzt. So wird das Ergebnis Schritt für Schritt verbessert.

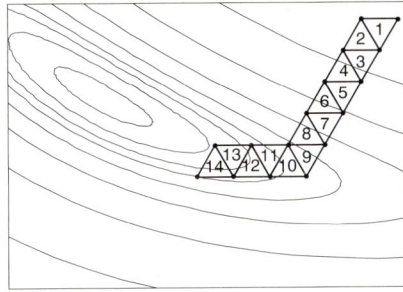

Bild 16-5
Simplexverfahren am Beispiel von zwei Faktoren: Ausgehend von den drei Faktorstufenkombinationen an den Eckpunkten des Dreiecks 1 wird jeweils die Faktorstufenkombination mit dem schlechtesten Ergebnis an der Linie durch die anderen gespiegelt. Dadurch erhält man bei jedem Schritt eine Verbesserung.

Ein Vergleich der Bilder 16-4 und 16-5 zeigt, dass die Verbesserung etwa derselben Linie folgt. Insofern ist eine gewisse Ähnlichkeit der Verfahren erkennbar. Sie unterscheiden sich jedoch in einigen wesentlichen Punkten, die im folgenden als Vorteile und Nachteile des Simplexverfahrens beschrieben werden.

Vorteile des Simplexverfahrens:

- Das Verfahren erfordert keine aufwendige Auswertung.
- Nach einem Startsimplex mit k+1 Punkten schreitet die Optimierung mit jedem weiteren Einzelergebnis fort, d.h. die Optimierung ist streng sequentiell.

Nachteile des Simplexverfahrens:

- Das Verfahren funktioniert nur, wenn die Zufallsstreuung wesentlich kleiner ist als die wahren Unterschiede zwischen den Faktorstufenkombinationen. Nur dann kann die Zufallsstreuung die Ergebnisse nicht verfälschen und man kann auf eine statistische Auswertung verzichten.
- Versucht man, die Zufallsstreuung durch mehrmalige Realisierung der Faktorstufenkombinationen zu reduzieren, wird das Simplexverfahren schnell sehr ineffizient, weil es keine Mehrfachnutzung der Versuchsergebnisse erlaubt.
- Nur bei einer Zielgröße erhält man eine eindeutige Richtung der Verbesserung. Mehrere Zielgrößen müssen gemeinsam betrachtet werden. Vor allem wenn für Zielgrößen ein bestimmter Wert (Zielwert) erreicht werden soll, ist die optimale Richtung keineswegs offensichtlich.
- Das Simplexverfahren ist linear und funktioniert daher nur in den Flanken der Wirkungsflächen zuverlässig (Simplexe 1 bis 9 in Bild 16-5). Bei Kämmen und in der Nähe von Extremwerten neigt das Simplexverfahren zum Pendeln bzw. zum Kreisen zwischen einigen wenigen Punkten (in Bild 16-5 pendelt man

zwischen Simplex 13 und 14 hin und her – ohne Veränderung der Regeln wird kein weiterer Fortschritt mehr erzielt).

Um Pendeln zu vermeiden, kann man ausnahmsweise den zweitschlechtesten Punkt im Simplex spiegeln. Kreist man um einen Punkt, so kann man die Abstände zwischen den Stufen verringern. Dies verringert jedoch auch die wahren Unterschiede und vergrößert damit die Bedeutung der Zufallsstreuung. Je schmaler der Kamm zum Optimum ist, desto kleiner ist der mögliche Stufenabstand.

Bei der Produkt- und Prozessverbesserung funktioniert das Simplexverfahren somit nur weit entfernt vom Optimum ohne Probleme. Dort kann es als besonders einfaches Verfahren jedoch sehr nützlich sein (solange die Zufallsstreuung vernachlässigbar ist).[1]

MultiSimplex®, eine Software für den Einsatz des Simplexverfahrens, findet man unter http://www.multisimplex.com.

16.4 Neuere Entwicklungen

Ein wesentlicher Nachteil des Simplexverfahrens ist, dass es nur die lineare Abhängigkeit der Zielgröße von den Faktoren berücksichtigt. In der Nähe des Optimums ist die Abhängigkeit jedoch nichtlinear.

Mit den Versuchsplänen von Kapitel 11 (z.B. zentral zusammengesetzte Pläne) werden auch nichtlineare Abhängigkeiten erfasst. In den Augen vieler Anwender ist allerdings ihr Nachteil, dass eine relativ große Anzahl von Einzelversuchen durchgeführt werden muss, bevor die Ergebnisse ausgewertet werden und damit eine Verbesserung erzielt wird.

Daher gibt es verschiedene Ansätze [3,4] mit dem Ziel, die sequentielle Vorgehensweise mit nichtlinearen Modellen zu vereinen. Im Prinzip kann man dies dadurch erreichen, dass man nicht nur die letzten k+1 Ergebnisse berücksichtigt, sondern in jedem Stadium ausreichend viele weiter zurückliegende Ergebnisse mit einbezieht und versucht, an diese Ergebnisse ein quadratisches Modell wie in (11.1) bzw. (11.2) anzupassen. Aus diesem quadratischen Modell errechnet man dann ein theoretisches Optimum. In diese Richtung schreitet man fort.

Falls das Optimum zu weit vom momentanen Zustand entfernt liegt, begrenzt man die Schrittweite, um zu große Veränderungen zu vermeiden. Würde andererseits der neue Versuchspunkt zu nah an bereits bekannten Punkten liegen, untersucht man die Umgebung, in der Hoffnung, dort eventuell noch bessere Ergebnisse zu finden.

---

[1] In der numerischen Mathematik ist das Simplexverfahren bei der Suche nach Extremwerten weit verbreitet. Durch Anpassung der Schrittweite kann man dort den Extremwerten beliebig nahe kommen, da keine Zufallsstreuung auftritt.

Von der Idee her ist diese Vorgehensweise bestechend. Die praktische Umsetzung ist jedoch m.E. noch nicht ausreichend ausgereift. Dies liegt an der Komplexität des Optimierungsproblems. Einige der Schwierigkeiten sind:

- Liegen die Stufen für einen Faktor zu weit auseinander, so reicht das quadratische Modell nicht zur Beschreibung aus. Liegen die Stufen zu dicht beieinander, so werden die wahren Unterschiede von Zufallsstreuung überdeckt.

- Im Verlauf der Untersuchung kann sich das System allmählich verändern (Trend). Bei einer sequentiellen Vorgehensweise verfälscht dies meist die Ergebnisse, weil der Trend nicht durch Randomisierung unschädlich gemacht werden kann.

- Bei der Berechnung des Optimums wird nur eine Zielgröße berücksichtigt. Meist sollen aber mehrere Zielgrößen gleichzeitig optimiert werden. Diese müssen dann zu einer übergeordneten Zielgröße zusammengefasst werden (dazu eignen sich z.B. die Kosten, die Wunschfunktion oder die Verlustfunktion). Bei einer sequentiellen Vorgehensweise liegt das Problem nun darin, dass die Gewichtung der verschiedenen Zielgrößen und die Art der Zusammenfassung zur übergeordneten Größe vorweg festgelegt werden muss. „Was wäre, wenn"-Untersuchungen, wie sie in Abschnitt 15.3 beschrieben wurden, sind dann nicht mehr möglich. Da aber z.B. die Gewichtung der einzelnen Zielgrößen nicht immer offensichtlich ist, kann sich im Nachhinein zeigen, dass eigentlich die falsche übergeordnete Zielgröße optimiert wurde.

Versucht man nun ein Programm zu schreiben, das als „Black box" alle Möglichkeiten abdecken soll, so stellt man extrem hohe Anforderungen an dieses Programm.

Zum Ansatz, der in [3] beschrieben ist, gibt es die Software ULTRAMAX® (http://www.ultramax.com). Nachteil dieses Programms ist m.E. jedoch, dass der Algorithmus von den Autoren nicht bekannt gegeben wird. Da im Programm viele Optionen einstellbar sind, deren Wirkung aber aufgrund des unbekannten Algorithmus nicht nachvollziehbar ist, ist der Nutzen des Programms in der praktischen Anwendung nur schwer zu bewerten. In einigen Testbeispielen mit bekannten Funktionen und daher bekannten Ergebnissen war das Programm jedoch kaum besser als ein einfaches Simplexverfahren.

In [4] ist ein Optimierungsalgorithmus beschrieben, der, wie das Simplexverfahren, aus der numerischen Mathematik stammt, aber über die lineare Näherung hinausgeht. Im Vergleich zu anderen numerischen Verfahren ist dieser Algorithmus relativ unempfindlich gegenüber Zufallsstreuung. Nach [4] hat er sich in numerischen Testbeispielen bewährt, in denen die Zufallsstreuung nicht zu groß ist. Bei großer Zufallsstreuung und wenn in den Daten ein Trend mit enthalten ist, können m.E. jedoch Probleme auftreten. Außerdem gibt es für diesen Algorithmus noch kein allgemein zugängliches Computerprogramm.

Einen weiteren interessanten Ansatz [5] verfolgt die Software ASSISTANT® (http://www.assistant.de): Der Anwender gibt einen Versuchsraum vor, der das Optimum auf jeden Fall enthält (großer Bereich für alle Faktoren). In diesem Versuchsraum wird zunächst mit Versuchsplänen wie in Kapitel 7, 8 oder 11 grob die Abhängigkeit der Zielgrößen von den Faktoren ermittelt. Daraus ergibt sich ein engerer Bereich, in dem die Zielgrößen möglichst nah an den Zielwerten liegen. Dieser Bereich wird dann detaillierter untersucht. Zur Beschreibung der Abhängigkeit zwischen Zielgrößen und Faktoren werden lokal andere Modelle verwendet als global, um so die in Abschnitt 11.3 beschriebenen Begrenzungen durch die quadratischen Modelle zu vermeiden. Leider wird auch bei dieser Software der genaue Algorithmus nicht bekannt gegeben. Außerdem erhält der Anwender momentan keine Unterstützung bei der statistischen Beurteilung der Ergebnisse.

Insgesamt betrachtet sind dies vielversprechende Ansätze zu einer Verbesserung des Simplexverfahrens. Weitere Verbesserungen sind jedoch m.E. noch wünschenswert. Als Ansatzpunkte könnte ich mir z.B. vorstellen, dass statistische Auswertungen stärker integriert werden und eine formale Trenderkennung mit eingebaut wird (Blockbildung).

Literatur

[1] Box, G.E.P./Draper, N.R.: Das EVOP-Verfahren. Oldenbourg Verlag, München 1975

[2] Scheffler, E.: Statistische Versuchsplanung und Auswertung. DVG, Stuttgart 3. Auflage 1997

[3] Moreno, C.W./Eilebrecht, B.: „Sequentielle Prozessoptimierung" in: Qualität und Zuverlässigkeit 37 (Nr. 1, 1992), 53−56

[4] Elster, C./Neumaier, A.: „A trust region method for the optimization of noisy functions" in: Computing 58 (1997), 31−4

[5] Müller-Späth, H./Bernhard, D.: „Der gläserne Prozess" in: KU Kunststoffe 92 (Nr. 6, 2002), 85−86

17 Erweiterung von Versuchsplänen

In diesem Kapitel wird gezeigt, wie Versuchspläne schrittweise erweitert werden können („augment"). Im Gegensatz zu Kapitel 16 bleibt der Versuchsraum (d.h. der Bereich, in dem die Faktoren untersucht werden) hier unverändert – er wird jedoch genauer ausgeleuchtet.

Bei fraktionellen faktoriellen Plänen können Vermengungen gezielt beseitigt werden und ausgehend von zweistufigen Plänen können auch quadratische Effekte erfasst werden. Außerdem wird gezeigt, wie nicht realisierbare Faktorstufenkombinationen ersetzt werden können.

17.1 Trennung vermengter Wechselwirkungen

Vorteil der Screening-Versuchspläne aus Kapitel 8 ist die geringe Anzahl Faktorstufenkombinationen und damit der geringe Versuchsaufwand. Ihr Nachteil ist jedoch, dass Effekte von Faktoren mit Zwei-Faktor-Wechselwirkungen (2FWW) vermengt sind (bei Auflösung III) oder 2FWW miteinander vermengt sind (bei Auflösung IV).

Screening-Versuchspläne sind gut dazu geeignet, zunächst mit geringem Aufwand zu erkennen, welche Faktoren wichtig sind. Zeigt sich dabei, dass durch Veränderung der Faktorstufen in eine bestimmte Richtung noch Verbesserungspotential besteht, wird man zunächst in Richtung der erwarteten Verbesserung fortschreiten – z.B. mit der Methode des steilsten Anstiegs aus Abschnitt 16.2. Zeigt sich jedoch, dass man sich bereits in der Nähe des Optimums befindet, oder ist die Richtung der Verbesserung aufgrund der Vermengung nicht klar, so ist es sinnvoll, ohne Änderung der Faktorstufen weitere Versuche durchzuführen, um vermengte Effekte zu trennen.

In Absatz 8.3.2 wurde am Beispiel eines Plackett-Burman-Planes gezeigt, wie durch ein Foldover – einer Wiederholung aller Faktorstufenkombinationen mit entgegengesetzten Stufenwerten – aus einem Plan der Auflösung III ein Plan der Auflösung IV entsteht (Tabelle 8.19 im Vergleich zu Tabelle 8.17). Diese Erweiterungsmöglichkeit besteht bei allen Versuchsplänen der Auflösung III – durch die Verdoppelung der Anzahl der Faktorstufenkombinationen entsteht ein Plan der Auflösung IV. Bei einer nachträglichen Erweiterung ist jedoch wichtig, dass die erste und die zweite Versuchsreihe als getrennte Blöcke behandelt werden.

Wurde, wie in Abschnitt 8.5 empfohlen, von Anfang an ein Plan der Auflösung IV verwendet, so sind 2FWW miteinander vermengt. Aus den Daten kann man dann nur die Summe der vermengten Wechselwirkungen bestimmen, nicht deren Aufteilung. Manchmal erlauben technische Überlegungen die Unterscheidung, wie im Beispiel in Absatz 8.2.7. Ansonsten sind zusätzliche Versuche erforderlich, wenn die Trennung wichtig ist.

Zur Trennung von 2FWW ist der „Foldover on one factor" geeignet [1]: Dazu werden alle Faktorstufenkombinationen wiederholt, wobei bei **einem** der Faktoren die Stufenwerte vertauscht werden. Dadurch kann man alle 2FWW dieses Faktors unvermengt bestimmen. Es ist sinnvoll, für diesen Foldover den Faktor zu verwenden, der vermutlich die größten Wechselwirkungen hat. Wie beim normalen Foldover („on all factors") wird die zweite Versuchsreihe als getrennter Block behandelt.

Beispiel

Ein 2^{7-3}-Versuchsplan der Auflösung IV besteht aus 16 Faktorstufenkombinationen. Tabelle 17.1 zeigt den Plan mit den Zuordnungen E=ABC, F=BCD und G=ACD in systematischer Reihenfolge (Block 1). Bei diesem Plan sind folgende 2FWW miteinander vermengt, durch „Foldover on factor A" (Block 2) werden die 2FWW von Faktor A abgetrennt:

nur Block 1		Block 1 + Block 2		
AB + CE + FG	wird getrennt in	AB	und	CE + FG
AC + BE + DG	wird getrennt in	AC	und	BE + DG
AD + CG + EF	wird getrennt in	AD	und	CG + EF
AE + BC + DF	wird getrennt in	AE	und	BC + DF
AF + BG + DE	wird getrennt in	AF	und	BG + DE
AG + BF + CD	wird getrennt in	AG	und	BF + CD
BD + CF + EG	bleibt vermengt als			BD + CF + EG

Tabelle 17.1
Erweiterung eines 2^{7-3}-Planes (Block 1) durch „Foldover on factor A" (Block 2) – die Vorzeichen in Spalte A sind vertauscht, der Rest ist unverändert

Nr.	Block	A	B	C	D	E	F	G
1	1	−	−	−	−	−	−	−
2	1	+	−	−	−	+	−	+
3	1	−	+	−	−	+	+	−
4	1	+	+	−	−	−	+	+
5	1	−	−	+	−	+	+	+
6	1	+	−	+	−	−	+	−
7	1	−	+	+	−	−	−	+
8	1	+	+	+	−	+	−	−
9	1	−	−	−	+	−	+	+
10	1	+	−	−	+	+	+	−
11	1	−	+	−	+	+	−	+
12	1	+	+	−	+	−	−	−
13	1	−	−	+	+	+	−	−
14	1	+	−	+	+	−	−	+
15	1	−	+	+	+	−	+	−
16	1	+	+	+	+	+	+	+

Nr.	Block	A	B	C	D	E	F	G
17	2	+	−	−	−	−	−	−
18	2	−	−	−	−	+	−	+
19	2	+	+	−	−	+	+	−
20	2	−	+	−	−	−	+	+
21	2	+	−	+	−	+	+	+
22	2	−	−	+	−	−	+	−
23	2	+	+	+	−	−	−	+
24	2	−	+	+	−	+	−	−
25	2	+	−	−	+	−	+	+
26	2	−	−	−	+	+	+	−
27	2	+	+	−	+	+	−	+
28	2	−	+	−	+	−	−	−
29	2	+	−	+	+	+	−	−
30	2	−	−	+	+	−	−	+
31	2	+	+	+	+	−	+	−
32	2	−	+	+	−	+	+	+

Eine Alternative zum hier beschriebenen Foldover ist die Erweiterung des Versuchsplans als (D-)optimaler Plan (vgl. Absatz 11.2.4).

Dazu werden als Modell mindestens alle vermuteten 2FWW angegeben. Noch sicherer ist es, einfach alle 2FWW anzugeben – dann werden aber auch mehr zusätzliche Faktorstufenkombinationen benötigt. Die bereits durchgeführten Versuche werden als „inclusions" behandelt, d.h. sie sind auf jeden Fall im neuen Plan enthalten. Die Software wählt (normalerweise aus einem vollständigen faktoriellen Plan) die Faktorstufenkombinationen aus, die die vorhandenen Punkte möglichst gut ergänzen.

Diese Vorgehensweise ist sehr flexibel. Man erhält jedoch einen Plan, der nicht orthogonal ist. Das bedeutet, dass die berechneten Schätzwerte für die Effekte davon abhängen, welche anderen Terme im Modell enthalten sind.

17.2 Zentrumspunkt

Mit 2^k- und 2^{k-p}-Plänen können nur lineare Effekte und Wechselwirkungen ermittelt werden. Bei quantitativen Faktoren, die auch Zwischenwerte annehmen können, wird empfohlen, den faktoriellen Plan um einen Versuchspunkt in der Mitte des untersuchten Bereichs zu ergänzen, im Zentrum des Würfels in Bild 17-1.

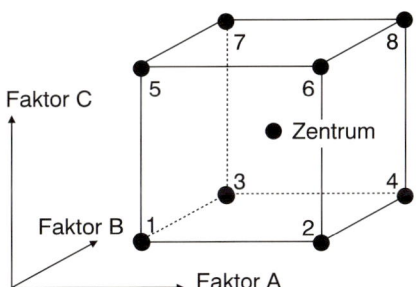

Bild 17-1
Faktorstufenkombinationen eines 2^3-Plans mit Zentrumspunkt

Vorteile des Zentrumspunktes

- Mit diesem Zentrumspunkt können Abweichungen von der Linearität erkannt werden – sie können allerdings nicht einem bestimmten Faktor zugeordnet werden, siehe dazu Abschnitt 17.3.

- Der Zentrumspunkt kann mehrfach realisiert werden und so auch bei Versuchsplänen mit n = 1 ein Maß für die Zufallsstreuung liefern.

- Häufig ist das Zentrum die bisherige Einstellung und erlaubt so als Referenzpunkt den direkten Vergleich.

- Wird der Zentrumspunkt in regelmäßigen Abständen im Versuchsplan wiederholt, so kann man aus einer systematischen Veränderung der Ergebnisse auf einen Trend schließen und die Daten ggf. korrigieren.

Wichtig ist, dass die Versuche im Zentrum gemeinsam mit den anderen Versuchen durchgeführt und nicht erst später nachgeholt werden. Nur so kann zwischen einer Abweichung von der Linearität und einer Veränderung mit der Zeit unterschieden werden. Ist der Versuch in mehrere Blöcke unterteilt, so sollte jeder Block Zentrumspunkte enthalten.

Beispiel aus der chemischen Industrie (Ergänzung)

Im Beispiel aus der chemischen Industrie aus Kapitel 3 wurde, zusätzlich zu den Versuchen in Tabelle 3.3, der Punkt im Zentrum des untersuchten Bereichs (syst. Nr. 9 bei Temperatur 130 °C, Zeit 3 h und Katalysator 0,3 %) in jedem Block zweimal realisiert. Tabelle 17.2 zeigt die Ergebnisse.

Tabelle 17.2
Versuchsergebnisse für Versuch mit Zentrumspunkt (in Tabelle 3.3 waren die Einzelversuche mit syst. Nr. 9 aus didaktischen Gründen weggelassen worden)

Vers. Nr.	syst. Nr.	Realisierung (Block)	Temperatur [°C]	Zeit [h]	Katalysator [%]	Ausbeute [%]
1	9	1	130	3	0,3	62,8
2	8	1	140	4	0,5	68,5
3	3	1	120	4	0,1	56,7
4	1	1	120	2	0,1	52,8
5	7	1	120	4	0,5	56,5
6	9	1	130	3	0,3	60,5
7	6	1	140	2	0,5	62,2
8	2	1	140	2	0,1	61,5
9	4	1	140	4	0,1	67,9
10	5	1	120	2	0,5	53,6
11	4	2	140	4	0,1	70,2
12	9	2	130	3	0,3	62,9
13	3	2	120	4	0,1	55,2
14	8	2	140	4	0,5	67,2
15	5	2	120	2	0,5	54,1
16	1	2	120	2	0,1	54,1
17	6	2	140	2	0,5	62,9
18	7	2	120	4	0,5	54,6
19	2	2	140	2	0,1	61,8
20	9	2	130	3	0,3	61,8

Die zusätzlichen Punkte haben keinen Einfluss auf die berechneten Effekte. Sie gehen aber in die Zufallsstreuung ein und können benutzt werden, um eine Abweichung von der Linearität zu erkennen. Dazu wird der Mittelwert der Versuchsergebnisse im Zentrum verglichen mit dem Mittelwert aller anderen Ergebnisse

Mittelwert Zentrum $= \dfrac{1}{4}(62{,}8 + 60{,}5 + 62{,}9 + 61{,}8) = 62{,}0$

Mittelwert Rest $= \dfrac{1}{16}(68{,}5 + 56{,}7 + 52{,}8 + \ldots + 61{,}8) = 59{,}9875$

Die Differenz der beiden Mittelwerte von 2,0125 °C ist ein Maß für die Abweichung von der Linearität (Lack-of-Fit), dessen Signifikanz statistisch beurteilt werden kann (ähnlich zu Abschnitt 6.3, aber unter Berücksichtigung der unterschiedlichen Stichprobenumfänge). Die hier beobachtete Differenz ist signifikant (p = 0,005).

Dies bedeutet, dass die Ausbeute von mindestens einem der Faktoren nichtlinear abhängt. Aufgrund dieses Ergebnisses allein kann man jedoch nicht unterscheiden, ob die Nichtlinearität bei Temperatur, Zeit, Katalysator, oder mehreren dieser Faktoren auftritt (natürlich kann man hier vermuten, dass die Abhängigkeit von der Zeit aufgrund eines Sättigungsverhaltens nichtlinear ist, aber das ist technisches Zusatzwissen).

Bild 17-2 zeigt eine Möglichkeit zur grafischen Darstellung der Abweichung von der Linearität. Die Abweichung des zusätzlichen Punktes von der Mitte ist ein Maß für die Nichtlinearität.

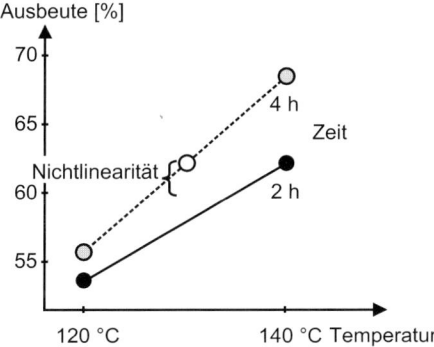

Bild 17-2
Mittelwert der Ergebnisse im Zentrum (62%) liegt um ca. 2% über dem Mittelwert aller Ergebnisse – ein Maß für die Nichtlinearität

17.3 Zuordnung quadratischer Effekte

Der Zentrumspunkt zeigt, ob es quadratische Effekte gibt, aber er erlaubt keine Zuordnung zu einem bestimmten Faktor. Für diese Zuordnung sind zusätzliche Versuche erforderlich.

Hatte der faktorielle Plan mindestens Auflösung V, so kann er um den „Stern" erweitert werden, wie z.B. in Tabelle 11.1 dargestellt. Dadurch entsteht ein zentral zusammengesetzter Versuchsplan.

Beispiel aus der chemischen Industrie (Ergänzung 2)

Für das Beispiel aus der chemischen Industrie wurde in Abschnitt 17.2 eine signifikante Abweichung von der Linearität festgestellt. Tabelle 17.3 zeigt die Sternversuche, mit denen der Versuchsplan aus Tabelle 17.2 nachträglich zu einem zentral zusammengesetzten Plan erweitert werden kann. Wie in Tabelle 17.2 wurde jede Faktorstufenkombination im Stern zweimal in getrennten Blöcken in randomisierter

Reihenfolge realisiert, der Punkt im Zentrum des untersuchten Bereichs (syst. Nr. 9) wurde in jedem Block zweimal realisiert.

Tabelle 17.3
Versuchsergebnisse für Sternpunkte (zusätzlich zu den Versuchen in Tabelle 17.2)

Vers. Nr.	syst. Nr.	Block	Temperatur [°C]	Zeit [h]	Katalysator [%]	Ausbeute [%]
21	9	3	130	3	0,3	61,9
22	11	3	140	3	0,3	68,2
23	12	3	130	1,6	0,3	55,3
24	13	3	130	4,4	0,3	62,8
25	14	3	130	3	0,1	61,7
26	15	3	130	3	0,5	62,1
27	10	3	120	3	0,3	56,4
28	9	3	130	3	0,3	61,9
29	14	4	130	3	0,1	63,0
30	11	4	140	3	0,3	68,6
31	9	4	130	3	0,3	61,9
32	13	4	130	4,4	0,3	62,0
33	15	4	130	3	0,5	61,1
34	10	4	120	3	0,3	55,4
35	12	4	130	1,6	0,3	55,3
36	9	4	130	3	0,3	62,5

Für die Faktoren Temperatur und Katalysator wurde $\alpha = 1$ verwendet, da die Anlage 140 °C nicht überschreiten kann und bei weniger als 0,1% Katalysator Instabilitäten befürchtet wurden (flächenzentriert). Für den Faktor Zeit wurde $\alpha = 1,4$ verwendet (näherungsweise orthogonal).

Für die Auswertung werden Tabelle 17.2 und 17.3 zusammen als ein zentral zusammengesetzter Plan behandelt. Wie vermutet ist die quadratische Abhängigkeit von der Zeit signifikant, die anderen quadratischen Terme sind nicht signifikant. Bild 17-3 zeigt das angepasste quadratische Modell in Höhenliniendarstellung.

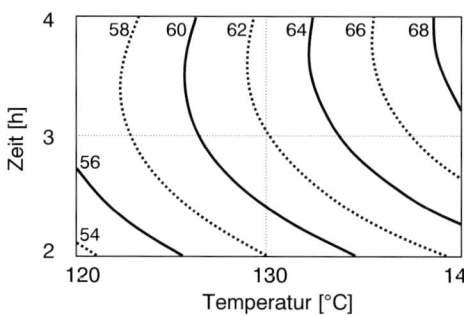

Bild 17-3
Ausbeute in Abhängigkeit von Temperatur und Zeit (nichtlineare Abhängigkeit von der Zeit)

Deutlich ist zu erkennen, dass bei Zeiten bis knapp 3 h die Ausbeute schnell mit der Zeit zunimmt, während eine weitere Verlängerung keine wesentliche Erhöhung der Ausbeute mehr bringt. Die scheinbare Abnahme der Ausbeute mit zunehmender Zeit bei niedriger Temperatur und Zeiten um 4 h ist ein Artefakt des quadratischen Modells (vgl. Abschnitt 11.3) – in Wirklichkeit liegt ein Sättigungsverhalten vor.

Bei einer Reaktionszeit von 2,5 bis 3 h erhält man den besten Kompromiss zwischen Ausbeute und Anlagenkosten.

Vermutet man, dass bestimmte Faktoren für die Nichtlinearität verantwortlich sind, so genügen Sternpunkte in diesen Faktoren (im obigen Beispiel die Versuche mit den systematischen Nummern 9, 12 und 13). Dann kann allerdings auch nur deren Nichtlinearität ermittelt werden, alle anderen Nichtlinearitäten gehen nur in den „Lack of fit", d.h. die Abweichung vom angepassten Modell, ein.

17.4   Nicht realisierbare Faktorstufenkombinationen

Um den Versuchsplan (näherungsweise) orthogonal und damit gut auswertbar zu halten, sollten die Versuchspunkte möglichst so realisiert werden, wie sie im Versuchsplan vorgesehen sind.

Treten geringfügige Abweichungen zwischen den geplanten Sollwerten der Faktoren und den realisierten Istwerten auf, so werden bei der Auswertung immer die Istwerte verwendet, nicht die Sollwerte. Die resultierende Abweichung von der Orthogonalität wirkt sich weniger aus als eine evtl. denkbare Verfälschung der Ergebnisse und Erhöhung der Zufallsstreuung durch „falsche" Faktorstufenwerte in der Auswertung.

Als Vorbeugung gegen nicht realisierbare Faktorstufenkombinationen wurde in Kapitel 3 empfohlen, in einem Pilotversuch extreme Kombinationen zu testen. Falls dabei Probleme erkannt werden, ist es meist sinnvoll, die Abstände der kritischen Faktorstufen zu reduzieren, damit alle Kombinationen realisierbar sind.

Manchmal sprechen jedoch technische Argumente gegen eine Verringerung des Stufenabstands, und manchmal werden Probleme erst bei der Versuchsdurchführung erkannt. Dann stellt sich die Frage, wie man am besten mit solchen nicht realisierbaren Faktorstufenkombinationen umgeht.

Bei qualitativen Faktoren und Auswertung mit Varianzanalyse gibt es keinen einfachen Ersatz für nicht realisierbare Faktorstufenkombinationen. Aufgrund des fehlenden Punktes kann die höchste Wechselwirkung nicht mehr berechnet werden. Bei drei und mehr Faktoren ist dies aber normalerweise kein ernstes Problem, weil diese höchste Wechselwirkung meist vernachlässigbar ist.

Bei quantitativen Faktoren und Auswertung mit Regressionsanalyse zerstören nicht realisierbare Faktorstufenkombinationen die Orthogonalität des Versuchsplans. Um die Abweichung von der Orthogonalität möglichst klein zu halten, wird empfohlen, einen oder mehrere Ersatzversuche am Rand des realisierbaren Bereiches durchzuführen. Dazu bieten sich zwei Strategien an, die in Bild 17-4 am Beispiel von zwei Faktoren grafisch dargestellt werden:

- Ersatz der nicht realisierbaren Faktorstufenkombination durch die nächstmögliche realisierbare Kombination:
  Der Versuchsaufwand bleibt gleich, aber die Genauigkeit des angepassten Modells nimmt ab (insbesondere in der Nähe des nicht realisierbaren Bereiches).

- Ersatz der nicht realisierbaren Faktorstufenkombination durch mehrere benachbarte Kombinationen („extreme vertices"):
  Der Versuchsaufwand nimmt zu (bei k sich gegenseitig beschränkenden Faktoren wird eine Kombination durch k neue Kombinationen ersetzt), aber die Genauigkeit des angepassten Modells wird aufgrund der größeren Anzahl Einzelversuche manchmal sogar besser.

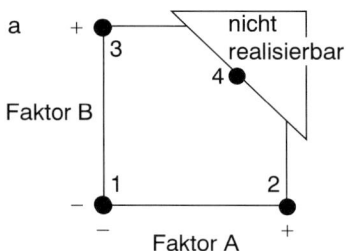 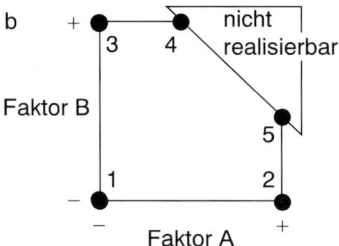

Bild 17-4
Strategien zur Auswahl von Ersatzpunkten, wenn manche Faktorstufenkombinationen nicht realisierbar sind, am Beispiel von zwei Faktoren:
a) nächstmögliche realisierbare Kombination (4)
b) „extreme vertices" (4 + 5)

Eine Alternative zu dieser individuellen Modifizierung von Standardplänen von Hand sind D-optimale Versuchspläne, bei denen von Anfang an bestimmte Bereiche von Faktorstufenkombinationen ausgenommen werden können – man spricht von „constraints".

Zur Beurteilung der Qualität des modifizierten Plans eignen sich [1]:

- Varianzinflationsfaktor VIF
  Faktor, um den die Varianz der Koeffizienten im Regressionsmodell größer ist als bei einem orthogonalen Plan – er sollte möglichst nahe bei 1 sein, Werte größer als ca. 4 sind problematisch

- A-, D- bzw. G-Effizienz des Versuchsplans
  Maßzahlen zwischen 0 und 100%, die angeben, wie gut der Versuchsplan im Vergleich zu einem (hypothetischen) orthogonalen Plan bezüglich des A-, D- bzw. G-Optimalitätskriteriums ist (vgl. Absatz 11.2.4) – je größer, desto besser; da mit „constraints" 100% jedoch nicht erreichbar sind, sind die Werte nur für den Vergleich von Alternativen geeignet, nicht als Absolutwerte.

Alternativ kann man wie in (10.19) die Standardabweichung der Regressionskoeffizienten („standard error" der Koeffizienten) oder wie in (10.20) die Standardabweichung des angepassten Modells („standard error" des Modells) in Abhängigkeit von der Position im Versuchsraum berechnen – für eine vorgegebene Standardabweichung der Daten (meist $\sigma = 1$).

Die meisten der im nächsten Kapitel besprochenen Softwarepakete bieten zumindest einige dieser Beurteilungsmöglichkeiten an.

Literatur

[1] Myers, R.H./Montgomery, D.C.: Response Surface Methodology. John Wiley, New York 2. Auflage 2002

18 Software

Dieses Kapitel gibt einen kurzen Überblick über ausgewählte Software zur Versuchsplanung. Die beschriebenen Programme sollen als Beispiele dienen. Die Auswahl ist subjektiv.

18.1 Allgemeine Hinweise

- In diesem Buch wurde Versuchsplanung unabhängig von einer speziellen Software beschrieben. Ziel war die allgemeine Darstellung der Vorgehensweise, der Verfahren und ihrer spezifischen Anwendungsmöglichkeiten.

- Auch wenn die Analysen bis einschließlich Kapitel 10 ohne Computer möglich sind, wird dringend empfohlen, Computer einzusetzen, sobald statistische Auswertungen durchgeführt werden. Gute Software bringt eine dramatische Vereinfachung der Rechnung und erlaubt viele aussagekräftige grafische Darstellungen der Ergebnisse. Der Anwender kann sich dadurch auf die sorgfältige Planung und Durchführung der Versuche, das Verständnis der Ergebnisse und das Ableiten von Maßnahmen konzentrieren.

- Statistikprogramme gibt es für Großrechner und PCs, und für alle gängigen Betriebssysteme. Aufgrund ihrer weiten Verbreitung werden im folgenden nur Programme für PCs mit WINDOWS®-Betriebssystem betrachtet.

- Nur Programme mit ihrem Schwerpunkt auf den klassischen statistischen Verfahren werden in diesem Kapitel behandelt.

  - Für die einfachen Verfahren in Kapitel 4 und 5 ist keine spezielle Software erforderlich. Soweit überhaupt Computer eingesetzt werden, genügen normale Tabellenkalkulationsprogramme.

  - Die Verfahren nach G. Taguchi in Kapitel 9 können, soweit sie hier empfohlen wurden, auch mit einigen der beschriebenen Programmen eingesetzt werden. Es gibt zwar auch spezielle Taguchi-Programme, diese sind m.E. jedoch zu eingeschränkt auf die Besonderheiten von G. Taguchi.

  - Von den Optimierungsverfahren in Kapitel 16 verwendet EVOP faktorielle Versuchspläne. Die Richtung des steilsten Anstiegs wird errechnet oder aus Höhenliniendiagrammen abgelesen. Software für andere Verfahren wird direkt in Kapitel 16 behandelt.

- Je mehr Möglichkeiten ein Programm bietet, desto mehr Aufwand ist für die Einarbeitung erforderlich. Einige besonders umfassende Statistikprogramme zeichnen sich dadurch aus, dass sie beliebig große Datenmengen verarbeiten und immer wiederkehrende Abläufe durch eine eigene Sprache zur Programmierung der Auswertung automatisiert werden können. Diese Möglichkeiten werden durch einen wesentlich erhöhten Einarbeitungsaufwand erkauft. Da bei der Versuchsplanung die Datenmengen überschaubar sind und jede Auswertung anders abläuft, kommen die Vorteile dieser Programme hier nicht zum Tragen. Sie werden daher im folgenden nicht betrachtet.

- Bei der Versuchsplanung ist die einfache und gleichzeitig möglichst flexible Bedienung besonders wichtig. Die hier beschriebenen Programme unterstützen (fast) alle Verfahren und Versuchspläne aus diesem Buch (und meist noch einiges mehr). Sie stellen einen Kompromiss zwischen relativ einfacher Bedienbarkeit und trotzdem möglichst umfassenden Auswertemöglichkeiten dar.

- Manche der vorgestellten Programme sind besonders gut bei der Behandlung der Standardversuchspläne, andere sind bei D-optimalen Plänen besonders stark. Inzwischen können alle besprochenen Programme D-optimale (oder gleichwertige) Pläne für quantitative Faktoren aufstellen. Aber nur die „Spezialisten" können dies auch, wenn einige Faktoren quantitativ und andere qualitativ (kategorisch) sind. Auch Mischungsfaktoren werden nicht von allen Programmen beherrscht. Dafür haben diese „Spezialisten" meist Probleme mit vermengten Wechselwirkungen bei fraktionellen faktoriellen Plänen (bei D-optimalen Plänen treten keine Vermengungen zwischen den Effekten auf, für die der Plan aufgestellt wurde).

- Die beschriebenen Programme lassen sich in zwei Gruppen einteilen:
  - Spezielle Versuchsplanungsprogramme (VP) bieten eine bessere Benutzerführung.
  - Umfassende Statistikpakete mit einem umfangreichen Versuchsplanungsteil (SP) bieten mehr Flexibilität.

18.2 Beschreibung ausgewählter Programme

Tabelle 18.1 gibt einen Überblick über die getesteten Programme. Tabelle 18.2 zeigt, welche der in diesem Buch beschriebenen Verfahren bei den verschiedenen Programmen implementiert sind.

Tabelle 18.1 Getestete Programme (in alphabetischer Reihenfolge)

Name	Version	Typ	Internetadresse mit Informationen
Cornerstone™ (CO)	3.6.1	SP	www.brooks-pri.com/
Design-Expert® (DE)	6.0.8	VP	www.statease.com/
ECHIP™ (EC)	7.0	VP	www.echip.com/
D.o.E. FUSION™ (FU)	7.3.20	VP	www.smatrix.com/
JMP®	5.0.1	SP	www.jmp.com/
MINITAB™ (MI)	13.31	SP	www.minitab.com/
MODDE® (MO)	6.0	VP	www.umesoft.de/
STATGRAPHICS® (SG)	5.1	SP	www.statgraphics.com/
STATISTICA™ (ST)	6.1	SP	www.statsoft.de/
STAVEX™ (SV)	4.3	VP	www.aicos.com/
XSel® 2000 DOE (XS)	6.5H	SP	www.crgraph.de/

Tabelle 18.2 Implementierte Verfahren

Verfahren	Kapitel	CO	DE	EC	FU	JMP	MI	MO	SG	ST	SV	XS
Versuchspläne												
vollständig faktoriell	7	+	+	[1]	+	+	+	+	+	+	+	+
fraktionell faktoriell	8.2	+	+	[1]	+	+	+	+	+	+	+	(+)
Plackett–Burman	8.3	+	+	+	+	+	+	+	+	+	+	−
Taguchi–Pläne	9	+	+	+	−	+	+	+	+	+	−	−
Taguchi inner+outer array	9	−	−	−	−	+	−	−	+	−	−	(+)
zentral zusammengesetzt	11.1	+	+	+	+	+	+	+	+	+	+	[2]
Box–Behnken–Pläne	11.2.2	+	+	+	+	+	+	+	+	+	+	[2]
klein zusammengesetzt	11.2.3	+	+	[1]	[2]	[2]	[2]	+	+	+	[2]	[2]
D-optimale Pläne	11.2.4	+	+	+	[3]	+	+	+	+	+	+	+
D-opt.quant.+qual.Faktoren		+	+	+	[3]	+	−	+	−	−	+	+
D-opt. Mischungsfaktoren	(14.4)	−	+	+	[3]	+	[4]	+	[4]	[4]	+	−
Lateinische Quadrate	13.1	[2]	[2]	[2]	−	[2]	[2]	[2]	+	+	+	[2]
Mischungen o. Begrenzung	14.1	−	+	+	+	+	+	+	+	+	+	−
Mischungen mit Begrenz.	14.3	−	+	+	+	+	+	+	−	+	+	−
Auswertungsverfahren												
Signifikanz n≥2	7.2	+	+	+	+	+	+	+	+	+	+	+
n=1 (Pooling)	7.3	+	+	+	+	+	+	+	+	+	+	+
Vermengte Effekte	8.2	−	+	−	−	+	+	(+)	+	+	−	−
Regression	10	+	+	+	+	+	+	+	+	+	+	+
Varianzanalyse	12 + 13	+	+	+	−	+	+	+	+	+	+	(+)
Transformationen	6.4+15.1	+	+	+	+	+	+	+	+	+	+	+
Signal-Rausch-Verhältnis	9.2	−	−	−	−	+	+	−	+	+	−	(+)
Steilster Anstieg	16.2	[5]	[5]	[5]	+	[5]	[5]	[5]	+	[5]	[5]	[5]
Grafische Darstellung												
Residuen	6.2+10.1	+	+	+	+	+	+	+	+	+	+	−
Box-Cox-Darstellung	6.4	+	+	−	+	+	+	+	+	+	−	+
Effekte	7 + 8	+	+	+	+	+	+	+	+	+	+	+
Wechselwirkungen	7	+	+	[4]	−	+	+	+	+	+	−	−
Wirkungsflächen	10.2	+	+	+	+	+	+	+	+	+	+	+
Höhenlinien	10.2+11.1	+	+	+	+	+	+	+	+	+	+	+
Wunschfunktion	15.3	(+)	+	[4]	+	+	+	+	+	+	+	−

[1] ECHIP verwendet andere Standardpläne, kann diese Pläne jedoch auswerten

[2] Auswertung möglich, wenn der Versuchsplan vom Benutzer eingegeben wird

[3] ähnlich (Modellrobuste Pläne)

[4] quantitative Faktoren und Mischungsfaktoren sind möglich, aber keine qualitativen Faktoren

[5] grafisch mit dem Höhenliniendiagramm möglich

Alle hier beschriebenen Programme sind zur Planung und Auswertung von Versuchen geeignet. Aber es gibt kein Programm, das in jeder Hinsicht ideal ist (die „eierlegende Wollmilchsau" existiert nicht).

Im folgenden sollen die Stärken und Schwächen der Programme aus meiner Sicht charakterisiert werden. Eine solche Bewertung ist notwendigerweise subjektiv. Sie gilt auch nur für die getestete Version. Gerade auf dem Gebiet der Versuchsplanung wurden die beschriebenen Programme in den letzten Jahren wesentlich weiterentwickelt. Da zu erwarten ist, dass sich diese Entwicklung fortsetzt, werden sicher viele der im folgenden angeführten Schwächen bald beseitigt sein.

Vor der Entscheidung für ein bestimmtes Programm wird dringend ein eigener Test empfohlen, da die Bedürfnisse der Anwender sehr unterschiedlich sind. Um dabei den Vergleich der Programme zu erleichtern, stehen auf der beiliegenden CD-ROM folgende Daten bereit:

- alle Beispiele und Aufgaben im ASCII-Format (Trennzeichen Tabulator) und als Excel®-Tabelle und

- ausgewählte Beispiele im Format der hier behandelten Programme.

Manche Hersteller bieten zeitlich befristete Demos mit voller Funktionalität als Download im Internet an. Andere Hersteller bieten zeitlich unbefristete Demos mit eingeschränkter Funktionalität; bei den anderen kann man sich direkt an den Hersteller wenden. So bestehen sehr gute Möglichkeiten, sich zunächst unverbindlich von der Eignung eines Programms für den geplanten Einsatz zu überzeugen bzw. verschiedene Programme zu vergleichen.

Um einen noch leichteren Zugang zu ihren Programmen zu ermöglichen, haben die meisten Hersteller eine Demo-Version für die CD-ROM zur Verfügung gestellt (vgl. auch Anhänge D + E).

Cornerstone™

- Cornerstone ist ein umfassendes Statistikpaket mit einem umfangreichen Versuchsplanungsteil. Der Anwendungsschwerpunkt des Programms ist die industrielle Statistik.

- Der Schwerpunkt des Programms liegt bei der Erzeugung und Auswertung von D-optimalen Plänen. Geeignete Pläne können auch für mehrstufige quantitative und qualitative Faktoren mit Wechselwirkungen aufgestellt werden (aber nicht für Mischungsfaktoren).

- Viele der in diesem Buch beschriebenen Standardversuchspläne werden angeboten. Bei der Auswertung von fraktionellen faktoriellen Plänen erlaubt Cornerstone jedoch keine vermengten Effekte. Taguchi-Pläne und Mischungspläne werden nicht unterstützt.

- Mehrere Zielgrößen können mit einer Art Wunschfunktion formal gemeinsam optimiert werden, allerdings besteht hier m.E. noch Verbesserungsbedarf. Momentan empfehle ich, die guten Höhenliniendarstellungen zur Optimierung zu verwenden.

- Die Darstellung der Residuen ist einfach. Brushing bietet gute Unterstützung bei der Analyse der Ursachen für ungewöhnliche oder auffallende Einzelergebnisse.

- Programmdokumentation und Anleitung, besonders im Versuchsplanungsteil, könnten noch verbessert werden. Die Benutzeroberfläche ist jedoch sehr einfach zu bedienen.

Design-Expert®

- Design-Expert ist ein spezielles Versuchsplanungsprogramm. Als solches ist es auf das Aufstellen und Auswerten von Versuchen hin optimiert.

- Daraus ergibt sich eine besonders klare Benutzerführung und einfache Bedienung, ohne dass die Freiheit des Nutzers dadurch wesentlich eingeschränkt wird. Die Reihenfolge der Menüpunkte gibt die beste Reihenfolge zur Bearbeitung vor. Das Handbuch führt anhand von Beispielen sehr gut in die Bedienung des Programms ein. Innerhalb weniger Stunden kann man sich vollständig einarbeiten.

- Design-Expert enthält die für die Prozess- und Produktoptimierung wichtigsten Versuchspläne. D-optimale Pläne decken praktisch alle Sonderfälle ab. Es gibt sehr gute Möglichkeiten zur Beurteilung der statistischen Eigenschaften der Versuchspläne. Fast alle üblichen Auswertungs- und Darstellungsverfahren werden angeboten.

- Die Suche nach optimalen Faktorstufenkombinationen bei mehreren Zielgrößen wird mit der Wunschfunktion und interaktiv veränderbaren Höhenlinien sehr gut unterstützt.

- Als spezielles Versuchsplanungsprogramm ist es nicht zur Auswertung von Daten aus der laufenden Fertigung geeignet.

ECHIP™

- ECHIP ist ein spezielles Versuchsplanungsprogramm. Der Schwerpunkt liegt auf der algorithmischen Erzeugung von optimalen Versuchsplänen.

- Bei den Standardplänen geht ECHIP z.T. eigene Wege (wie z.B. Morris-Mitchell lineare Pläne – nicht schlecht, aber deutlich anders als die anderen hier beschriebenen Programme). Leider gibt es in ECHIP nur wenige Möglichkeiten, die Güte der Versuchspläne zu beurteilen.

- Der Schwerpunkt liegt auf einer schrittweisen Vorgehensweise: Zunächst werden viele Faktoren mit einem zweistufigen Screeningplan untersucht. Anschließend wird der Versuchsplan optimal zu einem Regressionsplan ergänzt.

- Versuchspläne für quantitative und Mischungsfaktoren sind leicht auswertbar. Die Auswertung von Plänen, die mehrstufige qualitative Faktoren enthalten, ist dagegen m.E. unübersichtlich und erfordert Erfahrung.

- Mehrere Zielgrößen können gleichzeitig optimiert werden. Das Verfahren unterscheidet sich aber von der hier beschriebenen Vorgehensweise mit der Wunschfunktion.

- Als spezielles Versuchsplanungsprogramm ist es nicht zur Auswertung von Daten aus der laufenden Fertigung geeignet.

FUSION™

- D.o.E. FUSION Pro ist ein spezielles Versuchsplanungsprogramm und nicht zur Auswertung von Daten aus der laufenden Fertigung geeignet.

- Es bietet viele der hier behandelten Standardversuchspläne an. Der Schwerpunkt des Programms liegt jedoch auf der algorithmischen Erzeugung von Versuchsplänen. Dabei werden aber nicht die sonst üblichen D-optimalen Pläne aufgestellt, sondern sogenannte modellrobuste Pläne. D-optimale Pläne sind optimal zur Anpassung eines vorgegebenen Modells, sind aber nicht in der Lage Abweichungen von diesem Modell zu erkennen. Die modellrobusten Pläne nehmen geringe Abstriche bei der Anpassung des Modells in Kauf, um auch Abweichungen erkennen zu können.

- Für quantitative Faktoren und Mischungsfaktoren (auch gleichzeitig in einem Plan) bietet das Programm sehr gute Auswertemöglichkeiten. Die gleichzeitige Optimierung mehrerer Zielgrößen mit der Wunschfunktion ist ausgereift und einfach durchzuführen. Gute grafische Darstellungen der Ergebnisse bieten weitere Hilfen.

- Für qualitative Faktoren wird jedoch eine andere Darstellung der Ergebnisse als in diesem Buch gewählt, so dass kein direkter Vergleich möglich ist (keine Varianzanalyse, sondern Differenzen zu Stufe 1 des Faktors). M.E. sind die Ergebnisse von D.o.E. FUSION bei qualitativen Faktoren schwer zu interpretieren. Insbesondere stehen keine geeigneten grafischen Darstellungen zur Verfügung.

- Das Programm stellt hohe Ansprüche an die Rechenleistung des PCs.

JMP®

- JMP ist ein umfassendes Statistikpaket mit einem umfangreichen Versuchsplanungsteil.

- JMP hat eine ansprechende Benutzeroberfläche, in der man sich nach kurzer Eingewöhnung auch gut zurechtfindet.

- Bei der Versuchsplanung bietet JMP fast alle hier behandelten Standardpläne an (und noch viele andere). Auch Taguchi-Pläne für zwei- und dreistufige Faktoren stehen zur Verfügung, als „inner und outer arrays". D-optimale Versuchspläne können für beliebige Kombinationen von quantitativen, qualitativen und Mischungsfaktoren aufgestellt werden.

- JMP zeichnet sich durch eine umfassende Sammlung von Auswertungs- und Darstellungsverfahren aus, die weit über die in diesem Buch beschriebenen Verfahren hinausgehen.

- Die Suche nach optimalen Faktorstufenkombinationen bei mehreren Zielgrößen wird mit der Wunschfunktion und interaktiv veränderbaren Höhenlinien für alle Zielgrößen gleichzeitig gut unterstützt.

MINITAB™

- MINITAB ist ein umfassendes Statistikpaket mit einem umfangreichen Versuchsplanungsteil und für SixSigma besonders weit verbreitet.

- Die Bedienung von MINITAB ist einfach und unproblematisch.

- Die meisten der hier behandelten Standardversuchspläne und Auswertungsverfahren werden unterstützt. Nur kleine zusammengesetzte Pläne und Lateinische Quadrate können nicht aufgestellt, sondern nur ausgewertet werden.

- D-optimale Pläne können für quantitative Faktoren und Mischungsfaktoren getrennt aufgestellt und ausgewertet werden. Qualitative Faktoren und quantitative Faktoren kombiniert mit Mischungsfaktoren können jedoch nicht behandelt werden.

- Die gleichzeitige Optimierung mehrerer Zielgrößen mit der Wunschfunktion ist möglich, die Konvergenz des Verfahrens sollte m.E. jedoch noch verbessert werden.

MODDE™

- MODDE ist ein spezielles Versuchsplanungsprogramm. Als solches ist es auf das Aufstellen und Auswerten von Versuchen hin optimiert.

- Die Bedienung des Programms ist einfach und weitgehend selbsterklärend.

- Der Schwerpunkt des Programms liegt auf der Erzeugung und Auswertung D-optimaler Versuchspläne. Nach meiner Einschätzung ist das Programm hier besonders vielseitig und flexibel, insbesondere wenn gleichzeitig quantitative, qualitative und Mischungsfaktoren berücksichtigt werden sollen.

- Die meisten Standardversuchspläne können aufgestellt werden. Bei fraktionellen faktoriellen Plänen wird die Vermengungsstruktur jedoch nur bis zu 2FWW dargestellt. Eine Auswertung mit vermengten Effekten ist mit dem Partial Least Squares Verfahren möglich, die Darstellung der Ergebnisse unterscheidet sich jedoch von der Darstellung in Kapitel 8. Taguchi-Pläne mit „inner und outer array" und Signal-Rausch-Verhältnis können nicht aufgestellt und ausgewertet werden.

- Erwähnenswert sind die guten Möglichkeiten, interaktiv den Einfluss von Ausreißerkandidaten auf das angepasste Modell zu untersuchen.

- Die gleichzeitige Optimierung mehrerer Zielgrößen mit der Wunschfunktion ist möglich, die Konvergenz des Verfahrens sollte m.E. jedoch noch verbessert werden. Vierdimensionale Höhenlinien (quadratische Anordnungen von mehreren Höhenliniendiagrammen) helfen bei der grafischen Optimierung.

STATGRAPHICS®

- STATGRAPHICS ist ein umfassendes Statistikpaket. In der Ausstattungsvariante „STATGRAPHICS Plus Quality and Design" enthält es einen umfangreichen Versuchsplanungsteil. Die Aussagen hier beziehen sich auf diese Variante.

- Die Bedienung von STATGRAPHICS ist einfach und unproblematisch. Die Darstellung der Ergebnisse ist ähnlich zur Darstellung in diesem Buch.

- Die meisten der hier behandelten Versuchspläne und Auswertungsverfahren werden unterstützt. Taguchi-Pläne mit „inner und outer array" können aufgestellt und ausgewertet werden (Signal-Rausch-Verhältnis).

- D-optimale Pläne können für quantitative Faktoren und Mischungsfaktoren aufgestellt und ausgewertet werden. Aber nur in manchen einfachen Fällen können quantitative und qualitative Faktoren in einem gemeinsamen Versuchsplan behandelt werden.

- Die gleichzeitige Optimierung mehrerer Zielgrößen mit der Wunschfunktion ist möglich. Dabei können für verschiedene Zielgrößen unterschiedliche Regressionsmodelle verwendet werden. Die Konvergenz des Verfahrens könnte m.E. jedoch noch verbessert werden.

STATISTICA™

- STATISTICA besteht aus einer Basisversion und mehreren Ergänzungsmodulen. Die Basisversion beinhaltet grundlegende statistische Verfahren (Elementare Statistik, Regression, Varianzanalyse, Nichtparametrische Verfahren) sowie alle grafischen Möglichkeiten. Ein umfassender Versuchsplanungsteil ist im Modul Versuchsplanung enthalten. Die folgenden Aussagen beziehen sich auf die Kombination aus Basisversion + Versuchsplanung, mit der sich die im Taschenbuch dargestellten Verfahren berechnen lassen.

- STATISTICA ist das einzige der hier vorgestellten umfassenden amerikanischen Statistikpakete, von dem es eine aktuelle deutsche Version gibt.

- STATISTICA besitzt eine umfangreiche Versuchsplansammlung. Alle in diesem Buch behandelten Standardpläne (und noch einige mehr) sind enthalten. D-optimale Pläne können jedoch nur für quantitative Faktoren und reine Mischungsfaktoren aufgestellt werden.

- Alle in diesem Buch beschriebenen Auswertungsverfahren (und noch einige mehr) werden unterstützt, auch für qualitative Faktoren. Die Darstellung der Ergebnisse unterscheidet sich etwas von der hier gewählten Darstellungsweise.

- Mit der ausführlichen Online-Hilfe sollte die Einarbeitung kein Problem berei-
ten, auch wenn man einige Zeit benötigt, sich in der Vielzahl der Möglichkeiten
zurechtzufinden.

STAVEX™

- STAVEX steht für „**Sta**tistische **V**ersuchsplanung mit **Ex**pertensystem". Es ist
ein spezielles Versuchsplanungsprogramm und nicht zur Auswertung von Daten aus der laufenden Fertigung geeignet . STAVEX gibt es in zwei Versionen
(mit und ohne Mischungsfaktoren). Die folgenden Aussagen beziehen sich auf
die Vollversion mit Mischungsfaktoren.

- STAVEX ist das einzige der hier vorgestellten speziellen Versuchsplanungsprogramme, von dem es eine deutsche Version gibt.

- Zielgruppe von STAVEX sind Anwender mit wenig Erfahrung in Versuchsplanung, die dann durch ein Expertensystem unterstützt werden. Dem Anwender
werden bestimmte Fragen gestellt und je nach Antwort gibt es nur noch eine
oder wenige Möglichkeiten für das weitere Vorgehen – das Expertensystem
nimmt dem Anwender einen Teil der Entscheidungen ab. Dies kann eine Erleichterung für den Anwender sein oder eine Einschränkung der Möglichkeiten
und Bevormundung, je nach Standpunkt.

- Als gut empfinde ich, dass bei vielen Faktoren zunächst mit Screening-Plänen
die Anzahl der Faktoren reduziert wird und erst mit wenigen Faktoren eine
Optimierung versucht wird.

- STAVEX bietet die meisten der Standardversuchspläne an; gut sind vor allem
auch die Möglichkeiten zur Erzeugung D-optimaler Versuchspläne.

- Als nicht gut empfinde ich jedoch, dass der Anwender ohne Information über
die Größe der Zufallsstreuung in Richtung minimale Versuchspläne mit $n=1$
gedrängt wird. Außerdem wird auf Randomisierung grundsätzlich verzichtet.
Diese Vorgehensweise halte ich für sehr riskant, zumal sie vom „Expertensystem" vorgegeben wird und der Anwender den aufgestellten Plan nicht
direkt verändern kann.

- Die Auswertung der Ergebnisse ist vom Expertensystem fest vorgegeben. Gut
ist, dass die Residuenanalyse automatisch durchgeführt wird, auch die Darstellung der Ergebnisse in Höhenlinien ist gut. Die Optimierung für mehrere
Zielgrößen könnte jedoch noch verbessert werden.

Visual-XSel® 2000 DoE

- XSel ist ein allgemeines Statistikpaket, das in der Version DoE einen großen
Versuchsplanungsteil enthält.

- XSel ist ein deutsches Programm. Die Benutzeroberfläche lehnt sich eng an
Excel® an und Excel-Dateien können direkt gelesen werden (auch wenn für
die Auswertung mit XSel manchmal noch kleinere Anpassungen nötig sind).

- Bei der Versuchsplanung liegt der Schwerpunkt auf D-optimalen Plänen, Standardpläne gibt es nur eingeschränkt. Mischungen werden nicht behandelt.

- Bei der Auswertung wird die mehrfache (quasi-)lineare Regression verwendet. Es gibt attraktive grafische Darstellungen von Effekten, Wirkungsflächen und Höhenlinien. Allerdings fehlen die als Diagnosehilfe m.E. nützlichsten Residuendarstellungen. Die Optimierung für mehrere Zielgrößen mit der Wunschfunktion wird nicht unterstützt.

- Für Standardsituationen gibt es fertige Auswertedateivorlagen, bei denen die Berechnungsverfahren als Flussdiagramme vorliegen. XSel verwendet diese als Makrosprache. Die Verfahren können dadurch in ihrem Ablauf eingesehen und von erfahrenen Anwendern auch verändert und erweitert werden.

- Der Anwender hat Zugriff auf diverse Hilfstabellen der Auswertungen – im Prinzip kann man damit weitere Auswertungen durchführen. Allerdings leidet durch die Fülle der Tabellenseiten die Übersichtlichkeit und der normale Anwender wird diese Informationen nicht nutzen.

- Insgesamt besitzt XSel eine sehr offene Struktur. Der Anwender kann an vielen Stellen eingreifen und damit bei unbedachter Vorgehensweise leider auch irreführende Ergebnisse erzeugen. Die Bedingungen für die Anwendbarkeit z.B. der Auswertedateivorlagen sind nicht immer deutlich genug.

- Als einziges der hier beschriebenen Programme enthält XSel auch Auswertedateivorlagen für Verfahren nach D. Shainin.

19 Beispiele

Versuchsplanung lebt von der Anwendung. Dazu empfehle ich, mit einem einfachen, überschaubaren Beispiel aus Ihrem Aufgabengebiet mit zwei bis drei Faktoren zu beginnen. Wichtig ist, dass das Ziel und dafür geeignete, messbare Zielgrößen klar sind. Oder Sie beginnen mit systematischer Beobachtung.

Falls Sie noch etwas Ermutigung brauchen, bevor Sie sich an einen echten Fertigungsprozess oder ein echtes Produkt heranwagen, helfen vielleicht Literaturbeispiele aus Ihrem Arbeitsgebiet und einfache, risikolose Übungsbeispiele.

19.1 Literaturbeispiele

Weltweit gibt es mehrere tausend Veröffentlichungen mit Anwendungen der Versuchsplanung, vor allem in Fachzeitschriften und als Konferenzbeiträge (meist auf englisch). Es ist unmöglich, hier einen angemessenen Überblick über diese Vielfalt zu geben, zumal jeder Leser natürlich vor allem an Anwendungsbeispielen aus seinem Arbeitsgebiet interessiert ist. Daher wird eine Literatursuche in Datenbanken empfohlen.

Eine gute Möglichkeit zu einer solchen Suche bietet STN, das wissenschaftliche und technische Informationsnetzwerk von CAS (Chemical Abstracts Service) in Nordamerika, FIZ Karlsruhe (Fachinformationszentrum) in Europa und JST in Japan (http://stneasy.FIZ-Karlsruhe.de).

Die "Einfache Suche" in sechs Standarddatenbanken nach dem Begriff "design of experiment" liefert über 4000 Suchergebnisse (davon ca. 2/3 in der Datenbank INSPEC). Die Mehrzahl dieser Suchergebnisse beziehen sich tatsächlich auf Versuchsplanung, und davon sind die Mehrzahl wiederum Anwendungsbeispiele aus den verschiedensten Gebieten (Achtung, die Anführungszeichen sind wichtig, da sonst nach den Einzelbegriffen gesucht wird, mit über 50000 zum größten Teil irrelevanten Suchergebnissen).

Es wird empfohlen, im Anschluss an diese Grobsuche die Suche mit zusätzlichen Begriffen zu verfeinern. Dazu kann man ergänzend nach bestimmten Versuchsplantypen bzw. Auswertungsverfahren suchen (z.B. factorial, screening, response surface, central composite, Taguchi, simplex) und/oder nach Anwendungsgebieten (z.B. electronic, lithography, etch, laser, alloy, chemical). Je nach den verwendeten Zusatzbegriffen reduziert sich die Anzahl der Suchergebnisse damit deutlich. Dabei sollte man mit verschiedenen Begriffskombinationen experimentieren, um eine überschaubare Anzahl relevanter Zitate zu erhalten.

Insgesamt gibt es sehr viele veröffentlichte Anwendungsbeispiele zu den klassischen Verfahren und zu Taguchi, während zu den Ideen von Shainin nur wenige Beispiele veröffentlicht wurden. Dies ist jedoch keine Aussage über die Nützlichkeit der Verfahren. Shainin schränkt die Veröffentlichung bewusst ein. Daher wird bezüglich Shainin auf die in Kapitel 4 zitierten Bücher verwiesen.

19.2 Übungsbeispiele

Für den Papier-Rotor in Absatz 19.2.1 benötigen Sie nur Papier, Stift, Lineal, Schere und Stoppuhr. Die Versuchsdurchführung ist einfach. Allerdings ist die Zufallsstreuung erfahrungsgemäß groß im Vergleich zu den Effekten. Daher sind viele Realisierungen erforderlich, um signifikante Effekte zu finden.

Für den Trichter in Absatz 19.2.2 sind mehr Vorbereitungen erforderlich. Die Effekte sind dann aber größer und physikalisch leichter zu interpretieren als beim Rotor.

100 weitere Ideen/Vorschläge von William Hunter finden Sie unter http://www.stat.wisc.edu:80/department/handouts/technical413/technical413.html

Spezielle Übungsbeispiele für Chemiker beschreibt [1].

19.2.1 Papier-Rotor

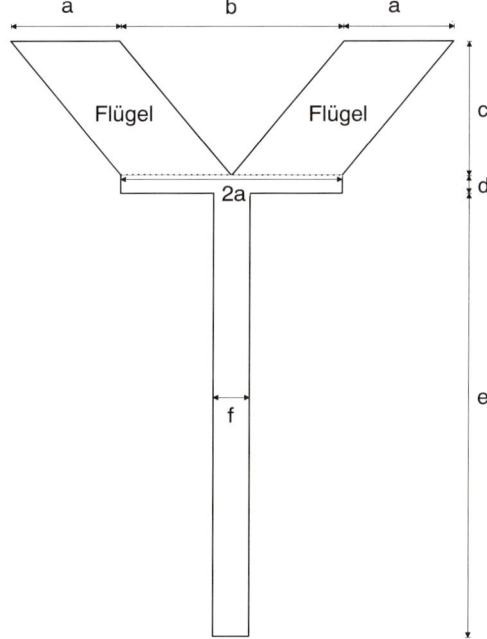

Bild 19-1
Aus einem DIN A4-Blatt ausgeschnittener Papier-Rotor [2]

Dieses Beispiel kann als Modell für eine Produktoptimierung betrachtet werden: Aus einem DIN A4-Blatt Papier soll ein Rotor gemäß Bild 19-1 ausgeschnitten werden. Wird einer der Flügel entlang der punktierten Linie um 90° nach vorne, der andere um 90° nach hinten geknickt, so beginnt sich dieser Rotor zu drehen, wenn man ihn fallen lässt. Bei günstiger Wahl der Dimensionen kann man erreichen, dass er stabil rotiert und dabei nur langsam zu Boden sinkt (je nach verwendetem Papier kann es erforderlich sein, den Rotor am unteren Ende z.B. mit einer Büroklammer zu beschweren).

Aufgabe ist es, die Dimensionen a, b, c, d, e und f so zu wählen, dass die Zeit maximiert wird, die der Rotor benötigt, um aus einer vorgegebenen Höhe zu Boden zu sinken (=Zielgröße). Als weitere Zielgrößen sind z.B. die Absturzneigung (wie auch immer zu messen) oder die Rotationsfrequenz denkbar. Als Randbedingung sei vorgegeben, dass das DIN A4-Blatt vollständig genutzt wird, d.h.

$$2a + b = 21{,}0 \text{ cm} = \text{Breite} \tag{19.1}$$

$$c + d + e = 29{,}7 \text{ cm} = \text{Länge} \tag{19.2}$$

Damit erhält man vier Konstruktionsparameter, die frei wählbar sind. Die anderen beiden ergeben sich aus den Randbedingungen (19.1) und (19.2). Im Prinzip ist es gleichgültig, welche vier Parameter als Faktoren gewählt werden. Um ein möglichst einfaches und technisch interpretierbares Modell zu erhalten, sollte man gemäß Absatz 3.3.2 überlegen, welche Faktoren einen direkten Zusammenhang zur Zielgröße „Sinkzeit" haben. Dabei kann man z.B. folgende Überlegungen anstellen:

- Die Fläche der Flügel beträgt $F = 2\,a\,c$. Sie behindert das Sinken.

- Das Gewicht des Rotors hängt von der Gesamtfläche $2a(c+d)+ef$ und ggf. dem Gewicht der Büroklammer ab. Das Gewicht zieht einerseits den Rotor nach unten, andererseits bewirkt es aber auch das Drehmoment, das die Rotation in Gang setzt.

- Zumindest bei großer Fallhöhe wird die Rotation durch den Luftwiderstand behindert; dieser ist um so größer, je größer a, d, e und f sind.

- Wenn d zu klein ist, wird der Rotor instabil und knickt, vor allem wenn die Flügelfläche groß ist.

- Wenn der Schwerpunkt des Rotors zu hoch liegt, trudelt er (hier hilft ggf. die Büroklammer).

Aufgrund dieser Überlegungen wird klar, dass das Flugverhalten nicht analytisch berechnet werden kann. Es muss empirisch bestimmt werden.

Als unabhängige Faktoren kommen z.B. die Längen a, c, d und f in Frage. Man könnte jedoch auch F, a, d und f oder andere Kombinationen verwenden. Da e vermutlich weniger direkten Einfluss auf die Eigenschaften des Rotors hat, dürfte e weniger gut als unabhängiger Faktor geeignet sein als c und d (wegen der Bedingung (19.2) sind nur zwei der drei Faktoren unabhängig).

Es ist durchaus typisch, dass nicht klar ist, welche Faktoren am besten geeignet sind. Trotzdem wird empfohlen, solche Überlegungen anzustellen, um offensichtlich ungeeignete Faktoren (wie e) zu vermeiden. Welche der sinnvollen Faktoren letztlich verwendet werden, ist nicht entscheidend, wenn mit dem Versuchsplan auch Wechselwirkungen bestimmt werden können.

Da die Effekte von vier Faktoren und ihren Wechselwirkungen untersucht werden sollen, bietet sich ein vollständiger faktorieller 2^4-Plan an. Der Versuchsplan enthält 16 Faktorstufenkombinationen. Jede Faktorstufenkombination ist ein anderer Rotor.

Aufgrund der großen Zufallsstreuung muss jede dieser Kombinationen mehrmals realisiert werden. Was bedeutet hier mehrmalige Realisierung? Genügt es, denselben Rotor mehrmals fallen zu lassen und jeweils die Zeit zu messen? Oder muss für jede Realisierung ein neuer Rotor ausgeschnitten und gefaltet werden, der dann jeweils nur einmal fällt?

Statistisch ideal wäre natürlich, für jede Realisierung einen neuen Rotor auszuschneiden. Die zufälligen Unterschiede zwischen den Sinkzeiten von nominell identischen Rotoren beinhalten dann u.a.:

- zufällige Unterschiede im Material (Papier)
- zufällige Unterschiede in der ausgeschnittenen Form und Größe
- zufällige Unterschiede in der Faltung
- zufällige Unterschiede in Höhe und Haltung beim Loslassen des Rotors
- zufällige Unterschiede in der Luftströmung
- zufällige Unterschiede in der Zeitmessung (Stoppuhr).

Ein einfacher Test zeigt, dass bei entsprechender Sorgfalt die Unterschiede zwischen mehreren nominell identischen Rotoren wesentlich kleiner sind als die Unterschiede zwischen Einzelversuchen mit demselben Rotor. Daher genügt es in diesem Fall, 16 Rotoren nach dem Versuchsplan auszuschneiden und zu falten. Diese kann man z.B. mit der systematischen Nummer durchnummerieren und dann in den Einzelversuchen immer wieder verwenden.

Dadurch wird der Versuchsaufwand wesentlich reduziert. Man muss sich jedoch im Klaren sein, dass die Zufallsstreuung damit evtl. etwas unterschätzt wird, da die ersten drei Streuungsursachen nicht erfasst werden.

Die Einzelversuche können jedoch ohne großen Aufwand in randomisierten Blöcken durchgeführt werden:

- Zunächst lässt man jeden der 16 Rotoren einmal in zufälliger (aber festgelegter) Reihenfolge fallen
- anschließend wieder jeden einmal in einer anderen zufälligen Reihenfolge, usw.

Ändert sich z.B. aufgrund zunehmender Übung die Reaktionszeit, so kann diese Änderung als Unterschied zwischen den Blöcken erkannt und herausgerechnet werden.

Diese Hinweise sollten als Einstieg genügen. Es bleibt dem Leser nun überlassen, die Faktoren festzulegen, konkrete Stufenwerte für die Faktoren festzulegen, den Versuchsplan aufzustellen, die Einzelversuche durchzuführen und auszuwerten und Maßnahmen abzuleiten.

Erweiterungen über die beschriebene Aufgabenstellung hinaus sind natürlich jederzeit möglich. So sind z.B. weitere Faktoren denkbar, deren Einfluss auf die Sinkzeit des Rotors untersucht werden kann, wie z.B.

- Form der Flügel
- Abschrägungen an der Versteifung
- Papierart

- unterschiedliche Gewichte (z.B. Büroklammer, Heftklammern).

Nichtlinearitäten können mit zentral zusammengesetzten Versuchsplänen untersucht werden. Die Standardabweichung der Sinkzeit kann man als weitere Zielgröße behandeln (oder das Signal-Rausch-Verhältnis). Sie ist ein Maß für die Anfälligkeit des Rotors gegenüber Störungen.

19.2.2 Nürnberger Trichter

Dieses Beispiel (nach [3]) kann als Modell für eine Prozessoptimierung betrachtet werden: Eine Kugel rollt durch ein schräg stehendes Rohr in einen Trichter. Dort kreist sie zunächst. Allmählich verliert sie Energie und fällt schließlich aus dem Trichter heraus. Die Verweildauer der Kugel im Trichter (=Zielgröße) wird mit einer Stoppuhr gemessen. Sie soll maximiert werden.

Bild 19-2 zeigt die Anordnung schematisch. Für die Durchführung wird empfohlen, einen Stand zu bauen, an dem Rohr und Trichter befestigt werden. Je starrer die Anordnung ist, desto größer ist die Verweildauer der Kugel. Je mehr die Struktur zu Schwingungen neigt, desto überraschendere Effekte treten auf.

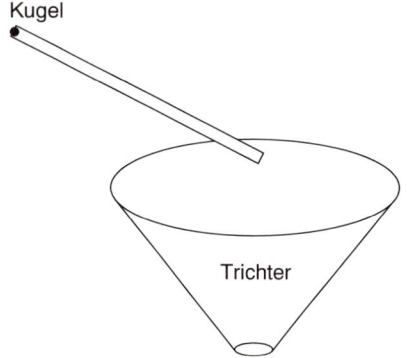

Kugel

Trichter

Bild 19-2
Eine Kugel rollt durch ein Rohr in den Trichter und kreist dann im Trichter. Die Verweildauer der Kugel im Trichter soll maximiert werden.

Viele Einflussgrößen können die Verweildauer beeinflussen, wie z.B.
- die Lage des unteren Rohrendes relativ zum Trichter
- die Steigung, die Länge und das Material des Rohrs
- der Winkel des Rohrs tangential zum Trichter
- die Größe und das Material der Kugel
- die Form, die Größe und das Material des Trichters.

Für den Anfang wird empfohlen, nur einige dieser Größen als Faktoren auszuwählen, z.B. den Abstand des Rohrendes vom oberen Trichterrand, die Steigung des Rohrs, sowie die Größe der Kugel.

Man erwartet eine große Verweildauer, wenn die Kugel schnell kreist und möglichst nahe am oberen Rand des Trichters beginnt. Dann ist aber auch das Risiko am größten, dass die Kugel oben wieder herausgeschleudert wird. Hier sollte bei der Optimierung auch die „Prozesssicherheit" berücksichtigt werden.

Die Zielsetzung kann weiter verfeinert werden, indem man verschiedene Kugel-größen mit unterschiedlichen Kosten belegt (je größer, desto teurer). Wird jeder Sekunde Verweildauer eine Einnahme zugeordnet, kann man den Nettogewinn maximieren.

Eine weitere Möglichkeit besteht darin, Kugeln aus unterschiedlichem Material zu verwenden und als Ziel festzulegen, dass der relative Unterschied in der Verweil-dauer der Kugeln möglichst klein sein soll. Diese Vorgehensweise simuliert die Entwicklung eines robusten Prozesses, dessen Ergebnis nur wenig vom verwen-deten Ausgangsmaterial abhängt.

Je nach Zielsetzung sind unterschiedliche Faktorstufenkombinationen optimal. Dieses Beispiel unterstreicht damit auch, wie wichtig es ist, dass man sich zu-nächst über die Zielsetzung einig ist. In derselben Situation sind oft unterschied-liche Zielsetzungen möglich.

Literatur

[1] Kopas, D.A./McAllister, P.R.: „Process Improvement Exercises for the Chemi-cal Industry" in: The American Statistician <u>46</u> (1992), 34−41

[2] Fowlkes, W.Y./Creveling, C.M.: Engineering Methods for Robust Product De-sign. Addison-Wesley, Reading 1995

[3] Gunter, B.: „Through a Funnel Slowly with Ball Bearing and Insight to Teach Experimental Design" in: The American Statistician <u>47</u> (1993), 265−269

Anhang A – Abkürzungen und Formelzeichen

2FWW	Zwei-Faktor-Wechselwirkung
3FWW	Drei-Faktor-Wechselwirkung
b	Regressionskoeffizient (Schätzwert aus Stichprobe, Daten)
β	Regressionskoeffizient (wahrer Wert)
B	Bestimmtheitsmaß, Anteil der S.d.q.A., der durch Regression erklärt wird, vgl. (10.13)
$\bar{d}$	Differenz zweier Mittelwerte (aus Stichproben = Effekt)
$\Delta\mu$	technologisch relevanter Unterschied zweier Mittelwerte (Effekt)
EVOP	Evolutionary Operations
f	Freiheitsgrad
FF	fraktioneller faktorieller (Versuchsplan)
IC	Integrated Circuit (integrierte Schaltung)
m	Anzahl der Faktorstufenkombinationen eines Versuchsplans
μ	Mittelwert der Verteilung (wahrer Wert)
n	Stichprobenumfang (Anzahl der Realisierungen einer bestimmten Faktorstufenkombination)
N	Versuchsumfang (Gesamtzahl der Einzelversuche)
p	Anteil fehlerhafter Einheiten
PB	Plackett-Burman (Versuchsplan)
PC	Personal Computer
Q	Hilfsgrößen bei Regression, vgl. (10.8) – (10.12)
r	Korrelationskoeffizient, vgl. (10.15)
s	Stichprobenstandardabweichung (Stichprobenergebnis, Varianz s^2)
σ	Standardabweichung der Verteilung (wahrer Wert, Varianz σ^2)
$s_{\bar{d}}$	Standardabweichung für Differenz zweier Mittelwerte (z.B. Effekt)
s_R	Standardabweichung der Reststreuung (um Regressionsmodell)
$s_{\bar{y}}$	Standardabweichung des Mittelwerts $\bar{y}$
S.d.q.A.	Summe der quadrierten Abweichungen (vgl. Q)
S/N	Signal-to-noise-ratio, Signal-Rausch-Verhältnis, vgl. (9.1)
t	t-Wert (aus Tabelle 6.4, abhängig von Freiheitsgrad f)
x	Wert einer Faktorstufe oder Einflussgröße (unabhängige Variable)
$\bar{x}$	Mittelwert der x-Werte (Stichprobenmittelwert)
y	Wert einer Zielgröße, Versuchsergebnis (abhängige Variable)
$\bar{y}$	Mittelwert der y-Werte (Stichprobenmittelwert)
$\hat{y}$	Schätzwert für y (mit einem an Daten angepassten Modell berechnet)

Anhang B – Statistische Tabellen

Tabelle 6.4   t-Werte zur Berechnung zweiseitiger Vertrauensbereiche

Freiheits-grad f	t für Vertrauensniveau		
	95 %	99 %	99,9 %
1	12,71	63,66	636,62
2	4,303	9,925	31,60
3	3,182	5,841	12,92
4	2,776	4,604	8,610
5	2,571	4,032	6,869
6	2,447	3,707	5,959
7	2,365	3,499	5,408
8	2,306	3,355	5,041
9	2,262	3,250	4,781
10	2,228	3,169	4,587
12	2,179	3,055	4,318
15	2,131	2,947	4,073
20	2,086	2,845	3,850
30	2,042	2,750	3,646
40	2,021	2,704	3,551
50	2,009	2,678	3,496
70	1,994	2,648	3,435
100	1,984	2,626	3,390
1000	1,962	2,581	3,300
∞	1,960	2,576	3,291

Tabelle 12.2
Kritische Werte
$F_{f_1;\,f_2;\,0,95}$

f_2 \ f_1	1	2	3	4	5	10	20	50	∞
1	161	199	216	225	230	242	248	252	254
2	18,5	19,0	19,2	19,2	19,3	19,4	19,4	19,5	19,5
3	10,1	9,55	9,28	9,12	9,01	8,79	8,66	8,58	8,53
4	7,71	6,94	6,59	6,39	6,26	5,96	5,80	5,70	5,63
5	6,61	5,79	5,41	5,19	5,05	4,74	4,56	4,44	4,37
6	5,99	5,14	4,76	4,53	4,39	4,06	3,87	3,75	3,67
8	5,32	4,46	4,07	3,84	3,69	3,35	3,15	3,02	2,93
10	4,96	4,10	3,71	3,48	3,33	2,98	2,77	2,64	2,54
20	4,35	3,49	3,10	2,87	2,71	2,35	2,12	1,97	1,84
50	4,03	3,18	2,79	2,56	2,40	2,03	1,78	1,60	1,44
∞	3,84	3,00	2,60	2,37	2,21	1,83	1,57	1,35	1,00

Tabelle 12.3
Kritische Werte
$F_{f_1;\,f_2;\,0,99}$

f_2 \ f_1	1	2	3	4	5	10	20	50	∞
1	4052	4999	5404	5624	5764	6056	6209	6302	6366
2	98,5	99,0	99,2	99,3	99,3	99,4	99,4	99,5	99,5
3	34,1	30,8	29,5	28,7	28,2	27,2	26,7	26,4	26,1
4	21,2	18,0	16,7	16,0	15,5	14,5	14,0	13,7	13,5
5	16,3	13,3	12,1	11,4	11,0	10,1	9,55	9,24	9,02
6	13,7	10,9	9,78	9,15	8,75	7,87	7,40	7,09	6,88
8	11,3	8,65	7,59	7,01	6,63	5,81	5,36	5,07	4,86
10	10,0	7,56	6,55	5,99	5,64	4,85	4,41	4,12	3,91
20	8,10	5,85	4,94	4,43	4,10	3,37	2,94	2,64	2,42
50	7,17	5,06	4,20	3,72	3,41	2,70	2,27	1,95	1,68
∞	6,63	4,61	3,78	3,32	3,02	2,32	1,88	1,52	1,00

Tabelle 12.4
Kritische Werte
$F_{f_1;\,f_2;\,0,999}$

f_2 \ f_1	1	2	3	4	5	10	20	50	∞
1	4×10^5	5×10^5	5×10^5	6×10^5	6×10^5	6×10^5	6×10^5	6×10^5	6×10^5
2	998	999	999	999	999	999	999	999	999
3	167	148	141	137	135	129	126	125	123
4	74,1	61,2	56,2	53,4	51,7	48,1	46,1	44,9	44,0
5	47,2	37,1	33,2	31,1	29,8	26,9	25,4	24,4	23,8
6	35,5	27,0	23,7	21,9	20,8	18,4	17,1	16,3	15,7
8	25,4	18,5	15,8	14,4	13,5	11,5	10,5	9,80	9,33
10	21,0	14,9	12,6	11,3	10,5	8,75	7,80	7,19	6,76
20	14,8	9,95	8,10	7,10	6,46	5,08	4,29	3,77	3,38
50	12,2	7,96	6,34	5,46	4,90	3,67	2,95	2,44	2,03
∞	10,8	6,91	5,42	4,62	4,10	2,96	2,27	1,73	1,00

Anhang C – Wegweiser durch die Verfahren

Produkt- und Prozessverbesserung ist meist ein mehrstufiger Ablauf. Das folgende Flussdiagramm gibt einen Überblick über den Gesamtablauf und soll bei der Auswahl des jeweils am besten geeigneten Verfahrens helfen. Der Ablauf gliedert sich grob in drei Stufen:

1. Auswahl der Faktoren für den aktiven Versuch durch systematische Beobachtung und Expertenwissen

2. Auswahl der wichtigsten Faktoren aus einer größeren Anzahl (falls erforderlich)

3. Optimierung

Bei den Stufen 2 und 3 hängt das geeignete Verfahren davon ab, ob die Zufallsstreuung vernachlässigbar ist oder nicht.

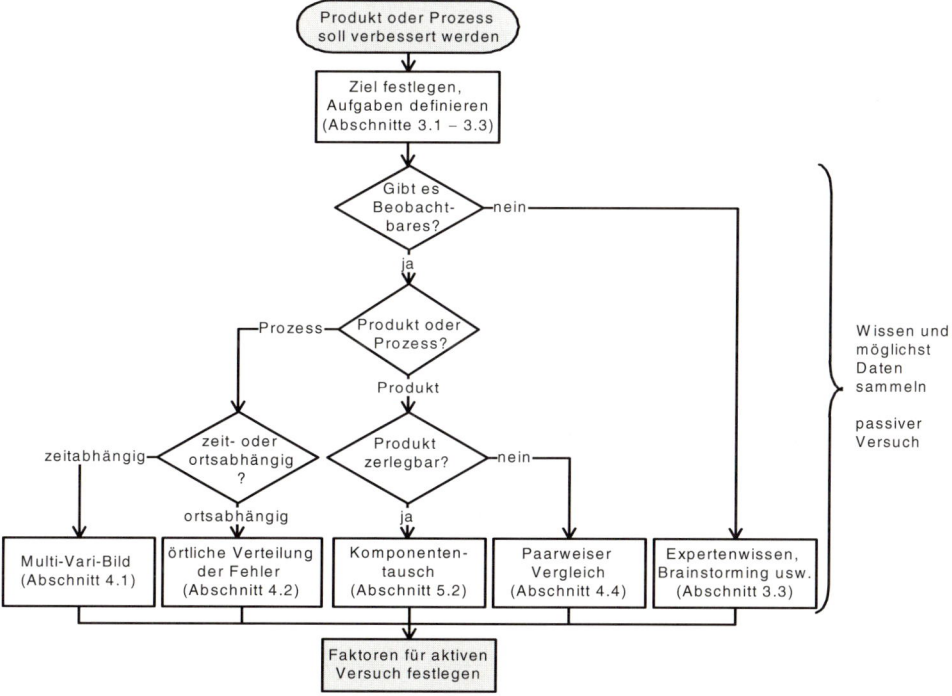

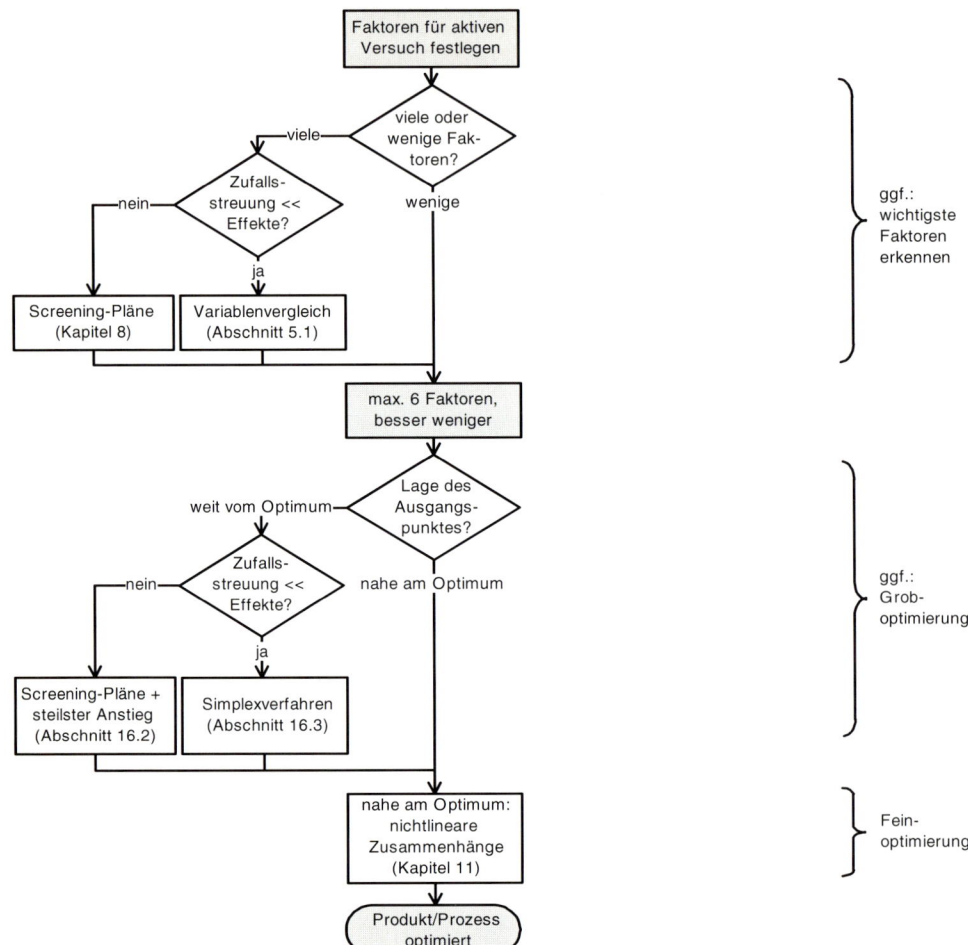

Anhang D – CD-ROM mit Software/Beispielen

Um den Einstieg in Versuchsplanung mit Softwareunterstützung zu erleichtern, enthält die beiliegende CD-ROM die Daten der Beispiele im Dateiformat verschiedener Programme, sowie Demos für einen Teil der in Kapitel 18 besprochenen Programme (zeitlich limitierte Vollversionen oder in ihrer Funktionalität leicht eingeschränkte Testversionen).

Ich möchte darauf hinweisen, dass die Aufnahme eines Programms in die CD-ROM keine besondere Empfehlung darstellt. Allen in Abschnitt 18.2 besprochenen Programmen wurde die Aufnahme angeboten. Es war dann die Entscheidung des Herstellers, ob er dieses Angebot angenommen hat.

Die CD-ROM enthält folgende Dateien bzw. Verzeichnisse (Ordner):

Informationen.html

= html-Datei mit der Inhaltsangabe der CD-ROM und Links zu Informationen der Hersteller über ihre Programme

Besteht eine Verbindung zum Internet, so gelangt man mit einem Mausklick direkt zu diesen Informationen. Bei vielen Programmen gibt es Downloads von zeitlich limitierten Vollversionen oder leicht eingeschränkten Testversionen, für fast alle Programme können solche Versionen kostenlos bestellt werden.

Buchbeispiele

= Ordner mit den Daten der Beispiele und Aufgaben in diesem Buch

Für jedes Programm gibt es einen Unterordner mit dem Programmnamen, der die Daten **typischer** Beispiele enthält. Zusätzlich gibt es die Unterordner „ASCII" und „EXCEL", die die Daten **aller** Aufgaben und Beispiele als ASCII-Datei bzw. als EXCEL 4.0-Tabelle enthalten. Diese Form ermöglicht es

- mit denselben Daten die Auswertung und Darstellung der Ergebnisse durch verschiedene Programme direkt zu vergleichen

- den Import weiterer Daten in diese Programme zu vergleichen – aus EXCEL am leichtesten über die Zwischenablage, manche Programme haben Importfilter für EXCEL- und/oder ASCII-Dateien (bei manchen Programmen muss die Ländereinstellung auf „Englisch" umgestellt werden, um eine fehlerfreie Übernahme zu erreichen)

- die Daten auch in andere, hier nicht besprochene Statistikprogramme zu importieren.

Das ASCII- und das alte EXCEL-Format wurden gewählt, damit die Daten möglichst von allen anderen Programmen gelesen werden können. Die Dateinamen haben folgende Bedeutung: Beispiel3_5.xls enthält die Daten für das Beispiel aus der chemischen Industrie in Abschnitt 3.5 im EXCEL-Format (Endungen je nach Programm).

Programme

Ein Ordner mit Testversionen der Programme, deren Hersteller das o.a. Angebot angenommen haben. Für jedes Programm gibt es einen eigenen Unterordner. Die weitere Organisation auf der CD-ROM ist vom jeweiligen Hersteller vorgegeben.

Allgemeine Installationshinweise

- Die Software auf der CD-ROM stellt den Stand vom Januar 2003 dar. Da Software sich schnell weiterentwickelt, wird es schon bald neuere Versionen geben. Infos dazu erhalten Sie direkt vom Hersteller (Informationen.html und Anhang E).

- Weder der Carl Hanser Verlag noch der Autor übernehmen irgendwelche Haftung für die Software und die übrigen Inhalte der CD-ROM.

- Alle Programme sind Windows-Programme und sind wie vom jeweiligen Hersteller beschrieben zu installieren. Insbesondere sollten während der Installation keine anderen Programme laufen.

Folgende Liste enthält die Programme in alphabetischer Reihenfolge, zusammen mit individuellen Installationshinweisen.

ECHIP™

Die CD-ROM enthält eine Demoversion von ECHIP 7.0, mit der vorhandene Auswertungen (wie die Beispiele auf der CD-ROM) dargestellt werden können. Allerdings können die Modelle nicht verändert und auch keine neuen Daten ausgewertet werden. DemoSetup7.exe führt durch die Installation, die pdf-Datei enthält eine Einführung.

FUSION™

Die CD-ROM enthält eine Vollversion von D.o.E. FUSION Pro 7.3.20, die auf 45 Tage Laufzeit ab Erstinstallation limitiert ist. Setup.exe führt durch die Installation.

JMP®

Die CD-ROM enthält eine Demoversion von JMP 5.0, die nur mit vorgegebenen Daten arbeitet und Ergebnisse nicht abspeichern lässt (ansonsten voller Funktionsumfang). JMP5Demo.exe ist selbstentpackend. Setup.exe führt dann durch die Installation.

MINITAB™

Die CD-ROM enthält eine Vollversion von MINITAB 13, die auf 30 Tage ab Erstinstallation limitiert ist. MTB13DEMO.exe führt durch die Installation und meet_minitab_13.exe enthält eine Einführung (als pdf-Datei).

MODDE®

Die CD-ROM enthält eine Demoversion von MODDE 6.0, die Ergebnisse nicht ausdrucken und abspeichern lässt (ansonsten voller Funktionsumfang). Sie ist für

30 Tage ab Erstinstallation lauffähig. Setup.exe im Unterordner Modde 6.0 Demo >Disk1 führt durch die Installation.

STATGRAPHICS®

Die CD-ROM enthält eine Demoversion von STATGRAPHICS 5.1, die Ergebnisse nicht ausdrucken und abspeichern lässt (ansonsten voller Funktionsumfang). Die .exe-Datei ist selbstentpackend. Nach dem Entpacken führt Setup.exe durch die Installation. Die html-Datei enthält weitere Hinweise.

STATISTICA™

Die CD-ROM enthält eine Demoversion von STATISTICA 6.1 mit den Modulen Elementare Statistik, Regression und Versuchsplanung (erreichbar über das Untermenü Industrielle Statistiken). Daten und Ergebnisse lassen sich nicht importieren, drucken und speichern, ansonsten sind alle Funktionen verfügbar. Nach Aufruf der Datei Setup.exe oder Autorun.exe wird man durch die Installation geführt. Das elektronische Hilfesystem wird mit installiert und enthält umfassende Beschreibungen aller Module mit Beispielen.

STAVEX™

Die CD-ROM enthält eine Demoversion von STAVEX 4.3, die Ergebnisse nicht abspeichern lässt und bei Ausdrucken das Wort „Demo" hinzufügt (ansonsten voller Funktionsumfang). Die Datei Setup.exe führt durch die Installation.

Xsel® 2000 DOE

Die CD-ROM enthält eine Demoversion von Xsel 6.5H, die bis zu ihrer Registrierung in der Funktionalität leicht eingeschränkt ist. XSel2000.exe führt durch die Installation, die beiden pdf-Dateien enthalten Handbücher.

Anhang E – Software/Demos im Internet

Die Inhalte dieses Anhangs finden Sie auch in Informationen.html auf der CD-ROM, um Ihnen den Zugang zu den Adressen zu erleichtern (Internetverbindung aufbauen, den Dateinamen anklicken und anschließend im Browser die Adressen einfach anklicken).

Cornerstone™

Informationen zu Cornerstone erhalten Sie unter
http://www.brooks-pri.com/pages/254_cornerstone.cfm.
Brooks-PRI hat zwei Niederlassungen im deutschsprachigen Raum:
http://www.brooks-pri.com/pages/46_global_offices.cfm.

Design-Expert®

Informationen zu Design-Expert erhalten Sie unter http://www.statease.com/. Von dort können Sie direkt eine Vollversion des Programms für einen kostenlosen 30-Tage-Test herunterladen.
Distributor in Deutschland: http://www.statcon.de/statconshop.de/.

ECHIP™

Informationen zu ECHIP erhalten Sie unter http://www.echip.com/. Von dort können Sie auch die neueste Demoversion herunterladen (vgl. beiliegende CD-ROM). Mir sind keine Distributoren bekannt.

FUSION™

Informationen zu D.o.E. FUSION erhalten Sie unter http://www.smatrix.com/. Von dort können Sie auch die neueste Demoversion herunterladen (vgl. beiliegende CD-ROM). Mir sind keine Distributoren bekannt.

JMP®

Informationen zu JMP erhalten Sie unter http://www.jmp.com/. Von dort können Sie auch die neueste Demoversion herunterladen (vgl. beiliegende CD-ROM).
JMP ist ein Programm von SAS, das Niederlassungen in Deutschland, Österreich und der Schweiz hat: http://www.sas.com/offices/europe/.
Distributor in Deutschland: http://www.statcon.de/statconshop.de/.

MINITAB™

Informationen zu MINITAB erhalten Sie unter http://www.minitab.com/. Von dort können Sie auch die neueste Vollversion des Programms für einen kostenlosen 30-Tage-Test herunterladen (vgl. beiliegende CD-ROM).
Distributor im Deutschland ist die ADDITIVE GmbH: http://www.minitab.de (mit Informationen auf deutsch).

MODDE®

Informationen zu MODDE erhalten Sie unter http://www.umetrics.com/ (Hersteller, auf englisch) und unter http://www.umesoft.de/ (Vertriebspartner, auf deutsch). Unter http://www.umetrics.com/download.asp können Sie die neueste Demoversion herunterladen (vgl. beiliegende CD-ROM).

STATGRAPHICS®

Unter http://www.statgraphics.com/ erhalten Sie Informationen zu STATGRA-PHICS (auf englisch). Von dort können Sie als Demo direkt eine Vollversion des Programms für einen kostenlosen 30-Tage-Test oder wahlweise eine unbefristete Version mit eingeschränkter Funktionalität herunterladen (vgl. beiliegende CD-ROM). Distributoren in Deutschland, von denen Sie z.T. auch Informationen auf deutsch erhalten können: http://www.dpc.de und http://www.umex.de.

STATISTICA™

Unter http://www.statsoft.de/ (deutsche Niederlassung) erhalten Sie Informationen zu STATISTICA auf deutsch und unter http://www.statsoft.com/ (Hersteller) auf englisch. Bezüglich einer Demo wird auf die beiliegende CD-ROM verwiesen, da die Downloads den Versuchsplanungsteil nicht enthalten.

STAVEX™

Unter http://www.aicos.com/Qualeng/Stavex.html erhalten Sie Informationen zu STAVEX. Von dort können Sie auch eine Testinstallation des Programms für einen kostenlosen 30-Tage-Test anfordern (vgl. beiliegende CD-ROM).

Aktuelle Informationen und Links

Die angegebenen Links wurden im Januar 2003 überprüft. Erfahrungsgemäß ändern sich Internetadressen gelegentlich, die zugehörigen Links laufen dann ins Leere. Folgende Links sollen Ihnen dann weiterhelfen:

Beim Hanser Verlag: http://www.hanser.de/buch/2003/3-446-22319-3.htm

Bei der FH Aalen: http://www.fbe.fh-aalen.de/kleppmann/versuchsplanung

Unter meiner Adresse bei der FH Aalen finden Sie laufend aktualisierte Links zu den Herstellern der hier besprochenen Programme und zu allen anderen mir bekannten Windows®-Programmen zur Versuchsplanung. Falls Links nicht funktionieren sollten oder falls Sie Änderungs- und Ergänzungswünsche haben, informieren Sie mich bitte per email:

wilhelm.kleppmann@fh-aalen.de

Index

Brüder« in den gleichen Lagern. Die Barrow Point People zogen großräumig durch die ländlichen Gebiete. Sie hatten gemeinsame Lager und unterhielten Beziehungen zu Menschen aus weit verstreuten und häufig entfernten Clans. Obgleich sich die Einzelheiten in der Familien-Terminologie von Sprache zu Sprache unterschieden, erkannten die Aborigines aus diesem Teil von Queensland ihre Stammesgenossen anhand eines überwiegend gemeinsamen Kategoriensystems. Darin war das soziale Umfeld in zwei Hälften, sogenannte Moieties, geteilt: in die Angehörigen der väterlichen und in die der mütterlichen Linie. Für einen Mann bedeutete das zum Beispiel, daß er seine Identität – unter anderem Sprache, Clanzugehörigkeit, heilige Tiere, Ahnenland und Geschichten – von seinem Vater übernahm. Seine Ehepartnerin aber suchte er in der mütterlichen Linie, also auf der anderen Seite. Eine adäquate Partnerin war für ihn das Kind einer Person, die in dieselbe Kategorie fiel wie ein Bruder der Mutter – etwa ein entfernter Onkel aus der anderen Moiety. Die Terminologie wies solche Onkel und ihre Frauen dementsprechend als potentielle Schwiegereltern aus, als Menschen, deren Nachkommen »die richtigen« Ehepartner für eine bestimmte Person wären. Solch zukünftigen Schwiegereltern begegnete man mit besonderer Ehrerbietung und großem Respekt. Bei Geschwistern galt die Reihenfolge der Geburt; die Erstgeborenen einer jeden Generation waren grundsätzlich die »Bosse« in der Familie und hatten eine gewisse Macht über ihre jüngeren Geschwister, Neffen und dergleichen.

Roger verwendet Guugu-Yimithirr-Ausdrücke, um die Verwandtschaftsbeziehungen zwischen den beiden Hälften der Barrow-Point-»Nation« zu erklären – gaarga (jüngerer Bruder) und yaba (älterer Bruder). »Meine Leute gehörten zu den ›älteren Brüdern‹ im Westen. Meine ›jüngeren Brüder‹ waren Leute wie Toby Gordon und Old Man Yagay aus dem Süden. Diese ›jüngeren Brüder‹ machten zuviele Kinder. Sie wollten die Bosse sein. Sie waren hervorragende Jäger. *Uwu dhaga* – sie hatten starke Wörter. Wenn die Leute aus dem Norden sie kritisierten, drohten die jüngeren Brüder, mit dem Speer auf sie loszugehen.«

Manchmal kamen die Kategorien »älterer Bruder/jüngerer Bruder« den Verwandtschaftsbeziehungen, so wie Roger sie sieht, ins Gehege. Dies entspricht der allgemeinen Verwirrung, die durch die plötzlichen sozialen Veränderungen entstand. Und so antwortete Roger auf meine Frage nach seiner Verwandtschaftsbeziehung zu Old Man Yagay:

»Zuerst war er mein *uguya* [klassifikatorischer Bruder der Mutter].
Doch dann veränderten sie das, und er wurde mein yaba [klassifikatorischer älterer Bruder].«
Erstaunlicherweise veränderten sich Verwandtschaftsbeziehungen auch schon in der Zeit vor dem Kontakt mit den Europäern. Starb zum Beispiel jemand, wurden Verwandtschaftsbezeichnungen manchmal systematisch verändert, um dem Hinterbliebenen das »Vergessen« zu erleichtern oder um das Andenken an den Toten zu ehren. »Eigentlich müßte ich ja Yagays ›älterer Bruder‹ sein, denn wir hier im Norden sind die ›älteren Brüder‹. Die Leute im Süden waren ›jüngere Brüder‹ und hätten sich daran halten müssen [um Verwandtschaftsbeziehungen überschaubar zu halten], verstehst du?«

Die miteinander verflochtenen Clans von Barrow Point bis Cape Melville und Flinders Island im Norden hatten eine gemeinsame soziale Identität, auch außerhalb ihres eigenen Gebietes. So wie die aufsässigen, ungehorsamen und kriegerischen »jüngeren Brüder« aus Pinnacle »harte Worte« gebrauchten und die ganze Küste entlang gefürchtet waren, genossen auch die Mitglieder der Gruppierungen von Cape Melville und Barrow Point, die auf Guugu Yimithirr alle zusammen Yiithuu-warra hießen, einen furchteinflößenden Ruf.

»Die Leute aus der Gegend von Cooktown und die Thiithaarr-warra People aus Cape Bedford pflegten zu sagen: ›Hütet euch vor den Yiithuu-warra! Haltet euch fern von ihnen!‹ Das beherzigten sie auch, den anderen bloß nicht zu nahe zu kommen. Sie waren alle gute Jäger und gute Krieger.«

Tulo Gordon, selbst ein Guugu-Yimithirr-Sprecher aus Nugal, pflichtet ihm bei. »Ich erinnere mich noch an North Shore [am Endeavour River gegenüber von Cooktown, wo es ein großes Durchgangslager der Aborigines gab], da hörte ich, wie die Leute von Fremden erzählten, die nachts kamen. ›Hütet euch vor den Yiithuu-Leuten‹, sagten sie. ›Die sind gefährlich, warra thuul nubuun.‹«[55]

Der Pinnacle-Clan wurde von der Erde verschluckt, weil er gegen den strengen Aborigine-Kodex, der die Ehe und die sexuellen Beziehungen regelte, verstoßen hatte. Dieses »Gesetz« ist der Teil des gesellschaftlichen Lebens, der in Roger Harts Erläuterungen der »alten Sitte und Gebräuche« am deutlichsten nachhallt, obgleich das »bama-Gesetz« in seiner Generation eher rhetorischen als praktischen Wert hatte, denn fast alle heirateten »schief«, sei es freiwillig oder notgedrungen. Im Idealfall wurden Ehen zu einem frühen Zeitpunkt über große Entfernungen hinweg arrangiert. Häufig sprachen die Ehepartner verschiedene Sprachen. Manchmal kam es zu einem wiederholten Austausch von Frauen zwischen einzelnen Clan-Gruppen. Nicholas beispielsweise, der »König« von Barrow Point, war mit gamba[56] Rosie verheiratet, einer Frau vom Lockhart River weit im Norden. Roger erläutert: »Die Alten ließen ihn nicht in der eigenen Verwandtschaft heiraten, also ging er da hinauf.« Als die Barrow Point People später, Ende der 20er Jahre, in die Lockhart-Mission umgesiedelt wurden, kamen sie mit weit entfernten Gruppen in Berührung, zu denen sie durch Heirat bereits Beziehungen geknüpft hatten.[57]

Dennoch ist selbst die frühe Geschichte der Region von Ehen durchsetzt, die nach strengen Aborigine-Maßstäben inakzeptabel waren. Aufgrund der radikalen Entvölkerung, gepaart mit einer tiefgreifenden Störung der vorher normal funktionierenden sozialen und rituellen Kontakte zwischen einzelnen Gruppen, wurde es immer schwieriger, verwandtschaftlich passende Ehepartner zu finden. Der Kampf um heiratsfähige Mädchen muß dementsprechend brutal gewesen sein.

EIN SPEERDUELL

Mein Bruder arbeitete auf den Schiffen. Sein Boss war Mr. Monaghan, der Kapitän der *Spray*, die später von der Cape-Bedford-Mission gekauft wurde. Viele Leute aus Barrow Point arbeiteten für ihn. Old Man Charlie Monaghan arbeitete ebenfalls auf diesem Schiff. Er hatte seinen Namen von dem weißen Besitzer.

Mein Bruder fuhr auf verschiedenen Schiffen weit nach Norden, bis Neukaledonien. Im Lager von Cape Melville gab es einen Mann namens Yalunjin. Auf Englisch nannten sie ihn Jackie Barrow Point. Er war mein Onkel. Er war furchtbar eifersüchtig auf meinen Bruder. Der Grund war ein Mädchen namens Mary Ann, die Stieftochter des alten Imbanda. Sie war in meinen Bruder verliebt. Deshalb wurde Yalunjin eifersüchtig. Er wollte sie für sich – damals war sie noch sehr jung.

Yalunjin hielt bei Mary Anns Stiefvater um ihre Hand an. Imbanda lehnte ab. »Du kannst nicht deine eigene Großmutter heiraten«, sagte er zu ihm. Mary Ann war nämlich wie eine Großmutter für ihn, eine gami.

Yalunjin wurde sehr böse, denn mein Bruder war sein Rivale. »Mach dich auf was gefaßt, wir treffen uns im Norden«, sagte er zu meinem Bruder. Er hielt seine Speere schon bereit.

Mein Bruder sprang auf und lief nach Norden. Ebenso Old Man Imbanda als mala-digarra, als Meister oder Beschützer meines Bruders. Seine Aufgabe war es, die Speere abzufangen, die der andere Mann werfen würde.

Yalunjin warf einen Speer nach dem anderen auf seinen Rivalen, und der alte Imbanda schlug sie zur Seite. Imbanda stand vorn, mein Bruder hinter ihm.

Einen der letzten Speere erwischte Imbanda nur am Schaftende. Der Speer änderte seine Richtung und traf ihn ins Auge. Da stürzte Old Man Imbanda oben im Norden zu Boden; der Speer hatte sein Auge durchbohrt.

Dann warf Yalunjin seinen letzten Speer. Auch mein Bruder stürzte zu Boden, denn der Speer hatte ihn in die Seite getroffen.

Alle Leute schrien auf. Yalunjin, der Schuldige, rannte nach Westen davon, nachdem er seinen Gegner mit einem Speer durchbohrt hatte. »Warum hast du meinen Neffen hier im Osten mit einem Speer durchbohrt?« rief einer hinter ihm her. Old Man Wathi – Billy Salt – wollte ihn rächen. Schnell rannte er noch weiter nach Westen, um zu verhindern, daß Yalunjin floh.

Yalunjin kam von Osten her am Strand entlanggelaufen. Als er ganz nahe war, stand Wathi plötzlich auf. »Wo läufst du denn hin?« rief er dem Flüchtenden zu.

Yalunjin konnte weder vor noch zurück – er war schon zu nahe. Wathi warf seinen blitzschnellen Speer. Yalunjin konnte ihm nicht ausweichen. Er hob die Arme, um ihn abzufangen, aber die Widerhaken bohrten sich tief in sein Fleisch, und er fiel zu Boden.

Sie mußten die Speerspitze mit den Widerhaken abhacken, um den Schaft aus dem Arm herauszuziehen. Dann schafften sie den Schuldigen nach Osten ins Lager zurück.

Meine Mutter nahm ihren Grabstock. Es war eine Eisenstange, die sie benutzte, um Yamswurzeln auszugraben. Damit schlug sie den Mann auf den Kopf, so fest, daß er blutete. Erneut fiel er zu Boden. Dann stießen ihm alle anderen abwechselnd ihre Speere ins Bein und zogen sie wieder heraus. Das nennen wir wabu-daamaayga – Rachenehmen. Es war die Strafe dafür, daß er meinen Bruder mit seinem Speer verletzt hatte.

Nachdem mein Bruder sich von der Speerwunde erholt hatte, kehrte er zu den Schiffen zurück. Aber er hatte immer noch ein Stück von dem Speer in der Seite. Innerlich heilte die Wunde nie richtig aus.

Vom Schiff aus tauchte er nach Krebsen und Muscheln. Tja, und die Kälte setzte sich in der tiefen Wunde fest – vielleicht war es Lungenentzündung oder so was. Er wurde richtig krank, und dann starb er da unten. Der alte Monaghan fuhr immer nach Süden und verkaufte den Fang in Rockhampton, und er hat mir erzählt, daß mein Bruder in Keppel Sands bei Rockhampton gestorben ist.

Sie konnten die Knochen meines Bruders nicht in einer Wanne aus Baumrinde nach Hause bringen. »Macht nichts, laßt ihn dort«, hieß es, als die Nachricht von seinem Tod in Barrow Point eintraf. Danach wurde Yalunjin nach Palm Island verbannt. Dort starb er später unter dem Namen Jackie Maytown.

Die meisten Leute, die fest in den Lagern von Barrow Point lebten, waren schon älter. Die Jungen verbrachten den größten Teil ihrer Zeit auf den Fischkuttern und ließen ihre Frauen zurück. So wurden diese zur leichten Beute für andere, die sie entführen wollten.

»Die bama kamen von weiter westlich – aus Port Stewart, von der Princess Charlotte Bay oder von der Halbinsel Cape York – und raubten die Frauen. Ihre Männer waren ja auf den Schiffen. Wenn die Männer nach Hause kamen, stellten sie fest, daß die Frauen weg waren. Da machten sie kehrt und fuhren wieder auf den Schiffen hinaus.«

»Hat ihnen die Arbeit auf den Booten gefallen?«

»Aber ja, sie wollten immer raus aus dem Lager. Vermutlich wollten sie den strengen Regeln entkommen – wollten zum Beispiel ihren Schwestern oder Schwiegermüttern aus dem Weg gehen. Oder den Essensvorschriften. Einige der jüngeren Männer verheirateten sich in anderen Orten, in Lockhart etwa oder gar in Kowanyma. Sie bekamen Kinder, und dann entstanden ihre Familien eben dort.«

»Wenn Männer Frauen entführten, mußten sie dann vorher nicht die Eltern um Erlaubnis fragen?«

»Nein, thawuunh, und weißt du, warum? Die alten Leute gehorchten noch dem ›Gesetz‹. Wenn ein Mann ein Mädchen mit passender Abstammung heiraten wollte, zum Beispiel eine Cousine, und sie war erwachsen, gaben die Eltern sie leichten Herzens her.

›Nimm sie‹, sagten sie dann, ›du bist ein guter Jäger.‹

Jedenfalls wenn das Mädchen die Tochter eines *imoyir*[58] war, also die Tochter eines geeigneten Schwiegervaters. Doch wenn sie von derselben Linie war wie du oder ein gaminhtharr[59] – also das war schlecht. Dann wurde die Hochzeit verboten. Man mußte dem Vater folgen, verstehst du?«

Wenn die jungen Frauen ins heiratsfähige Alter kamen, wurden sie streng überwacht. Die Alten hielten die Mädchen »alle an einem Ort und ließen sie nicht frei herumlaufen«. Sie durften höchstens kurze Botengänge erledigen, und man erwartete, daß sie sofort zurückkehrten. Wenn sie auf die Jagd oder zum Früchtesammeln gingen, dann ausschließlich in Begleitung ihrer Mutter, einer Tante oder Großmutter. Kaum erreichte ein Mädchen das entsprechende Alter, sorgten die Eltern dafür, daß sie »dem richtigen bama« gegeben wurde, also einem Mann, der in einer korrekten verwandtschaftlichen Beziehung zu ihr stand.

Für Menschen aus Hopevale, die, wie Roger, im lutherischen Geist erzogen worden waren, weisen die Gesetze der Aborigines und die Vorstellungen der Bibel von korrekter Eheschließung Parallelen auf. Roger beschreibt eine bei den Aborigines übliche Leviratsehe, bei der ein jüngerer Bruder die Frau seines verstorbenen älteren Bruders übernehmen kann.[60] Das Prinzip der klassifikatorischen Ehe zwischen Cousin und Cousine blieb bei einer solchen Verbindung gewahrt, sofern der ältere Bruder ebenfalls korrekt geheiratet hatte. Doch in den von Gewalt geprägten frühen Jahrzehnten dieses Jahrhunderts führten Mißbrauch und der Mangel an geeigneten Partnern zu vielen Ehen, bei denen die strengen Vorschriften des Gesetzes außer acht gelassen wurden.

Junge Frauen fielen häufig anderen Übergriffen zum Opfer, wie Biographien und Schwangerschaftsberichte in vielen Einzelfällen deutlich machen. Frauen waren wali wali, »überall verstreut«, führten ein ungeordnetes Leben und mußten gelegentlich große Entfernungen überwinden, wenn sie von einem Ehemann zum nächsten wechselten. Doch nicht nur Angehörige der Einheimischen-Polizei oder europäische Siedler entführten Frauen. Roger Hart weiß eine kleine Geschichte von der Flucht einer Frau vor ihrem zukünftigen Ehemann zu erzählen.

EIN ZAUBER GEGEN ENTFÜHRUNG

Ich weiß nicht, wo sie sie geraubt hatten – irgendwo östlich von Barrow Point, glaube ich. Das Mädchen mochte ihren Mann nicht besonders. Sie war nämlich gezwungen worden, mit ihm zu gehen. Aber sie brachen auf, und dann liefen und liefen sie.

Nach einer Weile wurde es Nachmittag, vielleicht vier Uhr. Sie wollten ein Feuer machen. Also nahm der Mann seine Feuerstöcke und versuchte, einen Funken hervorzubringen. Er saß mit dem Gesicht nach Westen. Das Mädchen saß östlich von ihm, aber nicht dem Osten zugewandt – nur hinter ihm, versteht ihr? Sie beobachtete ihn. Tja, dieser Bursche versuchte also, mit seinen Feuerstöcken ein Feuer zu machen. Er rieb sie aneinander. Das Mädchen murmelte einen Zauberspruch. Sie sagte zum Feuer: »Suuuu! Feuer, komm nicht! Suuu! Flammen, bleibt aus!« Ihr Mann rieb und rieb seine Feuerstöcke. Er war so damit beschäftigt, Feuer zu machen, daß er das Mädchen vergaß. Er vergaß alles um sich herum bis auf seine Feuerstöcke. Sein Kopf war mehr oder weniger eingeschlafen.

Da stand das Mädchen auf und ging los. Sie ging und ging und hörte nicht mehr auf zu gehen. Sie ging und kam nie wieder.

Unterdessen war der Mann immer noch mit seinen Feuerstöcken beschäftigt. Endlich kam der erste Funke. Er sagte: »Gut so! Jetzt bring mir Teebaumrinde!« Dann sah er sich um, aber sie war nicht da. Sie war zu ihrer Mutter zurückgegangen. Er hatte keine Lust, ihr nachzulaufen, da er die Frau gestohlen hatte. Wäre er ihr gefolgt, hätte man ihn mit dem Speer getötet.

Viele Frauen aus Cape Melville und Barrow Point wurden von Angehörigen der Einheimischen-Polizei entführt, aber es gibt auch »schiefe« Ehen, die aus weniger gewaltsamen Verbindungen entstanden sind. Eine solch »unpassende« Ehe wurde zwischen einem Mann aus der Pinnacle-Gruppe und jenem Mädchen vereinbart, um deretwegen Rogers Bruder von einem Speer getroffen worden war. Sie wuchs im Lager von Barrow Point bei ihren Stiefeltern auf, die aus der Mack-River-Region in der Nähe von Cape Melville stammten.

EINE SCHIEFE EHE

Leute aus Regionen im Westen kamen regelmäßig in unsere Gegend. Dann vermischten sie sich mit unseren Leuten. Old Man Imbanda war ein Burrumun.ga-Mann, der zum Schwiegervater des alten Johnson wurde. Johnson heiratete Mary Ann. Imbanda war ihr Vater – na ja, eigentlich ihr Stiefvater. Er war ihr mugagay, ihr Onkel. Sie wohnte bei Imbanda und seiner Frau. Ich weiß nicht, wer ihr wirklicher Vater war.

Nun war da Old Johnson. Sie wollten sie ihm nicht geben, weil er ein naher Verwandter war. Für uns waren sie alle nahe Verwandte.

Johnson und sein Bruder hätten für mich eigentlich wie mugur [klassifikatorischer Onkel mütterlicherseits] sein müssen, aber später haben sie das geändert und mir gesagt, wir wären wie Vettern-Brüder. Wir sprachen alle die gleiche Sprache. Toby Gordon nannte sie »Vater« – für ihn waren sie wie Onkel.

Johnson versuchte also unentwegt, eine Frau zu finden. Das Mädchen lebte bei ihrem Stiefvater. Wir waren in ein Lager am Mack River gezogen. Dort lebten wir in ein paar kleinen *humpies*. Eines Nachts kam Johnson in die Nähe unserer Behausung. Er behauptete, daß er eine Blechdose suche, die er verloren habe. »Hier ist nichts«, sagten alle.

Aber es war nur eine List. »Vielleicht ist sie da«, meinte er. Er ging zu dem Unterschlupf des Mädchens, um nachzuschauen. Doch statt seine Dose zu suchen, versuchte er mit ihr zu schlafen. Es war Nacht, und niemand sah, was er tat. Das Mädchen war damals erst ungefähr sechzehn Jahre alt und lebte bei ihrem Stiefvater. Er packte sie und warf sie einfach zu Boden.

»Ich will dich nicht. Mach, daß du rauskommst!« sagte sie. Sie konnte ihn nicht leiden und jagte ihn davon. In dieser Nacht ließ er sie in Ruhe.

Am nächsten Tag kam er mit seinem Speer. Der ungehorsame Kerl versuchte, Old Man Imbanda anzugreifen. Doch der alte Mann hatte Glück – Johnson verfehlte ihn. Dann wurde er festgehalten. »Laß den Mann ihn Ruhe! Vergiß es! Nimm deinen Speer und geh nach Hause!« sagte man ihm. Da beruhigte er sich.

Wenig später brachten sie mich nach Cape Bedford. Ich habe nie erfahren, wie er es am Ende geschafft hat, das Mädchen doch zu heiraten. Als ich das Lager verließ, war er noch unverheiratet.

Eines Tages, als ich unten in Mossman arbeitete – also erst vor wenigen Jahren –, habe ich mich gefragt: Wie hat der alte Johnson es endlich doch geschafft, Mary Ann zu heiraten? Ich fragte Toby Gordon danach. Er erzählte mir die ganze Geschichte.

Sie hatten ein Lager westlich von Cape Melville, direkt am Strand in der Nähe der Landspitze. Dort gibt es eine Süßwasserquelle, bei der sie häufig ihr Lager aufschlugen. Nach einer Weile beschlossen sie, auf die andere Seite der Spitze zu wechseln. Damals gab es dort einen alten Pfad, und es ist nicht weit bis nach Osten. Also zogen sie los. Die Männer gingen voran. Sie hatten sich verteilt, um nach Wild Ausschau zu halten. Auch die Frauen trugen ihr Hab und Gut auf die Ostseite des Kaps. Sie gingen und gingen. Kurz bevor sie die Küste erreichten, trat die junge Mary Ann – sie war zu der Zeit immer noch unverheiratet – auf einen spitzen Ast. Ein Splitter bohrte sich in ihren Fuß. Sie setzte sich hin und weinte. Sie konnte den Splitter nicht herausziehen, und die anderen Frauen riefen um Hilfe.

Nun war der alte Johnson zufällig nicht sehr weit entfernt. Als er sie rufen hörte, dachte er:»Vielleicht versucht jemand, unsere Frauen zu entführen.«

Also rief er zurück:»Uuuui!«

»Komm schnell! Komm schnell!«

Er lief nach Norden und fand sie.»Was ist los?«

»Sie hat einen Splitter im Fuß.«

Johnson sah sich den Fuß an. Er zog den Splitter heraus. Er band er ihr die Füße zusammen, und dann hob er sie einfach hoch. Die alte Frau – ihre Tante – konnte nichts dagegen tun. Sie konnte ihn nicht daran hindern.

Sie setzten den Weg nach Osten fort. Er trug sie auf seinen Schultern. Er sagte zu ihr:»Hör zu. Nun wirst du mich nicht mehr verlassen. Jetzt mußt du bei mir bleiben.« Es war der Versuch, sie mit einem Zauber an sich zu binden.

Als sie die Ostseite des Kaps erreichten, baute er sich ein eigenes Haus, abseits vom restlichen Lager. Old Imbanda und seine Frau konnten nichts tun. Also ließen sie die Sache auf sich beruhen. Und von dem Tag an behielt er die Frau bis zu seinem Tod, unten in Yarrabah.

Andere Ehen verletzten die üblichen Anstandsregeln nicht aufgrund falscher Verwandtschaftsbeziehungen, sondern weil die Zwangsumsiedlung von Aborigine-Gruppen durch Missionen und Regierungsbehörden Fremde zusammenführte, deren Verwandtschaftsbeziehungen nicht ohne weiteres erkennbar waren. Das erlebte Barney Warner, ein Mann aus Barrow Point, der als Erwachsener in die Cape-Bedford-Mission gekommen war und dort blieb. Er hatte nur ein Kind, das der Beziehung zu einer Witwe entstammte, deren Ahnenland tief im Süden bei Proserpine lag.

DIE WITWE DES DIEBES

In Cape Bedford lebte ein Mann namens Marrbugan (Höhle). Einmal stahl er etwas Büchsenfleisch, das er im Boot eines weißen Mannes gefunden hatte. Das Boot lag am alten Anlegeplatz der Mission vertäut. Er hatte Hunger und aß das Fleisch auf.

Der Missionar Schwarz erfuhr von dem Diebstahl.»Wer hat das Fleisch gegessen?« fragte er.

»Das war ich«, gestand der arme Marrbugan.

Danach durfte er nicht weiter in der Mission bleiben. Man schickte ihn fort, weil er den weißen Mann bestohlen hatte. Der Missionar sagte zu Marrbugan und seiner Frau:»Geht! Ihr müßt die Mission verlassen!«

Etwa um diese Zeit kam Barney Warner aus Cooktown vorbei. Er arbeitete auf den Schiffen und machte auf seinem Heimweg Station in der Mission.

»Wo willst du hin?« fragte Marrbugan.

»Ich gehe nach Barrow Point im Westen.«

»Ich würde gern mitkommen«, sagte Marrbugan. Er war ein wenig krank. Ich glaube, er hatte ein schlechtes Gewissen, vielleicht war ihm aber auch bloß das Büchsenfleisch auf den Magen geschlagen.

Wie auch immer, der Missionar Schwarz stimmte dem Plan zu.»Na schön. Geh, geh mit Barney in sein Land«, sagte er.

Also gingen sie los. Sie wandten sich nach Norden. In der ersten Nacht schlugen sie ihr Lager an der Mündung des McIvor River auf. Marrbugan ging es immer schlechter. Doch Barney konnte die beiden nicht dazu überreden, eine Weile auszuruhen.»Bleib du hier, ich gehe allein weiter«, sagte er, aber Marrbugan wollte unbedingt mitkommen.

Also gingen sie weiter. Schließlich erreichten sie Cape Flattery. Marrbugan war mittlerweile sehr schwach.»Bleibt hier«, sagte Barney zu dem Mann und seiner Frau.»Du bist zu krank, um weiterzugehen.« Doch er konnte sie nicht überreden.

Sie änderten die Richtung und marschierten jetzt nach Westen. Sie kamen zu einer Stelle östlich von Point Lookout. Der Strand heißt marramarranganh. Dort schlugen sie ihr Lager auf.

Marrbugan war sehr krank und auch sehr hungrig. Barney sagte zu der Frau:»Bleib du hier und kümmere dich um ihn. Wir brauchen etwas zu essen.« Er ging los, um ein paar Fische zu fangen.

Während Barney fischte, starb der gute alte Marrbugan. Seine Frau machte sich auf und rief Barney.»Komm«, sagte sie,»er ist tot.«

Barney kehrte zum Lager zurück und hob ein Grab für den Toten aus. Sie bestatteten ihn gleich dort. Doch Barney wollte ihn noch nicht verlassen. Sie blieben lange Zeit am Grab und wachten. Sie behielten ihr Lager mehrere Wochen lang. Nachdem sie ihn lange genug betrauert hatten, mußten sie irgendwann entscheiden, was sie tun sollten.

Marrbugans Frau gehörte einer Gemeinschaft im Süden an, der Marie-Yamba-Mission bei Proserpine.[61] Sie hieß Daisy. Barney wollte diese Frau nicht nach Barrow Point mitnehmen. Er hatte Angst vor dem, was die anderen sagen würden. Weshalb brachte er eine fremde Frau mit nach Hause? Sie würden böse werden. Aber allein mit ihr losziehen konnte er auch nicht. »Ich glaube, es ist besser, wenn ich sie zurückbringe«, sagte er sich. Und so kehrten sie nach Cape Bedford zurück.

Der Missionar Schwarz empfing sie. »Du bist also wieder da, Barney?«

»Ja, ich habe die Frau zurückgebracht. Ihr Mann ist gestorben.«

Schwarz muß geglaubt haben, daß sie schon die ganze Zeit zusammenlebten. »Warum hast du sie nicht zu deinen Leuten im Westen mitgenommen?«

»Ich habe sie eben zurückgebracht.«

Selbst die Verwandten der Frau in der Mission drängten ihn, sie mitzunehmen. Es waren lauter George Bowen People[62] aus Proserpine. »Nimm sie.« Sie waren gern bereit, sie ihm zu geben.

Doch die Leute aus Barrow Point erklärten, er könne sie nicht heiraten. »Laß sie hier«, sagten sie.

Schließlich schämte er sich, weil er so lange mit ihr gelebt hatte. »Nun, was soll's«, dachte er. »Dann lasse ich sie eben hier.«

Nach einer Weile machte er sich wieder auf den Weg nach Barrow Point, allein. Da lebte er bei uns im Lager.

Die Frau bekam ein kleines Mädchen, und später heiratete sie einen anderen Mann. George Marie Yamba hieß er und stammte aus ihrem eigenen Land unten bei Bowen. Das kleine Mädchen, Barneys Tochter, wurde Connie genannt.

Connie ging mit den anderen Mädchen in Cape Bedford zur Schule, bis der Missionar eine ganze Schar nach McIvor entsandte. Dort ist sie auch gestorben.

DAS STACHELSCHWEIN

Das ist eine Geschichte vom Stachelschwein.[63] Ich nenne es *arriyil*, und in Guugu Yimithirr heißt es balin.ga. (Vgl. Farbtafel 8) Diese Geschichte gehört zum Strand südlich von Barrow Point. Dort jagten bama in der Nähe eines großen Sumpfgebiets ein Stück landeinwärts nach Stachelschweinen. Ich weiß nicht, ob es dort heute auch noch

Balin.ga
auf der Jagd

so viele gibt. Vielleicht sind sie mittlerweile ausgestorben. Manche Stachelschweinarten leben im weichen Erdreich in der Nähe der Sümpfe, aber nicht im Wasser. Früher entzündeten die Leute Buschfeuer am Rand der Sümpfe. Dann durchstreiften sie das abgebrannte Land auf der Suche nach etwas Eßbarem. Sie konnten erkennen, wo das Stachelschwein seine Höhle gegraben hatte. Man sah es an einem kleinen Hügel am Boden. Dann gruben sie es aus und töteten es, um sein Fleisch zu essen.

Vor langer Zeit war das Stachelschwein ein menschliches Wesen, eine Frau. Dieses Stachelschweinmädchen war schrecklich ungehorsam. Sie hörte auf niemanden. Wir sagen *uyiin-mul* dazu – »taube Ohren«. Sie zog immer allein los und jagte, wo sie wollte.

Nun bekam dieses Mädchen ein Baby. Sie mußte sich um ihr Kind kümmern. Niemand weiß, ob es ein Junge oder ein Mädchen war.

Als das Baby älter war, dachte das Stachelschweinmädchen:»Jetzt ist das Baby schon etwas größer. Ich kann es bei anderen Leuten lassen, und sie werden sich darum kümmern. So kann ich wieder allein jagen gehen.«

Danach ging sie jeden Tag auf die Jagd. Sie überließ ihr Kind anderen Leuten, und die mußten sich darum kümmern.

Einmal, als die Stachelschweinfrau schon eine ganze Weile weg war, bekam das Baby Hunger. Es fing an zu schreien. Die Leute schwärmten aus, um die Mutter zu suchen. Sie riefen nach ihr:»Wo bist du? Dein Baby hat Hunger!«

Sie antwortete vom Süden her:»Hier bin ich.«

Doch als sie an die Stelle kamen, von wo sie geantwortet hatte, war sie nicht da.

Wieder riefen sie nach ihr.»Wo bist du?«

Und wieder antwortete sie:»Ich bin hier, im Osten.«

Sie wandten sich nach Osten, doch da war sie auch nicht.

Jetzt riefen sie nach Norden.

»Hier bin ich.«

»Komm zurück. Dein Baby schreit nach dir.«

Auch als sie in Richtung Norden gingen, fanden sie keine Spur von ihr.

Schließlich wandten sie sich nach Westen und riefen:»Wo bist du?«

»Hier bin ich.«

Balin.ga wird mit Speeren angegriffen

So ging es weiter. Sie folgten ihrer Stimme, aber sie konnten sie nirgends finden. Schließlich wurden die Leute sehr böse. Sie gingen zum Lager zurück und holten ihre Speere. Dann machten sie sich erneut auf die Suche.

Die Stachelschweinfrau führte sie weiter an der Nase herum. Sie rief sie aus allen Himmelsrichtungen, und die Leute drehten sich im Kreis und folgten ihrer Stimme.

»Ich bin hier.«

Doch inzwischen waren sie ihrem Versteck etwas näher gekommen.

»Aha! Da ist sie!«

Sie nahmen ihre Speere und bewarfen sie tüchtig damit. Ein Speer folgte auf den anderen. Schließlich war sie von oben bis unten mit Speeren bedeckt. Diese Speere verwandelten sich in Stacheln, die sie bis heute behalten hat.[64]

Wenn ihr also ein Stachelschwein seht, das mit lauter Stacheln bewehrt ist, wißt ihr, daß es in Wirklichkeit bama-Speere sind.

NGANYJA

Die Richtlinien für korrektes Verhalten wurden bei den Aborigines durch mächtige Mythen bestimmt, die an bestimmte Orte gekoppelt waren. So markieren große Steine die Stelle bei Jones's Gap, an der die Magpie-Brüder den Devil Dingo töteten und in einem Erdofen brieten. Roger Hart zufolge gingen die Menschen nicht gern allzu nah an dieser Stelle vorbei. In ihrem Umkreis schwiegen sie oder sprachen nur in gedämpftem Ton, um ja den Geist des riesengroßen Hundes nicht auf sich aufmerksam zu machen.

Die Felsen im Osten von Barrow Point wurden ebenfalls gemieden, wohl weil sie alte Gräber bargen. Wenn die Menschen dort vorbeikamen, verstummten sie. Es war Sitte, den Pfad mit Blättern zu bestreuen. Bevor sie den Berg hinaufstiegen, brachen sie ein paar Zweige ab und nahmen sie mit. Die legten sie dann einen nach dem anderen ab, während sie schweigend den Kamm passierten.

In dem Gebirgszug, der sich von Cape Bowen landeinwärts erstreckt, gab es noch eine heilige Stätte, einen kahlen, von niedrigem Wald umstandenen Fleck. Als Kind hatte man Roger Hart beigebracht, daß die Seele eines Verstorbenen zuerst diesen Ort auf dem Gipfel des

Berges bei Cape Bowen aufsucht, um sich eine Weile auszuruhen. Anschließend, so hieß es, fliegt sie nach Norden. »Sie flog nicht zum Himmel auf, sondern nach Neuguinea.« Ein yiirmbal, eine Art Schutzengel, bewohnte angeblich *Wurrguulnyjin*, Noble Island, östlich von Cape Bowen.[65] Diesem Ort durfte man sich nicht nähern, wie die Alten Roger einschärften. Die Kanus aus Barrow Point hielten sich immer weit südlich von der Insel, wenn sie an der Küste entlangfuhren.

BESTATTUNG DER TOTEN

Im Umgang mit den Verstorbenen mußten komplizierte Vorgehensweisen, Rituale und Verbote beachtet werden. Roger Hart erinnert sich genau an diesen Teil des Lebens in Barrow Point. Starb jemand, wurde er sofort beerdigt. Nach etwa einer Woche wurde der Leichnam wieder ausgegraben. Dann zog man ihm von Kopf bis Fuß die Haut ab, wie man – der Vergleich stammt von Roger Hart – eine gesengte Sau häutet. Außerdem wurden ihm sämtliche Haare ausgerissen und sorgfältig nach Körperregion getrennt. Diese Haare verarbeitete man zu Amuletten, die den Angehörigen des Toten übergeben wurden.[66] Den auf diese Weise vorbereiteten Leichnam bezeichnete man als *munun urdiiga* ([mit] geöffneter/entfernter Haut).[67] Nachdem dieser Reinigungsprozeß abgeschlossen war, wurde der Tote erneut begraben.

Wenn sich der Leichnam völlig zersetzt hatte, holten die Angehörigen des Verstorbenen seine Knochen aus der Erde, vor allem die von Brustkorb und Beinen und den Schädel. Den Rest ließen sie im Grab liegen. Die Knochen trugen sie in einer Schale aus Baumrinde mehrere Monate mit, während sie von einem Lager zum anderen zogen. Erst wenn sie dem Toten sechs Monate lang so ihre Achtung erwiesen hatten, hörten sie auf, ihn zu betrauern und bestatteten seine Knochen endgültig in einer Höhle. Damit galt eine solche Grabstätte als »heilig« oder »tabu«.

ANSTANDSREGELN

Die Vorschriften der Aborigines erstreckten sich selbst unter den einigermaßen desolaten sozialen Bedingungen von Barrow Point in der ersten Hälfte dieses Jahrhunderts auch auf profanere Bereiche als Heiratsvorschriften und heilige Stätten. Angemessenes Verhalten hatte zum Teil mit der Ausdrucksweise zu tun: höflich oder unhöflich, respektvoll oder beleidigend, ärgerlich oder versöhnlich. Sogar für das Schweigen gab es Vorschriften. Roger Harts Erzählungen vom Leben in den Lagern von Barrow Point illustrieren, was Anstand und Ungebührlichkeit bedeuteten. Sie veranschaulichen, wie man sich zu benehmen hatte und inwieweit die Menschen diesen Ansprüchen gerecht wurden.

Abgesehen von Geschichten, die von Speeren und körperlicher Gewalt handeln, erinnert sich Roger auch daran, wie die Alten mit verbaler Aggression umgingen. Als die Erwachsenen, die Roger in die Cape-Bedford-Mission gebracht hatten, ohne den kleinen Jungen in ihr Gebiet zurückkehrten, empörte sich ein Mann im Lager, weil sie den Jungen dort gelassen hatten.[68] »Wie kann man ein Kind den Weißen überlassen?« rief er und griff nach seinen Speeren.

Statt zu antworten, blieben die anderen einfach nur still sitzen und sagten nichts. Hätten sie geredet, meint Roger, wäre der aufgebrachte Mann nur noch mehr provoziert worden und wäre womöglich noch mit dem Speer auf jemanden losgegangen.

»So lautete die Vorschrift. Wenn man angeschrien, zum Streit oder gar zum Kampf herausgefordert wurde, reagierte man einfach nicht. Man blieb stumm. Wer den Mund aufmachte, lief Gefahr, im nächsten Augenblick von einem Speer durchbohrt zu werden. Es war besser, den anderen toben zu lassen und abzuwarten, bis er sich wieder beruhigte.«

Das Geschichtenerzählen in den Lagern war eine offizielle Angelegenheit, häufig gab es nur einen einzigen Redner, den Roger als »eine Art Prediger« bezeichnet. Die Zuhörer saßen im Schatten, während der Redner vor ihnen stand. Er erzählte von Speerkämpfen, alten Fehden und Todesstrafen. Es kam vor, daß er seinen eigenen Speer und *wommera* nahm und einzelne Szenen nachstellte, um zu zeigen, wie einer seinen Speer schleuderte und ein anderer getroffen wurde und zu Boden fiel.

GESCHICHTEN UND ALLERLEI UNFUG

»Eines Tages buddelten Toby und ich hinter dem Versammlungsplatz ein Loch in die Erde. Ein Mann erzählte seine Geschichte und ging dabei immer hin und her. Plötzlich machte er einen Schritt rückwärts, ohne hinzusehen, rutschte ab und fiel in unsere Grube.

Da sprangen alle Leute auf, so böse waren sie, und jagten uns über den Strand.«

Die australischen Aborigines sind berühmt für ihren kunstvollen Sprachstil und den besonderen Wortschatz, der für bestimmte Personen, insbesondere Schwiegereltern oder angeheiratete Verwandte, reserviert war. Diese wurden mit außerordentlichem Respekt behandelt.[69] Von einem solchen Vermeidungsvokabular ist in der Barrow-Point-Sprache nichts mehr übrig geblieben, doch Roger Hart erinnert sich an spezielle Anstandsregeln, die die Kommunikation von Männern und Frauen mit ihren potentiellen Schwiegermüttern und -vätern regelte.

»Man sprach grundsätzlich nicht mit Mitgliedern der angeheirateten Familie. Wenn ich einen Auftrag erledigen mußte, wenn ich zum Beispiel meinem Schwager oder Schwiegervater irgend etwas bringen wollte – egal ob etwas zu essen oder sonst etwas –, konnte ich nicht einfach zu ihm hingehen und es ihm in die Hand drücken. Ich mußte ganz vorsichtig, vornüber gebeugt, auf ihn zugehen, es in beiden Händen halten und dann in seiner Reichweite auf dem Boden abstellen. So konnte er es nehmen. Dann entfernte ich mich rückwärts gehend und noch immer gebeugt. So verhielt man sich zum Beispiel beim Bruder der Frau, der Schwiegermutter oder Schwägerin.

Nehmen wir an, ich wollte ihm Tee bringen. Dann mußte ich meine Dose mit beiden Händen halten und sie ihm ganz vorsichtig überreichen.

In den Lagern wurde bereits den Kindern beigebracht, potentielle Schwiegereltern oder enge Verwandte ihrer möglichen Ehepartner zu erkennen und ihnen besondere Achtung zu erweisen. Selbst bei einem Namensvetter, *wurri-yi*,[70] einem Mann, der genauso hieß wie ich, mußte ich mich so verhalten. Vielleicht bat er mich um Tabak. Na gut, dann mußte ich beide Arme ausstrecken und den Tabak in seine Hände rieseln lassen, ohne ihn zu berühren. Manchmal brachte man so jemandem etwas zu essen, und er wandte einem den Rücken zu, sagen wir, er schaute nach Norden. Dann stellte man das Essen in einiger Entfernung südlich von ihm ab. Und wenn man weg war, konnte er sich umdrehen und es aufheben.

Solche Leute mußte man einfach respektieren. Nicht einmal kleine Kinder durften sich vor ihren Tabu-Verwandten nackt sehen lassen. Sie mußten sich mit den Händen bedecken oder sich etwas um die Hüften binden.«

Die Initiationsrituale der Männer, die sich in rudimentärer Form bis in die 20er Jahre hielten, standen in enger Verbindung zu den mythischen Stätten. Bei der Initiation wurden alle Aborigine-Vorschriften zusammengefaßt, angefangen vom Wissen um Land und Traditionen bis hin zu gesellschaftlichen Normen und Heiratsvorschriften. Am lebendigsten ist Roger Harts Erinnerung an die Initiation, die er in Cape Melville miterlebte und mit Mungurru (Carpet Snake) assoziiert.

NGANYJA

Der Berg bei Cape Melville, wo die Knochen von Mungurru verstreut sind, wurde von bama verehrt. Dort brachten sie alle jungen Männer zur Initiation hin, um sie thabul oder *awiyi* zu machen, sie einzuweihen. Es war ein großes Fest.

Damals waren viele junge Männer gerade von den Booten heimgekehrt, die ihre Arbeit während des Monsuns um die Weihnachtszeit unterbrachen. Alle Lager kamen zusammen. Die Alten befanden die Zeit für günstig, um die Zeremonie abzuhalten und die Jungen zu initiieren.

Ich war damals noch klein und lebte im Lager.

Die Alten gingen im Lager herum und wählten die noch nicht initiierten Männer und Jungen aus. Sie konnten sich nicht weigern.

»Nein, nein, ich will nicht initiiert werden.«

»Egal, du kommst trotzdem mit«, sagten die Alten.

Sie nahmen verheiratete Männer mit, die die Zeremonie noch nicht mitgemacht hatten. Und ganz junge. Nur wenn die Großmutter eines Jungen kam und ein wenig Milch aus ihrer Brust auf seinen Kopf träufelte, rührten sie ihn nicht an – dann war er noch zu klein. Bei mir war das der Fall, deshalb ließen sie mich in Ruhe, aber vielleicht nahmen sie Banjo mit. Ich weiß es nicht mehr so genau. Toby und ich waren noch etwas kleiner. Ich glaube, der Vater der beiden war kurz zuvor gestorben – irgendwann Anfang der 20er Jahre. Möglich, daß Johnny Flinders[71] und sein älterer Bruder Diver bei dieser Initiation dabei waren.

Sie nahmen also alle diese Jungen mit und beaufsichtigten sie streng. Sie durften nur gesunde Nahrung zu sich nehmen. Wenn sie Honig tranken, mußte er völlig klar sein, von allen Wachsresten und anderen Rückständen der Wabe gereinigt. Eier bekamen sie keine. Wenn sie essen durften, dann immer nur ganz wenig auf einmal. Die Alten wachten darüber.

Die Jungen durften sich nicht frei bewegen. Wenn sie verheiratet waren, durften sie nicht mal ihre Frauen besuchen.

Wir blieben lange in diesem Lager, einen ganzen Monat vielleicht, und die jungen Männer wurden von morgens bis abends beaufsichtigt. Dann zogen wir weiter, Richtung Süden nach Blackwater, in die Nähe der Abzweigung, die nach Eumangin an der Küste führt. Dort schlugen wir unser neues Lager auf, nördlich der Stelle, die heute Billy's Yard oder Billy's Paddock heißt. Sie lag ein paar Meilen von Cape Melville entfernt. Dort gab es jede Menge gutes Wasser.

Auch alle Kandidaten für die Initiation wurden dorthin gebracht, aber wir anderen hatten unser Lager etwas weiter weg, abseits von ihnen. Wir durften nicht mit den jungen Männern zusammensein, ihnen nicht ins Gesicht sehen oder ihnen auch nur nahe kommen. Sie waren nämlich thabul. *Awurr awutha awiyi aamila* – geht nicht zu der heiligen Stätte.

Es gab dort vier oder fünf alte Männer, die über die Jungen wachten. Einer dieser Alten war Ngamu Wuthurru, und ein anderer war mein Vater, *Wanyjarringga*, aber es gab auch noch andere, die aus dem Westen, von Flinders Island und der Princess Charlotte Bay gekommen waren. Sie bauten ein eigenes Haus neben einem kleinen Hügel, und dann zogen sie eine Art Graben drum herum. Dort wurden die jungen Männer eingesperrt. Die anderen jagten und brachten ihnen Fleisch. Sie hatten es erlegt, durften es aber nicht essen.

Die jungen Männer durften mit niemandem zusammensein und mit niemandem sprechen: weder mit ihren Frauen noch mit ihren Kindern oder Angehörigen. Sie mußten sich mehrere Monate lang völlig vom Rest des Lagers fernhalten, selbst wenn die gesamte Gruppe zwischendurch mehrmals weiterzog. Es kam vor, daß eine solche Zeremonie, sagen wir, im Januar begann und erst im März oder April endete.

Ich kann mich noch gut an eine Nacht erinnern. Wir hatten uns schon hingelegt. Es muß ungefähr neun Uhr gewesen sein. Die jungen Männer hatten ihr Lager im Osten; unseres lag im Westen. Wir schliefen. Mein mugagay (Großonkel), Barney Warner, war auch da. Kann sein, daß er die jungen Männer beaufsichtigte.

Plötzlich hörte ich einen lauten Knall. Es war wie eine Explosion am Lagerfeuer drüben in ihrem Lager. Es hörte sich nach Dynamit oder einem Schuß an. Bumm! Die Leute rannten in alle Himmelsrichtungen davon.

Als sie die Explosion hörten, wußten die Alten, daß irgendwas faul war. »Lauft nicht weg«, sagten sie. Sie verteilten sich und überprüften die jungen Männer. Wer war das?

Ein junger Kerl fehlte. Er hatte sich heimlich davongeschlichen, um seine Frau zu besuchen.

Sie gingen direkt dorthin, wo die Frau war. Als sie den Gesuchten fanden, na, da war vielleicht was los! Sie hätten ihn um ein Haar getötet. Wenn unter den Alten ein Hitzkopf gewesen wäre, hätten sie den Jungen auf der Stelle mit einem Speer durchbohrt, weil er gegen die Vorschriften verstoßen hatte. Doch dieses eine Mal ließen sie es durchgehen.

Später fragte ich Barney danach. Er behauptete, es sei der yiirmbal dieses Ortes gewesen, der die Explosion verursacht hatte. Er wußte auch noch, wer der Mann war, der sich heimlich davongemacht hatte. Nelson, Wathis Bruder – derselbe Nelson, der später an der Mündung des McIvor River starb.[72] Er hatte sich heimlich zu seiner Frau geschlichen, um mit ihr zu schlafen, und für dieses schlechte Benehmen hätten sie ihn beinahe umgebracht.

»Mach das ja nicht noch mal«, sagten sie. »Schlag dir solche Dinge aus dem Kopf. Das ist schlecht. Der Geist dieses Ortes hat dir den Kopf verdreht!«

Sie wußten, daß der riesige Carpet Snake die Explosion verursacht hatte. Sein Geist hatte gesehen, wie sich der Junge davonstahl, und gewußt, daß er etwas Falsches tat. Die Leute hatten großes Vertrauen zu diesem Berg.

In Barrow Point fanden solche Initiationen nie statt. Man wartete lieber, bis sich die Leute aus allen Lagern bei Cape Melville versammelten. Das war der richtige Ort dafür, wegen des Berges und wegen Carpet Snake. Aber die Zeremonie fand auch nicht jedes Jahr statt, nur alle zehn oder elf Jahre. Man wartete, bis eine Reihe von Jungen groß genug war, um thabul gemacht zu werden.

Nach der Explosion beschlossen sie, erneut weiterzuziehen. Wir anderen sollten nach Eumangin gehen. Sie würden später nachkommen, sagten sie. Also zogen wir an die Küste und warteten dort auf sie.

Ich weiß nicht, was sie mit den jungen Männern anstellten. Ich nehme an, sie brachten ihnen bei, wie sie sich zu verhalten hatten: daß man dieses nicht durfte und jenes verboten war. Sie machten sie mit den Vorschriften vertraut. Sie hielten sie auch von den Frauen fern und legten ihnen nahe, nur auf die erlaubte Weise zu heiraten.

Nach einiger Zeit kam einer der alten Männer mit einer Botschaft.

»Morgen treffen sie hier ein«, sagte er. Die Zeit der Einweihung – ich bin nicht sicher, ob es dasselbe ist wie nganyja[73] – ging dem Ende zu.

Also warteten wir. Gegen zwei Uhr kam die nächste Botschaft: Sie waren auf dem Weg und schon ziemlich nah, westlich von uns. Gegen vier konnten wir ihre Rufe hören, als sie näher kamen. Sie trugen ein großes Stück Teebaumrinde, tanzten, sangen und riefen. Sie hielten inne und begannen von neuem zu singen und zu tanzen. Wir beobachteten sie, wie sie sich vom Westen her dem Strand näherten. Die Frauen waren glücklich.»Unsere Männer sind zurück!« dachten sie.»Die Jäger kommen nach Hause.«

Das Stück Teebaumrinde, das sie bei sich hatten, war sehr groß und bestand aus mehreren zusammengebundenen kleineren Stücken. Sie hatten sie weiß und gelb bemalt, damit sie aussah wie Carpet Snake. Sie hatten alles selbst gemacht und die Farben aus verschiedenen Lehmsorten gewonnen. Ein Teil war rot. Sie hatten versucht, die Zeichnung von Mungurrus Haut nachzuahmen.

Sie kamen weiter auf uns zu. Irgendwann legten sie die lange Teebaumschlange ab und ließen sie liegen. Sie schwenkten ihre Speere über den Köpfen und kamen näher. Es waren Grasspeere mit Spitzen aus Wachs. Als sie die Ostküste erreichten, teilten sie sich in zwei Gruppen – die thuuru-Männer auf der einen und die walarr-

Männer tanzen zur Feier ihrer Initiation

Männer auf der anderen Seite.[74] Nun begann eine Art Scheingefecht. Sie bewarfen sich gegenseitig mit ihren Wachsspitzen-Speeren, bis sie schließlich genug hatten.

Das war der Abschluß. Jetzt war alles zu Ende. Sie waren eingeweiht. Nun kannten sie die Vorschriften und wußten, wie man sich zu verhalten hatte und welche Frauen man heiraten durfte und welche nicht. Alle konnten nach Hause gehen. Manche warteten darauf, daß die Boote vorbeikamen und sie aufnahmen, damit sie ihre Arbeit als Kreiselschnecken-Taucher wieder aufnehmen konnten. Andere kehrten zu Instone oder in die anderen Lager zurück. Einige dieser jungen Männer heirateten freilich gar nicht. Sie fuhren zur See. Sie wurden weggeschickt, wer weiß, wohin. Möglich, daß sie unten in Cherbourg oder irgendwo anders im Süden landeten. Viele Schiffsbesatzungen bestanden aus Japanern, die oben auf Thursday Island lebten. Und es konnte passieren, daß es einen aus der Mannschaft nach Japan verschlug und er dort starb. Andere kamen nach Hause, um zu heiraten und mußten feststellen, daß Leute aus dem Westen gekommen waren und ihnen ihre Freundinnen geraubt hatten.

Das ist die ganze Geschichte, soweit ich sie kenne.

ZAUBEREI

Zauberei und die Angst vor Rache durch Magie waren bei der Aborigine-Gemeinde in North Queensland weit verbreitet. Männer, die aus der Gegend von Cooktown kamen oder dorthin wollten, suchten oft Zuflucht in den Lagern »heidnischer« Aborigines im Schutzgebiet der Cape-Bedford-Mission, weil sie Angst vor Zauberern hatten. »Nun ja, ein paar von den Alten trieben sich hier im Missionsgebiet herum«, erzählt Roger Hart. »Sie machten sich gegenseitig dambun [d. h. verhexten sich].«

Zu Fememorden mittels Zauberkraft kam es oft erst Jahre nach den Ereignissen, die Anlaß zu einer Fehde gegeben hatten, gelegentlich sogar erst Generationen später. Da Mitglieder der Einheimischen-Polizei an der Entführung und Ermordung anderer Aborigines beteiligt waren, galten sie und ihre Nachfahren als besonders gefährdet. Mehrere Männer aus den Lagern von Barrow Point arbeiteten als Spurenleser für einen Sergeant McGreen von der Polizeiwache in Laura. Sie waren an der Verschleppung von Menschen in Strafkolonien wie Palm Island beteiligt. Später, so Roger Hart, erfuhren andere,»daß sie Spurenleser gewesen waren und viele ihrer Angehörigen weggeschickt hatten. Tja, und wenn sie den Kerl selbst [d. h. den Spurenleser] nicht schnappten, hielten sie sich anderswo schadlos und rächten sich an seinen Kindern.«

Vom alten Mickey Bluetongue[75] hatte Roger eine Version der Ereignisse gehört, die zum Tod des alten Billy McGreen[76] geführt hatten. Billy hatte der Einheimischen-Polizei angehört und stammte ursprünglich aus einem der Barrow-Point-Clans. Der Vorfall ereignete sich in Elderslie, einem Grundbesitz am McIvor River, wo bis in die 30er Jahre ein vorübergehendes Aborigine-Lager bestand. McGreen, der aus dem Clangebiet Manyamarr südlich von Cape Bowen stammte, war an der Verhaftung und Verschleppung vieler Aborigines beteiligt gewesen, Männern wie Frauen. Angeblich hatte er Ende der 20er Jahre Charlie Burns[77] erwischt, als dieser in Glenrock, einem anderen Grundbesitz am McIvor River, Honig sammelte. Long Billy hatte ihm Tabak angeboten. Als Burns auf ihn zukam, hatte McGreen ihm Handschellen angelegt und ihn der Polizei übergeben, damit er nach Palm Island »verlegt« wurde. Heute glauben die Leute, er sei wegen Viehdiebstahls festgenommen worden.[78]

Ein paar Jahre später kamen mehrere Leute aus einem anderen großen Aborigine-Lager in Flaggy am Endeavour River den McIvor herauf, in der erklärten Absicht, den alten McGreen zu verzaubern. Sie zündeten ein großes Feuer an und erhitzten darin eine Eisenstange. Diese wurde dann als Zaubermittel benutzt, um McGreens Tod herbeizuführen.[79] »Aber wenn sie so was tun, wenn sie jemanden verhexen, bleibt sein Körper unberührt. Sie hinterlassen keine sichtbaren Spuren.«

Leute aus einer Region hegten oftmals Mißtrauen gegen Leute aus einer anderen. Sie waren ständig auf der Hut, weil sie befürchteten, ein unbekannter Feind könnte ihnen eine gefährliche Substanz verabreichen oder sie verzaubern. Im Guugu-Yimithirr-Gebiet waren Leute von Barrow Point und anderswo im Westen als potentielle Zauberer gefürchtet. Wenn sie zu Besuch kamen, schlugen sie ihr Lager getrennt von den anderen auf, versorgten sich selbst mit Nahrungsmitteln und hatten ihr eigenes Lagerfeuer. Der mittlerweile verstorbene Peter Gibson aus Hopevale erinnerte sich, daß er als junger Mann heimlich die Grenze der Mission überschritt, um die alten Leute am McIvor River zu besuchen, die ihm Tabak schenkten. Bei einem dieser Besuche forderten die Barrow Point People ihn auf, ihren wilden Honig zu probieren, den sie ihm in einer bila, einem aus einem Blatt gemachten Gefäß, reichten. Da er Angst hatte, ihr Angebot anzunehmen, folgte er dem Beispiel des Old Man Fog: Er bohrte ein Loch in die bila und gab vor, den Honig zu trinken, ließ ihn aber heimlich herausfließen.

Und den Barrow-Point-Leuten selbst galten mehrere Personen als gefährlich. Der legendäre Ngamu Wuthurru (der Old Man der Nacht) mit seinem dichten Haar und seinem Vollbart war schon alt und grau, bevor Roger Hart nach Cape Bedford gebracht wurde.

Alle Leute in Barrow Point hatten ein bißchen Angst vor ihm, weil er die Angewohnheit hatte, andere zu verhexen. Barney Warner hat mir eine Geschichte von ihm erzählt. Sie trug sich zu, als ich schon nicht mehr im Lager lebte. Ein kleines Mädchen in *lipwulin* war gestorben, und man hatte sie begraben. Eines Nachts, Monate später, saßen alle Männer ums Feuer und erzählten sich Geschichten. Da ergriff Ngamu Wuthurru das Wort. Das kleine Mädchen lag bereits im Grab.

»Ich habe viele Menschen umgebracht«, erzählte er. »Ich habe sie verhext. Es fing im Osten an. *Ugu imbay-ayu.* Da habe ich einen getötet. Dann einen in Thiithaarr (Cape Bedford). Ich ging nach Westen. In Yuuru (Cape Flattery) tötete ich wieder einen. Dann einen in Thanhil (Point Lookout). Ich zog weiter, immer weiter nach Westen. Ich tötete einen in Galthanmugu (Red Point) und noch einen in Wuuri (Cape Bowen). Ich habe [Zauber-]Knochen, um Menschen umzubringen«, erklärte er.

Nun ja, sie hörten, wie er sich damit brüstete, alle möglichen Leute von Cooktown bis Barrow Point verhext zu haben. Da dachten sie: »Dann hat der Alte wohl auch unser kleines Mädchen umgebracht.«

Sie packten ihn und brachten ihn nach Süden zur Lagune. Einige begannen Holz zu hacken. Andere gingen auf die Jagd. Einer hatte eine flache Eisenstange, mit der er Ngamu Wuthurru einen Hieb versetzte. Der alte Mann fiel zu Boden.

In diesem Moment hörten sie einen lauten Donnerschlag. Alle bekamen Angst und ließen den alten Mann einfach liegen, da bei der Lagune. Vielleicht hatte der Geist dieses Ortes die Explosion verursacht, weil sie versucht hatten, den Alten zu töten. Als sie den Donnerschlag hörten, rannten sie schnell zurück ins Lager, in dem Glauben, Ngamu Wuthurru sei tot.

Sie warteten ein gute Weile, ehe sie sich zur Lagune zurückwagten, um nach ihm zu sehen. Die Stelle war leer.

»Wo ist er bloß hin?« dachten sie.

Sie suchten ihn überall im Süden. Schließlich führte ihre Suche sie zurück zum Strand. Die anderen aus dem Lager, die auf der Jagd gewesen waren, hatten den Donnerschlag auch gehört. »Was war das für eine Explosion?« fragten sie.

»Wir haben den alten Mann getötet, da im Süden bei der Lagune. Weiß der Teufel, was das für ein Knall war.«

Sie suchten weiter. Sie waren überzeugt, daß Ngamu Wuthurru tot war, denn die Eisenstange hatte ihm eine tiefe Kopfwunde zugefügt. Sie machten ihn für den Tod des kleinen Mädchens verantwortlich.

Aber am Ende stellte sich heraus, daß sie ihn doch nicht getötet hatten. Nach einiger Zeit stieß mein Vater zufällig auf den alten Zauberer, der ganz allein dahockte und noch immer lebte.

»Sie haben versucht, mich umzubringen«, sagte er.

Mein Vater warnte ihn. »Mach nur weiter so und töte andere Menschen«, sagte er. »Du wirst schon sehen, was du davon hast.«

Doch Ngamu Wuthurru hörte nicht auf, die Menschen zu verhexen. Viele Jahre später lebte er im Lager von Muguulbigu, nördlich vom heutigen Hopevale. Dort ging er mit dem alten Norman Arrimi, Roy Dicks Vater, auf die Jagd.

Sie fanden etwas Honig, und gingen hinunter an den Bach bei Billy Boil, um ihn mit Wasser zu mischen. Da fing der alte Mann abermals an, sich zu brüsten. »Ich habe diesen umgebracht, und ich habe jenen umgebracht, und den da auch.«

Sein Begleiter wurde nachdenklich. »Aha, vielleicht ist er derjenige, der meine Frau verhext hat.«

Arrimi griff nach seiner Axt und hieb sie dem alten Mann in die Brust. Auch er verließ ihn in dem Glauben, ihn getötet zu haben.

Dann kehrte er in sein Lager zurück. Die anderen fragten ihn: »Wo ist der alte Mann?«

»Keine Ahnung«, antwortete er. »Weiß der Teufel, wo er ist.«

Doch schon am nächsten Tag, am späten Nachmittag, tauchte der Alte wieder im Lager auf. »Sie haben versucht, mich zu töten«, sagte er.

Wahrscheinlich hatte er neun Leben, wie eine Katze.

In späteren Jahren, als Ngamu Wuthurru schon uralt war, erzählten die Bewohner der Cape-Bedford-Mission noch immer von seinen Heldentaten als Zauberer. Angeblich konnte er auf einem Boot auftauchen, das vor der Küste ankerte, und dafür sorgen, daß die Mannschaft im

Schlaf erstickt.[80] Außerdem ging das Gerücht, daß er sich einen Ring-kampf mit King Jacko aus dem Cape-Bedford-Schutzgebiet geliefert hatte, nachdem dieser ihn dabei erwischt hatte, wie er versuchte, sich ins Bridge-Creek-Lager zu schleichen, wo viele ungetaufte Aborigines lebten.[81]

DAS PROBLEM DER »MISCHLINGSKINDER«

In Roger Harts Kindheit führten die Aborigines normalerweise ein Nomadenleben. Die Lager an der Küste waren Zufluchtsorte für Menschen geworden, die Besitzansprüche auf weit verstreute Gebiete erhoben. Roger erinnert sich, daß in den Lagern von Barrow Point zeitweise bis zu einem halben Dutzend verschiedene Sprachen gesprochen wurden. Viele der Leute kamen aus dem Norden, aber selbst aus dem tiefen Süden, aus Cooktown und vom McIvor River, kamen welche nach *lipwulin*, die Guugu Yimithirr sprachen. Rogers Stammes-brüder aus der Gegend von Laura im Landesinneren überquerten den Jack River, passierten Jones's Gap und kamen nach Wakooka und Barrow Point, wo sie ein paar Wochen oder sogar Monate blieben, ehe sie denselben Weg, den sie gekommen waren, wieder zurückwan-derten.

Die Aborigines mußten notgedrungen umherziehen, um ihre Be-dürfnisse an europäischen Gütern wie Tabak, Mehl, Werkzeug und Decken zu befriedigen, die ihnen als Gegenleistung für Arbeit wink-ten. Doch sie trugen auch den wechselnden Jahreszeiten Rechnung. In den Wintermonaten, wenn das Wetter schön war, lebten sie an der Küste, wo sie fischten und jagten. Während der Regenzeit, von Januar bis Juni, zogen sie ins Landesinnere, sammelten Honig, jagten Beutel-dachse, nahmen vielleicht irgendwo ein paar Dingo-Junge mit und ließen sich in den Gebieten um Wakooka, Tanglefoot und der Pinnacle Range nieder. Sobald das Wetter es erlaubte, kehrten sie in die Lager an der Küste zurück und nahmen den Kontakt zu Siedlern wie Instone oder Hart und den allgegenwärtigen japanischen Fisch-kuttern wieder auf.

In den ersten zwanzig Jahren des 20. Jahrhunderts entwickelten Missionen und Regierung, unterstützt von den Schutzbeauftragten der Aborigines und deren verlängertem Arm, der Einheimischen-Polizei, immer mehr Interesse daran, das Lagerleben der Aborigines zu reglementieren und es letztendlich ganz abzuschaffen. In Rogers

Kindheit hielten sich die Barrow Point People von Gebieten fern, in denen sie Gefahr liefen, in gewaltsame Auseinandersetzungen verstrickt oder in Strafkolonien im Süden »verlegt« zu werden. Wenn King Nicholas, der von der Regierung ernannte Sprecher der Barrow-Point-Lager, von seiner Arbeit bei Instone nach Hause kam und von einer bevorstehenden Polizeirazzia berichtete, »rollten die bama«, so Roger, «[ihre *swags*] zusammen und machten sich aus dem Staub«. Chookie McGreen, Rogers Verwandter mütterlicherseits, der der Einheimischen-Polizei angehörte, arbeitete als Spurenleser für die Polizeiwache in Laura. Obwohl er seine Leute vor bevorstehenden Razzien warnte, damit die Barrow-Point-Kinder nicht von ihren Eltern getrennt wurden, konnte er nicht verhindern, daß zwischen 1910 und 1920 mehrere Kinder aus Cape Melville mitgenommen wurden.

Erstaunlicherweise hatten die Männer und Frauen, die für europäische Siedler arbeiteten, ein freieres und sichereres Leben als die Aborigines, die weiterhin im Busch lebten. Doch die unmittelbare Nähe zu den Weißen barg viele andere Gefahren. Familien, die ihr Lager auf dem Grund und Boden von Europäern aufschlugen, lieferten sich den Launen der Besitzer aus. Die Wallace-Brüder, jahrelang Eigentümer eines Grundstücks am McIvor, waren berüchtigt dafür, daß sie Aborigines auspeitschten, egal ob Männer oder Frauen, wenn sie sie dabei erwischten, daß sie Honig sammelten, wilderten oder das Vieh »in Unruhe versetzten«. Obwohl ihre Kinder bessere Chancen hatten, den Heimen zu entgehen, als jene, die »wild« im Busch lebten, mußten unter dem »Schutz« europäischer Siedler stehende Aborigine-Eltern damit rechnen, daß ihre Kinder auf andere Weise mißhandelt wurden.

Den deutlichsten Beweis für den Kontakt zwischen Aborigines und den Fremden, die in ihr Territorium eingedrungen waren, lieferte indirekt die steigende Anzahl von Mischlingskindern, im Jargon der damaligen Zeit *half-castes* (halbweiße Kinder) genannt.[1] Für die Regierung war die bloße Existenz solcher Kinder nicht nur ein Problem, sondern wurde geradezu als Blamage empfunden. Bereits 1896 hatte der für den Norden zuständige Schutzbeauftragte der Aborigines, Archibald Meston, in einem Bericht über die Lebensbedingungen der Aborigines in Queensland die Umstände als alarmierend bezeichnet. Er schrieb, daß die »Freiheit der [Aborigine]-Frauen, nach Belieben zu kommen und zu gehen, wann und wohin sie wollen, einen dauerhaften Anstieg der Mischlingsbevölkerung zur Folge haben wird«.[2]

Drei Jahre später vermerkte der für den Norden zuständige Schutzbeauftragte Roth in seinem Bericht, was in seinen Augen längst gang und gäbe war: daß immer mehr hellhäutige Kinder von Aborigine-Müttern getötet wurden. Er entwarf Pläne zur Verbesserung der Situation, die sich im wesentlichen darauf konzentrierten, die Kinder – vor allem solche von Eltern unterschiedlicher Rassen und Mädchen – von ihren Familien zu trennen und in Heimen unterzubringen.

> Es liegt ... durchaus im Rahmen des Möglichen, daß diese Form der Kindestötung aufhört, wenn man die Schwarzen davon überzeugen kann, daß die Regierung die Absicht hat, für solche verwahrlosten Kinder zu sorgen. Besonders die kleinen Mädchen haben meine rege und aufrichtige Anteilnahme geweckt. Wir versuchen nach wie vor, sie in verschiedenen Missionsstationen unterzubringen. Meine Empfehlungen ... fußen nicht unbedingt auf ihrer gegenwärtigen schlechten Behandlung etc., sondern zielen ausschließlich auf das künftige Wohlergehen, die Versorgung und das Glück der Kinder. Es ist viel besser zu wissen, daß sie eines Tages rechtmäßig verheiratet im Schutz der Missionen und damit des Staates leben werden, als sich damit abzufinden, daß sie, sobald sie alt genug sind, um von skrupellosen Weißen mißbraucht zu werden – was gegenwärtig der Fall ist – als mißratene Mädchen in ihre Lager zurückgeschickt werden und dort letztendlich Krankheiten und allgemeiner Verwahrlosung zum Opfer fallen. Meine Bemühungen, die Lebensumstände der reinrassigen kleinen Mädchen zu verbessern, gehen in eine ähnliche Richtung.[3]

In seinem Jahresbericht für 1901 gab Roth eine ungeschminkte Einschätzung der Zukunft jener Kinder, die teilweise von Aborigines abstammten.

> Mischlingskinder brauchen unsere Sympathie vielleicht noch mehr als reinrassige. Überläßt man sie sich selbst, enden die meisten weiblichen Mischlinge als Prostituierte, die männlichen als Vieh- und Pferdediebe.[4]

In einigen Teilen von Queensland waren Mischlingskinder als Hausbedienstete besonders begehrt, was Roth zu weiteren Anmerkungen veranlaßte.

Da es so aussieht, als habe mein Plan, Mischlinge und reinrassige Kinder aus der Obhut privater Arbeitgeber in verschiedene Missionsstationen und Heime zu verlegen, in nicht unbeträchtlichem Maße die Gemüter bestimmter Bevölkerungsschichten erhitzt, ist es möglicherweise angebracht, hier festzuhalten, daß alle Schritte ... ausschließlich unter dem Aspekt erfolgten ... dem Geist des Gesetzes zu entsprechen ... Es ist mein oberstes Anliegen, das zukünftige Wohlergehen und Glück dieser Kinder zu gewährleisten ... So wie die Dinge derzeit stehen, arbeiten die meisten dieser weiblichen Kinder als Kindermädchen und wachsen in dem trügerischen Glauben auf, »zur Familie zu gehören«. Dieser Tatsache ist es wahrscheinlich zuzuschreiben, daß sie keinen regelmäßigen Lohn beziehen. Geraten sie jedoch in Schwierigkeiten, sind sie nicht länger erwünscht, sondern werden abgeschoben und müssen allein zurechtkommen, so gut es geht.[5]

Genau so ein Fall läßt sich fast ein Jahrzehnt später aus der Korrespondenz vom 20. April 1920 zwischen dem Obersten Schutzbeauftragten der Aborigines in Brisbane und dem Schutzbeauftragten von Cooktown, Sergeant Bodman, rekonstruieren. Bodman hatte einen Verlegungsbefehl für eine junge Mischlingsfrau angefordert, die bei einer gewissen Mrs. Gorton am McIvor River beschäftigt war.

Sie hat ein Mischlingsmädchen, seit es 4 Jahre alt war ... das ihr von Dr. Roth übergeben worden war. Dieses Mädchen ist mittlerweile siebzehn Jahre ... Inzwischen ist sie der Familie lästig und erwartet in Kürze ein Kind. Sie will nicht sagen, wer der Vater ist. Mrs. Gorton ist sehr darauf erpicht, daß dieser Mischling so schnell wie möglich nach Yarrabah [eine anglikanische Missionsstation außerhalb von Cairns] verbracht wird.[6]

»VERWAHRLOSTE UND ELTERNLOSE KINDER«

Um die Jahrhundertwende hatte Roth die Vision, daß Missionen und Heime spezielle Refugien sein sollten, die Aborigine-Kindern, vor allem den Mischlingen unter ihnen, eine praktische Ausbildung bieten könnten.

115

Viele Arbeitgeber haben sich hinter dem Abschnitt 4 des Gesetzes verschanzt, demzufolge Mischlinge dann nicht als «Aborigines» gelten ... wenn sie als Kinder weder bei Aborigines gelebt haben noch Kontakt zu ihnen hatten ... Ich war genötigt, das Einweisungsgesetz zu bemühen; ohne letzteres wäre es mir nicht möglich gewesen, irgendwelche Ansprüche auf diese verwahrlosten und elternlosen Kinder zu erheben ... Der Staat übernimmt die – in meinen Augen wichtige – Verantwortung dafür, diese Kinder aus ihrer Aborigine-Umgebung herauszuholen, übergibt sie jedoch zugleich den verschiedenen Missionsstationen, die nun der direkten Überwachung und Kontrolle der Regierung unterliegen.[7]

Die Cape-Bedford-Mission, in der Roger eines Tages landen sollte, war eine der Missionsstationen, mit deren Hilfe Roth seine Pläne umzusetzen begann. Der Missionar Schwarz hatte sich viele Jahre lang geweigert, »verwahrloste und elternlose Kinder« aufzunehmen, die ihm von den Schutzbeauftragten der Aborigines aufgedrängt wurden, weil er hoffte, seine kleine Gemeinde im lutherischen Geist getaufter Aborigines vor schädlichen Außeneinflüssen zu bewahren, sei es von schwarzer oder von weißer Seite.

Doch schließlich zwangen ihn die Umstände, seine Vorgehensweise zu ändern. Zuerst geriet eine lutherische Partnermission am Bloomfield River, südlich von Cooktown, in ernsthafte Schwierigkeiten, unter anderem wegen der Geburt eines hellhäutigen Kindes, dessen Mutter eine zum Christentum bekehrte Bewohnerin der Station und dessen erklärter Vater ein europäischer Missionsarbeiter war.[8] Letzten Endes wurden Mutter *und* Kind nach Cape Bedford verbannt, so daß Reverend Schwarz sich genötigt sah, wenigstens ein in der Gegend gezeugtes, halb-europäisches Kind in seiner Mission aufzunehmen.

Des weiteren bedeutete das Scheitern der lutherischen Marie-Yamba-Mission bei Proserpine genau zur Jahrhundertwende, daß eine große Gruppe von Aborigines aus dem Bowen-Gebiet ebenfalls nach Cape Bedford verlegt wurde. Einige dieser Leute hatten teilweise europäisches Blut; einer wurde später sogar ein bedeutender Anführer in Cape Bedford und gründete eine einflußreiche Familie.[9]

Mehrere andere hellhäutige Kinder, deren Entwicklung im Busch die Aufmerksamkeit der örtlichen Behörden von Cooktown erregt hatte, fanden ebenfalls den Weg in die Mission, manchmal auch, weil ihre Aborigine-Eltern unmittelbar um ihre Aufnahme baten, da sie sie lieber in die Obhut des Missionars Schwarz gaben als sie »draußen« zu lassen.[10] Das Archivmaterial belegt den Fall von Dora, die später Roger Harts Schwiegermutter werden sollte.

DORA, DIE TOCHTER VON MATYI, DEM REGENMACHER

Reverend G. H. Schwarz, der Missionar von Cape Bedford, unterhielt eine freundschaftliche Beziehung zu dem ersten für den Norden zuständigen Schutzbeauftragten der Aborigines, Dr. Walter E. Roth.[11] Im Februar 1902, kurz nach einem Besuch des Schutzbeauftragten in Cape Bedford, schrieb Schwarz an Roth. In seinem Schreiben heißt es, er hoffe, von den umliegenden Gemeinschaften, vornehmlich von der Aborigine-Gruppe, die am McIvor River lebt, ein paar neue Kinder für die Schule in Hope Valley zu bekommen. Und er fährt fort:

Der Mischling, ein etwa zehnjähriges Mädchen, von dem ich Ihnen berichtet habe, lebt noch immer in diesem Lager. Ihre Verwandten wollen sie nicht herkommen lassen, aber es ist schade, sie im Lager aufwachsen zu sehen. Könnten Sie nicht dafür sorgen, daß sie nach Yarrabah verlegt wird? [12] Es wäre gut für die Kleine, wenn sie bald von dort weggebracht würde. Der Mann ihrer Mutter ist Matyi, der Regenmacher der Schwarzen vom McIvor River.[13]

Diese beiläufige Erwähnung findet sich in dem ersten Brief in einer umfangreichen Akte unter den Berichten des für den Norden zuständigen Schutzbeauftragten der Aborigines. Die Akte enthält die offiziellen Verfügungen darüber, was mit dem Mädchen Dora zu geschehen habe, das letzten Endes von der Cape-Bedford-Mission aufgenommen wurde, dort zur Schule ging, heiratete und vier Kinder großzog, darunter eine Tochter, die später Roger Harts Frau wurde.

Innerhalb einer Woche nach Erhalt von Schwarzs Brief hatte der für den Norden zuständige Schutzbeauftragte der Aborigines an den Staatssekretär im Innenministerium geschrieben und um die »Bevollmächtigung« ersucht, »dieses Kind dem Gericht von Cooktown vorzuführen und wegen Verwahrlosung im Heim von Yarrabah unterbringen zu lassen«.[14] Wenig später wies Roth die Polizei von Cooktown an, Doras Verlegung in die Wege zu leiten, und schlug vor, sich mit der Frage nach Doras Aufenthaltsort an Reverend Schwarz zu wenden. Es folgten mehrere Monate Tauziehen, in denen Constable

Kenny aus Cooktown versuchte, die Kleine von einem Siedler namens Charles Wallace wegzuholen, der sie auf Glenrock, seinem Besitz am McIvor River, festhielt. Der erste Versuch, sie mitzunehmen, erfolgte am 23. Juni 1902. Constable Kenny berichtete, daß er nach Glenrock fuhr, wo das Mädchen, wie er gehört habe, »sporadisch beschäftigt war«. Er fährt mit seiner Schilderung in nüchternem Polizeijargon fort:

Der Constable informierte Wallace, daß er Anweisung habe, den Mischling abzuholen und ins Heim von Yarrabah zu verbringen. Mr. Wallace schickte sie sofort ins Haus und schloß die Tür, nachdem sie sich zuvor auf der Veranda aufgehalten hatte. Dann erklärte er dem Constable, er könne sie nur mit Gewalt mitnehmen, da er seine Einwilligung nicht geben werde; der Mischling sei ihm von den Eltern anvertraut worden, und er habe die Absicht, die Sache auszufechten. Daraufhin unternahm der Constable keine weiteren Schritte, sondern erklärte Mr. Wallace, daß er seine Vorgesetzten informieren werde, mit denen sich Mr. Wallace künftig auseinanderzusetzen habe.[15]

In einem späteren Schreiben führte Kenny aus, daß Wallace im vergangenen Februar um die offizielle Erlaubnis ersucht habe, das kleine Mädchen einzustellen, das jedoch kurz darauf von Glenrock weggelaufen war, so daß keine Erlaubnis ausgestellt wurde.[16]

Charles Wallace seinerseits wandte sich direkt ans Innenministerium und bat um die Erlaubnis, das Mädchen behalten zu dürfen.

Ich wende mich bezüglich einer Mischlings-*gin* an Sie. Constable Kenny kam zu mir und wollte sie mitnehmen. Ich habe ihn daran gehindert, da er keine offizielle Verfügung vorzuweisen hatte. Ich weiß selbst, daß das Gesetz vorschreibt, den Schwarzen ihre Kinder wegzunehmen, aber in diesem Fall verhält es sich so, daß der Vater und die Mutter das Kind in mein Haus brachten und meine Frau baten, sie aufzunehmen und für sie zu sorgen. Bei dieser Gelegenheit darf ich Ihnen mitteilen, daß ich einen Mischlingsjungen aus demselben Stamm habe, der schon als Säugling zu mir kam und mittlerweile zehn Jahre alt ist. Die Mutter liegt im Sterben und hat mir das Versprechen abgenommen, daß ich mich um den Jungen kümmern werde. Inwieweit dieses

Versprechen bisher erfüllt wurde, können Sie leicht feststellen, sofern Sie Erkundigungen einziehen wollen. Ich schicke ihn zusammen mit meinen beiden eigenen Kindern in die hiesige G[rund]schule ... Die *gin* selbst möchte nicht weg von hier.[17]

Obgleich Wallace damals (wie heute in der Erinnerung der Leute) in dem Ruf stand, die Aborigines, die auf seinen Ländereien oder in der Umgebung lebten, zu mißhandeln, schilderte er seine Beziehung zu ihnen in einem rosigen Licht.

> Dr. Roth[18] kann Sie, so er es wünscht, ebenfalls über die Behandlung informieren, die meine Frau wohl jedem Kind angedeihen lassen würde. Obwohl er und ich unterschiedlicher Meinung sind, was die Schwarzen angeht, bin ich überzeugt, daß er zu sehr Gentleman ist, um in diesem Punkt Lügen zu verbreiten. Ich kann nicht verstehen, warum ausgerechnet diese *gin* ausgesucht wurde, wo doch viele andere, die etwa im gleichen Alter sind und von meinen Nachbarn beschäftigt werden, nicht behelligt werden ... Sie müssen den falschen Eindruck gewonnen haben, daß sie immer noch bei ihrem Stamm lebt. Sie ist vollkommen glücklich und zufrieden. Ich denke, Sie werden einsehen, daß sie nicht gegen den Wunsch ihrer eigenen Eltern gezwungen werden will, mein Haus zu verlassen ... Sie und meine Kinder hängen sehr aneinander, und ich möchte sie nicht trennen.[19]

Wegen der Proteste und Beschwerden des Siedlers unternahmen die Behörden erst im August desselben Jahres einen erneuten Vorstoß, um die kleine Dora nach Yabarrah zu verlegen. Der Schutzbeauftragte der Aborigines erwog mittlerweile gerichtliche Schritte gegen Wallace und stützte sich dabei auf einen weiteren detaillierten Bericht, der ihm von Constable Kenny zugegangen war.

> Der Constable meldet, daß ihm besagter Mischling seit vier Jahren bekannt ist, und daß das Mädchen bis vor kurzem im Lager der Schwarzen gelebt hat. Ihre Mutter gehört dem Stamm der Binjouwara[20] an. Vor etwa fünfzehn Monaten äußerte ein junger Schwarzer aus einem benachbarten Stamm den Wunsch, sich mit ihr zu verbinden. Das lehnten die Eltern ab. Da jedoch der Stamm, dem der Schwarze angehört,

stärker ist als ihr eigener, bekamen die beiden Eltern Angst, daß man ihnen ihr Mädchen mit Gewalt wegnehmen könnte. Die Folge war, daß man sie zu ihrem Schutz in Mr. Gortons Obhut gab, wo sie vorübergehend blieb, bis die Angelegenheit bereinigt war und sie wieder zu ihrem Stamm zurückkehren konnte, der zu dieser Zeit am McIvor River lagerte, nicht weit von Mr. Wallaces Anwesen entfernt, wo der Constable sie das nächste Mal sah. Mr. Wallace erklärte ihm, dem Constable, die Eltern hätten den Mischling in seine Obhut gegeben, und beantragte auf dem üblichen Weg eine Genehmigung. Die Schwarzen hingegen erzählten dem Constable, Mr. Wallace habe den Eltern einen Sack Mehl für den Mischling bezahlt. Zu der Zeit befand sich der Constable auf dem Weg zur Starcke-Goldmine. Bei seiner Rückkehr suchte er Mrs. Wallace auf, und [sie] erklärte, der Mischling Dora sei weggelaufen [sic], und bat den Constable, sie zurückzubringen und die Schwarzen davor zu warnen, sie bei sich zu behalten. Dies lehnte der Constable ab und erklärte Mrs. Wallace, es habe keinen Sinn, den Mischling zu zwingen, bei ihr zu bleiben, wenn dieser nicht willens sei. Diese Unterhaltung fand Ende Februar 1902 statt. Etwas später erfuhr der Constable, daß Mr. Wallace den Mischling zurückgeholt hatte. Kurz darauf berichtete ihm ein anderer Europäer, daß sie erneut weggelaufen sei, was mehrmals passierte, doch jedesmal holte Mr. Wallace sie zurück. Am 23. Juni 1902 suchte der Constable Mr. Wallace auf und las ihm ein Schreiben vor, das der Constable von seinem Polizeikommissar erhalten hatte und in dem Mr. Wallace mitgeteilt wurde, daß der Minister die Verlegung des Mischlings in die Missionsstation Yarrabah angeordnet habe. Wallace weigerte sich, sie herauszugeben, und erklärte dem Constable, daß man sie mit Gewalt holen müsse, daß seine Befugnisse nicht ausreichten und daß er die Sache in jedem Fall ausfechten wolle, um festzustellen, ob man ihm den Mischling wegnehmen könne oder nicht. Kurz darauf beantragte Mr. Wallace erneut die Genehmigung, Dora zu beschäftigen, was von der Polizei beanstandet und vom Schutzbeauftragten abgelehnt wurde. Über Mr. Wallaces Umgang mit den Schwarzen ist nur eine Beschwerde der Schwarzen vom Mai 1899 bekannt, als sie dem Constable meldeten, Mr. Wallace habe sie mit der Viehpeitsche traktiert und gedroht, sie zu erschießen, wenn sie sich nicht von seinem Vieh fernhielten, das zu der Zeit teilweise unbeaufsichtigt im Schutzgebiet der Aborigines graste.[21] Der Constable riet den jungen Burschen, Dr. Roth zu informieren. Was Mr. Wallace angeht, so ist er seit langer Zeit in diesem Bezirk ansässig und hat bisher nichts mit der Polizei zu tun gehabt, obgleich sein Verhalten nicht immer über jeden Verdacht erhaben ist. Die Kleine wäre im Heim von Yarrabah weit besser aufgehoben, wo sie der unmittelbaren Nähe ihres Stammes und des Einflusses, den dieser und die Eltern trotz aller Sorge und Wachsamkeit von Mr. Wallace ausüben, entzogen wäre, zumal sie durch ihr wiederholtes Weglaufen gezeigt hat, daß sie in keinster Weise damit einverstanden ist, für Mr. Wallace arbeiten zu müssen.[22]

Roth merkt zu Kennys Bericht an, er sei »auf dem Weg nach Cape Bedford Doras Vater Matyi, ›dem Regenmacher‹, begegnet, der mir ebenfalls sagte, daß Wallace ihm das Mädchen für einen Sack Mehl, etwas Zucker und Tabak abgekauft hat, und daß er selbst gesehen hat, daß sie angekettet war.«[23]

Im September 1902 gab das Innenministerium erneut Anweisung, Dora von Glenrock nach Yarrabah zu bringen. Wallace wiederholte seinen Protest, daß man ihn zu Unrecht herausgepickt habe, denn »es gibt noch andere Mischlinge hier«.[24]

Im Oktober 1902 meldete Constable Kenny, daß Dora erneut von Glenrock weggelaufen war. Daraufhin hatten ihre Angehörigen sie nach Cape Bedford gebracht und Reverend Schwarz gebeten, sie zu behalten.[25] Es gab einiges Hin und Her, in dessen Verlauf Wallace dem Constable vorwarf, Matyi mit Deportation gedroht zu haben, falls er sich weigere, seine Stieftochter Dora den Behörden zu übergeben.[26] In einem weiteren Bericht ging Kenny auf Wallaces Beschuldigungen ein.

Als der Constable Matyi, den Vater des Mischlings Dora, vor deren [Verbringung ...] in die Missionsstation durch die Schwarzen zum letzten Mal sah, befand sich der Constable in Begleitung von Dr. Roth und Reverend Schwarz. Bei dieser Gelegenheit erklärte Matyi den beiden Herren, sein Kind sei von Mr. Wallace schlecht behandelt worden. Diese Behauptung hat Dora selbst weitestgehend bestätigt, als der Constable sie kürzlich in der Missionsschule von Cape

Bedford dazu befragte. Die Schwarzen haben den Mischling Dora ohne Einschüchterung oder sonstige Einflußnahme von seiten des Constable in die Missionsstation gebracht und Reverend Schwarz ersucht, das Kind aufzunehmen und dortzubehalten. Diesem Wunsch, so erklärte Reverend Schwarz den Schwarzen, könne er nicht nachkommen. Doch die Schwarzen verließen die Station, ohne das Kind mitzunehmen. Reverend Schwarz informierte daraufhin den Constable. Der Constable kabelte daraufhin an Dr. Roth und erbat dessen Rat. Dieser Herr billigte es schließlich, daß Doras in Cape Bedford verblieb.[27]

Obwohl sich Wallace später beschwerte, daß Dora »in der Missionsstation in Cape Bedford Hausarbeit verrichten muß, sofern es stimmt, was die Schwarzen mir erzählen«,[28] durfte das Mädchen dort bleiben. Einige Jahre später heiratete sie einen der jungen Mischlingsmänner, die aus der aufgegebenen Marie-Yamba-Mission gekommen waren, einen Mann aus der Region Bowen. Doras Kinder wiederum wählten durchweg Ehepartner, die kein Aborigine-Blut hatten. Und ihre Tochter Maudie heiratete kurz vor dem Zweiten Weltkrieg Roger Hart.

Um 1910 sah sich die Mission von Cape Bedford aufgrund ihrer schwierigen finanziellen Lage gezwungen, mehrere neue Schübe von Verlegungen zu akzeptieren, von denen auch viele Mischlingskinder betroffen waren, um auch weiterhin Fördergelder von der Regierung zu erhalten. An Ostern 1916 wurde eine Gruppe von »verlegten« Kindern in Cape Bedford getauft, was Dr. Theile, den damaligen Präsidenten der Lutherischen Kirche von Australien veranlaßte, sich Gedanken über die »sogenannten ›verwahrlosten Kinder‹« zu machen, die aus ganz Queensland nach Cape Bedford gekommen waren.

Die meisten sprachen gut englisch, als sie kamen, wodurch der Unterricht leichter für sie wurde. Einige jedoch kamen auch direkt aus Aborigine-Lagern und sprachen kein Wort Englisch, nur ihre eigenen Dialekte. Für sie waren die ersten Wochen in der Station schwierig; so gab es drei Mädchen von der Westküste,[29] die nicht ein Wort Englisch konnten. Sie waren alles andere als sauber und hatten entzündete Augen. Deshalb hängten sie sich schmutzige Taschentücher über den Kopf, um so kleidsam wie nur möglich auszusehen. Doch sie merkten schnell, daß sie unter Freunden waren, und schlossen sich schließlich den Spielen der anderen Kinder an.

Unwillkürlich mußte man an den 137. Psalm denken. Es dauerte nicht lange, bis Heimat und Heimweh vergessen waren und sie genauso fröhlich und übermütig waren wie die anderen Kinder. Am meisten überraschte mich die Geschwindigkeit, mit der sie Englisch lernten. Sie waren keine reinrassigen Aborigines: eine hatte einen Japaner als Vater, die beiden anderen Südsee-Insulaner. Elf der siebzehn [bei dieser Gelegenheit getauften] Mädchen waren Mischlinge. Doch jetzt haben alle ihr wahres Zuhause entdeckt. Ungeachtet ihrer Abstammung haben sie ihren Erlöser gefunden.[30]

Viele Kinder, die zu Beginn des Jahrhunderts nach Cape Bedford geschickt wurden, kamen aus entlegenen Gegenden von Queensland, angefangen bei der Nordspitze der Halbinsel Cape York bis hin zu Stonehenge weit im Süden.[31] In Cape Bedford erwartete sie eine Gemeinde, die sich hauptsächlich aus Überlebenden von Aborigine-Gruppierungen aus Cooktown, Cape Bedford und den Lagern am McIvor River zusammensetzte. Etwa von 1910 an wurden immer häufiger auch Kinder aus dem Hinterland von Cooktown in die Missionen und Siedlungen geschickt, anfangs ausschließlich Mischlinge, nach und nach dann alle Kinder, die im Busch entdeckt wurden.

Die Kinder aus der Gruppe von Roger Hart weiter im Norden blieben nicht verschont. Vier Mädchen, deren leibliche Väter keine Aborigines waren, wurden 1916 von Cape Melville nach Yarrabah verlegt, und ihr Bruder, der verstorbene Bob Flinders, kam 1918 von Cape Melville nach Laura und ein Jahr später ebenfalls nach Cape Bedford.[32] Roger Hart kann sich schwach an einen Besuch im Jahr 1919 mit seiner Mutter in der Laura-Station erinnern, wo er mit ansah, wie Bob im Zug nach Cooktown transportiert wurde.

VON BARROW POINT NACH CAPE BEDFORD

Roger Hart blieb die Entführung durch einheimische Polizisten erspart. Es waren seine eigenen Verwanden, die ihn schließlich der Obhut der Missionare übergaben. (Vgl. Farbtafel 4)

Rogers Mutter wurde auf englisch Alice genannt. Ihr Aborigine-Name war, den Alten in Cape Bedford zufolge, *Tharrwiilnda*. Ihr angestammtes Gebiet war Muunhthi, ein Stück Land an der Quelle des Jack River. Ihr Leben war typisch für das vieler junger Frauen in dieser

Zeit: Sie zog von Ort zu Ort und wurde im Lauf der Zeit von mehreren Männern, Aborigines wie Nichtaborigines, verschleppt.

Rogers Mutter war noch eine junge, unverheiratete Frau, als sie in Begleitung ihrer Brüder,[33] die für Maurice Hart auf der Wakooka-Farm arbeiteten, in das Gebiet Wakooka kam. Eine große Gruppe von Aborigines aus der Gegend hatte damals unweit der Farm ihr Lager aufgeschlagen. Es herrschte reges Kommen und Gehen, die Menschen strömten aus allen Himmelsrichtungen in die Lager an der Küste und die nahegelegenen Siedlungen und zogen dann weiter. »Youngfellow-galaaygu«, wie Roger es ausdrückte, »junge Leute waren eben so« – damals.

Als Roger um 1916 geboren wurde, war seine Mutter mit Charlie Lefthander verheiratet, einem Mann, der zu der Gambiilmugu-warra-Sprachgruppe von Barrow Point gehörte. Die Familie zog zwischen dem Basislager des Vaters an der Ninian Bay und anderen Lagern in der Region hin und her. Von diesem Aborigine-Vater übernahm Roger seine Gruppenzugehörigkeit zu den Barrow Point People.

Als Junge hatte Roger auch sporadisch Kontakt zu den Verwandten seiner Mutter. Zum Beispiel erinnert er sich an eine lange Kanufahrt mit dem Vater seiner Mutter und einem anderen alten Mann namens German Harry oder Wujilwujil,[34] der den Jungen bis nach Flinders Island und dann hinunter nach Lakefield mitnahm, wo German Harry eine zweite Frau hatte.

Als Roger noch ein Kind war, wurde seine Mutter von Old Man Wathi, Billy Salt, aus einem Wuuri-warra genannten Clan entführt. Einige Leute aus Barrow Point, unter ihnen seine Mutter, waren nach Laura gezogen, »um sich ein bißchen was zu rauchen zu besorgen«. Roger, damals knapp sechs, war in *lipwulin* zurückgeblieben, ebenso sein Vater, »der sich vermutlich um mich kümmerte«. Seine Mutter hatte vorgehabt, Verwandte in Laura zu besuchen. Sie kam nie zurück. Später erfuhr Roger, daß Billy Salt sie von dort entführt und nach Innisfail im Süden und dann wieder zurück nach Mossman verschleppt hatte.

»ICH SAH SIE NOCH EINMAL UND DANN NIE WIEDER«

Nachdem Rogers Mutter Barrow Point verlassen hatte, empfand sein Aborigine-Vater die Anwesenheit eines kleinen, mutterlosen, hellhäutigen Kindes im Lager immer mehr als Problem.[35] Die Einheimischen-Polizei verfügte über Blanko-Vollmachten, Lager zu durchsuchen, in denen Kinder mit teilweise europäischer Abstammung vermutet wurden, und sie mit Gewalt von ihren Familien zu trennen. Es war bekannt, daß mehrere hellhäutige Kinder in Cape Melville aufgegriffen und in Missionsstationen weiter im Süden gebracht worden waren. Einige Barrow Point People planten bereits einen Besuch in der weiter unten an der Küste, unmittelbar nördlich von Cooktown, gelegenen lutherischen Mission Cape Bedford, um Regierungsgüter in Empfang zu nehmen. Schließlich wurde beschlossen, den kleinen Jungen mitzunehmen und dort zu lassen. Das war um 1923.

Rogers Schilderung von dieser Wanderung nach Süden ist ein Durcheinander von Bildern und Eindrücken mit vielen Lücken und chronologischen Verzerrungen. Eine dramatische, herzzerreißende Geschichte, die in der Gemeinde von Cape Bedford bis heute die Runde macht. Eine große Gruppe, der auch Rogers Aborigine-Vater und mehrere Spielkameraden von Roger angehörten, machte sich auf den Weg nach Süden.

Aufbruch nach Süden

125

»Wir kamen von Westen die Küste herab. Wir gingen nicht in einem durch. Wir schlugen unser Lager auf und blieben eine Weile, zwei, drei Nächte vielleicht, und dann ging es weiter. Dann wieder zwei Nächte irgendwo und weiter. Manchmal sprangen wir in unsere Einbäume, wenn das Gelände schwierig wurde. Aber wenn der Strand gut war, gingen wir zu Fuß.«

Roger hatte keine Ahnung, weshalb seine Leute ihn wegbrachten. Noch heute denkt er mit zwiespältigen Gefühlen an ihre möglichen Beweggründe.»Wahrscheinlich wollten sie mich loswerden«, sagt er und denkt dabei an die Einheimischen-Polizei, die die Lager durchkämmte, wenn sie wußte, daß Kinder mit europäischem Blut dort lebten.

»Ich wußte nicht, daß sie mich nach Cape Bedford brachten. Ich hörte den alten Burschen [seinen Aborigine-Vater] sagen: ›Nhanu walaarrbi wuthinhu nagaar‹ – ich bringe dich dem Bart im Osten.[36] Aber ich verstand einfach nicht, was er damit meinte.«

Diese Wanderung führte Roger Hart weiter von Zuhause fort, als er je gewesen war. Sie erreichten Cape Bowen, wo er einmal in einer Höhle übernachtet hatte, aber statt umzukehren, setzten sie ihren Weg entlang der Küste weiter fort.

»Wir blieben in Cape Bowen und schlugen dort für ein paar Tage unser Lager auf. Eines Morgens brachen wir dann auf und gingen weiter nach Osten ... Wir verließen die Küste und marschierten ins Landesinnere – wie viele Tage und Nächte, weiß ich nicht –, bis wir an den Jeannie River kamen, nicht weit von der Lagune entfernt, wo *Wurrey* mit seinem Netz die vielen Fische gefangen hatte. Wir fuhren in unseren Kanus flußabwärts und gingen dann wieder an der Küste weiter.

Da sagten sie mir dann, daß sie mich bei dem weißen Mann, dem walarr (Bart) lassen würden. So nannten sie den Missionar in Cape Bedford, aber das verstand ich damals noch nicht. Die anderen Kinder zogen mich damit auf, und später auch die Erwachsenen. Sie lachten mich ständig aus. Ich dachte wirklich, es wäre nur ein Witz. Aber ich weinte nicht, das kam erst viel später, als sie mich tatsächlich in der Mission zurückließen.«

Die Gruppe aus Barrow Point kam durch mehrere große Aborigine-Lager, zuerst in Starcke, dann am McIvor River, wo sich feste Gruppen von Aborigines in der Nähe weißer Siedlungen niedergelassen hatten. Roger lernte ein paar Kinder kennen, die er später in der Mission wiedertreffen sollte.

»Wir verbrachten einige Zeit im Lager in Glenrock, am McIvor. Eine große Gruppe von Barrow Point People hielt sich dort auf, aber auch viele Fremde. Ich spielte mit den anderen Kindern. Ich erinnere mich an Tom Charlie[37] und einige andere. Aber ich war älter als sie. Sie waren ein bißchen jünger.«

Im selben Lager gab es mehrere alte Männer aus Gemeinschaften um Cooktown, die den Kontakt zu dem deutschen Missionar, Reverend Schwarz, vermittelten. Auf Guugu Yimithirr nannten sie ihn Muuni (schwarz). Sie drängten die Leute von Barrow Point, Roger bei diesem Mann zu lassen, der wegen seines weißen Vollbartes überall bekannt war.

Am Ende ging Roger mit seinem Vater und einem dort ansässigen Alten, Old Man Gun.gunbi, nach Cape Bedford.

»Als ich Mr. Muuni sah, hatte ich Angst vor seinem Bart.« Roger weigerte sich, in die Schlafbaracke zu gehen, wie ihm der Missionar aufgetragen hatte.

»Ich weigerte mich einfach.«

Nach nur zwei Tagen in der Station begleitete Roger die Erwachsenen wieder zurück ins Lager. Die Barrow Point People blieben mehrere Monate in den gemischten, ständig wechselnden Gemeinschaften von Aborigines, die sich abwechselnd im Umkreis weißer Siedlungen niederließen und dann wieder ihr eher gewohntes Leben in den Buschzonen am McIvor River führten.

»Wir hielten uns lange auf einem Besitz auf, der sich Flagstaff nannte, am Nordufer des McIvor River. Ich ging gern hinüber ans Südufer, nach Buga Thabaga. Dort wohnte Dabunhthin.[38] Ich besuchte oft das Lager dort.«

Doch der Missionar Schwarz hatte den kleinen hellhäutigen Jungen nicht vergessen. Wenig später beorderte er Roger zurück nach Cape Bedford, wo er am Schulunterricht teilnehmen sollte.

»Nach einiger Zeit kam wieder eine Nachricht. ›Wohin ist der kleine Junge verschwunden?‹ fragte Schwarz.

›Ach, der ist im Westen, in Glenrock.‹

›Dann holt ihn zurück.‹

Das war Old Man Arthur, Willie Mt. Webbs Vater.[39] Er kam mit der Botschaft von Schwarz zum McIvor.

›He, der kleine Junge wird im Osten vermißt. Es ist besser, wenn ihr ihn wieder hinbringt.‹«

Also kehrten Rogers Vater und einige seiner Stammesgenossen zur Missionsstation in Cape Bedford zurück und übergaben Mr. Muuni

Roger wird von seinem Vater gefesselt

den Jungen. Der Missionar versuchte ihn abermals zu überreden, in die Schlafbaracke zu gehen, in der sich andere Kinder teils europäischer Abstammung befanden.

»Schwarz sagte: ›Also gut, bringt ihn in die Schlafbaracke.‹ Leo Rosendale und Bob Flinders[40] kamen, um mich abzuholen, aber ich wollte nicht mitgehen. Ich hatte Angst, denn sie konnten meine Sprache nicht. Und ich konnte kein Englisch.«

Schwarz schickte den völlig verschreckten kleinen Jungen mit seinem Vater in das in einem Holzbau untergebrachte Krankenhaus am Rand der Missionssiedlung, wo es eine große Sisalpflanzung gab. Diesmal sorgte der Vater dafür, daß Roger ihm nicht wieder zurück ins Lager folgte.

»Wir gingen zur Südseite des alten Krankenhauses. Mein alter Mann sagte: ›Komm her!‹ Dann ging er nach Westen und brach ein paar Sisalschößlinge ab. Also ich hatte keine Ahnung, was er vorhatte. Er ging mit den Schößlingen nach Osten und setzte sich auf die Veranda. Dann fing er an, die Fasern in lange Streifen zu reißen. Ich saß einfach da. Ich wußte nicht, was da vor sich ging. Er machte ein Seil.

Auf einmal packte er mich. Er fesselte meine Beine, und er fesselte meine Arme. Dann hob er mich auf, schleppte mich hinein ins alte Krankenhaus und sperrte die Tür zu.«

Als Roger fest in dem Holzhaus eingeschlossen war, verließen sein Aborigine-Vater und die anderen Barrow Point People Cape Bedford. Der kleine Junge, dessen eigene Leute ihn mehrere hundert Kilometer von Zuhause entfernt in einer lutherischen Mission zurückgelassen hatten – ohne nahe Verwandte und ohne einen Menschen, der seine Sprache sprach –, sollte seinen Geburtsort und die Stelle, an der sich das Lager seiner Kindheit befunden hatte, erst nach über sechzig Jahren wiedersehen.

ABENDROT

Verschleppung von Menschen aus ihren Homelands, Kinder von Eltern unterschiedlicher Rasse, gewaltsame Auseinandersetzungen zwischen den eigentlichen Besitzern des Landes, den Aborigines, und europäischen oder asiatischen Eindringlingen – all das weist auf die chaotischen und zerrütteten Lebensumstände der Aborigines in Roger Harts Kindheit hin. Damals waren die Europäer einhellig der Meinung, daß die ursprüngliche Bevölkerung zum Untergang verurteilt ist. Diese Ansicht war schon Jahrzehnte früher zum Ausdruck gekommen, als Johannes Flierl, der bayerische Missionar, der 1886 die Cape-Bedford-Mission gegründet hatte, in seinem Jahresbericht 1898 über den Fortschritt der winzigen Gemeinde schrieb:

> Im Rahmen unserer Arbeit in Elim und Hope Valley nahmen wir uns der wenigen Menschen an, die die letzten Vertreter jener aussterbenden Stämme darstellen ... Im Grunde kann die Mission für sie nicht mehr tun, als ihnen eine Art christliches Begräbnis zu gewähren, so etwas wie ein verheißungsvolles Abendrot, dem freilich auf dieser Welt keine rosige Morgendämmerung mehr folgen wird ... Die Missionsarbeit ist schwer und keine sehr dankbare Aufgabe, aber es genügt zu wissen, daß wir zumindest versucht haben, ihnen den Weg in den Untergang mit dem Licht von Gottes Froher Botschaft zu erhellen.[41]

Fast drei Jahrzehnte später, ein paar Jahre, nachdem Roger Hart seine Kindheit in Barrow Point für eine lutherische Erziehung in Cape Bedford hatte aufgeben müssen, war die darwinistische Zuversicht der ersten Jahre des Kontakts zwischen Aborigines und einer europäischen Bevölkerung, die von ihrer angeborenen Überlegenheit überzeugt war, einer klareren, wenn auch immer noch fatalistischen Sicht der Lebensumstände gewichen, denen die Aborigines ausgeliefert waren. Der Missionsleiter Theile beschrieb die Lager im Umkreis der Mission 1926 folgendermaßen:

Als vor 40 Jahren die Arbeit mit den Einheimischen des Bezirks Cooktown aufgenommen wurde, lebte im Umfeld der Mission eine große Population reinrassiger Aborigines. Heute ist die Situation völlig anders. Reverend Schwarz sagt, wo es heute 10 Einheimische gibt, waren es früher 100. D. h. anstelle der 200, die heute im Einflußbereich der Mission sind, waren es damals 2000, und diese 200 setzen sich aus rund zwei Dritteln reinrassigen Aborigines und einem Drittel Mischlingen zusammen. Die Aborigines als Volk, als Nation, sind im Aussterben ... Es gibt nach wie vor ein paar kleine Lager mit Schwarzen ... doch ihre alten Sitten und Gebräuche sind verschwunden, und die überlieferte Religion ist ebenso untergegangen wie die moralische Kraft, die möglicherweise in ihr enthalten war. Sie sammeln sich um die Farmen und Kleinstädte oder leben in Lagern, erbarmungswürdige Geschöpfe ... Die weiße Rasse hat ihnen übel mitgespielt. Als sie sich des Landes bemächtigte, auf das die Aborigines ein angestammtes Recht haben, beraubten sie diese ihrer Selbstachtung, ihrer Männlichkeit und ihrer moralischen Kraft.
Sie haben keine festen Wohngegenden; als Nomaden streifen sie im Busch umher oder leben als Teilnomaden in der Nähe einer Ortschaft oder Farm; mal arbeiten sie, und mal jagen sie. Die Farmbesitzer und Bewohner der Ortschaften schätzen diese Lager in ihrer Nähe, weil sie auf diese Weise billige Arbeitskräfte bekommen – und die große Zahl halbweißer Kinder sind ein Beweis dafür, wozu diese armen Menschen sonst noch mißbraucht werden. Der König der McIvor-Schwarzen hatte zwei Frauen, aber kein eigenes Kind. Seine Frauen dagegen hatten drei Mischlingssöhne, die jetzt der Fürsorge der Hope-Valley-Mission unterstehen. Der König, seine Frauen, sein Stamm – alle sind tot. King Jacko[42] beschloß vor ein paar Jahren, sich im Missionsgebiet niederzulassen, und brachte vierzig bis sechzig Leute mit, darunter sechs Mischlingskinder. In der Mission leben die Sprößlinge europäischer, japanischer, malaiischer Väter![43]

Die Cape-Bedford-Mission wurde zur letzten Zuflucht für viele Aborigine-Gruppen. Die Sprache von Cooktown, Guugu Yimithirr, war wohl oder übel die Lingua franca der Gemeinschaft – sie wurde sowohl von den ursprünglichen Besitzern als auch von den Aborigines aus anderen Gegenden und dem Missionar gesprochen.[44] Guugu Yimithirr nahm weitgehend den Platz anderer Aborigine-Sprachen ein, die weiter entfernt gesprochen wurden, wie etwa Roger Harts Muttersprache, die Barrow-Point-Sprache. Zwar lebten kleine Gruppen von Aborigines bis zum Zweiten Weltkrieg auch weiterhin in unabhängigen Lagern auf dem Territorium der Mission oder in der Umgebung, aber nur die lutherische Enklave in Cape Bedford ermöglichte es den meisten Aborigines im Hinterland von Cooktown, ihr gewohntes gesellschaftliches Leben weiterzuführen.

DER REGENWALD-PYTHON VON CAPE MELVILLE

Diese Geschichte handelt von *Thuurrgha*, dem Regenwald-Python. Die Guugu-Yimithirr-Leute nennen ihn Mungurru. Seine Geschichte beginnt in Manyamarr. Dort hatte der Regenwald-Python sein Lager, auf dem Kamm eines Gebirgszuges gleich oberhalb von Cape Bowen.[45]

Mungurru auf dem Weg nach Norden

Da gibt es einen Berg, der in der Nachmittagssonne rot leuchtet. Als Junge habe ich dort mal in einer Höhle übernachtet, auf einem Berg, der *wundal uyiirr* heißt – und auf dem es von Ratten wimmelte. In der Nähe befand sich das Lager des Regenwald-Pythons.

Tagsüber lag der Regenwald-Python einfach nur herum. Nachts kroch er vom Berg herunter und jagte nach etwas Eßbarem. Wenn er morgens wach wurde, kletterte er den Berg wieder hinauf und streckte sich in der Sonne aus.

Irgendwann kam Gujal, der Keilschwanzadler. Er begann, den Python zu ärgern, indem er auf ihn einhackte. Die Haut des armen Python wurde ganz wund von der vielen Hackerei. Sein ganzer Körper tat ihm weh.

Schließlich beschloß der Regenwald-Python, woanders hinzugehen. Er schlängelte sich den Berg hinunter. Er kroch unter der Erde entlang, um seinem Peiniger zu entkommen. So bewegte er sich unterirdisch nach Norden. Immer weiter nach Norden, weiter und weiter.

Schließlich streckte er den Kopf aus der Erde und sah sich um. Es gibt da einen kleinen schwarzen Berg, der steht ganz allein nördlich von Wakooka, am Mack River. Da streckte er den Kopf heraus.

Ja, und dann zog er den Kopf wieder zurück und eilte weiter. Ein bißchen weiter nördlich streckte er erneut den Kopf heraus. Inzwischen ging es ihm sehr schlecht. Als er bei Cape Melville aus der Erde kam, konnte er nicht mehr weiter. Sein Kopf zeigte nach Norden zum Meer hin, und sein Körper streckte sich hinter ihm in die Länge. Mittlerweile war er todmüde und krank. So starb er, mit dem Kopf im Wasser, da oben im Norden.

Schwärme von kleinen Vögeln kamen herbei. Da lag der Regenwald-Python, ausgestreckt und tot. Die Vögel begannen, sein Fleisch zu essen. Sie pickten und pickten an seinem Körper, bis nur noch die Knochen übrig waren. (Vgl. Farbtafel 6)

Diese Knochen wurden nach und nach zu Stein. Die Sonne verbrannte sie und machte sie hart. Da sind sie bis heute geblieben. Die Leute sagen, das ist *guurrbi*, der heilige Ort des Regenwald-Pythons. Er gehört den Leuten aus Barrow Point, Cape Melville und Bathhurst Head. Die letzte Ruhestätte des Python wurde zur Initiationsstätte für all diese Gruppen.[46]

TEIL DREI

DIASPORA

DIE BARROW POINT PEOPLE
BESUCHEN DEN SÜDEN

In den 20er Jahren wanderten die Barrow Point People zweimal in die Gegend von Cooktown und verbrachten mehrere Wochen am McIvor River und im Schutzgebiet von Cape Bedford. Die erste Reise um 1923 diente dazu, Roger Hart in die Cape-Bedford-Mission zu bringen. Rogers Leute wollten außerdem Verwandte besuchen, die dort im Süden lebten. Ohne daß die Barrow Point People es wußten, heckten die Regierung und der Missionar von Cape Bedford hinter den Kulissen bereits allerlei aus, was die Barrow Point People schon bald erneut in den Süden führen sollte.

DAS PROBLEM DER VOLKSGRUPPEN IM NORDEN

Der Missionar Schwarz versuchte bereits seit mehreren Jahren, die Regierung zu überreden, der Mission Cape Bedford mehr Land nördlich ihrer ursprünglichen Grenzen zuzuteilen. Seine Sorge galt dem wirtschaftlichen Überleben der Mission, die zunehmend Mühe hatte, genügend Einkünfte zu erzielen und Nahrung zu beschaffen, um ihre kleine, aber wachsende Gemeinde zu ernähren. Zudem führte Schwarz gegenüber der Regierung ins Feld, daß eine Vergrößerung der Mission die Eingliederung von Restgruppen im Norden und Westen erleichtern würde.

Bereits 1919 hatte er für den Fall, daß die Regierung sich weigern sollte, den Fischerbooten der Mission mehr Fanggebiete in der Gegend von Murdoch Point zuzuweisen, mit seinem Rücktritt gedroht.[1] Letztendlich war er geblieben, obwohl die Regierung seinen Forderungen nicht nachkam. 1923 – im selben Jahr also, in dem Roger Hart von seinen Verwandten in Barrow Point in die Mission gebracht wurde –, bekräftigte Schwarz erneut seinen Wunsch, das Missionsgebiet zu vergrößern. In einem Brief an den obersten Schutzbeauftragten der Aborigines vom 17. Dezember 1923 beantragte er

Fischrechte entlang des Küstenstreifens bis hinauf nach Murdoch Point, um an der Mündung des Starcke River eine Station aufzubauen und dort ein Stück Land zu bewirtschaften. Die Absicht ... [war], Aborigines aus dem Norden dafür zu gewinnen, sich unter der Schirmherrschaft der Mission dort anzusiedeln.[2]

Die Mission hatte bereits eine kleine Outstation eingerichtet, eine Farm bei Wayarego am McIvor River. Mehr Landwirtschaft und größere Fischgründe in Starcke würden ihr bessere Möglichkeiten geben, sehr viel mehr Aborigines als Arbeitskräfte einzusetzen, um Nahrungsmittel anzubauen und der gesamten Gemeinde ein Einkommen zu verschaffen. Neues Land würde auch den nötigen eigenen Raum für die Gruppen aus dem Norden bieten, die Schwarz in den Einflußbereich der Mission zu bringen hoffte.[3]

Um diese Zeit hatten sich bereits mehrere Leute aus Barrow Point in der Nähe von Cape Bedford angesiedelt. Abgesehen vom alten Wathi (Billy Salt oder *Alman.ge:r*) aus Barrow Point, der mit Roger Harts Mutter durchgebrannt und nach Cooktown gekommen war, arbeitete auch Jackie Red Point, Instones ehemaliger Bootsführer, regelmäßig in dieser Gegend. Außerdem hielten sich Wanhthawanhtha (alias Tommy Cook), Barney Warner und ein gewisser Jujurr[4] in Bridge Creek innerhalb des Missions-Schutzgebietes oder, je nach Jahreszeit, in anderen Lagern am McIvor oder am Endeavour auf. Alle drei waren in Roger Harts Kindheit junge Männer in Barrow Point gewesen.

EIN SCHRECK

Von den Bewohnern der Mission wurde erwartet, daß sie möglichst keinen Kontakt zur Außenwelt hatten, weder zu Aborigines noch zu Europäern. Manchmal nutzten die jungen Männer in Cape Bedford die entlegenen Outstations der Mission, um heimlich das Missionsgebiet zu verlassen. So auch die beiden Jungen, Peter Gibson und Hans Cobus, die eines Tages aufbrachen, um ihre Angehörigen am McIvor River zu besuchen. Ihr Ziel war die Station in Elderslie, wo sie, wie sie hofften, Tabak bekommen würden.

Statt dessen bekamen sie einen gehörigen Schreck, als unterwegs plötzlich einer vor ihnen stand:

»He, wo wollt ihr denn hin?«

Es war der alte Jackie Red Point. Er hatte unter einem großen Mangobaum gesessen und sich im hohen Gras versteckt, bis er die beiden erkannte. Als sie näherkamen, sprach er sie an. Sie hatten ihn nicht bemerkt und sahen ihn erst, als er vor ihnen stand.

Nun fürchteten sie, daß er sie anschwärzen würde, weil sie das Missionsgebiet verlassen hatten. Der alte Jackie befand sich auf dem Rückweg von Barrow Point. Er ließ sich in der Umgebung der Mission nieder, verriet dem Missionar jedoch kein Sterbenswörtchen von der Begegnung mit den beiden Jungen.

Ein anderer Mann aus Barrow Point, der in Camp Bedford lebte, war der ehemalige Spurensucher und Gefängniswärter Billy Galbay, auch Long Billy McGreen genannt, der unweit von Bridge Creek und in Ngandalin am Nordufer des McIvor eigene Lager gehabt hatte. Später schlug er ein kleines Lager an einem Ort namens Elim auf Missionsgebiet auf, und seine Frau Lizzy holte eine Verwandte nach, Roger Harts Mutter. Billy McGreen hieß auch Billy Wardsman, da er auf der Station für Geschlechtskranke im Gefängnis von Cooktown als Wärter gearbeitet hatte.[5] Als der Oberste Schutzbeauftragte Reverend Schwarz vorschlug, den ehemaligen Angehörigen der Einheimischen-Polizei nach Barrow Point zu schicken, um mit seiner Hilfe seine Leute nach Cape Bedford zu locken, war das der Anfang vom Ende für Roger Harts Leute.[6]

Mitte der 20er Jahre begann das Büro des Obersten Schutzbeauftragten der Aborigines gegen Europäer im Hinterland von Cooktown zu ermitteln, die beschuldigt wurden, ihre Stellung als Verteiler von Regierungsgütern an die Aborigines zu mißbrauchen. Einer davon war der Telegrafenarbeiter der Musgrave-Station, »mit Sicherheit der übelste Bursche in einem unguten Haufen, der [die hiesigen Aborigines] nicht nur schikaniert, sondern auch seine wollüstigen Triebe an ihnen ausläßt, wo immer sich Gelegenheit bietet«.[7]

Eine andere Beschwerde richtete sich gegen Allan Instone, den Pächter von Barrow Point. Der Schutzbeauftragte von Laura hatte geschrieben:

> Es gibt einen jungen Aborigine in Palm Island ... der mir berichtete, Mr. Instone habe ihm befohlen, für ein paar Shilling pro Woche für einen Mann namens Wallace zu arbeiten, mit denen er, wie der Junge erklärte, für gewöhnlich Tabak von Mr. Instone kaufte.[8]

Es galt zu klären, ob Instone, dessen Siedlung eine Art inoffizielles Versorgungsdepot für Barrow Point war, Regierungsgüter, vor allem Decken und Tabak, die für die Aborigines bestimmt waren, gegen unbezahlte Arbeit eintauschte. Zudem bestand der Verdacht, daß

Instone seine Nachbarn illegal mit Aborigine-Arbeitskräften versorgte.

> Daß es in Barrow Point üblich war, Schutzbeauftragte wie
> Instone zu ernennen … wirkt sich ungünstig auf die
> Aborigines aus und erschwert die Aufgabe der regionalen
> Schutzbeauftragten erheblich. Wie Sie wissen, verfügen die
> Einheimischen, nicht anders als wir, über ein gewisses Maß
> an Dankbarkeit und betrachten jeden, der ihnen etwas
> schenkt, insbesondere Tabak oder Decken, als großen Boss.
> Dieser wiederum weist die Einheimischen an, für seine
> Nachbarn zu arbeiten, denen er einen Gefallen tun will,
> und bezahlt sie für ihre Dienste mit dem Tabak etc., der
> für die notleidenden Aborigines bestimmt ist.[9]

Der Oberste Schutzbeauftragte Bleakley suchte Rat bei Sergeant
Guilfoyle, dem Schutzbeauftragten von Cooktown, und erklärte die
Sachlage folgendermaßen:

> Mr. Allen Instone ist nicht als Schutzbeauftragter angestellt,
> war jedoch nach Absprache mit einem Ihrer Vorgänger für
> die Verteilung von Decken und ähnlichen Gütern verantwort-
> lich – mit dem Argument, daß das Deponieren großer Men-
> gen von Decken, Baumwolle, Tabak etc. für die einheimi-
> schen Lagerbewohner am Strand nur zu Verschwendung
> führen würde.[10]

Zugleich wollte der Oberste Schutzbeauftragte verhindern, daß die
traditionell lebenden Aborigines allzu engen Kontakt zu besiedelten
Gebieten bekamen.

> Zwar sehe ich ein, daß Leute, die inoffiziell Hilfsgüter vertei-
> len, das in sie gesetzte Vertrauen leicht mißbrauchen können,
> doch wäre es nicht klug, die Einheimischen zu ermuntern,
> sich in den Städten herumzutreiben. Wenn das Depot auf
> Mr. Instones Farm an der Ninian Bay Ihrer Meinung nach
> keine befriedigende Lösung ist, könnten die Barrow Point
> People dann nicht zur Outstation der Cape Bedford [Mission]
> am McIvor River kommen, um sich ihre Decken etc. abzu-
> holen?[11]

Bleakley regte zudem an, auf Palm Island Erkundigungen über
Instones angebliche Missetaten einzuziehen, und forderte den dorti-

gen Polizeichef auf, den Mann, der Instone beschuldigte, über ungesetzliche Anstellungsmodalitäten sowie über Instones sonstiges Tun und Treiben zu befragen.[12]

Daraufhin schickte Sergeant Guilfoyle den folgenden, etwas kryptischen Bericht über das Ergebnis seiner Nachforschungen.

Besagter Instone besitzt eine Motorbarkasse und wohnt in Barrow Point. Soweit ich gehört habe, züchtet er dort in kleinem Umfang Vieh, ohne jedoch davon seinen Lebensunterhalt zu bestreiten. Wahrscheinlich hat er Vermögen oder andere Einnahmequellen, wie einige seiner Fahrten mit der Barkasse zwischen Cooktown, Cairns und Thursday Island argwöhnen lassen. Wenn Leute, die nicht der Polizei angehören, Missionsleiter oder Aufseher von Aborigine-Siedlungen zu Schutzbeauftragten ernannt und mit Decken, Tabak, Tomahawks etc. beliefert werden, die für die Verteilung an die Aborigines bestimmt sind, verleitet das letztere dazu, sich in der Umgebung solcher Personen niederzulassen, und gezwungen, ohne Lohn zu arbeiten, denn einige Leute in abgelegenen Landesteilen stellen so gut wie nie Aborigines ein und bedienen sich häufig [der Aborigines], um das Unterholz auf den Telegraphentrassen zu entfernen oder den in der Regenzeit angeschwemmten Unrat wegzuschaffen, und Leute, die Aborigines einstellen, beschweren sich über andere, die es nicht tun.[13]

Sobald der Oberste Schutzbeauftragte Bleakley diesen Bericht erhalten hatte, schlug er Reverend Schwarz vor, künftige »Hilfsgüter für die Eingeborenen«, die für die Aborigines aus Barrow Point bestimmt waren, durch die Mission zu schleusen und in der Outstation von Cape Bedford am McIvor River verteilen zu lassen.[14] Er teilte Schwarz vertraulich mit, daß Instone seiner Meinung nach nichts Gutes im Schilde führe.

Man geht davon aus, daß diese Männer die Hilfsgüter als Tauschmittel für die Arbeitskraft der Einheimischen zu ihrem eigenen Vorteil nutzen und sich als Verteiler unrechtmäßige Befugnisse anmaßen, indem sie die Einheimischen mißbrauchen, um Freunden gefällig zu sein ... offenbar besteht ein gewisser Verdacht, wozu Mr. Instone seine Barkasse benutzt, vermutlich Opiumschmuggel.[15]

Außerdem bat er Schwarz, ihm Vorschläge für eine strengere Überwachung der Barrow Point People und ihrer Nachbarn im Norden zu machen, und zählte die Gefahren auf – Opium, Prostitution und Geschlechtskrankheiten –, denen sie in ihrem Homeland ausgesetzt waren.

Als Instone informiert wurde, daß die jährlichen Zuteilungen an Decken und Nahrungsmitteln ab sofort nicht mehr an ihn geliefert, sondern durch die Cape-Bedford-Mission verteilt werden sollten,[16] rechtfertigte er in einem Brief an den Obersten Schutzbeauftragten die Art seines Umgangs mit den »rund 70« Aborigines aus Cape Melville und Barrow Point, an die er Regierungsgüter verteilt hatte. Er habe sich auch »um diejenigen gekümmert, die krank waren, und sie auf eigene Kosten medizinisch versorgen lassen ... Ich darf darauf hinweisen, daß ich mich als Ehrenmann streng an die Regeln für die Verteilung gehalten und die Burschen kein einziges Mal zu irgendeiner Gegenleistung aufgefordert habe.«[17]

Zugleich stellte Instone klar, daß er die Aborigines loswerden wollte, falls man ihm die Möglichkeit nehmen sollte, die Hilfsgüter der Regierung auf seinem Besitz an sie zu verteilen.

McIvor liegt etwa 100 Meilen von Cape Melville entfernt, so daß die Aborigines aus dieser Gegend für ihre Decken usw. rund 200 Meilen laufen müßten. Die meisten alten Leute, [für] die die Decken vermutlich vorwiegend gedacht sind, sind kaum zu einer solchen Wanderung fähig. Ich habe mich sehr für diese Stämme eingesetzt und getan, was ich konnte, um ihnen zu helfen. Mit Ihrem Einverständnis werde ich es auch weiterhin tun. Doch wenn McIvor oder die Cape-Bedford-Mission künftig die Zentralstelle für die Verteilung sein sollen, würde ich vorschlagen, daß die Aborigines aus Cape Melville und Barrow Point dorthin verlegt und in einem dieser Orte angesiedelt werden, wo sie möglicherweise in kurzer Zeit für sich selbst sorgen könnten.[18]

Reverend Schwarz und der Oberste Schutzbeauftragte hatten bereits damit begonnen, einen Plan für die Verlegung der Barrow Point und Cape Melville People aus ihrem unbeaufsichtigten Leben im Busch in die Mission auszutüfteln. Als Antwort auf Bleakleys frühere Anfrage, wie eine solche Verlegung durchgeführt werden könnte, erläuterte Schwarz, wie er sich das Leben der Barrow Point People nach deren Umsiedlung vorstellte.[19]

Zuerst erklärte er, daß es nicht schwierig sein dürfte, sie an der Küste entlang zur Mission wandern zu lassen.

Soweit ich sehe, handelt es sich bei den fragliche Aborigines ausschließlich um »Salzwasserschwarze«, die Kanus haben und auch damit umgehen können. Vorausgesetzt, sie *wollen* kommen, was könnte sie davon abhalten, in gemächlichen Abschnitten die Küste entlangzupaddeln, an der sie zweifellos viele Male auf und ab gefahren sind?[20]

Ebenso zuversichtlich war er, sie nach Cape Bedford locken zu können, da bereits gute Beziehungen zwischen den Barrow Point People und anderen Bewohnern der Mission bestanden. Wenn die Barrow Point People kamen, würden sie in Cape Bedford vielen Freunden und Verwandten wiederbegegnen.

Viele von ihnen haben uns hin und wieder besucht, sind eine Weile geblieben und dann wieder zurückgekehrt. So haben wir beispielsweise zwei Mischlinge hier in der Schule, einen aus Cape Melville[21] und einen aus Barrow Point[22], die erst kürzlich von ihren Brüdern besucht wurden.[23] Dann gibt es eine Familie aus Barrow Point[24] in Bridge Creek (King Jacko ist bei allen wohlbekannt, weil er mehrere Jahre auf einer Farm dort oben gelebt hat[25]); ein anderes Paar[26] lebte bis vor kurzem am McIvor ... Long Billy – der Wärter in Cooktowns altem Gefängnis, das Sie im letzten Brief erwähnten – bat mich vor einiger Zeit um die Erlaubnis, sich in Elim niederzulassen, und ist seitdem vollauf mit dem Bau eines stattlichen Hauses beschäftigt, was beweist, daß er es nicht eilig hat, in nächster Zeit nach Barrow Point zurückzukehren. Aus all dem ersehen Sie, daß die Barrow Point People nicht gerade Fremde in Cape Bedford sind. Long Billy war schon hier, bevor er in Elim gearbeitet hat. Einer seiner Söhne,[27] die Sie in Cooktown gesehen haben, kam sogar in Elim zur Welt. Im Augenblick lebt noch eine Frau bei der Familie – eine Verwandte seiner Frau,[28] glaube ich. Diese Frau[29] kam ebenfalls aus Cape Bedford; der oben erwähnte Mischling ist ihr Sohn, und mittlerweile hat sie noch einen zweiten kleinen Mischlingsjungen[30] ... Sollten die Leute da oben sich also entschließen herzukommen, würden sie eine ganze Reihe Freunde und Verwandte vorfinden.[31]

Schwarz machte dem Obersten Schutzbeauftragten sehr deutlich, was für eine unzumutbare finanzielle Belastung es für die Mission bedeuten würde, diese Menschen aufzufordern, sich in Cape Bedford niederzulassen, ohne ihnen die Möglichkeit zu bieten, ihren Lebensunterhalt selbst zu bestreiten. Er betonte, die »größte Schwierigkeit« bereite die Frage, »welche Vorkehrungen [für ihr Überleben] man treffen könne«, falls sie diese »Migration« auf sich nehmen sollten.

Was die Versorgung der Einheimischen mit ihren gewohnten Nahrungsmitteln angeht, habe ich keine Zweifel, daß sie da, wo sie sich jetzt aufhalten, weit besser dran sind, denn vom Standpunkt eines Aborigine aus handelt es sich bei diesem Schutzgebiet, zumindest zu neunzig Prozent, um das schlechteste Jagdrevier, das man sich vorstellen kann, und unter dem landwirtschaftlichen Aspekt ist es nicht viel besser.[32]

Stets darauf bedacht, die prekäre finanzielle Lage der Siedlung in Cape Bedford zu verbessern, bereitete Schwarz auf diese Weise den Boden, um anschließend die Regierung zu bitten, die Mission mit einem Fischkutter auszustatten. Auf diesem sollten die Barrow Point People und die Cape Melville People, die bereits viel Erfahrung auf japanischen Booten gesammelt hatten, zur Arbeit herangezogen werden. Dieser Plan stand im Einklang mit seinem Wunsch, die Menschen auf Dauer aus ihren gewohnten Lebensräumen herauszuholen, wo sie, wie er befürchtete, wohl oder übel weiterhin ausgebeutet würden und Gefahr liefen, sich immer wieder mit Geschlechtskrankheiten anzustecken. Er wiederholte auch seine Forderung nach einer Vergrößerung des Missionsgebietes nach Norden hin, wo er seine neuen Schützlinge ansiedeln wollte.

Es scheint mir wenig sinnvoll, sie in Cooktown [von Geschlechtskrankheiten] zu heilen und sie dann zu ihren alten Lebensgewohnheiten zurückkehren zu lassen. Sich um diese Menschen kümmern zu können war und ist einer der Gründe, weshalb ich in Point Lookout oder Cape Flattery gerne eine Outstation errichten würde.[33]

Schwarz informierte den Leiter der Mission, Dr. Theile, über seine Verhandlungen mit dem Obersten Schutzbeauftragten. Solange keine finanziellen Belastungen auf die Missionsverwaltung zukämen, hieß es in seinem Schreiben,

... unterstütze ich dieses Einwanderungs-Vorhaben, denn diese Menschen sind »unsere Nachbarn und brauchen unsere Hilfe«. Sie und die Leute von Bridge Creek (insgesamt etwa 150 Seelen) könnten die Verwaltung der Überseemission möglicherweise dazu veranlassen, einen tüchtigen jungen Missionar nach Wayarego zu entsenden, wo man sie alle zusammenfassen könnte.[34]

Die Missionsleitung witterte eine Chance, mehr Unterstützung von Seiten der Regierung und mehr Einfluß auf eine größere Aborigine-Population zu erhalten. Andererseits befürchtete sie, die Verantwortung für eine erheblich größere Anzahl von Aborigines tragen zu müssen, ohne über entsprechende Mittel und Arbeitskräfte zu verfügen. Daher gingen die Missionare zunächst vorsichtig vor und beantragten das neue Fischerboot, ohne sich ausdrücklich zu verpflichten, die Leute aus Barrow Point und Cape Melville aufzunehmen. Sie machten einen europäischen Kapitän ausfindig, der das Fischereiwesen für die Mission in die Hand nehmen konnte. Theile schrieb an den Obersten Schutzbeauftragten und bat um einen Vorschuß für den Fischkutter.

Sobald wir den Fischfang zu einem festen Bestandteil unserer Mission gemacht haben, bin ich zuversichtlich, daß sich die Eingeborenen von Cape Melville und Barrow Point dazu bewegen lassen, ins Schutzgebiet zu kommen. Ihre Hilfe bei der Fischverarbeitung wäre von nicht unbeträchtlichem Wert, da sie Küstenbewohner sind und viel Erfahrung mit dem Fischfang haben.[35]

Die Vorschläge der Mission fanden zunächst die Zustimmung des Obersten Schutzbeauftragten Bleakley, der meinte, die Regierung wäre vielleicht bei der Anschaffung eines Fischerboots behilflich, wie sie das bereits bei Gruppierungen von Thursday Island gewesen war. Und er hatte noch einen Vorschlag für Schwarz:

Es könnte auch angeordnet werden, daß man den Männern, die auf den Booten fremder Fischereiflotten anheuern, den größten Teil ihres Arbeitslohns auf das Konto ihres Stammes beim Büro des Schutzbeauftragten zahlt, so daß sie nur auf Ihre Anweisung an das Geld herankommen, statt ... daß sie es für wertlose Artikel ausgeben und es mitnehmen, wenn sie in ihre Lager zurückgeschickt werden.[36]

Die Missionare willigten erst ein, Cape Bedford in ein Hilfsgüterdepot für die Nordküste umzuwandeln, nachdem ihnen wegen der vermutlich steigenden Kosten zusätzliche Mittel zugesagt worden waren. Nach einem Besuch in Cape Bedford im Juli 1926 berichtete Theile der Missionsverwaltung, daß die Unterstützung der Regierung auf siebenhundert Pfund pro Jahr erhöht würde. Darin enthalten war auch

ein zusätzlicher Betrag, der dazu dienen sollte, die Aborigines entlang der Küste im Norden und diejenigen, die nach Cape Bedford kommen, um Lebensmittel und Kleidung abzuholen, mit Nahrung zu versorgen. Allen Eingeborenen werden einmal im Jahr neue Decken bewilligt, und da unsere Jungen und Mädchen gut darauf achten und nicht jedes Jahr neue brauchen, erhalten sie statt dessen andere Sachen.[37]

Als nächstes schickte Schwarz Barney Warner, Jackie Red Point und Long Billy McGreen nach Barrow Point zurück. Sie sollten versuchen, ihre Leute zu überreden, nach Cape Bedford zu kommen und sich fest auf dem neuen Areal des Schutzgebietes anzusiedeln. Es gelang ihnen jedoch nicht, ihre Stammesgenossen zu überzeugen, daß es besser war, in der Mission zu leben, als sich in Barrow Point von Siedlern und Fischern ausbeuten zu lassen. Deshalb richteten sie King Nicholas nur aus, er solle seine Leute nach Cape Bedford hinunterführen, damit sie ihre Jahresration an Hilfsgütern in Empfang nehmen. Auf ausdrückliche Anweisung des Missionars stöberte Barney Roger Harts Halbbruder Jimmy auf – wahrscheinlich in Guraaban, wo Rogers Mutter inzwischen mit dem kleinen Mischlingsjungen lebte –, um ihn in die Missionsschule zu bringen.[38]

DIE ZWEITE WANDERUNG NACH SÜDEN

Anfang 1926 kehrten die Barrow Point People als Gruppe nach Cape Bedford zurück,[39] offiziell um entsprechend den neuen Verteilungsvereinbarungen Decken und andere Güter in Empfang zu nehmen. Außerdem wollten sie die Knochen ihres Stammesgenossen Nelson abholen, der gestorben und vorübergehend an der Mündung des McIvor beigesetzt worden war. Unversehens sahen sich Rogers Leute jedoch Kräften ausgesetzt, die sich als zu stark für sie erweisen sollten. (Vgl. Farbtafel 5)

Reverend Schwarz überreichte dem obersten Schutzbeauftragten folgende Liste der gesamten Restbevölkerung von Barrow Point.

Am 5.2.26 kamen nach C[ape]B[edford], um Hilfsgüter in Empfang zu nehmen:
King Nicholas, Rosie (seine Frau), Leah, ihre Tochter (blieb in Mr. Instones Obhut in Barrow Point zurück)
Charlie (ehemaliger Polizist),[40] Florrie (seine Frau), ein kleiner Junge (ihr Kind)
Jumbo,[41] Linda (seine Frau)
Der alte Charlie (seine Frau hält sich zur Zeit bei Wardsmans Familie in North Shore auf, 1 Mischlingskind)[42]
Dick Hall, Minnie (seine Frau)
Billy,[43] Nellie (Barrow Point People, die sich zur Zeit in Wallaces McIvor-Station aufhalten)

Alte Leute, die angeblich noch in Barrow Point sind, jedoch nicht vorhaben(?) herzukommen:
Nicholas,[44] Johnny,[45] Billy, Tommy, Harry, Tommy, Maggie, Lantern,[46] Kitty, Lena, Bridged

In Barrow Point zurückgebliebene Schiffsjungen, die auf Fischkutter warten: Albert,[47] Toby,[48] Tommy, George, Billy, Barney
Diese Liste enthält keine fest bei Mr. Instone angestellten Aborigines; ansonsten scheint es sich um eine vollständige Liste aller Barrow Point People zu handeln.[49]

Schwarz' Bemerkungen über die Barrow Point People, die bei dieser Gelegenheit nach Cape Bedford kamen, sollen in voller Länge zitiert werden:

King Nicholas traf vor einiger Zeit mit einigen seiner Untertanen hier ein, um die für Barrow Point bestimmten Hilfsgüter abzuholen. Abgesehen von Billy Wardsman, den 2 Frauen und 4 Kindern, die er bei sich hat, waren es insgesamt nur 13; 7 junge Burschen, die erst kürzlich von einem japanischen Boot abgesetzt worden waren, kamen nicht mit, weil sie, wie mir ihr König mitteilte, darauf hofften, bald wieder anheuern zu können.
Außerdem gibt es 6 oder 7 alte Leute in der Umgebung von Barrow Point, die bei Mr. Instone fest angestellten nicht mit-

gerechnet. Von denen, die hier waren, behaupten einige, für Mr. Instone zu arbeiten, allerdings nicht fest, sondern nur mit Sondergenehmigung. Sie wirkten jedoch zufrieden mit diesem Arrangement und versicherten mir, daß sie immer reichlich Tabak und auch Kleidung erhielten. Letzteres stimmt zweifellos, und vermutlich wird es in Barrow Point noch eine Zeitlang genug Tabak geben, wenn die Jahresration ebenso hoch ausfällt wie im vergangenen Jahr.

Die Einheimischen aus Cape Melville sind noch nicht gekommen. King Nicholas und der ehemalige Polizist Charlie, einer von Instones Viehtreibern, erklärten, daß sie im Augenblick zuviel Angst hätten zu kommen. Sie haben aus Versehen oder vorsätzlich einen Teil von Mr. Instones Land angezündet, und nun drohen ihnen allerlei Strafen. Das Schlimmste ist, daß man sie nach Cape Bedford schicken will, um diese Strafen zu vollstrecken. King Nicholas jedoch hat versprochen, mit einigen seiner Männer herzukommen, sobald Mr. Instone sie durch sein Gebiet ziehen läßt.

Ich habe versucht, den Menschen, die wegen der Hilfsgüter herkamen, klarzumachen, daß es nicht Ihrer Vorstellung entspricht, wenn hin und wieder eine Abordnung herkommt, um neue Vorräte zu holen, sondern daß diejenigen, die Hilfsgüter brauchen, sich in der Umgebung von Cape Bedford niederlassen sollten, um ihre Güter regelmäßig zu erhalten, während diejenigen, die fest oder mit Sondergenehmigung bei einem der kleinen Siedler an der Küste arbeiten, Kleidung und Tabak von ihren Arbeitgebern erhalten sollen. Sie schienen das ganz gut zu verstehen.

Es war recht amüsant zu beobachten, daß sie genau wußten, was sie sagen durften und was nicht. Sie schienen es für selbstverständlich zu halten, daß ich ihnen bestimmte Fragen stellen würde. Als ich das nicht tat, kamen aus eigenem Antrieb Antworten oder Mitteilungen, so daß sie bei ihrer Rückkehr behaupten können, das gesagt zu haben, was sie sagen sollten.

In einem früheren Schreiben habe ich erwähnt, daß ich im Hinblick auf die Wanderungen der Aborigines von Mr. Instone oder seinen Nachbarn keinerlei Unterstützung in ihrem Gebiet erwarte. Inzwischen bin ich mir dessen völlig sicher. Doch eines Tages wird der Vorrat an Tabak etc. in

Barrow Point zur Neige gehen, und wenn die Aborigines wissen, daß diese Dinge in Cape Bedford für sie bereit liegen, werden sie kommen. Ich halte nichts davon, sie auf andere Art und Weise dazu zu zwingen.[50]

Bei dieser Wanderung nach Cape Bedford schlugen die Barrow Point People zusammen mit ihren Angehörigen, die bereits in der Umgebung der Mission lebten, ein festes Lager in den Sanddünen westlich der Hauptmissionsstation auf, unweit der bereits bestehenden »heidnischen« Lager auf Missionsterritorium, in denen Aborigines als Gegenleistung für Arbeit leben durften. Dort blieben sie etwa bis Weihnachten desselben Jahres; dann verschwanden sie ganz plötzlich.

YAALUGURRS TOD

Eine große Gruppe von Barrow Point People war nach Cape Bedford hinuntergezogen, um beim Missionar ein paar Decken und andere Hilfsgüter in Empfang zu nehmen. Sie schlugen ihr Lager in den Sanddünen westlich der Missionsstation auf und nicht im Süden des Kaps, weil es dort bereits ein anderes großes Lager gab. Es gehörte den Bridge Creek People,[51] die meist innerhalb des Missionsgebiets lebten. Diese beiden Gruppen wollten sich nicht miteinander vermischen und hielten daher Abstand voneinander.

Die alte Yaalugurr war Witwe. Ihr Mann, Barney,[52] war vor einiger Zeit gestorben. Er stammte aus Yuuru bei Cape Flattery, so daß er und der alte Charlie Digarra mit den Barrow Point People verwandt waren – sie waren meine »Onkel«. Barneys Frau war durch ihre Heirat mit allen Leuten weiter aus dem Westen, aus Barrow Point und Cape Melville verwandt. Sie war ins Lager der Barrow Point People gekommen, um dort eine Weile zu bleiben.

Eines Tages sagte sie: »Ich glaube, ich gehe mal William besuchen.«[53] William lebte in dem anderen Lager bei den Bridge-Creek-Leuten.

»Nein«, sagten die anderen. »Geh nicht, bleib lieber hier. Wir haben jede Menge zu essen. Bleib bei uns.«

»Nein, nein, ich gehe.«

»Wie du willst. Dann geh.«

Es war später Nachmittag, aber sie konnten sie nicht daran hindern. Also brach sie auf und ging in das andere Lager.

147

Dann ist irgendwas passiert. Die Leute, die sie besuchen wollte, machten Tee, und wahrscheinlich haben sie etwas hineingetan. Inzwischen war es Nacht. Sie gaben es ihr. Möglicherweise war es der alte Bullfrog – vielleicht hatte sie ihn beschimpft oder so.

Sie starb noch in derselben Nacht. Das war um die Weihnachtszeit. Weiß der Teufel, warum sie das getan haben. Vielleicht wollten sie ihr etwas heimzahlen, das Jahre zuvor passiert war.

Die Leute im Westen, die aus Barrow Point, fingen an zu weinen, als sie davon hörten. »Die alte Frau, die gestern weggegangen ist, jetzt ist sie tot!« Alle trauerten um sie.

Dann sagten sie: »*Wa!* Wer weiß, womöglich schieben sie es uns in die Schuhe! Am besten machen wir uns aus dem Staub.« Sie beschlossen, lieber wegzugehen. Außerdem bekamen sie allmählich Angst vor der anderen Gruppe. Sie machten die Leute von Bridge Creek für den Tod der alten Frau verantwortlich und waren zu mißtrauisch, um dazubleiben, so weit entfernt von ihrem eigenen Gebiet.

»*Ama uwu yindu, adanhu.* Diese Leute haben eine andere Sprache. Es ist besser, wenn wir gehen.«

Sie zogen nach Osten zur Mission und baten den Missionar um ihre Decken und Kleider. Dann verließen sie Cape Bedford und kamen nie wieder.

Schwarz versuchte, King Nicholas dazu zu bringen, mit seinen Leuten auf dem Boden der Mission zu bleiben und nicht in ihr eigenes Gebiet zurückzukehren, wo sie in seinen Augen nur schlechten Einflüssen vom Land und vom Meer ausgesetzt waren. Die Barrow Point People willigten zum Schein ein, zogen aber in Richtung Norden, zum McIvor River, der sich noch auf dem Territorium der Mission befand. Als sie den McIvor erreichten, sammelten sie Nelsons Knochen ein, die nach seinem Tod vorübergehend an der Flußmündung begraben worden waren.

NELSONS TOD

Nelson war der Bruder von Wathi, dem Old Man Billy Salt, der mit meiner Mutter durchgebrannt war. Nelson lebte noch immer in Barrow Point, aber er wurde krank. Da rief Mr. Instone Barney Warner und befahl ihm, den kranken Mann ins Hospital zu bringen. Barney ging mit ihm und seiner Frau nach Cooktown im Osten und ließ ihn bei den Ärzten.

Tja, vermutlich sprach er kein Englisch, der alte Nelson. Er blieb nur kurz im Krankenhaus. Seine Frau kümmerte sich dort um ihn. Doch er beschloß auszubüchsen. Und so verließ er das Krankenhaus und ging nach Norden, bis er endlich wieder zum McIvor kam. Als er Cooktown verließ, war er nicht geheilt. Er war immer noch krank. Er kampierte ein paar Tage an der Mündung des Flusses. Dann starb er.

Inzwischen war Barney Warner schon wieder zurück in Barrow Point. Er hatte Nelson nur nach Cooktown gebracht und war dann mit dem Boot wieder nach Hause zurückgekehrt. Nach einer Weile kam die Nachricht, daß der Mann gestorben war.

Etwa sechs Monate später beschlossen sie, wieder aufzubrechen, um bei dem Missionar in Cape Bedford neue Decken und andere Sachen zu holen. Nelsons Witwe stieß wieder zu ihnen, als sie an die Mündung des McIvor gelangten. Bevor sie nach Barrow Point zurückkehrten, gruben sie die Knochen des alten Mannes aus und nahmen sie mit nach Westen. Er stammte aus der Gegend von Wuuri, daher haben sie seine Knochen bestimmt in einer Höhle irgendwo auf ihrem Stammesgebiet zur Ruhe gebettet, vielleicht hoch oben auf einem Berg.

POINT LOOKOUT

Anfang 1927 waren die Behörden sehr beunruhigt über den Mißbrauch von Aborigine-Frauen in mehreren Fischereistützpunkten an der Nordküste. Sergeant Guilfoyle hatte eine neue Serie von Greueltaten aufgedeckt.

Die Fischerboote unter japanischer Flagge, die sich auf *bêche-de-mer* und Kreiselschnecken spezialisiert haben, machen nach wie vor den Bloomfield River und auch Cape Melville und Barrow Point unsicher. Mir wurde berichtet, daß die Kapitäne ihre Mannschaften auffordern, nahegelegene Lager im Landesinneren aufzusuchen und die dortigen Könige oder Anführer zu zwingen, den Japanern Frauen zur Verfügung zu stellen ... Angeblich bezahlt [eine bestimmte Fischereigesellschaft] einen Aufseher ... der auf Flinders Island, in der Nähe von Port Stewart, lebt. Dort werden die Frauen aller Aborigines, die ihren Mannschaften angehören, auf der Insel gefangengehalten. Mir ist nicht bekannt, ob diese Gesellschaft Flinders Island gepachtet oder sonstwie unter Kontrolle hat, aber ich bin der Meinung, daß die dort festgehaltenen weiblichen Aborigines hin und wieder von einem Verantwortlichen aufgesucht werden müssen, der von keiner *bêche-de-mer-* und keiner Perlenmuschel-Gesellschaft abhängig ist.[54]

Sergeant Guilfoyle kaufte daraufhin ein kleines Segelboot. Der ehemalige Polizist Billy McGreen sollte in Begleitung von Jackie Red Point das Boot für polizeiliche Aufträge nutzen, die mit seinen Befürchtungen zu tun hatten. Er schilderte den Fall eines jungen Mädchens, dem er Long Billy zu Hilfe geschickt hatte.

Letzten Januar wurde mir gemeldet ... daß ein Aborigine namens Jackson ein junges Aborigine-Mädchen geraubt hatte. Er hatte sie ihrem Vater weggenommen, dem alten Harry Cootes, und nach Noble Island gebracht, wo er sie an die japanischen Bootsmannschaften verkaufen wollte. Daraufhin vereinbarte ich mit Long Billy, dem ehemaligen einheimischen Wärter im alten Gefängnis hier, daß er mit Jacks Segelboot, Jack[55] und noch einem Jungen namens George nach Noble und Flinders Island fahren würde. Er sollte den jungen Jackson verhaften und auch die kleine *gin* wieder nach Cooktown bringen, damit ich sie mit Billys Hilfe auf dem Landweg zu ihren Eltern zurückschicken konnte.[56]

Das Mädchen kehrte letztendlich nach Barrow Point zurück. Instone berichtet über einen Besuch von Billy McGreen im Februar 1927.

Long Billy kam heute, um mich im Fall des Aborigine-Kindes Gladys aufzusuchen. Ein Junge namens Jackson hatte sie ihrer Familie am McIvor entführt. Er brachte sie nach Barrow Point zurück und händigte sie ihrem Onkel aus, einem jungen Mann namens Tommy, der hier für Mr. R. Gordon arbeitet.[57] Tommy wird im Lauf der nächsten paar Wochen zum McIvor reisen und sie ihren Eltern zurückbringen ... Im Augenblick lebt sie in meinem Haus und ist hier gut aufgehoben.[58]

1927 hatte der Missionar Schwarz ein eigenes Fischerboot gekauft und in Elim einen Verarbeitungsbetrieb für *bêche-de-mer* aufgebaut, der von einem jamaikanischen Experten geleitet wurde. Darüber hinaus hatte er eine Reihe von Männern, darunter mehrere Barrow Point

People, dazu gebracht, auf einer neuen Outstation, die sich Wawu Ngalan nannte und bei Point Lookout, nahe der nördlichen Grenze des Missionsgebietes lag, mit der Jagd auf Dugongs zu beginnen.

Trotz seiner Skepsis verließ sich der Missionar darauf, daß King Nicholas versuchen würde, die Barrow Point People in dem neuen Lager zu halten. Mehrmals schickte er »Long« Billy in Begleitung seines Handlangers Jackie Red Point los, um die Küstenlager in Cape Bowen, Barrow Point, Cape Melville und auf Flinders Island zu durchkämmen. Sie sollten alle Aborigines, die sie fanden, dazu überreden, mit ihnen nach Point Lookout zurückzukehren. Doch es war nicht einfach, die Leute von Barrow Point und Cape Melville dazu zu bringen, das Lagerleben oder die Arbeit auf den Booten aufzugeben und statt dessen für die Mission Dugongs zu jagen.

Billy (Wardsman) und Jackie Redpoint, die in den Norden entsandt wurden, um die an der Küste verstreuten und den Launen der Japaner oder anderer Leute ausgelieferten Menschen aufzulesen, setzten auch nach Flinders Island über und versuchten, die Abos dort zu überreden, sie in das in Point Lookout errichtete Lager zu begleiten.[59]

Einen Monat später wußte Schwarz mehr über die Menschen auf Flinders Island.

Anscheinend handelt es sich vorwiegend um Frauen, und offenbar hat jemand mit mehr Einfluß als Billy dafür gesorgt, daß er dort gescheitert ist. Billy sagt, die Frauen hätten ihm gesagt, sie wollten alle kommen, wenn ihre Männer zu Weihnachten ausbezahlt würden.[60]

Trotzdem konnte Schwarz im Mai 1927 vermelden, daß nun mehr als vierzig Menschen in Point Lookout lebten und sich von der Dugong-Jagd gut ernähren konnten. Er hoffte auf noch mehr, vor allem auf kräftige, arbeitsfähige Männer.[61]

Am Ende des Monats war Schwarz noch optimistischer, was seine neue Kolonie von Dugong-Fischern aus Barrow Point betraf:

Billy, King Nicholas und King Charlie aus Cape Melville scheinen jetzt am selben Strang zu ziehen. Billy und Nicholas waren kürzlich hier ... Sie haben mir erklärt, daß sich alle Einheimischen aus Barrow Point und Starcke in ihrem Lager in Point Lookout befinden, und Billy berichtete, er habe einen Jungen mit Namen Dick Hall über den McIvor geschickt, um die wenigen Leute aus Starcke oder Barrow Point zu holen, die noch dort lagerten. Seiner Einschätzung nach würden sie in Point Lookout eintreffen, noch bevor er selbst wieder zurück sei.[62]

Sergeant Guilfoyle hielt es für einfacher, die Reste der Aborigine-Lager in der Mission zusammenzuführen, wenn Long Billy eine Art offiziellen Status erhalten würde, da es zwischen den amtierenden Königen und ihm offensichtlich zu Streitigkeiten kam.

Ich habe ... Billy auch davon unterrichtet, daß King Nicholas und King Harry sich offenbar nicht so verhalten, wie man es von Königen erwarten darf, sondern ihre Stämme auffordern, an der Küste zu bleiben und den Japanern und den Mannschaften anderer Schiffe Aborigine-Frauen anzubieten. Ich habe ihm Anweisung gegeben, den Aborigines klarzumachen, daß er zum König aller Stämme entlang der Küste ernannt wurde, daß er ihrer aller Anführer ist und daß er sie in seinem Boot mit nach Cooktown bringen soll, sofern sie nicht ins Landesinnere gehen, daß King Nicholas und King Harry weggeschickt würden, wenn sie Billys Anweisungen nicht befolgen, und den Aborigines zu sagen, daß die Polizei von Cooktown und Laura ausrücken würde, falls Billy zurückkommt und meldet, daß sich die Aborigines immer noch an der Küste aufhalten ... Ich habe versprochen, an den Obersten Schutzbeauftragten zu schreiben, wenn Billy und Jack aufbrechen, und zu beantragen, daß Billy zum König eines Stammes ernannt wird, entweder von Cape Melville oder von Barrow Point. Vorausgesetzt, er, Billy, konnte Einfluß auf die Stämme nehmen und sie dazu bewegen, das zu tun, was er ihnen gesagt hat. Ich möchte nun mit allem Respekt vorschlagen, Billy zum König über einen der Stämme an der Küste zu ernennen; er wäre eine große Hilfe, weil er uns zum einen informiert, wie sich die Aborigines verhalten, und zum anderen Geschlechtskrankheiten melden und mit seinem Kumpel Jack infizierte Personen mit dem Boot zur medizinischen Versorgung nach Cooktown bringen könnte.[63]

Der Oberste Schutzbeauftragte Bleakley ernannte Long Billy daraufhin zum »Einheimischen-Polizisten der Point-Lookout-Station« und übertrug ihm »die Befugnis, die Einheimischen in den Küstenlagern in der Umgebung zu überwachen«.[64]

Zudem schmiedete man jetzt Pläne für eine Razzia in den Lagern von Noble Island und Flinders Island, um die Fischer zu erwischen, die dort gegen die Einstellungsgesetze verstießen. Diese verboten unter anderem, Aborigine-Frauen für unmoralische Zwecke zu »beherbergen«. Guilfoyle glaubte, daß »Long« Billys neuer Status von Nutzen sein würde und daß

die Polizei Flinders Island einen Besuch abstatten und alle Aborigine-Frauen, die dort festgehalten werden, aufs Festland zurückholen sollte. Diese Leute würden Billy dann immer gehorchen, wenn er sie von ihren eigentlichen Lagern entfernt findet und zur Rückkehr auffordert.[65]

Reverend Schwarz in Cape Bedford war skeptischer, was die Wirksamkeit dieser Regierungsmaßnahme anging.

Die Ernennung von Billy zum »Einheimischen-Polizisten« für Point Lookout und Umgebung wird nur dann Früchte tragen, wenn den derzeitigen Königen der Gegend ihre Befugnisse genommen werden und sie ihre Schildchen, die äußeren Zeichen für diese Befugnisse, abgeben müssen; ansonsten wird Billy bei diesen Leuten nichts erreichen können.[66]

DIE FLUCHT AUS WAWU NGALAN

Trotz all dieser Schachzüge von offizieller Seite schlug der Plan, die Barrow Point People umzusiedeln, plötzlich fehl. Eines Nachts im August 1927 flüchtete fast die ganze Abstammungsgruppe von Barrow Point mit King Nicholas in ihren Einbäumen und kehrte in ihr Homeland zurück. Die frisch von der Regierung gestellten Decken dienten ihnen als Segel.

1927 lagerten die Leute in Wawu Ngalan. Sie waren schon eine ganze Weile dort. Doch dann hatten sie irgendwann die Nase voll. Ich weiß nicht, was passiert ist, aber sie haben es sich anders überlegt.
»Ich glaube, wir sollten lieber von hier verschwinden.«
Toby und Banjo Gordon lebten damals bei ihnen. Toby war noch ein Kind. Der alte Long Billy McGreen hatte gesagt, er wolle die bei-

den Jungs abholen und in die Schule in Cape Bedford bringen. Doch das gefiel ihren Verwandten ganz und gar nicht. Sie trafen eine Entscheidung.

»Am besten gehen wir zurück in den Westen [nach Barrow Point].« Ihre Eltern – na ja, es war nicht so, daß sie die Nase voll hatten von Point Lookout. Aber es gab Scherereien wegen der Kinder. Ich glaube, King Nicholas' Tochter Leah war auch dabei. Vielleicht sogar Nicholas Wallace und noch ein paar andere.

Sie brachen nicht am hellichten Tag auf, sondern warteten, bis die Sonne im Westen unterging. In jener Nacht war Neumond. Sie wollten nicht gesehen werden, sonst hätte der Missionar ihnen vielleicht sein Boot, die *Spray*, hinterhergeschickt. Sie lag normalerweise dort vor Anker.

Also zogen sie geräuschlos ihre Deckensegel auf, abends so gegen zehn, als die Mannschaft schlief. Dann segelten sie los, erst nach Norden und dann weiter nach Westen, zurück zu ihrem Homeland. Angeblich waren sie schon bei Tagesanbruch am Starcke River. Dort schlugen sie ein Lager auf, aber nur für einen Tag, und dann fuhren sie weiter, vielleicht bis Cape Bowen. Dort machten sie wieder ein oder zwei Tage Rast, und dann ging es weiter, bis sie schließlich Instones alte Anlegestelle in Barrow Point erreichten. Ich weiß nicht, ob Instone damals, im Jahr 1927, noch da war.

Das ist die Geschichte, wie Toby Gordon sie mir selbst erzählt hat. Sobald sie zu Hause waren, nahmen die Männer die Arbeit wieder auf. Einige gingen als Viehhüter zu Hart, das waren diejenigen, die reiten konnten. Das Lager befand sich wieder in der Nähe von Barrow Point. Später nahmen die Viehhüter von Starcke Toby und seinen Bruder Banjo mit, und die beiden arbeiteten dann auch.

Schwarz' Bericht über diese Ereignisse war bezeichnenderweise knapp.

Vor zwei oder drei Tagen kam Billy, der neue Polizist, um seine Uniformen abzuholen, die Ihr Büro ihm zur Verfügung gestellt hat. Er berichtete, daß King Nicholas die meisten Leute, die Billy in Point Lookout gesammelt hatte, wieder nach Barrow Point gebracht hatte. Dort wurden sie laut Billy von der Polizei in Laura empfangen, mit Decken, Tomahawks etc. ausgestattet und aufgefordert dazubleiben. Natürlich ist das Billys Version. Ob sie der Wahrheit entspricht, kann ich nicht beurteilen. Die Barrow Point People hatten jedoch ihren

Vorrat an Decken erst vor kurzem hier in Cape Bedford bekommen. Das weiß ich mit Bestimmtheit.[67]

Roger Hart glaubt, daß die nomadisierenden Aborigines von Barrow Point nach der relativen Freiheit, die sie von der Küste im Norden her gewohnt waren, Schwierigkeiten hatten, die steuernde Hand von Missionar Schwarz zu akzeptieren. Außerdem fühlten sie sich so weit von ihrem eigenen Gebiet entfernt nicht wohl und befürchteten, die Fremden in ihrer Nähe könnten ihnen gefährlich werden.

DIE RACHE DES MISSIONARS

Schwarz' anfängliche Begeisterung über den Plan, die Überbleibsel der Aborigine-Gruppen aus dem Norden in das Schutzgebiet von Cape Bedford zu bringen, verkehrte sich jetzt in Verachtung für die Könige dieser Volksgruppen, in Empörung bei dem Gedanken, daß sie auch weiterhin zu einer von Unmoral geprägten Randexistenz als Opfer skrupelloser Siedler und Fischer verurteilt waren, und in Enttäuschung darüber, daß er nun von der Regierung weder zusätzliche Mittel noch das Fischerboot bekommen würde, um seine neue Gemeinde zu ernähren. Im Januar 1927 hatte Schwarz seinen Jahresbericht für 1926 an den Obersten Schutzbeauftragten Bleakley geschickt. Darin erwähnte er, daß die Barrow Point People zwar kamen, um »ihre Hilfsgüter und Tabak« zu holen, sich aber nicht dazu bewegen ließen, unter seiner Aufsicht zu bleiben. Für King Nicholas fand er nur bittere Worte:

King Nicholas hat seine eigene Art, sich durchzuschlagen, indem er Schiffsmannschaften mit Frauen versorgt. Das ist bequemer, als sich irgendwo niederzulassen und zu arbeiten. Ich habe dem Schutzbeauftragten in Cooktown angedeutet, daß es von Vorteil wäre, ihm sein Schildchen wegzunehmen [und] ihn an einen Ort zu brin[gen], wo er selbst für seinen Lebensunterhalt aufkommen muß.[68]

Von King Harry aus Cape Melville hatte er keine viel bessere Meinung.

King Harry scheint mir vom selben Schlag zu sein wie King Nicholas, und ich glaube wirklich, daß sie nur deshalb die hohe Stellung erringen konnten, die sie innehaben, weil sie sich zu willigen Werkzeugen skrupelloser Männer haben machen lassen, welche Aborigines beschäftigen, Männer wie Frauen. Wenn diese beiden Könige ihrer Macht enthoben, verlegt und durch zwei geeignetere Männer ersetzt würden, ließen sich [ihre Leute] möglicherweise überreden, herzukommen und sich auf unserem Schutzgebiet anzusiedeln. Andernfalls, fürchte ich, wird es nie dazu kommen, es sei denn, unter Androhung von Gewalt, was ich nicht empfehlen möchte ... Sie mit Lebensmitteln und Tabak zu versorgen, ist eine Sache, doch wäre es weit besser, sie aus ihrer jetzigen Umgebung, wo sie jeglicher Kontrolle und Aufsicht entzogen sind, zu verlegen.[69]

Nun, da Schwarz sich von den beiden Männern persönlich verraten fühlte, ließ er seinem Ärger freien Lauf.

Ich kenne Nicholas und Charlie,[70] die Könige von Barrow Point und Melville, und wenn Sie sich meine Korrespondenz diese Leute betreffend noch einmal ansehen, werden Sie feststellen, daß ich bereits mehrmals darauf hingewiesen habe, daß mit diesen Stämmen nichts anzufangen ist, solange diese beiden Schurken Macht über sie haben ... Die beiden Könige werden ihre Geschäfte mit den Japanern und anderen an der Küste entlangfahrenden Seeleuten nie aufgeben, und Billys Einfluß, selbst als »Polizist«, wird nicht ausreichen, um den schlechten Einfluß der beiden Könige wettzumachen, die auf die Unterstützung der kleinen Siedler und der Vertreter der Bootsbesitzer an der gesamten Küste bauen können.[71]

Schwarz' Mißfallen konnte drastische und dauerhafte Konsequenzen für die Aborigines haben. Fünfzehn Jahre zuvor hatte sich der Missionar schon einmal über King Johnny, Ngamu Binga, vom McIvor River beschwert. Dieser wurde anschließend von Cape Bedford nach Cooktown gebracht und von Sergeant Bodman, dem damaligen Schutzbeauftragten von Cooktown, nach Cherbourg verfrachtet.[72]

Auch diesmal führte seine Beschwerde gegen Nicholas und Harry zu prompten Reaktionen. Der Oberste Schutzbeauftragte Bleakley hatte Guilfoyle bereits vorgeschlagen, die Könige von Barrow Point und Cape Melville zu verlegen.[73] Als er jetzt hörte, daß der Schutzbeauftragte von Laura, D. W. Connell, Nicholas nach seiner Flucht aus der Mission geholfen hatte, wies er ihn scharf zurecht.

Seit einiger Zeit versucht der Leiter der Cape-Bedford-Mission in Zusammenarbeit mit dem Schutzbeauftragten von Cooktown, die Einheimischen in den Küstenlagern bei Cape Melville und Barrow Point dazu zu bringen, sich im Schutzgebiet der Mission anzusiedeln. Eine beträchtliche Anzahl von Aborigines hat sich in einem Lager bei Point Lookout auf Missionsgebiet niedergelassen, wo sie von einem Aborigine namens Billy, dem ehemaligen Wärter auf der Station für Geschlechtskranke im alten Gefängnis von Cooktown überwacht wurden, der kürzlich zu diesem Zweck zum Polizisten ernannt wurde. Die Bewohner des Lagers haben seit ein oder zwei Jahren ihre Jahresrationen an Decken und Kleidung über die Mission erhalten, ein Versuch, sie dahin zu locken, wo wir sie haben wollten. Bis dahin erhielten sie diese Güter durch den Schutzbeauftragten von Cooktown. Jetzt meldete Billy der Missionsleitung, daß der alte King Nicholas seine Leute wieder nach Barrow Point zurückgebracht habe, wo die Polizei von Laura sie willkommen geheißen, mit Decken, Tomahawks etc. ausgestattet und aufgefordert habe dazubleiben. Diese Menschen hatten erst kurz zuvor ihre Hilfsgüter in Cape Bedford bekommen, was dem alten King Nicholas und Charlie sehr wohl bekannt war. Ich würde sehr gerne erfahren, ob dies der Wahrheit entspricht, und wenn ja, welches die Gründe für dieses Vorgehen sind, das der Arbeit der Mission und meiner Abteilung in den letzten drei bis vier Jahren schweren Schaden zugefügt hat, ebenso dem Versuch, diese Stämme aus ihrer Umgebung herauszuholen, wo sie seit Jahren von japanischen Perlfischern und anderen Leuten mißbraucht und ausgebeutet werden. Die üblen Folgen zeigen sich mehr als deutlich an der Zahl derer, die wegen Geschlechtskrankheiten nach Cooktown gebracht und im dortigen Gefängniskrankenhaus behandelt werden müssen. Ich wäre Ihnen sehr verbunden für einen umgehenden Bericht.[74]

Um sich zu rechtfertigen, schilderte McConnell, was er selbst von dem Plan hielt, die Gruppen von Barrow Point und Cape Melville nach Süden in die Cape-Bedford-Mission umzusiedeln, der bei den regionalen Siedlern keine große Begeisterung hervorgerufen hatte.

Die erste Mitteilung über die Verlegung der Aborigines aus Cape Melville und Barrow Point nach Point Lookout erhielt ich vor etwa sechs Monaten, als R. Gordon, der derzeitige Besitzer von Abbey Peak Barrow Point, mich anläßlich eines Besuchs in Laura fragte, aus welchem Grund die Schwarzen aus ihren heimischen Gebieten, Barrow Point und Cape Melville, nach Point Lookout verlegt würden. Ich erklärte Mr. Gordon, mir sei nicht bekannt, daß Aborigines aus Barrow Point oder Cape Melville verlegt würden. Daraufhin teilte er mir mit, daß vor ein paar Monaten ein Aborigine namens Long Billy aus Cooktown nach Cape Melville und Barrow Point gekommen ist und einen Großteil der dortigen Aborigines gezwungen hat, mit ihm nach Point Lookout zu kommen. King Nicholas und eine kleine Gruppe von Aborigines aus Barrow Point weigerten sich, Billy zu folgen, und blieben in Barrow Point. Eine weitere Gruppe von Aborigines blieb in Cape Melville. Später stellte mir ein Mann namens Mr. Instone, der frühere Besitzer von Abbey Peak Barrow Point, ähnliche Fragen wie Gordon und erklärte, es sei eine Schande, diese Aborigines aus ihren heimischen Gebieten und von ihren Jagdgründen zu vertreiben und sie dann nicht einmal in die Mission zu bringen und dort mit Nahrung zu versorgen, sondern sie in Point Lookout praktisch verhungern zu lassen.[75]

McConnell wehrte sich gegen die Unterstellung, den Umsiedlungs-plan bewußt behindert zu haben, über den er laut eigener Aussage nicht einmal unterrichtet worden war.

Was Billy der Missionsleitung berichtete, nämlich daß King Nicholas von Barrow Point die Aborigines nach Barrow Point zurückgebracht habe, wo sie von der Polizei in Laura willkom-men geheißen, mit Decken, Tomahawks etc. ausgestattet und zum Bleiben aufgefordert worden seien, ist blanker Unsinn. Am Abend des 18.7.27 kam ich nach Barrow Point, um einen Verlegungsbefehl für eine Aborigine-Frau namens Dolly und ihre beiden Kinder auszuführen. Dort traf ich mit King Nicholas zusammen, einem Aborigine mittleren Alters, der mir ziemlich intelligent erschien. Als ich Nicholas befragte, erklärte er mir, daß es in Barrow Point nur ein kleines Aborigine-Lager gebe und daß Long Billy eine Gruppe von

Aborigines aus Cape Melville und Barrow Point nach Point Lookout gebracht habe, wo sie derzeit ihr Lager hätten. Nicholas teilte mir mit, daß die derzeit in Barrow Point lebenden Aborigines weder Kleidung noch Tabak etc. erhalten hätten. Ich forderte Nicholas auf, am nächsten Morgen alle Aborigines in mein Lager zu bringen, wo ich sie dann mit Decken, Tabak etc. versorgte ... King Nicholas berichtete, eine kleine Aborigine-Gruppe befürchte, Long Billy könne kommen und sie gegen ihren Willen nach Point Lookout bringen. Ich erklärte Nicholas, mir sei nichts davon bekannt, daß Aborigines nach Point Lookout gehen müßten, und daß er, wenn er wolle, bleiben und in der Umgebung von Barrow Point jagen könne.[76]

Schwarz' Empfehlungen bezüglich King Nicholas erforderten sofortiges Handeln. Ausgerechnet dem Polizisten aus Laura fiel die Aufgabe zu, den Befehl zur »Verlegung« auszuführen. Die Geschichte ist uns durch den Augenzeugenbericht des alten Yagay überliefert, der die Ereignisse schilderte, die später von Roger Hart rekonstruiert wurden.

DIE VERLEGUNG VON KING NICHOLAS

Als die Barrow Point People mit ihren Segeln aus Decken von Point Lookout geflohen waren, ging jemand nach Osten, nach Cape Bedford, und berichtete dem Missionar Schwarz davon.

»Alle Yiithuu-Leute sind wieder verschwunden«, sagte er.

»Die beiden Könige haben mich belogen«, sagte Schwarz.

Dann drehte er sich um und schickte eine Nachricht an die Polizei in der Stadt. »Sie sollten diese Könige ergreifen und dafür sorgen, daß sie verlegt werden«, sagte er.

Das war Schwarz' Idee – sie wegzuschicken.

Die Polizei erhielt eine Beschwerde von Schwarz und schickte eine Nachricht nach Westen, an Instone.

»Fordern Sie King Nicholas auf, nach Laura zu kommen. Erzählen Sie ihm, er soll seine Vorräte abholen, Decken, Tommyhawks etc.« Da log er also selbst.

Vom Lager in Barrow Point aus erreichte man die Polizeistation von Laura, indem man immer nach Süden ging. Ich glaube, Instone wußte, was los war, doch der Polizist hatte ihm gesagt, er solle King Nicholas nicht mißtrauisch machen.

Also sagte er bloß:»Tja, King Nicholas. Ich glaube, du solltest mal nach Laura gehen und euer Zeug abholen. Geh nach Süden und hol eure Kleider, Decken, Hosen, eure Angelschnüre und eure Äxte.«
King Nicholas glaubte, was man ihm sagte.

Er ging zurück ins Lager und sagte zu Yagay:»Die Polizei hat mich nach Laura bestellt. Ich soll kommen und die Hilfsgüter abholen, Decken und Kleider. Komm doch mit und leiste mir Gesellschaft.«
Und so brachen sie am nächsten Tag auf. Sie gingen Richtung Wakooka-Station, auf der alten Straße nach Süden. King Nicholas und seine Frau Rosie mit ihrer Tochter Leah und Yagay mit seiner Frau Obibini – das war meine Großmutter.[77] Sie gingen mitten durch Jones's Gap, östlich von Wakooka, und von da weiter nach Süden.

Doch dann fingen die schlechten Vorzeichen an. Erst wurde Nicholas' Frau Rosie krank. Ihre Brust schwoll an und wurde wund. Es war eine Entzündung, eine Art Geschwulst. Sie hatte ihre kleine Tochter Leah bei sich. Es blieb ihnen nichts anderes übrig, als ein paar Tage Rast zu machen, bis es ihr wieder besser ging.

»Gaw, kehren wir lieber um«, sagte Yagay.»Das sieht nicht gut aus.«
»Nein«, antwortete King Nicholas.»Wir gehen weiter.«
Sie behandelten Rosies Brust mit heißem Wasser. Dann brachen sie wieder auf. Immer weiter gingen sie Richtung Süden. Dann trat der alte King Nicholas auf eine giftige Schlange. Sie biß ihn in den Fuß. (Vgl. Farbtafel 7)

Yagay schnitt die Wunde auf und saugte das Gift heraus. Er wußte, wie man Schlangenbisse behandelt. Dann schlugen sie ein Lager auf und machten wieder Rast.

Mittlerweile hatte Yagay große Angst.»Kehren wir lieber um«, sagte er wieder. Irgend etwas versuchte, sie aufzuhalten.

Doch Nicholas hörte nicht auf ihn.»Nein, wir warten nur, bis mein Fuß besser ist, dann gehen wir weiter.«

King Nicholas ruhte sich aus, und nach ein paar Tagen hatte er sich von dem Schlangenbiß erholt. Sie setzten ihren Weg fort. Weiter ging es nach Süden und noch weiter nach Süden.

Da trat King Nicholas wieder auf eine giftige Schlange! Diesmal erwischte sie den anderen Fuß.

Wieder schnitt der alte Yagay die Wunde auf und versorgte sie. Doch seine Angst wurde immer größer.»Gaw! Das ist ein schlechtes Vorzeichen. Wir *müssen* umkehren.«

»Nein«, antwortete King Nicholas.»Wir können nicht umkehren. Wir müssen weiter und den Polizisten aufsuchen.«

9 *Brennende Lager in Barrow Point*

10 Ngamu Wuthurru allein

11 *Buschfeuer in Iipwulin*

12 *Fog besucht seine Töchter*

13 *Zwei Brüder auf der Jagd*

14 Die Magpie-Brüder auf Schildkrötenjagd

15 Beim Lausen

16 In einer Höhle bei Cape Bowen

Yagay hatte böse Vorahnungen: Diese Wanderung verlief ungut und würde ein schlimmes Ende nehmen. Vielleicht hatte der Polizist vor, sie einzusperren. Er sah sehr schwarz. Irgendwas stimmte nicht. »Kehren wir um! Kommt schon.«

»Nein, wir gehen weiter.« King Nicholas wollte nicht auf Yagay hören.

Die halbe Strecke lag bereits hinter ihnen. Also machten sie noch mal ein paar Tage Pause und brachen dann wieder auf. Ich glaube, sie kamen durch Battle Camp.

Dann hielten sie sich nach Westen und kamen an der alten Laura-Station vorbei. Schließlich erreichten sie Laura selbst. Sie schlugen ihr Lager auf und machten sich am nächsten Tag auf die Suche nach dem Polizisten.

»Hallo, Nicholas, da bist du ja endlich«, sagte der Polizist. »Na schön, dann komm mal mit.«

Dann wandte er sich an Yagay.

»Schon gut, Douglas«, sagte er zu ihm. »Du kannst hierbleiben und ein wenig Holz für mich hacken.«

Er nahm Nicholas mit auf die Polizeistation und sperrte ihn in eine Zelle.

Yagay ging hinters Haus und hackte einen großen Stapel Holz für den Polizisten. Er hackte und hackte. Er wartete. Dann fing er wieder an, sich Sorgen zu machen.

Jemand brachte ihm was zu essen. Er aß, brachte den Teller zurück und wartete weiter. Er hatte bereits alles Holz gehackt, das da war. Aber er wollte den Polizisten nicht nach Nicholas fragen.

Schließlich beschloß er, es doch zu tun. Er ging zum Haus.

»Wo ist er?« fragte er. »Wo ist Nicholas?«

»Tja, Douglas«, sagte der Polizist. »Am besten gehst du wieder nach Hause. Und nimm seine Missus und das Baby mit.« Er befahl ihm, zu verschwinden und King Nicholas' Frau und Kind nach Barrow Point zurückzubringen.

»Aber wo ist Nicholas?«

»Er kommt nach Palm Island«, sagte der Polizist. »Es ist besser, wenn du jetzt nach Hause gehst. Ich schicke ihn fort.«

Sonst hätte Yagay einfach immer weiter ausgeharrt.

Nicholas war also eingesperrt. Rosie und Yagay weinten um ihn.

Der Polizist hätte Rosie mit ihm nach Palm Island schicken können, doch er sorgte dafür, daß Yagay sie nach Barrow Point zurückbrachte. Später, als sie die gesamte Gruppe von Barrow Point nach

Lockhart umsiedelten, war sie dabei. In Lockhart ging sie zu ihren eigenen Leuten zurück. Es war ohnehin ihr Land. Sie starb in Lockhart. Der alte King Nicholas hatte auf Palm Island dann keine Kinder mehr. Er lebte allein bis zu seinem Tod.

King Harrys Tod erforderte kein Eingreifen seitens der Behörden. Nach der Flucht von Point Lookout schaffte er es nicht mehr, in sein angestammtes Gebiet zurückzukehren. Er wurde krank und starb entweder im Lager von *Iipwulin* oder am *Uwuru* westlich von Instones Farm. Es ist nicht überliefert, ob ihn eine normale Krankheit oder ein langsam wirkender Zauber aus Cape Bedford daran hinderte, seine Heimat ein letztes Mal zu sehen. Später kamen die Angehörigen nach Barrow Point, um seine Knochen zu holen. Angeblich wurden sie auf Flinders Island beigesetzt.

EXIL

Nach ihrer Rückkehr nach Barrow Point blieb Yagay und dem Rest von King Nicholas' Leuten nicht viel Zeit, um seine Verlegung zu betrauern. Jetzt, da die beiden Könige aus dem Weg geräumt waren, schlug die Regierung eine härtere Gangart zur Lösung des »Problems« der Barrow Point People ein.

Zunächst planten die Schutzbeauftragten, angestachelt durch Schwarz' Unmut über die »Untätigkeit« der Regierung, mit Unterstützung des Missionars weitere Inspektionsrazzien entlang der Küste im Norden.[78] Doch in den Jahren 1927 und 1928 fanden sie immer neue Vorwände, um diese Expeditionen abzublasen. Entweder war das Wetter zu schlecht, oder es standen keine Mittel für die notwendige Ausrüstung zur Verfügung, oder der Schutzbeauftragte Guilfoyle befürchtete, die anvisierten Fischerboote würden sich einfach aus dem Staub machen, wenn sie die Polizei kommen sahen.[79]

Der Missionar Schwarz seinerseits hatte inzwischen den Gedanken aufgegeben, den Großteil der Barrow Point People offiziell unter seine Fittiche zu bringen. Um 1928 hatte er die »heidnischen« Gruppierungen auf dem Missionsgebiet in eine Outstation am McIvor River verlegt, wo eine kleine Gruppe von Leuten aus dem Norden, angeführt von Long Billy McGreen, in einem Lager lebte.[80] Schwarz beschreibt nicht ohne Ironie die fehlgeschlagenen Versuche, den Rest der Gruppen aus dem Norden in die Mission zu bringen.

Wir haben keine weiteren Versuche unternommen, den Rest der Barrow Point People und der Leute aus Cape Melville und Flinders Island dazu zu bewegen, sich in unserem Schutzgebiet anzusiedeln, denn mittlerweile scheint es uns völlig klar, daß sie bleiben sollen, wo sie sind, weil es für die Eigner und die Besatzung japanischer Fischerboote und die drei oder vier Viehfarmen an der Küste so am bequemsten ist.[81]

Seine Prognose für die Barrow Point People fällt düster aus.

Die Hoffnung, je etwas für sie tun zu können, scheint sich zerschlagen zu haben. Man überläßt sie einfach den Japanern und anderen Leuten, die sie nach Belieben ausnutzen.[82]

Roger Hart glaubt, daß Schwarz' Verstimmung über die gescheiterte Eingliederung der Leute aus Barrow Point und Cape Melville ihn dazu bewegte, weitere Aktionen vorzuschlagen. »Er war ein ziemlich rachsüchtiger Mensch. Er wurde böse auf sie und schrieb ans Ministerium, und das war's.«

Mr. Bleakley hatte *lipwulin* an der Ninian Bay irgendwann Anfang der 20er Jahre besucht. Bleakley war auf der alten *Melbidir* mit einer Crew von Inselbewohnern nach Norden gekommen. Dieses Schiff war bei den Aborigines von North Queensland damals wohlbekannt. Die Leute hatten es bereits entdeckt und identifiziert, als es noch weit weg war. »Boss, Boss«, riefen sie, als das Schiff vor der Küste von Instones Gebiet Anker warf. Bleakley ging an Land und verteilte Decken und Tonpfeifen. Roger Hart, damals noch ein kleiner Junge, hatte beobachtet, wie er östlich von Instones Gebiet ein Stück Land absteckte, und geglaubt, es würde eine Missionsstation werden.

1928 sorgte das Büro des Schutzbeauftragten dafür, daß alle Aborigine-Seeleute »an der Ostküste zwischen Lockhart River und Cape Bedford in Zukunft nur noch über die beiden Missionen« rekrutiert werden durften,[83] und Bleakley stattete Barrow Point erneut einen Besuch ab. Diesmal hatte er einen ganz anderen Grund: Er kam, um die überlebenden Barrow Point People ins Exil zu schicken.

Roger hörte die Geschichte von Wathi, dem Mann, der vor Jahren seine Mutter aus Barrow Point entführt hatte. Wieder legte das Regierungsboot *Melbidir* in Barrow Point an. Die Truppen trieben alle zusammen, die sie in den Lagern von *lipwulin* finden konnten – Männer, Frauen und Kinder. Dann wurden sie alle auf das Schiff verfrachtet. Als das Lager geräumt war, setzten sie die *humpies* in Brand.

Die *Melbidir* fuhr die Küste hinauf und machte unterwegs immer wieder Halt, um andere Lager auf dem Weg nach Flinders Island auszuheben. Schließlich setzte das Schiff alle Vertriebenen an der alten Waterhole-Mission am Lockhart River aus.[84] (Vgl. Farbtafel 9)

FLUCHT AUS LOCKHART

Die Barrow Point People befanden sich in der Waterhole-Mission in einer seltsamen und gefährlichen Lage. Die ungewohnten Umstände ihres Exils behagten ihnen gar nicht, und überdies fürchteten sie, von ihren Nachbarn verhext zu werden. Roger Hart erzählte,»die Leute aus Barrow Point und die Lockhart-Leute [seien] alles andere als Freunde« gewesen. Schon als sie weit voneinander entfernt gelebt hatten, waren die Beziehungen zwischen ihnen feindselig gewesen. Jetzt, da die Barrow-Point-Leute mitten unter ihnen waren, hatten die Zauberer von Lockhart viel zu tun. Die Leute starben. Unter den ersten war Toby Gordons Mutter.

Schließlich beschlossen ein paar Männer zu fliehen.»Allzu lang durften sie nicht warten, sonst wären sie alle umgekommen.« Albert Rootsey, Diiguul, **Yagay** und Johnson flüchteten zusammen mit ihren Familien zu Fuß wieder in ihr eigenes Gebiet. Banjo Gordon, der auf eigene Faust nach Lockhart gekommen war, um seine Mutter zu suchen, schloß sich ihnen an. Später begann Toby Gordon, der eine Frau aus Lockhart geheiratet hatte, die Eifersucht seiner neuen Verwandten zu fürchten. Da er obendrein Heimweh hatte, kehrte er mit seiner Frau nach Laura im Süden zurück.

ABSCHIED DER WEIẞEN SIEDLER

Zweieinhalb Jahre, nachdem Instone im September 1926 einen Bericht über seine heikle wirtschaftliche Situation eingereicht hatte, verkaufte er Abbey Peak an die Herren Jimmy Stewart und Bob Gordon, die seit 1915 die Starcke-Station bewirtschafteten und zu den erfolgreichsten Viehzüchtern der Gegend gehörten.[85] Auch Maurice Hart dachte daran zu verkaufen. 1932 übertrug er den Pachtvertrag für Wakooka auf seinen früheren Konkurrenten Stewart, der im Laufe der nächsten sechs Jahre zusammen mit den Thompson-Brüdern alle Ländereien in Howick, Wakooka und Barrow Point, aber auch Starcke

Viehtreiber in den Lagern

im Süden und diverse Areale am McIvor River, zu einem riesigen Besitz vereinte.[86] Danach war das Gebiet von Barrow Point nur noch eine Parzelle in einem Landwirtschaftsimperium, das nach und nach das gesamte Gebiet zwischen dem Starcke River und Cape Melville im Norden verschlang, traditionelles Aborigine-Land. Hier lebten Dutzende von Clan-Gruppen, die mindestens sechs verschiedene Sprachen sprachen. Der Viehbestand in diesem Gebiet ließ sich nur mit Hilfe autonomer Viehhüter verwalten,[87] die in der Regel aus den im ganzen Territorium verstreuten Aborigine-Gruppen rekrutiert wurden – manchmal mit Gewalt.

Sutton (1993) berichtet, daß Toby Gordon 1929 mit seiner Familie in Waliil lebte, »unmittelbar südlich von Barrow Point«, als »er zur Arbeit bei Bob Gordon und Billy Rootsey auf der Starcke-Station« gezwungen wurde. Toby erzählte Roger, sein älterer Bruder Banjo und er hätte dort zu arbeiten angefangen, als Toby etwa neun Jahre alt war.

Beide Jungen hatten auf Maurice Harts Farm Reiten und Viehtreiben gelernt, nachdem Roger Hart nach Cape Bedford gebracht worden war. Sie waren mit ihrer Gruppe in ihr angestammtes Gebiet zurückgekehrt, nachdem sie aus dem Fischereibetrieb der Mission in Point Lookout geflüchtet waren.

Die Erwachsenen pflegten ihre Kinder zu verstecken, wenn Viehhüter von den Stationen in der Nähe eines Aborigine-Camps auftauchten. Sie lebten stets in der Angst, diese könnten die älteren Jungen zum Arbeiten mitnehmen, und waren davon überzeugt, daß Reiten ein höchst gefährlicher Job war. Als einmal ein Viehhüter von Starcke, ein Weißer namens Billy Wallace, in einem Lager am Strand südlich von Barrow Point vorbeikam, drängten die Leute Toby und seinen Bruder, sich zu verstecken. Doch die beiden sagten:»Warum sollen wir uns verstecken? Wir reiten gern!« Als sie sich sehen ließen, wurden sie ohne viel Federlesens auf ein Packpferd gesetzt und zu Roy O'Shea gebracht, dem Aufseher von Starcke, und der ließ sie dann arbeiten.

Die beiden Jungen kamen in die zu Starcke gehörende Manbara-Station, wo sie ihr neues Leben als halbwüchsige Viehhüter begannen. Auf diese Weise verpaßten sie den Besuch der *Melbidir* und die anschließende Zerstörung des Barrow-Point-Lagers an der Ninian Bay. Als sie hörten, daß ihre Leute von Barrow Point weggebracht worden waren, begann Toby, sich Sorgen um seine Mutter zu machen. Er lief weg und ging zu Fuß nach Cape Melville, wo er ein Schiff bestieg und sich auf die Suche nach seinen Barrow-Point-Angehörigen in Lockhart begab. Er sah seine Mutter noch lebend wieder, suchte sich Arbeit[88] und heiratete später in Lockhart.

Eine ähnliche Geschichte von Kindern, die gezwungen wurden, als Viehhüter zu arbeiten, läßt sich fast zehn Jahre später aus Polizeiberichten über Verlegungen rekonstruieren. Roger Hart, Tulo Gordon und ich besuchten 1984 den mittlerweile verstorbenen Bendie Jack in Melbourne. Bendie war nach dem Zweiten Weltkrieg als erfolgreicher Boxer in den Süden gezogen. Er erzählte uns, daß er als kleiner Junge als Viehhüter auf Starcke gearbeitet hatte. Seine Eltern die *Guugu Yimithirr* sprachen,[89] führten noch ein Nomadenleben, als der Junge von Viehhütern aufgegriffen und auf die Farm verschleppt wurde. Bendie wurde schließlich von der Polizei»gerettet« und in die Cape-Bedford-Mission gebracht, wo seine drei älteren Brüder bereits die Schule besuchten.[90]

ROGER HART IN DER
CAPE-BEDFORD-MISSION

Um 1923 wurde Roger Hart an Armen und Beinen gefesselt im Krankenhausgebäude von Cape Bedford zurückgelassen. Tulo Gordon war noch ganz klein; er lebte noch nicht im Heim der Mission, sondern bei seinen Eltern, die sich um die Ziegenherde der Mission kümmerten. Im Krankenhaus begegnete Tulo dem kleinen Jungen aus Barrow Point zum ersten Mal: Er war eingesperrt, man hörte ihn »schreien, weinen und gegen die Wände treten«. Roger hätte Tulo um ein Haar sein neugieriges Auge ausgestochen, als er einen Stock durch die Ritzen seines provisorischen Gefängnisses bohrte.

Nachdem er eine Weile bei Tulo und seiner Familie gewohnt hatte, wurde Roger schließlich in die Schlafbaracke gesteckt und begann mit der Schule. Es war eine einsame und verwirrende Zeit für ihn. Es gab niemanden, mit dem er in seiner Sprache reden konnte, und er hatte keine Ahnung vom Tagesablauf in der Mission.

»Sie brachten mich nach Norden in die Schlafbaracke. Da gab es eine Katze. Die Jungen redeten mit mir, aber ich verstand sie nicht. Also sagte ich mir, daß es keinen Zweck hatte, mit ihnen zu spielen. Ich holte mir das Kätzchen und spielte mit ihm. Das Kätzchen war mein Freund.«

Die anderen Jungen riefen ihn mit dem einzigen Wort, das sie von seiner Sprache aufgeschnappt hatten.

»Sie konnten meine Sprache nicht, aber ein paar riefen mir immer nach: ›*Arrwala! Arrwala!*‹ Das heißt: ›Komm her!‹ Sie nannten mich auch so: *Arrwala*. Das war das einzige Wort, das sie kannten. Wir gingen immer nach Westen, um uns unser *damper* abzuholen. Mrs. Schwarz verteilte das Essen. Jeder bekam ein einziges Stück *damper*. Sie schnitt ein *damper* in acht Stücke. Na schön, ich bekam meinen Anteil und ging weg, um zu essen. Da kamen ein paar von den anderen Jungen hinterher. Und als sie *Arrwala!* riefen, ging ich zurück – ich dachte nämlich, sie würden mir noch ein Stück geben.«

Nach und nach paßte sich Roger an das Leben in der Mission an, obgleich er mit seinem Stammesgenossen und neuen Schulkameraden Bob Flinders häufig Fluchtpläne schmiedete.

Ich zog immer mit Bob herum, und wir wurden wirklich gute Freunde. Er war ein bißchen älter als ich. Wir gingen immer zusammen fischen, und er konnte noch ein paar Brocken von meiner Sprache.

Mit der Zeit gewöhnte ich mich an das Leben in der Mission. Manchmal kam ich ins Grübeln. Dann sagte ich:»Komm, wir hauen ab, thawuunh (mein Freund), nur du und ich.«
»Wohin denn?«
»Zurück nach Hause. Hier haben alle Leute Hunger. Komm, wir laufen weg und schlagen uns den Bauch mit Dugongs voll.«
»Nein«, sagte er dann jedesmal.»Bleiben wir lieber hier.«
Jeden Abend lag ich ihm damit in den Ohren. Ich wollte weg. Doch er sagte:»Nein, bleib hier.« Irgendwann gab ich es auf, ihn zu fragen. Doch ein paar Monate später fing er davon an.»Was meinst du, sollten wir nicht abhauen?«
»Wie sollen wir das machen?«
»Das sehen wir dann schon. Erst mal hauen wir ab.«
»Nein, nein. Jetzt hab ich mich dran gewöhnt. Ich glaube, wir bleiben lieber hier.« Mittlerweile war ich derjenige, der nicht mehr wegwollte.
»Komm schon«, sagte er.»Was ist mit dem Dugong, den wir essen wollten?«
»Ach, bleiben wir lieber hier.«
Doch wenn Banjo und Toby bei mir in der Mission gewesen wären, hätten wir nicht so lange gefackelt. Wir wären gleich weggelaufen und damit basta!

Ein paar Jahre später, als Mitglieder der Barrow-Point-Gruppe nach Cape Bedford zurückkehrten, um die von der Regierung gestellten Hilfsgüter in Empfang zu nehmen, versuchte Roger nicht mehr, ihnen zu folgen, als sie wieder aufbrachen.
»Ich bin ihnen nicht zu nahe gekommen, weil ich Angst hatte. Ich kannte sie, aber ich wollte keinen engen Kontakt mehr. Auch meine Mutter war damals dabei. Aber diese Barrow Point People – damals habe ich sie zum letzten Mal gesehen und dann nie wieder.«
Obwohl Roger Hart wußte, daß seine Mutter sich im Missionsgebiet aufhielt, hatte er zuviel Respekt vor dem Missionar Schwarz, um sie zu besuchen. Damals war er erst acht oder neun Jahre alt.

Irgendwer erzählte mir, daß meine Mutter in Elim war. Ich überlegte noch, ob ich sie besuchen sollte, aber die andern Jungs sagten:»Geh lieber nicht! Schwarz wird toben!« Wir hatten alle Angst vor ihm.
Eines Abends kamen wir von der Arbeit nach Hause. Zwei Frauen standen da und warteten auf den Missionar. Eine davon war Lizzie

McGreen, Yuuniji, die Mutter des jungen Billy McGreen. Die andere war meine Mutter. Wir konnten sie südlich von uns reden hören; sie warteten auf den Missionar.

»Komm her!« rief sie. Ich war mit einem Haufen junger Burschen unterwegs.

»Geh bloß nicht! Schwarz wird dir eine ordentliche Tracht Prügel verpassen«, warnten sie mich.

»Wieso?«

»Wenn er Wind davon kriegt, kannst du was erleben. Geh lieber nicht.«

Ich ging ein Stück hinter den anderen her. Ich wollte rüberlaufen und meine Mutter begrüßen. Sie rief mich immer noch. Aber die anderen sagten:»Tu's nicht!« Also blieb ich bei ihnen. So kam es, daß ich sie nicht mal begrüßte.

Später wurden alle alten Leute von Elim rüber nach Alligator Creek verlegt.[91] Auch Billy McGreen ging mit. Meine Entscheidung stand fest. »Ich gehe auch mit.« Eines Samstagmorgens schlich ich mich in aller Frühe davon und besuchte meine Mutter in Alligator Creek.

Damals hatte Rogers Mutter gerade ein Kind zur Welt gebracht, Jimmy Hart. Die beiden Brüder trafen mehrere Jahre später zusammen, als Schwarz den kleinen Jungen abholen und in die Mission bringen ließ. Daraufhin ging Rogers Mutter nach Cooktown, wo sie eine Zeitlang als Waschfrau für einen anglikanischen Geistlichen arbeitete, bevor sie in ihr angestammtes Gebiet im Norden zurückkehrte.

Bis Roger Hart die Schule in Cape Bedford beendete, hatten die anderen ihm noch einen Spitznamen verpaßt.

MÖRDER

Alle Schulklassen gingen am Wochenende gemeinsam fischen. Manchmal gingen wir runter zum Strand, und manchmal rauf zum Kai. Eines Tages kletterten wir auf die Hügel im Norden von Cape Bedford, wo wir über die Klippen direkt zum Wasser runterkraxeln konnten.

Ich ging vorneweg, und hinter mir kamen ein paar andere Jungs. Plötzlich rutschte ich aus und trat einen großen Felsbrocken los. Er polterte hinter mir die Klippen hinunter und traf Jellico[92] knapp über dem Ohr am Kopf. Er stürzte. Das Blut quoll aus der Wunde. Wir mußten ihn zurücktragen.

Da tauften sie mich »Mörder«, aber damals wußte ich noch gar nicht, was das Wort bedeutet.

Während der nächsten paar Jahre kam nur hin und wieder jemand von Barrow Point in Cape Bedford vorbei – Männer wie Barney Warner, Long Billy McGreen und Jackie Red Point. Roger hatte das traditionelle Leben in seinem Homeland längst hinter sich gelassen. Er gehörte einem auserwählten Häufchen von Mischlingskindern in der Cape-Bedford-Gemeinde an, die der Missionar bevorzugt behandelte. Nach Beendigung der Schule arbeitete Roger Hart auf verschiedenen Missionsbooten und zog später in die neue Outstation der Mission in Spring Hill.

Am 2. Juni 1940 heiratete Roger Hart seine Freundin Maudie (geborene Bowen, die Tochter des Kapitäns George Bowen aus Cape Bedford). Die Trauung in Spring Hill wurde von Missionar Schwarz vollzogen. Roger weiß noch, daß er ein grünes Hemd und eine Khakihose trug. Damals war bereits Krieg.

Wenig später erfuhr er von Norman Arrimi, einem berüchtigten Aborigine-Gauner, der ständig auf der Flucht vor der Obrigkeit war, daß seine Mutter nach Flaggy am Endeavour River gekommen war und ihm ausrichten ließ, sie wolle ihn sehen. Zuvor hatte sie bei Lakefield im Norden gelebt und dort noch ein Kind bekommen.[93] Doch Roger schaffte es nicht, sie aufzusuchen, und dann wurde die Cape-Bedford-Gemeinde im Krieg nach Woorabinda umgesiedelt. Er sah sie nie wieder. Sie starb drei Jahre bevor Roger und der Rest der Cape-Bedford-Gemeinde in die Gegend von Cooktown zurückkehrten.

KRIEGSZEITEN

Die Barrow Point People, die von Lockhart geflohen und in ihr eigenes Gebiet zurückgekehrt waren, waren die letzten Vertreter der Gambiilmugu-warra-Gruppe. Einige ihrer Landsleute waren in Lockhart geblieben, ein paar andere – unter ihnen Long Billy Wardsman und Barney Warner – in Cape Bedford, als der Rest aus Point Lookout geflüchtet war.

Nach der Rückkehr nach Barrow Point fanden sie ihr Land entvölkert – allerdings nicht ganz. Ein Mann war der Verschleppung entgangen. Das war Ngamu Wuthurru, der legendäre bärtige Zauberer. Während die anderen in Lockhart im Exil waren, hatte er buchstäblich mutterseelenallein in Barrow Point überlebt.

WIEDERSEHEN MIT OLD MAN NIGHT

Mein alter ngathi, Ngamu Wuthurru, hatte es geschafft, sich aus dem Staub zu machen, als die übrigen Barrow Point People aufgegriffen und nach Lockhart gebracht worden waren. Er hat Barrow Point nie verlassen, sondern lebte dort ganz allein, wer weiß, wie lange. (Vgl. Farbtafel 10)

Als die anderen von Lockhart flüchteten, kamen sie wieder nach Barrow Point zurück und machte sich auf die Suche nach ihm. Sie suchten überall. Manchmal fanden sie Spuren eines alten Lagerfeuers, nur die Asche. Doch er war schon wieder weg. Also suchten sie weiter. Dann stießen sie auf eine neue Feuerstelle, weniger alt als die erste. Sie kamen ihm immer näher.

Eines Tages fanden sie wieder so ein Lager. »Ah, das Feuer stammt von gestern. Und hier sind seine Fußstapfen.« Sie folgten den Spuren im Sand. Schließlich entdeckten sie ihn. Es war Nachmittag. »Da ist er, da drüben liegt er.«

Er sah sie kommen. Er muß gewußt haben, daß sie ihm folgten. Er wartete, bis sie näherkamen.

»Ah, ihr seid es. Ihr seid also wieder da.«

»Ja, wir sind wieder da. Das Land im Westen ist nichts wert. Zu viele Zauberer, die unsere Landsleute umbringen. Wir hatten Angst, deshalb sind wir weggelaufen.«

So fanden sie ihn wieder.

Anfang der 30er Jahre sprachen die Behörden nicht länger von »Stämmen« in Barrow Point oder Cape Melville. Der offizielle Jahresbericht von 1932, den der Missionar an den Schutzbeauftragten der Aborigines schickte, zeugt von seinem Wunsch, die von der Außenwelt abgeschnittenen Menschen aus einem großen Gebiet in die Outstation der Mission zu bringen.

Es werden Anstrengungen unternommen, um die letzten versprengten Lagerbewohner, die sich in einer mißlichen und desolaten Lage befinden, aus Stewart River, Cape Melville und Barrow Point herauszuholen und nach McIvor zu bringen.[94]

Aus diesen Anstrengungen scheint nicht viel geworden zu sein, und die »vereinzelten Lagerbewohner« wanderten nach wie vor zwischen den Lagern an der Küste, europäischen Ansiedlungen im Landesinneren und den Minen hin und her, um irgendwie ihren Lebensunterhalt zu bestreiten.

Die wenigen Kontakte, die Roger und andere Missionsbewohner mit ihren Leuten hatten, lassen annehmen, daß die Überlebenden von Barrow Point als Gruppe zusammenhielten, obwohl sie bestimmt viel und weit umherzogen und sich gelegentlich mit Angehörigen anderer Gruppen trafen, die im Busch geblieben waren.

EIN JAGDAUSFLUG

1937 gehörte Roger Hart der Mannschaft des Missionsbootes *Pearl Queen* an, die in den Gewässern nördlich von Cape Bedford fischte, nach Kreiselschnecken tauchte und Dugongs jagte. Das Fett der Seekühe wurde in einem eigenen Missionsbetrieb zu Öl verarbeitet.

Sie waren von Cape Bedford aus nordwärts gefahren und schlugen ihr Nachtlager in Cape Flattery auf. Am nächsten Morgen steuerten sie die reichen Dugong-Gründe an der Mündung des Starcke River an. Ein paar junge Männer von der Crew fuhren in einem Beiboot den Fluß hinauf.

Plötzlich bemerkten sie ein paar Frauen, die schnell im Busch verschwanden. Sie fuhren noch etwas weiter und machten das Boot an einem Baum fest. Dann setzten sie sich hin und warteten.

Es dauerte nicht lange, bis südlich von ihnen der alte Wathi, Billy Salt, auftauchte. Er hatte sich im Busch versteckt und sie belauscht. Sie sprachen Guugu Yimithirr.

»Gaw! Wer ist denn das?« rief Old Wathi.

»Wir sind's«, antworteten sie.

Der alte Mann kam näher. »Ihr seid es also!« Er kannte sie, seit sie kleine Jungs in der Mission gewesen waren.

Er machte kehrt, verschwand im Busch und rief die anderen. »Warum seid ihr weggerannt? Diese Leute sind unsere Brüder.«

Die Frauen kamen zurück. Sie hatten befürchtet, die Neuankömmlinge seien Männer von Thursday Island.

Dann kamen die Brüder Albert und Diiguul in ihrem Kanu. Sie hatten zwei Schildkröten dabei, die sie mit Speeren erlegt hatten. Sie zogen das Boot an Land, da wo die Mannschaft vom Missionsboot saß, und fingen an, die Schildkröten zu zerlegen.

Schließlich kamen sie überein, sich an der Flußmündung zu treffen, wo das Missionsboot angelegt hatte. Dort lagerten auch die anderen Mannschaftsmitglieder, und die Barrow Point People kamen den Fluß herab, um sie zu begrüßen. Sogar der alte Yagay kam in seinem Kanu und gesellte sich zu ihnen. So verbrachten sie ein paar Tage zusammen im Lager und teilten das Schildkrötenfleisch miteinander. Am Ende fuhren die Barrow Point People wieder den Fluß hinauf. Sie wollten zum Lager bei der Manbara-Mine, wo einige aus ihrer Gruppe – der alte Johnson und seine Frau Mary Ann – zurückgeblieben waren, während die anderen auf die Jagd gingen. Das Lager befand sich in der Nähe des heutigen New Hill. Ihre Speere ließen sie für künftige Jagdausflüge zurück und versteckten sie in den Mangroven.

Die Jungen aus der Mission warteten, bis sie weg waren. Dann suchten sie nach den Speeren. Sie stahlen alles, was sie finden konnten, und fuhren wieder zurück nach Cape Bedford.

Etwa fünfzehn Jahre später, als Roger Hart nach dem Krieg den alten Yagay wiedertraf, fragte dieser:»Wer hat eigentlich damals die Speere gestohlen?«

»Ich sagte ihm, wer es gewesen war. Ich selbst hatte nicht mitgemacht – sie hatten mir schon jede Menge gute wurrbuy-Speere geschenkt, aus Grasbaumholz und mit Spitzen aus dem Kernholz der schwarzen Palme. Man konnte diese Speere zum Jagen von Wallabys benutzen, aber auch für Menschen. Die Barrow Point People hatten außerdem gute, mit Widerhaken versehene Kampfspeere. Und sie machten ausgezeichnete *wommeras*, zwei verschiedene Arten. Der alte Ngamu Wuthurru aus Thagaalmunga-warra benutzte eine dünne kleine Speerschleuder. Die *wommeras* von Barrow Point waren breit und flach, glattgehobelt und federleicht.«

Die wenigen Barrow Point People, die den Missionen und den Straflagern entgangen waren, lebten weiterhin in sehr kleinen Gruppen und versuchten sich Ende der 30er Jahre auf oder nahe ihrem Homeland irgendwie über Wasser zu halten. Es gab damals nur noch wenige Erwachsene, und die Kinder mußten buchstäblich alle entweder auf Farmen arbeiten oder in den Missionen zur Schule gehen. Die Bootsmannschaften aus Cape Bedford hatten weiterhin sporadisch Kontakt zu einzelnen Verwandten aus Barrow Point. Gelegentlich kam einer aus dem Norden durch die Lager in Bridge Creek, McIvor oder Spring Hill, wo ungetaufte Aborigines innerhalb des Schutzgebietes von Cape Bedford siedeln durften.

Im Mai 1942 wurde der deutsche Missionar von Cape Bedford von den Militärbehörden verhaftet und, als Angehöriger einer feindlichen Staatsmacht, in ein Internierungslager gesteckt. Fast die gesamte Aborigine-Bevölkerung der Mission wurde in den Süden verlegt, die meisten in die Woorabinda-Siedlung, von Rockhampton aus ein Stück landeinwärts, ein paar ältere Leute aber auch nach Palm Island. Zwar lautete der offizielle Vorwand für ihre Evakuierung, daß man eine Invasion der Japaner im Norden befürchte, doch wurden ausschließlich Aborigines aus der Gemeinde von Cape Bedford verschleppt. Die Aborigines in der Umgebung von Cooktown, die außerhalb des Einflußbereichs des bayerischen Missionars lebten, mußten während des Krieges selbst zusehen, wie sie überlebten.

Die wenigen Cape Bedford People, die das kalte Klima und die ungewohnten Krankheiten ihn Woorabinda überlebten, warteten im Süden das Ende des Krieges ab. Als Roger Hart Anfang der 50er Jahre nach Cooktown zurückkehrte, sah er die letzten seiner Landsleute, die überlebt hatten, wieder und erfuhr, wie sie die Kriegsjahre überstanden hatten.

Der alte Wathi hatte seit etwa 1936 im Lager von Bridge Creek im Schutzgebiet der Mission gelebt. Als die Soldaten die Leute für den Transport nach Süden zusammentrieben, kamen sie zuerst in die Hauptniederlassung für christliche Familien in Spring Hill. Doch die nicht zur Mission gehörigen Erwachsenen, die in abgelegenen Buschlagern auf dem Territorium der Mission lebten – aber auch ein paar, die gerade auf der Jagd waren, als die Soldaten kamen[95] –, wurden von der Militärpolizei nicht entdeckt; die meisten von ihnen überlebten den Krieg im Norden. Kurz vor und während des Krieges war Flaggy eines der wichtigsten Aborigine-Lager in der Umgebung von Cooktown. Es lag ein Stück stromaufwärts am linken Arm des Endeavour River. Hier fanden Wathi und mehrere andere Gefährten aus Barrow Point Zuflucht.

Dieselbe kleine Gruppe, die von Lockhart nach Barrow Point zurückgekehrt war – Albert, Diiguul, der alte Yagay – lebte isoliert in Guraaban, Brown's Peak. Sie hatte in dieser Gegend ein mehr oder weniger festes Lager, das sie nur zur Jagdzeit verließ.

Als der Krieg begann, sahen die Barrow Point People die ersten Kriegsflugzeuge am Himmel. Sie waren auf dem Weg nach Neuguinea. Die ungewöhnlichen Vorgänge jagten ihnen Angst ein. Viel erschreckender aber war, daß ihre eigene Anzahl immer geringer wurde. Diiguul war bereits in Guraaban gestorben. Später erzählte

Yagay Roger Hart:»Alle bama starben. Wenn der letzte starb, wer sollte ihn beerdigen? Deshalb haben wir das Land bama-mul [ohne Besitzer] verlassen.« Schließlich zogen auch sie nach Flaggy, um sich anderen Verwandten anzuschließen. Nach dem Krieg wurden alle, die so verstreut in entlegenen Lagern lebten, in einem neuen Schutzgebiet für Aborigines zusammengeführt. Als die Leute aus Cape Bedford in die Gegend von Cooktown zurückkehrten, fanden sie dort ihre Angehörigen, die überlebt hatten. Hier sah Roger Hart Yagay wieder und entdeckte die Geschichten seines Volkes neu.

»Er saß Stunden und Stunden da und erzählte mir Geschichten. Ich interessierte mich brennend dafür. Er sprach meine Sprache, aber ich hatte einiges davon vergessen. Er redete immer weiter, und mit der Zeit kam alles wieder. Banjo kannte diese Geschichten auch, aber manchmal brachte er sie durcheinander. Der alte Yagay dagegen wußte alles.«

Nach und nach starben die letzten Überlebenden aus den ursprünglichen Barrow-Point-Lagern. Einige lebten wie Johnson und Yagay völlig mittellos im Schutzgebiet von Cooktown. Albert starb auf Boiling Springs, einem Anwesen in der Nähe des heutigen Hopevale, wo er während des Krieges einige Zeit gelebt hatte. Jackie Red Point starb kurz vor Ausbruch des Krieges in Cooktown und hinterließ keine Nachkommen. Old Billy McGreen, ein langjähriger Bewohner von Cape Bedford, war bereits 1937 gestorben. Angeblich war er nach seiner langen Tätigkeit als Fährtensucher für die Polizei einem Zauber zum Opfer gefallen. Ngamu Wuthurru starb während des Krieges in Barrow Point und wurde auf seinem Stammesgebiet in *Thagaalmungu* bestattet.

Rogers Aborigine-Vater war einige Zeit zuvor in Bathhurst Head[96] gestorben. Damit gehörte er zu den letzten Menschen, die in dieser Gegend starben, ehe die übriggebliebenen Barrow Point People nach Flaggy im Süden flüchteten. Barney Warner, der in die Cape-Bedford-Gemeinde eingetreten war und sich während des Krieges in Woorabinda lutherisch hatte taufen lassen, starb in der wieder aufgebauten Hopevale-Mission.

Auch Roger Harts Spielkameraden leben nicht mehr. Banjo starb in Hopevale, wo er auch begraben wurde. King Nicholas' Tochter Leah starb nach langer Krankheit in Cooktown im Krankenhaus von Cairns.[97] Charlie Monaghan, der das neue Hopevale nach dem Krieg besucht hatte, starb in den 50er Jahren auf Palm Island. Toby Gordon starb um 1979 in Mossman.

Roger Hart hat alles daran gesetzt, sich über seine Landsleute und ihre in ganz Queensland verstreuten Nachkommen auf dem laufenden zu halten. Einige lebten in Lockhart, wo sie starben oder ihr Homeland vergaßen, andere, wie King Nicholas, wurden in Strafkolonien im Süden verbannt. »Es muß dort Kinder gegeben haben, aber sie wissen nicht, woher sie stammen.« Viele Leute aus Rogers alter Heimat wurden nach Süden verschleppt und sind dort spurlos verschwunden. Im Krieg lernte er in Cherbourg einen Mann namens Arthur Sundown kennen, der behauptete, sein Vater stamme aus Barrow Point, habe jedoch die Sprache verlernt. Andere, die als Kinder in Schutzgebieten und Missionen ein neues Leben kennengelernt hatten, »interessierten sich nicht« für ihre Barrow-Point-Wurzeln oder hatten sie gegen eine neue Identität eingetauscht.

»Ich glaube, der einzige bama, der noch da ist, bin ich.«

TEIL VIER

RÜCKKEHR NACH BARROW POINT

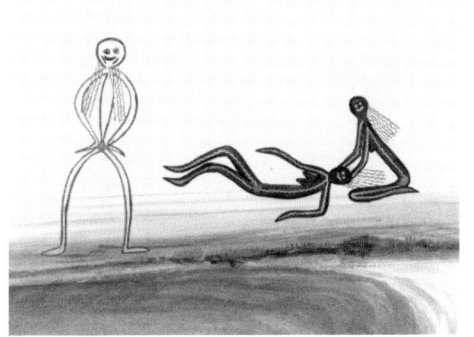

IIPWULIN

Allmählich waren wir wie besessen von der Idee, nach Barrow Point zurückzukehren. All unsere Gedanken und Träume, in denen wir uns mit der Sprache von Barrow Point beschäftigten, kreisten um Rogers Homeland, guwa (im Westen), auf das er seit seiner Kindheit keinen Fuß mehr gesetzt hatte. Buschfrüchte, Austern in Hülle und Fülle, Dugongs in den Sümpfen und wildwachsende Yamswurzeln – all das rief Rogers Erinnerungen an den Hunger in seiner Kindheit wieder wach.

Ende der 70er Jahre wurden alte Wege durch den Busch wieder freigeräumt. Wagen mit Allradantrieb, vollgepackt mit Angelgerät, bahnten sich den Weg von Cairns im Norden nach Cooktown und darüber hinaus. Eine Reise nach Barrow Point schien endlich möglich. Im Frühjahr 1980 nahmen Roger, Tulo Gordon und ich zusammen mit einigen alten Männern aus Hopevale an einer motorisierten Expedition nach Cape Melville teil. Dabei mußten die beiden Wagen einen zugewachsenen Pfad freifahren, der seit zwanzig Jahren nicht mehr benutzt worden war und durch verlassene Viehfarmen am Starcke River bis zum nördlichsten Zipfel von Cape Melville führte. Wir überquerten den Jeannie River, bahnten uns einen Weg nach Cape Bowen, überwanden Jones's Gap und fuhren hinunter zur Wakooka-Station. Dort aßen wir köstlichen Wildschweinbraten, fuhren dann weiter über Sanddünen und durch Salzpfannen – auf denen frische Hufspuren von Wildpferden zu erkennen waren –, bis wir an die Küste bei Cape Melville gelangten, wo sich die Knochen des riesigen Regenwald-Python in einen gewaltigen Berg schwarzer Felsbrocken verwandelt hatten. Unser Führer war damals Pastor George Rosendale, ein lutherischer Geistlicher und ein Enkel jener Frau aus Bloomfield River, die zu Beginn des Jahrhunderts mit ihrem Mischlingskind zur Cape-Bedford-Gemeinde geschickt worden war. In den 50ern war Pastor George einer der besten Viehtreiber von Hopevale gewesen. In Starcke hatte er mit dem Bulldozer viele alte Wege freigeräumt, denen wir nun folgten. Als nach mehreren Wochen im Busch Zucker, Tabak und Sprit zur Neige gingen, kehrten wir nach Hopevale zurück, ohne überhaupt zu versuchen, bis nach Barrow Point vorzudringen.

Instones Haus von Uwuru aus gesehen

Seitdem hatten Roger, Tulo und ich Pläne geschmiedet, Rogers Geburtsort eines Tages doch noch zu erreichen. Wir erkundigten uns bei erfahrenen Viehtreibern, die vor dreißig Jahren in der Gegend gearbeitet hatten, wie man am besten nach Barrow Point kam. Der alte Viehpfad, an den sich einige erinnerten, war mittlerweile bestimmt überwuchert und von Wasserläufen durchbrochen. Mehrere Leute erboten sich, uns in einem zweiten Wagen zu begleiten, doch am Ende machten alle wieder einen Rückzieher, entweder weil ihre Autos defekt waren oder weil sie anderes vorhatten. Also beschlossen wir, allein aufzubrechen, zwei Sechzigjährige und ein Greenhorn von Yankee. Zunächst wollten wir wieder zur verlassenen Wakooka-Station fahren und von da aus einem alten Pfad hinunter zum Rocky Waterhole am Wakooka Creek folgen. Von dort aus wollten wir uns durch einen beeindruckenden Mangrovensumpf, in dem die Viehtreiber angeblich einmal ein Massengrab mit vielen Schädeln entdeckt hatten, der auf ein Massaker hindeutete, bis zur Küste durchschlagen.

Wenn wir das erst einmal geschafft hatten, überlegten wir, wäre es ein leichtes, die paar Meilen bis Barrow Point zu Fuß am Strand entlang zurückzulegen. Sechzig Jahre zuvor war Roger Hart denselben Weg gegangen, als seine Verwandten ihn nach Cape Bedford in den Süden brachten. Er war nie wieder zurückgekehrt.

Nach mehreren Wochen Planung brachen Roger Hart, Tulo Gordon und ich am 29. September 1982 von Hopevale Richtung guwa – (Nord)westen – auf. Wir hatten uns vom Australian Institute of Aboriginal Studies einen klapprigen Toyota geliehen und mit Proviant beladen: vorgeschnittenes Brot vom deutschen Bäcker in Cooktown, Butter und Büchsenfleisch, Mehl, Zucker, Tee, Backpulver, Tabak, Milchpulver, mehrere geborgte Benzinkanister, ein altes Gewehr Kaliber .22 und eine Handvoll Patronen, unsere *swags*, in die wir eine Tasse, einen Löffel und einen Blechteller eingewickelt hatten, ein paar große, zu *billycans* umfunktionierte Milchdosen, Angelschnüre und -haken, eine Packung gefrorener Garnelenköder, die im Nu aufgetaut waren, Streichhölzer und ein kleiner Kassettenrecorder samt einem Vorrat an Kassetten und Batterien. In meinem Rucksack steckte eine topographische Karte von Cape Melville und Barrow Point. Den langen Fischspeer mit den vier scharfen Widerhaken, den wir Tulos Enkeln abgeschwatzt hatten, befestigten wir auf dem Gepäckträger des Wagens. Roger warf auch noch eine *wommera* auf den Rücksitz.

Wir verließen die Mission über die Schotterstraße Richtung Norden, überquerten den McIvor River, dann den Morgan River, der neben der Outstation der Mission am Mount Webb verlief, und fuhren dann weiter durch den riesigen Starcke-Besitz. Der Frühling hatte gerade begonnen, und die Straße war noch nicht ganz trocken. Trotzdem wirbelten wir riesige Staubwolken auf, als wir an 12-Mile vorbeikamen. Wir hatten uns vorgenommen, unser Nachtlager am Starcke River aufzuschlagen, einige Meilen von der Mündung entfernt, wo der Fluß hinter ein paar Lagunen, die Bluewater genannt werden, eine scharfe Biegung macht. Dort hatten wir auch das letzte Mal kampiert. Kurz vor Sonnenuntergang kamen wir, in Staub eingehüllt, dort an und erinnerten uns an die dicke, einen halben Meter lange Meeräsche, die wir vor zwei Jahren mit dem Speer aus dem Fluß geholt hatten.

Rasch schlugen wir unser Lager auf, machten Feuer, um Wasser zu kochen, rollten unsere *swags* aus und liefen hinunter zum wirbelnden Wasser des Starcke River. Dort setzten wir uns weit genug vom Ufer entfernt hin, um nicht von einem Krokodil überrascht zu werden, und warfen die gekauften Köder aus, um unser erstes Abendessen zu fangen.

Roger erinnerte sich, wie er als Kind das erste Mal an die Mündung des Starcke River kam. Er und seine Familie hatten die Hälfte der langen Strecke von Barrow Point nach Cape Bedford schon hinter sich. »Alle bama kampierten hier im Osten, genau nördlich der Flußmündung, an einem kleinen Strand. Dort versammelten sich Leute aus Barrow Point und auch aus Galthanmugu.[1] Wir machten da ein paar Tage Rast auf dem Weg von Westen.«

»War es hier, wo die Kinder angefangen haben, dich wegen dem ›Bart‹ aufzuziehen?« fragte ich.

»Nein, das war weiter im Osten.«

»Bei Mangaar[2] also?« meinte Tulo.

»Nein, noch weiter östlich. Wir spielten mit Speeren, die aus abgebrochenen Halmen von jigan-Gras gemacht waren. Wir bewarfen uns gegenseitig damit. Na ja, im Übereifer habe ich wohl einen von den anderen etwas zu hart getroffen. Er drehte sich um und sagte hämisch: ›Armer Kerl! Sie bringen dich zu dem weißen Mann im Süden.‹«

»Ich hatte keine Ahnung, was er meinte. Ich hielt es für einen Scherz. Aber als sie mich dann weiter östlich nach Bedford brachten, wurde es mir klar, und ich weinte und weinte.«

»Wie viele Leute aus Barrow Point waren damals dabei?«

»So um die dreißig, glaube ich, vielleicht sogar mehr. Viele waren nicht mitgekommen. King Nicholas war mit seiner Familie in Barrow Point geblieben. Toby Flinders war auch nicht dabei. Aber viele Kinder und junge Männer und Frauen. Toby Gordon und ich haben unterwegs miteinander gespielt.«

»Warst du der einzige Mischling?«

»Ja. Außer mir gab es keinen. Mich ließen sie bei den Missionaren, die anderen Kinder nahmen sie alle wieder mit. Als Toby Gordon und sein Bruder die Kinder in der Mission sahen, wollten sie bleiben. Sie fragten, warum nur die Kinder dableiben dürfen, die so eine Hautfarbe haben? Sie wollten auch dableiben.«

»Sind die beiden jemals in die Mission gekommen?«

»Nein, thawuunh,[3] erst als sie nach dem Krieg aus Woorabinda zurückkehrten. Da sind sie dann gekommen. Banjo ist in der Mission gestorben. Sein Bruder Toby blieb noch eine Weile, aber er hatte eine Frau aus Lockhart geheiratet, und als sie zurückwollte, ging er mit. Er ist nie wieder in die Mission zurückgekehrt.«

»Und sie waren deine Spielkameraden in Barrow Point?«

»Ja, wir haben immer zusammen gespielt. Banjo war etwas älter, dann kam ich und dann Toby. Und Nicholas Wallace und Hector

Wallace auch noch, die waren damals noch klein.[4] Und noch ein paar andere. Wer weiß, was aus ihnen geworden ist? Sogar der alte Harrigan[5] trieb sich im Lager herum – das hat mir Toby Gordon erzählt. Das war aber, als ich schon weg war.«

Später, als wir unser Brot, frischen, gebratenen Fisch und süßen Milchtee verdrückten, erzählte Roger von den Erwachsenen seiner Kinderzeit in Barrow Point.

»Old Man Barney Warner, *Wulnggurrin*, pendelte ständig zwischen Barrow Point und Cooktown hin und her.[6] Er war mein Onkel, *urrbithu athunbi*, und damals schon ein richtiger Mann. Als er bei Instone im Lager lebte, hatte er eine Frau, die Mutter von Tommy Christie, Magurru hieß sie. Dann ging er zur Arbeit auf die Schiffe. Und da kam mein ›Neffe‹, Old Man Christie, und stahl Barney die Frau, obwohl ihr Mann noch lebte.«

»Welche erwachsenen Männer gab es noch?«

»Also abgesehen von Barney gab es noch den alten Charlie Angry. Manchmal nannten sie ihn auch Charlie Hungry. Später ist er am Kai in Cairns ertrunken, als ihm jemand eine Flasche über den Kopf gezogen hat. Er hatte Nambaji geheiratet, nachdem ihr erster Mann Mundy gestorben war. Dann ertrank er, und Old Man Jackie Red Point heiratete sie. Ich kannte Old Charlie noch aus Barrow Point. Später traf ich ihn wieder. Banjo Gordon und er arbeiteten auf einem Schiff, das *Noosa* hieß. Sie versorgten die Viehtreiber oben in Port Stewart mit Vorräten.

»Damals arbeitete ich selbst schon auf der *Ramona*, die der Mission gehörte. Wir lagen in Cooktown, als die *Noosa* einfuhr.

Jemand erzählte mir, daß auf dem Boot Leute aus Barrow Point sind.

Also ging ich nach Norden zum Kai. Ich stand an der Ostseite des Kais. Und da sah ich Charlie Hungry von Westen kommen. Ich konnte ihn genau erkennen.

›Hallo, Kumpel‹, sagte ich.

Er hat mich nicht wiedererkannt und ging weiter nach Osten. Ich sagte ihm nicht, wer ich war. Ich ging einfach nach Westen, um in das Boot hineinzuschauen.

Neben dem Herd lag Banjo. Er rief: ›Komm her! Komm her!‹ Ich ging hin, und wir unterhielten uns. ›Hast du Charlie Hungry getroffen?‹ fragte er.

›Ja, ich hab ihn im Süden gesehen.‹

Dann erwähnte er meinen Namen: ›Wenn du Roger Hart siehst,

sag ihm, daß du mich getroffen hast. Sag es auch Bob Flinders und allen meinen Leuten. Aber vor allem Roger Hart‹, sagte er.

Da stand ich vor ihm, Roger Hart, und sollte mir selbst was ausrichten!

›Weißt du, wer ich bin?‹ fragte ich ihn.

›Nein, ich kenne dich nicht.‹

›Mann, ich bin Roger, ich bin *Urrwunhthin*!‹

›Du bist es wirklich?‹

Da haben wir uns umarmt.

Das war um 1938, und es war das erste Wiedersehen, seit wir uns am McIvor River verabschiedet hatten, bevor sie mich in die Schule brachten.

Genau wie Nicholas Wallace.[7] Mit ihm habe ich das letzte Mal am Jeannie River gespielt. Das sind wir von Baum zu Baum gesprungen. Als wir uns später in der Cape-Bedford-Mission wiedertrafen, habe ich ihn nicht erkannt. Er war mächtig gewachsen.«

Am nächsten Morgen brachen wir wieder auf. Seit unserer ersten Fahrt vor zwei Jahren hatten offensichtlich noch andere Fahrzeuge die Strecke genommen, wahrscheinlich Fischer aus Cairns. Diesmal mußten wir nicht mehr am Ufer des Jeannie River entlangfahren oder die Straße aufschütten, wo angeschwollene Flüsse sie weggespült hatten.

Gegen Mittag erreichten wir die verlassene Wakooka-Station. Wir folgten dem Wakooka Creek bis zur Küste und schlugen unser Lager am Rocky Waterhole auf, wo wir auf frische Spuren von einem Fischerlager stießen.

In der Morgendämmerung des 1. Oktober 1982 ließen wir unseren LandCruiser auf einer Sanddüne über einer großen, von Mangroven gesäumten Salzpfanne bei der Mündung des Wakooka Creek stehen. In Anbetracht des langen Marschs hatten wir Brot, Mehl, Tee, Zucker und Angelzeug in unsere *swags* gepackt. Tulo, der von uns dreien am besten schießen konnte, schulterte das Gewehr. Roger nahm den Speer. Ich schleppte ein paar Liter Trinkwasser, meinen Kassettenrecorder und Ersatzbatterien.

Nachdem wir stundenlang einen begehbaren Weg durch die Mangroven gesucht hatten, kamen wir schließlich an den Strand. Von da aus konnten wir den Berg erkennen, der sich dreizehn Kilometer weiter nördlich über Barrow Point erhob. Roger erinnerte sich nur an ein großes Flußbett, das wir auf dem Weg dorthin überqueren mußten. Wir brieten den Laubenwallnister, den Tulo in der Salzpfanne erwischt hatte, aßen und marschierten dann zügig weiter. Ein kräftiger Südwestwind blies uns aufs rechte Ohr. Wir wollten an der Mündung sein, bevor die Flut kam.

Der Marsch zog sich in die Länge, und der Wind machte jede Unterhaltung unmöglich. Roger watete mit dem Speer in der Hand durch die kleinen, windgepeitschten Wellen am Strand und suchte nach etwas Eßbarem. Ich weiß nicht, ob er dabei an früher dachte. Tulo war schlecht gelaunt, durstig und kurzatmig; trotzdem blieb er an einer Sanddüne im Norden von Saltwater Creek stehen und bückte sich nach einem Stück gambarr – Pech, das man zum Herstellen von Speeren benutzt und das auf ein altes bama-Lager in der Nähe hinwies. Er steckte es in die Brusttasche zu seinem Tabak.

Es war später Nachmittag, als wir das Ende des Strandes erreichten und den felsigen Hügel vor Barrow Point hinaufzuklettern begannen. Zumindest der Karte nach war es Barrow Point. Doch als wir den Gipfel erreichten und uns umsahen, während die Sonne über den Mangroven unterging, war Roger verwirrt und unsicher.

»Das ist nicht die richtige Stelle, thawuunh«, murmelte er, während ich die Karte studierte und Tulo hungrig und ungläubig vor sich hin brummte. »Hier war ich noch nie.«

Mittlerweile war unser magerer Wasservorrat zur Neige gegangen. Also gab es keinen Tee mehr. Wir waren von dem langen Marsch völlig erschöpft. Wo war das alte Lager, wo die Wasserquelle und der bulgun, der Windschutz, den man uns versprochen hatte, um unsere *swags* auszurollen?

Tulo und ich saßen mit langen Gesichtern da, während Roger den Horizont verzweifelt nach irgendeiner Landmarke absuchte, die ihm bekannt vorkam. Ob wir am Strand weitergehen sollten? Vielleicht kam ihm an der dunklen Silhouette der Mangroven im Westen, die nun mit den Schatten der Nacht verschmolz, doch etwas vertraut vor, denn plötzlich sagte er: »Hier entlang«.

Wir rappelten uns auf und trotteten in der einbrechenden Dunkelheit den felsigen Hang hinunter. Anscheinend waren wir auf einem alten Viehpfad gelandet, der an einem Mangrovensumpf entlang nach Westen zu einer grasbewachsenen Ebene führte. Wir marschierten im Dunkeln weiter. Roger ging mit wachsender Zuversicht barfuß durch Schlamm und Sand voraus. Wir stießen auf ein Flüßchen, schmal aber tief. Als wir es mühsam durchquert hatten, standen wir an einem einsamen Strand. Der Mond schien nur schwach.

»Ich glaube, hier ist es, thuway«,[8] sagte Roger zu Tulo.

Wir hätten ohnehin nicht weiter gekonnt. Mit ausgetrockneter Kehle, ohne einen Tropfen Wasser, rollten wir neben einem erbärmlichen Lagerfeuer unsere *swags* aus. Roger riet mir, den Durst einfach zu ignorieren. »Wenn du Hunger hast, thawuunh, dann iß. Wenn ich ein bißchen Durst habe, kaue ich nur ein Stück Brot.«

Er lächelte. »Keine Sorge, morgen werden wir da drüben im Westen Wasser finden. Der Fluß am Ende der Ninian Bay kommt von hoch oben und hat immer Wasser. Etwas weiter flußaufwärts ist es auch trinkbar. Nur unten am Strand, wo die Krokodile sind, ist es brackig.«

Das war nicht gerade ein Trost. »Ich habe Rückenschmerzen«, klagte Tulo. »Meine Beine sind müde. Morgen muß ich erst mal eine halbe Meile schwimmen!«

Nur Roger war fröhlich. »Mir geht es richtig gut. Mir tut nichts weh, ich bin nur müde«, erklärte er.

Ein Vogel flog über unsere Köpfe hinweg und stieß im Dunkeln einen Schrei aus. »›Mein Landsmann ist gekommen‹, sagt er.« Jetzt war Roger sicher, daß wir sein Homeland erreicht hatten.

Wir saßen vor dem flackernden Feuer und dachten ans Essen. Tulo murmelte, wir seien weitab von jeglicher Zivilisation. In Hopevale hatten wir darüber debattiert, daß man etwas unternehmen müßte, um die Landrechte der Aborigines in anderen Teilen des Landes zu sichern. Doch jetzt meinte Tulo, selbst wenn bama ein derart tief im Urwald gelegenes Gebiet zurückbekämen und auf dem Seeweg versorgt würden, würden sie wahrscheinlich nur wenige Tage hierbleiben und dann wieder zurückkehren. Man müßte ein richtiges Vorratslager anlegen. »Sogar der alte Muuni« – damit meinte er den Missionar in Cape Bedford – »hat das meiste Fleisch als Vorrat eingepökelt, wenn er ein buligi (Rind) schlachtete«, sagte er.

»Sobald das Wasser zurückgeht«, erklärte Roger, »sieht man die Klippen im Meer. Die Mangroven hier im Westen sind nicht so wie die, durch die wir vorhin gekommen sind. Hier gibt es nur wenige. Da drüben an der Spitze ist noch ein kleiner Strand. Keine Sorge.« Er zeigte nach Westen, wo ein rauher Felsen aus dem Meer ragte. »Morgen haben wir genug zu essen. Die Klippen da drüben sind voller Austern.«

Wir warfen unsere Angelschnüre aus, in der Hoffnung, etwas zu fangen. Wir hatten nur die alten Köder, die noch am Haken hingen. Während wir darauf warteten, daß Fische anbissen, wurden Rogers Erinnerungen deutlicher. Allmählich ging ihm auf, warum wir uns verlaufen hatten.

»Anscheinend sind das die letzten Schraubenpalmen hier. Früher gab es die hier in rauhen Mengen. Die anderen müssen abgestorben sein. Und da drüben, weiter östlich, gab es auch ein paar Kokospalmen.

Es macht gar nichts, daß wir nicht versucht haben, um die Spitze von Barrow Point herumzugehen. Ich dachte immer, die Leute meinen unser Lager, wenn sie von Barrow Point sprachen. In Wirklichkeit meinten sie das da drüben im Osten. Unser Lager war aber hier, an diesem Strand.«

»Gibt es denn in unserer Sprache keinen Namen für Barrow Point?« fragte Tulo.

»Ich glaube, es wurde *Wayamu*[9] genannt. Die kleine Insel da im Norden heißt Mulganhbigu. All das ist mein Land, von hier aus ins Landesinnere und nach Süden.« Inzwischen war er überzeugt, daß sich auf der anderen Seite des Hügels im Westen die alte Station befand, wo der weiße Siedler Instone gelebt hatte.

»Früher führte ein sehr guter Pfad dorthin. Das bama-Lager lag auf dieser Seite. Hier im Süden gab es einen großen Sumpf.« Roger versprach, daß wir morgen dort Trinkwasser finden würden.

»Auf Instones Gebiet wohnten nur wenige Leute«, fuhr er fort. »Die meisten lebten hier im großen Lager von *Iipwulin*. Hier bin ich geboren.«

Roger erzählte uns von den alten Leuten im Lager und wie man sie nach Lockhart gebracht hatte. Plötzlich hielt er inne und lachte ein wenig verlegen. »Besser, ich nenne die Toten nicht beim Namen, sonst tauchen sie noch auf und packen uns am Kragen.«

»Sie würden uns nicht wiedererkennen«, entgegnete Tulo. »Außerdem bin ich auch ein australischer bama!«

Roger trat nach einer alten Bierflasche, die halb im Sand vergraben lag. Das Etikett war in der Sonne verblichen. Ein stummer Zeuge dessen, daß Fremde hier ihr Lager aufgeschlagen hatten – vielleicht Fischer von vorbeifahrenden Fangschiffen.

»Wie, meinst du, ist das hierher gekommen, thawuunh? Viehtreiber aus dem Süden? Ach, es macht mich traurig, das alles wiederzusehen.«

Vom Osten her wehte eine frische Brise und weckte weitere Kindheitserinnerungen. »Als ich klein war, thawuunh, blies derselbe Ostwind. Das ganze Lager war dort drüben, etwas weiter westlich.

Kennst du ›Kerosingras‹? Davon gab es hier eine Menge – vielleicht ist es noch da. Sie befahlen mir immer, das Gras abzubrennen.

›Geh nach Osten und zünde das Gras an, mach mal wieder richtig Ordnung.‹

Also ging ich los und zündete es an. Aber die Flammen schlugen im Ostwind hoch. Sie breiteten sich schnell aus und verbrannten sämtliche humpies. Unsere Hütten waren aus Teebaumrinde und brannten wie Zunder.

Ich kann mich noch genau daran erinnern. Es sieht noch genauso aus wie früher.« (Vgl. Farbtafel 11)

Doch nun mußte Rogers Schwärmerei für sein Homeland warten, bis wir uns ausgeruht und Wasser zum Teekochen gefunden hatten. Wir bereiteten uns auf die Nacht vor. Um nicht von Roger ausgestochen zu werden, erzählte Tulo jetzt ebenfalls eine Geschichte und verknüpfte sie gleich mit einem praktischen Ratschlag.

»Schlaf nie ungeschützt am Strand, thawuunh. Da könnten Krokodile herumlaufen, weißt du.

Ich kann mich erinnern, wie wir einmal in Cape Flattery Schildkröten jagten. Wir hatten mit dem Speer eine große Schildkröte erlegt und ließen sie am Strand liegen, als wir uns schlafen legten.

Am nächsten Morgen entdeckten wir überall Spuren von einem Krokodil – soo groß.« Er breitete die weit Arme aus.»Ehrlich! Und wir haben seelenruhig geschlafen. Das Krokodil war bis zu uns gekommen, um sich die Schildkröte zu holen. Keiner hat es bemerkt. Es hat die Schildkröte einfach mitgenommen. Wäre sie nicht gewesen, hätte sich das Krokodil womöglich einen von uns geschnappt.«

Als ich am nächsten Morgen aufwachte, schlief Tulo noch. Roger war nirgends zu sehen. Spuren von einem Krokodil gab es nicht, dafür jede Menge frische Wildschweinspuren. Ich sah mich um. Das Meer war ruhig, die Wellen plätscherten am Ufer gegen die Felsen, die wie Platten aus gehärtetem Lehm wirkten. Der Strand erstreckte sich vier, fünf Kilometer weit nach Osten; von da waren wir in der Nacht zuvor gekommen. Mangroven verdunkelten das Ende des Strandes, und ein Stück nördlich von Barrow Point war eine kleine Insel zu sehen. Im Westen fiel der felsige Hügel bis zum Wasser ab, und ein paar vorgelagerte Felsbrocken türmten sich im Wasser auf. Der Hügel mußte an die hundert Meter hoch sein.

Im Süden gab es dichte Vegetation. Dort befand sich vermutlich der Sumpf, an den Roger sich erinnerte. Während ich mich umsah, tauchte er auf. Er hatte zwei volle Wasserflaschen in der Hand und grinste übers ganze Gesicht.

»Ist zwar ein bißchen brackig, aber man kann es trinken«, verkündete er. Da er nicht schlafen konnte, war er schon in aller Frühe aufgestanden, um die Umgebung zu erkunden. Zwar hatte er nicht die Trinkwasserquelle gefunden, an die er sich erinnerte, dafür aber den Sumpf. Nachdem er etwas getrunken und sich gewaschen hatte, kam er jetzt euphorisch zu uns zurück.

Wir standen auf, genossen ein königliches Frühstück aus altem Brot und frischem Tee und machten uns dann auf, um Rogers Homeland zu erforschen.

BEIM LAUSEN

Während Fog mit dem Schädel des riesigen Dingo Unfug machte, blieben die beiden Magpie-Brüder zurück und machten sich über das restliche Fleisch her. Als sie alles aufgegessen hatten, dauerte es lange, bis sie wieder Hunger hatten. Irgendwann beschlossen sie, erneut auf die Jagd zu gehen, und brachen in Richtung Süden auf. (Vgl. Farbtafel 13)

Die beiden Magpie-Brüder waren tüchtige Jäger. Das lag vor allem daran, daß man sich früher nicht an die Beute heranpirschen mußte. Man brauchte sich den Tieren nur zu nähern und sie mit dem Speer zu töten.

Die beiden Brüder kamen nach Süden und sahen sich um. Der eine entdeckte eine große Herde. Es waren rote Känguruhs, eine ganze Menge, und Wallaruhs.

»Wo ist das minha?«

»Da drüben. Komm, wir schnappen uns welche.«

Sie gingen auf die Känguruhs zu, die nicht grasten, sondern einfach im Schatten lagen und sich ausruhten. Die Magpie-Brüder gingen schnurstracks auf sie zu. Aber als die Tiere sie sahen, sprangen sie auf und liefen davon.

Die Brüder hielten Ausschau nach einer anderen Herde, aber da war es dasselbe: Sobald sie näherkamen, liefen die Tiere weg.

Daraufhin sagte der jüngere Bruder: »Was ist bloß los mit dem minha? Als hätten sie Augen wie die Menschen. Als könnten sie uns kommen sehen.«

»Hast du nichts bemerkt?« entgegnete der ältere. »Wir haben Fog den Kopf des riesengroßen Dingo überlassen. Wahrscheinlich hat er damit einen Zauber gemacht. Und jetzt haben alle Tiere gute Augen.« (Vgl. Farbtafel 15)

Es hatte keinen Zweck. Die beiden Brüder gaben das Jagen auf und kehrten nach Norden zurück. Als sie an den Strand kamen, schlugen sie ihr Lager auf.

Doch was war mittlerweile aus Fog geworden? Sie fragten sich, wo er abgeblieben war. »Wahrscheinlich versteckt er sich irgendwo. Wer weiß, wo? Er hat soviel gelogen und soviel Ärger gemacht«, sagten sie. »Wahrscheinlich hat er Angst, daß ihm jemand einen Speer in den Leib bohrt.«

Sie hatten immer noch Hunger und beschlossen daher, ihr Jagdglück bei einer Schildkröte zu versuchen. Sie holten ihren Einbaum und machten sich zur Jagd bereit.

Nun hatten die Brüder auch zwei Schwestern, die gerade zu Besuch waren. Sie entschieden, die Schwestern im Lager am Strand zurückzulassen. »Ihr zwei bleibt hier«, sagten die Brüder, »und wir beide gehen auf Schildkrötenjagd.«

Dann paddelten sie in ihrem Einbaum davon.

Und wo, meint ihr, war der alte Fog, während sie auf dem Meer nach Beute suchten? Mit einem Mal tauchte er im Süden auf, ganz in der Nähe des Lagers, wo die beiden Mädchen warteten.

»Da kommt ja unser Großvater vom Süden«, rief eine der Schwestern.

»Ja, stimmt, das ist er tatsächlich«, rief die andere.

»Hallo, Großvater«, sagten sie, als er näherkam.

»Ja, da bin ich«, antwortete er. »Was macht ihr denn hier?«

Die beiden Mädchen waren dabei, sich gegenseitig zu lausen. »Wir suchen nach Läusen«, antworteten sie.

»Ach ja?« Der alte Fog sah sie an. »Ihr habt aber keine guten Augen«, sagte er.

(Ich muß jetzt ein paar schlimme Ausdrücke benutzen).

»Ihr habt keine guten Augen. Laßt lieber mich nach den Läusen suchen. Meine Augen sehen wirklich alles«, sagte er. »Laßt es mich versuchen.«

Er setzte sich hin und begann, die beiden Mädchen zu lausen. Er begann ganz oben, am Kopf. Eine Laus nach der anderen zerquetschte er, di, di, di. Na schön.

»So, die hätten wir.«

Dann nahm er sich die Läuse unter den Achseln vor. Eine nach der anderen zerquetschte er, bis er sie alle erwischt hatte.

»Nur zu, nur zu«, sagten die beiden Schwestern. »Jetzt weiter unten!«

Beim Lausen

Also bückte sich der alte Fog und fing an, in ihrem Schamhaar nach Läusen zu suchen.

»Ja!« sagte die eine Schwester. »Bitte such auch in unserem Schamhaar nach Läusen.«

Old Fog zerquetschte eine Laus nach der anderen und drang dabei immer weiter nach unten vor.

(Diese Geschichte kann man seinen Enkeln erzählen, aber nicht jedem, versteht ihr?)

Er arbeitete sich immer weiter nach unten vor, immer weiter.

»Hoppla, da ist eine hineingekrochen! Spreiz die Beine, so weit du kannst«, sagte er zu der einen Schwester. Das Mädchen spreizte die Beine. Da stürzte sich der geile Bock einfach auf sie und drang in sie ein!

Die andere Schwester sprang auf und rannte davon. Old Man Fog lief ihr nach. Sie versteckte sich in einer Felsspalte. Doch Old Fog stieg auf den Felsen und steckte seinen Penis in die Spalte. Tiefer, immer tiefer, bis er sie von oben erwischte!

Tja, nachdem der alte Lustmolch mit beiden Schwestern fertig war, legte er sich aufs Ohr und machte ein Nickerchen.

Nach einer Weile kamen die beiden Magpie-Brüder von der Schildkrötenjagd zurück. Sie hatten reichlich Beute gemacht.

Old Fog schlief so friedlich wie ein Unschuldsengel – der alte Schlawiner!

»Da kommen unsere Brüder zurück«, rief die eine Schwester. »Komm, wir gehen hin und sehen uns die Schildkröte an.«

Sie gingen Richtung Osten. »Da habt ihr aber eine große erwischt«, staunten sie.

Und dann erzählten sie, was passiert war.

»Unser abscheulicher Großvater schläft jetzt, da drüben im Westen. Er hat uns mißbraucht. Er hat uns geschändet.«

»Was?«

»Ja.«

»Dann sagt lieber nichts mehr. Haltet den Mund. Wir werden sehen, was wir tun können«, sagten die Brüder.

Sie gingen zum Einbaum, holten alle Schildkröten und schleppten sie nach Westen zum Lager. Dann sagten sie: »Paßt auf. Geht jetzt und sammelt ein paar Steine für den Erdofen.« Sie erklärten, daß sie besonders harte Steine bräuchten.

Die Mädchen machten sich auf die Suche.

»Ist der hier gut genug?«

»Nein, nicht solche. Such andere, der da taugt nichts.«

Sie brachten einen neuen Stein. »Und was ist mit dem hier?«

»Auch nicht, sucht weiter.«

Sie wollten die harten, schwarzen Steine, die »springenden« Steine – groß, rund und glatt. Früher machten die Leute Tommyhawks aus solchen Steinen – vielleicht war es Granit.

»Solche müßt ihr suchen. Das sind die richtigen.«

Sie sammelten einen Haufen harter Steine und warfen sie auf die Feuerstelle, immer mehr, bis sie genug hatten. Dann stapelten sie noch mehr Holz obendrauf, damit die Steine sehr, sehr heiß wurden.

Jetzt konnten sie die Schildkröte zubereiten. Sie schlitzten ihr die Kehle auf und zogen die Gedärme heraus. Sie zogen und zogen und zogen – so kocht man bei uns Schildkröten. Sie nahmen alle Innereien heraus und wuschen sie solange, bis sie ganz sauber waren. Als alle Innereien sauber waren, stopften sie sie durch die Öffnung im Hals wieder in den Bauch der Schildkröte.

Mittlerweile waren die Steine heiß. Sie nahmen sie aus dem Feuer und steckten auch sie der Schildkröte in den Leib. Dann verschlossen sie die Öffnung am Hals, damit die heiße Luft und der Dampf nicht aus dem Inneren entweichen konnten.

Einen besonders harten Stein ließen sie im Feuer liegen. Den steckten sie nicht in den Magen der Schildkröte. Sie sorgten dafür, daß er sehr heiß blieb.

Dann legten sie die Schildkröte aufs Feuer. Sie bedeckten den Panzer mit Kohle, so daß das Fleisch von innen und von außen gleichmäßig garte. Es schmorte und schmorte, und auch der harte Stein schmorte. Sie schoben ihn auf die Seite.

Endlich war das Fleisch gar. Sie nahmen die Schildkröte aus dem Feuer und ließen sie abkühlen.

Der alte Schuft schlief immer noch.

Schließlich machten sie sich über die Schildkröte her. Die Steine und die Kohle warfen sie weg. Sie brachen den Panzer auf und leerten ihn aus. Sie nahmen das Brustfleisch heraus, das mittlerweile schön zart war. Nach und nach lösten sie immer mehr Fleisch heraus.

Am Ende suchten sie eine große Muschel, mit der man die Suppe aus dem Innern der Schildkröte löffeln konnte.

Als alles bereit war, weckten sie Old Fog.

»Komm, Großvater! Komm her und iß etwas Suppe!«

Fog kam vom Westen zu ihnen.

Sie hatten immer noch den einen heißen Stein.

Der ältere Magpie-Bruder sagte: »Komm her, ngathi!« Er hielt Fog die Augen zu und sagte. »Mach den Mund auf!«

Dann kippte er dem alten Bösewicht eine Muschel voll Suppe in den Mund.

»Hmm, was für eine leckere Suppe. Gebt mir mehr, mehr!«

Also gaben sie ihm mehr Suppe aus der Muschel. Wieder hielten sie ihm die Augen zu und kippten ihm die Suppe in den Schlund. So trank er eine Menge Suppe.

»Na los, noch ein bißchen, noch ein bißchen«, rief Fog.

Der ältere Magpie-Bruder ging ans Feuer, doch statt Suppe holte er diesmal den Stein. Wieder hielten sie Old Fog die Augen zu.

»Mach den Mund auf, so weit du kannst!«

Fog riß den Mund auf. Sie steckten ihm den heißen Stein hinein, und er verschluckte ihn!

Er war so heiß, daß Old Fog auf der Stelle platzte. Er explodierte! Fetzen seines Körpers flogen in alle Himmelsrichtungen, bis nichts mehr von ihm übrig war. Seine Knochen landeten im Süden. Nur ein Körperteil blieb intakt: sein Geschlecht. Es flog nach Norden. Es flog und flog ... yii ... bis es mitten auf einer Insel landete. Sie heißt Stanley Island, *Indayin* in der Sprache der Bewohner von Flinders Island.

Dort spukt nun der Geist von Old Fog herum. Und die Stelle, an der sein Geschlecht aufschlug, ist noch heute zu sehen.[10]

AM STRAND VON BARROW POINT

Am frühen Morgen des 2. Oktober 1982, nachdem wir mit Rogers brackigem Sumpfwasser unseren Frühstückstee gekocht hatten, waren wir bereit, unsere Erkundungen fortzusetzen. Wir suchten Gewehr, Speer und Angelsachen zusammen und gingen über den Hügel, der unser Lager am Strand von der ehemaligen Siedlung trennte. Roger hoffte, auf dem alten Instone-Grundstück einige markante Stellen wiederzufinden, wobei er einerseits auf seine Erinnerung vertraute, andererseits auf das, was er von den Viehtreibern in Hopevale erfahren hatte.

Die Sonne brannte. Das Gras war hoch gewachsen und zerkratzte beim Gehen unsere Beine. Ein ideales Versteck für Schlangen. Roger war entsetzt. »Früher war hier alles so schön sauber«, erklärte er und spielte mit den Streichhölzern in seiner Tasche. Damals, so erzählte er, hätte man nicht zugelassen, daß das Unkraut alles überwucherte. Die Leute brannten den Busch regelmäßig ab und konnten dann in der entstandenen thulngga – auf der verbrannten Erde –, wo sofort wieder neue Triebe keimten, bequem jagen.

Als wir die Spitze des Hügels erreichten, stießen wir auf zerbrochene Zementplatten, offenbar Überreste aus dem Krieg. Wir stiegen zu einem kleinen Strand an der Westseite des felsigen Hügels hinab, wo, soweit sich Roger erinnerte, Instones Anlegeplatz gewesen sein mußte. Doch wir sahen nur junge Mangroven und den Rand eines Sumpfes. Auch hier war alles völlig zugewachsen.

Wir fingen an, das Gelände systematisch abzusuchen. Roger fand einen im Sand versunken fauligen Balken, vielleicht ein Teil des alten Docks. Dann entdeckten wir eine Reihe termitenzerfressener Zaunpfähle, die offenbar zu einem von Instones Höfen gehört hatten. Als wir weiter ins Unterholz vordrangen, stießen wir auf andere Überreste der alten Farm, die Roger aus dem Gedächtnis zusammenfügte wie ein Puzzle. Das hier waren vermutlich die Pfähle, auf denen das Haus gestanden hatte; dann mußte der Brunnen da drüben gewesen sein. In einer anderen Ecke lag ein rostiger Wassertank neben den Resten einer hölzernen Plattform. Überall hatte sich der Busch das Land zurückgeholt. Man konnte sich kaum vorstellen, daß hier früher eine Farm gestanden hatte, mit einem Hafen, in dem die Versorgungsschiffe anlegten, mit Viehtreibern auf Pferden und Kindern, die am Strand spielten.

Mit dem Speer auf Känguruhjagd

Bis zum späten Morgen hatten wir fast Instones gesamtes ehemaliges Grundstück unter die Lupe genommen. Roger hatte zwar viele von den Landmarken gefunden, nach denen er gesucht hatte, aber nicht alle. Er hatte das Gefühl, als spielte ihm seine Erinnerung einen Streich nach dem anderen. Wo war das Ziegengehege? Lag es damals nicht neben dem Brunnen? War das hier überhaupt der Brunnen? Wo war der alte Pfad, der durch den Wald zurück nach Süden führte?

Der Durst machte uns wieder zu schaffen, und es wurde Zeit, sich nach Trinkwasser umzusehen. Wir machten uns in Richtung Süden durch dichtes Gestrüpp und einen Sumpf auf die Suche nach dem Fluß, bei dem es sich Rogers Erinnerung zufolge um den *Uwuru* handeln mußte. Irgendwann kamen wir an einen weitläufigen Strand. Weiter westlich, am Ende der Bucht, konnten wir hinter einer Sanddüne eine dunkle Wasserstelle erkennen.

Ich hatte großen Durst und ging voran. Tulo folgte mir mit dem Gewehr. Als ich zum Fluß kam, blickte ich in die Augen eines riesigen Krokodils, das reglos knapp unter der Wasseroberfläche trieb. Ich schrie auf und machte Tulo Zeichen, sich das anzusehen. Das Krokodil, seit Menschengedenken unangefochtener Herrscher des *Uwuru*, musterte uns einen Augenblick lang gleichgültig, tauchte dann langsam unter und verschwand aus unserem Blickfeld.

Wir gingen flußaufwärts und füllten unsere Wasserflaschen. Auf dem Rückweg entdeckte Roger mehrere große, silbrige Meeräschen an der Flußmündung. Mit bloßen Händen (die *wommera* hatte er im Toyota liegen gelassen) schleuderte er den Speer und erlegte ein besonders großes Exemplar. Wir zogen es heraus und hielten dabei möglichst viel Abstand zum Wasser. Erst da entdeckten wir, daß der Fisch verletzt war. Ein großes Stück Fleisch war aus seinem Rücken herausgerissen worden.

Roger erinnerte sich an eine andere Episode, die sich hier zugetragen hatte. »Wir blieben nie lange an einem Ort, mußt du wissen. Einmal lagerten wir hier in der Gegend und wanderten rauf nach Eumangin. Da entdeckten wir ein großes Känguruh und jagten hinter ihm her. Keine Ahnung, wie das Tier plötzlich an den Strand gekommen war – vielleicht war es vor einem Dingo weggelaufen. Die Männer versuchten, es mit dem Speer zu erlegen, und die Hunde bellten ihm nach. Da drüben war ein großer Felsen, und das Känguruh lief hin und her. Es war ein großes Tier, schon alt.«

»Und habt ihr es erwischt?« fragte Tulo und warf den Fisch wieder ins Wasser.

»Wir haben es erlegt, mit ins Lager genommen, im Erdofen gekocht und tagelang davon gegessen.«

Ständig war vom Essen die Rede! Höchste Zeit, sich Rogers versprochene Austern zu holen. Jetzt, nachdem wir den Weg kannten, ging es schneller durch den Sumpf zurück.

Als wir an der alten Station vorbeikamen, gab Roger endlich dem Drang nach, den er den ganzen Morgen verspürt hatte. Er setzte einzelne Büschel des wuchernden Grases in Brand, erst mit Streichhölzern, dann mit einem Stück Teebaumrinde. Die Flammen schlugen im leichten Westwind hoch und bahnten sich den Weg über Instones Gelände und weiter in die Richtung, aus der wir gekommen waren. »Keine Sorge«, beruhigte mich Roger. »Das ist unser *awurr aliinbi*.[11] Ich mach es nur sauber.«

Wir bahnten uns den Weg durch die Mangroven und näherten uns von Westen her der felsigen Spitze von Barrow Point. Es war Ebbe. Und tatsächlich waren die freiliegenden Klippen voller Austern, kleinen und großen, eine auf der anderen. Jeder nahm sich einen faustdicken Stein, und wir wateten in den Schlamm zu unserem Festmahl. Roger zeigte mir, wie man die Austern mit einem gezielten Schlag voneinander löst. Die dabei zerbrachen, aßen wir auf der Stelle. Die übrigen sammelten wir in meinem Einkaufsnetz.

Tulo machte am Ufer ein kleines Feuer. Nachdem wir uns vollgestopft hatten, bis wir pappsatt waren, warfen wir die restlichen Muscheln wieder ins Wasser, die Schalen und alles andere ins Feuer. Dann kochten wir in einer *billycan* etwas Wasser aus dem Alligator Creek, und Roger drehte sich eine Zigarette. Während er rauchte, fragte ich ihn über die anderen Lager der Umgebung aus.

»Die Leute gingen oft an den Rand des Sumpfes, wo ich heute morgen das Wasser geholt habe. Irgendwo da drüben gibt es eine Menge Flughunde. Aber sie sind nicht oft die Felsen bei Barrow Point hinaufgeklettert. Ich glaube, daß frühere Entdecker die Steine aufgetürmt haben — vielleicht in der Zeit von Captain Cook. Bama gingen da nicht hin.«

»Was heißt noch mal baarrabaarra [Mangrove] in der Barrow-Point-Sprache?« fragte ich, während ich mich zu erinnern versuchte.

»*Althaan*. Und diese Schraubenpalme hier heißt ... *ubiir*. Die jungen Männer machten sich früher Armbinden daraus: *thambal ubiir-yi* – Arm mit Schraubenpalme – haben sie dazu gesagt. Alle jungen Männer trugen welche. Und Austern heißen bei uns *waman*.«

Unsere Austern begannen zu zischen, während sie im eigenen Saft auf Tulos Feuer schmorten.

»Wie sagt ihr zu den Flughunden?«

»*Waguul*. Aber die Alten haben uns nicht erlaubt, sie zu essen, als wir klein waren. Sie gingen oft nach Südwesten zur großen Sanddüne, um Laubenwallnister zu jagen. Davon gab es jede Menge. Die durften wir auch nicht essen.

›Ach was, gebt den armen Kindern doch auch welche ab!‹ sagten einige. Also gab man uns ein paar Eier, und wir schlangen sie hinunter, mitsamt der Schale.

Manchmal gingen sie ein paar Meilen nach Süden und dann ein Stück nach Osten, bis sie zu einem anderen großen Sumpf kamen – keiner richtigen Lagune. Da gab es auch jede Menge Wild.«

Roger dachte immer noch an Instones Brunnen.

»Ich habe mir den Boden angeschaut, verstehst du? Ich wollte sehen, ob er noch hart ist, aber er war ziemlich sandig. Also bin ich etwas weiter nach Süden gegangen und habe den Wassertank im Osten gelassen. Aber der verdammte Brunnen hat mich zum Narren gehalten. Wahrscheinlich haben ihn die Wildschweine längst kaputt gemacht.«

»Na ja, wenn Instone keinen Zaun um den Brunnen gezogen hat, ist es kein Wunder, wenn die Schweine alles zerwühlen«, sagte Tulo.

»Das Wasser aus dem Brunnen sprudelte wie aus einer frischen Quelle«, erklärte Roger. »Der Brunnen lag westlich von den Pfählen, die wir in dem alten Hof gefunden haben. Da stand auch ein großer Mangobaum. Die Erde war schwarz und fruchtbar. ›

Instone hatte auch Ziegen, aber ich weiß nicht, was aus ihnen geworden ist. Ich glaube, als die Abteilung[12] die Leute mit dem Schiff abtransportiert hat, haben sie auch die Ziegen mitgenommen. Die Ziegen stammten von Pipon Island. Irgendwo gab es hier auch einen kleinen Stall.«

Mit einem langen Stock holten wir die Austern aus dem Feuer und begannen zu essen, nicht ohne uns die Finger an den Schalen zu verbrennen. Nach dem langen Marsch und der Nacht ohne Essen hatten wir einen Bärenhunger. Wir aßen jeder mehrere Dutzend Austern, machten ein kurzes Nickerchen und aßen dann weiter.

»Viele bama, die an dem großen Sumpf im Süden wohnten, kamen zu Besuch. Sie brachen abends im Osten auf und kamen bei Sonnenuntergang hier an. Dann saßen sie mit den Leuten von hier zusammen, tauschten Neuigkeiten aus, erzählten sich Geschichten und besorgten sich ein wenig Tabak. Spät in der Nacht machten sie sich wieder auf in den Osten und kamen am nächsten Tag dort an.

Nimm noch ein paar Austern, thawuunh. Die letzte Gelegenheit. So gut werden wir nie mehr essen.«

Ein letztes Mal gingen wir hinaus in die Schlammzone, um Einsiedlerkrebse einzusammeln, die wir als Köder benutzten. Danach kletterten wir über den Felsvorsprung zurück und gingen Richtung *lipwulin*, um unser Abendessen zu fischen.

Während wir spät nachts ums Feuer standen, sann Roger darüber nach, wie schnell die Zeit vergeht. »Weißt du, thawuunh, es kommt mir vor, als wäre ich erst gestern hiergewesen! Wenn ich mich so umsehe, dann meine ich in Cape Melville zu sein, als kleiner Junge. Ich bin nur erstaunt, wie sehr Instones Grundstück schon wieder zugewachsen ist. Früher war dort alles frei.«

Als wir uns hinlegten, konnten wir Rogers Buschfeuer sehen, das sich über Instones Grundstück ausbreitete und den Nachthimmel erhellte, während es das Land der Gambiilmugu People säuberte.

3. Oktober 1982. Nachdem wir tags zuvor von Rogers Land so reich beschenkt worden waren, hatten wir den Fisch in einem *gurrma* zubereitet, einem kleinen Erdofen aus heißen Steinen, der mit großen

Blättern abgedeckt wurde. Jetzt machten wir ihn auf und aßen von dem gebratenen Fisch, ehe wir den Rückweg antraten. Wieder drängte uns Roger, reichlich zu essen.

»Iß den Fisch auf, Tulo. Von meinem Land bis zu deinem[13] ist es weit, und auf dem Rückweg finden wir höchstens ein paar Kokosnüsse.« Dann erzählte uns Roger noch etwas von Old Man Fog und seinen Geschichten.

»*Wurrey* hat zwei Namen, müßt ihr wissen. Man nannte ihn auch *Wuurmba*. So hieß er bei den ›jüngeren Brüdern‹ aus dem Landesinneren von Barrow Point.«

Roger bat mich, ein paar Fotos zu machen, um ein Andenken an den Ort zu haben, falls er nicht wiederkäme.

»Was, meinst du, ist mit Instone passiert?« fragte ich.

»Nachdem er hier wegging, ist er nach Cooktown gezogen. Er kam oft an die Eight-Mile Bridge.[14] Ein paar von den Jungs haben mir das mal gesagt. Ich hätte ihn mir zu gern angeschaut, aber er war immer viel zu schnell wieder weg. Ich hätte ihn gefragt: ›Kennst du mich noch?‹ Vielleicht hätte er sich mittlerweile gefreut, einen bama aus Barrow Point wiederzusehen, obwohl er zu vielen von uns verdammt grausam war, solange wir dort lebten.«

Wir gaben Rogers Drängen als Gastgeber und Besitzer dieses reichen Landes nach und aßen soviel von dem Fisch, wie unsere Mägen fassen konnten. Danach rollten wir unsere *swags* zusammen und machten uns auf den langen Rückmarsch. Wir wollten nach Südosten ins Landesinnere vorstoßen, um die Mangroven, die Felsen von Barrow Point und das Schwemmland weiter südlich zu umgehen. Und da wir auf Tulos Orientierungssinn große Stücke hielten, wählten wir ihn zu unserem Führer. »Er verirrt sich nie«, sagte mir Roger.

Am späten Vormittag gelangten wir an den langen Strand, der sich südlich von Barrow Point bis zur Mündung des Wakooka Creek erstreckt. Eine leichte Brise wehte uns ins Gesicht, aber wir kamen gut vorwärts. Wir erreichten das alte Lager, das Roger auf dem Hinweg gesehen hatte. Eine einsame Kokosnußpalme stand da. Wir hatten kein Buschmesser dabei, und keiner von uns hatte Lust, hochzuklettern. Also schoß Tulo ein paar Kokosnüsse vom Baum.

Während wir dasaßen und die Nüsse aßen, erzählte uns Roger eine Geschichte, die er von Bob Flinders gehört hatte, der als Kind mit seiner Familie aus Cape Melville hier kampiert hatte. Einmal versuchte die alte Yuuniji,[15] Bob die Haare zu schneiden, aber er konnte nicht still sitzen, und da schnitt sie ihm ins Ohr. Früher lagerten die Leute hier in großer Zahl, tranken das Wasser aus der Lagune ein Stücke weiter im Landesinneren und fingen Süßwasserfische und Aale.

Am frühen Nachmittag erreichten wir den Saltwater Creek, nach etwa zwei Dritteln des Weges am Strand entlang. Die Flut kam langsam herein, und so durchquerten wir eilig das noch seichte Wasser an der Mündung. Dann beschlossen wir, uns mit den Ködern aus Barrow Point unser Abendessen zu angeln. Wir verteilten uns am Südufer des Creek, wo uns das Wasser bis zu den Knöcheln reichte. Die Sonne brannte herab, und wir waren von dem langen Marsch erledigt. Nur wenige Fische bissen an.

Plötzlich traf mich etwas hart am Bein. Ich schaute hinunter und entdeckte zu meiner Verblüffung eine alte, aus Eukalyptus geschnitzte, vom Alter geschwärzte *wommera*, die im Wasser trieb. »Gaw! Was ist das denn?« Roger und Tulo kamen herbei, um sie zu begutachten. Im Gegensatz zu den *wommeras* der Guugu Yimithirr People aus Cooktown war diese sehr breit und flach, wie ein Schwert, und auf beiden Seiten sorgfältig bearbeitet. Wo einst Haken und Muscheln am Griff befestigt waren, sah man noch winzige Löcher.

Wie war ich zu dieser *wommera* gekommen? Hier hatte es seit vierzig Jahren keine Aborigine-Lager mehr gegeben, und die Menschen aus Barrow Point, die diese Art von *wommera* herstellten, waren längst alle weg. Vielleicht hatte sie Jahrzehnte in einer Sandbank vergraben gelegen und auf den richtigen Augenblick gewartet, um sich von der Strömung des Flusses treiben zu lassen.

»*Andula thamu ami*«, sagte Roger und grinste. »Du hast einen Geist gefunden. Oder der Geist hat dich gefunden.«

In dieser Nacht – die letzte vor unserer Rückkehr nach Hopevale – schliefen wir am Strand, unmittelbar nördlich von der Mündung des Wakooka Creek. Aus einer verlassenen Quelle förderten wir Süßwasser zutage und aßen dazu den letzten gebratenen Fisch aus Barrow Point. Am nächsten Morgen begaben wir uns zu unserem alten Toyota und brachen nach Süden auf. Wir fuhren so schnell, daß wir an einem Tag dieselbe Strecke zurücklegten, für die Roger auf seinem Marsch vor sechzig Jahren mehrere Wochen gebraucht hatte.

WURREYS GEIST

Nachdem sie Fog in die Luft gesprengt hatten, aßen die Magpie-Brüder und ihre Schwestern die Schildkröte auf. »Endlich ist dieser Tunichtgut tot«, dachten sie. (Vgl. Farbtafel 14)
   Wenige Tage später brachen sie allesamt in ihrem Einbaum nach Norden auf. Zufällig kamen sie nach Stanley Island, wo Fogs Geschlecht gelandet war. Sie wußten nicht, daß auch der Geist des Old Man Fog auf die Insel geflogen war.
   Nach einiger Zeit sagte der eine Magpie-Bruder: »Was meinst du, sollten wir nicht wieder mal auf Schildkrötenjagd gehen?«
   So machten sich die beiden Brüder in ihrem Einbaum auf. Sie paddelten eine ganze Weile, dann erwischte einer mit seinem Speer eine riesige ngawiya, eine Meeresschildkröte mit grünem Panzer. Sie warteten, während sich das Tier verzweifelt zu befreien versuchte. Die Spitze des an einem Seil befestigten Speeres steckte in seinem Panzer.
   Plötzlich – ich weiß nicht wie – tauchte Old Fog wieder auf. Es war sein Geist. Da saß er nun hinten im Einbaum, auf der Westseite. Der eine Magpie-Bruder drehte sich um und sah ihn.
   »Was? Unser Großvater ist wieder da?«

Fogs Ankunft am Mack River

Old Fog antwortete nicht. Er sagte nur:»Gaw, was für ein minha habt ihr da?«

»Eine Schildkröte.«

»Na schön, dann haltet das Seil gut fest, ja? Ich tauche hinunter und hole die Schildkröte. Dann bringe ich sie an die Oberfläche.« Daraufhin sprang er ins Wasser und tauchte in die Tiefe. Bald hatte er die Schildkröte gefunden. Er packte sie und zog den Haken aus dem Panzer. Dann tauchte er bis auf den Grund. Dort suchte er einen großen Stein, band das Seil darum und schlang es um die Korallen. Während er noch tief unten war, rief er den Wind und braute einen großen Sturm zusammen. Dann packte er die Schildkröte und schwamm davon, während die Magpie-Brüder im Sturm zurückblieben und sich an dem Seil mit dem Stein festklammerten. Um ein Haar wären sie ertrunken.

Fog schwamm unter Wasser – yii – in Richtung Süden. Schließlich kam er an der Mündung des Mack River an Land.

Hier lagerte gerade eine große Schar Menschen. Sie sahen ihn aus dem Wasser steigen.

»Sieh mal einer an! Wo kommst du denn her?« fragten sie.

»Ja, ich bin's wirklich«, rief er und sprang aus dem Wasser.

Dann lief Fog nach Westen. Es war ein weiter, weiter Weg. Er lief, bis er oben im Westen, wo der Mack River entspringt, das Lager seiner Angehörigen erreichte. Dort blieb er auch geraume Zeit.

»ALLE SIND SIE WEG«

Als Roger Hart am Strand von Barrow Point stand, hatte er, einsam, da er der letzte Überlebende war, und zugleich triumphierend wie ein kleiner Junge, der seinen Peinigern entkommen war, gesagt:»Alle sind sie weg, nhila wanthhaa-buthu. Wo mögen sie jetzt wohl sein?«

Der Boden, auf dem wir standen, die Felsen und Hügel ringsum, die Sümpfe und Quellen, sogar die Bäume und Tiere hallten wider von Erinnerungen an seine Kindheit, an die Freunde und Verwandten, mit denen er aufgewachsen war und die er mittlerweile buchstäblich alle verloren hatte. Wegen seiner Herkunft und seiner hellen Hautfarbe war er praktisch ein Leben lang von seinem eigenen Land verbannt gewesen. Andererseits hatte es ihm dieser genealogische Zufall letztendlich ermöglicht, zu überleben und all das wiederzusehen – im Unterschied zu seinen Freunden.

Als Roger sich vornahm, mir seine Sprache beizubringen, wurde klar, daß die Erinnerung an seine Sprache an sein Homeland gekoppelt war, an das Lager in *lipwulin* und an andere Orte seiner Kindheit. All diese Orte waren von Geistern bevölkert, von den Schatten der Menschen, die vor und mit ihm und nachdem er weggebracht worden war, hier gelebt hatten. Diese Geister verfolgten uns auf Schritt und Tritt, nahmen an unseren Mahlzeiten teil und schliefen neben uns. Einige waren fremd hier, so wie ich. Durch äußere Umstände, die von gewaltsamer Entführung und angeblicher Verwandtschaft bis hin zu Eroberung und Nahrungssuche reichten, waren sie hierher verschlagen worden. Andere gehörten zu den wahren Besitzern von Barrow Point.

Ihre Identität zu entschlüsseln, war ein schwieriges Unterfangen. Meine ständige Frage: »Wer hat hier in Barrow Point gelebt?« verlangte Roger Hart all sein Wissen über Verwandte, Territorium, Besiedelung durch die Europäer und zeitliche Einordnung ab. Allein die Geister der Vergangenheit beim Namen zu nennen erwies sich als problematisch. Die Namen in der Sprache der Aborigines, von denen jeder einzelne mehrere hatte, sind mit fast vergessenen Traditionen und Totems verbunden, während sich ihre englischen Spitznamen – Nachnamen wie Vornamen – wie die Jahreszeiten, die Gegebenheiten einer bestimmten Region und die Lager ihrer Bewohner änderten.

Das trifft auch auf Roger Hart zu. Am besten kann er sich an einen seiner Barrow-Point-Namen erinnern, der an einen seiner Enkel weitergegeben wurde: *Urrwunhthin*. Als er im Lager von Barrow Point lebte, hieß er mit englischem Namen Stephen, manchmal auch Jackie. Wenn die älteren Jungs nach der Arbeit auf den Schiffen ins Lager zurückkehrten, riefen sie: »Wo ist Stephen?« In Cape Bedford nannten ihn die Jungs *arrwala*, »Komm her!« Es war der einzige Ausdruck, den sie in der Barrow-Point-Sprache kannten. Später hieß er Lex, doch die Frau des Missionars, Mrs. Schwarz, die gleichzeitig als Lehrerin fungierte, fand, daß schon zu viele Jungen in der Mission Lex hießen, und nannte ihn Roger, um die Übersicht zu behalten.

Die meisten Cape Bedford People kamen auch ohne Nachnamen aus, bis sie im Zweiten Weltkrieg nach Woorabinda evakuiert wurden. Um den neuen Meldevorschriften bei Umsiedlungen zu genügen, vergaben die Anführer der Gemeinschaften Nachnamen, um die verschiedenen Abstammungen und Verwandtschaftsgrade auseinanderzuhalten. Man ging davon aus, daß Maurice Hart, der Pächter des Wakooka-Areals, in dem Rogers Mutter als junge Frau gearbeitet hatte,

Rogers leiblicher Vater war. Daher wurde Roger im Standesregister von Woorabinda als Roger Hart eingetragen. Obwohl sein jüngerer Bruder Jimmy geboren wurde, nachdem seine Mutter Wakooka schon lange verlassen hatte, hieß auch er Hart.[16]

Viele Leute hatten mehrere Namen, die auf ihre Aborigine- und ihre Nicht-Aborigine-Vorfahren zurückgingen, auf Arbeiter oder Besitzer von Stationen, wo sie gewesen waren, auf Orte, die ihren Müttern oder Vätern zugeordnet waren, auf größere Gebiete, die sie seit Urzeiten als die ihren betrachteten, die sie übernommen oder angenommen hatten, und auf eine Vielzahl anderer Bande, einschließlich derer, die durch Heirat, Adoption oder, wie bei manchen Spitznamen, rein zufällig zustande gekommen waren.

Die Namenswechsel spiegelten einen Identitätswechsel wider. Nie war er so tiefgreifend wie in Rogers Kindheit, als die Lebensweise der Aborigines im Hinterland nördlich und westlich von Cooktown durch die Außenwelt besonders stark beeinträchtigt wurde.

Um 1910 bekamen sogar weit von den europäischen Siedlungen entfernte Lager die verheerenden Folgen der weißen Zivilisation zu spüren. Geburtenrückgang,[17] um sich greifende Seuchen, junge Männer, die fern vom Lager auf Schiffen arbeiteten. Gewaltsame Entführungen waren an der Tagesordnung. Die Menschen hatten ihre angestammten Gebiete verlassen und in anderen Orten bei Verwandten Zuflucht gesucht oder sich in der Nähe von Siedlungen niedergelassen, wo sie Arbeit und Brot bekamen. Ganze Clangebiete verwaisten, und ganze Sprachen gingen verloren, weil kaum jemand sie noch sprach. Offenbar neigt der Mensch dazu, neue territoriale und verwandtschaftliche Bündnisse einzugehen, um solche Lücken zu schließen (Sutton 1993). Diese äußeren Umstände prägten Rogers Erinnerungen an die Menschen, die in seiner Kinderzeit in den Lagern von Barrow Point gelebt hatten.

Obwohl sich ihre Namen verflüchtigen und sich ständig ändern, versucht Roger Hart stets beide Seiten ihrer Identität im Gedächtnis zu behalten: ihren Verwandtschaftsgrad in bezug auf ihn, »wie ich sie nenne«, und ihre Verbindung zu den Orten, »wo sie hingehören«. Selbst diese scheinbar unveränderlichen Bezüge wurden im Laufe der Zeit neu interpretiert. Wie das Schicksal vieler Menschen, an die sich Roger nur aus sehr frühen Zeiten erinnert, gehören sie zu den Themen, die er später mit Verwandten und Bekannten immer wieder erörterte. Wie bei den Aborigines seiner Generation üblich, beginnt Roger fast alle Gespräche über andere Menschen mit einer kurzen genealogischen Einführung, in der er Verwandtschaftsbegriffe in der Guugu-Yimithirr- oder der Barrow-Point-Sprache mit den geläufigen englischen Bezeichnungen für die entsprechenden Verwandtschaftsgrade mischt und stets einflicht, wo sie »hingehören«. Das sind die wichtigen Angaben über andere Menschen in der Gesellschaftsordnung der Aborigines, denn sie bestimmen nicht nur, wie man sich einem anderen gegenüber verhalten soll, sondern auch, wie man zu fühlen hat: was man dem anderen schuldet und was man von ihm erwarten darf.

»Joe Rootsey und ich sind wie Brüder«, sagt Roger beispielsweise. »Old Barney Warner, *Wulnggurrin*, ist eigentlich mein mugagay, so was wie ein Onkel. Barney Warner, Ernie McGreen und die anderen sind meine richtigen Onkel, all diese Muunhthi-warra. Dieser alte Mann, Old Man Barney Warner, ist ein Gambiilmugu-ngu, das ist sein Volk, auf der Westseite. Wie Old Man Yagay. Aber was King Nicholas und mich angeht, unser Volk gehört ganz hierher, nach *Iipwulin*. Und das Land hier im Osten gehört den Wuuri-warra-wi, von hier bis ganz runter in den Süden.«[18] Eine derart komplexe und chaotische Zusammenfassung weist auf ein dichtes Gefüge von Verwandtschaften, gemeinsamer Geschichte und Geographie hin.

Roger erwähnt fünf Personen mit Namen. Der erste ist Joe Rootsey, der Sohn eines gewissen Albert Wuuriingu, wobei der zweite Name der eines Clans oder Gebietes ist. Vater wie Sohn werden in den amtlichen Standesregistern unter dem Familiennamen »Barrow Point« geführt. Laut Roger hatte Joe auch einen Namen in der Barrow-Point-Sprache: Er hieß *Alamanhthin*, genau wie der Vater seines Vaters. Er war noch ein Baby, als Roger im Lager lebte.

Barney Warner und Ernie Green bezeichnet er als seine »Onkel«. Barney, auch *Wulnggurrin* genannt, gehörte in Rogers Kindheit zu den ältesten jungen Männern im Barrow-Point-Lager. Er war ein erfahrener Bootsführer und ging am Ende auch nach Cape Bedford, um dort zu arbeiten. Damals hatte Roger Hart die Schule bereits verlassen. Barney war es zu verdanken, daß viele junge Männer der Mission mit der Sprache und den Traditionen von Barrow Point in Berührung kamen, da er den Bootsbesatzungen Teile seiner Sprache beibrachte. Für Roger war er ein enger Verwandter, ein älterer Mann, der mit Rogers Aborigine-Vater verwandt war, obwohl er der Hälfte der »jüngeren Brüder« aus Barrow Point angehörte. Genau wie der alte Yagay, noch einer, der den Untergang von Barrow Point überlebte und später Verbindung mit Roger aufnahm.

Roger kann seine Verwandtschaft mit diesen Menschen in mehr als einer Hinsicht festmachen: Er erinnert sich, daß man ihm beibrachte, Barney Warner *urrbi-thu* zu nennen,»mein Onkel« – das heißt Bruder des Vaters[19] –, und daß Old Barney ihn *thurrbiyi* nannte,»Neffe«. Gleichzeitig sollte er sie als »ältere Brüder« betrachten, vielleicht auf der Grundlage der Beziehung, die sein Jugendfreund Toby Gordon zu ihnen hatte. Diese widersprach in mancher Hinsicht der pseudo-verwandtschaftlichen Beziehung, die zwischen den beiden Hälften der Gambiilmugu-warra, der »Barrow Point People« als Gesamtgruppe, galt. Die Verwandtschaftsbezeichnungen spiegeln die unmittelbare Verbindung zwischen diesen Männern und der Abstammungslinie von Rogers Vater wider.

Ernie McGreen dagegen war noch ein Kind, als Roger in Barrow Point lebte. Er war der Sohn eines einheimischen Polizisten names Charlie oder Chookie McGreen, der demselben Clangebiet wie Rogers Mutter zugeordnet wurde. Roger leitete seine Verwandtschaft mit den »Onkeln« von der Abstammungslinie seiner Mutter ab.

Nicholas schließlich, der »König« von Barrow Point, gehörte zu der »älteren Brüder«-Hälfte der Barrow Point People, zu denen also, die, wie Rogers Aborigine-Vater, einen unmittelbaren Anspruch auf das Gebiet an der Ninian Bay erhoben. Damit spielte auch er in Roger Harts Abstammung väterlicherseits eine Rolle.

Roger spricht von drei »Clans« und verwendet Guugu-Yimithirr-Ausdrücke,[20] um einzelne Gruppen bestimmten Orten zuzuordnen, was auf die enge Verbindung zwischen Person und Ort hinweist, die seinem Verständnis von gesellschaftlicher Identität zugrundeliegt. Er nennt die Namen der beiden größten Gruppen in Verbindung mit dem Ort, der auf Englisch Barrow Point heißt: erstens seine eigene Gambiilmugu-Gruppe, die sich in »älter Brüder« und »jüngere Brüder« im Westen von Barrow Point aufteilt, und zweitens die Wuuri-ngu-Gruppe, die der Küstenregion im Süden von Barrow Point zugeordnet ist und deren Name im »Nachnamen« von Joe Rootseys Vater weiterbesteht. Und dann nennt er noch das Clangebiet, das er mit Old Man Chookie und seiner Mutter verbindet, Muunhthi-warra in der Umgebung des Jack River. Rogers schnelle Zuordnung von Menschen und ihrer Abstammung umfaßt auch die Barrow-Point-Bezeichnung für die Gegend von *lipwulin*, in der wir uns befanden, als er den Ort räumlich mit anderen nicht benannten Gegenden in Verbindung brachte, die mit bestimmten Gruppen assoziiert wurden.

Als Roger als Kind aus dem Lager weggebracht wurde, hatte er keine gesellschaftliche Landkarte der Welt von Barrow Point dabei. Vielmehr stellte er sie sein Leben lang sorgfältig zusammen, indem er neue Menschen, die er kennenlernte, in ein kompliziertes, sich ständig veränderndes Geflecht von Verwandtschaftsbeziehungen und Bekanntschaften einbaute. Da er in die zerbröckelnde Welt von Barrow Point hineingeboren und von einem Tag auf den anderen herausgerissen worden war, mußte er sich ein neues soziales Umfeld aufbauen.

THUNDER UND FOG

Nachdem Fog lange an der Quelle des Mack River gelagert hatte, begann er seine Familie zu vermissen. (Vgl. Farbtafel 12)
»Wie es wohl meinen Kindern im Süden geht?«
Er beschloß, hinunter nach Muunhthi am Jack River zu gehen, wo Old Thunderstorm sein Lager hatte. Der war *Wurreys* Schwiegervater. Er hatte die beiden Töchter des alten Mannes geheiratet.
Fog blieb noch eine Weile am Mack River, dann brach er in Richtung Süden auf, di di dii. Unterwegs machte er immer wieder Rast.
Als er schon weit im Süden war, kam er durch eine Gegend, die Tanglefoot genannt wird. Dort traf er auf Thunderstorms Farm. Sie war Thunders Privatbesitz.[21] Niemand durfte sie betreten, weil dort jede Menge Yams wuchsen. Das Gebiet an sich gehört uns Barrow-Point-Leuten. Doch die Yamswurzeln hatte Thunder selbst angepflanzt.
Old Fog nahm nicht alle mit. Er buddelte nur ein paar Wurzeln aus. »Die anderen hole ich mir später auf dem Rückweg«, sagte er sich.
Dann wanderte er weiter nach Süden.
Als er schließlich ankam, rief die eine Tochter:»Schaut, da kommt unser Vater! Vater ist da!«
»Ja.«
»Dann baut ihm eine Hütte neben unserem Lager«, befahl Thunderstorm.»Da drüben im Osten.«
»Nein, im Osten will ich mein Lager nicht«, entgegnete Fog.»Ich will es lieber im Norden.«
Er wollte bloß den Wind nicht im Rücken haben. Old Fog war ein gewitzter Bursche. Er hatte Angst, daß Thunderstorm die Yamswurzeln riechen könnte.
»Baut mein Lager nicht im Osten.«

Er hatte nur die Yamswurzeln im Kopf, die er später in der Nacht kochen wollte. Und niemand durfte es merken, denn schließlich hatte er sie seinem Schwiegersohn gestohlen.

Also schlugen sie sein Quartier im Norden auf, abseits von ihrem eigenen Lager. Da, wo ihm der Ostwind nichts anhaben konnte. Fog ging zu seinem Lager im Norden und setzte sich. Er war hellwach und wartete darauf, daß Old Thunderstorm zu schnarchen begann.

»Aha, jetzt schnarcht er.«

Er holte eine Yamswurzel heraus und steckte sie tief ins Feuer, so daß kein Geruch entweichen konnte.

Sie schmorte und schmorte, bis sie gar war. Fog holte die Kartoffel heraus und wartete, bis sie etwas abgekühlt war. Dann stand er auf und fing an zu essen. Er aß und aß und aß. Als er satt war, setzte er sich hin, um auf den Morgen zu warten.

Im Morgengrauen wachten alle auf.

»Ma, na schön«, sagte Old Fog. »Ich gehe wieder nach Norden, nach Hause.«

»Ma, in Ordnung«, antworteten die anderen. »Dann geh nach Hause.«

»Ich komme wieder, ganz bestimmt.«

Damit machte er sich auf den langen Rückweg nach Norden. Doch als er durch Tanglefoot kam, wo Thunders Yamswurzeln warteten, machte er wieder Halt. Tanglefoot ist der Berg, den man sieht, wenn man von Jones's Gap nach Süden blickt. Da klaute Old Fog Thunder alle seine Yamswurzeln.

Er grub und grub yii, bis er eine ganze *dilly bag* voll hatte. Er warf sie über die Schulter und eilte weiter nach Norden.

Unterwegs traf er auf eine kleine Eidechse, ein duguulmburr. Er verzauberte das Tier. Er sagte: »Suuu, suu, suu. Verwandle dich in ein Kind! Verwandle dich in ein Kind! Dann teilen wir uns das Essen, das ich bei mir habe.«

Die Eidechse verwandelte sich in einen kleinen Jungen. Old Fog nahm ihn auf die Schulter und ging weiter Richtung Norden. Auch die Yamswurzeln schleppte er mit. Er ging immer weiter nach Norden. Es war kurz vor Mittag.

Plötzlich kam ein heftiger Nordwind auf. Diesen Nordwind nennen wir walburr. Er ist heiß. Er trocknete die Blätter der Yamswurzeln aus, die Fog stibitzt hatte und wehte sie nach Süden. Und da landeten sie allesamt vor Thunders Nase.

Fog wirft Kieselsteine

»Mein Essen! Wer hat mein Essen gestohlen? *Anunda unyjay?* Wer versucht da, mich zu verscheißern?« Er hatte eine deftige Sprache, wie ihr seht. »Wer klaut mir mein Essen?« Aber er benutzte noch schlimmere Ausdrücke. Er verfluchte den Dieb.

Fog ging weiter nach Norden. Es war ein langer Weg. Er wußte, daß er was Unrechtes getan hatte, und im Norden kannte er Verstecke. Endlich lag der Süden hinter ihm, und er bog nach Westen ab, in Richtung Bathhurst Head. Da hatte er seine Höhle, und da lebt er noch heute. Er betrat die Höhle vom Süden her.

Dann machte er es sich mit seinem kleinen Sohn, dem Eidechsenjungen, gemütlich. Sie aßen und aßen und aßen. Aber sie verließen die Höhle nur tagsüber. Fog wußte nämlich, daß Thunderstorm ihn suchen würde. Deshalb gingen sie nur tagsüber hinaus. Nachts kehrten sie durch den Südeingang in ihr Versteck zurück und futterten die Yamswurzeln.

Mittlerweile war Thunderstorm im Süden außer sich vor Wut. Statt tagsüber zu wandern, machte er sich in der Nacht auf den Weg. Er ging, bis er zu Fogs Höhle kam, und setzte sich über den Eingang. Er wollte warten, bis Old Fog herauskam, und sich auf ihn stürzen.

Er wartete und wartete und wartete.

»Ob der Bursche irgendwann mal auftaucht?«

Er nahm ein paar Kieselsteine und warf sie vor den Höhleneingang. Immer mehr Kieselsteine rieselten von oben herab.

Thunder wollte Old Fog täuschen. Er sollte glauben, daß sich ein Stachelschwein über dem Eingang zu schaffen machte und dabei Kieselsteine lostrat.

Doch Old Fog rührte sich nicht von der Stelle. So leicht ließ er sich nicht austricksen. Er wußte genau, was Thunderstorm im Schilde führte. Er sah die Kieselsteine herunterkullern, aber er kam nicht heraus.

Nach einer Weile mußte sich der kleine Junge – der vorher eine Eidechse gewesen war – erleichtern. »*liwadhu*«, sagte er. »Vater, geht mit mir raus. Ich muß mal.«

»Nein, nein, nein. Das geht jetzt nicht. Du mußt warten«, sagte Old Fog. »Dein Schwager hockt da oben und wartet auf uns. Womöglich schleudert er einen Speer auf uns.«

»Nein, geht mit mir raus. Ich muß ganz dringend.«

»Nein, nein. Mach einfach hier in meine Hand«, sagte Old Fog.

Aber das wollte der Kleine nicht.

»Na los, mach einfach auf meine Brust.«

»Nein, nein, geh mit mir raus.«

»Na schön, dann mach in meinen Mund«, sagte Fog.

Doch der Kleine weigerte sich immer noch. »Ich will raus.«

Thunder tötet den Eidechsenjungen

»Na schön«, antwortete Fog.

Er brachte ihn zum Eingang der Höhle. Der kleine Eidechsenjunge flitzte aus der Höhle nach Norden, Fog blieb im Süden zurück. Als Fog sich dem Eingang näherte, sah man zuerst seinen Bart Richtung Norden aus der Höhle spitzen.

Thunder, der auf der Lauer lag, sah den Bart und sagte sich: »Da ist dieser Fog.« Dann griff Thunder nach seinem Blitzspeer und schleuderte ihn.

Der Speer tötete den Kleinen auf der Stelle und rasierte Old Fog den Bart ab.

Fog, der unversehrt geblieben war, zog sich in die Höhle zurück. Dort blieb er und weinte und trauerte um seinen Sohn. Er konnte nicht mal die Höhle verlassen und den Toten hereinholen, weil er Angst hatte, doch noch von Thunders Speer durchbohrt zu werden. Er wartete und wartete.

Im Morgengrauen brach Thunder auf, weil er glaubte, sein Opfer erwischt zu haben. Er ging wieder nach Hause.

Fog suchte die ganze Gegend ab. »Nichts, er ist fort«, sagte er. Er kam aus seinem Versteck und bereitete den Körper des Kleinen für die Bestattung vor.

»Ich werde warten, bis die Überreste des Kleinen verwest sind«, dachte Fog. Nachdem genügend Zeit verstrichen war, grub er die Überreste wieder aus. Er baute eine Art Sarg aus Baumrinde. Da hinein legte er die Knochen des Jungen.

Dann wartete er. »Lassen wir Gras über die Sache wachsen«, dachte er. »Dann werde ich mich rächen.«

UNSER LAGER IN UWURU

Im Oktober 1984, zwei Jahre nach unserer ersten Reise, fuhren Roger Hart und ich erneut nach Barrow Point, diesmal allein. Unser Freund Tulo Gordon war gesundheitlich angeschlagen und schreckte vor der Strapaze zurück. Seit unserem ersten Besuch dort hatte Tulo eine Reihe von Bildern gemalt, die Roger Harts Leben und Homeland und die Abenteuer von Old Man *Wurrey* zum Thema hatten. Die Landschaft hatte sich fest in sein Gedächtnis eingeprägt.

Während Tulo mittlerweile lieber zu Hause blieb, konnten Roger und ich es kaum abwarten, Rogers Land wiederzusehen. Nach dem ersten Besuch war Rogers Gedächtnis förmlich aufgeblüht; seine

Erinnerungen wurden immer differenzierter. Sogar die Hoffnung, seine Sprache rekonstruieren zu können, war gewachsen. Er hatte sich vorgenommen, sein Land diesmal sorgfältiger unter die Lupe zu nehmen und andere Orientierungspunkte auf Instones Farm, an die er sich erinnern konnte, ausfindig zu machen. Zudem wollte er sich eine Gegend ansehen, von der er meinte, der Schutzbeauftragte habe sie möglicherweise als Reservat für Aborigines abgesteckt, und andere Orte seiner Kindheit aufsuchen, die ihm inzwischen eingefallen waren.

In der ersten Hälfte der 80er Jahre flammte das Interesse an den Buschgebieten nördlich von Cooktown erneut auf. Nicht nur die Bewohner von Hopevale, die ihre Homelands oder andere Regionen aufsuchten, die sie aus ihrer Jugend als Viehtreiber kannten, sondern auch mehr und mehr Touristen und Angler begaben sich in die unwegsamen, seit langem verlassenen Gebiete auf der Halbinsel Cape York. Anfang Oktober 1984 begleiteten Roger und ich eine Gruppe junger Männer aus Hopevale und ein paar ältere ehemalige Viehtreiber auf einen Angelausflug, bei dem zugleich die Wege ins Landesinnere erkundet werden sollten, die in den Norden nach Cape Bowen und Cape Melville führten. Doch da die anderen nicht auf die Annehmlichkeiten verzichten wollten, die sie zu Hause hatten, kehrten sie um, ohne daß Roger und ich sie überzeugen konnten, bis nach Barrow Point mitzukommen. Wir entdeckten einen überwachsenen Pfad, der über die Sanddünen nördlich der ehemaligen Wakooka-Station nach Osten führte, und es sah so aus, als könnten wir Rogers Homeland auf einem direkteren Weg erreichen als damals am Strand entlang.

Da wir niemanden fanden, der uns auf der neuen Expedition begleiten wollte, machten Roger und ich uns am 15. Oktober 1984 allein auf den Weg. In einem geliehenen LandCruiser brachen wir von Hopevale aus erneut Richtung guwa (Nordwesten) auf und schlugen unser Nachtlager an der Straße nach Wakooka auf. Die ersten Buschfeuer brannten, und wir fuhren durch schwelende Landschaft und an Feuerstreifen vorbei und beobachteten durch die Rauchwolken, wie Wildpferde und zu Tode erschrockene Emus vor den Flammen flohen.

Am dritten Tag stießen wir auf die alte Straße, die wir zwei Wochen vorher entdeckt hatten. Mit Zweigen verwischten wir sorgfältig unsere Reifenspuren, um nicht Angler aus Cairns, die den Buschfeuern möglicherweise auch trotzten, auf die Idee zu bringen, uns zu folgen. Dann drangen wir in ein Gebiet im Nordosten vor, das auf keiner Karte verzeichnet war. Vom Hügelkamm aus sahen wir, etwa 10 bis 15 Kilometer vor uns, die vertrauten Umrisse von Barrow Point. Davor erstreckten sich dichter Urwald und von einzelnen Hügelketten durchbrochene Sanddünen.

Wir überquerten ein paar Flüsse, doch innerhalb weniger Stunden waren wir völlig erschöpft vom Steineschleppen und Ausfüllen der unterspülten Wege. Dann kamen wir an einen Fluß, den wir mit dem LandCruiser nicht überqueren konnten. Von hier aus mußten wir zu Fuß weitergehen. Neben der Straße fanden wir eine Stelle, über die das Buschfeuer bereits hinweggefegt war – das Gras war abgebrannt, und vereinzelt schwelten noch kleine Baumstämme – und die uns geeignet erschien, um den Wagen abzustellen.

In Anbetracht des anstrengenden Weges, der vor uns lag, packten wir nur das Nötigste ein, weder das Gewehr noch den Speer, nur unser Angelzeug und das, was wir für Tee und *damper* brauchten. Und da wir auf Tulos Orientierungssinn verzichten mußten, steckte ich auch einen Kompaß ein. Wenn wir lange genug nach Nordosten gingen, mußten wir früher oder später eigentlich auf der einen oder anderen Küstenseite von Barrow Point herauskommen. Von dort wollten wir den Flüssen, an die wir kamen, bis zu Rogers Geburtsort an der Ninian Bay folgen.

Der Marsch dauerte zwei Tage. Roger traute meinem Kompaß nicht so recht, und zog es vor, sich im dichten Busch auf seinen Orientierungssinn zu verlassen. Immer wieder scheuchte er mich auf irgendeinen Baum, damit ich einen Blick auf den Horizont warf. Am ersten Tag ließen wir bei Einbruch der Dunkelheit da, wo wir gerade waren unsere *swags* fallen, machten Feuer und setzten Wasser für den Tee auf.

HELLE HAUT

Südlich vom Barrow-Point-Lager gab es eine große Sanddüne, bei der wir Ameisenigel jagten. Die Methode war einfach und drastisch: Man zündete den Busch an, dann durchsuchte man den verbrannten Boden und stocherte in den freigelegten Löchern der »Stachelschweine« herum.

Auf der Sanddüne wuchsen »Korkbäume«, wie Roger sie nannte. Die Kinder spielten mit der verbrannten Rinde dieser Bäume und schmückten ihre Körper damit. Einmal hatte sich Roger von Kopf bis Fuß mit Holzkohle beschmiert. Sein Spielkamerad Toby Gordon lief zu den Erwachsenen und rief:»Schaut mal, seine Haut ist ganz schwarz geworden!«

Rogers Hautfarbe spielt in seinen Kindheitserinnerungen immer wieder eine Rolle. Es gab nur wenige Kinder, und die Frauen hatten große Mühe, die durchzubringen, die sie hatten.

Siedler und Angehörige der Einheimischen-Polizei machten »Jagd auf bama-Frauen«, und die Mischlingskinder sorgten innerhalb des sozialen Gefüges von Barrow Point für starke Spannungen.

Roger erinnert sich, wie er und seine Mutter auf dem Weg nach Laura einmal dem Spurenleser Old Harry Moll begegneten.

»Er sagte zu ihr, sie soll mich in den Fluß werfen: ›Wangaarrbi ganggal, thulawi thambarra. Er ist das Kind eines Weißen. Wirf ihn ins Wasser!‹ sagte er.«

Eines von Rogers Geschwistern ereilte genau dieses Schicksal.

»Es war am Eumangin Creek. Wir waren alle auf die Jagd gegangen und hatten den kleinen Jungen bei jemandem im Lager gelassen. Ich weiß nicht mehr, wer auf ihn aufpassen sollte.

Der Kleine krabbelte überall herum. Einmal krabbelte er nach Norden und fiel ins Wasser. Keiner lief hin, um ihn zu retten. Sie ließen ihn einfach ertrinken. ›Laß ihn, er ist das Kind eines Weißen.‹

Das war lange ehe mein Bruder Jimmy geboren wurde.

Als wir am Abend nach Hause kamen, stellten wir fest, daß er tot war. Er ist ertrunken.

Es spielte keine große Rolle. Ich glaube, wir haben seinen Körper in ein Behältnis aus Baumrinde gelegt und ein paar Monate lang mit uns herumgeschleppt. Danach haben wir ihn irgendwo begraben – wo, weiß ich nicht mehr genau, wahrscheinlich im Süden bei Jones's Gap.

Ich wußte nicht, wie mein Bruder gestorben ist, bis ich nach Woorabinda kam, nach dem Krieg, und Toby Flinders mir davon erzählte.

Ich hieß *Urrwunhthin* und mein kleiner Bruder *Ugurnggun*. Auf englisch wurde er Nicholas genannt. Möglich, daß meine Mutter ihn bekommen hat, als sie nach Laura ging, um Tabak zu holen, einfach so.«

Roger und Toby sprachen oft darüber, was mit hellhäutigen Kindern geschah, die von der Polizei weggebracht wurden. Manchmal hörten sie es von jemandem auf Palm Island oder in Cherbourg, der sich daran erinnerte, daß seine Eltern guwaalmun (aus dem Westen), aus der Gegend von Barrow Point und Cape Melville gekommen waren.

»Die Polizei kümmerte sich nicht um bama buthun.gu, die ›richtigen Aborigines‹. Die lohnten die Mühe nicht. Die schoß man einfach über den Haufen. Es waren grausame Zeiten, thawuunh. Es war ein großes Unrecht, diese Kinder den Eltern wegzunehmen. Wenn man sie aus ihrer gewohnten Umgebung herausriß, waren sie verloren. Sie lernten eine fremde Sprache und verlernten ihre eigene. Sie wußten nicht mehr, wo sie hingehörten.«

Roger erinnert sich, daß sie in seiner Kindheit wegen der »Empfindlichkeit« seines Aborigine-Vaters ständig unterwegs waren. Der Alte mochte keinen Kontakt zu anderen Familien und war ständig auf der Hut vor der Polizei. Manchmal schlugen Roger und seine Familie ihr Lager etwas abseits von dem der Gruppe auf, um sich zu verstecken.

Einmal versteckten ihn seine Eltern und ein paar Frauen mehrere Wochen in einer Höhle in den Bergen oberhalb von Cape Bowen. Sie waren verunsichert, weil jemand berichtet hatte, daß die Polizei von Laura nach Barrow Point kommen würde. (Vgl. Farbtafel 16)

»Wir marschierten nach Süden auf Cape Bowen zu und durchquerten ein großes Salzbecken. Ich kann mich noch gut erinnern. Als wir es hinter uns hatten, wurde die alte *Arniirnil* von einer schwarzen Schlange mit rotem Bauch gebissen. Die Sonne stand schon tief am Himmel. Wir hatten das Lager im Westen am Morgen verlassen.

Sie schnitten die Wunde auf. ›Wie geht es dir?‹ fragten sie.

›Ganz gut‹, antwortete sie.

›Ma, weiter geht's!‹

Wir marschierten weiter nach Süden, auf die Berge zu. Als wir hinaufstiegen, begann es zu regnen. Wir gingen durch das Unterholz und schlugen irgendwo auf halbem Weg unser Lager auf. Es regnete immer noch, aber in der Nacht hörte es auf. Am nächsten Morgen kletterten wir weiter.

Oben auf dem Gipfel sagte mein Vater zu mir: ›Wir machen jetzt halt. Hier gibt es eine Höhle, wo wir unser Lager aufschlagen können.‹

Dann stieg er wieder hinunter und sagte zu den anderen: ›Kommt mit, da oben gibt es eine trockene Höhle.‹

Dann gingen wir hinein.

›Ihr schlaft im Osten‹, sagte er zu den Frauen. ›Und wir hier im Westen.‹ Mein Vater schlief im Norden, ich in der Mitte und meine Mutter im Süden.

Aber ich konnte nicht einschlafen. Ich hatte einen schlechten Platz erwischt. Ein Stein stach mir in die Rippen. Die anderen hatten mehr Glück gehabt. Es regnete die ganze Nacht.

Am nächsten Tag holte ich mir ein paar Stücke Holzkohle aus dem Feuer. Ich wollte wissen, wie man Boote und andere Dinge zeichnet. Ich bat meine Mutter, etwas auf die Höhlenwand zu zeichnen. Sie malte ein Schiff, doch ich wollte, daß sie meine Hand malt. ›Leg die Hand auf die Wand‹, sagte sie, und ich tat es. Dann zeichnete sie auch ihre eigene Hand. ›Und was ist mit dem Schiff?‹ fragte ich. Also zeichnete sie das Schiff zu Ende. Wenn es nicht gerade regnete, ging ich nach draußen und spielte zwischen den Felsen. Die Wolken flogen über meinen Kopf. Da, wo die sengende Sonne den Regen getrocknet hatte, roch der Felsen sehr kräftig. Die Frauen hatten ein wenig Mehl dabei. Sie wurden mit Mehl bezahlt, wenn sie für Mr. Hart oder die anderen gearbeitet hatten. Sie teilten es mit allen. Als die Vorräte zu Ende gingen, sagten sie: ›Laßt uns zurückgehen. Die Polizei ist bestimmt schon längst wieder in Laura.‹ Doch in Wirklichkeit hatten sie nur das Mehl im Kopf. Also packten wir unsere Sachen zusammen, stiegen den Berg wieder hinunter und kehrten ins Hauptlager zurück.«

Am zweiten Tag unseres Marsches kamen Roger und ich an eine hohe Hügelkette, die nach Norden hin sanft abfiel. Wir folgten einem ausgetrockneten Flußbett, das uns hoffentlich zur Ninian Bay bringen würde. Die Landschaft wurde lichter. Obwohl wir den Himmel niemals ganz sehen konnten, hatte Roger das Gefühl, daß wir uns der Küste näherten. Wir kamen an den unverwechselbaren Resten eines alten Wassertanks vorbei, dessen Rumpf der Rost so rot gefärbt hatte wie die Erde, über die wir gingen. Roger konnte die Stelle zwar nicht identifizieren, aber es stellte sich heraus, daß wir uns in der Nähe der ehemaligen Siedlung befanden. Vielleicht hatten Viehtreiber, die vor Jahrzehnten für die Starcke-Station gearbeitet hatten, den Wassertank hier zurückgelassen.

Der felsige Untergrund ging allmählich in Sandboden über, dann kamen Teebaumsträucher. Am Ende des zweiten Tages gelangten wir östlich von *Uwuru* an die Küste. Die Ninian Bay und Instones Siedlung lagen vor uns und dahinter, weiter rechts im Osten, *lipwulin*.

Wolken brauten sich zusammen, und wir brauchten Trinkwasser und etwas zu essen. Wir beschlossen, unser Lager in der Nähe einer Sanddüne oberhalb der Flußmündung aufzuschlagen. Während wir auf die geschützte Stelle zugingen, entdeckten wir die frischen Spuren eines riesigen Krokodils – wahrscheinlich war es dasselbe, das wir zwei Jahre zuvor hier gesehen hatten: Die Fußspuren lagen anderthalb Meter auseinander, und in der Mitte, wo das Tier den Schwanz hinter sich hergezogen hatte, als es durch den Sand ins Meer kroch, war eine tiefe Furche.

Wir machten ein großes Feuer und rollten unsere *swags* in sicherer Entfernung vom Wasser aus. Roger beobachtete aufmerksam den Fluß. Wir wußten, daß das riesige *anhiir*, das Salzwasserkrokodil, früher oder später zurückkehren würde.

Zu Hause in Hopevale konnte sich Roger nicht immer so problemlos an die Barrow-Point-Sprache erinnern. Er mußte sich sehr anstrengen, um sich an einzelne Wörter zu erinnern, und manchmal schien er fast überrascht, wenn ihm ein ganzer Satz wie von selbst über die Lippen kam.

Doch jetzt waren wir in seinem Homeland. Als er *Uwuru* sah, brach ein wahrer Wortschwall in seiner Muttersprache aus ihm heraus – es war das erste Mal, daß ich ihn mit solcher Leichtigkeit sprechen hörte. Er unterhielt sich mit dem großen Krokodil, als sei es ein Stammesgenosse und gab sich als lang verschollener Verwandter zu erkennen, der in sein angestammtes Gebiet zurückgekehrt war. »Wir sind Landsleute«, erklärte er, »und wenn du mich in Ruhe läßt, tue ich dir auch nichts.« Dann deutete er auf mich und fügte hinzu: »Und der gehört zu mir.«

Wir verbrachten die Nacht mit Geschichtenerzählen und aßen unsere letzten Lebensmittel aus Hopevale auf. Am nächsten Tag wollten wir in den Mangroven nach Ködern suchen und uns etwas fürs Abendessen angeln.

»Ich weiß, daß die Leute hier früher *waathurr* gesammelt haben«, sagte er. Gemeint war eine Wellhornschnecke mit länglicher, konischer Schale, die zwischen den Mangrovenwurzeln lebt. »Sie haben sie als Köder benutzt. Damit und mit Einsiedlerkrebsen, die in der gleichen Schale wohnen, haben sie Klippenbarsche gefangen.

Einmal suchte ich nachts mit meiner Mutter Köder. Sie suchte Frösche. Nicht die mit dem langen Maul, sondern die schnellen, die *arriil-malin* genannt werden; *arriila* heißt ›lauf!‹ Ich hatte eine Fackel aus Teebaumrinde dabei, mit der ich uns im Schlamm leuchtete. Wenn sie einen Frosch sah, erschlug sie ihn mit einem Knüppel. Und ich hob ihn dann auf.

Einmal schlug sie zu, und gerade als ich den Frosch aufheben wollte, streckte ein *yigi* – ein Geist – die Hand aus und packte mich am Arm. Ich schrie so laut, daß wir beide einen Riesenschreck bekamen. Also in dieser Nacht sind wir nicht mehr fischen gegangen.«

Wir stapelten eine Menge Holz auf unser Lagerfeuer. Vom Meer wehte eine leichte Brise, und am Himmel leuchteten die Sterne. Trotz Rogers wortreicher Rede an das Krokodil schliefen wir sozusagen mit einem offenen Auge.

Als ich am Morgen aufwachte, war Roger bereits losgezogen, um die Gegend auszukundschaften. Unten am Fluß hatte er die Spuren des *anhiirr* gesichtet, das im Morgengrauen von der nächtlichen Jagd zurückgekehrt war. Wir tranken unseren Morgentee am Strand und blickten auf die Ninian Bay.

Roger erinnert sich, daß er als kleiner Junge seine Mutter gern begleitete, wenn sie fischen ging. Manchmal kam sie genau hierher, wo wir jetzt saßen, und lief bei Ebbe den Strand ab, um Fische und Langusten zu suchen.

»Einmal ist sie zu dem kleinen Riff nördlich von hier gegangen – bei Ebbe könntest du es aus dem Wasser lugen sehen, da drüben. Ich wollte mit, also ging ich ihr nach. Aber sie wollte, daß ich dableibe.

›Du bleibst hier‹, sagte sie. Aber ich folgte ihr trotzdem. Ich gehorchte ihr nicht.

Wahrscheinlich dachte sie: ›Wie werde ich ihn bloß los und kriege ihn dazu, daß er zu Hause bleibt?‹ Ich ließ mich nicht abschütteln, auch wenn sie versuchte, mich wegzuscheuchen.

Sie ging weit nach Osten, bis zu dem Riff da. Plötzlich zeigte sie auf den Boden und sagte: ›Paß auf die Schlange da unten auf!‹

Ich erstarrte vor Schreck. Ich konnte mich nicht mehr bewegen. Stundenlang blieb ich wie angewurzelt am selben Fleck stehen, während sie jagen ging, und rührte mich erst wieder, als sie zurückkam.

Danach bekam ich eine ordentliche Tracht Prügel.

Es war wohl meine eigene Schuld. Sie hat versucht, mich zurückzuhalten, aber ich habe nicht auf sie gehört. Ich wollte immer mit, wenn sie auf die Jagd ging.«

Wir beschlossen, der Küste Richtung Eumangin Creek im Norden zu folgen, bevor wir zur alten Instone-Siedlung zurückkehrten. Dabei kamen wir an einer sprudelnden Süßwasserquelle am Strand vorbei, genau wie Roger es in Erinnerung hatte.

Wir kletterten auf einen Felsvorsprung über der Bucht, und Roger zeigte mir die Flüsse am Strand, der bis North Bay Point und Cape

Roger mit seiner Mutter auf der Jagd

Melville reichte. Hier in der Nähe hatte Roger im Lager gelebt, als er zum ersten Mal einen Initiationstanz miterlebte. Hier in der Gegend hatte er auch mit seinen Jugendfreunden Toby und Banjo Gordon gespielt. Er erinnerte sich an den kleinen Billy McGreen jun., dem Sohn des Spurenlesers Long Billy McGreen, der gelegentlich von der Polizeiwache in Laura hierher kam, um seine Familie in Barrow Point zu besuchen.[22]

EIN SPEERKAMPF UNTER KINDERN

Wir trugen Speerkämpfe aus. Ähnlich wie die jungen Männer bei ihrem Initiationstanz. Es waren Scheingefechte, in denen sie sich gegenseitig mit dem Speer zu treffen versuchten. Wir machten es genauso.[23]

Wir sammelten harte Pflanzenstiele – muunun auf Guugu Yimithirr – und machten daraus Speere. Die Spitzen waren aus Bienenwachs. Das war unser Spielzeug. Wegen der Wachsspitzen drangen die Speere nicht ins Fleisch, sondern prallten ab und fielen zu Boden. Sie blieben nicht stecken, und es tat auch nicht sehr weh.

Wir bekämpften uns ja nur zum Spaß. So lernen bama, Speere zu werfen und ihnen auszuweichen. Wir hatten eine Menge Speere, aber wir benutzten keine *wommeras*.

219

Billy McGreen war etwas größer als wir. Er kam immer mit seiner Mutter, der alten Yuuniji. Einmal spielten Toby und ich in einer Sanddüne südlich des Eumangin Creek. Wir zielten zur Übung mit dem Speer auf ein Stück Baumrinde.

Billy McGreen kam und sagte:»He, gebt mir eure Speere.« Dann nahm er uns die Speere ab und zerbrach einen nach dem anderen vor unseren Augen.

Toby sagte zu mir:»Los, schlag ihn!«

»Nein, nein. Er ist größer als wir. Laß ihn. Nächstes Mal knöpfen wir ihn uns vor.«

Ein paar Tage später spielten wir wieder dort. Billy McGreen tauchte auf und machte es wie beim letzten Mal. Erst nahm er uns die Speere weg, und dann brach er sie in der Mitte durch. Es waren Grasspeere, *abulthabul* aus den langen Halmen der bungga-Palme.

Aber diesmal waren wir gewappnet. Im Gras hatte ich einen Speer versteckt. Als er sich zum Gehen wandte, warf ich den Speer und traf ihn im Rücken. Daraufhin fing Billy an zu flennen. Heulend lief er zu seiner Mutter.

Sie kam zu uns und fragte:»Wer hat einen Speer nach meinem Sohn geworfen?«

Da rannte ich schnell in den Busch.

Roger wollte sich noch einmal auf Instones Farm umsehen. Obwohl wir den Weg nun kannten, war es ein langer Marsch. Mit dem Vorsatz, unser Lager auch diesmal in Rogers Geburtsort in *lipwulin* aufzuschlagen, schleppten wir unsere *swags* und Trinkwasserflaschen durch das dichte Unterholz. Die Nachmittagssonne brannte, und der Wind hatte die Wolken vom Vortag vertrieben.

Als wir zu Instones Gelände kamen, zögerte Roger nicht lange. Er drehte sich eine Zigarette und setzte dann das Gras ringsum in Brand. Der Wind trieb die Flammen schnell die leichte Anhöhe hinauf, auf der der Siedler einst sein Haus und seine Viehhöfe gehabt hatte. Wir kehrten ans sichere Ufer zurück und suchten im Wasser nach Ködern, während Roger genüßlich seine Zigarette zu Ende rauchte. In der Ferne prasselte das Feuer, das schnell um sich griff. Rauchwolken verdunkelten den blauen Nachmittagshimmel.

TABAK UND ZÄHNE

In Rogers Kindheit kamen einige Gebrauchsgüter der Aborigines von den Europäern. Zum Beispiel gehörten Decken zu den staatlichen Hilfsgütern, die Jahr für Jahr an die Aborigines verteilt wurden. Mehl, Tee, Angelhaken, Äxte aus Eisen und eine Vielzahl von Lebensmitteln verdienten sie sich durch ihre Arbeit auf den Schiffen oder als Viehtreiber.

Und dann gab es noch den Tabak, den jeder rauchte. »Etwas zu rauchen bekamen wir von Sam Malaya. Ich rauchte schon als Kind – ich kann mich erinnern, daß sogar Mr. Bleakley mir eine Zigarette gab, wenn er nach Barrow Point kam. Es war langblättriger Tabak, sogenannter ›Rooster Tobacco‹. Im Lager wurde er in Tonpfeifen geraucht.

Und wenn die Tonpfeife kaputt ging, schnitzte man sich welche aus Holz – aus Eukalyptus oder einem anderen Hartholz –, um weiterrauchen zu können.

Wenn man keinen Tabak mehr hatte, schnorrte man bei denen, die auf Instones Farm arbeiteten. Die hatten immer was zu rauchen; manchmal hatten sogar die Frauen Tabak.

Aber wenn unser Vorrat erschöpft war, hatten wir Pech. Wir mußten warten, bis wir wieder welchen bekamen. Manche rauchten dann irgendein Kraut aus dem Busch. An den Namen kann ich mich nicht mehr erinnern. Es hatte kleine Blätterbüschel und gelbe und rosarote Blüten. Die Büsche sehen aus wie eine Hecke; sie wachsen überall, sogar auf den Sanddünen. Die Leute sammelten die Blätter und trockneten sie. Dann rauchten sie sie, aber es schmeckte scheußlich.

Ich habe nicht immer geraucht. Eines Morgens wurde mir ganz schlecht. Ich war wie berauscht. Ich spuckte mein ganzes Frühstück wieder aus. Meine Mutter goß mir Wasser über den Kopf, und dann wurde mir besser.

Na ja, ich habe geraucht, bis sie mich nach Bedford brachten. Da mußte ich aufhören. Schulkinder durften in der Mission nicht rauchen. Nachdem ich die Schule verlassen hatte, fing ich erst wieder an, als ich auf den Schiffen arbeitete. Da hieß es immer: ›Dreh mir eine!‹ Also fing ich wieder an zu rauchen, weil ich die ganze Zeit für die anderen drehen mußte.«

Der erbärmliche Tabakersatz erinnerte Roger an eine andere Buschpflanze.

»Ich habe beobachtet, wie die Alten ein bestimmtes Holz verbrannten und sich den Saft auf die Zähne schmierten. Old Yagay erzählte mir, es sei der Blaue Gummibaum, binyjin – in meiner Sprache heißt er *ardamarda*. Ich glaube, der Kautschuk daraus ist gut gegen Zahnschmerzen. Wenn man einen schlechten Zahn hat, thawuunh, kann man nicht schlafen, das weißt du selbst. Man bekommt Kopfschmerzen. Natürlich hatten die Alten ziemlich gute Zähne. Sie tranken nur reines Wasser und ein bißchen Honig. Ich glaub nicht, daß Honig den Zähnen schadet, oder? Aber geputzt haben sie sich die Zähne nie.«

DIE ZEIT DES WIRBELSTURMS

Wir haben in kleinen *humpies* geschlafen. Aber in der Regenzeit hatten wir keine runden *humpies*, wie bama sie heutzutage bauen, sondern wir haben ein Loch gegraben. Wir haben gegraben und gegraben, bis das Loch ganz tief war. Dann haben wir das *humpy* reingesetzt und das Ganze erst mit Baumrinde und dann mit Sand zugedeckt.

Eines Abends hatten wir nichts zu essen. Das war während der Regenzeit. Wir hatten alle großen Hunger.

In der Nacht kam ein heftiger Wirbelsturm vom Norden auf uns zu. Regen! Wind! Tja, und wir waren alle in unseren Hütten in den Erdlöchern.

Am nächsten Tag wachte ich als erster auf. Ich kletterte aus der Hütte.

Der ganze Strand wimmelte von Krebsen und Tintenfischen. Gurriitha. Und von Fischen. Überall lagen sie haufenweise am Strand.

Ich ging wieder ins Lager zurück. »He, wenn ihr Hunger habt, da oben im Norden liegen jede Menge tote Tintenfische rum. Der Wirbelsturm hat sie getötet.« Vielleicht hatten Blitz und Donner sie an Land geschleudert.

Die Leute liefen hin und sammelten das minha ein. Sie kochten es und stopften sich die Bäuche voll.

Aber das war noch nicht alles, denn der Sturm hatte auch ein paar gewaltige mungguul-Stämme an den Strand gespült, ganze Bäume. Ähnlich wie Sagopalmen. Weiß der Teufel, wo die herkamen! Vielleicht aus Neuguinea. Die Leute haben die Stämme kleingehackt, gekocht und gegessen. Es blieb uns nichts anderes übrig, weil wir Hunger hatten. Das Zeug war weich, so wie *damper* ohne Treibmittel.

In den folgenden Tagen wanderten wir über die frisch abgebrannte Erde der Instone-Siedlung und suchten den alten Brunnen, das Gestell für den Wassertank, das Ziegengehege, die Spuren der Pferdewagen und die Pfähle, auf denen das Haus gestanden hatte und an die Roger sich zu erinnern glaubte. Wir grasten den Boden nach Metallstücken, alten Flaschen und allen Überresten der ehemaligen Siedlung ab. In *lipwulin* fielen Roger viele Einzelheiten aus dem Lagerleben wieder ein. Wir angelten und badeten in den Süßwassersümpfen im Hinterland südlich von unserem Lager. Wir gingen nach Osten zurück in Richtung Barrow Point, bis zu einem schmalen Fluß. Dort, so glaubte Roger, würden wir bestimmt *baramundi* fangen.

EIN SAND-GOANNA

Einmal waren wir hier in *lipwulin* im Hauptlager. Aber wir Jungs liefen immer nach Osten an einen kleinen Fluß. Weiter oben war er sehr tief, aber am Strand war er flach, und da spielten wir. Wir durften uns nicht zu weit vom Lager entfernen.»Geht nicht in die Mangroven, Yigiingu«, hieß es immer,»denn da gibt es Geister, *ama gunyjiingu*, und Hexen.« Wir mußten da spielen, wo uns die Erwachsenen sehen konnten.

Also spielten wir da, und plötzlich tauchte ein riesiger *manuya* auf, ein Sand-Goanna. Ich sprang auf und rannte ihm nach. Alle zusammen folgten wir seinen Spuren, weiter und immer weiter, bis wir ihn entdeckten. Er lag im niedrigen Gras.

Er erschrak und lief davon, nach Süden. Er folgte dem kleinen Fluß stromaufwärts. Wir liefen ihm nach, bis er ins Wasser sprang.

Jetzt konnten wir ihn nicht mehr verfolgen. Der Fluß war sehr tief. Und außerdem gab es damals ein Krokodil dort, glaube ich.

Der *manuya* entwischte uns also, weil es zu gefährlich war weiterzugehen. Wir kehrten ins Lager zurück. Und bald darauf wanderten wir weiter.

Ein Baum, die Konturen der Landschaft oder der Laut eines Vogels riefen Roger Bilder von früher ins Gedächtnis. Wir waren umgeben von den Geistern der Menschen, die jetzt nur noch in Rogers Erinnerung weiterlebten.

Auf der Jagd nach Goannas

EIN BISS IN DEN FINGER

Wir schlugen unser Lager häufig bei Cape Melville auf, ganz am Ende der Landspitze. Dort stand eine lange Reihe von nguundarr oder Jujube-Bäumen am Strand. Östlich vom letzten Obstbaum gab es ein großes Lager. Weither vom Westen kamen die Leute dahin. Auch meine Familie kam, aber wir hatten keinen Kontakt mit ihr – sie sprachen eine andere Sprache. *Ama uwu yindu.*

Als wir dort lebten, wurde ich sehr krank. Wir waren am Mack River gewesen, um mayi mabil zu sammeln, Wasserlilien. Man mußte erst im Sumpf herumgraben und kam dann raus in die heiße Sonne. Da holte ich mir sowas wie Keuchhusten, es war schrecklich. Und die ganze Zeit hatte ich Kopfschmerzen. Vielleicht war es eine Lungenentzündung.

Sie versuchten, mich auf verschiedene Art zu heilen. Zuerst zerrieben sie grüne Ameisen und schmierten meinen ganzen Körper damit ein. Aber es half nicht. Dann versuchten sie es mit kochendem Wasser. Sie tauchten Handtücher und irgendwelche Lappen hinein und wärmten meinen Körper. Aber das half auch nicht, und ich wurde von Tag zu Tag dünner und schwächer.

Danach dachten sie sich noch etwas anderes aus. Sie sammelten einen Haufen Steine und erhitzten sie in einem großen Feuer. Es war

Krank in Cape Melville

wie in einem gurrma, einem Erdofen. Als die Steine richtig heiß waren, brachten sie einen Eimer Wasser. In Wirklichkeit war es eine alte Kerosindose – so wurde damals Wasser heiß gemacht. Sie war rechteckig. Sie füllten sie zur Hälfte mit Wasser, und dann warfen sie die heißen Steine hinein. Die Steine erwärmten das Wasser.

Aus alten Zweigen bastelten sie ein Gestell und stellten die Dose mit den heißen Steinen darauf. Dann breiteten sie Decken darüber aus, und ich mußte mich danebensetzen. Mich deckten sie auch zu, eine Decke über der anderen, und verstopften alle Ritzen. Wie bei einem Erdofen.

Sie warfen keine Erde und keine Blätter obendrauf, sondern beschwerten die herabhängenden Ränder mit Sand, so daß die Hitze nicht entweichen konnte und kein Wind reinkam.

Ich lag dort etwa eine Stunde. Der Schweiß kam.

Danach nahmen sie die Decken weg. Tja, ich weiß auch nicht. Ich war zu krank. Ich kann mich überhaupt nicht daran erinnern. Vielleicht war ich so krank, daß ich dran hätte sterben können. Aber als ich rauskam, ging es mir viel besser. Später erzählten sie mir: »Wir haben dich da reingesteckt.«

Eine Zeitlang konnte ich nicht viel rumlaufen, so dünn war ich, nur noch Haut und Knochen. Ich konnte nichts essen, bis sie diese Kur mit mir machten.

225

Ein Biß in den Finger

Ganz langsam erholte ich mich, aber danach bin ich nie wieder krank geworden. Ich konnte wieder mit den anderen spielen und meiner Mutter hinterherlaufen.

Die Leute von Flinders Island kamen auch her. Sie kamen bis nach Cape Melville, da habe ich sie gesehen.

Den alten Johnny Flinders sah ich, als ich noch ganz klein war. Er kam bis runter nach *lipwulin*, zur Ninian Bay. Weiter drüben im Süden hatten sie ihr Lager.

Damals ging es ihm sehr schlecht. Er lag in seinem *humpy* unter einer Decke, die ein großes Loch hatte. Ich steckte immer meinen Finger durch das Loch, um festzustellen, ob er da ist. Ich wollte ihm ins Auge bohren. Er ließ mich machen. Und dann biß er mir plötzlich in den Finger! Ngaanhigay! Er ließ nicht mehr los.

Ich kann mich noch genau erinnern, wo das war.

Zwei Tage später mußten wir weiter. Wir hatten noch etwas Trockenfisch, Mehl und Tee. Rogers Tabak ging zur Neige. Wir hielten es für einfacher, durch das vom Buschfeuer freigeräumte Gelände zurückzukehren, als an der Küste entlangzugehen wie vorher. Ich hatte den Kompaß dabei.

Am Spätnachmittag saßen wir in *lipwulin* am Strand und nahmen uns vor, am frühen Morgen aufzubrechen. Roger hatte wie üblich ein paar Geschichten über die endlosen Wanderungen in seiner Kindheit auf Lager. Er erinnerte sich, wie sie nach monatelangen Aufenthalten in Cape Melville zur Ninian Bay zurückkehrten. »Dort gab es viel zu viele bama«, erinnerte er sich. »Aber wenn wir wieder hier waren, blieben wir höchsten drei Wochen.« Dann ging es weiter ins nächste Lager an der Küste südlich von Barrow Point. »Das Lager war genau hier im Osten, und auf der Südseite des Weges floß ein Fluß. Sie trugen mich auf den Schultern, und ich konnte die juubi und die Bambuspalmen sehen, die das ganze Südufer entlang wuchsen.«

Wenn sie von einem Ort zum anderen wanderten, hatten die Männer ihre mehrzackigen banyjarr-Speere zum Fischen und ihre banggay- oder muthin-Speere dabei, die nur einen Haken an der Spitze hatten und zum Erlegen von Wild gedacht waren. Sie trugen auch »Messerspeere« für alle möglichen Zwecke bei sich. Ihre Klingen bestanden aus einem flachen Eisenstück, zum Beispiel einer Türangel, die auf beiden Seiten geschärft war und vorne spitz zulief.

»Ein Tier stirbt schnell, wenn man es mit einem Messerspeer tötet. Es verliert sehr viel Blut und stirbt an Erschöpfung.

Wir hatten immer unsere Speere und ein paar Regierungsdecken dabei. Mehr brauchten wir nicht zum Umherziehen. Und die Hunde. Wenn unsere Jungs Messer von den Schiffen mitgebracht hatten, nahmen sie die auch mit, um Beute zu zerlegen. Außerdem hatten wir *billycans* dabei, in denen wir Honig mischten. Damals gab es so gut wie gar keinen Tee, nur Honig gemischt mit Wasser.

Damals hatte auch niemand Kleidung dabei. Nur meine Mutter und mein Vater, die hatten ein paar Hosen oder ein Kleid. Aber die Kinder nicht. Hüte gab es auch nicht. Nur die paar Leute, die für die Weißen gearbeitet hatten, trugen Hüte.

Wir hatten Messer und Löffel, aber keine Gabeln. Manchmal Streichhölzer. Wenn sie ausgingen, machten wir Feuer mit Feuerstöcken. Das ist sehr schwer, muß man wissen. Man kriegt überall Blasen an den Händen. Es gibt Leute, die ganz schnell Feuer machen können, andere brauchen lang.

Wir hatten nicht viele Sachen dabei. Manche trugen die Rindenbehälter mit den Überresten ihrer Verwandten. Aber die waren nicht schwer, weil nur die Knochen drin aufbewahrt wurden. Sie trugen sie so lange mit sich herum, bis sie das Gefühl hatten, es reicht. Ganaa wawu buliiga.[24] Dann betteten sie die Überreste in einer Höhle irgendwo hoch oben zur Ruhe.«

Am nächsten Morgen brachen wir früh auf, ebenfalls mit leichtem Gepäck. Wir folgten dem Auf und Ab des Geländes auf demselben Weg, den wir gekommen waren. Wir vertrauten darauf, daß unser Gedächtnis und mein Kompaß uns über die schwarzverbrannte Erde führen würden. Da wir zwischen dem Sumpf in *lipwulin* und unserem Auto, das wir irgendwo an der halb zugewachsenen Straße abgestellt hatten, kein Wasser finden würden, gaben wir uns Mühe, uns nicht zu verlaufen und nicht zu langsam zu gehen.

Am späten Nachmittag stießen wir auf einen Pfad, den Roger wiedererkannte: Es war derselbe, dem wir nach der Abzweigung hinter Wakooka gefolgt waren. Einen halben Kilometer weiter südlich fanden wir dann tatsächlich den Toyota. Wir tranken das letzte Wasser aus Barrow Point, stellten die Kamera in eine Baumgabel und fotografierten uns selbst. Mit meinen wirren Haaren überragte ich Roger mit seiner Baseballmütze. Unsere Gesichter waren von den Buschfeuern so rußgeschwärzt, daß unsere unterschiedlichen Hautfarben ein und denselben Ton angenommen hatten.

FOGS RACHE

Nachdem Fog seinen kleinen Eidechsensohn bestattet hatte, wartete er noch zwei Wochen, dann brach er auf. Er wollte sich rächen.

»Ich bringe meinen Schwiegersohn da unten im Süden einfach um.«

Doch zuerst brauchte er einen guten Speer. Er beschloß, das Holz von verschiedenen Bäumen auszuprobieren, um sich einen *murranggal* zu schnitzen, einen Speer wie ein Geschoß.

Er fällte den ersten Baum und machte einen Speer daraus, aber er taugte nichts. Dann fällte er einen Eukalyptus und machte daraus einen Speer. Auch nichts. Dann schnitzte er sich einen Speer aus dem Holz der schwarzen Palme, aber auch der taugte nicht.

Schließlich beschloß er, hinunter zu den Sanddünen zu gehen. Dort suchte er im Unterholz und fand den Baum, den er haben wollte: *yigu ithin.gal.* Die Leute von Cooktown nannten ihn mirrbi. Er schnitzte sich einen Speer aus seinem Holz. Als er fertig war, schleuderte er ihn gegen einen anderen Baum in der Nähe. Der Speer durchbohrte den Baum und blieb in dem dahinter stecken.

»Der ist richtig«, dachte Fog.

Er schnitzte einen ganzen Haufen Speere aus dem *ithin.gal*-Holz.

Fog durchbohrt Thunder mit dem Speer

Bei Sonnenaufgang machte er sich auf den Weg. »Der Bursche soll meinen Speer kennenlernen.«

Er ging nach Süden – yii – und machte auf halbem Weg Rast. Dann brach er wieder auf. Er ging und ging. Schließlich, gegen drei Uhr nachmittags, kam er dahin, wo Thunder lebte.

Er schlich sich leise in das Lager und spähte vorsichtig nach Süden. »Aha, sie töten seine Läuse.«

Seine beiden Frauen waren dabei, Thunderstorm, der zwischen zwei Bäumen saß, zu lausen. Das eine Bein hatte er auf der einen Seite an einen Baum gelehnt, das andere auf der anderen Seite an einen anderen. Die jüngere Schwester zerquetschte die Läuse in seinem Bart, während die ältere seinen Kopf lauste.

Während Fog sie ausspionierte, kamen ein paar Vögel angeflogen und begannen ihn auszulachen, wie er da kauerte und sich versteckte. Sie lachten und lachten und lachten. Fog duckte sich noch tiefer.

Schließlich schickte Thunderstorm die ältere Schwester, um nachzusehen: »Schau doch mal nach, was für ein Tier sich da rumtreibt. Vielleicht lachen die Vögel über eine Pythonschlange. Versuch rauszukriegen, was die Vögel entdeckt haben.«

Sie kam aus Süden und suchte die ganze Umgebung unter dem Baum ab, auf dem die Vögel saßen und einen Heidenlärm machten.

Mittlerweile hatte sich ein ganzer Schwarm Vögel auf dem Baum versammelt und lachte Old Man Fog aus.

Die ältere Schwester konnte nichts erkennen. Fog duckte sich noch tiefer ins Gras. Er versteckte sich vor seiner älteren Tochter, weil er Angst hatte, sie könnte ihn verraten.

Er harrte in seinem Versteck aus, bis seine Tochter schließlich wieder nach Süden ging und sich in den Schatten setzte.

»Da ist nichts«, sagte sie. »Wer weiß, worüber die Vögel da oben im Norden lachen.«

Aber es kamen immer mehr Vögel herbei und lachten Fog aus. Es waren *tit-tit*-Vögel, Meisen. Diesmal schickte Thunderstorm die jüngere Schwester, um nachzusehen. »Jetzt geh du. Vielleicht sehen deine Augen mehr.«

Sie ging nach Norden und entdeckte ihren Vater. Old Fog tauchte aus dem Gras auf und rief sie: »Komm her, Kind, komm her.«

Er erzählte ihr von dem Eidechsenjungen, den Thunder getötet hatte.

»Dein jüngerer Bruder liegt oben im Norden begraben. Dein Mann hat ihn getötet. Deshalb bin ich gekommen. Ich will ihn aufspießen. Also verrate ihm nicht, daß du mich gesehen hast, hörst du? Jetzt geh wieder zurück, aber halt dich ein wenig abseits. Tu so, als würdest du weiter seinen Kopf lausen.«

Sie gehorchte und ging wieder in den Süden.

»Es ist nichts. Wer weiß, worüber diese Vögel lachen?«

Old Fog schlich sich vom Norden heran. Er kam so nahe wie möglich.

Thunderstorm hatte laut zu schnarchen angefangen, während die beiden Frauen in seinen Haaren nach Läusen suchten. Die jüngere wußte, daß Fog kommen würde, um Old Thunderstorm zu töten.

Als Old Fog nahe genug war, stand er auf und schleuderte seinen Speer. Er durchbohrte den einen Baum und dann Thunderstorms Bein. Doch damit nicht genug: Er durchbohrte auch noch das andere Bein und den Baum dahinter.

Old Thunderstorm krümmte sich vor Schmerzen und wälzte sich auf dem Boden. Buuuu, du du du. Seine Beine waren an die Bäume genagelt.

Thunder warf einen seiner Blitzspeere, doch Old Fog duckte sich. Thunder warf noch einen Speer, und Fog wich erneut aus. Und ein drittes Mal schleuderte Thunderstorm einen Blitzspeer Richtung Norden, und wieder wich Fog aus.

Schließlich stand Fog im Norden und beobachtete Thunder aus dem Augenwinkel. In dem Moment schleuderte Thunder seinen letzten Speer, und diesmal rasierte er Fog den Bart ab.

Da lief Fog davon, den ganzen Weg nach Hause. Er lief di, di, di, diii, bis er an den Mack River kam. Doch er blieb nicht bei den Leuten dort. Er lief weiter und weiter und wandte sich dann nach Westen. Er versteckte sich in der Höhle, in der der kleine Eidechsenjunge umgekommen war. Da kroch er hinein, und da ist er noch heute.

Als ich ein kleiner Junge in Barrow Point war, gingen wir hinauf nach Cape Melville und schauten nach Bathhurst Head hinüber, wo Old Fog seine Höhle hat. Jeden Morgen sahen wir weißen Rauch um den Berg – das war Old Fogs Bart, den Thunderstorm abgeschnitten hatte.

Und das ist das Ende der Geschichte.

NACHWORT :
BARROW POINT IN DEN 90ER JAHREN

Mitte 1989 unternahmen Roger Hart und ich eine Reise ganz anderer
Art nach Barrow Point. Mittlerweile hatten sich die Zeiten geändert.
Wir fuhren in einer Kolonne von Geländewagen direkt nach *lipwulin*,
unter ihnen jede Menge Fischer aus Cairns, die ihre Motorboote zu
Rogers Geburtsort schleppten. Zum Glück hatten sie Rogers Austern-
bänke noch nicht entdeckt – noch nicht.

Unsere Reisegruppe war bunt zusammengewürfelt: ein Rats-
mitglied aus Hopevale, ein Aborigine-Aktivist aus Cairns und ein junger Jurastudent von der Sydney University in Hopevale namens Noelie
Pearson, der ein paar wangarr (weiße) Freunde und seine Mutter mitgebracht hatte, eine Kuku-Yalanji-Frau. Tulo Gordon war inzwischen
so schwer krank, daß er seinen ältesten Sohn Reggie mitschickte. Ich
hatte meine Familie dabei, und später stieß auch noch der mittlerweile verstorbene Tim Asch dazu, ein amerikanischer Anthropologe
und Filmemacher, der schon immer nach Hopevale hatte kommen
wollen und sich nicht davon abhalten ließ, in den, wie Roger behauptete, von Krokodilen und Haifischen heimgesuchten Gewässern zu
schwimmen.

Noelie, der möglicherweise Perspektiven für Aborigine-Landrechte
in Queensland am politischen Horizont aufdämmern sah, zeigte
Interesse an Rogers Muttersprache, die mit der inzwischen unterge-
gangenen Sprache seiner eigenen Volksgruppe am Jeannie River verwandt war. Wir sprachen über die Entwicklung des Tourismus, über
Umweltschutz und die Ranger, die das Gebiet beaufsichtigen sollten.
Noelie und Reggie konnten es nicht abwarten, auf ein Schiff zu kommen, und boten den Fischern aus Cairns an, ihnen zu zeigen, wo es
Schildkröten gab. Sie kehrten aber nur mit ein paar Stechrochen
zurück. Wieder einmal zündete Roger den Busch an, um ihn »sauber-
zuhalten«.

Seitdem ist Roger Hart noch mehrmals zu seinem Homeland
zurückgekehrt. Er galt als Experte für Land und Traditionen, als einer
der Leute, die am ehesten Anspruch auf mehrere angestammte
Gebiete erheben durfte. Er flog mit einem Hubschrauber über sein
Land, um in dem letzten Endes erfolgreichen Prozeß[25] um Landbesitz

auf Flinders Island, Cape Melville und Cape Bowen als Zeuge auszusagen. Leider umfaßte dieser nicht das Barrow-Point-Gebiet,[26] das er für sich beansprucht. Anfang 1995 sagte mir Roger, daß er an chronischen Rückenschmerzen leide – seiner Ansicht nach die Strafe dafür, daß er den Weißen so viele heilige Stätten hatte zeigen müssen.

Seit 1991 war der Starcke-Besitz, der sich in den 30er Jahren auf das ganze Areal zwischen dem McIvor River und Cape Melville ausweitete und zu einem einzigen riesigen Pachtgebiet wurde, Gegenstand intensiver Bemühungen seitens indigener Gruppen, die einen angestammten Anspruch auf das Gebiet hatten und ihr Recht auf Landbesitz geltend machten. Den gesetzlichen Bestimmungen in Queensland zufolge konnten die Nachfahren der ursprünglichen Besitzer Anspruch auf jene Gebiete erheben, die bereits als Nationalparks ausgewiesen waren und unverzüglich wieder an den Staat zurückgegeben werden mußten.[27] Darüber hinaus will die Regierung andere Teile des Pachtgebiets zurückkaufen, um sie ihren rechtmäßigen Besitzern zurückzugeben. Bei wieder anderen Gebieten streitet man aufgrund widersprüchlicher gerichtlicher Entscheidungen und gesetzlicher Bestimmungen noch um einen sogenannten »Native Title«, der auf die Zeit vor der Eroberung des Landes durch die Krone zurückgeht.[28] Im Januar 1998 erzählte mir Roger, er habe sich an seinem Geburtsort eine provisorische Hütte am Strand gebaut, in der er ungeachtet der ungeklärten Eigentumsverhältnisse Urlaub machen wolle.

Die Frage, welche Rolle die historische Entwicklung und die Geschichten der Barrow Point People im derzeitigen Kampf um Land, Eigentum und Abstammung spielen, würde weit über das hinausgehen, was Roger Hart, Tulo Gordon und ich uns vorgenommen hatten, als wir vor rund zwanzig Jahren mit der Arbeit an diesem Buch begannen. Roger Hart spielt immer noch eine entscheidende Rolle bei diesem Projekt, und seine Sprache lebt in Landkarten, traditionellen Stätten und juristischen Streitigkeiten um Rechtmäßigkeit und Tradition weiter. Sogar Old *Wurrey* geistert noch umher, und selbst Anwälte und Richter erzählen beim Kartographieren des Landes von seinen Abenteuern.[29]

Doch das alles wird nicht ausreichen, um die Sprache und die Traditionen von Barrow Point am Leben zu erhalten. Die Zerstörung der Lebensformen der Aborigines überall im Norden war grausam effektiv und ist unwiderruflich. Was überlebt hat, ist radikal verändert. Aus den moralischen Geschichten von früher, die für initiierte Erwachsene bestimmt waren, sind »Märchen« für Kinderbücher geworden. Aus den speziellen Wörtern, die früher Respekt und Intimität ausdrückten, sind geheime Einsätze im berechnenden Spiel um Rechtmäßigkeit und um den Anspruch auf Landbesitz geworden. Die komplexen gemeinschaftlichen Einrichtungen, die dazu dienten, Ressourcen gleichmäßig zu verteilen, den Gesetzen Folge zu leisten und Menschen zu erziehen, sind auf Grenzen, Titel, Rassenunterschiede und eine durchweg europäische Interpretation von »Eigentum« reduziert worden.

Vor siebzig Jahren prophezeite der Missionar G. H. Schwarz in Cape Melville den Barrow Point People und ihren Nachbarn im Norden eine düstere Zukunft:

> In wenigen Jahren wird man vielleicht davon sprechen, daß es zwischen Cape Flattery und Cape Melville einmal zwei Gruppen gegeben hat, die jedoch ausgestorben sind.[30]

Roger Harts Leben beweist, daß Schwarz' Epitaph auf die Barrow Point People etwas voreilig war. Vielleicht kann auch unser Buch ein wenig dazu beitragen, daß sie nicht ganz in Vergessenheit geraten.

GLOSSAR

Anmerkung: GY ist die Abkürzung für Guugu Yimithirr, die Sprache der Cooktown-Gegend; BP steht für die Barrow-Point-Sprache von Roger Hart.

anggatha	BP, »Freund«; *anggatha athu,* »mein Freund«
bama	GY-Wort für einen australischen Aborigine
baramundi	Großer, besonders wohlschmeckender Fisch
bêche-de-mer	Seegurke, die in der asiatischen Küche geschätzt wird
billy oder billycan	Kleine Blechbüchse oder Milchdose mit Drahtgriff, an dem sie übers Feuer gehängt wird
dagu	GY, wörtlich »Ding«; im allgemeinen Sprachgebrauch soviel wie »na schön« oder »nun gut«
damper	austral.: Für den Busch typisches Brot aus Mehl, Wasser, Salz und Backpulver, das meist in der Feuerasche gebacken wird
dilly bag	Tragetasche aus Gras oder anderen natürlichen Pflanzenfasern
duburrubun	GY-Name für eine Elsternart
Gambiilmugu-warra	GY-Name für den Barrow-Point-Clan, dem Roger Hart angehört
gaw	GY, Ausruf, mit dem man Aufmerksamkeit heischt; soviel wie »He!«
gin	austral.: Bezeichnung für eine Aborigine-Frau, die heutzutage als Beleidigung gilt
goanna	Eine von vielen heimischen Echsen
grog	Alkoholisches Getränk
guya	GY, »nein, nichts, kein«
humpy	austral.: Baumrindenhütte der Aborigines
ma	GY-Wort, das eine Aufforderung ausdrückt: »Also los, gehen wir ...«
mayi	GY, eßbare Pflanzen
minha	GY, »Fleisch« oder eßbare Tiere
ngaanhigay	GY, Schmerzensschrei

sugar-bag	Getränk aus einheimischem Honig und Wasser
swag	Australische Bezeichnung für zusammen gerolltes Bettzeug
thawuunh	GY, »Freund«
wangarr	GY, Nicht-Aborigine, Europäer, »Geist«
wommera	Australisches Wort für Speerschleuder, das von einem Aborigine-Wort aus New South Wales abgeleitet ist
yimpal	BP, »Geschichte« oder »Neuigkeit«

3 Am Strand der Ninian Bay

4 *Ein Aborigine-Polizist warnt vor einer bevorstehenden Razzia*

5 *Die Barrow Point People in Cape Bedford*

6 *Vögel fressen das Fleisch des Regenwald-Python*

ANMERKUNGEN

VORWORT

1. Diese klassifikatorische Verwandtschaftsbezeichnung ordnet Mrs. McIvor der Kategorie Noel Pearsons »Kind« (väterlicherseits) zu, obwohl sie bereits eine ältere Frau war, als er noch ein kleiner Junge war.

TEIL 1
DIE GESCHICHTEN VON BARROW POINT

2. Die folgende historische Zusammenfassung stützt sich hauptsächlich auf Haviland 1985; vgl. auch Haviland und Haviland 1980 mit einem umfassenden Bericht über die Gründung der Mission in Cape Bedford.
3. Vgl. Haviland 1974.
4. Staatsarchiv Queensland, Dokumente des Kolonialministeriums, A314, Nr. 2395, 1881. Brief von St. George (Polizeipräsident) an den Kolonialminister vom 27. Mai 1881.
5. Vgl. Haviland und Haviland 1980.
6. Brief von Missionar Schwarz an den Missionsinspektor, Archiv des Bayerischen Missionswerks Neuendettelsau, 527, 25. Juli 1906. Schwarz rechtfertigte die gravierenden Verluste im Jahresbudget der Mission teilweise damit, daß es seiner Meinung nach nützlich sei, die »neuen Schwarzen« aus Cape Melville besser kennenzulernen. Folglich hatte er sie länger als vorgesehen in der Mission behalten und mußte sie, wie er sagte, auch ernähren. [Dieser Briefauszug sowie weitere, ursprünglich wohl auf deutsch verfaßte Textstellen (im folgenden mit * gekennzeichnet) mußten aus dem Englischen rückübersetzt werden, da die Originaldokumente zum Zeitpunkt der Drucklegung nicht einsehbar waren.]
7. Die Ältesten taten alles, um Ehen zwischen Bewohnern von Cape Bedford und Woorabinda zu verhindern.
8. Vgl. Haviland 1993.
9. Vgl. Haviland 1979 a,b.
10. Diese Forschung in den 70er und frühen 80er Jahren wurden in Zusammenarbeit mit Dr. Leslie Knox Devereaux von der Australian National University durchgeführt.
11. Diese Bemerkung stammt von dem verstorbenen Bob Flinders aus Cape Melville, einem Stammesgenossen von Roger Hart und seinem Schulkameraden aus frühen Missionszeiten.

12. Roger meint den verstorbenen Billy Muundu Jacko, der mich unter seine Fittiche nahm, als ich das erste Mal nach Hopevale kam, und mir die Sprache beibrachte. Muundu war einer der bevorrechtigten Leute, die Anspruch auf den Clanbesitz bei Junyju am Starcke River erhoben. Da die Bewohner von Hopevale es für gewöhnlich vermeiden, ihre Toten beim Namen zu nennen, habe ich diese höfliche Sitte im Text beibehalten und erwähne die Namen verstorbener Angehöriger nur in den Anmerkungen.

13. Hier bezieht sich Roger auf den verstorbenen Tulo Gordon aus dem Gebiet des Nugal-Clans, den Mitautor von Gordon und Haviland 1980 und den Künstler, von dem die in diesem Buch enthaltenen Bilder stammen.

14. Toby Gordon (*Urrguunh* oder *Wurrkuyn*), Rogers Jugendfreund und späterer Mitbewohner in Mossman in den 70er Jahren, stammte, wie auch sein Bruder Banjo (*Udhaay*), aus demselben Gebiet in Barrow Point wie Roger. Er wurde 1927 von dem Anthropologen Norman Tindale 1927 auf Flinders Island fotografiert; damals war er höchstens acht Jahre alt. In den 70er Jahren diente er Peter Sutton als Informant (vgl. Sutton 1993 zu weiteren Einzelheiten seiner Abstammung). Er beherrschte sowohl die Sprache von Barrow Point als auch die von Flinders Island.

15. Vgl. Haviland 1979 a, 1979 b. Dort werden einige dieser speziellen sprachlichen Formen und die gesellschaftlichen Kontexte, in denen sie Verwendung finden, erläutert.

16. In den Erzählungen wimmelt es von Richtungsangaben, die für die gesprochene Form des Guugu Yimithirr sowie der Barrow-Point-Sprache charakteristisch sind. Diese Angaben dürfen nicht mit dem westlichen Kompaß gleichgesetzt werden, sondern sind richtungsweisende, gegenüber dem Kompaß im Uhrzeigersinn leicht verschobene »Quadranten«. »Westen« zum Beispiel ist ein Quadrant am Horizont, dessen Mittelachse etwas weiter nördlich als 270 Grad verläuft. Vgl. Haviland 1993, 1998. Die in *Wurreys* Geschichte erwähnten Orte erscheinen auf der von Tulo Gordon gezeichneten Landkarte der Umgebung von Barrow Point.

17. Wörtlich »Ding«, hier etwa: »Donnerwetter!«

18. Mayi, »Essen«, bezeichnet eine eßbare Pflanze, minha im Gegensatz dazu »eßbares Tier« oder »Fleisch«.

19. Wenn Sprecher des Guugu Yimithirr Geschichten erzählen, fügen sie häufig sinnlose Silbenketten dieser Art ein, um zeitliche oder räumliche Entfernungen anzudeuten.

20. Roger Hart zufolge war der Kopf eines Tieres üblicherweise dem Jäger vorbehalten.

21. Aborigines

22. Teile von Rogers Geschichten sind in anderer Form erschienen. Dick Roughsey und Percy Tresize veröffentlichten eine Version der Devil-Dingo-Geschichte (Roughsey 1973), ohne sie, wie Roger, an einem bestimmten geographischen Ort anzusiedeln. Tulo Gordons Sammlung von

»Guugu Yimithirr«-Erzählungen »vom Endeavour River« (Gordon und Haviland 1980) enthält eine leicht bereinigte Fassung der »Thunder und Fog«-Episode, die in einem späteren Kapitel wiedergegeben wird. Tulo hörte sie als Kind in Cape Bedford, wo sie unter älteren Leuten sehr verbreitet war. Diese Geschichten waren ursprünglich geographisch genau zugeordnet, wenngleich verschiedene Aborigine-Gruppen wahrscheinlich ihre unterschiedlichen Versionen hatten.

23. Eine Anspielung auf die verstorbene Mary Ann Mundy. Sie lebte im gleichen Lager wie Roger als Kind und blieb Zeit ihres Lebens in engem Kontakt mit den Barrow Point People.

24. Wie alle Verwandtschaftsbezeichnungen in Guugu Yimithirr oder der Barrow-Point-Sprache bezeichnet das Wort gami ein klassifikatorisches Verhältnis, das sowohl eine genealogische Verbindung als auch die gesellschaftliche Kategorie der Personen umfaßt, die »wie« die Mutter der Mutter oder der Vater des Vaters einzuordnen sind. Die gami/gaminhtharr-Beziehung war möglicherweise typisch für eine »Juxbeziehung« (vgl. Thomson 1935, Haviland 1979a) in diesem Teil Australiens. In der Barrow-Point-Sprache werden solche Begriffe wechselseitig gebraucht. So kann es vorkommen, daß ein Mann seinen Großvater väterlicherseits amithu nennt, und sein Großvater ihn ebenso bezeichnet.

25. Wörtlich, ein »nicht salziger, süßer oder sanfter« Mensch.

26. »This is not a fairy tale« – Mit diesem Satz pflegte Roger Hart diese Geschichte einzuleiten, um sie klar und deutlich von einigen anderen Erzählungen in diesem Buch abzuheben. Diese Version der Geschichte vom Untergang der Pinnacle-Gruppe entspricht der, die Roger Hart am 18. September 1984 erzählte.

27. Sutton 1992 verzeichnet dieses Areal als Clan-Gebiet Nr. 10, das auch das eigentliche Barrow Point und den Ostteil von Cape Melville umfaßt. Das ist Roger Harts angestammtes Land, das er von seinem Aborigine-Vater übernommen hat. Wie in der Geschichte angedeutet wird, erstreckte sich das Territorium nach Südwesten weit ins Landesinnere und war gesellschaftspolitisch in zwei Hälften unterteilt.

28. Sutton 1992 verzeichnet das so bezeichnete Territorium als Clan-Gebiet Nr. 12, das als »Teil der Küste südlich von Barrow Point; Barrow Point bis Cape Bowen« beschrieben wird und das mehrere von Roger Harts Verwandten, die in späteren Kapiteln genannt werden, als ihr angestammtes Gebiet beanspruchten.

29. Offenbar bestand trotz unterschiedlicher Bezeichnungen für dieselben Gegenstände oder Tätigkeiten eine grundsätzliche Ähnlichkeit zwischen den an der Küste und den im Landesinneren gesprochenen Formen der Barrow-Point-Sprache.

30. Das Guugu-Yimithirr-Wort yiirmbal bezieht sich auf Geister, die gefährlichen oder heiligen Orten zugeordnet werden. Yiirmbal nehmen häufig

die Gestalt großer Tiere an, können sich aber ebenso als mächtige, destruktive Kräfte manifestieren, die alles mögliche bestrafen – von ernsthaften Vergehen bis hin zu schlichter Respektlosigkeit.

31. Einige Bewohner des heutigen Hopevale arbeiteten in den 50er und frühen 60er Jahren als Viehtreiber auf der Starcke-Station, deren Grenzen sich nach und nach bis Wakooka und Cape Melville im Norden ausweiteten. Ältere Männer, die sich in diesen Gegenden auskannten, unter ihnen auch Roger Harts Jugendfreund, Banjo Gordon, arbeiteten damals noch als Viehhüter und gaben Teile der regionalen Legenden an jüngere Männer weiter.

32. Guugu Yimithirr sprechende Gruppen aus dem Süden bezeichneten die Volksgruppen im Norden – die Barrow Point People eingeschlossen – kollektiv als Yiithuu.

TEIL 2

BARROW POINT UM DIE JAHRHUNDERTWENDE

1. Vgl. Haviland und Haviland 1980 sowie Loos 1982 zur Gegend von Cooktown. Sutton nennt 1890 als das Jahr, in dem in Munburra am Starcke River Gold gefunden wurde, und erwähnt, daß 1884 landeinwärts von der Ninian Bay Gold geschürft wurde.

2. Sutton 1993, Bd. 1, S. 5–13 faßt die historische Entwicklung der Region von Flinders Island und Cape Melville im Norden über Barrow Point bis Cape Bowen im Süden zusammen.

3. Roths Bericht an den Polizeichef »On the Aboriginals occupying the ›hinter-land‹ of Princess Charlotte Bay« (Über die Aborigines im Hinterland der Princess Charlotte Bay) vom 30. Dezember 1898, Fotokopie des Manuskripts, Mitchell Library.

4. Ibid.

5. Vgl. »The Tragic History of Mrs. Watson« (Die tragische Geschichte von Mrs. Watson), eine Broschüre vom 24. Januar 1882, die die gerichtliche Untersuchung der Lizard-Island-Affäre (datiert auf den 12. Oktober 1881) dokumentiert und auch einen Nachdruck von Mrs. Watsons Tagebüchern enthält; C. J. M. Oxley Library.

6. Sutton 1992 verzeichnet dieses Clan-Gebiet (Nr. 21) als »Jack River, Battle-Camp-Gegend«.

7. Queensland Parliamentary Papers 1903 14, Nr. 1/1902, Roths Jahresbericht von 1902.

8. Queensland State Archives (im folgenden QSA). Polizeiberichte 13a/G1, S. 68f., 20. Dezember 1910 (im folgenden POL). Des weiteren bittet Bodman um Erstattung von £3 für seine Reisekosten nach Red Point auf der *Seabreeze*. Er rechtfertigt die fehlgeschlagene Mission damit, daß er aus

zuverlässiger Quelle erfahren habe, man bekäme Chucky in Red Point zu fassen, und deutete damit an, daß es bereits so etwas wie ein Netz von Aborigine-Spitzeln gab. QSA POL/13a/G1, S. 70, 3. Januar 1911.

9. QSA POL 13a/G1, S. 153, 5. April 1911, Aktennotiz von Bodman an den Polizeikommissar von Townsville, der einen Haftbefehl für Chucky ausgestellt hatte.

10. QSA POL 13a/G1, S. 160, 18. April 1911, Schreiben von Bodman an den Obersten Schutzbeauftragen (künftig: OSB) in Brisbane.

11. QSA POL 13a/G1, S. 172, 3. Mai 1911, Brief von Bodman. Als Roger Hart und andere junge Männer aus Hopevale während des Zweiten Weltkriegs mit ihren Arbeitstrupps Cherbourg besuchten, zeigte man Roger mehrere Gräber von angeblichen »Verwandten« aus Barrow Point, die Jahrzehnte früher in den Süden verlegt worden waren.

12. QSA POL 13a/G1 (Briefordner der Polizei von Cooktown 1910–1912), S. 4ff., 10. November 1910.

13. QSA POL 13a/G1. Brief von Constable W. K. Aird, vorgelegt von Sergeant Bodman, 10. November 1910.

14. QSA POL 13a/G1. Offenbar an den Hafenmeister gerichteter Brief. Namen und Alter der jungen Männer sind in Macketts Register zu den Aborigine-Unterlagen des QSA aufgeführt, Mackett 1992, Bd. 36.

15. Archiv der Lutherischen Kirche von Australien (künftig: ALCA), 1, 28. November 1925. Schwarz' Antwort auf eine Anfrage des Schutzbeauftragten (künftig: SB) vom 19. Dezember. Mit *sugar-bag* ist das süße Getränk aus einheimischem Honig und Wasser gemeint.

16. Ibid.

17. Mit »Burschen von den Inseln« waren Bewohner der Inseln in der Torresstraße gemeint. Melanesier gelten nicht als richtige *bama*, d. h. als echte australische Ureinwohner.

18. ALCA, 1, 28. November 1925, Schwarz' Antwort auf die Anfrage des SB vom 19. Dezember.

19. In seiner Antwort auf Schwarz' Schreiben gab der OSB »die vorgeschriebenen Löhne für Aborigines vom Festland« mit £ 2,5 bis £ 2,10 monatlich, dazu Kleidung, Tabak, Lebensmittel und Decken an, für Männer von den Inseln der Torresstraße mit £ 3,15 bis £ 4, dazu Lebensmittel und Decken, und für diejenigen von den Inseln, die für Boote verantwortlich waren, mit £ 7 monatlich.

20. Vgl. Sutton 1993, S. 17ff.

21. King Harry war der Stiefvater von Bob Flinders aus Hopevale, einem leiblichen Sohn des im Text erwähnten dänischen Leuchtturmwärters.

22. Die Schutzbeauftragen der Aborigines verliehen den Männern, die sie zu »Königen« ernannten, ein sichelförmiges Metallabzeichen. Norman Tindale fotografierte King Harry 1927 auf Flinders Island mit seinem Abzeichen. Vgl. Sutton 1993.

23. Abgeleitet aus dem Guugu-Yimithirr-Ausdruck milbi-thirr,»Nachrichten überbringen«.

24. Das Areal Abbey Peak umfaßte letztendlich die beiden Landnahmegenehmigungen 394 und 395, die offiziell auf unterschiedliche Weise zustandekamen, aber miteinander verflochten waren.

25. Eine Aktennotiz des Lands Ministry (Ministerium für Landvergabe) vom 12. April 1916 beschrieb die offizielle Situation wie folgt:»Das betreffende Stück Land ist Teil eines umfassenden Gebiets (4500 Quadratmeilen), das im Mai 1889 zur Landnahme ausgewiesen wurde und über 26 Jahre lang ausgewiesen blieb, bis das nicht beantragte Areal im vergangenen September zurückgenommen wurde.« Lands OL [Genehmigung des Lands Ministry] 394 Cook, QSA.

26. QSA (Lands OL 394 Cook), 27. März 1916, Schreiben von James Bennett, ehemals 15th AJJ, c/o Cooktown an das Brig. Gen. Command 1st Military District, Brisbane, weitergeleitet an das Lands Ministry, 4. April 1916, einschließlich einer Karte, die OL 373 [Kalpowar] zeigt. Dieses Gebiet war für £6 an Maurice Hart verpachtet worden, Mount Hope auf 30 Jahre an O'Beirne & O'Beirne. Bennett inspizierte das Areal und stellte am 11. April 1916 einen offiziellen Antrag.

Maurice Hart spielt wiederholt eine Rolle in dieser Geschichte. Und auch die O'Beirne-Brüder tauchen als Landbesitzer sowohl in den regionalen Legenden auf wie auch in den Biographien der Aborigines, denen sie ihren Familiennamen gaben.

27. Die jährliche Pacht betrug £4/16/6 für beide Siedlungsgrundstücke. QSA Lands OL 394 Cook, Einträge vom 21. August 1916, 31. August 1916 und 6. September 1916 (Nr. 27920).

28. QSA Lands OL 394 Cook (Nr. 06064).

29. Anträge von Allan Crichtley Instone aus Cooktown erscheinen im QSA Lands OL 395 Cook. Am 1. Juni 1918 wurde OL 395, Pionier Bennetts ursprünglicher Besitz, auf Instone übertragen. Instone stellte auch einen Antrag auf Übernahme von OL 394 (QSA Lands OL 394, Nr. 17405, 14. Juni 1918). Anträge von Gordon und Stewart, den Pächtern von Starcke, befinden sich im QSA Lands OL 394, 11. Juli 1918. Der Antrag des allgegenwärtigen Maurice Hart ist im QSA Lands OL 394 Cook, 11. September 1918, enthalten.

30. Amtsblatt, 10. Oktober 1919, S. 1208. Abbey Peak, 228 Quadratmeilen, »Beginnt an der Küste etwa 2 Meilen 40 Chains [800 Meter] im NW von Cape Bowen, wo es an den Wakooka-Besitz angrenzt, reicht von dort etwa 15 Meilen nach Westen bis zum Birthday-Plains-Besitz und von da etwa 10 Meilen 48 Chains [965 Meter] nach Norden bis zur Küste«, einschließlich OL 378, 394 und 395. (QSA LAN/AF run 1228).

31. Auch hier wurde ursprünglich einem heimkehrenden Soldaten der Zuschlag erteilt: Abbey Peak wurde am 10. Dezember John Phillip O'Beirne

vom 12. Australian Light Horse Regiment, Moascar, Ägypten, zugesprochen. O'Beirne, offenbar aus derselben Familie wie die Pächter der ursprünglichen »Mt. Hope«-Landnahmegenehmigung, hatte den Antrag für das Grundstück Abbey Peak am 24. November 1919 gestellt. Das 228 Quadratmeilen große Grundstück wurde am 10. Dezember 1919 im Amtsblatt ausgeschrieben und am 16. März 1920 kartographiert (QSA LAN/AF run 1228). Instones Pachtvertrag befindet sich in QSA LAN/AF run 1228, 18. Juni 1920. Er sollte vom 1. Januar 1920 an dreißig Jahre gelten; die jährliche Pacht betrug bis 1924 £85, danach £57 (QSA LAN N143).

32. ALCA, 1, Brief vom 28. November 1925, Schwarz' Antwort auf eine Anfrage des SB Bleakley vom 19. November 1925.

33. Sam Malaya hatte angeblich als Gärtner für mehrere andere europäische Farmbesitzer gearbeitet, und niemand wußte, wie er nach Barrow Point gekommen war. Er hatte in Kalpowar gearbeitet, weit im Süden bei King's Plain, und in Olivevale. Solange er in Barrow Point lebte, hatte er keine Frau, galt jedoch als leiblicher Vater des Hopevale-Einwohners Charlie Maclean, der in der Region Jugun bei King's Plain geboren war. Malaya starb nach dem Zweiten Weltkrieg in Cairns.

34. QSA Lands OL 378 Cook Nr. 20561, 4. April 1916. Hart bat in einem Eiltelegramm um die Pachtgenehmigung für ein 50 Quadratmeilen großes Siedlungsgrundstück, das im Norden an den Starcke-Besitz grenzte.

35. QSA Lands OL 378 Cook (Nr. 26902, 1. September 1916). Telegramm vom 10. August 1916 von O'Beirne aus Cooktown an »Hart, Grazier, c/o Donald, Laura«.

36. Das Gebiet war am 29. September 1916 ausgeschrieben worden. QSA Lands OL 397 Cook, Brief vom 8. November 1916. Amtsblatt, 29. September 1916, S. 973.

37. Anscheinend herrschte damals in der Gegend eine allgemeine Cowboy-Mentalität. Die offiziellen Unterlagen über Wakooka verzeichnen erbitterte Auseinandersetzungen zwischen Hart und seinen Nachbarn, in denen es rein äußerlich um Weiderechte ging. Vgl. QSA Lands OL 394 und OL 397, insbesondere QSA LAN/AF 1247, Wakooka Run 2623 Cook, Rangerbericht vom 10. März 1920; QSA LAN/AF 1247, Wakooka Run 2623 Cook, Briefe vom 26. Juni und 12. Juli 1922; QSA LAN/AF 1238, Howick 2621 Cook, Brief vom 26. September 1924; QSA LAN/AF 1238, Howick 2621 Cook, Brief vom 19. November 1924 von A. Wallace, Glenrock, an den Lands Commissioner; QSA LAN/AF 1238, Howick 2621 Cook, Rangerbericht vom 2. Dezember 1924; QSA LAN/AF 1238, Howick 2621 Cook, Vermerk vom 10. Dezember 1924.
Roger Hart erklärt, das Vieh würde sich frei von einer Station zur nächsten bewegen, da die Areale sehr groß seien und so gut wie nicht bewacht würden. Maurice Hart glaubte, daß seine Nachbarn sein Vieh stehlen und mit neuen Brandzeichen versehen. Um sich zu rächen, stiftete er *bama*,

die auf seinem Besitz lebten, dazu an, die Tiere seiner Nachbarn, die sich auf sein Gebiet verirrten, zu schlachten und zu essen.

38. ALCA, 1, Brief vom 28. November 1925. Schwarz' Antwort auf eine Anfrage des SB Bleakley vom 19. November 1925.

39. Ibid.

40. Maurice Hart hatte selbst eine große Familie, und Roger Hart hat die Spuren einiger anderer Nachkommen seines vermeintlichen leiblichen Vaters verfolgt. Kurz vor dem Krieg, als Roger und andere Bewohner von Cape Bedford eine Outstation der Mission nördlich des McIvor River aufbauten, die spätere Mt.-Webb-Station, stießen sie auf einige Männer, die Vieh nach Hughendon im Süden trieben. »Da hab ich seinen Sohn gesehen, Barney Hart ... Er war ein junger Bursche – genausogut könnte ich ihn yaba nennen, ›älterer Bruder‹.« Als Roger nach dem Krieg in Mossman lebte, lernte er eine Europäerin aus Port Douglas kennen, die sich als Harts Tochter ausgab. Eine zweite Tochter namens Madge hatte einen Sohn, Brian, der von Moree in N.S.W. aus Bustouren organisierte und Roger Hart in Hopevale besuchte. Vgl. Sutton 1993, S. 24.

41. Einem gewissen Mr. White, der mit Sandelholz handelte, verdankte Tiger White – »der Bruder von Charlie Burns« –, der für ihn arbeitete, seinen Nachnamen. Außerdem beschäftigte White neben anderen Arbeitern mehrere Aborigines als Stallburschen. Roger Hart bezeichnet Jupert Bairy (»Vater von Lindsay Bairy«) als Whites Stallburschen, der für die Packpferde verantwortlich war, und den alten Wulba aus Rossville als einen seiner Hauptarbeiter. Jupert, der aus Balnggarr bei Battle Camp stammte, arbeitete später im Schlachthof von Cooktown. Roger Hart erinnert sich, daß er den ehemaligen Sandelholzsammler wiedererkannte, als er ihm viele Jahre später in Cooktown begegnete.

42. Sutton 1993 verzeichnet die von Toby Gordon benutzte Schreibweise *Ipolyin* als Oberbegriff für das Barrow-Point-Gebiet. Als Entsprechungen nennt er auf Flinders Island Ipwolthan und in Guugu Yimithirr Dhibuuldhin (was eindeutig »Ort der Fledermäuse« zu bedeuten scheint; thiibuul, »Fledermaus« + thi(rr) KOMITATIV, obwohl Roger Hart als Barrow-Point-Entsprechung des Guugu-Yimithirr-Worts thiibuul *mali:rr*, »Fledermaus«, in Erinnerung hat. Sutton 1993 bemerkt, daß sich »bestimmte Begriffe auf kleinere Teile« des gesamten Barrow-Point-Gebiets beziehen. Für Roger Hart ist *lipwulin* der richtige Name des Aborigine-Lagers auf der Ostseite des Felsvorsprungs, der die Südküste der Ninian Bay in zwei Teile teilt. Die unterschiedliche Aussprache von Ortsnamen, etwa von Eumangin oder von Rogers Lager (Iipwulin, Ipolyn, Iipwolin, Ipuulin usw.) zeugt von einem komplexen Vokalsystem in der Barrow-Point-Sprache, das sich heute wahrscheinlich nicht mehr genau rekonstruieren läßt.

43. Eine Stelle in der Nähe, an der Leute zu lagern pflegten, wenn sie nach Süden oder Osten wanderten – wo Roger, Tulo und ich auf unserer ersten

Reise zu Rogers Homeland haltmachten, um eine Kokosnuß zu essen – ist noch heute namentlich erhalten: *thulgumuway*, an der Ostküste südlich von Barrow Point. Sutton 1993 verzeichnet ein Barrow-Point-Sprachgebiet, das *tholkamoway* heißt und das Toby Gordon *ama Althanmungu* bei Cape Bowen zuordnet. Roger Hart siedelt diesen Ort mitten in seiner Gambiilmugu-Gegend an. Für ihn ist *thulgu* der Name für eine bestimmte Art großer Flughunde mit einem weißen Fellring um den Hals. *Thulgumuway* wäre demnach die Bezeichnung für einen Ort, an dem es viele solche Tiere gibt.

44. Roger Hart übersetzt *uwuru* mit »taub«. Sutton 1993 erwähnt den gleichnamigen Fluß, den Toby Gordon *Owuro* nannte, »Alligatorfluß«.

45. Sutton 1993 schließt sich Toby Gordon an und verzeichnet den Eumangin Creek, wie er bei den Viehhütern heißt, als Yamaaynthin.

46. Sutton 1993 gibt den Beginn dieses Clan-Gebiets (Nr. 11) als »Teil der Küste gleich nördlich von Barrow Point« an, also etwas weiter südlich an der Küste, als Roger ihn in Erinnerung hat; es liegt in einem Gebiet, das Roger nach wie vor seiner eigenen Gambiilmugu-Gruppe zuordnet.

47. In dieser Gegend sind noch heute mehrere große Muschelhaufen zu erkennen, die darauf schließen lassen, daß es hier bis in die 30er Jahre eine große Aborigine-Siedlung gab.

48. In Hopevale werden die Makromoieties durch den Verweis auf eine als Totem geltende Bienen- oder Vogelart klassifiziert. In Anbetracht der zunehmenden Anzahl »schiefer« Eheschließungen verlieren diese Moieties für die gesellschaftliche Identität immer mehr an Bedeutung.

49. In Guugu Yimithirr werden zwei eng verwandte Arten als muunhthiina und mabil bezeichnet. Es gibt noch einige andere in beiden Sprachen benannte Varianten, doch heutzutage werden diese Knollen kaum mehr als Nahrungsmittel gesammelt.

50. In Guugu Yimithirr: babunh.

51. In der Barrow-Point-Sprache *Warninil*, auf englisch manchmal auch *matchbox nuts* genannt.

52. Nicholas Wallace, der Bruder von Hector, und Roger zufolge der Sohn eines Mannes namens Barney aus Barrow Point.

53. Long Billy McGreen gehörte später der Einheimischen-Polizei an, war Spurenleser für die Polizei von Cooktown, Wärter in der Leprastation von Cooktown und berühmtes Opfer eines Mordes, bei dem Zauberei im Spiel war.

54. Zusätzlich erschwert wurde die Rekonstruktion der Vergangenheit durch derzeitige Bemühungen, den Nachkommen der ursprünglichen Aborigine-Besitzer dieses Teils von Queensland ihre Landrechte wiederzuverschaffen. Vgl. z. B. Haviland 1997.

55. Wörtlich: »Sie haben nur einen Darm«, d. h., sie sind nicht nur stur, sondern auch leicht reizbar.

56. »Alte Frau«.

57. Roger bezeichnet Toby Gordons Frau Topsy – die Toby nach seiner Verschleppung nach Lockhart heiratete – als »Cousine« von Rosie, der Frau von King Nicholas.

58. Klassifikatorische jüngere Schwester des Vaters, d. h. Tante väterlicherseits, die normalerweise einen Mann aus der anderen Moiety geheiratet hätte und damit Mutter einer akzeptablen Braut, einer Cousine von der anderen Seite, gewesen wäre.

59. Enkel aus derselben Moiety, d. h. das Kind eines klassifikatorischen Sohnes, ein angemessener Partner zum Witzereißen, nicht aber zum Heiraten.

60. Das Guugu-Yimithirr-Wort für diesen Brauch ist gunyjil.

61. Die Lutherische Kirche hatte Ende des letzten Jahrhunderts eine weitere Mission für die Aborigine-Bewohner im Gebiet von Bowen und Proserpine gegründet. Letztlich scheiterte sie an finanziellen Schwierigkeiten, und eine große Gruppe ehemaliger Bewohner wurde 1902 nach Cape Bedford geschickt. Die meisten von ihnen wurden rasch wieder in den Süden zurückverfrachtet, weil sie in den Augen der Missionare von Hope Valley durch den unangemessen freizügigen Umgang mit den Europäern in ihrem Homeland »verdorben« worden waren. Eine kleine Gruppe dieser »Fremden« aus dem Süden blieb jedoch in Cape Bedford.

62. Ein Mann aus der Marie-Yamba-Mission, der ein bedeutender Anführer in Cape Bedford wurde und der zufällig Roger Harts Schwiegervater war.

63. In Wirklichkeit handelt es sich um einen Ameisenigel.

64. Tulo Gordon erinnert sich an eine weitere Einzelheit dieser Geschichte, nämlich daß die verärgerten Lagerbewohner die Stachelschwein-Frau mit ihren *wommeras* verprügelten, die dort, wo die heutigen Ameisenigel ihre Ohren haben, eine Delle hinterließen, so daß sie nicht nur »ungehorsam« wurde (weil sie nicht mehr »horchen« konnte), sondern für immer »taub«.

65. Sutton 1992 gibt den Namen mit *Wurrkulnthin* an und fügt hinzu, daß dieser Ort zur Geschichte der »Carpet Snake« gehört und erwähnt auch eine »Tiger Snake«-Geschichte, die mit der Insel in Verbindung gebracht wird. Roger Hart bestreitet ausdrücklich, daß seine Geschichte von Mungurru, der »Carpet Snake«, irgend etwas mit Noble Island zu tun hat. Er unterscheidet die Bewohner dieser Insel von den Menschen aus Cape Bowen, Barrow Point und Cape Melville, die ebenfalls diese Version erzählen.

66. Roger unterscheidet die Bestattungsbräuche seiner Leute in Barrow Point von der Guugu-Yimithirr-Gewohnheit, Teile der Toten, vornehmlich ihre Fingerspitzen, in einem kleinen Beutel als Jagdzauber aufzubewahren, um damit Beute anzulocken. Die Barrow Point People behielten nur ein wenig Haut und Haare als »Andenken«.

67. Die Aborigines in *lipwulin* gaben dem europäischen Siedler Instone den nicht gerade schmeichelhaften und etwas unheimlichen Namen *damu munun urdiiga*, »Geist mit geöffneter Haut«.

68. Der Mann war Toby Flinders alias Toby Cape Bowen. Roger Hart bezeichnet ihn als Mitchell McGreens »Großvater väterlicherseits«.

69. Vgl. Dixon 1971, Haviland 1979a, 1979b.

70. In der Barrow-Point-Sprache wörtlich »Name-mit«.

71. Johnny Flinders stammte aus Cape Melville und war bis zu seinem Tod 1979 Anthropologen in entscheidendem Umfang behilflich, territoriale und genealogische Verbindungen der Aborigines im gesamten Cape-Melville-Gebiet zu rekonstruieren. Sutton 1993 gibt zwei Flinders-Island-Namen für ihn an, Wodhyethi und Orpayin. Sutton zufolge war John Flinders mit dabei, als sein Bruder, Diver Flinders, um 1908 in Bathhurst Head initiiert wurde. Sutton berichtet, John Flinders sei überzeugt gewesen, daß dies die letzte Initiation in dieser Gegend war. Andererseits erinnert sich Roger Hart, daß John Flinders etwa fünfzehn Jahre alt gewesen sein muß, als die von ihm beschriebene Zeremonie stattfand.
Rogers Schilderung des nganyja stützt sich offenbar sowohl auf seine eigene Erinnerung als auch auf die Berichte anderer, mit denen er in späteren Jahren Erinnerungen an die Lager in Cape Melville austauschte. Vermutlich handelte es sich bei den Ritualen, die er hier beschreibt, nicht um eine vollständige Initiation.

72. Die beiden Brüder Nelson und Wathi (auch Billy Salt oder *Nhimaarbulu* genannt) stammten aus einer Gegend, die Wuuri hieß, und lebten in Roger Harts Kindheit vorwiegend im Barrow-Point-Lager von *Iipwulin*. Sie waren seine thuway, Neffen.

73. Roger weigert sich, das Guugu-Yimithirr-Wort nganyja für diese Zeremonie zu verwenden, und erklärt:»So haben *sie* [d. h. die Leute aus Cape Bedford] dazu gesagt.« Roger verbindet das von ihm beschriebene Ritual mit der Verehrung und Hochachtung für die Carpet Snake, deren Geist Cape Melville bewohnte.

74. Eine Anspielung auf die als Totem geltenden Bienenarten, die die beiden Moieties verkörpern.

75. Mickey Bluetongue war eines der ersten Kinder frisch getaufter Eltern in der Cape-Bedford-Mission. Dem Missionsarchiv zufolge wurde er 1886 als Sohn von »Mickey« und »Rosie« geboren und heiratete später »Nellie«.

76. McGreen hieß auch Billy Galbay,»Long Billy« oder, nach seinem Vater, Billy Tharrathan. Auf Band aufgenommene Unterhaltung mit Tulo Gordon (80:45) und Suttons genealogische Darstellung in Sutton 1993, Bd. 2, S.18.

77. Burns gehörte zu einem Clan, der sich Yalnggaal-mugu nannte und südlich von Red Point, ein Stück landeinwärts, ansässig war. Der junge Roger Hart hatte Burns als jungen Burschen gekannt, der als Viehhüter für Maurice Hart auf der Wakooka-Station arbeitete. Sein Vater war Old Man Waarigan (Mond). Burns' Bruder, Tiger White, arbeitete als Sandelholzsammler auf der Wakooka-Station. Später kehrte Burns von Palm Island

nach Laura zurück und von da nach Hopevale, wo zwei seiner Töchter Männer aus Hopevale heirateten.

78. Havilands Feldforschung; auf Band aufgenommene Gespräche mit Billy Jacko (79:17).

79. McGreens Tod wurde dem SB der Aborigines in Cooktown 1937 von dessen Bruder Jackson gemeldet; Queensland State Archives, Journal des Schutzbeauftragten der Aborigines.

80. Diese Geschichte stammt von dem inzwischen verstorbenen George Bowen, dem langjährigen Kapitän des Missionsbootes *Pearl Queen*.

81. Der verstorbene Tulo Gordon konnte sich erinnern, diese Geschichte als junger Bursche gehört zu haben.

1. Obwohl der Begriff *half-caste* in Hopevale selbst heute noch vielfach benutzt wird, stellt er für viele Aborigines eine Kränkung dar.

2. Queensland Votes and Papers, Bd. 4, 1896, S. 723–736, 731. A. Mestons Bericht über die Aborigines von North Queensland.

3. Jahresbericht 1899 des für den Norden zuständigen Schutzbeauftragten (künftig: SBN), 1. Juli 1900.
   Roth wandte sich auch gegen den Vorschlag, Mischlingsfrauen von den restriktiven gesetzlichen Bestimmungen, die Status und Anstellung von Aborigines regelten, auszunehmen, mit der Begründung, daß sie damit ohne gesetzlichen Schutz dastünden und »praktisch der Sklaverei« überlassen würden.

4. Roth, Bericht des SBN, 2. Januar 1901

5. Ibid.

6. SA POL 13a/G1, 20. April 1910.

7. Roth, Bericht des SBN, 2. Januar 1901

8. ALCA, 1.2, Band Nr. 3, 24. April 1900. Schreiben des Staatssekretärs im Innenministerium an Pastor Rechner, in dem er die Leitung von Bloomfield kritisiert und ein Telegramm erwähnt, in dem der Missionsarbeiter »ein schriftliches und von Zeugen unterschriebenes Geständnis abgelegt« hat, demzufolge er in Abwesenheit des Missionars »Beziehungen zu einigen Mädchen in der Station« gehabt habe.

9. In einem Brief* an den Missionsinspektor erklärte Schwarz, er habe sich zunächst geweigert, die 25 Personen aus der Marie-Yamba-Mission aufzunehmen, die nach Bloomfield gebracht worden waren (Archiv des Bayerischen Missionswerks Neuendettelsau, 477, Nr. 2, 3. September 1901, und Kirchliche Mitteilungen aus und über Nordamerika, Neuendettelsau, 1886–1907, Nr. 2 und 3, S. 471, März 1902).
   Im Juli 1902 bekamen 24 Personen aus Marie Yamba die Erlaubnis, nach Hope Valley in Cape Bedford zu kommen (Archiv des Bayerischen Missionswerks Neuendettelsau, 488, Nr. 2, 12. Juli 1902, Brief von Schwarz an den Missionsinspektor). Roger Harts Biographie ist mit den Leuten aus

Marie Yamba verflochten, da er später die Tochter eines dieser Männer heiratete.

10. In einem Fall beantragte ein Europäer, der sich zu seiner Mischlingstochter bekannte, daß sie in Cape Bedford aufgenommen wurde. Vorangegangen war eine umfangreiche Korrespondenz darüber, wer die finanzielle und moralische Verantwortung für ihre Erziehung übernehmen solle. Vgl. QSA A/58749. Der Europäer freundete sich später mit Missionar Schwarz an und besuchte die Mission regelmäßig. Die Missionsleitung rühmte ihn als den einzigen Weißen in der Gegend, der die väterliche Verantwortung für ein Mischlingskind übernahm.

11. In Wirklichkeit stammten die meisten ethnographischen und linguistischen Angaben über die Aborigine-Gruppen nördlich von Cooktown, die Roth später veröffentlichte, von Schwarz. Vgl. z. B. Roth 1984 (1901–6).

12. Eine große anglikanische Missionsstation bei Cairns.

13. Brief von Schwarz an den SBN Roth, 2. Februar 1902. QSA A/58749. An den Mann namens Matyi (so gab Schwarz das Guugu-Yimithirr-Wort mathi (Regen) wieder) konnten sich alte Bewohner von Hopevale Anfang der 70er Jahre noch erinnern. Von frühen Missionaren aufgenommene Fotos zeigen einen weißhaarigen Zauberer mit furchterregendem Nasenschmuck. Abgebildet ist er in Pohlner 1986.

14. QSA A/58749. Brief vom 24. Februar 1902, Büro des SBN an den Staatssekretär.

15. QSA A/58749. Brief von Kenny an seinen Vorgesetzten, 26. Juni 1902.

16. QSA A/58749. Mitteilung von Kenny an Inspector Garroway, Laura, 30. Juni 1902.

17. QSA A/58749. Brief vom 23. Juni 1902 von Wallace, Glenrock, an den Innenminister.

18. Als SBN hatte Roth die Verlegung natürlich selbst angeordnet. Obwohl sich Wallace auf Roth berief, war dieser bei den Siedlern der Cooktown-Gegend nicht sonderlich gut angeschrieben, weil er sich für die Aborigines eingesetzt hatte. Wallace schrieb auch an seinen Parlamentsabgeordneten und beschwerte sich über Roths Versuche, das Mädchen Dora verlegen zu lassen. Dieser wiederum leitete den Brief (»eines alten und angesehenen Siedlers im Cook-Bezirk«) an den Innenminister weiter, versehen mit der Bemerkung, in einem ähnlichen Fall habe »Dr. Roths gewaltsame Entfernung einer jungen Gin aus einem gemütlichen und respektablen Heim, wo sie von der ganzen Familie wie eine der ihren behandelt wurde, dazu geführt, daß die Gin als Prostituierte endete«. QSA A/58749, Brief von J. Hamilton, Brisbane, an den Innenminister, 8. Juli 1902.

19. Ibid.

20. Guugu Yimithirr, Binhthi-warra, eine Clan-Gruppe, deren traditionelles Stammesgebiet sowohl Glenrock als auch Elderslie am McIvor River umfaßte.

21. Als der SB Roth seine Korrespondenz später durchsah, bemerkte er,»daß ich am 19. Juni 1899 demselben Charles Wallace folgendes geschrieben habe: ›Ich bin soeben von einer Inspektionsreise an der Küste und am unteren Teil des McIvor entlang zurückgekehrt. Am Anlegeplatz beschwerte sich ein Aborigine namens Jimmy, den ich untersuchte, nachdem ich frische Spuren von Gewaltanwendung an ihm entdeckt hatte, daß Sie ihn ausgepeitscht hätten; er berichtete mir sämtliche Einzelheiten und bat mich einzuschreiten. Ich würde gern hören, was Sie dazu zu sagen haben.‹ Ich erinnere mich deutlich an seine Antwort, in der er die Tat unumwunden zugab und erklärte, er würde es wieder tun«. QSA A/58749, Brief vom 22. August 1902, unterzeichnet von Dr. Roth, SBN, an den Innenminister. Wallace legte sich häufig mit der benachbarten Cape-Bedford-Mission an, was Grenzen und Wegerechte in dem Gebiet betraf.

22. QSA A/58749. Bericht von J. Kenny, Constable 419, Eight-Mile [Cooktown] an Subinspector Garroway, Laura, 15. August 1902.

23. QSA A/58749. Roths Schreiben vom 22. August 1902. Roth bat darum, dem Siedler Wallace gegenüber Stillschweigen darüber zu bewahren, daß der Missionar von Cape Bedford Doras Situation zur Sprache gebracht hatte, denn»sollte Charlie Wallace je erfahren, daß mich die Missionare überhaupt auf den Fall aufmerksam gemacht haben, fürchte ich um deren Vieh im [Aborigine-Missions]-Reservat.«

24. QSA A/58749. Schreiben von Wallace, Glenrock, an den Innenminister, 20. September 1902. Der Verlegungsbefehl des Staatssekretärs im Innenministerium, W. H. Ryder, datiert vom 8. September 1902.

25. QSA A/58749. Kennys Bericht, datiert Eight Mile, 23. Oktober 1902. Dieser und der folgende Briefwechsel zu dem Fall befanden sich ursprünglich in einer separaten Korrespondenzmappe des SBN Roth mit den ID-Nummern 748/1902 und 945/1902.

26. QSA A/58749. Brief von Wallace, Glenrock, an den Innenminister, Brisbane, vom 14. Dezember 1903.»Wie ich höre, hat sich Constable Kenny den Vater dieser Gin geschnappt und ihm gedroht, ihn außer Landes zu schicken, wenn er nicht herkommt und mir die Gin wegnimmt.«

27. QSA A/58749. Kennys Bericht an Garroway, Laura, 22. Oktober 1903. Das Telegramm des Innenministers, in dem Doras Verbleib in Cape Bedford gestattet wurde, stammt ebenfalls vom 22. Oktober 1903.

28. QSA A/58749. Brief von Wallace, Glenrock, an den Innenminister, Brisbane, 14. Dezember 1903.

29. Theile* bezieht sich hier auf drei Mischlingsmädchen, die in der Hope-Valley-Gemeinde als»Schwestern« galten und später einflußreiche Familien in Hopevale gründeten; eine wurde eine angesehene Lehrerin in der Missionsschule.

30. Bericht* von Theile, der sich auf einen Brief von Schwarz stützt, Deutsche Kirchen- und Missionszeitung, Tanunda, SA, 1885–1917, 23. Mai 1916.

31. Die Verlegungsberichte des Queensland Department of Aboriginal and Islander Advancement (auf Computer erfaßt von Prof. Bruce Rigsby), 604 REM & DEP für 1912, enthalten auch einen Hinweis auf die Verlegung der verstorbenen Dolly Wallace und ihrer beiden Brüder Ned und Harold aus Mayneside nach Cape Bedford, die auf Empfehlung des SB von Hughendon erfolgte. Ich danke Bruce Rigsby für eine Kopie des entsprechenden Materials. Vgl. auch Pohlner 1986, S.85f.

32. Sutton 1993, S. 16–18; vgl. auch Pohlner 1986, S. 171.

33. Einzelheiten erfuhr Roger nur von einem Onkel mütterlicherseits, einem großen stämmigen Mann, der angeblich in Cairns starb, nachdem er auf einem Fischerboot angeheuert hatte.

34. German Harry war der Vater von Helen Rootsey, die Roger als klassifikatorische Schwägerin betrachtet, da er ihren Mann Joe Rootsey »wie einen Bruder« empfindet. German Harrys Spitzname auf Guugu Yimithirr ist eine unfeine Anspielung auf seinen ungewöhnlich behaarten Körper.

35. Dieser Abschnitt stützt sich zum Teil auf Haviland 1991.

36. In Rogers Erinnerung vermischen sich häufig die verschiedenen Sprachen, wie bei diesem Beispiel, wo er seinem Vater Guugu-Yimithirr- statt Barrow-Point-Wörter in den Mund legt.

37. Ein verstorbener älterer Mann, der Anspruch auf das Dingaal genannte Stammesgebiet bei Cape Flattery erhob.

38. Dabunhthin, ein in der Mission aufgewachsener Mischling aus dem Binhthi-warra-Clan, gehörte zu den Aborigine-Anführern, denen Schwarz am meisten vertraute. Er war für die Outstation der Mission am McIvor River verantwortlich. Statt dort zu bleiben, begleitete er seinen »reinblütigen« Bruder schließlich freiwillig nach Palm Island, nachdem dieser auf Veranlassung von Schwarz aus der Mission entfernt und verschleppt worden war.

39. Willie Mt. Webb ist einer der Männer, die bevorrechtigt Anspruch auf das Clangebiet der Daarrba-warra erheben, das die Gegend von Mt. Webb in der Nähe des Morgan River umfaßt.

40. Der mittlerweile verstorbene Leo Rosendale aus der Gegend von Maytown und der ebenfalls verstorbene Bob Flinders, jener Mischlingsjunge, der ein paar Jahre zuvor aus Cape Melville verlegt worden war, waren damals schon bestens mit dem Alltagsleben in der Mission vertraut.

41. Deutsche Kirchen- und Missionszeitung, Tanunda, SA, 1885–1917, 30, Nr. 11, S. 425, Juni 1898. Bericht* von J. Flierl über die Cape-Bedford-Mission.

42. Die beiden erwähnten Könige waren von der Regierung anerkannte Anführer zweier Guugu Yimithirr sprechender Gruppen – King Johnny (Ngamu Binga) vom McIvor River und King Jacko, ursprünglich aus Munbarra am Starcke River und später im Cape-Bedford-Schutzgebiet. Beide hatten 1911 als Symbol ihrer Amtsgewalt ein Messingabzeichen erhalten, was damit begründet wurde, daß sie, dergestalt mit Befugnissen

ausgestattet,»der Polizei von großem Nutzen« wären, falls sich in ihrem jeweiligen Gebiet»irgendwelche Vorkommnisse« ereigneten, die für die Behörden von Interesse seien. (QSA POL 13a/g1. Korrespondenzakte der Polizei von Cooktown 1910–1912, S. 278f., datiert vom 25. Oktober 1911.) Beide Könige hinterließen viele Nachkommen im heutigen Hopevale.

43. ALCA, 3, Nr. 1, 27. Juli 1926. Dr. F. O. Theile*,»Bericht über Besuch in HV Juli 1926«.

44. Offiziell unterrichtete die Mission die Kinder englisch, doch die Missionsleitung betrachtete Guugu Yimithirr als ein notwendiges Instrument für die religiöse Unterweisung.

45. Das ist die Hügelkette, die auf englisch Altanmoui heißt. Sutton 1993 gibt dafür den Barrow-Point-Namen *Althanmughuy* an. Er entspricht dem Clan-Namen *Althanmugu-ngu*, mit dem Roger Hart diese Gegend an der Küste unmittelbar nördlich von Cape Bowen bezeichnet.

46. Roger Hart ordnet den heutigen Standort der Granitfelsen dem Clan des verstorbenen Johnny Flinders zu, einer Gruppe, die in Guugu Yimithirr als Yuurrguungu bezeichnet wird.

TEIL 3

DIASPORA

1. ALCA, Schwarz' Brief an den OSB 20. November 1919 (zitiert in Pohlner 1986, S. 104).

2. Pohlner 1986, S. 104.

3. Im Januar 1924 teilte dem OSB dem Missionar Schwarz mit, daß er die Angelegenheit mit Behörden des Lands Ministry und der Marine erörtere, im Moment jedoch nur Land bei Cape Flattery und in Lookout Point, der nördlichsten Ecke des Missionsgebietes zur Verfügung gestellt werde. ALCA, Brief des OSB an Schwarz, 14. Januar 1924 (zitiert in Pohlner 1986, S. 104).

4. Old Man Jujurr, Roger Harts Verwandter mütterlicherseits, gehörte zu dem Muunhthi genannten Stammesgebiet am Jack River.

5. Vgl. QSA A/58682. Brief des OSB an den SB, Cooktown, 23. September 1925, mit dem Vorschlag, McGreen zu Instones möglichen Verstößen gegen die Schutzgesetze für die Aborigines in Barrow Point zu befragen.

6. QSA A/58682. Mitteilung des OSB an Schwarz, 19. November 1925.

7. QSA A/58682. Brief des OSB an den SB, Cooktown, 17. August 1925, in dem ein Telegramm des SB Mullins in Laura zitiert wird.

8. QSA A/58682. OSB-Serie (eingeschränkt), Brief des SB Mullins, Laura, an den OSB, 1. August 1925.

9. QSA A/58682, Brief des OSB an den SB, Cooktown, 17. August 1925, in dem Mullins' Telegramm zitiert wird.
10. QSA A/58682. OSB an den SB, Cooktown, 23. September 1925.
11. QSA A/58682. Brief des OSB an den SB, Cooktown, 17. August 1925.
12. QSA A/58682. Brief, 25/4948, des OSB an den Polizeichef, Palm Island, 23. September 1925. Die Ergebnisse der Befragung waren widersprüchlich: In einem Brief an den OSB vom 13. Oktober 1925 (QSA A/58682) schrieb der Polizeichef von Palm Island, der Aborigine »erklärt, daß er von Mr. Instone beschäftigt wurde, jedoch niemals einen Lohn von ihm erhalten habe, nur Kleidung. Er benutzt die Barkasse, um Lebensmittel zwischen Cooktown und seiner Farm hin und her zu transportieren. Der Junge erklärt weiterhin, daß er auch zu Mr. Wallace zum Arbeiten geschickt worden sei, ebenfalls ohne Lohn zu erhalten.«
13. QSA A/58682. Brief von Sergeant Guilfoyle, SB, Cooktown, an den OSB, September 1925.
14. Sergeant Guilfoyle hatte auf die Anfrage des OSB bezüglich einer Verlegung des Hilfsgüterdepots an den McIvor River, mehrere hundert Kilometer Fußmarsch von Barrow Point entfernt, geantwortet, daß »die Aborigines, auf die sich der Schutzbeauftragte von Laura bezieht, ohne weiteres zur Cape-Bedford-Outstation am McIvor River kommen können, um ihre Hilfsgüter abzuholen. Die kräftigen Aborigines sind stets bereit, denen, die zu schwach oder zu alt sind, Sachen zu bringen, und es macht ihnen nichts aus, 50 oder 100 Meilen am Stück zu gehen.« A/58682. Brief von Sergeant Guilfoyle, SB, Cooktown, an den OSB, 14. September 1925.
15. QSA A/58682. Vertrauliches Schreiben des OSB an Missionsleiter Schwarz, Cape Bedford, 24. September 1925.
16. QSA A/58682. 29. Oktober 1925, Telegramm des SB an Allan Instone, Cooktown.
17. QSA A/58682. Brief von Instone, Abbey Peak Station via Cooktown, an den OSB, 29. Oktober 1925. Als Randbemerkung fügt Instone hinzu: »Während meiner Anwesenheit haben sich die Jungs zufrieden gezeigt und gut benommen, da für sie gesorgt wurde, und King Nicholas von BP der Polizei in mehreren Fällen geholfen, junge Burschen aufzustöbern, die von Booten weggelaufen waren.« Eine solche Überwachung von Aborigines, die bei Europäern unter Vertrag standen, und anderen Angestellten war mit der Hauptgrund, warum die Behörden das System der »Könige« überhaupt eingeführt hatten.
18. Ibid. Der OSB antwortete Instone, daß »der Wunsch besteht, diese Leute der Obhut der Mission zu unterstellen, in sich bereits einige ihrer Freunde aufhalten. Die Anzahl von Personen, die in jüngster [Zeit] wegen Geschlechtskrankheiten in Cooktown behandelt werden mußten, bestätigte, daß es sich um eine sinnvolle Maßnahme handelt.« QSA A/58682. Brief des OSB an Instone, 19. November 1925.

19. ALCA, Brief von Schwarz an Bleakley, datiert vom 28. November 1925.
20. Ibid.
21. Gemeint ist der verstorbene Bob Flinders, der 1919 von Laura nach Cape Bedford verlegt wurde, wo man ihn ein Jahr zuvor aufgegriffen hatte.
22. Nämlich Roger Hart.
23. Möglicherweise eine Anspielung auf Banjo und Toby Gordon.
24. Wahrscheinlich die von Wanhthawanhtha (Tommy Cook), an die sich der verstorbene Tulo Gordon aus frühester Kindheit erinnern konnte.
25. Eine Anspielung auf die Starcke-Station, zu deren Gebiet Junyju bei Manbara gehörte – King Jackos ursprüngliches Stammesgebiet, in dem er 1911 offiziell zum König ernannt wurde.
26. Möglicherweise eine Anspielung auf Nelson und seine Frau.
27. Damit könnte der verstorbene Mitchell McGreen gemeint sein; zwar macht er zu Geburtsort und -jahr dieselben Angaben wie sein älterer Bruder Billy jun. (nämlich Laura, 1918), aber alle Befragten erinnern sich, daß er etliche Jahre jünger war als Billy und geboren wurde, als Billy sen. bereits in der Gegend von Cooktown lebte.
28. Eine Anspielung auf Yuuniji (Lizzie), Long Billys Frau, deren angestammtes Territorium Thanhil in der Gegend von Point Lookout war.
29. Eine Anspielung auf Roger Harts Mutter.
30. Eine Anspielung auf Roger Harts Halbbruder Jimmy, von dem Roger glaubt, daß er im Lager von North Shore geboren wurde.
31. ALCA, Brief von Schwarz an Bleakley, datiert vom 28. November 1925.
32. Ibid.
33. QSA A/58682. Bericht von Schwarz an den OSB, 12. Januar 1925.
34. ALCA, 1–2. Brief* vom 14. Dezember 1925 von Schwarz an Theile, den Vorsitzenden des Verwaltungsrats der Lutherischen Überseemission. In den 20er und 30er Jahren legte sich Schwarz immer wieder (und letztlich ohne Erfolg) mit dem Verwaltungsrat der Mission an, um seine Forderung nach einem geeigneten zweiten Missionar durchzusetzen, der sich den Gegebenheiten in Cape Bedford hätte anpassen und mit Schwarz hätte auskommen müssen – eine schwierige Aufgabe.
35. ALCA, Brief von Theile an den SB, 10. März 1926. Die Vorgehensweise der Mission ging aus Theiles Brief* an Schwarz vom 10. März 1926 (ALCA), in dem er seine Verhandlungen mit dem OSB schildert, deutlich hervor:»Ich wollte einen schriftlichen Antrag [für einen Fischkutter] stellen, ohne die Schwarzen in Cape Melville und Point Barrow überhaupt zu erwähnen. Denn ich bin der Meinung, daß Aborigines von Cape Bedford durchaus Anspruch auf Hilfe seitens der Regierung haben, ebenso wie andere einheimische Gruppen weiter oben im Norden. Er aber dachte, wenn ich diese Einheimischen erwähne, hätte dies großen Einfluß auf ihn selbst oder andere, die sich mit dieser Angelegenheit beschäftigen müssen. Auf alle Fälle habe ich ihm erklärt, daß ich die Sache in meinem Antrag nur

so zur Sprache bringen würde, wie ich es getan habe. Wir würden nicht erst die Einheimischen von Cape Melville aufnehmen und dann das Boot beantragen; wir würden das Boot beantragen und anschließend sehen, was wir im Hinblick auf die Schwarzen von Cape Melville tun können.«

36. ALCA, Nr. 2 (auch QSA A58682). Brief von Bleakley an Schwarz, 17. Februar 1926. Die Regierung machte den Japanern, die in den Lagern an der Ostküste der Halbinsel Cape York Aborigine-Crews zu rekrutieren versuchten, strenge Auflagen. (ALCA, Brief des OSB an Schwarz vom 17. Februar 1926. Bleakley erkundigte sich bei Schwarz, ob die neuen Einschränkungen dazu geführt hätten, daß mehr Barrow Point People nach Cape Bedford kommen, um Hilfsgüter zu erhalten.

37. ALCA, 16, Nr. 3. Theile*, »Bericht über Besuch in HV Juli 1926«, 27. Juli 1926.

38. Bei entsprechender Gelegenheit berichtete Roger Hart, der ehemalige Spurenleser Charlie (Chookie) McGreen sei derjenige gewesen, der seinen Bruder Jimmy in die Mission gebracht habe.

39. Schwarz meldete, daß die Gruppe aus Barrow Point am 5. Februar 1926 eingetroffen sei, um ihre Hilfsgüter in Empfang zu nehmen. Roger Hart erinnert sich, daß das Datum 9. Mai 1925 in einen gabagarr-Baum geschnitzt wurde, als seine Stammesgenossen dort lagerten. Vielleicht kamen einige Leute aus Barrow Point in dieser Zeit mehrmals nach Cape Bedford, doch Roger erinnert sich nur an diesen einen, letzten Besuch.

40. Der Mann, der »Charlie Chookie« genannt wurde.

41. Barney Warners älterer Bruder.

42. Das war Roger Harts Aborigine-Vater, Charlie Lefthander.

43. Möglicherweise Billy McGreens Bruder, auch Jackson genannt.

44. Der König von Barrow Point.

45. Vielleicht der Zauberer »Old Man Johnny«, Ngamu Wuthurru.

46. Walbamun, Toby Flinders Mutter.

47. Wahrscheinlich Albert Wuuriingu.

48. Wahrscheinlich Toby Flinders.

49. Die Liste lag QSA A/58682 bei, einem Brief von Schwarz an den OSB, 1. März 1926.

50. QSA A/58682. Brief von Schwarz an den OSB, 1. März 1926.

51. In Barrbaarr, Bridge Creek, befand sich das Hauptlager der »heidnischen« Aborigines, die im Schutzgebiet von Cape Bedford lebten. Die meisten dieser Leute sprachen Guugu Yimithirr und gehörten hiesigen Clans an. Viele schickten ihre Kinder in die Missionsschule und wurden vom Missionar häufig aufgefordert, als Gegenleistung für die Hilfsgüter allerlei Arbeiten zu verrichten oder auf den Feldern zu arbeiten.

52. Barney und Yaalugurr gehörten zu den ersten Paaren in Cape Bedford. Ihre Söhne, Yoren und Baru, gründeten später zwei große Familien in Hopevale.

53. William aus der Gegend von Cooktown, Waaymburr, war der Vater von Johnny, der seinerseits der Vater von Joseph und Alick Johnny war. Letztere zogen später nach Hopevale, ihre Nachfahren leben auf Palm Island.

54. QSA A/58682. Jahresbericht des SB von Cooktown, Aktennotiz vom 17. März 1927.

55. Jackie Red Point.

56. QSA A/58682. Brief von Guilfoyle, SB von Cooktown, an den OSB, S. Brisbane, 3. Mai 1927.

57. Gordon war der Besitzer der Starcke-Station.

58. QSA A/58682. Brief von Allen C. Instone, Abbey Peak, an den SB der Aborigines, Cooktown, 24. Februar 1927(?).

59. QSA A/58682. Brief von Schwarz an den OSB, 2. April 1927.

60. QSA A/58682. Brief von Schwarz an den SB, Cooktown, 2. Mai 1927.

61. Wie immer machte sich Schwarz Sorgen um seine beschränkten finanziellen Mittel und befürchtete, die im Schutzgebiet lebenden Menschen nicht ernähren zu können. Er schrieb:»Unter all den Leuten, die jetzt hier ansässig sind, befinden sich höchstens fünf oder sechs Männer, die arbeiten können. Die restlichen sind alte Männer, Frauen und Kinder. Wir erlauben denen, die wollen, sich gelegentlich an unserem *bêche-de-mer*-Handel zu beteiligen, können aber natürlich nicht das ganze Lager regelmäßig mit Essen versorgen, nur weil uns ein paar helfen, wenn sie Lust dazu haben. Ich halte das weder für notwendig noch für ratsam.« (ibid.)

Anschließend bittet Schwarz den OSB Bleakley, seine Lebensmittelvorräte aufzustocken und japanische Boote daran zu hindern, junge Aborigines aus diesen Gruppen zu rekrutieren, die sich sonst am Fischfangbetrieb der Mission in Point Lookout beteiligen könnten.

62. QSA A/58682. Brief von Schwarz an den SB, Cooktown, 2. Mai 1927.

63. QSA A/58682. Brief von Guilfoyle, SB in Cooktown, an den OSB S. Brisbane, 3. Mai 1927.

64. QSA A/58682. Brief von Bleakley an Schwarz, 29. Juni 1927. Er forderte auch Khaki-Uniformen und Filzhüte an, um den neuen Polizisten auszustatten; QSA A/58682, Antrag vom 1. Juli 1927.

65. QSA A/58682. Brief von Guilfoyle, SB in Cooktown, an den OSB S. Brisbane, 3. Mai 1927.

66. QSA A/58682. Schwarz an den OSB S. Brisbane, 11. Juli 1927.

67. QSA A/58682. Brief von Schwarz an den OSB Brisbane, 22. August 1927.

68. ALCA, 1, Nr. 2. Bericht von Schwarz an Bleakley, datiert vom 18. Januar 1927 (Jahresbericht 1926).

69. Ibid.

70. Es ist unklar, ob King Harry und King Charlie identisch sind oder ob es sich um zwei verschiedene Männer handelt. Die heutigen Bewohner von Hopevale verbinden mit Cape Melville den Namen King Harry.

71. QSA A/58682. Brief von Schwarz an den OSB Brisbane, 22. August 1927.
72. QSA POL/13a/G1. S. 144. Aktennotiz von Bodman an den OSB Brisbane, 25. März 1911. Aus demselben Aborigine-Journal geht hervor, daß der SB Bodman empfahl, King Johnny (alias Mechan Euchan) im Oktober 1911 zum König zu ernennen; einen Monat später erhielt er ein Messingabzeichen. QSA POL/13a/G1. Korrespondenzakte der Polizei von Cooktown, S. 279, 29. Oktober 1911.
Aus den Berichten über Verlegungen in Queensland geht hervor, daß ein gewisser King Johnny (Mechan Euchan) 1913 vom McIvor nach Barambah verlegt wurde. In der Akte wird er als »Unruhestifter und berüchtigter Zauberer« bezeichnet, der »Aufruhr schürt, Streit unter den Einheimischen anzettelt [und] das Leben in der Mission nachhaltig stört«.
Soweit man sich in Hopevale erinnert, scheint Ngamu Binga verschleppt worden zu sein, weil er sich weigerte, Mischlingskinder aus seiner Gruppe in die Missionsschule zu schicken. Am Ende floh er aus Cherbourg und kehrte zu Fuß in sein eigenes Gebiet zurück. Später wurde er in Cooktown von einem Speer getötet und in Four-Mile begraben.
Schwarz ließ bis zum Ausbruch des Zweiten Weltkriegs offiziell Menschen aus Cape Bedford »verlegen«.
73. QSA A/58682. Der OSB an den SB, Cooktown, 17. Februar 1927.
74. QSA A/58682. Brief von Bleakley an den SB von Laura, D. W. McConnell, 22. September 1927.
75. QSA A/58682. Schreiben des SB von Laura an den OSB, 28. September 1927.
76. Ibid.
77. Roger Harts gami, Großmutter derselben Linie.
78. In einem Brief des OSB an den Staatssekretär im Innenministerium vom 26. Juli 1927 (QSA A/58682) wurde die Befugnis beantragt, Razzien auf Fischkuttern durchzuführen, bei denen der Verdacht bestand, daß dort illegal Aborigines beschäftigt wurden.
79. QSA A/58682, Dok. 28/6839. Brief von Guilfoyle, amtierender Sergeant 1064, Polizeibezirk Cairns, Cooktown, datiert vom 21. November 1928.
Die Polizei beabsichtigte, ein Missionsboot für die Expedition zu benutzen, doch der regionale SB war »der Meinung, daß der Missionskutter *Pearl Queen* nicht für die oben erwähnte Patrouille geeignet ist, da sie zu einem Zeitpunkt stattfinden muß, zu dem japanische Lugger in der Nähe der Aborigine-Lager vor Anker liegen. Das ist gewöhnlich bei schlechtem Wetter der Fall, wenn die Lugger in den Riffen gefährdet sind und notgedrungen zum Festland oder zu den Inseln zurückkehren müssen, um dort Schutz zu suchen, und das ist dann der Zeitpunkt, zu dem die illegale Beschäftigung der Aborigine-Frauen erfolgt. Soweit ich weiß, ist die *Pearl Queen* kein schnelles Boot, und wenn die Japaner oder andere sie auf sich zukommen sehen, während sie Aborigine-Frauen oder illegal beschäftigte

Männer an Bord haben, könnten sie problemlos Segel setzen und vor der *Pearl Queen* fliehen.«

80. In seinem Jahresbericht 1928 an den OSB vom 25. Januar 1929 (ALCA, 1–2, 26–185, auch QSA A/58682) macht Schwarz deutlich, daß er mehr Land braucht, auf dem diese ungetauften Aborigines jagen können. Außerdem erklärt er, daß er sie ihren jungen christlich erzogenen Verwandten näherbringen will, weil er auf Spontanbekehrungen hofft. Aus den Unterlagen der Mission wird jedoch ersichtlich, daß die ungetauften Erwachsenen zu schwerer Feldarbeit für die neugegründete Missionsfarm herangezogen wurden.

81. Ibid., ALCA 26–185.

82. QSA A/58682. Bericht des Leiters von Cape Bedford, 21. November 1927

83. QSA A/58682. Aktennotiz vom 5. März 1928 des OSB Bleakley an den Leiter der Cape-Bedford-Mission via Cooktown.

84. Der einzige offizielle Nachweis für diese Verlegung, den wir gefunden haben, ist eine handschriftliche Notiz auf dem Umschlag der Cape-Bedford-Akte QSA A/58682:»11 Cape-Melville-Einheimische verlegt nach L. R. M. [Lockhart-River-Mission]«, offenbar mit Datum 5. Dezember 1929.

85. QSA 181 Starcke Pt. 1 (auch Lands OL 378 Cook), 8. September 1915.

86. QSA LAN/AF 1247, Wakooka 2623 Cook: Stewart erwarb Wakooka am 5. Februar 1932. Weitere Veränderungen bei den Anteilen der diversen Besitzer sind in QSA LAN N143, 19. Juli 1932, aufgeführt; vgl. auch QSA 181 Starcke Pt. 1, 20. April 1933, 31. Dezember 1935; QSA LAN/AF 1228 Abbey Peak, 5. April 1936.

87. Der Jahresbericht 1928 des Inspekteurs des Lands Department enthielt die Bemerkung, daß die Pacht nicht»an den persönlichen Wohnsitz« gebunden sei, da die gegenwärtigen Pächter woanders wohnten (QSA LAN/AF 1228 Abbey Peak, 31. Juli 1928). 1930 weist Abbey Peak Möglichkeiten für die Haltung von 3 Rindern pro Quadratmeile auf und hatte einen Bestand von 684 Rindern (QSA LAN/AF 1228 Abbey Peak, 11. Juli 1930). Der dem Lands Ministry unterstellte Ranger Charles Gordon berichtete, daß er bei seinem Besuch auf Abbey Peak vom 13. bis 16. August ein großes Hauptgebäude, Nebengebäude, 7 *tailing yards* [zum Aussondern der Tiere], eine Pferdekoppel, Rinderweiden, 1600 Rinder und 40 Pferde mit den Brandzeichen QAK und RX9 gesehen habe. Er fährt fort:»Die Pächter leben auf eigenem Grund und Boden, statten diesem Anwesen jedoch regelmäßige Besuche ab.« (QSA LAN/AF 1228 Abbey Peak, 7. September 1931).

88. Er erzählte Roger Hart, daß er für einen gewissen Sam Carlson gearbeitet hatte, der später ein Grundstück bei Streamlet in der Nähe von Cooktown besaß.

89. Bendies Vater, Long Jack, wurde dem Clan-Gebiet Wunuurr-warra, Quellgebiet des McIvor River, zugeordnet.

90. Das Polizei-Journal von Cooktown für das Jahr 1937 enthält die folgenden zwei Einträge:
»Constable Costello brach am 28.7.37 um 9 Uhr morgens zur Starcke-Station auf, um den Verwalter, Mr. Hales, wegen Verstoßes gegen das Aborigine-Schutzgesetz und das Gesetz über den Verkauf von Opium vorzuladen und die beiden Jungen Bindy und Freddie abzuholen, die in die Mission gebrachte werden sollen.«
»Constable Costello kehrte um 15.30 von der Starcke-Station zurück, nachdem er Freddy und Bindy nach Cooktown gebracht hatte.« QSA POL/13a/N6, 28. Juli 1937 und 5. August 1937. »Freddy« war Fred Grogan, der später in Hopevale lebte.

91. Südlich von Cape Bedford, an der Küste.

92. Der mittlerweile verstorbene Jellico Jacko, ngathu warra biiba, war der Sohn von King Jacko aus Cape Bedford und einer von denen, die bevorrechtigt Anspruch auf das Junyju genannte Gebiet am Oberlauf des Starcke River bei Manbara erhoben.

93. Albert Lakefield, einer von Rogers Brüdern, dessen Aborigine-Stiefvater, Albert Lakefield sen., alias Mayi-ngandaalga, vom Jeannie-Plateau stammte; Sutton 1993, S. 24.

94. ALCA, Nr. 1 (27–11), 16. Juni 1932. Offizieller Cape-Bedford-Bericht, der einem Brief des SB Bleakley an Dr. Theile von der Lutherischen Kirche Australien beigelegt war.

95. Einer davon war der verstorbene Billy Muundu, ngathu warra biiba, der bei seiner Rückkehr nach Spring Hill feststellte, daß seine Frau, seine Kinder und alle anderen verschwunden waren. Im Unterschied zu den Menschen aus den Lagern im Busch, die einfach nur tiefer in den Busch flüchteten, brach Muundu zu einer einsamen Odyssee auf, um seine Familie im Süden zu suchen, und kam viele Monate, nachdem die Hauptgruppe verschleppt worden war, allein in Woorabinda an.

96. Das erfuhr Roger Hart von Helen Rootsey und der verstorbenen Mary Ann Mundy, die sich erinnerten, an der Beerdigung teilgenommen zu haben.

97. Roger Hart wird heute noch böse, wenn er daran denkt, daß er seine Spielkameradin aus Kinderzeiten im Krankenhaus in Cooktown nicht besuchen durfte. In jenen frühen Zeiten bekamen die Menschen in Hopevale nur sehr selten die Erlaubnis der Missionsleitung, sich frei zu bewegen. Barney Warner, dem der damalige Pastor und Leiter Wenke »besonders vertraute«, besuchte Leah mehrmals in Cooktown, bevor sie nach Cairns verlegt wurde.

TEIL 4

RÜCKKEHR NACH BARROW POINT

1. Sutton 1993 gibt als Clan-Gebiet Nr. 9 einen Abschnitt an, der dem »Teil der Küste zwischen Barrow Point und Red Point« unter diesem Guugu-Yimithirr-Namen entspricht. In der Sprache von Barrow Point heißt er *Ama Alth(a)nmungu*. Für die Leute von Hopevale handelt es sich dabei um die Gegend »nördlich von Red Point«. Der Gebirgszug, der auf englisch Altanmoui heißt, (in der Barrow-Point-Sprache *Althanmughuy*), erhebt sich landeinwärts von Cape Bowen in einem Clan-Gebiet namens Manyamarr. Von dort aus machte sich der große Regenwald-Python, der in Roger Harts Geschichte nach Cape Melville flüchtet, auf den Weg.

2. Ein Clan-Gebiet, dem die Küste zwischen der Mündung des Starcke River und Point Lookout einschließlich dem Areal Twelve-Mile (Clan Nr. 64 in Sutton 1993) zugerechnet wird.

3. Thawuunh (Guugu Yimithirr) und *anggatha* (Barrow Point) bedeuten »Freund« und sind Anredeformen, die Roger häufig bei Menschen verwendet, zu denen er keine genau festgelegte Verwandtschaftsbeziehung hat. Jetzt, nachdem wir etwas tiefer in die fiktiven Verwandtschafts-beziehungen eingedrungen sind, bezeichnen wir uns gegenseitig als »Cousins«.

4. Bruce Rigsby (ohne Datum) beschreibt die beiden Männer wie folgt: »Die Familie Wallace erhob Anspruch auf Lakefield aufgrund ihrer Abstammung von Hector, Nicholas und Kathleen Wallace, die Mbaarruyu und/ oder Angehörige des Mbarrubarram-Clans waren und von der Sprache und Stammeszugehörigkeit her Koko Warra.« Im Gegensatz dazu ordnet Roger Hart Nicholas und Hector Wallace (alias Hector Lai-Fook) sie der Muunhthi genannten Gegend (Clan Nr. 21 in Sutton 1993) am Jack River zu, in der auch Thunder lebte.

5. Der verstorbene Jack Harrigan aus Cooktown war der traditionelle Besitzer von **Balnggarr**, einem Gebiet rund um Battle Camp. Das allen gemeinsame alte Wissen in diesem von Aborigines bewohnten Teil von Queensland hat sich in traditionellen wie den modernen Aborigine-Gemeinschaften erhalten. Der umfassende Austausch zwischen Aborigine-Gruppen frühe-rer Zeiten weist viele Parallelen zu der hier beschriebenen Umbruchphase, aber auch zur Gegenwart auf. So kreisen Gespräche ebenso häufig um Fragen der Abstammung wie um bestimmte Ereignisse.

6. Barney Warner gehörte, wie **Yagay**, zur südlichen oder Binnenhälfte der Gambiilmugu People.

7. Vgl. Anmerkung 4.

8. Thuway bedeutet klassifikatorischer Neffe oder Sohn der Schwester.

9. Anfangs hatte Roger Hart den Namen des Berges fälschlicherweise als Wuuri in Erinnerung. Toby Gordon nannte Peter Sutton *Wuri-thamol* als

Name eines Gebirgszugs, der sich etwa auf halbem Weg zwischen Barrow Point und dem Weigall-Riff ein Stück landeinwärts befindet und den er als Geburtsort seiner Mutter angibt. Sutton gibt wuri-warra oder wuriingu für das Clan-Gebiet Nr. 12 an, das z. B. Joe Rootsey gehört. Für Roger Hart bezeichnet das Wort Wuuri richtigerweise ein Stammesgebiet zwischen Barrow Point und Cape Bowen, das irgendwo an der Mündung des Wakooka Creek beginnt.

10. Roger Hart zufolge war es Frauen streng verboten, einen Fuß auf *Indayin* zu setzen. Roger erinnert sich, daß Männer die Insel für bestimmte Zeremonien aufsuchten und dort völlig nackt herumliefen. Vgl. Sutton 1993 zu Yindayin. Es herrscht einige Verwirrung darüber, ob *Wurreys* Geschlecht wirklich auf Stanley Island landete oder in der Nähe auf Clack Island. Roger hat die Episode so in Erinnerung, wie sie hier wiedergegeben ist.

11. »Unser [zweifaches] Land«, d. h. »das Land, das uns beiden gehört«.

12. Department of Aboriginal and Islander Affairs. Damals war die zuständige Regierungsbehörde das Büro des OSB.

13. Tulo Gordon erhob den Hauptanspruch auf das Gebiet der Guugu-Yimithirr-Sprachgemeinde Nugal, das innerhalb des Hopevale-Schutzgebiets lag. Wie Gambiilmugu war Nugal seit altersher in zwei »Nationen« unterteilt, die als »jüngere Schwester« und »ältere Schwester« bezeichnet wurden.

14. Die Eight-Mile Bridge am Endeavour River befand sich in der Nähe einer Outstation der Cape-Bedford-Mission, die kurz vor dem Zweiten Weltkrieg errichtet worden war. Junge Männer aus der Mission arbeiteten dort auf einer Farm. Eight-Mile ist der Standort des heutigen Flughafens von Cooktown.

15. Die Ehefrau des Spurenlesers Long Billy McGreen, sen.

16. Im Gegensatz dazu verdankt der Cape-Bedford-Älteste, der diesen Vorgang der Ersatztaufe beaufsichtigte, George Bowen, seinen Nachnamen dem seiner Ursprungsgemeinde. Er war als kleiner Junge von der gescheiterten Lutherischen Mission in Proserpine bei der Stadt Bowen nach Cape Bedford geschickt worden.

17. Roger Hart glaubt, daß sich die Frauen mit Hilfe von Buschmedizin bewußt vor Schwangerschaft schützten, um, wie er es ausdrückt, »leicht verschwinden«, d. h. vor der Einheimischen-Polizei flüchten zu können. Seine Erklärung dafür, warum so viele Frauen aus seinem Gebiet keine Kinder bekamen, widerspricht den damaligen Erkenntnissen, nämlich daß eingeschleppte Geschlechtskrankheiten und Unterernährung für die mangelnde Fruchtbarkeit der Aborigines verantwortlich waren.

18. Dieses kleine typische Beispiel stammt aus einer kurzen Erklärung, die Roger Hart am 2. Oktober 1982 aufzeichnete, als wir uns in der Ninian Bay mit Austern vollstopften.

19. Der Begriff schließt auch die Schwestern des Vaters mit ein.
20. Bei der Guugu-Yimithirr-Form wird der Name eines Ortes oder Gebietes (z. B. Wuuri) mit einem bestimmenden Fallsuffix (z.b. -:ngu) oder dem Ableitungssuffix -warra (»Menschen aus dem Gebiet«) kombiniert: Wuuriingu heißt »das Gebiet von Wuuri«, Wuuri-warra die »Menschen aus Wuuri«.
21. In Guugu Yimithirr bezeichnet das Wort daman eine an Nahrungsmitteln reiche Gegend, die den Besitzern eines bestimmten Areals vorbehalten reserviert sind. Die Gruppe der Besitzer hatte das Vorrecht auf diesen Nahrungsmittelvorrat, egal ob er wild wuchs oder angepflanzt worden war, ob er bewußt gepflegt oder nur zu bestimmten Jahreszeiten abgeerntet wurde.
22. Die Söhne des Spurenlesers McGreen gingen beide in Cape Bedford zur Schule, und Billy McGreen jun. starb in den 80er Jahren in Hopevale. Sein kleinerer Bruder, der mittlerweile verstorbene Mitchell McGreen, war vermutlich zu jung, um als Kind in Barrow Point gewesen zu sein.
23. Eine andere Version dieser Geschichte, die Roger Hart und Tulo Gordon gemeinsam erzählten, nahm Peter Sutton 1970 in Mossman auf (vgl. Tonband im Australian Institute for Aboriginal Studies (jetzt AIATSIS) Archive LA4947a).
24. Wörtlich: bis sie »befriedigt [sind und ihre] Seele fällt«.
25. »Erfolgreich« im Hinblick auf die gesetzlichen Bestimmungen von Queensland 1991–92, nicht im Hinblick auf die nach wie vor umstrittenen Bestimmungen für den Native Title.
26. Vgl. Sutton 1993, Land Tribunal 1994.
27. Vgl. Rigsby 1995.
28. Vgl. Bartlett 1993, Rigsby 1996 und Haviland 1997.
29. Land Tribunal 1994.
30. QSA A/58682. Bericht des Leiters von Cape Bedford, 21. November 1927.

BIBLIOGRAPHIE

Bartlett, Richard H. 1993. *The Mabo Decision.* Butterworths: Sidney.

Dixon, R. M. W. 1971. »A Method of Semantic Description.« In Danny D. Steinberg und Leon A. Jakobovits, Hrsg., *Semantics,* 436–471. Cambridge: Cambridge University Press.

Gordon, Tulo und Haviland, John B. 1980. *Milbi: Aboriginal Tales from Queensland's Endeavour River.* Canberra: Australian National University Press.

Haviland, John B. 1974. »A Last Look at Cook's Guugu Yimidhirr Wordlist.« *Oceania* 44 (3): 216–232.

Haviland, John B. 1979a. »Guugu Yimidhirr Brother-in-Law Language.« *Language in Society* 8 (3): 365–393.

Haviland, John B. 1979b. »How to Talk to Your Brother-in-Law in Guugu Yimidhirr.« In Timothy A. Shopen, Hrsg., *Languages and Their Speakers,* 161–240. Cambridge, Mass.: Winthrop.

Haviland, John B. 1985. »The Evolution of a Speech Community: Guugu Yimidhirr at Hopevale.« *Aboriginal History* 9 (1–2): 170–204.

Haviland, John B. 1991. »›That Was the Last Time I Seen Them, and No More‹: Voices through Time in Australian Aboriginal Autobiography.« *American Ethnologist* 18 (2): 331–361.

Haviland, John B. 1993. »Anchoring, Iconicity, and Orientation in Guugu Yimithirr Pointing Gestures.« *Journal of Linguistic Anthropology* 3 (1): 3–45.

Haviland, John B. 1997. »Owners vs. Bubu Gujin: Land Rights and Getting the Language Right in Guugu Yimithirr Country.« *Journal of Linguistic Anthropology* 6 (2): 145–160.

Haviland, John B. 1998. »Guugu Yimithirr Cardinal Directions.« *Ethos* 26 (1): 1–23.

Haviland, Leslie K. und John B. Haviland. 1980. »How Much Food Will There Be in Heaven? Lutherans and Aborigines around Cooktown before 1900.« *Aboriginal History* 4 (2): 118–149.

Land Tribunal. 1994. *Aboriginal Land Claims to Cape Melville National Park, Flinders Group National Park, Clack Island National Park and Nearby Islands.* Report of the Land Tribunal established under the Aboriginal Land Act 1991 to the Hon. The Minister for Lands, May.

Loos, Noel. 1982. *Invasion and Resistance: Aboriginal-European Relations on the North Queensland Frontier, 1861–1897.* Canberra: Australian National University Press.

Mackett, P. J. 1992. *Queensland Aboriginal Papers,* vol. 36 (computerized index to QSA papers), April 14, 1992, Brisbane.

Pohlner, Howard. 1986. *Gangurru*. Adelaide: Lutheran Church of Australia.

Rigsby, Bruce. 1995. »Aboriginal People, Land Tenure and National Parks.« Address to Royal Society of Queensland, draft, 3 October.

Rigsby, Bruce. 1996. »›Law‹ and ›Custom‹ as Anthropological and Legal Terms.« In J. Finlayson and Ann Jackson-Nakano, Hrsg., *Heritage and Native Title: Anthropological and Legal Perspectives*, 230–252. Canberra: Native Title Research Unit, Australian Institute of Aboriginal and Torres Strait Islander Studies.

Rigsby, Bruce, n.d. »Queensland Genealogies, Lakeland Land Claim.« Computer files. 1992.

Roth, Walter E. 1984 (1901–6). *The Queensland Aborigines*, vol. 2. Victoria Park, W.A.: Hersperion Press.

Sutton, Peter. 1993. *Flinders Island and Melville National Parks Land Claim*. Vols. 1–2. Aldgate, S.A.: Cape York Land Council.

Thomson, D. F. 1935. »The Joking Relationship and Organized Obscenity in North Queensland.« *American Anthropologist* 37: 460–490.

REGISTER

(Zahlen in Klammern beziehen sich
auf die Nummer der entsprechenden Anmerkung)

A

Abbey Peak 73_76, 158, 164
Aborigine-Gesetze 56, 60, 86, 89,
92, 100ff., 106f.
abulthabul 85, 220
Alamanhthin siehe auch Rootsey, Joe
205
Albert siehe Wuuriingu, Albert
Alice (Rogers Mutter) 81, 123ff.,
144, 169, 203
Alligator Creek 169
Alman.ge:r siehe auch Salt, Billy 136
Althaan 197
Althanmungu 247 (43), 254 (45),
262 (1)
ambaarr 85
Angry, Charlie 183
anhiir 217f.
ardamarda siehe auch binyjin 222
Arniirnil 215
arriil-malin 217
Arrimi, Norman 11f., 111, 170
arriyil siehe auch Stachelschwein 97
arrwala 167, 203
Arthur (Willie Mt. Webbs Vater)
127
Asch, Tim 233
Austern 179, 186, 196ff.
Australian Institute of Aboriginal
Studies 181
awiyi siehe auch thabul 80, 104f.
awurr 105, 196

B

baarrabaarra 197
babi 58
babunh siehe auch *udan* 247 (50)
Bairy, Jupert 246 (41)
balin.ga siehe auch Stachelschwein
97
Balnggarr 246 (41), 262 (5)
banggay 227
banyjarr 227
Barambah 65, 259 (72)
Barney siehe Warner, Barney
Barrbaarr siehe auch Bridge Creek
257 (51)
Barrow Point, Jackie 89
Barrow-Point-Clans 19, 52, 58, 63,
78, 80, 86, 88, 109, 165, 206, 241
(27)
Barrow Point People 19f., 38, 52,
58, 63, 67, 72, 82ff., 87, 170, 173,
206
–, endgültige Verlegung 19, 74, 76,
112f., 140ff., 153, 162ff.
–, während des Krieges 19, 173ff.
Barrow-Point-Siedlungen 19, 52,
63, 72, 74, 78ff., 206
Barrow-Point-Sprache 11, 20, 36,
50f., 82, 103, 131, 205, 217, 240
(16), 241 (24), 241 (29), 246 (42),
247 (51), 249 (70), 262 (1)
Baru 257 (52)
Bathhurst Head 52, 57f., 79f., 85,
132, 175, 209, 231, 249
Battle Camp 161, 246 (41), 262 (5)
bayjin 44
bêche-de-mer-Handel 67, 69, 149f.,
258
Befriedung 64

ERLEBNISWELT BUCH – FÜR MENSCHEN, DIE MEHR ERFAHREN WOLLEN

Barbara Veit
Traumsucher
Walkabout in Westaustralien
192 Seiten,
57 Farbfotos, 1 Karte
Glanzeinband
ISBN 3-89405-370-4

Kulturberichte, die den geistigen Horizont erweitern, Brücken schlagen zwischen unterschiedlichen Menschen und Lebensweisen – informativ, engagiert, bildreich

Désirée v. Trotha
Die Enkel der Echse
Lebensbilder aus dem Land der Tuareg
208 Seiten,
42 Farbfotos, 1 Karte
Geb. mit Schutzumschlag
ISBN 3-89405-379-8

Carmen Rohrbach
Im Reich der Königin von Saba
Auf Karawanenwegen im Jemen
199 Seiten,
23 Farbfotos
Geb. mit Schutzumschlag
ISBN 3-89405-396-8

FREDERKING & THALER

TRADITION ALS VISION

Das besondere Buch – geistige Modelle für die Zukunft, gespeist aus traditionellen Wertvorstellungen. Wertige Bücher mit Bildern, die anregen, aufregen und ästhetisch beeindrucken

Hajo Bergmann
Auf dem Weg ...
Begegnungen mit Sufis und
Derwischen
144 Seiten,
84 Farbfotos
Geb. mit Schutzumschlag
ISBN 3-89405-377-1

Yasmina Bauernfeind
Heute verändern wir die Welt
144 Seiten,
118 Farbfotos
Geb. mit Schutzumschlag
ISBN 3-89405-384-4

Ulli Olvedi
Buddhas Kinder
144 Seiten,
109 Farbfotos
Geb. mit Schutzumschlag
ISBN 3-89405-364-X

FREDERKING & THALER

MIT DEM ABENTEUER UNTERWEGS

Reiseerzählungen im Paperback: Interessante und informative Erlebnisberichte aus allen Kontinenten mit Schwarzweißfotos – ungewöhnliche Reisen mit Grenzerfahrungen

Bernd Keiner
Quer durch den roten Kontinent
Unterwegs in Australien
208 Seiten,
46 s/w-Fotos, 4 Karten
ISBN 3-89405-021-7

Carmen Rohrbach
Der weite Himmel über den Anden
Zu Fuß zu den Indios in Ecuador
208 Seiten,
37 s/w-Fotos, 2 Karten
ISBN 3-89405-048-9

Lutz Herbert
Auf dem Amazonas
Eine Reise zu den Ticuna-Indianern
256 Seiten,
34 s/w-Fotos, 1 Karte
ISBN 3-89405-079-9

FREDERKING & THALER